U0314417

“十二五”国家重点图书出版规划项目

关佩聪　刘厚诚　罗冠英　主编

Chief Editor：Guan Peicong，Liu Houcheng，and Luo Guanying

中国野生蔬菜资源

WILD VEGETABLE RESOURCES IN CHINA

廣東省出版集團

广东科技出版社

·广　州·

图书在版编目（CIP）数据

中国野生蔬菜资源 / 关佩聪，刘厚诚，罗冠英主编．—广州：广东科技出版社，2013.11
ISBN 978-7-5359-5827-3

Ⅰ．①中…　Ⅱ．①关…②刘…③罗…　Ⅲ．①野生植物—蔬菜—植物资源—中国　Ⅳ．① S647

中国版本图书馆 CIP 数据核字（2013）第 210473 号

责任编辑：罗孝政　尉义明
封面设计：柳国雄
责任校对：盘婉薇　冯思婧　谭　曦　罗美玲　杨峻松　陈　静　吴丽霞
责任印制：罗华之
出版发行：广东科技出版社
（广州市环市东路水荫路 11 号　邮政编码：510075）
http：//www.gdstp.com.cn
E-mail：gdkjyxb@gdstp.com.cn（营销中心）
E-mail：gdkjzbb@gdstp.com.cn（总编办）
经　　销：广东新华发行集团股份有限公司
印　　刷：广州市岭美彩印有限公司
（广州市荔湾区花地大道南海南工商贸易区 A 幢　邮政编码：510385）
规　　格：889mm×1 194mm　1/16　印张 32.75　字数 1 000 千
版　　次：2013 年 11 月第 1 版
2013 年 11 月第 1 次印刷
定　　价：260.00 元

内容简介

野生蔬菜是生存于大自然的野生蔬食植物。我国野生蔬菜相当丰富，蕴藏着不少有经济价值和应用前景的资源，是大自然赐予人类的宝贵财富，研发野生蔬菜资源具有显著的科学效益、经济效益和社会效益。

本书阐述了我国野生蔬菜资源概况、野生蔬菜资源的各种宝贵特质及其对科技与生产的意义和作用，以及多方面潜在的利用价值；根据植物科属、生活型（或习性）和食用部位等进行了分类；详载了我国的草本、灌木、藤本和乔木等野生蔬菜近千种，包括每种野生蔬菜的中文名、拉丁学名、英文名、植物种类、形态特征、生长习性、分布地区、食用部位与营养成分、食用方法和药用功效等。

本书是我国野生蔬菜资源的综合性、科学性和应用性专著，可供农业、生物与医学中等院校和高等院校师生，农业、食品、医药保健和生物科技单位参考应用。

SUMMARY

Wild vegetables are wild plants occurring in nature. China is rich in wild vegetable resources, including many with scientific and economical value and potential utilization, indeed precious wealth bestowed on humanity by Mother Nature.

This book presents to the reader abundant valuable information on wild vegetable resources in China. It covers their occurrence and various aspects of potential utilization. Three classification systems are adopted. About one thousand species of wild vegetables are included, each species with Chinese name, Latin name, English name, plant type, morphological features, growth characteristics, area distribution, edible part and its nutrients, eating method, pharmacological efficacy, et al.

This is a special book on wild vegetable resources of China, which is comprehensive, scientific and utilarian. This book can be used as reference for teachers and students of agricultural, biological and medical schools and universities, for staff members of agricultural and biological research units, also reference areas involved in food, medicine and health.

序

中国历史悠久，地域广阔，蕴藏着极其丰富的野生植物资源，在藻类植物、蕨类植物、菌类植物、地衣植物、苔藓植物、种子植物等野生类群中有为数不少可以食用，并成为野生蔬菜。对于这些资源，长期以来，普遍缺乏认知，没有得到应有的注意。

关佩聪教授等经过 10 余年的调查考察和一些研究试验，编撰了《中国野生蔬菜资源》一书，用具体的资料和数据阐述了我国野生蔬菜资源的概况，较深入地论述了草本、灌木、藤本和乔木 4 类野生蔬菜资源的潜在价值；阐明野生蔬菜植物在长期自然选择的作用下，形成了许多宝贵性状，诸如较能适应各种不良气候和环境，没有受到化肥、农药、空气等污染，又含有相当丰富的营养成分和可贵的特殊物质，可作各种食品和保健产品等的加工原料；许多种类具有显著的药效，能预防和治疗人类的各种疾病；有些种类还能绿化、美化和净化环境等。可见，野生蔬菜植物是天赋的宝贵资源，有待开发。该书还根据资源概况，提出了野生蔬菜资源的 3 种分类系统，并对近千种野生蔬菜植物进行了图文并茂的介绍。这些内容为我国野生蔬菜资源的研究和开发传递了有科学价值和应用意义的信息，是目前国内外同类著作中最具有启迪意义和影响的一本专著，且兼具工具书的功能。

特为之序。

中国科学院院士
华南农业大学教授　卢永根

2013 年 4 月 20 日

PREFACE

China has long history and vast territory, which has diversified plant resources, included many wild plant resources. The wild plant resources include algae, ferns, fungi, lichens, bryophyte, spermatophyte, some of wild plant which root, stem, leaf, flower, fruit or/and seed are edible are wild vegetables. Wild vegetables did not received enough attention all along.

Wild Vegetable Resources in China was edited by Professor Guan Peicong's group, on the basis of the investigation and experiment for more than ten years. This book provide an overview of wild vegetable resources in China by detailed data and information, potential utilization value of herb, shrub, vine and tree wild vegetable resources, many valuable characters developed due to wild vegetables' existence in nature for ages and natural selection, such as, stronger adaptability to bad climate and environment, less prone to chemical contamination, and contain abundant nutrient substances and valuable special substance, which are raw material of food and health product, pharmaceutical effects of wild vegetables, some wild vegetables can green, purify and beautify the environment. Thus wild vegetables are precious wealth bestowed on humanity by Nature, and need more exploitation.

The wild vegetable resources are classified according to three kinds system. About one thousand species of wild vegetables are described, each species with Chinese name, Latin name, plant type, morphological features, growth characteristics, area distribution, edible parts and nutrients, eating method and pharmaceutical effect. Most of the wild vegetables have color picture illustrations. This book presents to the reader abundant valuable information on research and exploitation of wild vegetable resources in China, and this is a special book which has edification influence, on wild vegetable resources and could be used as reference book.

This is my pleasure to preface this book.

Lu Yonggen

Academician of Chinese Academy of Sciences
Professor of South China Agricultural University
April 20, 2013

前　言

中国历史悠久，地域广阔，气候复杂多样，大地生长着丰富的植物资源，其中包括丰富的野生植物资源。野生蔬菜资源是野生植物资源的一小部分，是指藻类、蕨类、菌类、草本、灌木、藤本和乔木等植物的根、茎、叶、花、果或种子可供蔬食的野生植物，这些都是大自然赐予人类的宝贵财富。

长期以来，我国的蔬菜科技工作者、生产者及有关部门在蔬菜方面作出了贡献，但对野生蔬菜没有太多注视。我们从事蔬菜教学和科学研究几十年，也只注意现有蔬菜问题。经过近十几年的调查探索，我们对野生蔬菜逐渐加深了了解。庆幸的是，自古以来前人在野生蔬菜方面进行了不断的探索，留下了许多记载，其中有不少宝贵遗产。近年，国内的杂志、报纸陆续发表了不少野生蔬菜的文章，出版了一些野生蔬菜书籍，少数地区一些科研单位和生产企业初步对野生蔬菜进行收集、试种和开发。所有这些都提供不少信息、有价值的资料和令人深思的启示。我国的野生蔬菜资源相当丰富，蕴藏了各种很宝贵和很有价值的资源，前人已经发现和利用了一些，如我国不少现有蔬菜都是过去人们利用野生植物，经过长期选择、不断驯化和精心培育而成的，有些野菜已在国内外产生影响。但还有很多有用资源尚待开发和继续发掘，因此，深入研发野生蔬菜资源，不但可以促进蔬菜科技和生产的发展，而且对食品、医药和保健等产业，对山区林区的经济发展都有深远影响。

本书主要收集了我国草本、灌木、藤本和乔木 4 类种子植物的野生蔬菜资源，没有包括藻类、地衣、苔藓、蕨类和菌类的野生蔬菜，内容涵盖我国野生蔬菜资源概况，野生蔬菜资源的食用和利用价值，野生蔬菜资源的科属分类、拉丁学名、植物种类分类和食用部位分类，及近 1 000 种野生蔬菜的中文名、拉丁学名、英文名、植物种类、形态特征、生长习性、分布地区、食用部位与营养成分、食用方法和药用功效等。我们期待通过本书对我国的野生蔬菜资源做出综合性、科学性和应用性介绍。

在编写过程中，得到众多单位和个人的支持和协助，主要有广州市蔬菜办公室、广州市农牧业引种试验场、广州市农业科学研究院、广州市番禺区蔬菜科学研究所、增城市蔬菜科学研究所、贵州省贵阳市蔬菜办公室、云南省世界园艺博览会、辽宁省世界园艺博览会、沈阳市植物园以及南京市蔬菜局等，并得到了华南农业大学徐祥浩、李秉涛和刘福安等教授，美国得克萨斯州（Texas State of USA）圣安东尼奥（San Antonio City）植物园梅英俊研究员、加利福尼亚州（California State）政府黄长志博士帮助，广州市白云区蔬菜办公室梁铁汉高级工程师、美国加利福尼亚州州立大学东湾分校（California State University East Bay Division）梁昊硕士和贵州省贵阳市蔬菜办公室张汝霖高级工程师等协助野外调查、收集资料和摄影等，又得到李镇魁、孙光闻、徐晔春、唐光大、秦新生、李莎、黎青青等协助整理资料图片、鉴定物种、审定药用功效部分等。在此，我们表示衷心感谢。

我们学识有限，本书错漏在所难免，敬请指正和赐教，不胜感激。

关佩聪

2013 年 5 月 10 日

FOREWORD

China has long history, and vast territory with varied topography, which has led to the emergence diversified plant resources, included many wild plant resources, with wild vegetables comprising a small part. The wild vegetable resources include algae, ferns, fungi, herb, shrubs, vines and tree plants, of which their roots, stems, leaves, flowers, fruits or seeds are edible. Plant resources are valuable assets bestowed on humanity by Nature.

Since the founding of New China, the Chinese communist party and government have truly cared for the livelihood of the people, constantly always paying attention to the matter of vegetable foods, and at different times, promulgating relevant polices and investing huge funds, and, with scientists, vegetable growers and administrative personnel working hard together, vegetable production has achieved considerable development. However, wild vegetables did not received much attention all along.

In the past, we taught and researched common cultivated vegetables only, but the last twenty years, we have turned to investigate and study wild vegetables, endeavoring to learn more about them. Fortunately, long long ago, the ancients had done research on wild vegetables, leaving to us as heritage a veritable treasure-house of , valuable data. In recent years, we are seeing more and more articles about wild vegetables published in magazines and newspapers, and also more books about wild vegetables are available. Moreover, some localities and units have begun to investigate, collect and plant wild vegetables for sale, indicating that people are getting more and more interested in wild vegetables, the new feedback information furnishing valuable data, which serve to enlighten us and provide food for careful pondering.

◇ 凹叶景天

Information has shown that there exist in China abundant wild vegetable resources which conceal many valuable species, a few of which our ancestors discovered and utilized; these were carefully cultivated and selected over a long period to evolve into the common vegetables we see today. Some wild vegetables are being used in China and abroad, but there are still many useful ones awaiting discovery and exploitation. In depth study of wild vegetable resources

◇ 大叶醉鱼草

◇ 红车轴草

would not only raise the level of vegetable science, technology and production, but also make significant impact on the food industry, pharmaceutics and health care, as well as promote the economic development of mountainous regions and forest areas. That is exactly our motive and goal in publishing this book.

The contents of the book include introduction, the potential value of wild vegetable resources of China, considerations about exploitation of the wild vegetable resources, and four kinds of classification system. About one thousand species of wild vegetables belonging to four kinds of plants, namely, herb, shrubs, vines and trees are described, each species with Chinese name, Latin name, plant type, morphological features, growth characteristics, area distribution, edible parts and nutrients, eating method and pharmaceutical efficacy. This is a unique comprehensive, scientific and utilitarian book about the wild vegetable resources of China.

During writing, we received strong support and help from many sectors, chief among them were the Guangzhou City Vegetable Office, Guangzhou City Agriculture and Livestock Test Farm, Guangzhou Academy of Agricultural Sciences, Panyu Vegetable Institute, Zengcheng Vegetable Institute, Guizhou Province Guiyang Vegetable Office, Yunnan Province International Horticulture Exposition, Liaoning Provincial International Horticulture Exposition, Shengyang Botanical Garden, Nanjing Vegetable Bureau, et al. Prof. Xu Xianghao, Li Bingtao and Liu Fuan, Dr. Li Zhenkui, Sun Guangwen and Xu Yechun in South China Agricultural University, Prof. Mei Yingjun in U.S. Texas State San Antonia Garden, Dr. Huang Changzhi in California State Government, Dr. Tang Guangda, Dr. Qin Xinsheng, Dr. Li Sha and Master Li Qingqing in Guangdong Science & Technology Press, et al. also rendered support and assistance, to all of them we express our sincere gratitude.

Guan Peicong
May 10, 2013

目录

CONTENTS

绪论

INTRODUCTION

一、野生植物资源是大自然赐给人类的宝贵财富

人类的发展史表明，人类的原始生活都是依赖和利用野生动物和植物过活，并逐渐改善而成长起来的。就利用野生植物来说，我国早在 4 500 多年前盘古之初，神农氏就尝百草，利用野生植物过活。以后，人们的生活需要，寻觅和认识的野生植物越来越多，利用的范围也越来越广，因而与野生植物的关系越来越密切。据古籍记载，2 000 年前，我国利用的植物已有一两百种，而栽培植物只有十几二十种；至 1 500 年前，利用的植物达到数百种，栽培植物小于 100 种。在漫长的岁月里，春去冬来，年复一年的探索，反复的尝试，又通过不断的选择、淘汰和培植，不少的野生植物成为栽培植物，栽培植物的种类越来越多，一些栽培植物发展成多种类型，种植规模越来越大，积累的经验越多、越成熟，因而逐渐形成了农业。蔬菜是农业的一部分，蔬菜种类和栽培技术的发展过程也是类同的。我国的蔬菜栽培历史非常悠久。现在不少的栽培蔬菜都是来自野生植物。例如，源于我国的野生芥菜，原来的植株弱小，根系弱，叶少而细。经过长期选择和培育，陆续获得几个变种、多种类型和许多品种。人们从叶方面不断选育，获得各种叶形、长势各异、大小不同的叶用芥菜变种，进一步发展分为植株较小、叶片较细、生长期较长的类型，如大芥菜；还有株型大、叶片巨大、叶柄肥厚肉质，并形成叶球类型，如结球芥菜。人们从茎方面不断选育，就获得茎用芥菜变种及其各种类型，如茎肥大肉质、无明显突起物的笋子芥；瘤茎纺锤形或近圆形或扁圆球形或羊角形的茎瘤芥、肉质茎呈圆锥形或棍棒形的抱子芥。人们从根方面不断选育，就获得根用芥菜变种大头芥；还选出香辣较浓的芥辣芥菜。现在这些芥菜变种，各种类型和众多品种都在各产区广泛栽培，深受消费者喜爱，有些享誉国内外。这仅一例，实际上还有不少蔬菜种类也是这样发展的。另外，自古以来，我国还从国外引进一些蔬菜种类。至今，我国已有近百种栽培蔬菜，这在全球各国中是最丰富的。

前人在探索食用野生植物的同时，也尝试用一些野生植物医治疾病，观察其医疗效果。通过不断尝试，有更多发现，积累了应用经验。有些野生植物既可以食用，又可以防治疾病，就成为既是野菜又是药草。这方面前人进行了大量的探索，留下丰富的实际知识和经验，成为宝贵的遗产，奠定了我国中草药发展的基础。这里应当特别指出李时珍的历史性贡献。李时珍是我国明代伟大的医药学家，在他几十年生涯中，历尽艰辛，不断探索，勇于实践，善于思考，一生撰写了大量著作，尤以《本草纲目》为著名，《本草纲目》集明代之前中药学之大成，记载药物 1 890 余种，其中李时珍首次载入 370 余种，药方 10 000 多个，插图 1 000 余幅，共 190 余万字，是一部杰出的药物学巨著，驰名国内外，对药物学的发展有极其深远的影响。

二、中国地大物博，植物资源丰富

◇ 白苞蒿

我国历史悠久、地域广阔、物种复杂多样，位于欧亚大陆的东部、太平洋的西部，陆地面积 960 万 km^2，海洋面积 300 万 km^2。我国领土最北端是黑龙江省漠河以北的黑龙江主航道中心线；最南端是南沙群岛的曾母暗沙，南北跨越 50 个纬度，相距 5 500km；最东端是黑龙江和乌苏里江主航道中心线汇合处；最西端在新疆维吾尔自治区西部的帕米尔高原上，东西跨越 60 多个经度，相距 5 000km。我国地势西高东低。青藏高原海拔多在 3 000~5 000m；内蒙古高原、黄土高原、云贵高原及其间的塔里木盆地、准噶尔盆地、四川盆地等海拔 1 000~2 000m；大兴安岭、太行山、巫山、雪峰山之东的三大平原（东北平原、华北平原和长江中下游平原）以及江南、东南低山丘陵，海拔 200m 和 500m 以下。这说明我国有高耸的山脉、辽阔的高原与草原和平原、弯弯长长的江河与湖泊、浩浩荡荡的海洋、美丽的海岛与群岛。气候带类型有温带、热带和亚热带。我国地大物博，植物资源丰富多样。据统计，高等植物就有 3 万多种，占世界植物种类的 1/10 左右，其中包括野生植物资源。我国的野生植物资源种类繁多，野生蔬菜仅占野生植物的一小部分。人们想知道，中国的野生蔬菜资源有多少种类？答案是至今仍没有一个确切的数目。一方面由于我国的野生蔬菜资源还没有进行过全面的调查，野生蔬菜资源的家底还不清楚；另一方面各地对野菜的认识和利用习惯存在差别。例如枸杞是我国的名贵植物，宁夏等地的枸杞是当地的传统草药植物，盛产枸杞子，有不少资源，生产规模相当大，经济效益好。在华南地区的广东和广西等地，枸杞只是一种普通的绿叶蔬菜；在长江流域各地，枸杞只作野菜，很少食用，多以枸杞子作草药。又如荠菜，在长江流域各地，特别在上海、南京、杭州等地也是很普遍的蔬菜，在广东、广西等地被视为野菜，直至近年才有种植。还因为各地的地理环境、气候条件等不同，适宜生存的植物种类存在差别，因而各地的野生蔬菜种类和数量就有所不同。再就是生长在大自然的野生植物，有些被陆续发现可以食用，便成为野生蔬菜，因而其种类和数目会不断增多；已经发现了的，有些种类会被开发，由野生蔬菜变为栽培蔬菜。由于上述原因，野生蔬菜的数量是一个变数。不过，根据现有资料估计，我国的野菜种类应有千种以上，可以肯定，我国的野生蔬菜资源是世界上最丰富的。

三、中国野生蔬菜资源概况

◇ 蕺菜

我国的野生蔬菜资源既有低等植物（如藻类、菌类和地衣类），也有高等植物（如苔藓、蕨类和种子植物），按生活型分为草本植物、灌木植物、藤本植物和乔木植物。本书研究的野生蔬菜，只是种子植物中的草本、灌木、藤本和乔木 4 类植物中，其根、茎、叶、花、果或种子可供蔬食的野生植物，可供食用的藻类、地衣、苔藓、蕨类和菌类不包括在内。

对近千种野菜调查表明，这些野菜约分布于 120 个科，各科的野菜数目不同，以菊科的野菜最多，约有 120 种；豆科居次，约有 70 种；百合科第三，约有 60 种，以下为蔷薇科约 50 种，十字花科约 40 种，唇形科约 38 种，伞形科约 30 种，蓼科约 28 种，桑科 26 种，薯蓣科 23 种，禾本科 22 种，姜科 20 种，石竹科 18 种，壳斗科 20 种。以上 14 个科的野菜数目，约占总数的 50%，余下各科的野菜数目详见第三章。

根据对 903 种野菜的分析发现，630 种野菜属于草本植物，约占总数的 69.8%；117 种野菜属于灌木植物，约占总数的 13.0%；58 种野菜属于藤本植物，约占总数的 6.4%；98 种野菜属于乔木植物，约占总数的 10.9%。

多数野菜只有一个食用部位，有些野菜可食用两三个部位或更多。野菜的食用部位概分 7 大类：第一类为食用嫩苗或嫩株的野菜，有 238 种，约占 26.4%；

第二类为食用根部的野菜，有 59 种，约占 6.5%；第三类为食用茎部的野菜，有 550 种，约占 60.9%；第四类为食用叶部的野菜，有 302 种，约占 33.4%；第五类为食用花部的野菜，有 157 种，约占 17.4%；第六类为食用果实的野菜，有 164 种，约占 18.2%；第七类为食用种子的野菜，有 28 种，约占 3.1%。

以上表明，我国野生蔬菜资源在植物科属的分布比较广，植物种类中多数是草本植物，也有少数乔木植物，野生蔬菜的食用部位呈多样化。

四、中国野生蔬菜资源有待开发

新中国成立后，党和政府实施“发展经济、保障供给”的方针，蔬菜作为人们日常生活必需的副食品，其生产和供给受到高度重视。全国城乡都要搞好蔬菜生产，特别对城市和工矿区的蔬菜生产和供销提出了具体要求，因而全国城乡的蔬菜生产规模大大扩展。蔬菜的供销有了很大改进，使人民的日常生活不断改善，健康状况不断提高。另外，土特产和食品出口部门把经营蔬菜出口作为一项任务，并取得可喜的成绩，其中输出的一些野生蔬菜成为享誉国际的出口产品，诸如发菜、枸杞子、紫菜、莼菜以及香菇、黑木耳等各种野生食用菌，为国家创收了外汇。与此同时，培养了一大批蔬菜科技人才，建立了各级科技机构和技术推广系统，出版了大量蔬菜科技和科普书刊，发掘和推广了许多优良地方品种，培育和引进了大量优良种质资源，创造和推广了无数的先进技术和丰产经验，使我国的蔬菜科技和生产水平大大地提高。在野菜方面，人民解放军从备战出发，调查了一些地区可供食用的野生植物，对一些种类测定了营养成分，出版了《中国野菜图谱》一书，这是一本难得的出版物。中国农业科学院蔬菜花卉研究所主编的《中国蔬菜栽培学》（1992 年版），介绍了 20 多种野生蔬菜；《中国植物志》和各地地方植物志的陆续出版，记载了许多野菜。近 20 多年来，有关野菜的书籍和文章逐渐多了，有些科技单位初步进行了野菜资源调查，引种、试种一些种类；有些企业和农民进行了野菜采摘、栽培或经营销售；在一些酒楼、餐馆等饮食单位新设了野菜的菜肴，吸引了不少的消费者。遗憾的是，这些情况一时兴旺、一时冷淡，不过也逐渐引起了各方面对野菜的兴趣和注意，提供了不少信息，增加一些参考资料，为今后研发野菜资源准备了一些条件。但总体来说，至今普遍对野生蔬菜认知不深，甚至存在误区，如认为贫穷人群才寻找野菜食用，或饥荒时才找野菜充饥；又认为野菜多又苦又涩，不好食用等等；一些有关部门则认为野菜分散野外，采摘困难，不好规模经营，经济价值又不高，缺乏商机的吸引等。这些看法，都不了解野菜的潜在价值和意义。我们深切地感到，当今开发野生蔬菜资源是时代的需要，具有重要的生产和科技作用、明显的经济效益和深远的社会影响。

英文摘要

China has long history, and vast territory with varied topography, which has led to the emergence of diversified plant resources, including wild plant resources , that are valuable assets bestowed on humanity by Nature.

In China, Shennong Shi（神农氏）began taste wild plants as early as about four thousand five hundred years ago. Year after year, our ancestors experimented repeatedly, collected continually and planting carefully, some wild plants that eventually evolved into cultivated plants like common vegetables of today. Thereafter, the people got more and more cultivated plants or crops from wild plants in the same way. At the same time, the people also used wild plants to treat various diseases, and they discovered that some wild plants could not only be eaten, but also might be used against diseases. However, some were edible, but some could be used against diseases only, the former were wild vegetables, and the latter medicinal herbs. Over a long period of time, people worked hard and with continual research, accumulated a lot of practical experience and knowledge, which has become a valuable heritage.

The wild vegetable resources of China include algae, ferns, fungi, grasses, shrubs, vines and woody plants, of which their roots stems, leaves, flowers, fruits or seeds may be edible. Research shows that among the wild vegetable resources of China, grasses, shrubs, vines and trees these 4 types of plants number about one thousand species, which spread over about 120 family, the number of species in each family being different. The compositae family has the most with about 120 species, the legume family comes second with about 70 species, the rose family third with about 50-odd species et al.

As to the plant type of wild vegetables, most species belong to herbaceous plants, about 69.8% of the total, shrubbery plants about 13.0%, vine like plants about 6.4%, and arboreous plants about 10.9%.

About the edible parts of wild vegetables, most species have only one edible part, but in some species it may be two or three parts. The edible part may be divided into 7 categories, that is: (1) edible tender seedlings or tender plants, (2) edible roots, (3) edible stems, (4) edible leaves, (5) edible flowers, (6) edible fruits and (7) edible seeds.

Moreover, the wild vegetable resources of China can provide abundant nutrient and extensive medicinal benefit.

To summarize, the wild vegetable resources of China is a very valuable natural resource. Research and exploitation this resource will have important impact on the science, technology and production of vegetables, as well as profound influence on society.

第一章
中国野生蔬菜资源的潜在价值

CHAPTER ONE
POTENTIAL VALUE OF THE WILD VEGETABLE RESOURCES OF CHINA

一、野生蔬菜资源是商品蔬菜的庞大生力军

当今，人类深受各种环境污染的影响，环境污染威胁和危害着人们的健康，各国都在努力预防和减少污染，尤其是防止食品污染。野生蔬菜在大自然条件下生长，既无化肥，又无农药污染，而且含有各种营养物质，所以，野生蔬菜是天然的健康食品。

野生蔬菜长期在自然条件下生长，经受烈日暴晒、风吹雨打、霜雪袭击，锻炼出较强的生存能力，能适应各种恶劣环境。有些野菜耐热或耐寒，有些野菜耐旱或耐湿，有些野菜能忍耐强酸或高盐碱，有些野菜能在瘦瘠的土壤良好生长，有些野菜能在沙漠地带生长，有些野菜能在沼泽地生长，有些野菜生存于高山峻岭，有些野菜适于水下生活，等等，这表明野生蔬菜资源蕴藏着不少宝贵种质资源，有待发掘利用。

如前所述，我国的野生蔬菜资源有千种以上，这个数目是现有栽培蔬菜种类的 10 倍以上，在植物界的分布又较广泛，现有栽培蔬菜只分布 50 个科，而野生蔬菜分布于 121 个科，种类丰富得多，可食用部位也较多样。可见，野生蔬菜资源是商品蔬菜的庞大生力军。

◇ 白花堇菜

二、野生蔬菜资源是巨大的营养库

◇ 贯叶连翘

野生蔬菜的营养成分是很有吸引力的。多数野菜都含有一定数量的碳水化合物、蛋白质、脂肪、纤维素，还含有多种维生素和矿物质等。180 种野菜的营养物质资料显示，蛋白质含量 2%（每 100g 可食用部位的含量，下同）以上的野菜有 99 种，约占 55%；其中含量 5% 以上的有 23 种，约占 13%；有多种野菜的蛋白质含量达 10%~12%，如鹅绒委陵菜、蘘荷、羊乳等。粗纤维含量 3% 以上的野菜有 33 种，约占 18%，其中鹅绒委陵菜和蘘荷等的含量高达 13% 和 28%。

维生素不是人体组织的一部分，但它有很多功能影响身体的各器官。如有些维生素具有成长和维持新陈代谢的功能；有些维生素是某些酶的辅酶；有些则有预防疾病或医疗的作用。所以，维生素摄取不足会影响健康。在维生素含量方面，普遍的野菜都含有维生素 A、维生素 B_1、维生素 B_2、维生素 B_5 和维生素 C，少数含有维生素 D 或维生素 E 等。许多野菜的维生素 A 含量都在 5mg 以上，野菜的维生素 C 的平均含量为 56.11mg，都超过普通栽培蔬菜的平均含量（46.19mg）；维生素 C 含量 50mg 以上的野菜有 89 种，约占 49%，其中 34 种的含量近 100mg 或以上，约占 19%（见下页附表）。

附表　一些野生蔬菜的营养成分（每 100g 可食用部位的含量）

Main Nutrient of some wild vegetables (The content of edible part per 100g)

野菜名 Name	拉丁学名 Latin name	食用部位 Edible part	水分 Water (g)	碳水化合物 Carbohydrate (g)	蛋白质 Protein(g)	脂肪 Fat (g)	粗纤维 Crude fibre(g)	维生素 Vitamin (mg)					钙 Ca (mg)	磷 P (mg)	铁 Fe (mg)	钾 K (mg)
								A	B_1	B_2	B_5	C				
马兰	*Kalimeris indica*	嫩苗、嫩茎叶 Tender seedling, tender shoot	86.4	6.7	5.4	0.6		3.15	0.07	0.36	3.15	36.0	285	106	9.5	
鼠麹草	*Gnaphalium affine*	嫩苗、嫩茎叶 Tender seedling, tender shoot	85.0	7.0	3.1	0.6	2.1	2.49	0.03	0.24	1.4	28.0	218	66	7.4	
藜	*Chenopodium album*	嫩苗 Tender seedling		6.0	3.5	0.8	1.2	5.36	0.13	0.29		69.0	209		0.9	
小叶锦鸡儿	*Caragana microphylla*	嫩茎叶 Tender shoot	78.0			1.4	3.1	5.6	0.52		1.4	80.0	141	102	16.4	
蒲公英	*Taraxacum mongolicum*	嫩叶 Tender leaves	84.0	5.0	4.8	1.1	2.1	7.35	0.03	0.39	1.9	47.0	216	93	10.2	
苦苣菜	*Sonchus oleraceas*	嫩叶 Tender leaves		4.0	1.8	0.5	1.2	1.79	0.03		0.6	12.0	120	52	3.0	
山莴苣	*Lactuca indica*	嫩叶 Tender leaves		5.0	2.2	0.4	0.8	3.98	0.10	0.27	1.0	28.0	150	29	5.2	
刺儿菜	*Cirsium setosum*	嫩茎叶 Tender shoot	87.0	4.0	4.5	0.4	1.8	5.99	0.04	0.33	2.2	44.0	254	40	19.8	
茵陈蒿	*Artemisia apillaris*	嫩茎叶 Tender shoot	79.0	8.0	5.6	0.4		5.02	0.05	0.35	0.2	2.0	257	97	21.0	
槐树	*Sophora japonica*	花 Flower		15.0	3.1	0.7		0.04	0.04	0.18	6.6	66.0	83	69	3.5	
鸡眼草	*Kummerowia striata*	嫩茎叶 Tender shoot	67.0	13.0	6.1	1.4	5.0	12.6		0.8		270.0	250	80		
南苜蓿	*Medicago polymorpha*	嫩茎叶 Tender shoot	87.5	9.7	5.9	0.4		3.48	0.10	0.22	0.1	85.0	168	64	7.6	
宽叶韭	*Allium hookeri*	嫩叶 Tender leaves	86.0	3.0	3.7	0.9	4.1	1.41	0.03	0.11	0.7	71.0	129	47	5.4	
薤白	*Allium macrostemon*	鳞茎 Bulb	68.0	26.0	3.4	0.4	0.9	0.09	0.08	0.14	1.0	36.0	100	53	4.9	
小黄花菜	*Hemerocallis minor*	花蕾 Flower bud		11.6	2.9	0.5	1.5	1.17	0.19	0.13	1.1		73	69	1.4	
野韭菜	*Allium ramosum*	嫩叶 Tender leaves	86.0	3.0	3.7	0.9		1.41	0.03	0.11	0.11	11.0	129	47	5.4	
白花碎米荠	*Cardamine leucantha*	嫩茎叶 Tender shoot	75.0	18.0	2.8	0.6	1.8	5.73	0.04	0.21		117.0	268	61	8.6	
荠菜	*Cardamine urbaniana*	嫩苗 Tender seedling	81.5	6.0	5.3	0.4	1.4	3.3	0.14	0.19	0.7	55.0	420	37	6.3	
宝盖草	*Lamium amphexicale*	嫩茎叶 Tender shoot	85.0	5.0	4.2	0.3		4.06	0.07	0.23	2.3	31.0	348	45	30.1	
泽兰	*Eupatorium japonicum*	嫩茎叶 Tender shoot	79.0	9.0	4.3	0.7		6.33	0.04	0.25	1.4	7.0	297	62	4.4	
猪毛菜	*Salsola collina*	嫩苗 Tender seedling		4.0	2.8	0.3	0.9	6.23	0.86	0.88	0.7	86.0	480	34	8.3	
紫苏	*Perilla frutescens*	嫩茎叶 Tender shoot		6.4	3.8	1.3	1.5	9.09	0.02	0.35	1.3	47.0	3	44	8.3	
鸭儿芹	*Cryptotaenia japonica*	嫩茎叶 Tender shoot	83.0	9.0	2.7	0.5		7.3		0.46		33.0	333	46	20	
水芹	*Oenanthe javanica*	嫩苗、嫩茎叶 Tender seedling, tender shoot	91.0		2.1	0.6	3.0	4.28	0.02	0.09	0.1	47.0	154	9.8	23.3	

（续表）

野菜名 Name	拉丁学名 Latin name	食用部位 Edible part	水分 Water (g)	碳水化合物 Carbohydrate (g)	蛋白质 Protein(g)	脂肪 Fat (g)	粗纤维 Crude fibre(g)	维生素 Vitamin (mg)					钙 Ca (mg)	磷 P (mg)	铁 Fe (mg)	钾 K (mg)
								A	B_1	B_2	B_5	C				
土当归花	*Heracleum lanatum*	嫩叶 Tender leaves	79.0	8.0	6.2	0.4		5.5	0.07	0.05	1.9	12.8	473	61	7.6	
鹅绒委陵菜	*Potentilla anserina*	块根 Rhizome	80.0	3.0	12.6	1.4	3.2	0.64	0.16		3.3		123	334	24.4	
薯蓣	*Dioscorea opposite*	块茎 Tuber	84.6	14.4	1.5		0.9	0.02	0.08	0.02	0.5	4.0	14	42	0.13	
野藠头	*Allium chinense*	鳞茎 Bulb	87.0	8.0	1.6			1.46	0.02	0.12	0.8	14.0	64	52	2.1	
麦瓶草	*Silene conoidea*	嫩茎叶 Tender shoot	88.0	7.0	4.5	0.5		4.16	0.02	0.27	1.6	49.0	53	55	4.5	
无花果	*Ficus carica*	果实 Fruit	83.6	13.6	1.0	0.4	1.9	0.05	0.04	0.03	0.13	1.0	0.9	23	0.4	
地肤	*Kochia scoparia*	嫩茎叶 Tender shoot	79.0	8.0	5.2	0.8	2.2	5.72	0.15	0.31	1.6	39.0				
凹头苋	*Amaranthus blitum* L.	嫩茎叶 Tender shoot	80.0	8.0	5.5	0.6	1.6	7.8	0.05	0.36	2.1	153.0	610	93	3.9	411
打碗花	*Calystegia hederacea*	嫩茎叶 Tender shoot		5.0	3.7		3.1	8.3	0.02	0.59	2.0	78.0	422	40	10.1	
野菱	*Trapa incise*	果实 Fruit		24.0	3.6	0.5		0.01	0.23	0.05	1.9	5.0	9.0	49	0.7	140
野葱	*Allium albidum*	嫩叶 Tender leaves	89.0	5.0	2.7	0.2		3.0	0.31		0.7	46.0	279	43	4.1	
轮叶沙参	*Adenophora tetraphylla*	嫩叶 Tender leaves	74.0	16.0	0.8	1.6	5.4				2.7	104.0	585	180		
鸭跖草	*Commelina communis*	嫩茎叶 Tender shoot	89.0	5.0	2.8	0.3	1.2	4.19	0.03	0.29	0.9	87.0	206	39	5.4	
酸模	*Rumex acetosa*	嫩茎叶 Tender shoot		2.0	1.8	0.7		3.2	0.4		0.7	70.0	440	80		
费菜	*Sedum aizoon*	嫩茎叶 Tender shoot	87.0	8.0	2.1	0.7		2.54	0.05	0.07	0.9	90.0	315	39	3.2	
野葵	*Malva verticillata*	嫩茎叶 Tender shoot	90.0	3.4	3.1	0.5		8.98	0.13	0.3	0.2	55.0	315	56	2.2	
大车前	*Plantago major*	嫩叶 Tender leaves	79.0	10.0	4.0	1.3	3.3	5.85	0.09	0.25		23.0	309	175	25.3	
宽叶香蒲	*Typha latifolia*	嫩芽 Bud		1.5	1.2	0.1		0.01	0.03	0.04	0.5	6.0	53	24	0.2	190
乌蔹莓	*Cayratia japonica*	嫩叶 Tender leaves	83.0	7.0	4.7	0.3	3.2	2.95	0.09	0.07	1.1	12.0	528	69	12.6	
鸭舌草	*Monochoria vaginalis*	嫩茎叶 Tender shoot	97.0		2.1	0.2	1.5			0.44		78.0	100	70		
凤眼莲	*Eichhornia crasipes*	嫩叶 Tender leaves	95.2		1.1	0.7	1.4	2.7		0.21		78.0	30	80		
守宫木	*Sauropus androgynus*	嫩茎叶 Tender shoot		11.6	6.8		2.5	4.94		0.18		180.0	441	61	28	
酢浆草	*Oxalis corniculata*	嫩茎叶 Tender shoot		5.0	3.1	0.5		5.24	0.25	0.31		127.0	27	105	5.6	
马齿苋	*Portulaca oleracea*	嫩茎叶 Tender shoot	92.0	3.0	2.3	0.5	0.7	2.23	0.03	0.11	0.7	23.0	85	56	1.5	
蕺菜	*Houttuynia cordata*	嫩茎叶 Tender shoot		6.0	2.2	0.4	1.2		0.013	0.172		33.7	74	53		
长瓣慈姑	*Sagittaria sagittifolia*	球茎 Corm		25.7	5.6	0.2	0.6		0.14	0.07	1.6	4.0	8	260	1.4	
莕菜	*Nymphoides peltatum*	嫩茎叶 Tender shoot		11.8	1.22	0.6		3.70		0.15	0.46	59.0	96	30	3.5	

矿物质是无机化合物，是健康体魄的基础物质，是构成身体和酶的一部分，约占体重的 4%。矿物质主要分大量元素和微量元素。大量元素在人体内含量大于 5g，人体每天需要摄取 100mg 以上；微量元素的体内含量小于 5g，人体每天摄取小于 100mg，它在体内的重量小，功能则与大量元素同等重要。人体内大部分细胞活动，体液渗透，中枢神经系统的运作，骨骼和牙齿硬度的保持和增强，酶活性和维持神经肌肉的兴奋性都需要矿物质的支持。人体不能自己制造矿物质，需经食物的传送和吸收。由于身体每天都会因新陈代谢把一定分量的矿物质排出体外，故需不断补充。资料表明，野菜都含有矿物质，有些种类的含量还相当丰富。微量元素在防病治病中有重要作用，有些野菜已测出含有各种微量元素，

◇ 白花洋紫荆

这是非常可喜的。据记载，在我国明朝，长白山曾经火山爆发，火山灰中含有丰富的硒、锗等多种重要的微量元素。这些火山灰散落到长白山，被山上的植物吸收后就转化为各种重要的营养素。长白山盛产人参、女贞等草药，也是野菜，都富含这些微量元素，所以有很好的药效，现已成为名贵产品。

三、野生蔬菜资源有丰富的淀粉源

淀粉具有广泛用途，不但是食品业主要原料，还可用于一些工业。许多野菜都有较高的淀粉含量，例如多花黄精的淀粉含量在可食用部位中约占 25%，玉竹含 25%~30%、天门冬约含 33%、土栾儿约含 35%、肖菝葜约含 56%、白栎果实种仁约含 60%、野葛约含 76%，还有黄精、打碗花、栝楼、女贞、菊芋、食用葛藤、土茯苓、泽兰、珊瑚菜、委陵菜、何首乌等野菜的淀粉含量都较高。可见，野菜资源具有相当丰富的淀粉原料。

◇ 白鹃梅

四、野生蔬菜资源蕴藏了可贵的挥发油和芳香物质

资料表明，野菜含有各种挥发油或芳香油，例如，菊科的佩兰全株含有挥发油，主要成分为对－伞花烃（P-cymene）、麝香草甲醚（Methyl thymolether）、橙醇乙酯（Nerylacetate）、宁德洛非碱（Lindelofine）、叶含香豆精、邻－香豆酸（O-cournaric acid），叶和花含蒲公英甾醇棕榈酸酯（Taraxasteryl palmitate）等。实验证明，该挥发油对流感病毒有抑制作用，口服提取物能引起小鼠动情周期暂时停止，排卵受到抑制，水煎剂有抑菌作用。唇形科的活血丹全株含挥发油，主要成分为L- 蒎莰酮（L-pinocamphone）、L- 薄荷酮（L-pulegone），还含熊果酸（Ursolic acid）、植物甾醇（Phytosterol）及多种氨基酸等，有利胆利尿、消炎作用，还对多种杆菌有抑制作用。又如三白草科的蕺菜，含有挥发油和黄酮类成分，其挥发油主要是葵酰乙醛（Decanoylactaldehyde）、月桂烯（Myecene）、甲基正壬酮（Methylandecanone）、L- 蒎烯（L-pinene），黄酮有金丝桃苷（Hyperin）、槲皮苷（Quercitrin）等，对流感杆菌等有抑制作用，还抗病毒、抗钩端螺旋体等，可增强白细胞的吞噬能力，提高血清备解素，因而可提高免疫力，此外还有利尿、抗肿瘤、止咳等作用。含有挥发油的野菜至少有 60 种。有些野菜含芳香油，如蒌蒿、罗勒、吉龙草、猴樟、香叶樟、木姜子、毛叶木姜子、花椒、山鸡椒、滇白珠、木樨、珠兰、腊梅等。野菜所含挥发油和芳香油可提升身心活动品质，诸如对抗过滤性病毒，激励健康细胞更新和成长，活化身心系统平衡，也可放松和刺激血液淋巴循环，借此增强免疫系统，并减轻疼痛、膨胀、清除不洁，还有平衡情绪，刺激提神、复苏疲倦、增强记忆力等。此外，还可作防腐剂或杀虫剂。

◇ 泽兰

许多野菜还可榨汁、制酱、做果酱、制作饮料，有些种类适合做各种调味品等。由此可见，野生蔬菜所含各种物质，除很多都可以作食品外，还是医药和保健等工业的原料。例如，薄荷和紫苏两种野菜都含有挥发油和芳香物质等，现在已经在食品、化妆品、防护性等化工业、医药卫生业等广泛利用。这类原料来源容易，成本低、质量优，制成产品效果好，因而具有利用优势。据知，近代凡与人类有关的食品、医药或化工等行业，在原料选用方面，都逐渐由化学等原料改用生物原料，尤其重视天然的生物原料，野生蔬菜资源正迎合这种趋势和需要。

五、野生蔬菜资源是草药和医药的雄厚后备军

早已知道，众多野菜有食疗作用，食用这些野菜，可防病或治病。对 600 多种野菜的调查发现，具有药用功效的野菜有 440 多种，约占 70%，其中有 120 多种是草药，约占 20%，这些既属野菜又属草药，在中草药书籍中都有介绍。古今大量实例证明，野菜的防病治病范围广泛，药效显著。例如刺五加，近年日本人用其治疗多种疾病，对高血压、慢性肝炎、糖尿病、癌症、过敏性鼻炎、贫血、荨麻疹、低血压、感冒和失眠等都有疗效。相信今后这类野菜还会陆续发现，不断增多。

可见，我国的野生蔬菜资源有许多优良种质，多方面都有利用价值，不但可以促进蔬菜业的发展，而且对食品、化工、中草药和医疗卫生等行业都将产生影

响，并有积极作用。

应当指出，野生蔬菜也有些不良品质，如有些野菜有涩味、苦味、腥味、臭味或其他异味等。有异味的野菜中，有些是整体性的，有些只存在于局部组织，有些是季节性的，利用前应该了解清楚，采取相应的方法，便可去除。有些野菜有毒性，这需要特别留意。对于野菜的毒性，应该有科学态度对待。野菜的毒性会伤害人，但处理得当，可治病救人。

六、野生蔬菜资源是山区、林区的天赋资产

山区、林区的生态环境为野生蔬菜资源繁殖和生长提供了适宜条件，因而是野生蔬菜资源的主要产地。而野生蔬菜则成为山区、林区的天然财富。首先，各种野生蔬菜在全年不同季节生长，当地人们可以四季采摘鲜嫩野菜运销城乡，增加市场品种花色和保健蔬菜，繁荣市场，改善人们的生活，又带来山区、林区人们的常年经济收益。其次，许多野菜可以深加工，如晒干、腌渍、制酱、制作罐头、制作饮料或各种调味品。再次，不少山区、林区都已发现一些贵重的特产野菜，其中许多种类又属于名贵草药，这类野菜不但可以采摘销售，还应该收集起来，进行人工繁殖和培植，建立生产基地，规模栽培、规模经营，以远销国内外，造福人们，富裕自己。此外，有些野菜除可食用外，还可作为城乡园林绿化、美化和减防污染的资源；有些木本野菜是良好用材，可造各种产品等。这些说明，开发野生蔬菜资源将会是山区、林区发展经济，奔向富裕的机遇。

◇ 北野菊（甘菊）

◇ 滨木患

英文摘要

Because wild vegetables have existed in nature for ages, they have developed many valuable characters. For example, most wild vegetables have stronger resistivity to bad environment, less prone to chemical contamination and contain abundant nutrient substances, as carbohydrate, protein, fat, fiber, various vitamins and minerals et al.

According to studies on 180 species of wild vegetables, those with a protein content of 2% (The content is edible part per 100 grams, same below) number 99 species, about 55% of the total, some even come up to 10%~12%, vitamin C is quite abundant in wild vegetables, with average content higher than that of common vegetables, wild vegetables having a vitamin C content of 50 mg or more include 89 species, about 49% of the total.

◇ 毛梾

Wild vegetables are also rich in starch, valuable volatile oil and fragrant substances, these oils and substances have a wide range of industrial usage.

Investigations reveal that there are about 440 species among 600 species of wild vegetables showing medicinal effect. These species may be widely used against and diseases and with significant therapeutic efficacy.

◇ 手参

Mountainous regions and forest areas are the main production base of wild vegetables, which constitute their natural property. Exploitation of wild vegetables will give those localities a chance to develop economy and achieve poverty reduction.

第二章 研发野生蔬菜资源的思考

CHAPTER TWO PROPOSED STRATEGY FOR EXPLOITATION OF WILD VEGETABLE RESOURCES

一、中国野生蔬菜资源为何仍未开发

◇ 虾子花

野生蔬菜是大自然早已存在的资源，为何直至现在仍没有得到很好的开发？对于这个问题，我们认为可能与历史条件的制约以及人们对野菜的认识有关。

蔬菜是人们的日常食物，对人们的生活品质有重要影响，与人们的健康也有密切关系。长期以来，蔬菜研究和生产的事情主要由民间操作。正由于这个缘故，我国的小菜园、家庭菜园和宅旁菜园等很普遍，出现了不少生产能手，创造出许多优良地方品种，总结了许多实用的生产经验。那时候对于野生蔬菜，只有一些地区和部门进行小规模的生产经营，少数学者或爱好者进行研究探索，普劳大众偶尔采摘食用，或在兵荒马乱时或发生饥荒时作充饥食物，也有一些人会作药草利用等。

新中国成立后，党和政府关心人民群众的生活与健康，对蔬菜的生产和供应很重视。改革开放以后，开放大市场，全国蔬菜大流通，大大地改善了蔬菜的供应，明显地提高了人们的生活品质。但对于野生蔬菜，一直以来，仅有一些农民偶尔采摘食用或出售，有些地区对少数种类进行生产经营，有关部门（如土特产公司等）对当地一些特产蔬菜组织生产、收购和销售等，在整体上仍没有开发。应该肯定，几十年来，各级政府对蔬菜工作投入了巨大的人力、财力和物力，好不容易取得了今天的成绩，至今仍没有及时开发野菜是可以理解的。另外，人们普遍对野菜认知不深，这也与宣传乏力、有关部门重视不够等有关。

二、研发野生蔬菜资源的需要和可能

时至今日，应该考虑研发野生蔬菜资源问题，探讨研发野生蔬菜资源的需求与可行性。

从我国的蔬菜种质现状来看，长期的蔬菜科技与生产发展，对我国现有蔬菜的资源，特别是优良种质已经进行了较深入的研究和利用，同时也研究利用了国外不少的优良种质。但现在已经出现优良种质欠缺的局面，需要寻找更多新的优良种质，才能不断改进原有品种，创造新的优良品种。

从市场需求来说，实行全国大市场、大流通以来，蔬菜生产供应大大改善，人们经常享用到各地的新鲜蔬菜、名特蔬菜和反季节蔬菜。现在人们开始提出新的需求，希望增加品种花色，提供更多优质品种和价廉物美的产品。

再看生产原料的发展趋势，现代人越来越重视健康，对产品质量特别是食品质量的要求越来越严格，化学合成的原料制造的产品越来越不受欢迎，青睐的是生物原料制造的产品，特别是天然的生物原料制造纯天然原料的健康产品。

面对这些趋势和需求，开发利用我国的野生蔬菜资源具有现实意义和深远影响。也许有人认为，贫穷或饥荒时人们才需要野生蔬菜，现在人们越来越富裕，生活过得越来越好，何必还要野菜。这些看法是片面的、不正确的。须知，野菜是一类天然资源，是无污染、有相当丰富营养并可预防和治疗疾病的食料。据现有资料判断，在近千种的野菜中，很容易找到广大群众能接受的种类，如野茼蒿、野菊、紫背菜、菊花脑、蒲公英、蔊菜、荠菜、独行菜、益母草、薄荷、紫苏、荆芥、水芹、守宫木、酢浆草、马齿苋、土人参、蕺菜、落葵薯、玉竹、山百合、独脚金、车前草、薯蓣、野葛和香椿等。

◇ 心叶堇菜

◇ 蜀葵

现在我国需要找到更多的优良蔬菜种质，以便改进和创新品种。我国的野生蔬菜资源中就蕴藏着不少优良种质。在抗性资源方面，有可能找到耐热、耐寒、耐旱、耐湿、耐瘠、耐酸或耐碱等资源。例如，猪毛菜和沙芥都耐旱，前者还耐碱；栀子能耐酸；白及、菖蒲、东方香蒲、海花菜都耐湿，菖蒲和东方香蒲还能在沼泽地生长等。这对选育抗御恶劣环境新品种是难得的资源。在优质资源方面，有可能发掘到各种高维生素、高氨基酸、高纤维素、高微量元素和高淀粉等优质资源；又可能发现含有各种挥发油、芳香油和各种调味料资源。这些野菜资源不但可以增加商品市场的优质蔬菜种类，又可成为改进品种的种质，还可能为诸如食品、化妆、保健和医药等产业提供天然的生物原料。另外，深入调查研究野菜资源，有可能发现更多能预防和治疗人类各种疾病的野菜，这既可增强商品蔬菜的保健效益，又可促进中草药的发展。

再者，野生蔬菜遍布山野，山区和林区是野菜的重要产地，因此，开发野菜资源，将是山区和林区发展经济、脱贫致富的有效途径之一。

总之，开发利用我国的野生蔬菜资源优势明显，具有多方面意义和作用。今后，如把现有蔬菜与野生蔬菜发展融为一体，必定使我国蔬菜业跨上新台阶，可望创建成为有中国特色的蔬菜事业。

◇ 草木樨

三、研发野生蔬菜资源的设想

研发野菜资源是一项较长期、涉及面广、相当艰巨的工程，应该有专门机构负责。我国地理和气候多样，资源丰富，且分布广泛，可以在华北（或东北）、西南和华南地区建立 3 个野菜资源研发中心，3 个中心既相互合作，又分工负责该地区的有关事务。研发中心主要在 3 个层面开展工作：

第一个层面，在该地区进行野生蔬菜资源普查工作，建立野菜资源圃与野菜档案，编撰野菜资料。在此基础上，推广适合人们食用的野菜种类，同时认真搜集各种优良种质和各种有用资源。

第二个层面，向相关部门和企业推荐各种有用资源，与他们合作分析测定各种有用成分，进行提炼和实验，在此基础上深加工、深开发。

第三个层面，与有关科技和文教单位组织创建一个研究网络，研究一些野菜的优良种质和特异种质，进行优质育种，开展生物技术研究，寻找有用基因，创造高质量品种。

与此同时，通过各种传媒机构，广泛宣传野菜，指导野菜爱好者和生产者进行野菜生产和经营，逐步建成生产网络。协助蔬菜经营单位如蔬菜批发商和零售商掌握野菜的保鲜、包装和贮藏等技术，向餐饮单位介绍野菜的食用价值、烹调方法等，组织营销网络，不断改进和提高营销手段，提升商机。

英文摘要

Now, good varieties of common cultivated vegetables are lacking, and there is pressing need to find more new superior varieties. The consumers love new vegetable varieties, favoring priced quality produce. Nowadays, people are getting more and more concerned about health care, and distrustful of food products containing chemical or synthetic material.

Wild vegetables being pollution-free, nutrient-rich and some effect against disease, have many advantages, and it is estimated that among the near one thousand species of wild vegetables, it would be easy to find various good quality health food species acceptable to the people. Searching for genetic material to improve our cultivated vegetable varieties should focus on wild vegetable in our own country, especially since they are hardy and free of pollution. In the process we can expect to discover more medicinal herbs too.

Besides this, since the mountainous regions and forest areas are the important production base for wild vegetables, and so exploitation of the wild vegetable

◇ 红花酢浆草

◇ 聚果榕

resources is carried out scientifically, that will allow those places to reduce poverty and bring prosperity.

Research and exploitation of the wild vegetable resource is a lengthy and quite difficult task, necessitating the establishment of special organizations to direct the work. We think three wild vegetables research and development centers (North China or East China , Southwestern China and South China) could cover the whole range of the country.

First, general investigation should be done to identify the wild vegetable resources, then we can introduce some wild vegetables variety to the market to test consumer acceptance of various good species, finally analyses and measurement of the useful content for commercial expansion improvement breeding projects should be done.

第三章
野生蔬菜资源的分类

CHAPTER THREE
CLASSIFICATION OF WILD VEGETABLE RESOURCES

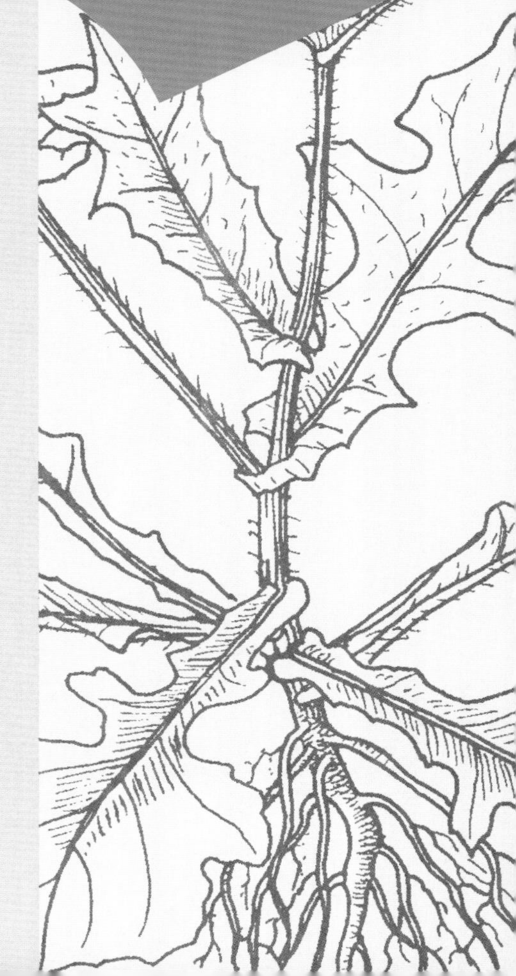

一、野生蔬菜资源的植物科属分类

根据初步调查，我国的野生蔬菜资源有千种以上，约分布于 120 个科和 530 个属，各科属的野菜种类及其拉丁学名详列如下：

◇ 篦齿苏铁

◇ 反枝苋

1．菊科 Compositae

蒿属 *Artemisia* L.

蒌蒿 *Artemisia selengensis* Turcz. ex Besser

青蒿 *Artemisia carvifolia* Buch.-Ham. ex Roxb.

柳蒿 *Artemisia integrifolia* L.

白苞蒿 *Artemisia lactiflora* Wall. ex DC.

牡蒿 *Artemisia japonica* Thunb.

艾蒿 *Artemisia argyi* Lévl. et Van.

黄花蒿 *Artemisia annua* L.

茵陈蒿 *Artemisia capillaris* Thunb.

野艾蒿 *Artemisia lavandulifolia* DC.

紫香蒿 *Artemisia dracunculus* L.

鼠麴草属 *Gnaphalium* L.

鼠麴草 *Gnaphalium affine* D. Don.

大叶鼠麴草 *Gnaphalium adnatum* Wall. ex DC.

细叶鼠麴草 *Gnaphalium japonicum* Thunb.

贝加尔鼠麴草 *Gnaphalium baicalense* Kirp.

秋鼠麴草 *Gnaphalium hypoleucum* DC.

多茎鼠麴草 *Gnaphalium polycaulon* Pers.

鼠麴舅 *Gnaphalium purpureum* L.

小苦荬属 *Ixeridium* （A. Gray） Tzvel.

剪刀股 *Ixeris japonica* （Burm. f.） Nakai

山苦荬 *Ixeridium chinense*（Thunb.） Tzvel.

苦荬菜 *Ixeris denticulata* （Houtt.） Nakai ex Stebbins

抱茎苦荬 *Ixeridium sonchifolium*（Maxim.） Shih

匍匐苦荬菜 *Chorisis repens* （L.） DC.

齿缘苦荬菜 *Ixeridium dentatum* （Thunb.） Tzvel.

菊三七属 *Gynura* Cass.

菊三七 *Gynura japonica* （Thunb.） Juel

紫背菜 *Gynura bicolor* （Roxb. ex Willd.） DC.

白子菜 *Gynura divaricata* （L.） DC.

野茼蒿属 *Crassocephalum* Moench

野茼蒿 *Crassocephalum crepidioides* （Benth.） S. Moore

鬼针草属 *Bidens* L.

婆婆针 *Bidens bipinnata* L.
小花鬼针草 *Bidens parviflora* Willd.
狼把草 *Bidens tripartita* L.
鬼针草 *Bidens pilosa* L.
莴苣属 *Lactuca* L.
野莴苣 *Lactuca serriola* L.
山生菜 *Lactuca indica* L.
北山莴苣 *Lactuca sibiricum* （L.） Benth. ex Maxim.
蓟属 *Cirsium* Mill.
蓟 *Cirsium japonicum* Fisch. ex DC.
刺儿菜 *Cirsium setosum*（Willd.）MB.
滨蓟 *Cirsium albescens* Kitam.
烟管蓟 *Cirsium pendulum* Fisch. ex DC.
风毛菊属 *Saussurea* DC.
风毛菊 *Saussurea japonica* （Thunb.） DC.
燕尾风毛菊 *Saussurea neoserrata* Nakai
锦头风毛菊 *Saussurea laniceps* Hand.-Mazz.
苍术属 *Atractylodes* DC.
苍术 *Atractylodes lancea* （Thunb.） DC.
关苍术 *Atractylodes japonica* Koidz. ex Kitam.
朝鲜苍术 *Atractylodes koreana* （Nakai） Kitam.
苦苣菜属 *Sonchus* L.
苦苣菜 *Sonchus oleraceus* （L.） L.
苣荬菜 *Sonchus arvensis* L.
裂叶苣荬菜 *Sonchus brachyotus* DC.
紫菀属 *Aster* L.
紫菀 *Aster tataricus* L. f.
钻形紫菀 *Aster subulatus* Michx.
三脉紫菀 *Aster ageratoides* Turcz.
狗娃花属 *Heteropappus* Less.
铁杆蒿 *Heteropappus altaicus*（Willd.）Novopokr.
菊属 *Dendranthema* （DC.）Des Moul.
野菊 *Dendranthema indicum*（L.）Des Moul.
北野菊 *Chrysanthemum lavandulifolium* （Fisch. ex Trautv.） Makino
蜂斗菜属 *Petasites* Mill.
蜂斗菜 *Petasites japonicus* （Sieb. et Zucc.） Maxim.
掌叶蜂斗菜 *Petasites tatewakianus* Kitam.
台湾款冬 *Petasites formosanus* Kitam.
蒲公英属 *Taraxacum* F. H. Wigg.
蒲公英 *Taraxacum mongolicum* Hand.-Mazz.

台湾蒲公英 *Taraxacum formosanus* Kitamura
西洋蒲公英 *Taraxacum officinale* Webb
豨莶属 *Siegesbeckia* L.
豨莶 *Siegesbeckia orientalis* L.
毛梗豨莶 *Siegesbeckia glabrescens* Makino
腺梗豨莶 *Siegesbeckia pubescens* Makino
马兰属 *Kalimeris* （Cass.） Cass.
马兰 *Kalimeris indica* （L.） Sch.-Bip.
全叶马兰 *Kalimeris integrifolia* Turcz. ex DC.
大丁草属 *Gerbera* Cass.
大丁草 *Gerbera anandria* （L.） Sch.-Bip.
毛大丁草 *Gerbera piloselloides* （L.） Cass.
毛连菜属 *Picris* L.
毛连菜 *Picris hieracioides* L.
兴安毛连菜 *Picris dahurica* DC.
白酒草属 *Conyza* Less.
小蓬草 *Conyza canadensis* （L.） Cronq.
苏门白酒草 *Conyza sumatrensis* （Retz.）Walker
蟹甲草属 *Parasenecio* W. W. Smith et J. Small
耳叶蟹甲草 *Parasenecio auriculatus* （DC.） J. R. Grant
山尖子 *Parasenecio hastatus* （L.） H. Koyama
橐吾属 *Ligularia* Cass.
橐吾 *Ligularia sibirica* （L.） Cass.
蹄叶橐吾 *Ligularia fischeri* （Ledeb.） Turcz.
泽兰属 *Eupatorium* L.
泽兰 *Eupatorium japonicum* Thunb. ex Murray
佩兰 *Eupatorium fortunei* Turcz.
一点红属 *Emilia* （Cass.） Cass.
一点红 *Emilia sonchifolia* Benth.
一枝黄花属 *Solidago* L.
一枝黄花 *Solidago decurrens* Lour.
飞廉属 *Carduus* L.
飞廉 *Carduus crispus* L.
山莴苣属 *Lagedium* Sojak
山莴苣 *Lagedium sibiricum*（L.）Sojak
千里光属 *Senecio* L.
菊状千里光 *Senecio laetus* Edgew.
女菀属 *Turczaninowia* DC.
女菀 *Turczaninowia fastigiata* （Fisch.） DC.
飞蓬属 *Erigeron* L.

◇ 红丝线

◇ 小叶女贞

一年蓬 *Erigeron annuus* （L.） Desf.

山牛蒡属 *Synurus* Iljin

山牛蒡 *Synurus deltoides* （Ait.） Nakai

牛膝菊属 *Galinsoga* Ruiz et Pav.

牛膝菊 *Galinsoga parviflora* Cav.

牛蒡属 *Arctium* L.

牛蒡 *Arctium lappa* L.

东风菜属 *Doellingeria* Nees

东风菜 *Doellingeria scabra* （Thunb.） Nees

红花属 *Carthamus* L.

红花 *Carthamus tinctorius* L.

向日葵属 *Helianthus* L.

菊芋 *Helianthus tuberosus* L.

苍耳属 *Xanthium* L.

苍耳 *Xanthium sibiricum* Patrin ex Widder

泥胡菜属 *Hemisteptia* Bunge

泥胡菜 *Hemisteptia lyrata* （Bunge） Bunge

兔儿伞属 *Syneilesis* Maxim.

兔儿伞 *Syneilesis aconitifolia* （Bunge） Maxim.

沼菊属 *Enydra* Lour.

◇ 刺槐

◇ 苍耳

沼菊 *Enydra fluctuans* Lour.

鸦葱属 *Scorzonera* L.

笔管草 *Scorzonera albicaulis* Bunge

鸦葱 *Scorzonera austriaca* Willd.

香青属 *Anaphalis* DC.

香青 *Anaphalis sinica* Hance

菊芹属 *Erechtites* Raf.

美洲菊芹 *Erechtites hieracifolia* （L.） Raf. ex DC.

黄鹌菜属 *Youngia* Cass.

黄鹌菜 *Youngia japonica* （L.） DC.

旋覆花属 *Inula* L.

旋覆花 *Inula japonica* Thunb.

款冬属 *Tussilago* L.

款冬 *Tussilago farfara* L.

碱菀属 *Tripolium* Nees

碱菀 *Tripolium vulgare* Nees

稻槎菜属 *Lapsana* L.

稻槎菜 *Lapsana apogonoides* （Maxim.）

蟛蜞菊属 *Wedelia* Jacq.

卤地菊 *Wedelia prostrata* （Hook. et Arn.） Hemsl.

鳢肠属 *Eclipta* L.

鳢肠 *Eclipta prostrata* L.

和尚菜属 *Adenocaulon* Hook.

腺梗菜 *Adenocaulon himalaicum* Edgew.

下田菊 *Adenostemma lavenia* var. *lavenia* （L.） Kuntze

鱼眼草属 *Dichrocephala* L' Hér. ex DC.

鱼眼草 *Dichrocephala integrifolia*（L.f.）Kuntze

兔苣属 *Lagoseris* M. Bieb.

兔子菜 *Lagoseris sancta* Grande

阔苞菊属 *Pluchea* Cass.

阔苞菊 *Pluchea indica* （L.）Less.

乳苣属 *Mulgedium* Cass.

乳苣 *Mulgedium tataricum* （L.） DC.

裸柱菊属 *Soliva* Ruiz et Pav.

座地菊 *Soliva anthemifolia* R. Br.

蓍属 *Achillea*

高山蓍 *Achillea alpina* L.

2．豆科 Leguminosae

野豌豆属 *Vicia* L.

野豌豆 *Vicia sepium* L.

山野豌豆 *Vicia amoena* Fisch.

广布野豌豆 *Vicia cracca* Benth.

救荒野豌豆 *Vicia sativa* Guss.

硬毛果野豌豆 *Vicia hirsuta* （L.） Gray

假香野豌豆 *Vicia pseudorobus* Fisch. et C. A. Mey.

歪头菜 *Vicia unijuga* A. Braun

头序歪头菜 *Vicia ohwiana* Hosokawa

苜蓿属 *Medicago* L.

紫苜蓿 *Medicago sativa* L.

野苜蓿 *Medicago falcata* L.

小苜蓿 *Medicago minima* （L.） Grufberg

南苜蓿 *Medicago polymorpha* L.

天蓝苜蓿 *Medicago lupulina* L.

胡枝子属 *Lespedeza* Michx.

胡枝子 *Lespedeza bicolor* Turcz.

美丽胡枝子 *Lespedeza formosa* （Vogel） Koehne

牛枝子 *Lespedeza potaninii* Vass.

铁扫帚 *Lespedeza cuneata* （Dum.-Cours.） G. Don.

葛属 *Pueraria* DC.

野葛 *Pueraria lobata* （Willd.） Ohwi

三裂叶野葛 *Pueraria phaseoloides* （Roxb.） Benth.

食用葛藤 *Pueraria edulis* Pampan.

◇ 赪桐

◇ 瓷玫瑰

紫云英属 *Astragalus* L.
紫云英 *Astragalus sinicus* L.
黄芪 *Astragalus membranaceus* Moench
直立黄芪 *Astragalus adsurgena* Pall.
车轴草属 *Trifolium* L.
白车轴草 *Trifolium repens* L.
红车轴草 *Trifolium pratense* L.
鸡眼草属 *Kummerowia* Schindl.
鸡眼草 *Kummerowia striata* （Thunb.） Schindl.
长萼鸡眼草 *Kummerowia stipulacea* （Maxim.） Makino
紫藤属 *Wisteria* Nutt.
紫藤 *Wisteria sinensis* （Sims） Sweet
白花紫藤 *Wisteria sinensis* f. *alba* （Lindl.） Rehd. et Wils.
锦鸡儿属 *Caragana* Fabr.
锦鸡儿 *Caragana sinica* （Buchoz） Rehd.
小叶锦鸡儿 *Caragana microphylla* Lam.
槐属 *Sophora* L.
槐树 *Sophora japonica* L.
白刺花 *Sophora davidii* （Franch.） Skeels
大豆属 *Glycine* Willd.
野大豆 *Glycine soja* Sieb. et Zucc.
土圞儿属 *Apios* Fabr.
土圞儿 *Apios fortunei* Maxim.
木豆属 *Cajanus* DC.
木豆 *Cajanus cajan* （ L.） Millsp.
木蓝属 *Indigofera* L.
胡豆 *Indigofera decora* Lindl.
合萌属 *Aeschynomene* L.
田皂角 *Aeschynomene indica* L.
田菁属 *Sesbania* Scop.
木田菁 *Sesbania grandiflora* （L.） Pers.
合欢属 *Albizia* Durazz.
合欢 *Albizia julibrissin* Durazz.
皂荚属 *Gleditsia* L.
皂荚 *Gleditsia sinensis* Lam.
崖豆藤属 *Callerya* Endl.
香花崖豆藤 *Millettia dielsiana* Harms
刺槐属 *Robinia* L.
刺槐 *Robinia pseudoacacia* L.
山黧豆属 *Lathyrus* L.

◇ 长萼堇菜

◇ 插田泡

大山黧豆 *Lathyrus davidii* Hance
草木樨属 *Melilotus* Miller
草木樨 *Melilotus officinalis* （L.） Lam.
胡卢巴属 *Trigonella* L.
胡卢巴 *Trigonella foenum-graecum* L.
豇豆属 *Vigna* Savi
野豇豆 *Vigna vexillata* （L.） Rich.
黄檀属 *Dalbergia* L. f.
黄檀 *Dalbergia hupeana* Hance
扁豆属 *Lablab* Adans.
扁豆 *Lablab purpureus* （L.） Sweet
两型豆属 *Amphicarpaea* Elliot
两型豆 *Amphicarpaea edgeworthii* Benth.
刀豆属 *Canavalia* DC.
直生刀豆 *Canavalia ensiformis* （L.）DC.
米口袋属 *Gueldenstaedtia* Fisch.
米口袋 *Gueldenstaedtia multiflora* （Georgi） Boriss.
鸡头薯属 *Eriosema* （DC.） G. Don.
猪仔笠 *Eriosema chinense* Vog
银合欢属 *Leucaena* Benth.
银合欢 *Leucaena leucocephala* （Lam.） de Wit
鹿藿属 *Rhynchosia* Lour.
鹿藿 *Rhynchosia volubilis* Lour.
兵豆属 *Lens* Mill.
兵豆 *Lens culinaris* Medic.
决明属 *Cassia* L.
决明 *Cassia tora* L.
钝叶决明 *Cassia tora* var. *obtusifolia* （L.） X. Y. Zhu
豆茶决明 *Cassia nomame* （Sieb.） Kitagawa
槐叶决明 *Cassia sophera* L.
短叶决明 *Cassia leschenaultiana* DC.
铁刀木 *Cassia siamea* Lam.
腊肠树 *Cassia fistula* L.
大花黄槐 *Cassia floribunda* Cav.
望江南 *Cassia occidentalis* L.
羊蹄甲属 *Bauhinia* L.
羊蹄甲 *Bauhinia purpurea* DC. ex Walp.
白花洋紫荆 *Bauhinia variegata* var. *candida* Voigt
酸豆属 *Tamarindus* L.
酸豆 *Tamarindus indica* L.

◇ 北美独行菜

◇ 川芎

无忧花属 *Saraca* L.

无忧花 *Saraca indica* L.

金合欢属 *Acacia* Mill.

肉果金合欢 *Acacia concinna* （Willd.） DC.

蛇藤 *Acacia pennata* （L.） Willd.

3．百合科 Liliaceae

葱属 *Allium* L.

薤白 *Allium macrostemon* Bunge

野韭菜 *Allium ramosum* L.

山韭 *Allium senescens* L.

卵叶韭 *Allium ovalifolium* Hand.-Mazz.

宽叶韭 *Allium hookeri* Thwaites

野藠头 *Allium chinense* G. Don.

黄花韭 *Allium chrysanthum* Regel

太白韭 *Allium prattii* C. H. Wright

玉簪叶韭 *Allium funckiaefolium* H. M.

疏花韭 *Allium henryi* C. H. Wright

多星韭 *Allium wallichii* Kunth

茖葱 *Allium victorialis* L.

野葱 *Allium albidum* Fisch. ex M. Bieb.

百合属 *Lilium* L.

百合 *Lilium brownii* var. *viridulum* Baker

山百合 *Lilium brownii* F. E. Br. ex Miellez

披针叶百合 *Lilium primulinum* var. *ochraceum* （Franch.） Stearn

淡黄花百合 *Lilium sulphureum* Baker

绿花百合 *Lilium fargesii* Franch.

条叶百合 *Lilium callosum* Sieb. et Zucc.

毛百合 *Lilium dauricum* Ker-Gawl.

轮叶百合 *Lilium distichum* Nakai

乳头百合 *Lilium papilliferum* Franch.

卷丹 *Lilium lancifolium* Thunb.

山丹 *Lilium pumilum* DC.

渥丹 *Lilium concolor* Salisb

黄精属 *Polygonatum* Mill.

黄精 *Polygonatum sibiricum* Delar. ex Redoute

多花黄精 *Polygonatum cyrtonema* Hua

卷叶黄精 *Polygonatum cirrhifolium* （Wall.） Royle

玉竹 *Polygonatum odoratum* （Mill.） Druce

小玉竹 *Polygonatum humile* Fisch. ex Maxim.

萎蕤 *Polygonatum officinale* All

◇ 薄荷

◇ 垂序商陆

萱草属 *Hemerocallis* L.
萱草 *Hemerocallis fulva* L.
褶叶萱草 *Hemerocallis plicata* Stapf
黄花菜 *Hemerocallis citrina* Baroni
小黄花菜 *Hemerocallis minor* Mill.
天门冬属 *Asparagus* L.
天门冬 *Asparagus cochinchinensis* （Lour.） Merr.
龙须菜 *Asparagus schoberioides* Kunth
鹿药属 *Smilacina* Desf.
鹿药 *Smilacina japonica* （A. Gray） La Frankie
兴安鹿药 *Smilacina dahurica* （Turcz. ex Fisch. et C. A. Mey.） La Frankie
大百合属 *Cardiocrinum* （Endl.） Lindl.
荞麦叶大百合 *Cardiocrinum cathayanum* （Walson） Stearn
万寿竹属 *Disporum* Salisb.
宝铎草 *Disporum sessile* （Thunb.） D. Don. ex Schult. & Schult. f.
玉簪属 *Hosta* Tratt.
玉簪 *Hosta plantaginea* （Lam.） Ascherson
沿阶草属 *Ophiopogon* Ker-Gawl.
沿阶草 *Ophiopogon japonicus* （L. f.） Ker-Gawl.
吉祥草属 *Reineckia* Kunth
吉祥草 *Reineckia carnea* （Andr.） Kunth
郁金香属 *Tulipa* L.
老鸦瓣 *Tulipa edulis* （Miq.） Baker
粉条儿菜属 *Aletris* L.
粉条儿菜 *Aletris spicata* （Thunb.） Franch.
肖菝葜属 *Heterosmilax* Kunth
肖菝葜 *Heterosmilax japonica* Kunth
猪芽花属 *Erythronium* L.
猪芽花 *Erythronium japonicum* Decne.

◇ 大尾摇

◇ 倒提壶

藜芦属 *Veratrum* L.

藜芦 *Veratrum nigrum* L.

重楼属 *Paris* L.

七叶一枝花 *Paris polyphylla* Smith

菝葜属 *Smilax* L.

菝葜 *Smilax china* L.

圆锥菝葜 *Smilax bracteata* Presl

抱茎菝葜 *Smilax ocreata* A. DC.

短梗菝葜 *Smilax scobinicaulis* C. H. Wright

尖叶菝葜 *Smilax arisanensis* Hay.

黑果菝葜 *Smilax glaucochina* Warb.

牛尾菜 *Smilax riparia* A.DC.

白背牛尾草 *Smilax nipponica* Miq.

土茯苓 *Smilax glabra* Roxb.

4．蔷薇科 Rosaceae

悬钩子属 *Rubus* L.

悬钩子 *Rubus corchorifolius* L. f.

玉山悬钩子 *Rubus calycinoides* Hayata

埒叶悬钩子 *Rubus fraxinifoliolus* Hayata

里白悬钩子 *Rubus mesogaeus* Focke

鬼悬钩子 *Rubus pinfaensis* Lévl. & Van.

变叶悬钩子 *Rubus shinkoensis* Hayata

斯氏悬钩子 *Rubus swinhoei* Hance

台湾悬钩子 *Rubus taiwanianus* Matsum.

台东悬钩子 *Rubus aculeatiflorus* var. *taitoensis* （Hay.） Liu et Yang

茅莓 *Rubus parvifolius* L.

寒莓 *Rubus buergeri* Miq.

灰毛果莓 *Rubus nivens* Thunb.

三花霉 *Rubus trianthus* Focke

牛叠肚 *Rubus crataegifolius* Bunge

盾叶莓 *Rubus peltatus* Maxim.

插田泡 *Rubus coreanus* Miq.

覆盆子 *Rubus idaeus* L.

蓬蘽（蓬藁）*Rubus hirsutus* Thunb.

大乌泡 *Rubus multibracteatus* Lévl. et Vant.

高粱泡 *Rubus lambertianus* Ser.

虎婆刺 *Rubus piptopetalus* Hayata

蔷薇属 *Rosa* L.

野蔷薇 *Rosa multiflora* Thunb.

◇ 鸡蛋果

硕苞蔷薇 *Rosa bracteata* Wendl.
粉团蔷薇 *Rosa multiflora* var. *cathayensis* Rehd. et Wils.
金樱子 *Rosa laevigata* Michx.
月季花 *Rosa chinensis* Jacq.
木香花 *Rosa banksiae* Aiton
七姊妹 *Rosa multiflora* var. *carnea* Thory.
山刺玫 *Rosa davurica* Pall.
刺梨 *Rosa roxburghii* Tratt.
委陵菜属 *Potentilla* L.
委陵菜 *Potentilla chinensis* Ser.
鹅绒委陵菜 *Potentilla anserina* L.
匐枝委陵菜 *Potentilla flagellaris* Willd. ex Schlecht
翻白委陵菜 *Potentilla discolor* Bunge
蛇含委陵菜 *Potentilla kleiniana* Wight et Arn.
朝天委陵菜 *Potentilla supina* L.
李属 *Prunus* L.
野杏 *Prunus armeniaca* L.
山桃 *Prunus persica* （L.） Batsch
樱属 *Cerasus* Mill.
山樱桃 *Cerasus campanulata* （Maxim.） Yü et Li
垂枝大叶早樱 *Cerasus subhirtella* var. *pendula* （Tanaka） Yü et Li

草莓属 *Fragaria* L.

东方草莓 *Fragaria orientalis* Lozinsk

台湾草莓 *Fragaria hayatai* Makino

梨属 *Pyrus* L.

棠梨 *Pyrus serrulata* Rehd.

秋子梨 *Pyrus ussuriensis* Maxim.

路边青属 *Geum* L.

水杨梅 *Geum aleppicum* Jacq.

柔毛水杨梅 *Geum japonicum* var. *chinense* F. Bolle

白鹃梅属 *Exochorda* Lindl.

白鹃梅 *Exochorda racemosa* （Lindl.） Rehd.

龙芽草属 *Agrimonia* L.

龙芽草 *Agrimonia pilosa* Ledb.

火棘属 *Pyracantha* Roem.

火棘 *Pyracantha fortuneana* （Maxim.） L.

地榆属 *Sanguisorba* L.

地榆 *Sanguisorba officinalis* L.

蛇莓属 *Duchesnea* J. E. Smith

蛇莓 *Duchesnea indica* （Andr.） Focke

假升麻属 *Aruncus* Adans.

假升麻 *Aruncus sylvester* Kostel

◇ 东方草莓

5．十字花科 Cruciferae

碎米荠属 *Cardamine* L.

碎米荠 *Cardamine hirsuta* L.

白花碎米荠 *Cardamine leucantha* （Tausch.） O. E. Schulz

紫花碎米荠 *Cardamine tangutorum* O. E. Schulz

水田碎米荠 *Cardamine lyrata* Bunge

华中碎米荠 *Cardamine urbaniana* O. E. Schulz

弯曲碎米荠 *Cardamine flexuosa* With.

弹裂碎米荠 *Cardamine impatiens* L.

蔊菜属 *Rorippa* Scop.

蔊菜 *Rorippa indica* （L.） Hiern

无瓣蔊菜 *Rorippa dubia* （Pers.） Hara

球果蔊菜 *Rorippa globosa* （Turcz. ex Fisch. & C. A. Mey.） Vassilcz.

广州蔊菜 *Rorippa cantoniensis* （Lour.） Ohwi

风花菜 *Rorippa islandica* （Oeder） Borbas

独行菜属 *Lepidium* L.

独行菜 *Lepidium apetalum* Willd.

皱叶独行菜 *Lepidium sativum* L.

北美独行菜 *Lepidium virginicum* L.

糖芥属 *Erysimum* L.

糖芥 *Erysimum amurense* Kitag.

小花糖芥 *Erysimum cheiranthoides* L.

灰毛糖芥 *Erysimum diffusum* Ehrh.

南芥属 *Arabis* L.

垂果南芥 *Arabis pendula* L.

匍匐南芥 *Arabis flagellosa* Miq.

硬毛南芥 *Arabis hirsuta* （L.） Scop.

山萮菜属 *Eutrema* R. Br.

山萮菜 *Eutrema yunnanense* Franch.

日本山萮菜 *Eutrema tenue* Makino

芝麻菜属 *Eruca* Mill.

芝麻菜 *Eruca sativa* Mill.

沙芥属 *Pugionium* Gaertn.

沙芥 *Pugionium cornutum* （L.） Gaertn.

芸薹属 *Brassica* L.

野油菜 *Brassica campestris* L.

荠属 *Capsella* Medic.

荠菜 *Capsella bursa-pastoris* （L.） Medic.

离子草属 *Chorispora* R. Br. ex DC.

离子草 *Chorispora tenella* （Pall.） DC.

◇ 高良姜

臭芥属 *Coronopus* J. G. Zinn
臭芥 *Coronopus didymus* （L.） J. E. Smith
盐芥属 *Thellungiella* O. E. Schulz
盐芥 *Thellungiella salsuginea* （Pall.） O. E. Schulz
涩荠属 *Malcolmia* R. Br.
离蕊荠 *Malcolmia africana* （L.） R. Br.
葶苈属 *Draba* L.
葶苈 *Draba nemorosa* L.
菥蓂属 *Thlaspi* L.
遏蓝菜 *Thlaspi arvense* L.
诸葛菜属 *Orychophragmus* Bunge
诸葛菜 *Orychophragmus violaceus* （L.） O. E. Schulz
群心菜属 *Cardaria* Desv.
群心菜 *Cardaria draba* （L.） Desv.
菘蓝属 *Isatis* L.
菘蓝 *Isatis indigotica* L.
萝卜属 *Raphanus* L.
蓝花子 *Raphanus sativus* var. *raphanistroides* （Makino） Makino
播娘蒿属 *Descurainia* Webb et Berth.
播娘蒿 *Descurainia sophia* （L.） Webb ex Prantl
6．唇形科 Labiatae
香薷属 *Elsholtzia* Willd.
香薷 *Elsholtzia ciliata* （Thunb.） Hyland.
海州香薷 *Elsholtzia splendens* Nakai ex F. Maekawa
水香薷 *Elsholtzia kachinensis* Prain
吉龙草 *Elsholtzia communis* （Coll. Hemsl.） Diels
野草香 *Elsholtzia cypriani* （Pavol.） S. Chow ex Hsu
水苏属 *Stachys* L.
水苏 *Stachys japonica* Miq.
草石蚕 *Stachys arrecta* L. H. Bailey
地蚕 *Stachys geobombycis* C. Y. Wu
甘露子 *Stachys sieboldii* Miq.
益母草属 *Leonurus* L.
益母草 *Leonurus artemisia* （Lour.） S. Y. Hu
白花益母草 *Leonurus pseudomacranthus* Kitagawa
细叶益母草 *Leonurus sibiricus* L.
大花益母草 *Leonurus macranthus* Maxim.
薄荷属 *Mentha* L.
薄荷 *Mentha haplocalyx* Briq. （*M. arvensis* L.）

◇ 佛甲草

留兰香 *Mentha spicata* L.
皱叶留兰香 *Mentha crispata* Schrad. ex Willd.
地笋属 *Lycopus* L.
地笋 *Lycopus lucidus* Turcz.
硬毛地笋 *Lycopus lucidus* var. *hirtus* Regel
活血丹属 *Glechoma* L.
活血丹 *Glechoma longituba* （Nakai） Kupr.
欧活血丹 *Glechoma hederacea* L.
金钱薄荷 *Glechoma hederacea* L. var. *grandis* （A. Gray） Kudo
香茶菜属 *Isodon* （Bl.）Hassk.
香茶菜 *Isodon amethystoides* （Benth.） Hara
尾叶香茶菜 *Isodon excisa* （Maxim.） Hara
蓝萼香茶菜 *Isodon japonicus* var. *glaucocalyx*（Maxim.） H. W. Li
凉粉草属 *Mesona* Bl.
凉粉草 *Mesona chinensis* Benth.
仙草 *Mesona prolumbens* Hamsl
野芝麻属 *Lamium* L.
野芝麻 *Lamium barbatum* Sieb. et Zucc.
宝盖草 *Lamium amplexicaule* L.
牛至属 *Origanum* L.
牛至 *Origanum vulgare* L.
百里香属 *Thymus* L.
百里香 *Thymus mongolicus* （Ronniger） Ronniger
罗勒属 *Ocimum* L.
罗勒 *Ocimum basilicum* L.
荆芥属 *Schizonepeta* Briq.
裂叶荆芥 *Schizonepeta tenuifolia* （Benth.） Briq.
石荠苎属 *Mosla* Buch.-Ham. ex Maxim.
荠苎 *Mosla grosseserrata* Maxim.
夏枯草属 *Prunella* L.
夏枯草 *Prunella vulgaris* L.
紫苏属 *Perilla* L.
紫苏 *Perilla frutescens* （L.） Britton
藿香属 *Agastache* Clayt. ex Gronov.
藿香 *Agastache rugosa* （Fisch. et Mey.） O. Ktze.
风轮菜属 *Clinopodium* L.
风轮菜 *Clinopodium chinense* （Benth.） O. Kuntze
鼠尾草属 *Salvia* L.
葛公菜 *Salvia miltiorrhiza* Bge.

◇ 红车轴草

7．伞形科 Umbelliferae

前胡属 *Peucedanum* L.

白花前胡 *Peucedanum praeruptorum* Dunn

紫花前胡 *Peucedanum decursivum* （Miq.） Franch. et Sav.

石防风 *Peucedanum terebinthaceum* （Fisch.） Fisch. ex Turcz.

水芹属 *Oenanthe* L.

水芹 *Oenanthe javanica* （Bl.） DC.

中华水芹 *Oenanthe sinensis* Dunn

藁本属 *Ligusticum* L.

藁本 *Ligusticum sinense* Olive

川芎 *Ligusticum sinense* ‘Chuanxiong’ S. H. Qiu

变豆菜属 *Sanicula* L.

变豆菜 *Sanicula chinensis* Bunge

薄叶变豆菜 *Sanicula lamelligera* Hance

东俄芹属 *Tongoloa* Wolff

大东俄芹 *Tongoloa elata* Wolff

条叶东俄芹 *Tongoloa taeniophylla* （de Boiss.） Wolff

鸭儿芹属 *Cryptotaenia* DC.

鸭儿芹 *Cryptotaenia japonica* Hassk.

天胡荽属 *Hydrocotyle* L.

天胡荽 *Hydrocotyle sibthorpioides* Lam.

红马蹄草 *Hydrocotyle nepalensis* Hook.

白苞芹属 *Nothosmyrnium* Miq.

白苞芹 *Nothosmyrnium japonicum* Miq.

胡萝卜属 *Daucus* L.

野胡萝卜 *Daucus carota* L.

茴芹属 *Pimpinella* L.

大叶芹 *Pimpinella brachycarpa*（Kom.）Nakai

当归属 *Angelica* L.

拐芹 *Angelica polymorpha* Maxim.

防风属 *Saposhnikovia* Schischk.

防风 *Saposhnikovia divaricata*（Turcz.）Schischk.

刺芹属 *Eryngium* L.

刺芫荽 *Eryngium foetidum* L.

茴香菜属 *Foeniculum* Mill.

茴香 *Foeniculum vulgare* Mill.

香根菜属 *Osmorhiza* Rafin.

香根芹 *Osmorhiza aristata*（Thunb.）Makino et Yabe

珊瑚菜属 *Glehnia* Fr. Schmidt ex Miq.

珊瑚菜 *Glehnia littoralis* Fr. Schmidt ex Miq.

积雪草属 *Centella* L.

积雪草 *Centella asiatica*（L.）Urban

莳萝属 *Anethum* L.

莳萝 *Anethum graveolens* L.

葛缕子属 *Carum* L.

葛缕子 *Carum carvi* L.

滇芎属 *Physospermopsis* Wolff

滇芎 *Physospermopsis delavayi*（Franch.）Wolff

峨参属 *Anthriscus*（Pers.）Hoffm.

峨参 *Anthriscus sylvestris*（L.）Hoffm.

独活属 *Heracleum* L.

土当归花 *Heracleum lanatum* Michx

羊角芹属 *Aegopodium* L.

东北羊角芹 *Aegopodium alpestre* Ledeb.

8. 蓼科 Polygonaceae

蓼属 *Polygonum* L.

酸模叶蓼 *Polygonum lapathifolium* L.

绵毛马蓼 *Polygonum lapathifolium* L. var. *salicifolium* Sibth

两栖蓼 *Polygonum amphibium* L.

水蓼 *Polygonum hydropiper* L.

红蓼 *Polygonum orientale* L.

◇ 金钱蒲

◇ 金不换

习见蓼 *Polygonum plebeium* R. Br.
戟叶蓼 *Polygonum thunbergii* Sieb. et Zucc.
西伯利亚蓼 *Polygonum sibiricum* Laxm.
萹蓄 *Polygonum aviculare* L.
虎杖 *Polygonum cuspidatum* Sieb. et. Zucc.
野荞麦草 *Polygonum nepalense* Meisn.
花蝴蝶 *Polygonum runcinatum* Buch.-Ham. ex D. Don.
杠板归 *Polygonum perfoliatum* L.
何首乌 *Fallopia multiflora* （Thunb.）Haraldson
蓼蓝 *Polygonum tinctorium* Ait.
火炭母草 *Polygonum chinense* L.

酸模属 *Rumex* L.

酸模 *Rumex acetosa* L.
皱叶酸模 *Rumex crispus* L.
齿果酸模 *Rumex dentatus* L.
巴天酸模 *Rumex patientia* L.
长刺酸模 *Rumex trisetifer* Stokes
小酸模 *Rumex acetosella* L.
羊蹄 *Rumex japonicus* Houtt.

大黄属 *Rheum* L.

大黄 *Rheum officinale* Baill.

波叶大黄 *Rheum franzenbachii* Munt.

荞麦属 *Fagopyrum* Mill.

苦荞麦 *Fagopyrum tataricum* （L.） Gaertn.

金荞麦 *Fagopyrum dibotrys* （D. Don.） Hara

细梗荞麦 *Fagopyrum gracilipes* （Hemsl.） Damm. ex Diels

9．桑科 Moraceae

榕属 *Ficus* L.

苹果榕 *Ficus oligodon* Miq.

大果榕 *Ficus auriculata* Lour.

异叶榕 *Ficus heteromorpha* Hemsl.

尖叶榕 *Ficus henryi* Warb. ex Diels

竹叶榕 *Ficus stenophylla* Hemsl.

珍珠莲（榕）*Ficus foveolata* Wall.

厚皮榕 *Ficus callosa* Willd.

聚果榕 *Ficus racemosa* L.

突脉榕（白肉榕）*Ficus vasculosa* Wall. ex Miq.

牛乳榕 *Ficus erecta* Thunb.

棱果榕 *Ficus septica* Burm. f.

涩叶榕 *Ficus irisana* Elmer.

薜荔 *Ficus pumila* L.

无花果 *Ficus carica* L.

地瓜 *Ficus tikoua* Bur.

黄葛树 *Ficus virens* Aiton

爱玉子 *Ficus pumila* var. *awkeotsang* （Makino） Corner

台湾天仙果 *Ficus formosana* Maxim.

构树属 *Broussonetia* L'Hér. ex Vent.

构树 *Broussonetia papyrifera* （L.） L'Hér. ex Vent.

小构树 *Broussonetia kazinoki* Sieb. et Zucc.

柘属 *Cudrania* Tréc.

柘树 *Cudrania tricuspidata* Carrière

台湾柘树 *Cudrania cochinchinensis* （Lour.） Kudo & Masamune

葎草属 *Humulus* L.

葎草 *Humulus japonicus* Sieb. et Zucc.

桑属 *Morus* L.

小叶桑 *Morus australis* Poir.

桂木属 *Artocarpus* J. R. & G. Forst.

面包树 *Artocarpus incisa* （Thunb.）L.

大麻属 *Cannabis* L.

大麻 *Cannabis sativa* L.

◇ 卷丹

◇ 角蒿

10．薯蓣科 Dioscoreaceae

薯蓣属 *Dioscorea* L.

薯蓣 *Dioscorea polystachya* Turcz.

穿山薯蓣 *Dioscorea nipponica* Makino

毛胶薯蓣 *Dioscorea subcalva* Prain et Burkill

黑珠芽薯蓣 *Dioscorea melanophyma* Prain et Burkill

粉背薯蓣 *Dioscorea collettii* var. *hypoglauca*（Palib.） S. J. Pei & C. T. Ting

绵萆薢 *Dioscorea septemloba* Thunb.

山薯蓣 *Dioscorea fordii* Prain et Burkill

光叶薯蓣 *Dioscorea glabra* Roxb.

褐苞薯蓣 *Dioscorea persimilis* Prain et Burkill

毛芋头薯蓣 *Dioscorea kamoonensis* Kunth

福州薯蓣 *Dioscorea futschauensis* Ulme ex Kunth

细柄薯蓣 *Dioscorea tenuipes* Franch. et Sav

纤细薯蓣 *Dioscorea gracillima* Miq.

五叶薯蓣 *Dioscorea pentaphylla* L.

盈江薯蓣 *Dioscorea wallichii* Hook.f.

毛藤日本薯蓣 *Dioscorea japonica* var. *pilifera* C. T. Ting et M. C. Chang

甘薯 *Dioscorea esculenta*（Lour.） Burkill

野山药 *Dioscorea japonica* Thunb.

黏山药 *Dioscorea hemsleyi* Prain et Burkill

薯莨 *Dioscorea cirrhosa* Lour.

黄独 *Dioscorea bulbifera* L.

山萆薢 *Dioscorea tokoro* Makino

参薯 *Dioscorea alata* L.

11．禾本科 Gramineae

刚竹属 *Phyllostachys* Sieb. et Zucc.

桂竹 *Phyllostachys reticulata*（Rupr.） K. Koch

毛金竹 *Phyllostachys nigra* var. *henonis*（Mitf.） Rendle

淡竹 *Phyllostachys glauca* McClure

毛竹 *Phyllostachys heterocycla* ‘Pubescens’

刚竹 *Phyllostachys sulphurea*（Carr.） A. ‘Viridis’

黄皮刚竹 *Phyllostachys sulphurea*（Carr.） Riviera

罗汉竹 *Phyllostachys aurea* Carr. ex A. C.Riv.

石绿竹 *Phyllostachys arcana* McClure

早园竹 *Phyllostachys propinqua* McClure

红边竹 *Phyllostachys rubromarginata* McClure

篌竹 *Phyllostachys nidularia* Munro

◇ 马兰

◇ 毛百合

水竹 *Phyllostachys heteroclada* Oliver
粉绿竹 *Phyllostachys viridiglaucescens* Rivière et C. Rivière
白茅属 *Imperata* Cyrille
白茅 *Imperata cylindrical* （L.） Beauv.
芦苇属 *Phragmites* Adans.
芦苇 *Phragmites australis* （Cav.） Trin. ex Steud.
菰属 *Zizania* L.
菰 *Zizania caduciflora* （Griseb.） Turcz. ex Stapf
苦竹属 *Pleioblastus* Nakai
苦竹 *Pleioblastus amarus* （Keng） Keng f.
香茅属 *Cymbopogon* Spreng.
香茅 *Cymbopogon citratus* （DC.） Stapf
穇属 *Eleusine* Gaertn.
牛筋草 *Eleusine indica* （L.） Gaertn.
看麦娘属 *Alopecurus* L.
看麦娘 *Alopecurus aequalis* Sobol.
芒属 *Miscanthus* Anderss.
五节芒 *Miscanthus floridulus* （Lab.） Warb. ex Schum. et Laut.
箭竹属 *Fargesia* Franch. emend. Yi
箭竹 *Fargesia spathacea* Franch.
12．姜科 Zingiberaceae
姜属 *Zingiber* Boehm.
红球姜 *Zingiber zerumbet* （L.） Smith
脆舌姜 *Zingiber fragile* S. Q. Tong
蘘荷 *Zingiber mioga* （Thunb.） Rosc.
圆瓣姜 *Zingiber orbiculatum* S. Q. Tong
阳荷 *Zingiber striolatum* Diels
山姜属 *Alpinia* Roxb.
高良姜 *Alpinia officinarum* Hance
大高良姜（红豆蔻）*Alpinia galanga* （L.） Willd.
华山姜 *Alpinia chinensis* （Retz.） Rosc.
长柄山姜 *Alpinia kwangsiensis* T. L. Wu et S. J. Chen
黑果山姜 *Alpinia nigra* （Gaertn.）Burtt
豆蔻属 *Amomum* Roxb.
草果 *Amomum tsaoko* Grevost et Lemaire
广西豆蔻 *Amomum kwangsiense* D. Fang et X. X. Chen
九翅豆蔻 *Amomum maximum* Roxb.
姜花属 *Hedychium* Koen.
姜花 *Hedychium coronarium* Koenig
小花姜花 *Hedychium sinoaureum* Stapf

◇ 玫瑰茄

圆瓣姜花 *Hedychium forrestii* Diels

闭鞘姜属 *Costus* L.

闭鞘姜 *Costus speciosus* （Koening） Sm.

姜黄属 *Curcuma* L.

姜黄 *Curcuma longa* L.

舞花姜属 *Globba* L.

舞花姜 *Globba racemosa* Smith

茴香砂仁属 *Etlingera* Griff.

瓷玫瑰 *Etlingera elatior* （Jack） R. M. Sm.

13．石竹科 Caryophyllaceae

繁缕属 *Stellaria* L.

繁缕 *Stellaria media* （L.） Vill.

石生繁缕 *Stellaria vestita* Kurz

雀舌草 *Stellaria alsine* Grimm.

女娄菜属 *Melandrium* Roehl.

女娄菜 *Silene aprica* Turcz. ex Fisch. et Mey.

粗壮女娄菜 *Silene aprica* Turcz. ex Fisch. et Mey.

丝石竹属 *Gypsophila* L.

细梗丝石竹 *Gypsophila pacifica* Kom.

霞草 *Gypsophila oldhamiana* Miq.

蝇子草属 *Silene* L.

麦瓶草 *Silene conoidea* L.
狗筋麦瓶草 *Silene venosa* Garcke
卷耳属 *Cerastium* L.
球序卷耳 *Cerastium glomeratum* Thuill.
簇生卷耳 *Cerastium caespitosum* Gilib. ex Asch.
石竹属 *Dianthus* L.
石竹 *Dianthus chinensis* L.
瞿麦 *Dianthus superbus* L.
麦蓝菜属 *Vaccaria* N. M. Wolf
麦蓝菜 *Vaccaria segetalis* （Neck.） Garcke
荷莲豆草属 *Drymaria* Willd. ex Roem. et Schult.
荷莲豆 *Drymaria cordata* （L.） Willd. ex Schult.
无心菜属 *Arenaria* L.
蚤缀 *Arenaria serpyllifolia* L.
拟漆姑属 *Spergularia* （Pers.） J. et C. Presl
拟漆姑 *Spergularia salina* J. et C. Presl
鹅肠菜属 *Myosoton* Moench
鹅肠菜 *Myosoton aquaticum* （L.） Moench
14．壳斗科 Fagaceae
栎属 *Quercus* Linn.
白栎 *Quercus fabri* Hance
麻栎 *Quercus acutissima* Carruth.
槲栎 *Quercus aliena* Blume
栓皮栎 *Quercus variabilis* Bl.
锐齿槲栎 *Quercus aliena* var. *acutiserrata* Maxim. ex Wenz.
黄山栎 *Quercus stewardii* Rehd.
枹栎 *Quercus serrata* Thunb.
短柄枹栎 *Quercus glandulifera* （Bl.） var. *brevipetiolata* Nakai
槲树 *Quercus dentata* Thunb.
栲属 *Castanopsis* Spach
栲树 *Castanopsis fargesii* Franch.
甜槠栲 *Castanopsis eyrei* （Champ.） Tutch.
苦槠栲 *Castanopsis sclerophylla* （Lindl.） Schottky
刺栲 *Castanopsis hystrix* Hook. f. & Thomson ex A. DC.
柯属 *Lithocarpus* Bl.
石栎 *Lithocarpus glaber* （Thunb.） Nakai.
绵储 *Lithocarpus henryi* （Secm.） Rehd. et Wils.
油叶柯 *Lithocarpus konishii*（Hayata）Hayata
青冈属 *Cyclobalanopsis* Oerst
青冈栎 *Cyclobalanopsis glauca* （Thunb.） Oerst

◇ 白花酢浆草

细叶青冈 *Cyclobalanopsis gracilis* （Rehd. et Wils.） Cheng et T. Hong

小叶青冈 *Cyclobalanopsis myrsinifolia* （Bl.） Oerst

水青冈属 *Fagus* L.

水青冈 *Fagus longipetiolata* Seem.

15. 荨麻科 Urticaceae

苎麻属 *Boehmeria* Jacq.

苎麻 *Boehmeria nivea* （L.） Hook. f. & Arn.

悬铃叶苎麻 *Boehmeria platanifolia* （Franch. & Sav.） C. H. Wright

密花苎麻 *Boehmeria penduliflora* Wedd. ex Long var. *loochooensis* （Wedd.） W. T.Wang

荨麻属 *Urtica* L.

荨麻 *Urtica fissa* E. Pritz.

麻叶荨麻 *Urtica cannabina* L.

狭叶荨麻 *Urtica angustifolia* Fisch. ex Hornem

冷水花属 *Pilea* Lindl.

冷水花 *Pilea notata* C. H. Wright

波缘冷水花 *Pilea cavaleriei* Lévl.

透茎冷水花 *Pilea pumila* （L.） A. Gray

楼梯草属 *Elatostema* J. R. et G. Forst.

庐山楼梯草 *Elatostema stewardii* Merr.

阔叶楼梯草 *Elatostema platyphyllum* Wedd.

水麻属 *Debregeasia* Gaudich.

水麻 *Debregeasia orientalis* C. J. Chen

蝎子草属 *Girardinia* Gaudich.

大蝎子草 *Girardinia diversifolia* （Link） Friis

糯米团属 *Gonostegia* Turcz.

糯米团 *Gonostegia hirta* （Bl.）Miq.

火麻树属 *Dendrocnide* Miq.

咬人狗 *Dendrocnide meyeniana* （Walp.） Chew

16．藜科 Chenopodiaceae

藜属 *Chenopodium* L.

藜 *Chenopodium album* L.

小藜 *Chenopodium ficifolium* Sm.

尖头叶藜 *Chenopodium acuminatum* Willd.

刺藜 *Chenopodium aristatum* （L.） Mosyakin et Clemants

灰绿藜 *Chenopodium glaucum* L.

大叶藜 *Chenopodium hybridum* E. H. L. Krause

东亚市藜 *Chenopodium urbicum* L. subsp. *sinicum* Kung et G. L. Chu

腺毛藜属 *Dysphania* R. Br.

土荆芥 *Dysphania ambrosioides* （L.） Mosyakin et Clemants

虫实属 *Corispermum* L.

绳虫实 *Corispermum declinatum* Steph. ex Stev.

早熟虫实 *Corispermum praecox* Tsien et C. G. Ma

猪毛菜属 *Salsola* L.

猪毛菜 *Salsola collina* Pall.

刺沙蓬 *Salsola ruthenica* L.

地肤属 *Kochia* Roth

地肤 *Kochia scoparia* （L.） Schrader

碱蓬属 *Suaeda* Forssk. ex Scop.

碱蓬 *Suaeda glauca* Bunge

沙蓬属 *Agriophyllum* Bieb.

沙蓬 *Agriophyllum squarrosum* （L.） Moq.

17．五加科 Araliaceae

楤木属 *Aralia* L.

楤木 *Aralia chinensis* L.

辽东楤木 *Aralia elata* （Miq.） Seem.

长白楤木 *Aralia continentalis* Kitagawa

虎刺楤木 *Aralia armata* （Wall. ex D. Don.） Seem.

棘茎楤木 *Aralia echinocaulis* Hand. -Mazz.

毛叶楤木 *Aralia dasyphylla* Miq.

土当归 *Aralia cordata* Thunb.

五加属 *Eleutherococcus* Maxim.

五加 *Acanthopanax gracilistylus* W. W. Smith.

刺五加 *Acanthopanax senticosus* （Rupr. et Maxim.） Maxim.

无梗五加 *Acanthopanax sessiliflorus* （Rupr. et Maxim.） S. Y. Hu

白簕 *Acanthopanax trifoliatus* （L.） Merr.

人参属 *Panax* L.

竹节参 *Panax pseudoginseng* var. *japonicus* （C. A. Mey.） Hoo et Tseng

刺楸属 *Kalopanax* Miq.

刺楸 *Kalopanax septemlobus* （Thunb.） Koidz.

刺通草属 *Trevesia* Vis.

刺通草 *Trevesia palmata* （Roxb.） Vis.

鹅掌柴属 *Schefflera* J. R. et G. Forst.

穗序鹅掌柴 *Schefflera delavayi* （Franch.） Harms ex Diels

18．玄参科 Srophulariaceae

婆婆纳属 *Veronica* L.

婆婆纳 *Veronica polita* Fries

水苦荬 *Veronica undulata* Wall.

北水苦荬 *Veronica anagallis-aquatica* L.

水蔓青 *Veronica linariifolia* Pall. ex Link

蚊母草 *Veronica peregrina* L.

腹水草属 *Veronicastrum* Heist. ex Farbic.

草本威灵仙 *Veronicastrum sibiricum* （L.） Pennell

玄参属 *Scrophularia* L.

玄参 *Scrophularia ningpoensis* Hemsl.

地黄属 *Rehmannia* Libosch. ex Fisch. et Mey.

地黄 *Rehmannia glutinosa* （Gaertn.） DC.

泡桐属 *Paulownia* Sieb. et Zucc.

兰考泡桐 *Paulownia elongata* S. Y. Hu

松蒿属 *Phtheirospermum* Bunge ex Fisch. et Mey.

松蒿 *Phtheirospermum japonicum* （Thunb.） Kanitz

马先蒿属 *Pedicularis* L.

马先蒿 *Pedicularis resupinata* L.

石龙尾属 *Limnophila* R. Br.

大叶石龙尾 *Limnophila rugosa* （Roth） Merr.

独脚金属 *Striga* Lour.

独脚金 *Striga asiatica* （L.） O. Kuntze

野甘草属 *Scoparia* L.

野甘草 *Scoparia dulcis* L.

阴行草属 *Siphonostegia* Benth.

野生姜 *Siphonostegia chinensis* Benth.

19．茄科 Solanaceae

茄属 *Solanum* L.

野茄 *Solanum coagulans* Forsk.

旋花茄 *Solanum spirale* Roxb.

◇ 忍冬

◇ 雀舌草

刺天茄 *Solanum violaceum* Ortega
水茄 *Solanum torvum* Swartz.
龙葵 *Solanum nigrum* L.
少花龙葵 *Solanum americanum* Mill.
野番茄 *Solanum lycopersicum* var. *cerasiforme* （Dunal） D. M. Spooner, G. J. Anderson & R. K. Jansen
狗掉尾苗 *Solanum japonense* Nakai
山甜菜 *Solanum dulcamara* L.
酸浆属 *Physalis* L.
酸浆 *Physalis alkekengi* L.
挂金灯 *Physalis alkekengi* var. *franchetii* （Mast.） Makino
苦蘵 *Physalis angulata* L.
辣椒属 *Capsicum* L.
小米椒 *Capsicum frutescens* L.
涮辣 *Capsicum frutescens* ‘ShuanLlaense’ L. D. Zhou. H. Liu et RH. Li
红丝线属 *Lycianthes* （Dunal） Hassl.
红丝线 *Lycianthes biflora* （Lour.） Bitter
树番茄属 *Cyphomandra* Sendt.
树番茄 *Cyphomandra betacea* （Cav.） Sendtn.
20．桔梗科 Campanulaceae
沙参属 *Adenophora* Fisch.
沙参 *Adenophora stricta* Miq.
轮叶沙参 *Adenophora tetraphylla* （Thunb.） Fisch.
杏叶沙参 *Adenophora hunanensis* Nannf.
丝裂沙参 *Adenophora capillaris* Hamsl.
荠苨 *Adenophora trachelioides* Maxim.
党参属 *Codonopsis* Wall.
党参 *Codonopsis pilosula* （Franch.） Nannt.
羊乳 *Codonopsis lanceolata* （Sieb. et Zucc.） Trautv.
半边莲属 *Lobelia* L.
半边莲 *Lobelia chinensis* Lour.
山梗菜 *Lobelia sessilifolia* Lamb.
铜锤玉带草 *Pratia nummularia*（Lam.） A. Br. et Aschers.
尖瓣花属 *Sphenoclea* Gaertn.
尖瓣花 *Sphenoclea zeylanica* Gaertn.
桔梗属 *Platycodon* A. DC.
桔梗 *Platycodon grandiflorus* （Jacq.） A. DC.
金钱豹属 *Campanumoea* Bl.
金钱豹 *Campanumoea javanica* Blume

长叶轮钟草 *Campanumoea lancifolia* （Roxb.） Merr.

风铃草属 *Campanula* L.

紫斑风铃草 *Campanula punctata* Lam.

21．锦葵科 Malvaceae

木槿属 *Hibiscus* L.

木槿 *Hibiscus syriacus* L.

黄槿 *Hibiscus tiliaceus* L.

裂瓣朱槿 *Hibiscus schizopetalus*（Masters）Hook. f.

木芙蓉 *Hibiscus mutabilis* L.

扶桑花 *Hibiscus rosa-sinensis* L.

玫瑰茄 *Hibiscus sabdariffa* L.

山芙蓉 *Hibiscus taiwanensis* S. Y. Hu

野西瓜苗 *Hibiscus trionum* L.

锦葵属 *Malva* L.

野葵 *Malva verticillata* L.

北冬葵 *Malva mohileviensis* Downar

蜀葵属 *Althaea* L.

蜀葵 *Althaea rosea* L.

苘麻属 *Abutilon* Miller

冬葵子 *Abutilon indicum* （L.） Sweet

梵天花属 *Urena* L.

虱母子 *Urena lobata* L.

22．苋科 Amaranthaceae

苋属 *Amaranthus* L.

皱果苋 *Amaranthus viridis* L.

反枝苋 *Amaranthus retroflexus* L.

凹头苋 *Amaranthus blitum* L.

刺苋 *Amaranthus spinosus* L.

繁穗苋 *Amaranthus paniculatus* L.

尾穗苋 *Amaranthus caudatus* L.

牛膝属 *Achyranthes* L.

牛膝 *Achyranthes bidentata* Blume

土牛膝 *Achyranthes aspera* L.

柳叶牛膝 *Achyranthes longifolia* （Makino） Makino

莲子草属 *Alternanthera* Forsk.

莲子草 *Alternanthera sessilis* （L.） R. Br. ex DC.

空心莲子草 *Alternanthera philoxeroides* （Mart.） Griseb.

节节菜 *Alternanthera nodiflora* R. Br.

青葙属 *Celosia* L.

青葙 *Celosia argentea* L.

◇ 七叶一枝花

◇ 蒲公英

鸡冠 *Celosia cristata* L.

23．榆科 Ulmaceae

榆属 *Ulmus* L.

榆树 *Ulmus pumila* L.

昆明榆 *Ulmus changii* var. *kunmingensis* （Cheng） Cheng et L. K. Fu.

榔榆 *Ulmus parvifolia* Jacq.

杭州榆 *Ulmus changii* Cheng

大果榆 *Ulmus macrocarpa* Hance

朴属 *Celtis* L.

朴树 *Celtis sinensis* Pers.

紫弹朴 *Celtis biondii* Pamp.

台湾朴树 *Celtis tetrandra* Roxb.

刺榆属 *Hemiptelea* Planch.

刺榆 *Hemiptelea davidii* （Hance） Planch.

糙叶树属 *Aphananthe* Planch.

糙叶树 *Aphananthe aspera*（Thunb.）Planch.

山黄麻属 *Trema* Lour.

山黄麻 *Trema tomentosa* （Roxb.） Hara

24．茜草科 Rubiaceae

栀子属 *Gardenia* Ellis

栀子 *Gardenia jasminoides* Ellis

重瓣栀子 *Gardenia jasminoides* var. *fortuniana* （Lindl.） Hara

拉拉藤属 *Galium* Linn.

拉拉藤 *Galium aparine* var. *echinospermum* （Wallr.） Cuf.

猪殃殃 *Galium aparine* var. *tenerum* （Gren. et Godr.） Rchb.

藏药木属 *Hyptianthera* Wight et Arn.

藏药木 *Hyptianthera stricta* （Roxb.） Wight et Arn.

具苞藏药木 *Hyptianthera bracteata* Craib

白马骨属 *Serissa* Comm. ex Juss.
白马骨 *Serissa serissoides* （DC.） Druce
鸡矢藤属 *Paederia* L.
鸡矢藤 *Paederia foetida* L.
茜草属 *Rubia* L.
茜草 *Rubia cordifolia* L.
狗骨柴属 *Diplospora* DC.
狗骨柴 *Diplospora dubia* （Lindl.）Masam.
大沙叶属 *Pavetta* L.
满天星 *Pavetta hongkongensis* Bremek.
25．兰科 Orchidaceae
兰属 *Cymbidium* Sw.
春兰 *Cymbidium goeringii* （Rchb. f.） Rchb. f.
寒兰 *Cymbidium kanran* Makino
蕙兰 *Cymbidium faberi* Rolfe
建兰 *Cymbidium ensifolium* （L.） Sw.
多花兰 *Cymbidium floribundum* Lindl.
手参属 *Gymnadenia* B. Br.
手参 *Gymnadenia conopsea* （L.） R. Br.
白及属 *Bletilla* Rchb. F.
白及 *Bletilla striata* （Thunb. ex A. Murray） Rchb. f.
石豆兰属 *Bulbophyllum* Thou.
麦斛 *Bulbophyllum inconspicuum* Maxim.
石斛属 *Dendrobium* Sw.
石斛 *Dendrobium nobile* Lindl.
绶草属 *Spiranthes* L. C. Rich.
绶草 *Spiranthes sinensis* （Pers.） Ames
26．堇菜科 Violaceae
堇菜属 *Viola* L.
堇菜 *Viola verecunda* A. Gray
戟叶堇菜 *Viola betonicifolia* J. E. Smith
东北堇菜 *Viola mandshurica* W. Beck.
鸡脚堇菜 *Viola acuminata* Ledeb.
长萼堇菜 *Viola inconspicua* Blume
白花堇菜 *Viola patrinii* DC. ex Ging.
心叶堇菜 *Viola concordifolia* C. J. Wang
戟叶堇菜 *Viola betonicifolia* J. E. Smith.
紫花地丁 *Viola philippica* Cav.
犁头草 *Viola japonica* Langsdorf
匙头菜 *Viola collina* Bess.

◇ 守宫木

◇ 石斛

27．葫芦科 Cucurbitaceae

栝楼属 *Trichosanthes* L.

栝楼 *Trichosanthes kirilowii* Maxim.

密毛栝楼 *Trichosanthes villosa* Bl.

王瓜 *Trichosanthes cucumeroides* （Ser.） Maxim.

红瓜属 *Coccinia* Wight et Arn.

红瓜 *Coccinia grandis* （L.） Voigt.

赤瓟属 *Thladiantha* Bunge

大苞赤瓟 *Thladiantha cordifolia* （Bl.） Cogn.

金瓜属 *Gymnopetalum* Arn.

金瓜 *Gymnopetalum chinensis* （Lour.） Merr.

苦瓜属 *Momordica* L.

木鳖 *Momordica cochinchinensis* （Lour.） Spreng.

油渣果属 *Hodgsonia* Hook. f. et Thoms.

腺点油瓜 *Hodgsonia macrocarpa* var. *capniocarpa* （Ridl.） Tsai

绞股蓝属 *Gynostemma* Bl.

绞股蓝 *Gynostemma pentaphyllum* （Thunb.） Makino

茅瓜属 *Solena* Lour.

茅瓜 *Solena amplexicaulis* （Lam.） Gandhi

小雀瓜属 *Cyclanthera* Schrad.

小雀瓜 *Cyclanthera pedata* （L.） Schrad.

28．棕榈科 Palmae

鱼尾葵属 *Caryota* L.

鱼尾葵 *Caryota maxima* Blume ex Mart.

短穗鱼尾葵 *Caryota mitis* Lour.

董棕 *Caryota urens* L.

桄榔属 *Arenga* Labill.

桄榔 *Arenga pinnata* （Wurmb.）Merr.

山棕 *Arenga engleri* Becc.

刺葵属 *Phoenix* L.

刺葵 *Phoenix loureiroi* Kunth

海枣 *Phoenix dactylifera* L.

蒲葵属 *Livistona* R. Br.

蒲葵 *Livistona chinensis*（Jacq.）R. Br. ex Mart.

黄藤属 *Daemonorops* Bl.

黄藤 *Daemonorops margaritae*（Hance）Beck

油棕属 *Elaeis* Jacq.

油棕 *Elaeis guineensis* Jacq.

29．毛茛科 Ranunculaceae

铁线莲属 *Clematis* L.

棉团铁线莲 *Clematis hexapetala* Pall.
辣蓼铁线莲 *Clematis terniflora* var. *mandshurica* （Rupr.） Ohwi
威灵仙 *Clematis chinensis* Osbeck
升麻属 *Cimicifuga* L.
升麻 *Cimicifuga foetida* L.
小升麻 *Cimicifuga acerina* （Sieb. et Zucc.） Tanaka
兴安升麻 *Cimicifuga dahurica* （Turcz.）Maxim.
唐松草属 *Thalictrum* L.
展枝唐松草 *Thalictrum squarrosum* Steph. ex Willd.
东亚唐松草 *Thalictrum minus* var. *hypoleucum* （Sieb. et Zucc.） Miq.
驴蹄草属 *Caltha* L.
驴蹄草 *Caltha palustris* L.
毛茛属 *Ranunculus* L.
茴茴蒜 *Ranunculus chinensis* Bunge
30．菱科 Trapaceae
菱属 *Trapa* L.
野菱 *Trapa incisa* Sieb. et Zucc.
丘角菱 *Trapa japonica* Flerov
东北菱 *Trapa manshurica* Flerov
细果野菱 *Trapa maximowiczii* Korsh.
耳菱 *Trapa potanini* V. Vassil.
格菱 *Trapa komarovii* V. Vassil.
冠菱 *Trapa litwinowii* V. Vassil.
四角菱 *Trapa quadrispinosa* Roxb.
菱 *Trapa bpinosa* Roxb.
31．紫草科 Borraginaceae
琉璃草属 *Cynoglossum* L.
琉璃草 *Cynoglossum zeylanicum* （Lehm.） Brand
小花琉璃草 *Cynoglossum lanceolatum* Hochst. ex A. DC.
倒提壶 *Cynoglossum amabile* Stapf et Drumm.
厚壳树属 *Ehretia* L.
破布乌 *Ehretia macrophylla* Wall.
厚壳树 *Ehretia chyrsiflora* （Sieb. et Zucc.） Nakai
附地菜属 *Trigonotis* Stev.
附地菜 *Trigonotis peduncularis* （Trev.） Benth. ex Baker et Moore
紫草属 *Lithospermum* L.
麦家公 *Lithospermum arvense* L.
破布木属 *Cordia* L.
破布子 *Cordia dichotoma* G. Forst.
天芥菜属 *Heliotropium* L.

◇ 台湾天仙果

大尾摇 *Heliotropium indicum* L.

山茄子属 *Brachybotrys* Maxim.

山茄子 *Brachybotrys paridiformis* Maxim.

32．马鞭草科 Verbanaceae

大青属 *Clerodendrum* L.

大青 *Clerodendrum cyrtophyllum* Turcz.

臭牡丹 *Clerodendrum bungei* Steud.

赪桐 *Clerodendrum japonicum* （Thunb.）Sweet

腺茉莉 *Clerodendrum colebrookianum* Walp.

海州常山 *Clerodendrum trichotomum* Thunb.

马鞭草属 *Verbena* L.

马鞭草 *Verbena officinalis* L.

石梓属 *Gmelina* L.

云南石梓 *Gmelina arborea* Roxb.

牡荆属 *Vitex* L.

黄荆 *Vitex negundo* L.

豆腐柴属 *Premna* L.

豆腐柴 *Premna microphylla* Turcz.

莸属 *Caryopteris* Bunge

鲫鱼鳞 *Caryopteris nepetaefolia* （Benth.） Maxim.

◇ 水苏

◇ 睡菜

33．旋花科 Convolvulaceae

打碗花属 *Calystegia* R. Br.

打碗花 *Calystegia hederacea* Wall. ex Roxb.

日本打碗花 *Calystegia pubescens* L.

旋花 *Calystegia sepium* L. R. Br.

藤长苗 *Calystegia pellita* （Ledeb.） G. Don.

马蹄金属 *Dichondra* J. R. et G. Forst.

马蹄金 *Dichondra micrantha* Urb.

番薯属 *Ipomoea* L.

月光花 *Ipomoea alba* L.

鱼黄草属 *Merremia* Dennst. ex Lindl.

山土瓜 *Merremia hungaiensis* （Lingelsh. et Borza） R. C. Fang

菟丝子属 *Cuscuta* L.

菟丝子 *Cuscuta chinensis* Lam.

34．萝藦科 Asclepiadaceae

鹅绒藤属 *Cynanchum* L.

牛皮消 *Cynanchum auriculatum* Royle ex Wight

地梢皮 *Cynanchum thesioides* （Freyn） K. Schum.

徐长卿 *Cynanchum paniculatum* （Bunge） Kitagawa

白薇 *Cynanchum atratum* Bunge

羊角苗 *Cynanchum chinense* R. Br.

雨点儿菜 *Cynanchum stauntonii* （Decne.） Schltr. ex H. Lévl.

杠柳属 *Periploca* L.

杠柳 *Periploca sepium* Bunge

夜来香属 *Telosma* Coville

夜来香 *Telosma cordata* （Burm. f.） Merr.

南山藤属 *Dregea* E. Mey.

南山藤 *Dregea volubilis* （L. f.） Benth. ex Hook.

萝藦属 *Metaplexis* R. Br.

萝藦 *Metaplexis japonica* （Thunb.） Makino

35．景天科 Crassulaceae

景天属 *Sedum* L.

景天（八宝）*Sedum erythrostictum* Miq. H. Ohba.

凹叶景天 *Sedum emarginatum* Migo

珠芽景天 *Sedum bulbiferum* Makino

费菜 *Sedum aizoon* （L.）

垂盆草 *Sedum sarmentosum* Bunge

佛甲草 *Sedum lineare* Thunb.

八宝属 *Hylotelephium* H. Ohba.

八宝 *Hylotelephium erythrostictum* （Miq.） H. Ohba.

◇ 太白韭

◇ 天蓝苜蓿

伽蓝菜属 *Kalanchoe* Adans.
伽蓝菜 *Kalanchoe laciniata*（L.）DC.
36．天南星科 Araceae
芋属 *Colocasia* Schott
野芋 *Colocasia esculentum* var. *antiquorum*（Schott）Hubbard et Rehder
假芋 *Colocasia fallax* Schott
紫芋 *Colocasia tonoimo* Nakai
菖蒲属 *Acorus* L.
菖蒲 *Acorus calamus* L.
金钱蒲 *Acorus gramineus* Sol. ex Aiton
魔芋属 *Amorphophallus* Blume
魔芋 *Amorphophallus rivieri* Durand ex Carrière
疏毛魔芋 *Amorphophallus sinensis* Belval
天南星属 *Arisaema* Mart.
一把伞南星 *Arisaema erubescens*（Wall.）Schott
刺芋属 *Lasia* Lour.
刺芋 *Lasia spinosa*（L.）Thwait.
37．樟科 Lauraceae
木姜子属 *Litsea* Lam.
木姜子 *Litsea pungens* Hemsl.
清香木姜子 *Litsea euosma* W. W. Smith
毛叶木姜子 *Litsea mollis* Hemsl.
山鸡椒 *Litsea cubeba*（Lour.）Pers.
樟属 *Cinnamomum* Schaeff.
樟 *Cinnamomum camphora*（L.）Presl
猴樟 *Cinnamomum bodinieri* Lévl.
细毛樟 *Cinnamomum tenuipile* Kosterm.
山胡椒属 *Lindera* Thunb.

◇ 铁苋菜

◇ 五味子

香叶树 *Lindera communis* Hemsl.

38．杨柳科 Salicaceae

柳属 *Salix* L.

垂柳 *Salix babylonica* L.

杞柳 *Salix integra* Thunb.

旱柳 *Salix matsudana* Koidz.

中华柳 *Salix cathayana* Diels

龙爪柳 *Salix matsudana* f. *tortusoa* （Vilm.） Rehder

杨属 *Populus* L.

响叶杨 *Populus adenopoda* Maxim.

小叶杨 *Populus simonii* Carr.

39．爵床科 Acanthaceae

九头狮子草属 *Peristrophe*

九头狮子草 *Peristrophe japonica* （Thunb.） Bremek

山牵牛属 *Thunbergia* Retz.

大花山牵牛 *Thunbergia grandiflora* （Rottl. ex Willd.） Roxb.

山壳骨属 *Pseuderanthemum* Radlk.

多花可爱花 *Pseuderanthemum polyanthum* （C. B. Clarke） Merr.

水蓑衣属 *Hygrophila* R. Br.

水蓑衣 *Hygrophila salicifolia* （Vahl） Nees

扭序花属 *Clinacanthus* Nees

扭序花 *Clinacanthus nutans* （Burm. f.） Lindau

狗肝菜属 *Dicliptera* Juss.

狗肝菜 *Dicliptera chinensis* （L.） Juss.

枪刀菜属 *Hypoestes* Soland. ex R. Br.

枪刀菜 *Hypoestes purpurea* （L.） R. Br.

40．葡萄科 Vitaceae

葡萄属 *Vitis* L.

山葡萄 *Vitis amurensis* Rupr.

毛葡萄 *Vitis heyneana* Roem. et Schult.

蘡薁 *Vitis bryoniaefolia* Bunge

乌蔹莓属 *Cayratia* Juss.

乌蔹莓 *Cayratia japonica* （Thunb.） Gagnep.

白粉藤属 *Cissus* L.

粉果藤 *Cissus luzoniensis* （Merr.） C. L. Li

蛇葡萄属 *Ampelopsis* Michaux

蛇葡萄 *Ampelopsis glandulosa* （Wall.） Momiy.

异叶蛇葡萄 *Ampelopsis heterophylla* （Thunb.） Sieb. et Zucc.

爬山虎属 *Parthenocissus* Planch.

地锦 *Parthenocissus tricuspidata* （Sieb. et Zucc.） Planch.

41．紫葳科 Bignoniaceae

火烧花属 *Mayodendron* Kurz

火烧花 *Mayodendron igneum* （Kurz） Kurz

梓属 *Catalpa* Scop.

梓树 *Catalpa ovata* G. Don.

楸树 *Catalpa bungei* C. A. Mey

木蝴蝶属 *Oroxylum* Vent.

木蝴蝶 *Oroxylum indicum* （L.） Kurz

角蒿属 *Incarvillea* Juss.

鸡肉参 *Incarvillea mairei* （Lévl.） Grierson

角蒿 *Incarvillea sinensis* Lam.

猫尾树属 *Dolichandrone* （Fenzl） Seem.

西南猫尾树 *Dolichandrone stipulata* （Wall.） Benth. et Hook. f.

42．大戟科 Euphorbiaceae

大戟属 *Euphorbia* L.

地锦草 *Euphorbia humifusa* Willd. ex Schlecht.

金刚篡 *Euphorbia antiquorum* L.

叶下珠属 *Phyllanthus* L.

叶下珠 *Phyllanthus urinaria* L.

守宫木属 *Sauropus* L.

守宫木 *Sauropus androgynus* （L.） Merr.

铁苋菜属 *Acalypha* L.

铁苋菜 *Acalypha australis* L.

白饭树属 *Flueggea* Willd.

白饭树 *Flueggea virosa* （Roxb. ex Willd.） Royle

重阳木属 *Bischofia* Bl.

重阳木 *Bischofia polycarpa* （Lévl.） Airy Shaw

43．睡莲科 Nymphaeaceae

睡莲属 *Nymphaea* L.

睡莲 *Nymphaea alba* L. var. *rubra* Lonnr.

红花睡莲 *Nymphaea alba* L. var. *rubra* Lonnr.

柔毛齿叶睡莲 *Nymphaea lotus* var. *pubescens* （Willd.） Hook. f. et Thoms.

葛仙米 *Nostoc commune* Vaucher

萍蓬草属 *Nuphar* J. E. Smith

萍蓬草 *Nuphar pumilum* （Timm） DC.

中华萍蓬草 *Nuphar pumila* subsp. *sinensis* （Hand.-Mazz.） D. E. Padgett

莼菜属 *Brasenia* Schreb.

莼菜 *Brasenia schreberi* J. F. Gmel.

44．仙人掌科 Cactaceae

仙人掌属 *Opuntia* Tourn. ex Mill.

仙人掌 *Opuntia stricta* var. *dillenii* （Ker-Gawl.） Benson

白毛掌 *Opuntia leucotricha* DC.

葡地仙人掌 *Opuntia humifusa* （Raf.） Raf.

仙人镜 *Opuntia phaeacantha* Engelm.

仙桃 *Opuntia ficus-indica* （L.） Mill.

昙花属 *Epiphyllum* Haw.

昙花 *Epiphyllum oxypetalum*（DC.）Haw.

量天尺属 *Hylocereus* Britton et Rose

三棱箭 *Hylocereus undatus* （Haw.） Britton et Rose

45. 漆树科 Anacardiaceae

漆属 *Toxicodendron* （Tourn.） Mill.

漆树 *Toxicodendron vernicifluum* （Stokes） F. A. Barkl.

盐肤木属 *Rhus* （Tourn.） L. emend. Moench

盐肤木 *Rhus chinensis* Mill.

黄连木属 *Pistacia* L.

黄连木 *Pistacia chinensis* Bunge

槟榔青属 *Spondias* L.

槟榔青 *Spondias pinnata* （L. f.） Kurz

黄栌属 *Cotinus* （Tourn.） Mill.

黄栌 *Cotinus coggygria* Scop.

肉托果属 *Semecarpus* L. F.

台东漆 *Semecarpus gigantifolia* Vidal

46. 夹竹桃科 Apocynaceae

狗牙花属 *Tabernaemontana* L.

狗牙花 *Tabernaemontana divaricata* （L.） R. Br. ex Roem. & Schult.

海南狗牙花 *Ervatamia hainanensis* Tsiang

毛车藤属 *Amalocalyx* Pierre

毛车藤 *Amalocalyx microlobus* Pierre

长春花属 *Catharanthus* G. Don.

长春花 *Catharanthus roseus* （L.） G. Don.

鸡蛋花属 *Plumeria* L.

鸡蛋花 *Plumeria rubra* Linn.

水壶藤属 *Urceola* Roxburgh

酸叶胶藤 *Urceola rosea* （Hook. et Arn.） D. J. Middleton

47. 千屈菜科 Lythraceae

千屈菜属 *Lythrum* L.

千屈菜 *Lythrum salicaria* L.

光千屈草 *Lythrum anceps* （Koehne） Makino

节节菜属 *Rotala* L.

节节菜 *Rotala indica* （Willd.） Koehne

◇ 无花果

◇ 腺茉莉

圆叶节节菜 *Rotala rotundifolia* （Buch-Ham. ex Roxb.） Koehne

水苋草属 *Ammannia* L.

水苋菜 *Ammannia baccifera* L.

虾子花属 *Woodfordia* Salisb.

虾子花 *Woodfordia fruticosa* （L.） Kurz

48．忍冬科 Caprifoliaceae

忍冬属 *Lonicera* L.

忍冬 *Lonicera japonica* Thunb.

锐叶忍冬 *Lonicera acuminata* Wall.

金银木 *Lonicera maackii* （Rupr） Maxim.

荚蒾属 *Viburnum* L.

台湾荚蒾 *Viburnum urceolatum* Sieb. et Zucc.

吕宋荚蒾 *Viburnum luzonicum* Rolfe

接骨木属 *Sambucus* L.

蒴藋 *Sambucus chinensis* Lindl.

49．紫金牛科 Myrsinaceae

紫金牛属 *Ardisia* Swartz

酸苔菜 *Ardisia solanacea* Roxb.

雨伞子 *Ardisia cornudentata* Mez

树杞 *Ardisia sieboldii* Miq.

百两金 *Ardisia crispa* （Thunb.） A. DC. A.

酸藤子属 *Embelia* Burm. f.

白花酸藤果 *Embelia ribes* Burm. f.

杜茎山属 *Maesa* Forsk.

台湾山桂花 *Maesa tenera* Mez

50．木樨科 Oleaceae

女贞属 *Ligustrum* L.

女贞 *Ligustrum lucidum* Ait.

小叶女贞 *Ligustrum quihoui* Carr.

小蜡 *Ligustrum sinense* Lour.

日本女贞 *Ligustrum japonicum* Thunb.

素馨属 *Jasminum* L.

茉莉花 *Jasminum sambac* Soland. ex Ait.

迎春花 *Jasminum nudiflorum* Lindl.

木樨属 *Osmanthus* Lour.

木樨 *Osmanthus fragrans* Lour.

51．鸭跖草科 Commelinaceae

鸭跖草属 *Commelina* L.

鸭跖草 *Commelina communis* L.

◇ 鸭跖草

◇ 大叶车前

节节草 *Commelina diffusa* Burm. f.
饭包草 *Commelina benghalensis* L.
水竹叶属 *Murdannia* Royle
大苞水竹叶 *Murdannia bracteata* （C. B. Clarke） J. K. Morton ex D. Y. Hong
疣草 *Murdannia keisak* （Hassk.） Hand.-Mazz.
竹叶子属 *Streptolirion* Edgew.
竹叶子 *Streptolirion volubile* Edgew.
52．芸香科 Rutaceae
花椒属 *Zanthoxylum* L.
野花椒 *Zanthoxylum simulans* Hance
花椒 *Zanthoxylum bungeanum* Maxim.
竹叶花椒 *Zanthoxylum armatum* DC.
青花椒 *Zanthoxylum schinifolium* Sieb. et Zucc.
刺竹叶花椒 *Zanthoxylum armatum* DC.
食茱萸 *Zanthoxylum ailanthoides* Sieb. & Zucc.
臭常山属 *Orixa* Thunb.
臭常山 *Orixa japonica* Thunb.
九里香属 *Murraya* Koenig ex L.
九里香 *Murraya paniculata* （L.） Jack.
53．车前科 Plantaginaceae
车前草属 *Plantago* L.
车前草 *Plantago asiatica* Ledeb.
大叶车前 *Plantago major* L.
中车前 *Plantago media* L.
小车前 *Plantago depressa* Willd.
长柄车前 *Plantago hostifolia* Nakai et Kilagawa
长叶车前 *Plantago lanceolata* L.
54．虎耳草科 Saxifragaceae
虎耳草属 *Saxifraga* Tourn. ex L.
虎耳草 *Saxifraga stolonifera* Curtis
大叶子属 *Astilboides* （Hemsl.） Engl.
大叶子 *Astilboides tabularis* （Hemsl.） Engl.
扯根菜属 *Penthorum* Gronov. ex L.
扯根菜 *Penthorum chinense* Pursh
岩白菜属 *Bergenia* Moench
岩白菜 *Bergenia purpurascens* （Hook. F. et Thoms.） Engl.
黄水枝属 *Tiarella* L.
黄水枝 *Tiarella polyphylla* D. Don.
55．报春花科 Primulaceae

珍珠菜属 *Lysimachia* L.

珍珠菜 *Lysimachia clethroides* Duby.

星宿菜 *Lysimachia fortunei* Maxim.

泽星宿菜 *Lysimachia candica* Hemsl.

点地梅属 *Androsace* L.

点地梅（喉咙草）*Androsace umbellata* （Lour.） Merr.

海乳草属 *Glaux* L.

海乳草 *Glaux maritima* L.

56．雨久花科 Pontederiaceae

雨久花属 *Monochoria* Presl

雨久花 *Monochoria korsakowii* Regel ex Maack

箭叶雨久花 *Monochoria hastata* （L.） Solms

鸭舌草 *Monochoria vaginalis* （Burm. f.） C. Presl

少花鸭舌草 *Monochoria vaginalis* Presl var. *pauciflora* （Bl.） Merr.

凤眼莲属 *Eichhornia* Kunth

凤眼莲 *Eichhornia crassipes* （Mart.） Solms

57．马齿苋科 Portulacaceae

马齿苋属 *Portulaca* L.

马齿苋 *Portulaca oleracea* L.

四裂马齿苋 *Portulaca quadrifida* L.

禾雀舌 *Portulaca pilosa* L.

土人参属 *Talinum* Adans.

土人参 *Talinum paniculatum* （Jacq.） Gaertn.

58．眼子菜科 Potamogetonaceae

眼子菜属 *Potamogeton* L.

眼子菜 *Potamogeton distinctus* A. Benn.

竹叶眼子菜 *Potamogeton wrightii* Morong

微齿眼子菜 *Potamogeton maackianus* A. Benn.

龙须眼子菜 *Potamogeton pectinatus* L.

菹草 *Potamogeton crispus* L.

59．香蒲科 Typhaceae

香蒲属 *Typha* L.

东方香蒲 *Typha orientalis* Presl

宽叶香蒲 *Typha latifolia* L.

大卫香蒲 *Typha davidiana* L.

水烛香蒲 *Typha angustifolia* L.

长苞香蒲 *Typha angustata* Bory et Chaub

60．杜鹃花科 Ericaceae

乌饭树属 *Vaccinium* L.

乌饭树 *Vaccinium bracteatum* Thunb.

◇ 水烛香蒲

◇ 箭叶淫羊藿

米饭花 *Vaccinium sprengelii* （G. Don.） Sleum

白珠树属 *Gaultheria* Kalm ex L.

滇白珠 *Gaultheria leucocarpa* var. *yunnanensis* （Franch.） T. Z. Hsu et R. C. Fang

杜鹃花属 *Rhododendron* L.

杜鹃花 *Rhododendron simsii* Planch.

61．水鳖科 Hydrocharitaceae

水车前属 *Ottelia* Pers.

水车前 *Ottelia alismoides* （L.） Pers.

海菜花 *Ottelia acuminata* （Gagnep.） Dandy

沉水海菜花 *Ottelia sinensis* （Lévl. et Vaniot） Lévl. ex Dandy

水鳖属 *Hydrocharis* L.

水鳖 *Hydrochairs dubia* （Bl.） Backer

62．败酱科 Valerianaceae

败酱属 *Patrinia* Juss.

黄花败酱 *Patrinia scabiosaefolia* Fisch. ex Trevir.

白花败酱 *Patrinia villosa* （Thunb.） Juss.

异叶败酱 *Patrinia heterophylla* Bunge

缬草属 *Valeriana* L.

缬草 *Valeriana officinalis* L.

63．小檗科 Berberidaceae

淫羊藿属 *Epimedium* L.

淫羊藿 *Epimedium brevicornu* Maxim.

箭叶淫羊藿 *Epimedium sagittatum* （Sieb. et Zucc.） Maxim.

粗毛淫羊藿 *Epimedium acuminatum* Franch.

十大功劳属 *Mahonia* Nuttall

刺黄连 *Mahonia fortunei*（Lindl.）Fedde

64．百部科 Stemonaceae

百部属 *Stemona* Lour.

蔓生百部 *Stemona japonica* （Bl.） Miq.

大百部 *Stemona tuberosa* Lour.

直立百部 *Stemona sessilifolia* （Miq.） Miq.

细花百部 *Stemona parviflora* C. H. Wright

对叶百部 *Stemona tuberosa* Lour.

65．柳叶菜科 Onagraceae

柳叶菜属 *Epilobium* L.

柳叶菜 *Epilobium hirsutum* L.

毛脉柳叶菜 *Epilobium amurense* Hausskn.

丁香蓼属 *Ludwigia* L.

丁香蓼 *Ludwigia prostrata* Roxb.

◇ 地涌金莲

◇ 红花酢浆草

水丁香 *Ludwigia octovalvis* （Jacq.） Raven

66．芭蕉科 Musaceae

芭蕉属 *Musa* L.

野芭蕉 *Musa basjoo* Sieb. et Zucc.

芭蕉花 *Musa acuminata* Colla

台湾芭蕉 *Musa formosana* （Warb.） Hayata

地涌金莲属 *Musella* （Franch.） C. Y. Wu ex H. W. Li

地涌金莲 *Musella lasiocarpa* （Franch.） C. Y. Wu ex H. W. Li

67．酢浆草科 Oxalidaceae

酢浆草属 *Oxalis* L.

酢浆草 *Oxalis corniculata* L.

红花酢浆草 *Oxalis corymbosa* DC.

白花酢浆草 *Oxalis acetosella* L.

68．龙胆科 Gentianaceae

双蝴蝶属 *Tripterospermum* Blume

双蝴蝶 *Tripterospermum cordatum* （Marq.） H. Smith

匙叶草属 *Latouchea* Franch.

匙叶草 *Latouchea fokiensis* Franch.

獐牙菜属 *Swertia* L.

獐牙菜 *Swertia bimaculata* （Sieb. et Zucc.） Hook. f. et Thoms. ex C. B. Clarke

荇菜属 *Nymphoides* Seguier

荇菜 *Nymphoides peltatum* （Gmel.） Kuntze

睡菜属 *Menyanthes* （Tourn.） L.

睡菜 *Menyanthes trifoliata* L.

69．莎草科 Cyperaceae

莎草属 *Cyperus* L.

莎草 *Cyperus rotundus* L.

砖子苗属 *Mariscus* Gaertn.

砖子苗 *Mariscus sumatrensis* （Retz） J. Raynal

荸荠属 *Eleocharis* R. Br.

木贼状荸荠 *Eleocharis equisetina* J. Presl et C. Presl

70．三白草科 Saururaceae

三白草属 *Saururus* L.

三白草 *Saururus chinensis* （Lour.） Baill.

裸蒴属 *Gymnotheca* Decne.

裸蒴 *Gymnotheca chinensis* Decne.

蕺菜属 *Houttuynia* Thunb.

蕺菜 *Houttuynia cordata* Thunb.

71．白花菜科 Capparidaceae

◇ 三白草

◇ 蕺菜

鱼木属 *Crateva* L.

树头菜 *Crateva unilocularis* Buch.-Ham.

鱼木 *Crateva formosensis* （Jacobs）B. S. Sun

白花菜属 *Cleome* L.

白花菜 *Cleome gynandra* L.

72．胡椒科 Piperaceae

胡椒属 *Piper* L.

黄花胡椒 *Piper flaviforum* C. DC.

假蒟 *Piper sarmentosum* Roxb.

草胡椒属 *Peperomia* Ruiz et Pavon

豆瓣绿 *Peperomia tetraphylla* （Forst. f.） Hook. et Arn.

73．苦木科 Simaroubaceae

苦树属 *Picrasma* Dl.

苦木 *Picrasma quassioides*（D. Don.）Benn.

中国苦树 *Picrasma chinensis* P. Y. Chen

臭椿属 *Ailanthus* Desf.

臭椿 *Ailanthus altissima* （Mill.） Swingle

74．木通科 Lardizabalaceae

木通属 *Akebia* Decne.

三叶木通 *Akebia trifoliata* （Thunb.） Koidz.

木通 *Akebia quinata* （Houtt.） Decne.

白木通 *Akebia trifoliata* subsp. *australis* （Diels）T. Shimizu

野木瓜属 *Stauntonia* DC.

六叶野木瓜 *Stauntonia hexaphylla* （Thunb. ex Murray） Decne.

75．防已科 Menispermaceae

风龙属 *Sinomenium* Diels

防已 *Sinomenium acutum* （Thunb.） Rehd. et Wils.

毛防已 *Sinomenium acutum* var. *cinerum* （Diels） Rehd.

连蕊藤属 *Parabaena* Miers

连蕊藤 *Parabaena sagittata* Miers

76．藤黄科 Clusiaceae

金丝桃属 *Hypericum* L.

黄海棠 *Hypericum ascyron* L.

贯叶连翘 *Hypericum perforatum* L.

小连翘 *Hypericum erectum* Thunb. ex Murray

77．商陆科 Phytolaccaceae

商陆属 *Phytolacca* L.

商陆 *Phytolacca acinosa* Roxb.

食用商陆 *Phytolacca esculenta* Van Houtt.

垂序商陆 *Phytolacca americana* L.

78．马钱科 Buddlejaceae

醉鱼草属 *Buddleja* L.

醉鱼草 *Buddleja lindleyana* Fort.

大叶醉鱼草 *Buddleja dividii* Franch.

密蒙花 *Buddleja officinalis* Maxim.

79．山茱萸科 Cornaceae

青荚叶属 *Helwingia* Willd.

青荚叶 *Helwingia japonica* （Thunb.） Dietr

梾木属 *Cornus* L.

毛梾 *Cornus walteri* Wanger

80．金粟兰科 Chlorantaceae

金粟兰属 *Chloranthus* Swartz

银线草 *Chloranthus japonicus* Sieb.

珠兰 *Chloranthus spicatus* （Thunb.） Makino

81．泽泻科 Alismataceae

慈姑属 *Sagittaria* L.

矮慈姑 *Sagittaria pygmaea* Miq.

长瓣慈姑 *Sagittaria sagittifolia* L.

82．牻牛儿科 Geraniaceae

牻牛儿苗属 *Erodium* L'Hér.

牻牛儿苗 *Erodium stephanianum* Willd.

◇ 牛耳朵

◇ 甜麻

老鹳草属 *Geranium* L.

老鹳草 *Geranium wilfordii* Maxim.

83．苦苣苔科 Gesneriaceae

半蒴苣苔属 *Hemiboea* Clarke

半蒴苣苔 *Hemiboea henryi* Clarke

唇柱苣苔属 *Chirita* Buch.-Ham. ex D. Don.

牛耳朵 *Chirita eburnea* Hance

84．鼠李科 Rhamnaceae

鼠李属 *Rhamnus* L.

冻绿 *Rhamnus utilis* Decne.

枳椇属 *Hovenia* Thunb.

拐枣 *Hovenia dulcis* Thunb.

85．鸢尾科 Iridaceae

鸢尾属 *Iris* L.

鸢尾 *Iris tectorum* Maxim.

蝴蝶花 *Iris japonica* Thunb.

86．桑寄生科 Loranthaceae

桑寄生属 *Loranthus* Jacq.

桑寄生 *Scurrula parasitica* L.

北桑寄生 *Loranthus tanakae* Franch. et Savat.

87．椴树科 Tiliaceae

黄麻属 *Corchorus* L.

黄麻 *Corchorus capsularis* L.

甜麻 *Corchorus acutangulus* L.

88．省沽油科 Staphyleaceae

省沽油属 *Staphylea* L.

省沽油 *Staphylea bumalda* DC.

野鸦椿属 *Euscaphis* Sieb. et Zucc.

野鸦椿 *Euscaphis japonica*（Thunb.） Kanitz

89．猕猴桃科 Actinidiaceae

猕猴桃属 *Actinidia* Lindl.

葛枣猕猴桃 *Actinidia polygama*（Sieb. et Zucc.）Maxim.

水东哥属 *Saurauia* Willd.

水东哥 *Saurauia tristyla* DC.

90．木兰科 Magnoliaceae

木兰属 *Magnolia* L.

玉兰 *Magnolia denudata* Desr.

五味子属 *Schisandra* Michx.

五味子 *Schisandra chinensis*（Turcz.） Baill.

91．楝科 Meliaceae

香椿属 *Toona* Roem.

香椿 *Toona sinensis* （A. Juss.） Roem.

米仔兰属 Aglaia Lour.

台湾树兰 *Aglaia elliptifolia* （Blanco） Merr.

92．无患子科 Sapindaceae

栾树属 *Koelreuteria* Laxm.

复羽叶栾树 *Koelreuteria bipinnata* Franch.

滨木患属 *Arytera* Bl.

滨木患 *Arytera littoralis* Bl.

93．槭树科 Aceraceae

槭树属 *Acer* L.

地锦槭 *Acer mono* Maxim.

94．石蒜科 Amaryllidaceae

石蒜属 *Lycoris* Merb.

石蒜 *Lycoris radiata* （L'Herit） Herb.

95．水蕹科 Aponogetonaceae

水蕹属 *Aponogeton* L. f.

水蕹 *Aponogeton lakhonensis* A. Camus

96．落葵科 Basellaceae

落葵属 *Anredera* Juss.

落葵薯 *Anredera cordifolia* （Tenore） Steenis

97．腊梅科 Calycanthaceae

腊梅属 *Chimonanthus* Lindl.

腊梅 *Chimonanthus praecox* （L.） Link.

98．川续断科 Dipsacaceae

川续断属 *Dipsacus* L.

川续断 *Dipsacus asperoides* C. Y. Cheng et T. M. Ai

99．小金梅草科 Hypoxidaceae

仙茅属 *Curculigo* Gaertn.

仙茅 *Curculigo orchioides* Gaertn.

100．浮萍科 Lemnaceae

浮萍属 *Lemna* L.

浮萍 *Lemna minor* L.

101．桃金娘科 Myrtaceae

桃金娘属 *Rhodomyrtus* （DC.） Reich.

桃金娘 *Rhodomyrtus tomentosa* （Ait.） Hassk.

102．紫茉莉科 Nyctaginaceae

紫茉莉属 *Mirabilis* L.

紫茉莉 *Mirabilis jalapa* L.

◇ 桃金娘

◇ 紫茉莉

103．西番莲科 Passifloraceae

西番莲属 *Passiflora* L.

鸡蛋果 *Passiflora edulis* Sims

104．远志科 Polygalaceae

远志属 *Polygala* L.

金不换 *Polygala chinensis* L.

105．鹿蹄草科 Pyrolaceae

鹿蹄草属 *Pyrola* L.

普通鹿蹄草 *Pyrola decorata* H. Andres

106．檀香科 Santalaceae

米面蓊属 *Buckleya* Torr.

米面蓊 *Buckleya henryi* Diels

107．胡桃科 Juglandaceae

胡桃属 *Juglans* L.

野胡桃 *Juglans mandshurica* Maxim.

108．凤仙花科 Balsaminaceae

凤仙花属 *Impatiens* L.

大苞凤仙花 *Impatiens balansae* Hook. f.

109．秋海棠科 Begoniaceae

秋海棠属 *Begonia* L.

粗喙秋海棠 *Begonia longifolia* Blume

110．蒟蒻薯科 Taccaceae

蒟蒻薯属 *Tacca* J. R. Forster et J. G. A. Forster

箭根薯 *Tacca chantrieri* Andre

111．卫矛科 Celastaceae

南蛇藤属 *Celastrus* L.

灯油藤 *Celastrus paniculatus* Willd.

南蛇藤 *Celastrus orbiculatus* Thunb.

112．苏铁科 Cycadaceae

苏铁属 *Cycas* L.

篦齿苏铁 *Cycas pectinata* Buch.-Ham.

113．铁青树科 Olacaceae

赤苍藤属 *Erythropalum* Bl.

赤苍藤 *Erythropalum scandens* Bl.

114．灯心草科 Juncaceae

灯心草属 *Juncus* L.

江南灯心草 *Juncus prismatocarpus* R. Br.

115．杨梅科 Myricaceae

杨梅属 *Myrica* L.

锐叶杨梅 *Myrica rubra* Sieb. et Zucc. var. *acuminata* Nakai

116．露兜树科 Pandanaceae

露兜树属 *Pandanus* L. f.

簕古子 *Pandanus forceps* Martelli

二、野生蔬菜资源的生活型分类

本书介绍的野生蔬菜资源，仅包括草本、灌木、藤本和乔木 4 类植物。对 903 种野生蔬菜进行了调查分析，有 630 种野菜属于草本植物，约占总数的 69.8%；117 种野菜属于灌木植物，约占总数的 13.0%；58 种野菜属于藤本植物，约占总数的 6.4%；98 种野菜属于乔木植物，约占总数的 10.9%（见下图）。

（一）草本野生蔬菜

有 630 种野菜属于草本植物，其中一年生草本野菜 172 种、二年生草本野菜 20 种、多年生草本野菜 438 种。

1．一年生草本野菜

菊科：钻形紫菀、苏门白酒草、小蓬草、鼠麹草、大叶鼠麹草、细叶鼠麹草、

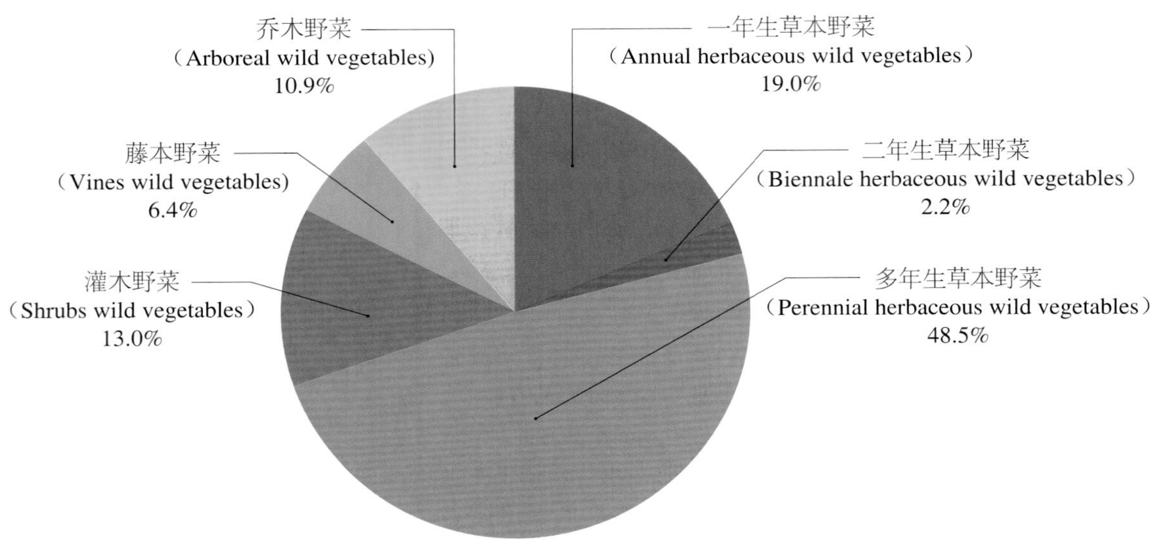

野生蔬菜资源 4 类植物的数量和比例
The amount of 4 types of wild vegetables resources and their ratio

豨莶、鳢肠、狼把草、腺梗豨莶、鬼针草、小花鬼针草、牛膝菊、青蒿、黄花蒿、野茼蒿、泥胡菜、稻槎菜、苦苣菜、黄鹌菜、一点红、红花、苍耳、兔子菜、白子菜、下田菊、多茎鼠麹草、鼠麹舅、座地菊。

豆科：胡卢巴、天蓝苜蓿、紫云英、田皂角、鸡眼草、长萼鸡眼草、救荒野豌豆、广布野豌豆、硬毛果野豌豆、南苜蓿、两型豆、胡豆、直生刀豆、兵豆、决明、钝叶决明、短叶决明、望江南。

蔷薇科：朝天委陵菜。

十字花科：碎米荠、弯曲碎米荠、紫花碎米荠、蔊菜、无瓣蔊菜、球果蔊菜、遏蓝菜、独行菜、皱叶独行菜、北美独行菜、荠菜、播娘蒿、葶苈、诸葛菜、糖芥、芝麻菜、小花糖芥。

唇形科：海州香薷、吉龙草、野香草、益母草、凉粉草、宝盖草、罗勒、紫苏。

伞形科：莳萝。

蓼科：酸模叶蓼、水蓼、红蓼、萹蓄、野荞麦草、花蝴蝶、苦荞麦、金荞麦、蓼蓝、细梗荞、瞿麦、习见蓼、戟叶蓼。

石竹科：繁缕、雀舌草、女娄菜、粗壮女娄菜、麦瓶草、球序卷耳、簇生卷耳、麦蓝菜（王不留行）、荷莲豆、蚤缀、拟漆姑。

藜科：藜、小藜、灰绿藜、荆芥、猪毛菜、刺沙蓬、地肤、沙蓬、东亚市藜。

玄参科：松蒿、大叶石龙尾、独脚金、野山姜。

茄科：龙葵、少花龙葵、小米椒、涮辣。

锦葵科：野西瓜苗、北冬葵、玫瑰茄。

苋科：野苋、反枝苋、凹头苋、刺苋、繁穗苋、尾穗苋、莲子草、青葙、皱果苋、鸡冠。

茜草科：拉拉藤、猪秧秧、满天星。

堇菜科：犁头草。
菱科：野菱、丘角菱、东北菱、细果野菱、耳菱、格菱、冠菱、四角菱。
紫草科：附地菜、大尾摇。
旋花科：打碗花、菟丝子。
爵床科：狗肝菜。
大戟科：地锦、铁苋菜、叶下珠。
夹竹桃科：狗牙花、海南狗牙花。
千屈菜科：节节菜、圆叶节节菜。
鸭跖草科：鸭跖草、节节草、饭包草、疣草。
车前科：小车前。
报春花科：点地梅（喉咙草）。
马齿苋科：马齿苋、四裂马齿苋、土人参。
柳叶菜科：丁香蓼。
莎草科：木贼状荸荠。
白花菜科：白花菜。
泽泻科：矮慈姑。
牻牛儿苗科：牻牛儿苗。
椴树科：黄麻、甜麻。

◇ 金银木

◇ 地蚕

◇ 菰

远志科：金不换。

葫芦科：小雀瓜。

胡椒科：豆瓣绿。

雨久花科：雨久花。

桑科：大麻。

2. 二年生草本野菜

菊科：一年蓬、毛连菜、牛蒡、飞廉、山莴苣、风毛菊、鱼眼草、秋鼠麹草。

豆科：小苜蓿。

唇形科：仙草。

十字花科：沙芥、崧蓝、灰毛糖芥、凤花菜。

石竹科：雀舌草。

伞形科：野胡萝卜、葛缕子。

锦葵科：野葵。

车前科：小车前。

马齿苋科：禾雀舌。

3. 多年生草本野菜

菊科：蒌蒿、柳蒿、白苞蒿、牡蒿、艾、茵陈蒿、猪毛蒿、山苦荬、抱茎苦荬、紫背菜、菊三七、蓟、刺儿菜、燕尾风毛菊、苍术、关苍术、朝鲜苍术、苣荬菜、裂叶苣荬菜、紫菀、三褶脉紫菀、野菊、菊花脑、蜂斗菜、掌叶蜂斗菜、蒲公英、马兰、大丁草、毛大丁草、兴安毛连菜、耳叶蟹甲草、山尖子、橐吾、蹄叶橐吾、佩兰、一枝黄花、菊状千里光、东风菜、菊芋、兔儿伞、笔管草、鸦葱、旋覆花、卤地菊、苦荬菜、烟管蓟、滨蓟、台湾蒲公英、腺梗菜、铁杆蒿、匍匐苦荬菜、齿缘苦荬菜、金叶马兰、蒙山莴苣、台湾款冬、乳苣、高山蓍。

豆科：山野豌豆、大叶草藤、歪头菜、程序歪头菜、野豌豆、苜蓿、野苜蓿、黄芪、直立黄芪、白车轴草、红车轴草、土栾儿、紫苜蓿、大山黧豆、猪仔笠、米口袋。

百合科：野葱、薤白、野薤、野蒜、山韭、卵叶蒜（韭）、宽叶韭、野藠头、黄花韭、太白韭、玉簪叶韭、疏花韭、多星韭、茖葱、百合、山百合、披针叶百合、淡黄花百合、绿花百合、毛百合、轮叶百合、乳头百合、卷丹、山丹、渥丹、黄精、多花黄精、玉竹、小玉竹、萱草、褶叶萱草、黄花菜、小黄花菜、鹿药、宝铎草、沿阶草、吉祥草、老鸦瓣、粉条儿菜、藜芦、七叶一枝花、卷叶黄精、天门冬、兴安鹿药。

蔷薇科：委陵菜、鹅绒委陵菜、匐枝委陵菜、翻白委陵菜、东方草莓、水杨梅、龙芽草、地榆、假升麻、柔毛水杨梅、蛇莓。

十字花科：白花碎米荠、水田碎米荠、中华碎米荠、弹裂碎米荠、广州蔊菜、垂果南芥、匍匐南芥、群心菜、日本山萮菜、蓝花子。

唇形科：香薷、野薄荷、留兰香、硬毛地笋、活血丹、香茶菜、尾叶香茶菜、野芝麻、牛至、夏枯草、藿香、甘露子（草石蚕）、葛公菜、风轮菜、蓝萼香茶菜、地笋、水苏。

伞形科：白花前胡、紫花前胡、水芹、中华水芹、藁本、川芎、变豆菜、薄叶变豆菜、大东俄芹、条叶东俄芹、鸭儿芹、天胡荽、白苞芹、大叶芹、拐芹、防风、刺芫荽、茴香菜、珊瑚菜、积雪草、土当归花、东北羊角芹、石防风。

蓼科：两栖蓼、杠板归、何首乌、酸模、皱叶酸模、齿果酸模、巴天酸模、羊蹄、大黄、波叶大黄、金荞麦、虎杖、炭母草、小酸模。

禾本科：毛金竹、毛竹、刚竹、早园竹、红边竹、篌竹、白茅、香茅、五节芒、水竹、粉绿竹、箭竹。

姜科：球姜、蘘荷、阳荷、高良姜、大高良姜、华山姜、草果、广西豆蔻、姜花、小花姜花、圆瓣姜花、长柄山姜、黑果山姜、九翅豆蔻、闭鞘姜、姜黄、瓷玫瑰、舞花姜、穗花山奈、脆舌姜、圆瓣姜。

石竹科：牛繁缕、石生繁缕、细梗丝石竹、霞草、石竹、翟麦、鹅肠菜、狗筋麦瓶草。

荨麻科：荨麻、麻叶荨麻、狭叶荨麻、冷水花、波缘冷水花、透茎冷水花、庐山楼梯草、大蝎子草、糯米团、阔叶楼梯草。

五加科：土当归、竹节参。

玄参科：婆婆纳、草本威灵仙、水苦荬、北水苦荬、水蔓青、蚊母草、玄参、

◇ 山葡萄

◇ 蛇藤

地黄、马先蒿。

茄科：挂金灯、红丝线。

桔梗科：沙参、轮叶沙参、杏叶沙参、丝裂沙参、荠苨、羊乳、桔梗、长叶轮钟草、紫斑风铃草、半边莲、山梗菜、铜锤玉带。

锦葵科：玫瑰茄、冬葵子、裂瓣朱槿。

苋科：刺苋、牛膝、土牛膝、柳叶牛膝、空心莲子草。

兰科：春兰、寒兰、蕙兰、建兰、多花兰、佛手参、白及、麦斛、石斛、绶草。

堇菜科：堇菜、东北堇菜、鸡脚堇菜、长萼堇菜、白花堇菜、紫花地丁、光瓣堇菜、匙头菜、戟叶堇菜。

葫芦科：王瓜、红瓜、木鳖、绞股蓝、金瓜。

毛茛科：棉团铁线莲、东北铁线莲、升麻、小升麻、兴安升麻、展叶（枝）唐松草、东亚唐松草、驴蹄草、茴茴蒜。

紫草科：琉璃草、小花琉璃草、倒提壶、山茄子。

马鞭草科：马鞭草、鲫鱼鳞。

旋花科：马蹄金、山土瓜。

萝藦科：徐长卿、白薇、羊角茵、雨点儿菜。

景天科：景天、凹叶景天、珠芽景天、费菜、垂盆草、八宝、伽蓝菜。

天南星科：菖蒲、金钱蒲、魔芋、疏毛魔芋、一把伞南星、刺芋。

爵床科：九头狮子草、扭序花、枪刀菜、多花可爱花。

紫葳科：鸡肉参、角蒿。
睡莲科：睡莲、萍蓬草、莼菜、红花睡莲、柔毛齿叶睡莲。
夹竹桃科：长春花。
千屈菜科：千屈草。
忍冬科：蒴藋。
鸭跖草科：大苞水竹叶、竹叶子。
车前科：车前草、大叶车前、中车前、长叶车前。
虎耳草科：虎耳草、大叶子、扯根菜、岩白菜、黄水枝。
报春花科：珍珠菜、星宿菜、泽星宿菜、海乳草。
雨久花科：鸭舌草、少花鸭舌草、凤眼莲。
眼子菜科：眼子菜、竹叶眼子菜、微齿眼子菜、龙须眼子菜、菹草。
香蒲科：东方香蒲、宽叶香蒲、大卫香蒲、水烛香蒲、长苞香蒲。
水鳖科：水车前、海花菜、沉水海花菜、水鳖。
败酱科：黄花败酱、白花败酱。
小檗科：淫羊藿、箭叶淫羊藿、粗毛淫羊藿。
百部科：百部、大百部、直立百部、细花百部。
柳叶菜科：柳叶菜、水丁香、毛脉柳叶菜。
芭蕉科：野芭蕉、芭蕉花、地涌金莲。
酢浆草科：酢浆草、红花酢浆草、白花酢浆草。
龙胆科：双蝴蝶、匙叶草、獐牙菜、荇菜、睡菜。
莎草科：莎草。
三白草科：三白草、裸蒴、蕺菜。
胡椒科：假蒟。
藤黄科：黄海棠、贯叶连翘、小连翘。
商陆科：商陆、食用商陆、垂序商陆。
金粟兰科：银线草。
泽泻科：长瓣慈姑。
牻牛儿科：老鹳草。
苦苣苔科：半蒴苣苔、牛耳朵。
鸢尾科：鸢尾、蝴蝶花。
石蒜科：石蒜。
水蕹科：水蕹。
川续断科：川续断。
小金梅草科：仙茅。
浮萍科：浮萍。
紫茉莉科：紫茉莉。
西番莲科：鸡蛋果。
鹿蹄草科：普通鹿蹄草。
仙人掌科：三棱箭。
桑科：葎草。

◇ 野甘草

马齿苋科：土人参。

凤仙花科：大苞凤仙花。

秋海棠科：粗喙秋海棠。

灯心草科：江南灯心草。

（二）灌木野生蔬菜

有 117 种野生蔬菜属于灌木植物。

豆科：胡枝子、美丽胡枝子、牛枝子、铁扫帚、锦鸡儿、小叶锦鸡儿、白刺花、木豆、大花黄槐。

百合科：肖菝葜。

蔷薇科：悬钩子、茅莓、寒莓、灰毛果莓、三花悬钩子、牛叠肚、盾叶莓、插田泡、覆盆子、蓬蘽（蓬虆）、大乌泡、野蔷薇、硕苞蔷薇、粉团蔷薇、野蔷薇花、金樱子、月季花、木香花、七姊妹、刺梨、白鹃梅、台东悬钩子、高粱泡、里白悬钩子、鬼悬钩子、虎婆刺、斯氏悬钩子、台湾悬钩子、山刺梨。

唇形科：百里香。

蓼科：虎杖。

桑科：异叶榕、竹叶榕、台湾柘树、台湾天仙果、小构树。

荨麻科：苎麻、悬铃叶苎麻、水麻、密花苎麻。

五加科：五加、刺五加、无梗五加、白簕。

茄科：旋花茄。

锦葵科：木槿、木芙蓉、扶桑花、虱母子。

茜草科：栀子、白马骨、藏药木。

马鞭草科：臭牡丹、豆腐柴、海州常山、赪桐、腺茉莉、黄荆。

百合科：菝葜、圆锥菝葜、抱茎菝葜、短梗菝葜、尖叶菝葜、黑果菝葜、土茯苓。

萝藦科：牛皮消、杠柳。

樟科：香叶樟。

大戟科：守宫木、白饭树。

仙人掌科：仙人掌、葡地仙人掌、仙人镜、仙桃、昙花。

芸香科：野花椒、花椒、竹叶花椒、青花椒、刺竹叶花椒、臭常山、九里香。

木樨科：女贞、茉莉花、迎春花、木樨。

杜鹃花科：乌饭树、米饭花、滇白珠、杜鹃花。

马钱科：醉鱼草、大叶醉鱼草、密蒙花。

山茱萸科：青荚叶、珠兰。

鼠李科：冻绿。

桑寄生科：桑寄生。

腊梅科：腊梅。

桃金娘科：桃金娘。

金粟兰科：珠兰花。

菊科：阔苞菊。

◇ 尾穗苋

◇ 珠芽景天

紫金牛科：雨伞子、台湾山桂花。

棕榈科：山棕。

猕猴桃科：水冬瓜。

卫茅科：南蛇藤。

露兜树科：簕古子。

（三）藤本野生蔬菜

有 58 种野生蔬菜属于藤本植物。

豆科：紫藤、白花紫藤、香花崖豆藤、大山黧豆、扁豆、野葛、食用葛藤、鹿藿。

桑科：薜荔、地瓜。

薯蓣科：薯蓣、穿山薯蓣、毛胶薯蓣、黑珠芽薯蓣、粉背薯蓣、毛藤日本薯蓣、野山药、黏山药、薯莨、黄独、山萆薢。

茜草科：鸡矢藤、茜草。

葫芦科：栝楼、大苞赤爮、茅瓜。

毛茛科：威灵仙。

百合科：牛尾草、白背牛尾草。

葡萄科：山葡萄、四棱葡萄、蘡薁、乌蔹莓、蛇葡萄、氏山葡萄、粉果藤、地锦。

夹竹桃科：酸叶胶藤。

忍冬科：忍冬、锐叶忍冬。

木通科：三叶木通、木通、白木通。

防己科：防己、毛防己、连蕊藤。

木兰科：五味子。

落葵科：落葵薯。

萝藦科：夜来香、萝藦。

桔梗科：党参。

卫茅科：灯油藤。

旋花科：旋花。

◇ 甜麻

茄科：狗掉尾苗、山甜菜。
紫金牛科：白花酸藤果。
棕榈科：黄藤。
爵床科：大花山牵牛。

（四）乔木野生蔬菜

有 98 种野生蔬菜属于乔木植物，其中常绿乔木 29 种、落叶乔木 69 种。

1. 常绿乔木野生蔬菜

豆科：铁刀木、腊肠树、紫羊蹄甲。
棕榈科：短穗鱼尾葵、黄棕、桄榔、鱼尾葵、刺葵、海枣、蒲葵、油棕。
樟科：樟、猴樟、细毛樟。
木樨科：小叶女贞、小蜡。
仙人掌科：白毛掌。
桑科：面包树、果榕、爱玉子、涩叶榕。
壳斗科：油叶柯、刺栲。
荨麻科：咬人狗。
五加科：穗序鹅掌柴。
锦葵科：黄槿。
茜草科：狗骨仔。
紫金牛科：酸苔菜。

紫草科：厚壳树。
漆树科：台东漆。
楝科：台湾树兰。
杨梅科：锐叶杨梅。

2. 落叶乔木野生蔬菜

豆科：木田菁、合欢、皂荚、刺槐、黄檀、槐树、银合欢。
蔷薇科：野杏、山桃、秋子梨、山樱桃。
桑科：大果榕、尖叶榕、聚果榕、无花果、构树、苹果榕、牛乳榕、小叶桑。
壳斗科：白栎、麻栎、栓皮栎、锐齿槲栎、水青冈。
五加科：楤木、辽东楤木、棘茎楤木、毛叶楤木、刺楸。
榆科：榆树、昆明榆、榔榆、大果榆、刺榆、糙叶树、台湾朴树、山黄麻。
樟科：木姜子、清香木姜子、毛叶木姜子、山鸡椒。
杨柳科：垂柳、杞柳、旱柳、中华柳、龙爪柳、响叶杨。
漆树科：漆树、盐肤木、黄连木、槟榔青、黄栌。
白花菜科：树头菜、鱼木。
苦木科：苦木、臭椿。
木兰科：玉兰。
楝科：香椿。
无患子科：复羽叶栾树。
槭树科：地锦槭。
鼠李科：拐枣。
紫葳科：木蝴蝶、火烧花。
锦葵科：山芙蓉。
忍冬科：台湾荚蒾、吕宋荚蒾。
胡桃科：野胡桃。
紫草科：破布子、破布乌。

三、野生蔬菜资源的食用部位分类

野生蔬菜资源的食用部位大致可以分为 7 大类，即：食用嫩苗或嫩株、食用根部、食用茎部、食用叶部、食用花部、食用果实、食用种子。多数野菜只食用一个部位，但有些野菜可以食用 2~3 个部位或更多。根据对 903 种野生蔬菜的调查，食用嫩苗或嫩株的野菜有 238 种，占 26.4%；食用根部的野菜有 59 种，占 6.5%；食用茎部的野菜有 550 种，占 60.9%；食用叶部的野菜有 302 种，占 33.4%；食用花部的野菜有 157 种，占 17.4%；食用果实的野菜有 164 种，占 18.2%；食用种子的野菜有 28 种，占 3.1%（见下页图）。

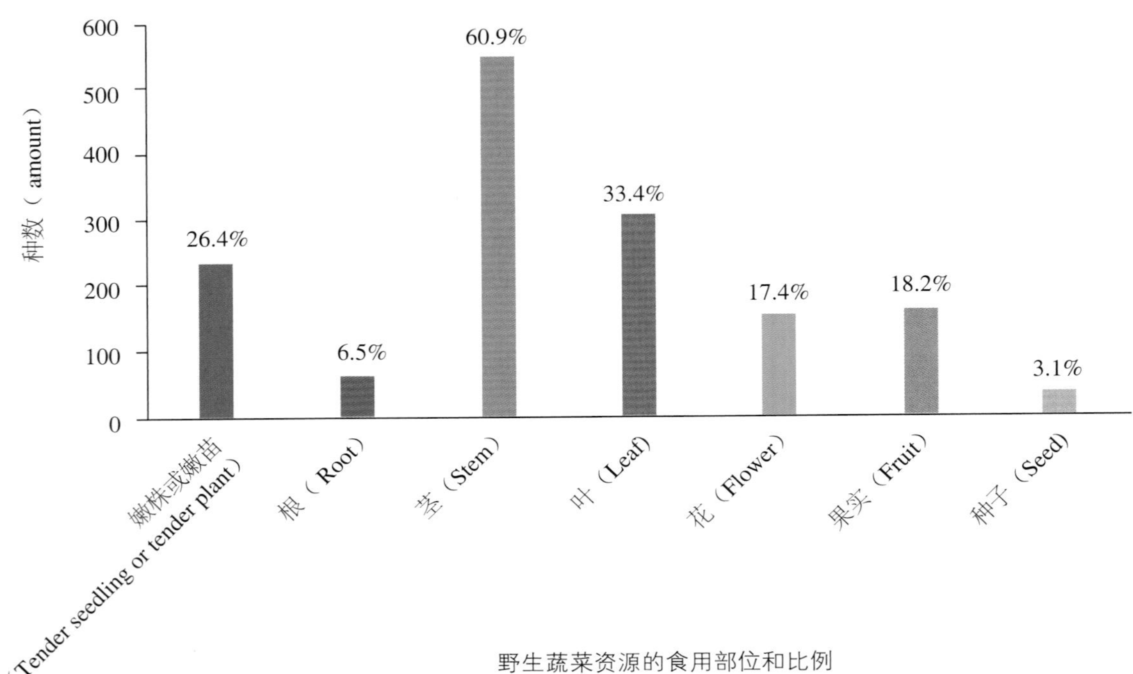

野生蔬菜资源的食用部位和比例

The edible parts of wild vegetables resources and their ratio

（一）食用嫩苗或嫩株的野菜

食用嫩苗或嫩株的 238 种野菜中，其中食用嫩苗的为 186 种，食用嫩株的为 52 种。

1. 食用嫩苗

186 种野菜可以食用嫩苗。

菊科：飞廉、东风菜、苣荬菜、剪刀股、青蒿、牡蒿、艾、黄花蒿、茵陈蒿、猪毛蒿、牛膝菊、马兰、耳叶蟹甲草、山尖子、钻形紫菀、关苍术、朝鲜苍术、北苍术、燕尾风毛菊、风毛菊、泥胡菜、野茼蒿、菊三七、毛连菜、兴安毛连菜、蒲公英、鼠麹草、黄鹌菜、豨莶、腺梗豨莶、小花鬼针草、狼把草、稻槎菜、蓟、刺儿菜、野菊、大丁草、一年蓬、山牛蒡、秋鼠麹草、细叶苦荬、烟管蓟、金叶马兰、高山蓍。

◇ 薯莨

豆科：苜蓿、大叶草藤、山野豌豆、歪头菜、铁扫帚、大山黧豆、紫云英、直立黄芪、田皂角、米口袋、决明。

百合科：小黄花菜、黄精、小玉竹、兴安鹿药、龙须菜。

十字花科：碎米荠、白花碎米荠、弯曲碎米荠、皱叶独行菜、独行菜、北美独行菜、垂果南芥、匍匐南芥、葶苈、小花糖芥、遏蓝菜、播娘蒿、臭荠、离蕊荠、盐芥、球果蔊菜、广东蔊菜、水田碎米荠、中华碎米荠。

唇形科：硬毛地笋、尾叶香茶菜、益母草、白花益

◇ 梓树

◇ 芦苇

母草、细叶益母草、野芝麻、藿香。

伞形科：大东俄芹、变豆菜、薄叶变豆菜、鸭儿芹、珊瑚菜、大叶芹、防风、白苞芹、拐芹、峨参、石防风。

蔷薇科：龙芽草、鹅绒委陵菜、朝天委陵菜、匐枝委陵菜、翻白委陵菜、地榆。

蓼科：萹蓄、红蓼、酸模叶蓼、两栖蓼、杠板归、野荞麦草、酸模、波叶大黄。

石竹科：繁缕、蚤缀、粗壮女娄菜、鹅肠菜。

藜科：猪毛菜、地肤、藜、小藜、刺藜、灰绿藜、绳虫实、早熟虫实、碱蓬。

玄参科：北水苦荬、马先蒿、地黄。

苋科：野苋、反枝苋、凹头苋、刺苋、繁穗苋、尾穗苋、牛膝、青葙。

荨麻科：荨麻、冷水花、庐山楼梯草。

五加科：长白楤木。

毛茛科：小升麻、兴安升麻、展叶（枝）唐松草、东亚唐松草。

桔梗科：荠苨、羊乳、桔梗。

◇ 火棘

◇ 酸豆

鸭跖草科：鸭跖草、节节草、饭包草、竹叶子、大苞水竹叶、疣草。

锦葵科：野西瓜苗。

茄科：旋花茄。

堇菜科：堇菜、紫花地丁、鸡脚堇菜、长萼堇菜、戟叶堇菜、东北堇菜。

车前科：车前草、大叶车前、中车前、小车前。

茜草科：茜草、拉拉藤、猪秧秧。

千屈菜科：节节菜、水苋菜。

葡萄科：蛇葡萄。

报春花科：珍珠菜。

水鳖科：水鳖。

龙胆科：匙叶草。

败酱科：黄花败酱、白花败酱。

三白草科：三白草、裸蒴。

酢浆草科：酢浆草。

马齿苋科：土人参。

大戟科：地锦。

西番莲科：鸡蛋果。

百合科：牛尾草、白背牛尾草。

桑科：葎草。

柳叶菜科：水丁香。

紫草科：山茄子。

2. 食用嫩株

52 种野菜可以食用嫩株。

菊科：苦苣菜、苦荬菜、山莴苣、卤地菊、苍耳、座地菊。

百合科：薤白、山韭、野葱、黄花韭。

十字花科：水田碎米荠、蔊菜、无瓣蔊菜、球果蔊菜、凤花菜、荠菜、糖芥。

唇形科：荆芥、百里香、活血丹、罗勒、凉粉草、仙草。

伞形科：积雪草。

蔷薇科：委陵菜。

蓼科：水蓼。

桑科：葎草。

藜科：刺沙蓬。

苋科：空心莲子草。

荨麻科：麻叶荨麻、狭叶荨麻、波缘冷水花、透茎冷水花。

◇ 草本威灵仙

◇ 草木樨

兰科：麦斛、绶草。
景天科：景天。
锦葵科：野葵。
茄科：龙葵、少花龙葵、红丝线。
紫草科：附地菜。
千屈菜科：千屈草、光千屈草。
报春花科：点地梅（喉咙草）。
虎耳草科：虎耳草。
夹竹桃科：长春花。
三白草科：蕺菜。
白花菜科：白花菜。
金粟兰科：银线草。
浮萍科：浮萍。
石竹科：荷莲豆、狗筋麦瓶草。

（二）食用根部的野菜

食用根部的 59 种野菜中，其中食用原生根的为 32 种，食用块根的为 14 种，食用肉质根的为 13 种。

1. 食用原生根

32 种野菜可以食用原生根。

菊科：蒲公英、鸦葱、细叶苦荬、滨蓟、台湾蒲公英。
豆科：黄芪。
百合科：萱草、藜芦。
唇形科：蜗儿菜、地蚕。
伞形科：珊瑚菜、野胡萝卜、白花前胡、紫花前胡。
毛茛科：升麻、兴安升麻。
萝藦科：白薇、杠柳。
桔梗科：轮叶沙参。
樟科：木姜子、清香木姜子、毛叶木姜子。
茜草科：茜草。
香蒲科：宽叶香蒲。
马鞭草科：臭牡丹。
夹竹桃科：海南狗牙花。
龙胆科：獐牙菜。
商陆科：食用商陆。
马齿苋科：土人参。
白花菜科：白花菜。

紫茉莉科：紫茉莉。

葫芦科：金瓜。

2. 食用块根

14 种野菜可以食用块根。

豆科：野葛、三裂叶野葛、食用葛藤、土栾儿、猪仔笠。

百合科：天门冬、沿阶草（麦冬）。

玄参科：地黄。

旋花科：山土瓜。

兰科：佛手参。

萝藦科：牛皮消。

葫芦科：栝楼、王瓜。

百部科：百部。

3. 食用肉质根

13 种野菜可以食用肉质根。

菊科：牛蒡、菊状千里光。

百合科：多星韭、宝铎草。

伞形科：香根菜。

玄参科：玄参。

兰科：绶草。

桔梗科：沙参、杏叶沙参、羊乳、桔梗、 长叶轮钟草。

川续断科：川续断。

（三）食用茎部的野菜

食用茎部的 550 种野菜中，其中食用嫩梢的为 80 种，食用嫩茎叶的为 347 种，食用根状茎的为 60 种，食用块茎的为 26 种，食用肉质茎的为 17 种，食用球茎的为 3 种，食用鳞茎的为 17 种（见下页图）。

1. 食用嫩梢

80 种野菜可以食用嫩梢（嫩芽或嫩茎）。

豆科：黄檀、合欢、槐树、食用葛藤。

百合科：吉祥草、鹿药、玉簪、黄精、多花黄精。

龙胆科：荇菜。

唇形科：罗勒。

蔷薇科：野蔷薇、粉团蔷薇、七姊妹、硕苞蔷薇、虎婆刺、台湾悬钩子。

薯蓣科：黄独。

石竹科：石生繁缕。

禾本科：香茅、箭竹。

桑科：构树、葎草。

玄参科：马先蒿。

荨麻科：荨麻。

五加科：楤木、辽东楤木、刺楸、虎刺楤木、穗序鹅掌柴、刺通草、无梗五

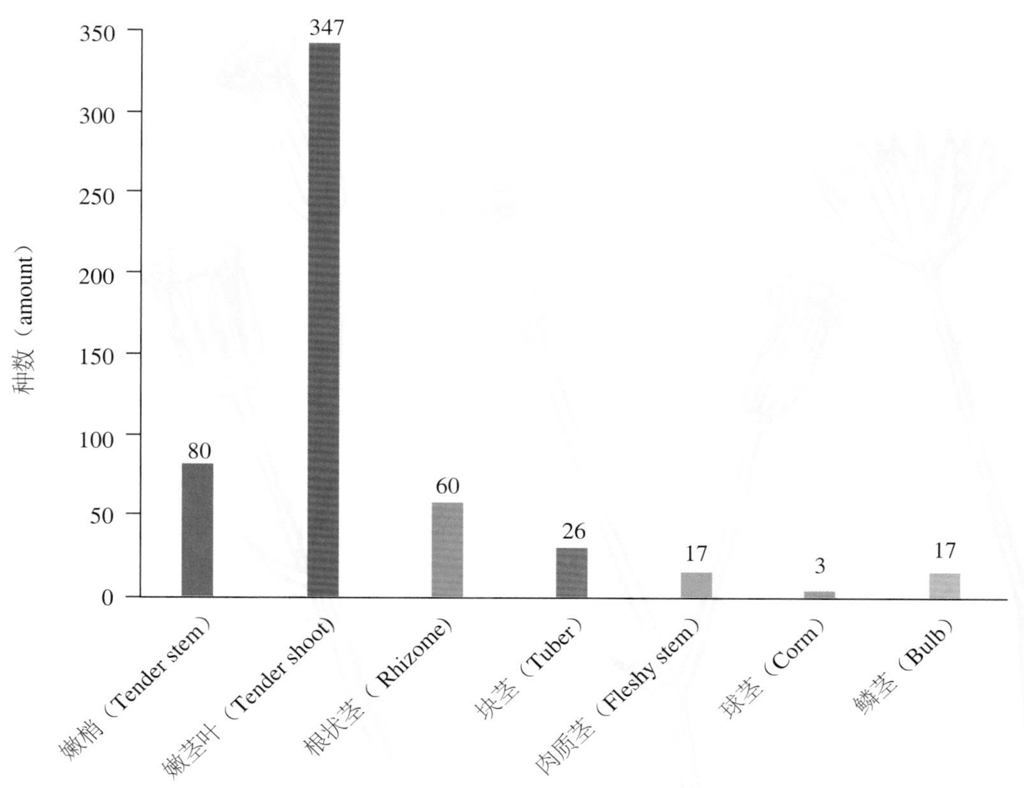

野生蔬菜的食用茎部种类和数目
A variety of edible stem in wild vegetables

◇ 大叶石龙尾（水八角）

加、白簕。

姜科：红球姜、九翅豆蔻、黑果山姜、蘘荷、圆瓣姜、穗花山奈。

榆科：榆树、昆明榆、榔榆。

萝藦科：牛皮消。

锦葵科：黄槿、野葵。

堇菜科：长萼堇菜。

茜草科：鸡矢藤。

杨柳科：旱柳、中华柳、龙爪柳。

葫芦科：木鳖。

棕榈科：刺葵、黄棕、桄榔、鱼尾葵、短穗鱼尾葵、山棕、黄藤、油棕。

马鞭草科：腺茉莉。

卫茅科：南蛇藤。

伞形科：东北羊角芹。

漆树科：黄连木、漆树、黄栌。

防己科：连蕊藤。

大戟科：金刚纂。

鼠李科：冻绿。

白花菜科：树头菜。

芭蕉科：地涌金莲。

槭树科：地锦槭。

◇ 紫芋

无患子科：复羽叶栾树。

百合科：菝葜、圆锥菝葜、抱茎菝葜、短梗菝葜、尖叶菝葜、牛尾菜、白背牛尾菜。

露兜树科：簕古子。

2. 食用嫩茎叶

347 种野菜可食用嫩茎叶。

菊科：东风菜、苣荬菜、裂叶苣荬菜、蒌蒿、青蒿、柳蒿、白苞蒿、牡蒿、腺梗菜、野艾蒿、牛膝菊、马兰、耳叶蟹甲草、山尖子、紫菀、钻形紫菀、关苍术、下田菊、北苍术、一枝黄花、燕尾风毛菊、泥胡菜、美洲菊芹、野茼蒿、鱼眼草、三七草、紫背菜、兴安毛连菜、鼠麹草、大叶鼠麹草、细叶鼠麹草、山莴苣、匍匐苦荬菜、一点红、鬼针草、笔管草、鸦葱、牛蒡、稻槎菜、泽兰、小蓬草、野菊、北野菊（甘菊）、细裂野菊、齿缘苦荬菜、菊花脑、碱菀、一年蓬、山牛蒡、鳢肠、白子菜、台湾款冬。

豆科：苜蓿、南苜蓿、天蓝苜蓿、大叶草藤、山野豌豆、歪头菜、救荒野豌豆、硬毛果野豌豆、程序歪头菜、野豌豆、鸡眼草、长萼鸡眼草、木田菁、胡枝子、美丽胡枝子、牛枝子、大山黧豆、小叶锦鸡儿、草木樨、胡卢巴、野苜蓿、肉果金合欢、蛇藤、决明、钝叶决明、豆茶决明、槐叶决明、短叶决明、酸豆、粉花羊蹄甲。

百合科：野蒜、茖葱、粉条儿菜。

十字花科：白花碎米荠、紫花碎米荠、凤花菜、皱叶独行菜、独行菜、北美独行菜、诸葛菜、荠菜、小花糖芥、遏蓝菜、芝麻菜、播娘蒿、离子草、垂果南芥、匍匐南芥、盐芥、中华碎米荠、弯曲碎米荠、弹裂碎米荠、蔊菜、山萮菜、日本山萮菜、群心菜。

唇形科：海州香薷、水香薷、吉龙草、硬毛地笋、益母草、细叶益母草、白花益母草、牛至、野芝麻、宝盖草、藿香、夏枯草、风轮菜、香茶菜、蓝萼香茶菜。

伞形科：大东俄芹、条叶东俄芹、变豆菜、鸭儿芹、天胡荽、防风、川芎。

蔷薇科：龙芽草、鹅绒委陵菜、委陵菜、蛇含委陵菜、朝天委陵菜、水杨梅、柔毛水杨梅。

蓼科：萹蓄、酸模叶蓼、绵毛大马蓼、虎杖、水蓼、野荞麦草、红蓼、齿果酸模、苦荞麦、戟叶蓼、巴天酸模、小酸模、习见蓼、炭母草。

薯蓣科：穿山薯蓣。

石竹科：繁缕、牛繁缕、雀舌草、细梗丝石竹、霞草、麦蓝菜、粗壮女娄菜、女娄菜、麦瓶草、球序卷耳、簇生卷耳、翟麦、荷莲豆、石竹、拟漆姑。

禾本科：看麦娘、芦苇、牛筋草、五节芒。

桑科：海南榕、厚皮榕、聚果榕、突脉榕、黄葛树、地瓜。

藜科：猪毛菜、地肤、藜、荆芥、小藜、尖头叶藜、灰绿藜、大叶藜、绳虫实、碱蓬、东亚市藜。

玄参科：草本威灵仙、北水苦荬、水蔓青、蚊母草、水苦荬、婆婆纳、大叶石龙尾、松蒿、野甘草。

苋科：野苋、反枝苋、凹头苋、刺苋、繁穗苋、尾穗苋、土牛膝、莲子草、空心莲子草、青葙。

荨麻科：糯米团、密花苎麻、阔叶楼梯草。

五加科：土当归、棘茎楤木、虎刺楤木、毛叶楤木。

姜科：脆舌姜、闭鞘姜、黑果山姜。

旋花科：打碗花、马蹄金、日本打碗花。

毛茛科：升麻、小升麻、东北铁线莲、驴蹄草、威灵仙、棉团铁线莲。

萝藦科：杠柳、南山藤。

桔梗科：轮叶沙参、杏叶沙参、桔梗、金钱豹、铜锤玉带、尖瓣花、半边莲、山梗菜。

鸭跖草科：鸭跖草、竹叶子、大苞水竹叶、疣草。

景天科：佛甲草、凹叶景天、珠芽景天、费菜、垂盆草、伽蓝菜。

锦葵科：野西瓜苗、木芙蓉。

茄科：龙葵、旋花茄。

堇菜科：堇菜、鸡脚堇菜、白花堇菜。

天南星科：刺芋。

车前科：车前草。

茜草科：白马骨、藏药木、具苞藏药木、鸡矢藤、满天星。

芸香科：野花椒、花椒、刺竹叶花椒、臭常山。

爵床科：枪刀菜、狗肝菜。

紫草科：小花琉璃草、麦家公、大尾摇。

葫芦科：绞股蓝、大苞赤爬、密毛栝楼、金瓜。

千屈菜科：节节菜、圆叶节节菜。

棕榈科：鱼尾葵、海枣、槿棕。

眼子菜科：眼子菜、竹叶眼子菜、微齿眼子菜、龙须眼子菜、菹草。

香蒲科：宽叶香蒲。

葡萄科：粉果藤、地锦。

报春花科：珍珠菜、星宿菜、泽星宿菜、海乳草。

虎耳草科：黄水枝。

马鞭草科：黄荆、马鞭草、大青、海州常山、腺茉莉。

夹竹桃科：酸叶胶藤。

龙胆科：双蝴蝶、獐牙菜。

败酱科：白花败酱。

杜鹃花科：滇白珠。

雨久花科：箭叶雨久花、鸭舌草、少花鸭舌草。

漆树科：槟榔青。

忍冬科：忍冬。

藤黄科：黄海棠、贯叶连翘、小连翘。

三白草科：蕺菜。

酢浆草科：红花酢浆草、白花酢浆草。

商陆科：商陆、食用商陆、垂序商陆。

马齿苋科：马齿苋、四裂马齿苋、土人参、禾雀舌。
大戟科：守宫木、铁苋菜、地锦、叶下珠。
龙胆科：莕菜。
山茱萸科：青荚叶、毛梾。
柳叶菜科：柳叶菜、丁香蓼。
牻牛儿科：牻牛苗儿。
苦苣苔科：半蒴苣苔。
苦木科：中国苦树。
胡椒科：豆瓣绿、假蒟。
桑寄生科：桑寄生、北桑寄生。
楝科：香椿。
百合科：菝葜。
无患子科：滨木患。
木兰科：五味子。
秋海棠科：粗喙秋海棠。
蒟蒻薯科：箭根薯。
卫茅科：灯油藤。
紫金牛科：酸苔菜、白花酸藤果。
铁青树科：赤苍藤。
凤仙花科：大苞凤仙花。

◇ 细叶益母草

◇ 野鸦椿

马钱科：密蒙花。

3. 食用根状茎

60 种野菜可以食用根状茎。

菊科：三褶脉紫菀、毛大丁草。

百合科：荞麦叶百合、藜芦、黄精、多花黄精、玉竹、小玉竹、萎蕤、条叶百合、肖菝葜、毛百合、渥丹、七叶一枝花。

唇形科：硬毛地笋。

伞形科：藁本、滇芎。

蓼科：酸模叶蓼、花蝴蝶、何首乌、金荞麦。

薯蓣科：穿山薯蓣、野山药。

禾本科：白茅、芦苇。

荨麻科：荨麻、大蝎子草。

五加科：竹节参。

姜科：高良姜、华山姜、蘘荷、阳荷、姜花、小花姜花、圆瓣姜花。

旋花科：打碗花、旋花。

萝藦科：徐长卿。

天南星科：菖蒲、金钱蒲、魔芋、疏毛魔芋。

香蒲科：长苞香蒲。

虎耳草科：大叶子。

小檗科：淫羊藿、箭叶淫羊藿、粗毛淫羊藿、心叶淫羊藿。

忍冬科：蒴藋。

三白草科：蕺菜。

莎草科：莎草、砖子苗。

睡莲科：萍蓬草、睡莲。

龙胆科：睡菜。

苦苣苔科：牛耳朵。

鸢尾科：鸢尾。

小金梅草科：仙茅。

百合科：黑果菝葜、土茯苓。

4. 食用块茎

26 种野菜可以食用块茎。

菊科：菊芋。

薯蓣科：黏山药、毛胶薯蓣、黑珠芽薯蓣、薯莨、黄独、粉背薯蓣、山萆薢、绵薯蓣、福州薯蓣、细柄薯蓣、纤细薯蓣、五叶薯蓣、山薯蓣、光叶薯蓣、毛藤日本薯蓣、褐苞薯蓣、薯蓣、毛芋头薯蓣、盈江薯蓣、甘薯、参薯。

水蕹科：水蕹。

落葵科：落葵薯。

唇形科：水苏、甘露子。

5. 食用肉质茎

17 种野菜可食用肉质茎。

禾本科：菰、淡竹、毛竹、刚竹、黄皮刚竹、罗汉竹、石绿竹、早园竹、红边竹、篌竹、水竹、苦竹、粉绿竹。

仙人掌科：白毛掌。

芭蕉科：地涌金莲。

紫葳科：鸡肉参。

唇形科：地笋。

6. 食用球茎

3 种野菜可以食用球茎。

莎草科：木贼状荸荠。

泽泻科：长瓣慈姑。

石蒜科：石蒜。

7. 食用鳞茎

17 种野菜可以食用鳞茎。

百合科：薤白、宽叶韭、老鸦瓣、条叶百合、渥丹、绿花百合、卷丹、山丹、山百合、披针叶百合、淡黄花百合、轮叶百合、乳头百合、百合、猪芽花。

兰科：白及。

石蒜科：石蒜。

◇ 箭叶雨久花

◇ 箭根薯

（四）食用叶部的野菜

食用叶部的 302 种野菜中，其中食用嫩叶的为 294 种，食用嫩叶柄的为 8 种，现详列如下：

1. 食用嫩叶

294 种野菜可以食用嫩叶。

菊科：飞廉、苦苣菜、剪刀股、山苦荬、细叶苦荬、抱茎苦荬、艾、黄花蒿、茵陈蒿、猪毛蒿、三褶脉紫菀、风毛菊、美洲菊芹、菊三七、橐吾、蹄叶橐吾、毛连菜、黄鹌菜、旋覆花、兔儿伞、山莴苣、菊芋、豨莶、毛梗豨莶、腺梗豨莶、小花鬼针草、狼把草、蓟、刺儿菜、佩兰、泽兰、苏门白酒草、菊状千里光、大丁草、毛大丁草、女菀、香青、北山莴苣、野莴苣、蒙山莴苣、野茼蒿、滨蓟、烟管蓟、台湾蒲公英、多茎鼠麹草、鼠麹舅、紫香蒿、阔苞菊、台湾款冬。

豆科：小苜蓿、铁扫帚、槐树、野葛、三裂叶野葛、食用葛藤、银合欢、紫云英、紫藤、田皂角、皂荚、槐树、白车轴草、红车轴草、鹿藿、野大豆、野豇豆、铁刀木、腊肠树、酸豆、羊蹄甲、无忧花、紫羊蹄甲、望江南。

百合科：山韭、卵叶蒜（韭)、宽叶韭、多星韭、鹿药、玉竹。

十字花科：碎米荠、水田碎米荠、广东焊菜、无瓣焊菜、日本山萮菜、蓝花子、崧蓝、匍匐南芥、卵叶硬毛南芥、糖芥、垂果南芥、灰毛糖芥。

唇形科：荆芥、活血丹、罗勒、紫苏、野薄荷、留兰香、皱叶留兰香、牛至、葛公菜。

伞形科：水芹、中华水芹、刺芫荽、积雪草、茴香菜、香根菜、白苞芹、滇芎、藁本、白花前胡、峨参。

蔷薇科：白鹃梅、假升麻、匐枝委陵菜、翻白委陵菜、地榆、棠梨、金樱子。

蓼科：两棲蓼、花蝴蝶、杠板归、何首乌、酸模、皱叶酸模、长刺酸模、羊蹄、苦荞麦、金荞麦、波叶大黄、小酸模、细梗荞麦、戟叶蓼。

禾本科：苦竹、毛金竹、香茅。

桑科：构树、小构树、柘树。

藜科：藜。

玄参科：兰考泡桐、野山姜。

苋科：牛膝、柳叶牛膝。

荨麻科：冷水花、水麻、苎麻、悬铃叶苎麻、密花苎麻。

五加科：五加、刺五加、无梗五加。

旋花科：月光花、藤长苗。

毛茛科：东亚唐松草、茴茴蒜。

榆科：榆树、大果榆、紫弹朴、昆明榆、榔榆、朴树、刺榆。

萝藦科：萝藦、徐长卿、羊角茵、雨点儿菜。

桔梗科：羊乳、紫斑风铃草。

鸭跖草科：大苞水竹叶、节节草、饭包草。

景天科：八宝。

锦葵科：木槿、野葵、北冬葵、蜀葵、冬葵子、虱母子。

茄科：酸浆、狗掉尾苗、山甜菜。

堇菜科：堇菜、紫花地丁、东北堇菜、犁头草、匙头菜。

天南星科：金钱蒲、假芋、紫叶芋。

樟科：香叶樟、木姜子、清香木姜子、毛叶木姜子、山鸡椒、樟、细毛樟。

车前科：大叶车前、中车前、小车前、长叶车前。

茜草科：鸡矢藤、拉拉藤。

芸香科：竹叶花椒、青花椒。

杨柳科：垂柳、杞柳、旱柳、响叶杨、小叶杨。

爵床科：九头狮子草、扭序花。

紫草科：附地菜、琉璃草、倒提壶。

千屈菜科：千屈草、光千屈草、水苋菜。

棕榈科：黄棕、董棕、油棕。

葡萄科：蛇葡萄、山葡萄、四棱葡萄、蘡薁、乌蔹莓、氏山葡萄。

虎耳草科：虎耳草、大叶子、扯根菜、岩白菜。

马鞭草科：豆腐柴、臭牡丹、鲫鱼鳞。

夹竹桃科：狗牙花。

水鳖科：水车前、海花菜、沉水海菜花。

败酱科：黄花败酱、异叶败酱、缬草。

杜鹃花科：乌饭树、米饭花。

木樨科：小叶女贞、小蜡、日本女贞。

雨久花科：雨久花、凤眼莲。

小檗科：淫羊藿、箭叶淫羊藿、粗毛淫羊藿、心叶淫羊藿。

紫葳科：梓树、楸树、木蝴蝶、角蒿。

漆树科：黄连木、盐肤木。

忍冬科：蒴藋、锐叶忍冬、金银木。

三白草科：三白草、裸蒴。

防己科：连蕊藤、防己、毛防己。

商陆科：食用商陆。

大戟科：重阳木。

睡莲科：莼菜、红花睡莲。

省沽油科：省沽油、野鸦椿。

金粟兰科：银线草。

牻牛儿科：老鹳草。

苦苣苔科：牛耳朵。

苦木科：苦木、臭椿。

椴树科：黄麻、甜麻。

泽泻科：矮慈姑。

猕猴桃科：葛枣猕猴桃。

落葵科：落葵薯。

紫茉莉科：紫茉莉。

木通科：三叶木通、木通。

远志科：金不换。

西番莲属：鸡蛋果。

鹿蹄草科：普通鹿蹄草。

无患子科：复羽叶栾树。

苏铁科：篦齿苏铁。

仙人掌科：仙人掌、葡地仙人掌、仙人镜、仙桃。

柳叶菜科：毛脉柳叶菜。

2. 食用嫩叶柄

8 种野菜可以食用嫩叶柄。

菊科：蜂斗菜、掌叶蜂斗菜、款冬。

堇菜科：犁头草。

◇ 白子菜

◇ 小蜡

天南星科：一把伞南星。

水鳖科：水鳖。

雨久花科：凤眼莲。

睡莲科：红花睡莲。

（五）食用花部的野菜

食用花部的157种野菜中，其中食用花序或花序柄的为25种，食用花蕾的为25种，食用花或花梗的为95种，食用花瓣的为9种，食用花萼的为2种，食用有花植株为1种（见下图）。

1. 食用花序或花序柄

25种野菜可以食用花序或花序柄。

菊科：蒲公英。

百合科：宽叶韭。

唇形科：吉龙草、夏枯草。

蔷薇科：地榆。

壳斗科：白栎、麻栎、栓皮栎。

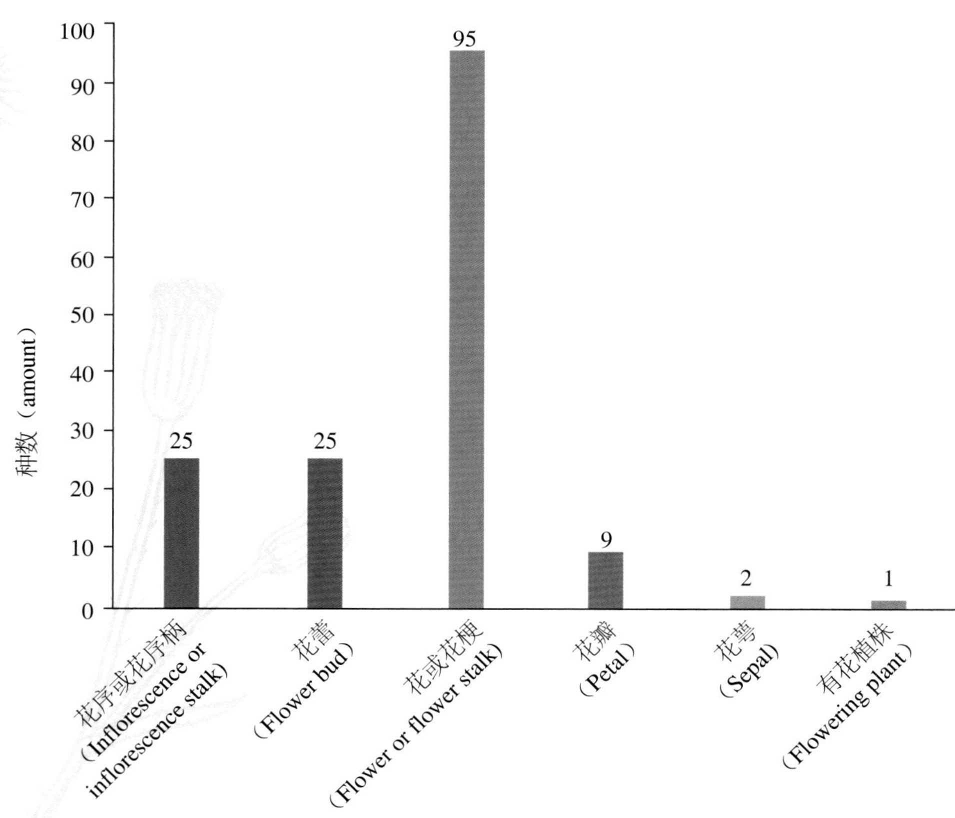

野生蔬菜的食用花部的种类和数目

A variety of edible flower in wild vegetables

禾本科：白茅。

桑科：地瓜、构树、小构树。

苋科：青葙。

五加科：刺通草。

姜科：蘘荷、舞花姜。

杨柳科：杞柳、旱柳。

天南星科：假芋、紫叶芋。

棕榈科：鱼尾葵、短穗鱼尾葵、油棕。

香蒲科：宽叶香蒲。

芭蕉科：地涌金莲。

2. 食用花蕾

25 种野菜可以食用花蕾。

菊科：蜂斗菜、毛连菜。

豆科：刺槐、合欢、白刺花。

百合科：褶叶萱草、萱草、黄花菜、小黄花菜、茖葱、玉簪、条叶百合、卷丹、山丹、渥丹、绿花百合、山百合、乳头百合。

樟科：木姜子、清香木姜子、毛叶木姜子。

马钱科：大叶醉鱼草、密蒙花。

芭蕉科：野芭蕉。

蔷薇科：山刺梨。

3. 食用花或花梗

95 种野菜可以食用花或花梗。

菊科：红花、鼠麴草、旋覆花、笔管草、牛蒡、鸦葱、台湾款冬。

◇ 省沽油

豆科：木田菁、扁豆、刺槐、野葛、食用葛藤、锦鸡儿、直立黄芪、紫藤、白花紫藤、合欢、槐树、白刺花、铁刀木、无忧花、酸豆、粉花羊蹄甲、腊肠树。

百合科：野蒜、多星韭、百合、山百合。

唇形科：白花益母草。

蔷薇科：白鹃梅、金樱子、木香花、七姊妹、野蔷薇花、月季花。

蓼科：花蝴蝶、酸模。

玄参科：兰考泡桐。

五加科：刺楸。

姜科：华山姜、阳荷、姜花、小花姜花、圆瓣姜花、长柄山姜、姜黄、红球姜、穗花山奈。

兰科：石斛、春兰、寒兰、蕙兰。

榆科：榔榆。

萝藦科：夜来香、南山藤。

锦葵科：木槿、木芙蓉、扶桑花、玫瑰茄、山芙蓉。

芸香科：青花椒。

杨柳科：旱柳。

爵床科：多花可爱花、大花山牵牛。

千屈菜科：虾子花。

马鞭草科：臭牡丹、赪桐、腺茉莉、黄荆。

水鳖科：海花菜、沉水海菜花。

杜鹃花科：杜鹃花。

木樨科：女贞、茉莉花、迎春花。

小檗科：淫羊藿、箭叶淫羊藿、粗毛淫羊藿、心叶淫羊藿。

紫葳科：梓树、木蝴蝶、火烧花、西南猫尾树。

三白草科：三白草。

睡莲科：睡莲、柔毛齿叶睡莲。

省沽油科：省沽油。

金粟兰科：珠兰花。

鸢尾科：蝴蝶花。

石蒜科：石蒜。

芭蕉科：野芭蕉。

腊梅科：腊梅。

木兰科：玉兰。

仙人掌科：三棱箭、昙花。

4. 食用花瓣

9 种野菜可以食用花瓣。

菊科：野菊。

姜科：瓷玫瑰。

茜草科：栀子。

◇ 白花紫藤

◇ 婆婆纳

锦葵科：裂瓣朱槿。

夹竹桃科：鸡蛋花。

马鞭草科：赪桐。

豆科：羊蹄甲。

腊梅科：腊梅。

蔷薇科：山刺梨。

5. 食用花莛

2 种野菜可以食用花莛。

菊科：款冬。

旋花科：月光花。

6. 食用有花植株

只有 1 种野菜可以食用有花植株。

菊科：锦头风毛菊。

（六）食用果实的野菜

食用果实的 164 种野菜中，其中食用果梗或果皮的为 83 种，食用成熟果实的为 66 种，食用豆荚的为 15 种。

1. 食用果梗或果皮

90 种野菜可以食用果梗或果皮。

唇形科：吉龙草。

伞形科：葛缕子、莳萝。

蔷薇科：棠梨、刺梨、火棘、悬钩子、灰毛果莓、三花悬钩子、牛叠肚、盾叶莓、插田泡、覆盆子、蓬蘽（蓬藁）、大乌泡、野杏、山桃、东方草莓、秋子梨。

壳斗科：槲栎、锐齿槲栎、黄山栎、枹栎、短柄枹栎、槲树、甜槠栲、苦槠栲、石栎、绵储、青冈栎、细叶青冈、小叶青冈。

桑科：葎草、大果榕、无花果。

姜科：姜花、小花姜花、九翅豆蔻。

十字花科：独行菜、皱叶独行菜、北美独行菜。

榆科：榆树、昆明榆、榔榆、杭州榆、大果榆、刺榆、山黄麻。

萝藦科：地梢皮、萝藦。

桔梗科：铜锤玉带。

茄科：野茄、刺天茄、水茄、小米椒、涮辣、树番茄。

樟科：木姜子、清香木姜子、毛叶木姜子、山鸡椒。

芸香科：竹叶花椒、青花椒、刺竹叶花椒。

仙人掌科：仙人掌、葡地仙人掌、仙人镜、仙桃。

葫芦科：小雀瓜。

马鞭草科：云南石梓。

夹竹桃科：毛车藤。

杜鹃花科：乌饭树。

鼠李科：拐枣。

木通科：三叶木通。

鸢尾科：鸢尾。

桃金娘科：桃金娘。

西番莲科：鸡蛋果。

檀香科：米面蓊。

豆科科：粉花羊蹄甲。

紫葳科：木蝴蝶、西南猫尾树、火烧花。

漆树科：槟榔青、盐肤木、台东漆。

白花菜科：鱼木。

2. 食用成熟果实

66 种野菜可以食用成熟果实。

蔷薇科：金樱子、台东悬钩子、茅莓、寒莓、高粱泡、里白悬钩子、鬼悬钩子。

桑科：异叶榕、尖叶榕、竹叶榕、珍珠莲（榕）、牛乳榕、果榕、涩叶榕、薜荔、小叶桑、台湾柘树、台湾天仙果、面包树。

姜科：大高良姜、草果、广西豆蔻、九翅豆蔻。

菱科：丘角菱、东北菱、细果野菱、耳菱、格菱、冠菱、四角菱、菱。

茄科：龙葵、挂金灯、苦蘵、树番茄。

樟科：猴樟、山鸡椒。

葫芦科：密毛栝楼、茅瓜。

葡萄科：山葡萄、四棱葡萄。

木樨科：女贞。

壳斗科：油叶柯、刺栲。
荨麻科：咬人狗。
桔梗科：铜锤玉带。
榆科：台湾朴树、糙叶树。
茜草科：狗骨仔。
紫金牛科：两伞子、台湾山桂花。
棕榈科：蒲葵、海枣、黄藤。
紫草科：破布乌、厚壳树、破布子。
忍冬科：台湾荚蒾、吕宋荚蒾。
大戟科：白饭树。
猕猴桃科：水冬瓜。
楝科：台湾树兰（大叶树兰）。
木通科：木通、白木通。
胡桃科：野胡桃。
杨梅科：锐叶杨梅。

◇ 决明

3. 食用豆荚

15 种野菜可以食用豆荚。

豆科：木田菁、田皂角、银合欢、野大豆、木豆、羊蹄甲、腊肠树、槐叶决明、酸豆、望江南、决明、大花黄槐。

十字花科：独行菜、皱叶独行菜、北美独行菜。

（七）食用种子的野菜

食用种子的野菜约 28 种。

豆科：救荒野豌豆、鸡眼草、长萼鸡眼草、大山黧豆、皂荚、木豆、两型豆、直生刀豆、兵豆、鹿藿、银合欢。

十字花科：遏蓝菜、芝麻菜、播娘蒿。
唇形科：罗勒、白花益母草。
壳斗科：白栎、水青冈。
藜科：荆芥。
姜科：广西豆蔻。
旋花科：月光花。
葫芦科：腺点油瓜。
睡莲科：萍蓬草。
马鞭草科：黄荆。
桑科：爱玉子、大麻。
锦葵科：冬葵子。
白花菜科：鱼木。

英文摘要

According to different purpose or necessity, we have made 4 kinds of classification of the wild vegetable resources, namely: classification according to plant family and genus, Latin binomial nomenclature, classification according to plant type, and classification of wild vegetable edible parts.

1. Classification according to plant family and genus

Survey has revealed that there are about one thousand species of wild vegetables in China, belonging to about 120 families and 530 genera.

2. The classification of Latin names in the wild vegetables resources

Latin binomial nomenclature of wild vegetables grouped according to plant families and genera.

3. Classification of wild vegetables according to plant types

The plant types of wild vegetables described in this book include types, which are grasses, shrubs, vines and trees. 903 species of wild vegetables, there are 630 species belong to herbaceous plants, accounting for 69.8% of the species. There are 117 species belong to shrubs, taking up 13.0% of the species. There are 58 species belong to vines, occupying 6.4% of the species. There are 98 species belong to arboreous plants, equal to 10.9% of the species.

4. Classification of wild vegetable edible parts

The edible parts of wild vegetables resources may be divided into 7 kinds, that is (1) edible tender seedling or tender plant, including 238 species of wild vegetables, about 26.4% of the total number of species, (2) edible root, 59 species, about 6.5%, of the total, (3) edible stem, 550 species, about 60.9%, of the total, (4) edible leaf, 302 species, about 33.4% of the total, (5) edible flower, 159 species, about 17.4% of the total, (6) edible fruit, 164 species, about 18.2% of the total, and (7) edible seed, 28 species, about 3.1% of the total.

Most wild vegetables have one edible part only, but some may have two or three edible parts.

◇ 木田菁

第四章 各种野生蔬菜

CHAPTER FOUR DIVERSE KINDS OF THE WILD VEGETABLES

Herbaceous wild vegetables

一、草本野生蔬菜

青蒿

Artemisia carvifolia Buch. Ham. ex Roxb.

别　名‖香蒿、草蒿、野三蒿、臭艾子
英文名‖ Celery wormwood
分　类‖菊科蒿属一年生草本

【形态特征】植株高 40~50cm。茎直立，多分枝，无毛。茎下部叶在花期枯萎；中部叶矩圆形，二次羽状深裂，长 5~15cm，宽 2~5.5cm，一次裂片长圆状条形，渐尖；二次裂片条形，细尖，常具短尖齿，基部裂片常抱茎。叶面、叶背无毛，上部叶小，羽状浅裂。头状花序多数，球形，花后下倾，直径 3.5~4mm，排成总状或复总状，有短梗及条形苞叶；总苞片 3 层，无毛，外层较短，狭矩圆形，灰绿色，内层较宽大，顶端圆形，边缘宽膜质；花序托球形，花筒状，外层雌性，雌花 10~20 朵，内层两性，两性花 20~30 朵。瘦果矩圆形，长约 1mm，无毛。花、果期 6—10 月。

【分布及生境】分布于我国西南、华南、华北至东北。生于海拔 2 000m 以下的山坡、沟谷、林缘、草丛、路旁、河岸。

【营养成分】每 100g 可食部含蛋白质 4.45g、粗纤维 2.94g、胡萝卜素 5.09mg、维生素 B_1 1.2mg、维生素 C 10mg。

【食用方法】春、夏季采摘嫩苗和嫩茎叶，洗净，沸水烫片刻，清水浸泡 2~3 天，并经常换水，去苦味后加调料炒食；也可腌渍或制成干菜使用。

药用功效

全草入药。性寒，味苦、辛。清热凉血、退虚热、解暑。

黄花蒿

Artemisia annua L.

别　名‖香蒿、臭蒿、苦蒿、黄蒿、良蒿
英文名‖ Sweet wormwood
分　类‖菊科蒿属一年生草本

【形态特征】植株高50~150cm。茎直立，多分枝，无毛。叶互生，中部叶卵形，三次羽状深裂，长4~7cm，宽1.5~3cm，裂片和小裂片长圆形或倒卵形，顶端尖，基部裂片常抱茎。叶背被短微毛；上部叶较小，常一次羽状细裂。头状花序多数，球形，长、宽约1.5mm，排列成复总状。总苞片2~3层，花托长圆形，花筒状，中部雌花10~18朵，外层两性花10~30朵。瘦果矩圆形，长约0.7mm，无毛。花、果期8—11月。
【分布及生境】分布于江苏、浙江等地。生于山坡草地、灌丛、路旁、河岸边。

【营养成分】全草含挥发油，主要成分为青蒿素、青蒿酸、青蒿甲素、青蒿乙素、青蒿黄素、青蒿酮等。
【食用方法】春、夏季采摘嫩苗和嫩茎叶，洗净，沸水烫，清水漂洗后，可炒食、凉拌，也可制作防暑饮料，具清热解暑的食疗作用。

药用功效

全草入药。性寒，味苦、辛。消暑除烦、利湿解毒。用于风热感冒、中暑、腹痛、黄疸、湿疹、肺结核、蛇虫咬伤、无名肿毒。

鼠麹舅

Gnaphalium purpureum L.

别　名‖天青地白、拟天青地白
英文名‖ American cudweed
分　类‖菊科鼠麹草属一年生草本

【形态特征】植株高20~50cm，全株密被灰白柔毛，从根部开始分枝。茎直立，多分枝，花期在茎上部叶脉生小枝。单叶互生，叶片狭长成线状披针形或略倒披针形，顶端圆钝，或稍尖。头状花序，顶生，簇生，总苞片线状长椭圆形，顶端尖锐，花淡褐色。瘦果细小，具乳头状突起。
【分布及生境】原产于美洲热带地区，现分布于世界各地。生于田边、荒地、路旁。

【食用方法】采摘嫩叶，也可采嫩茎叶或连带花朵的茎叶，烫煮去苦味后煮食，或用开水泡后晒干备用。捣碎混于饼或糕中，可增加特殊风味。

大叶鼠麹草

Gnaphalium adnatum Wall. ex DC.

别　名‖大火草、宽叶鼠麹草
英文名‖ Broad-leaf cudweed
分　类‖菊科鼠麹草属一年生或二年生草本

【形态特征】与鼠麹草的主要区别是：总苞片淡白色或黄白色；叶较宽，中部和下部叶倒披针状长圆形，具3脉。
【分布及生境】分布于我国长江以南。多生于山坡、山顶向阳草地、路旁和灌丛中。

【食用方法】鲜食洗净，切碎，与糯米蒸熟，加糖做粑粑。

药用功效

叶或全草入药。性凉，味苦。消肿、止血。用于痈疮肿毒、刀伤出血。

鼠麹草

Gnaphalium affine D. Don.

别　名‖佛耳草、清明菜、鼠胧草、白头草、棉茧草、清明蒿

英文名‖ Cudweed

分　类‖菊科鼠麹草属一年生或二年生草本

【形态特征】植株高10~50cm，全株被白色绵毛，须根系。茎直立，簇生，不分枝或少分枝。叶互生，基部叶花后凋萎，下部或中部叶倒披针形或匙形，长2~7cm，宽4~12cm，先端圆盾，具刺状头，基部渐狭，下凹，无叶柄，全缘。叶面、叶背被白绵毛。头状花序多数，在顶端密集成伞房状。总苞钟形，长约3mm，宽约3.5mm。总苞片2~3层，金黄色，膜质，顶端钝，外层总苞片较短，宽卵形，内层矩圆形。花黄色，外围雌花花冠细管状，中央的两性花花冠管状，长约2mm，顶端5裂。瘦果矩圆形，长约0.5mm，有乳头状突起，冠毛污白色。花期4—6月，果期8—9月。

【分布及生境】分布于我国华中、华东、华南地区以及陕西、河北、河南等。多生于海拔280~2 200m的旱地、田埂、荒地、路旁、湿润草地、沟边、河岸等。

【营养成分】每100g嫩茎叶含蛋白质3.1g、脂肪0.6g、碳水化合物7g、粗纤维2.1g、胡萝卜素2.19mg、维生素B_1 0.03mg、维生素B_2 0.24mg、维生素B_5 1.4mg、维生素C 28mg、钙218mg、磷66mg、铁7.4mg。每100g干品含钙1 410mg、钾2 890mg、镁378mg、磷244mg、钠24mg、铁31.2mg、锰7.1mg、锌4.6mg、铜1.6mg。

【食用方法】春、夏季采摘嫩苗和嫩茎叶。花也可食用。鲜食洗净，切碎，与糯米蒸熟，加糖做粑粑。

药用功效

全草入药。性平，味甘。清热祛风、祛痰止咳。用于风热感冒、失眠、吐血、小儿惊风、头晕目眩、胃溃疡、白带异常、支气管炎。

秋鼠麹草

Gnaphalium hypoleucum DC.

别　名‖下白鼠麹草

英文名‖ Autumn cudweed

分　类‖菊科鼠麹草属一或二年生草本

【形态特征】植株高30~60cm，须根多。茎直立，叉状分枝，茎和枝均被白色绵毛和密腺毛。基部叶开花期枯萎；中、上部叶较密集，线形或线状披针形，长4~5cm，宽2.5~7mm，基部抱茎，全缘，叶面绿色，具糠秕状短毛，叶背密被白色绵毛，上部叶渐小。头状花序在茎和枝顶密集成伞房状，花序梗长2~4mm，密被白色绵毛。总苞球状钟形，长约4mm，宽6~7mm；总苞片5层，金黄色，干膜质，先端钝，外层苞片短，有白色绵毛，内层无毛。花黄色，中央两性花管状，裂片5，外围雌花丝状。瘦果长圆形，冠毛污黄色，长3~4mm。花、果期8—12月。

【分布及生境】分布于我国华东、华南、华中、西北、西南和台湾等地。生于山地草坡、林缘或路旁。

【食用方法】春、夏季采摘嫩苗，洗净，煮食。

药用功效

性凉，味甘、苦。祛风止咳、清热利湿。用于感冒、肺热咳嗽、痢疾、瘰疬。

细叶鼠麹草

Gnaphalium japonicum Thunb.

别　名 ‖ 天地青、白草、磨地莲、小火草
英文名 ‖ Japanese cudweed
分　类 ‖ 菊科鼠麹草属一年生草本

【形态特征】 植株高 8~27cm。茎稍直立，不分枝或自基部发出数条匍匐的小枝，有细沟纹，密被白色绵毛，基部节间不明显。基生叶在花期宿存，呈莲座状，线状剑形或线状倒披针形，长 3~9cm，宽 3~7mm。茎叶（花葶的叶）少数，线状剑形或线状长圆形，长 2~3cm，宽 2~3mm，其余与基生叶相似。紧接复头状花序下面有 3~6 片呈放射状或星芒状排列的线形或披针形小叶。头状花序少数，直径 2~3mm，无梗，在枝端密集成球状，作复头状花序式排列，花黄色。瘦果纺锤状圆柱形，长约 1mm，密被棒状腺体，冠毛粗糙，白色，长约 4mm。花期 1—5 月。

【分布及生境】 分布于我国长江流域以南各省区。生于低海拔的草地或耕地上。

【食用方法】 春、夏季采摘嫩苗和嫩茎叶，洗净，炒食。

药用功效

全草入药。清热利湿、解毒消肿。用于结膜炎、角膜白斑、感冒、咳嗽、咽喉痛、尿道炎；外用治乳腺炎、痈疖肿毒、毒蛇咬伤。

多茎鼠麹草

Gnaphalium polycaulon Pers.

英文名 ‖ Many-stem cudweed
分　类 ‖ 菊科鼠麹草属一年生草本

【形态特征】 植株高 10~25cm。茎多分枝，基茎匍匐生长或斜举，直径 1~2mm，具纵细纹，密被白色绵毛。单叶互生。基部叶倒披针形，长 2~4cm，宽 4~8mm，基部渐狭，顶端短尖，叶面、叶背被白色绵毛，全缘；中部和上部叶较小，倒卵状长圆形或匙状长圆形，长 1~2cm，宽 2~4mm，顶端具短尖头，或中脉延伸成刺尖状。头状花序多数，在茎和枝顶端或上部叶脉密集成穗状花序。总苞卵状，总苞片数层，淡黄色，卵状长圆形，顶端尖，干膜质；外层总苞片卵形，密被绵毛。小花淡黄色，异型，外围雌花极多数，花冠丝状，具 3 小齿，中央两性花细筒状，5 裂片。瘦果圆柱形，长约 1.5mm，具乳头状突起，冠毛绢毛状，污白色，长约 1.5mm，基部分离，易脱落。

【分布及生境】 分布于广东、广西、浙江、湖南、福建、台湾、云南和贵州等。生于田边、荒地、路旁。

【食用方法】 春、夏季采摘嫩叶，洗净，调味食用。

药用功效

全草入药。祛痰止咳、平喘、祛风湿。用于热痢、咽喉肿痛、小儿食积。

小蓬草

Conyza canadensis （L.） Cronq.

别　名 ‖ 小白酒草、飞蓬、小飞蓬、百灵草
英文名 ‖ Horseweed
分　类 ‖ 菊科白酒草属一年生草本

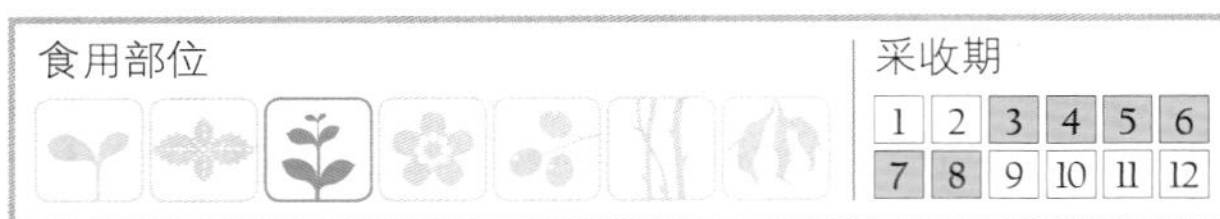

【形态特征】 植株高 30~100cm。直根系，纺锤形，具纤维状根。茎直立，圆柱状，有条纹和硬长毛。叶互生，密集生长，条状披针形或矩圆状条形，长 7~10cm，宽 1~1.5cm，先端尖，基部狭，无明显叶柄，全缘或有微锯齿，边缘有长缘毛。头状花序顶生或腋生，多数，有短梗，排列成多分枝的圆锥花序。花序梗细，总苞片 2~3 层，条状披针形，无毛。外围舌状花直立，雌性白色；管状花两性，黄色或白色，花冠管状，4~5 齿裂，子房下位。瘦果矩圆形，冠毛污白色。花、果期 9—11 月。

【分布及生境】 全国各地均有。生于海拔 350~2 210m 的山坡草丛、旷野、荒地、路旁、河岸、灌丛中。

【营养成分】 每 100g 嫩茎叶含胡萝卜素 5.76mg、维生素 B_2 1.38mg、维生素 C 39mg。每 100g 干品含钾 4 100mg、钙 920mg、镁 273mg、磷 402mg、钠 52mg、铁 19mg、锰 5.1mg、锌 5.1mg、铜 1.3mg。

【食用方法】 春、夏季采摘嫩茎叶，洗净，沸水烫过，清水漂洗去苦味，去异味后，炒食或做汤。

药用功效

全草入药。性凉，味甘。清热解毒，利湿凉血。用于无名肿痛、痢疾、酒后头晕。

苏门白酒草

Conyza sumatrensis （Retz.） Walker

英文名 ‖ Sumatra conyza
分　类 ‖ 菊科白酒草属一年生草本

【形态特征】 植株高 80~150cm。根纺锤状，直或弯，具纤维状根。茎粗壮，直立，基部径 4~6mm，具条棱，绿色或下部红紫色，中部或中部以上有长分枝，被较密灰白色上弯糙短毛，杂有开展的疏柔毛。叶密集，基部叶花期凋落，下部叶倒披针形或披针形，长 6~10cm，宽 1~3cm，顶端尖或渐尖，基部渐狭成柄，边缘上部每边常有 4~8 个粗齿，基部全缘，中部和上部叶渐小，狭披针形或近线形，具齿或全缘，两面特别下面被密糙短毛。头状花序多数，直径 5~8mm，在茎枝端排列成大而长的圆锥花序；花序梗长 3~5mm；总苞卵状短圆柱状，长约 4mm，宽 3~4mm，总苞片 3 层，灰绿色，线状披针形或线形，顶端渐尖，背面被糙短毛，外层稍短或短于内层之半，内层长约 4mm，边缘干膜质，花托稍平，具明显小窝孔，直径 2~2.5mm；雌花多层，长 4~4.5mm，管部细长，舌片淡黄色或淡紫色，极短细，丝状，顶端具 2 细裂；两性花 6~11 个，花冠淡黄色，长约 4mm，檐部狭漏斗形，上端具 5 齿裂，管部上部被疏微毛。瘦果线状披针形，长 1.2~1.5mm，扁压，被贴微毛；冠毛 1 层，初时白色，后变黄褐色。花期 5—10 月。

【分布及生境】 分布于云南、贵州、广西、广东、江西、福建、台湾。生于海拔 300~2 170m 的山坡、草地、地边、路旁。

【食用方法】 春、夏季采摘嫩茎叶，洗净，沸水烫过，清水漂洗去苦味、异味后，炒食或做汤。

药用功效

全草入药。用于风湿关节痛、咳嗽、崩漏。

黄鹌菜

Youngia japonica（L.）DC.

别　名‖黄菜、黄瓜菜、黄花菜
英文名‖ Oriental hawksbeard
分　类‖菊科黄鹌菜属一年生草本

【形态特征】植株高 20~80cm，直根系。茎直立，自基部分枝，具纵条纹，被黄色细柔毛。基生叶丛生，倒披针形或羽状半裂，长 6~8cm，宽 1~3cm，茎生叶小，线性，苞片状。头状花序多数，在茎端排成伞房状。舌状花黄色，顶端 5 齿裂，花冠管状具茸毛。瘦果褐色，披针状长圆形，冠毛白色。花、果期 6—7 月。

【分布及生境】我国除东北、西北外，其他各地均有分布。生于海拔 1 080~2 500m 的路旁、草地、林内、沟边、山顶山脊。喜潮湿、温暖环境。

【营养成分】每 100g 嫩叶含维生素 A 6.74mg、维生素 B_2 0.16mg、维生素 C 36mg。

【食用方法】春、夏季采摘嫩苗或嫩叶，洗净，沸水烫过，可以凉拌、炒食、做汤、做馅。

药用功效

全草入药。性凉，味甘，微苦。通节气、利肠胃，清热解毒、利尿消肿。用于咽炎、乳腺炎、齿痛、小便不利、肝硬化腹水、疮疖肿痛。

狼把草

Bidens tripartita L.

别　名‖豆渣菜、郎耶菜、鬼刺、鬼针
英文名‖ Bur beggarticks
分　类‖菊科鬼针草属一年生草本

【形态特征】植株高 20~150cm，绿色或带紫色，全株秃净。叶对生，叶柄有狭翅。中部叶通常羽状 3~5 裂，顶端裂片较大，披针形或长椭圆状披针形，长 5~11cm，宽 1.5~3cm，边缘具疏锯齿；上部叶较小，披针形，3 裂或不裂。头状花序单生茎端和枝端，直径 1~3cm，总苞片多数，外层条形或披针形，叶状，长 1~3.5cm，具缘毛；花两性，黄色，管状。瘦果扁，顶端常具 2 枚芒刺，两侧具倒刺毛。果期 8—9 月。

【分布及生境】分布于我国各地。生于海拔 680~1 300m 的山坡、山谷草地、路旁、旱田。

【营养成分】主要含维生素 C、木樨草素、挥发油、糖类等。

【食用方法】春、夏季采摘嫩苗或嫩茎叶，可用沸水烫过、清水漂洗后炒食。

药用功效

全草入药。性平，味苦、甘。清热凉血、润肺止咳。用于肺痨咳血、吐血、咽喉炎、头晕目眩、痢疾、丹毒、癣疮。

鬼针草

Bidens pilosa L.

别　名‖三叶鬼针草、对叉草、叉叉草
英文名‖ Railway beggarticks
分　类‖菊科鬼针草属一年生草本

【形态特征】植株高30~100cm，茎直立，钝四棱状。下部叶较小，3裂或全缘；中部叶对生，具长柄，常3深裂，两侧小叶椭圆形或卵状椭圆形，先端尖锐，边缘有锯齿，具短柄，顶生小叶较大，长椭圆形或卵状长圆形，长3.5~7cm，先端渐尖，基部渐狭或近圆形，柄长1~2cm，边缘锯齿；上部叶小，3裂或全缘，条状披针形。头状花序，直径8~9mm，总苞基部被细柔毛，外层总苞片7~8枚，条状匙形。无舌状花，花盘管状，花黄色。瘦果黑色，条形，具棱，具倒刺毛。

【分布及生境】分布于我国华中、华东、华南、西南各省区。生于海拔480~1 300m的山坡、路旁、草地、荒地、灌丛。

【食用方法】春、夏季采摘嫩茎叶，洗净煮汤。嫩茎叶、嫩叶洗净，沸水烫过，清水漂洗后可炒食。

药用功效

全草入药。性微寒，味苦。清热解毒、消肿散瘀、凉血利湿。用于肠痈腹痛、急性黄疸型肝炎、腹泻、咽喉痛、高烧不退、骨折。

苦苣菜

Sonchus oleraceus （L.） L.

别　名‖苦苣、苦荬、老鸦苦荬、滇苦菜
英文名‖ Common sowthistle
分　类‖菊科苦苣菜属一年生或二年生草本

【形态特征】植株高30~100cm，直根系，纺锤形。茎直立，中空，具白色乳汁。不分枝或上部分枝，无毛或上部具腺毛。单叶互生，柔韧无毛，叶长椭圆状披针形，长15~28cm，宽3~6cm，羽状分裂或半裂，顶裂片大，或顶裂片与侧裂片等大，边缘具不整齐的刺状尖齿，基部叶有短柄，茎上叶无柄。叶绿色或紫绿色。头状花序数枚，顶生，排列成聚伞状。总苞圆筒状或钟状，数列，最外一列较短，全部舌状花，黄色，雄蕊与子房下位，花柱细长，柱头2深裂。瘦果倒卵状椭圆形，扁平，无喙，有棱，粗糙，褐色，冠毛白色，细软。种子白色或黄褐色。花、果期春、夏季。

【分布及生境】我国各地均有。生于海拔250~2 210m的山坡、田间、路旁、草丛、沙滩。适应性广，耐旱，耐瘠，耐热。

【营养成分】每100g嫩叶含蛋白质1.8g、脂肪0.5g、碳水化合物4g、粗纤维1.2g、维生素A 1.79mg、维生素B_1 0.03mg、维生素B_5 0.6mg、维生素C 12mg、钙120mg、磷52mg、铁3mg，并含有17种氨基酸，其中精氨酸、组氨酸和谷氨酸含量高，占氨基酸总量的43%。

【食用方法】春、夏和秋季均可采摘，洗净，沸水烫过，清水漂洗去苦，可炒食、凉拌、做汤或做馅。

药用功效

全草入药。性寒，味苦。清热解毒、活血破瘀、排脓。用于阑尾炎、腹腔脓肿、肠炎、痢疾、急性盆腔炎、肺热咳嗽、肺结核、吐血、跌打损伤。

牛膝菊

Galinsoga parviflora Cav.

别　名‖辣子菜、珍珠菜、铜锤草、向阳花
英文名‖ Small-flower galinsoga
分　类‖菊科牛膝菊属一年生草本

【形态特征】植株高 10~80cm，茎不分枝或自基部分枝，分枝斜举，全部枝条略被毛。叶对生，卵形或长卵圆状卵形，长 2.5~5.5cm，宽 1.2~3.5cm，基部圆形至宽楔形，顶端渐尖，叶柄长 1~2cm，稀疏浅齿叶缘，叶面、叶背被稀疏短柔毛。头状花序半球形，直径 3~4mm，有细长花梗，多在枝条顶端排成疏松的伞房花序；舌状花 4~5 个，白色，一层，雌性；管状花两性，黄色，顶端 3 齿裂。瘦果 3 棱或 4~6 棱，黑色或褐色，被白色微毛。花、果期 5—11 月。

【分布及生境】分布于四川、云南、贵州、西藏等地。多生于疏林、灌丛、荒野、田间、路旁。

【营养成分】每 100g 可食部含胡萝卜素 6.18mg、维生素 B_2 0.18mg、维生素 C 52mg。

【食用方法】春、夏季采摘嫩苗及嫩茎叶，洗净，沸水烫过，清水漂去苦味后，炒食、做汤或凉拌。

药用功效

全草入药。性凉，味甘。清肝明目、止血消肿。用于扁桃腺炎、咽喉炎、急性黄疸型肝炎。

鳢肠

Eclipta prostrata L.

别　名‖白花蟛蜞菊、旱莲草、墨菜、金陵羊、猢狲头、水葵花、墨旱莲、墨头草
英文名‖ Yerbadetajo herb
分　类‖菊科鳢肠属一年生草本

【形态特征】植株高 60cm，全株被白色粗毛。茎直立，斜举或匍匐生长，自基部分枝，被糙毛。茎叶折断几分钟后折口变蓝黑色，故称墨旱莲。叶对生，叶片长圆状，无柄或柄极短，边缘具细锯齿，叶面、叶背被硬糙毛。头状花序，直径 6~8mm，总苞球状钟形。总苞片 2 层，绿色，革质，被毛。外围雌花 2 层，舌状，舌片短，2 浅裂或全缘，白色；中央的两性花多数，花冠管状，白色，顶端 4 浅裂。雌花的瘦果三棱状，两性花的瘦果扁四棱状。花期 7—10 月，果期 9—11 月。

【分布及生境】分布于我国各地。多生于海拔 300~1 300m 的荒坡草地、田边、路边、河边、灌丛中。

【营养成分】每 100g 可食部含维生素 A 3.74mg、维生素 B_2 1.03mg、维生素 C 72mg，还含皂苷、挥发油等。

【食用方法】春、夏季采摘嫩茎叶，可炝、拌、煮、炖、烧汤或做饮料。

药用功效

全草入药。性寒，味甘、酸。养阴益肾、凉血止血、清热解毒。用于肝肾阴虚、头晕目眩、发早白、肾炎、紫斑、肝炎、背疽、梅毒、吐血、衄血、尿血、刀伤出血。

豨莶

Siegesbeckia orientalis L.

别　名 ‖ 希仙、黏糊草、虎骨、猪膏母、虾钳草
英文名 ‖ Common st. paulswort
分　类 ‖ 菊科豨莶属一年生草本

【形态特征】植株高 30~100cm，茎直立，上部分枝常成二歧状，被白色柔毛。单叶对生，茎中部叶三角状卵圆形或卵状披针形，长 4~10cm，宽 1.8~6.5cm，叶面、叶背被毛。头状花序多数聚生于枝端，排成圆锥花序。瘦果倒卵圆形，有四棱，无冠毛。花期 4—9 月，果期 6—11 月。

【分布及生境】分布于我国东北、华北、华东、中南、西南地区。多生于海拔 360~2 210m 的山坡、草地、路边、林缘和灌丛。

【食用方法】春、夏季采摘嫩茎叶，沸水烫过，用清水漂洗后，可凉拌。煮熟后蘸辣椒食用，食味佳。

药用功效

全草入药。性寒，味辛、苦。祛风湿、平肝阳、舒筋络。用于风湿性心脏病、四肢麻木、半身不遂、头痛、目眩、湿热疮毒、风疹、湿痹。

稻槎菜

Lapsana apogonoides （Maxim.）

别　名 ‖ 谷桩菜、田芥、谷桩兜
英文名 ‖ Field mustard
分　类 ‖ 菊科稻槎菜属一年生草本

食用部位　采收期

1	2	3	4	5	6
7	8	9	10	11	12

【形态特征】植株高 10~20cm，茎枝柔软，秃净。基生叶有柄，叶片椭圆形、长匙形，长 4~10cm，宽 1~2cm，大头羽状全裂，顶裂片较大，卵形，侧裂片 3~4 对，椭圆形。茎生叶与基生叶同形，但较小。头状花序，细小，在茎顶端排成伞房圆锥状。总苞椭圆形，总苞片 2 层，小花黄色。瘦果椭圆状披针形，具 12 条粗细不等的纵肋，长 3~4mm，无冠毛。花、果期 3—6 月。

【分布及生境】分布于我国东部沿海及中南各省区。日本、朝鲜也有。多生于山沟河边、路边、沟边、田间。

【营养成分】含蛋白质、脂肪、多种维生素及钙、磷、镁等。

【食用方法】春、夏、秋季采摘嫩苗，沸水烫过，清水洗，切段炒食、做汤或做火锅料食用。

药用功效

全草入药。性寒，味苦。清热凉血、消痈解毒、发表透疹。用于喉炎、痢疾、下血、乳痈、小儿麻痹、热疖疮痈。

泥胡菜

Hemisteptia lyrata（Bunge） Bunge

别　名‖艾草、绒球、糯米菜、猫骨头、石灰菜
英文名‖ Kitsune azami
分　类‖菊科泥胡菜属一年生草本

【形态特征】植株高 30~100cm，支根和须根多。茎单生，直立，具纵条棱和白色绵毛。基生叶莲座状，具柄，长椭圆形或倒披针形，长 7~12cm，中下部的叶较大，上稀疏，渐小。最上部叶常线形；全部叶成大头羽状深裂或几近全裂，侧裂片 2~6 对，顶裂片大，长菱形、三角形、卵形，全部裂片具锯齿。叶面绿色，无毛，叶背灰白色被白色丝状毛。头状花序多数顶生，总苞宽钟形或半球形，总苞片多层，管状花红色或紫色。瘦果楔形，深褐色，具 13~16 条突起细纵肋，冠毛白色 2 层。花、果期 3—6 月。

【分布及生境】分布于我国大部分地区。生于路边、山坡草地、山坡灌丛。

【营养成分】每 100g 嫩茎叶含蛋白质 2.6g、脂肪 1g、纤维素 7.3g、钙 400mg、磷 60mg 及多种维生素。

【食用方法】春、秋、冬季均可摘嫩茎叶，洗净，沸水烫过，清水漂洗后，加调料凉拌、炒食、做汤或煮稀饭。

药用功效

根、叶入药。性平，味辛。清热解毒、祛瘀生肌、止血、活血。用于乳痈、疔疮、骨折、刀伤出血、血崩、淋巴结炎。

苍耳

Xanthium sibiricum Patrin ex Widder

别　名‖牛虱子、棉螳螂、胡棵子、苍苍子、苍耳蒺藜、野茄子、刺儿果
英文名‖ Siberian cocklebur
分　类‖菊科苍耳属一年生草本

【形态特征】植株高 20~90cm，茎直立，粗壮，被糙伏毛。叶互生，纸质，阔三角形，长 6~10cm，宽 5~10cm，边缘有不规则的粗齿，先端锐尖，基部浅心形，叶面、叶背具粗毛，两耳间向下楔尖，基部三出脉，侧脉弯拱上升直达边缘，叶柄长 3~11cm。雌雄同株，雄花序在上或腋生，球形，花冠筒状，5 齿裂；雌花序在下，卵圆形，外具钩刺和短毛。瘦果 2，倒卵形，藏于总苞内，无冠毛。花期 7—10 月，果期 8—11 月。

【分布及生境】分布于我国南北各省区。生于路边、村旁、荒地上。

【食用方法】夏、秋季采摘嫩叶或嫩茎叶，洗净，主作药用。但研究认为，苍耳茎叶中含有对神经及肌肉有毒的物质，慎食。

药用功效

果实入药。性温，味辛、苦。有毒。散风、止痛、祛湿、杀虫。用于风寒头痛、鼻渊、齿痛、风寒湿痹、四肢痉挛、疥癣、瘙痒。

野茼蒿

Crassocephalum crepidioides（Benth.）S. Moore

别　名‖革命菜、一点红、飞花菜、野青菜、野木耳菜、假茼蒿

英文名‖ Hawksbeard velvetplant

分　类‖菊科野茼蒿属一年生或二年生草本

【形态特征】 植株高20~100cm，茎直立，圆形有纵条纹。叶互生，膜质，矩圆状椭圆形，长7~12cm，宽4~5cm，顶端渐尖，基部楔形，边缘有重锯齿，有时基部羽状分裂，叶面、叶背近无毛，叶柄长2~2.5cm。头状花序，直径约2cm。顶生或腋生，排成圆锥状，总苞钟形，苞片2层，条状披针形，长约1cm；花两性，管状，粉红色。花冠顶端5齿裂，花柱基部小球状。瘦果狭圆柱形，赤红色，冠毛多，有条纹，白色。花、果期7—12月。

【分布及生境】 分布于云南、贵州、四川、广东、广西、福建、湖南、江西、陕西、甘肃。生于海拔500~1 900m的山坡林下、旷野、路边、沟旁、草丛。

【营养成分】 每100g可食部含蛋白质4.5g、粗纤维素2.9g、胡萝卜素3.6mg、维生素B_2 0.33mg、维生素B_5 1.2mg、维生素C 16mg。

【食用方法】 春、夏季采摘嫩苗或嫩茎叶，洗净，沸水烫过，清水漂洗后，加调料凉拌或炒食。

药用功效

根入药。性平，味辛、微甘。清热消肿、止血活血。用于跌打损伤、骨折、外伤红肿。

钻形紫菀

Aster subulatus Michx.

别　名‖剪刀菜、美洲紫菀

英文名‖ Annual saltmarsh aster

分　类‖菊科紫菀属一年生草本

【形态特征】 植株高25~80cm，茎光滑，肉质，基部略红色，上部具分枝。基部叶倒披针形，花后枯萎，中部叶浅状披针形，长6~10cm，宽5~10mm，先端尖或钝，全缘，无柄，光滑；上部叶渐次变狭，线形。头状花序排成圆锥状，直径约1cm，总苞钟状，苞片3~4层，线状钻形，无毛，边缘膜质，舌状花多数，细狭，红色或紫色，与冠毛等长或稍长；管状花短于冠毛或等长。瘦果略有毛，冠毛1层。花、果期9—11月。

【分布及生境】 分布于云南、贵州、浙江、江苏、江西等地。生于海拔1 000~2 160m的山坡、灌丛、路边等。

【食用方法】 春、夏季采摘嫩苗或嫩茎叶，洗净，沸水烫过，切段，加调料凉拌、炒食、做汤或做火锅料等。

红花

Carthamus tinctorius L.

别　名‖草红花、红花草、刺红花、红花菜、杜红花、金红花、红蓝花
英文名‖ Sarflower
分　类‖菊科红花属一年生草本

【形态特征】植株高 30~80cm，茎直立，上部多分枝。全部茎枝白色或灰白色，具细条棱，光滑无毛。叶互生，基部叶后期脱落，中下部叶披针形、卵状披针形或长椭圆形，顶端尖，无柄，基部抱茎，边缘羽状齿裂，齿端具尖刺，叶面、叶背无毛；上部叶较小，苞片状围绕头状花序。头状花序顶生，排成伞房状，总苞片约 5 层，外层绿色，卵状披针形，边缘具尖刺，内层苞片卵状椭圆形，边缘无刺，白色，全部管状花两性，初开时黄色，后转橙红色。花冠筒部线形，上部 5 裂，裂片线形，雄蕊 5，雌蕊 1，柱头 2 裂。瘦果椭圆形，长约 5mm，具 4 棱，无冠毛，或鳞片状。花期 5—7 月，果期 7—9 月。

【分布及生境】分布于全国各地，以河南、河北、浙江、四川、云南等地较多，栽培也多。红花有抗寒、耐旱和耐盐碱能力，适应性较强。

【营养成分】花含红花苷、红花醌苷、新红花苷、红花多糖、棕榈酸、肉桂酸等。

【食用方法】7 月花冠由黄色变红色时选晴天早晨露水未干采摘鲜花鲜用或晒干备用。可作配料入菜肴炒食、炖食。嫩叶、嫩苗也可食用。

药用功效

管状花入药。性温，味辛。活血通经、散瘀止痛。用于闭经、痛经、恶露不行、症瘕痞块、跌打损伤、疮疖肿痛。

一点红

Emilia sonchifolia Benth.

别　名‖红背叶、羊蹄草、红头草、红背果、紫背叶、散血丹、野介兰、红背茸
英文名‖ Sowthistle tasseflower
分　类‖菊科一点红属一年生草本

【形态特征】植株高 10~50cm，茎直立或近基部倾斜，绿色或紫红色，具稀柔毛。茎上部叶卵形或卵状披针形，茎下部叶羽状分裂，顶端叶片具锯齿。叶面绿色，叶背常为紫红色，两面被疏毛。头状花序花红色或紫红色，分为两性管状花，花冠先端 5 齿裂。瘦果圆柱形，长 2.5~3mm，具棱，冠毛白色柔软。花、果期 7—10 月。

【分布及生境】分布于我国长江以南各省区。生于林旁、园边、田畦、沟边、草丛等处。

【营养成分】每 100g 干物含粗蛋白 14.15%、粗脂肪 2.80%、粗纤维 19.34%、钙 0.73%、磷 0.22% 等。

【食用方法】春、夏季摘取嫩茎叶洗净，用水烫煮去苦味后炒食。

药用功效

全草入药。性凉，味微辛。清热解毒、凉血消肿、利尿。

下田菊

Adenostemma lavenia var. *lavenia*（L.）Kuntze

英文名‖ Common adenostemma
分　类‖菊科和尚菜属一年生草本

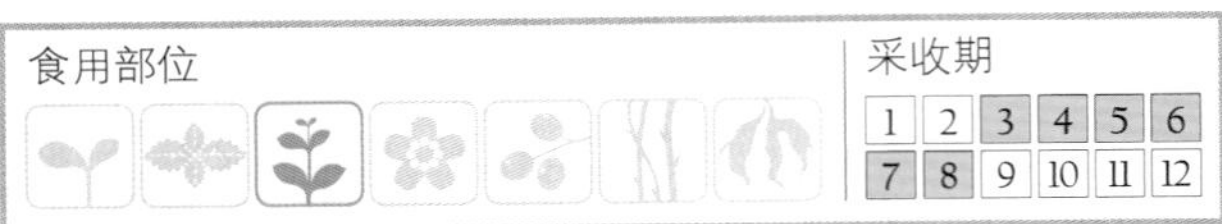

【形态特征】植株高30~100cm，须根系。茎单生，直立，被白色短柔毛或无毛。单叶对生，中部叶较大，矩椭圆状披针形，长4~12cm，宽2~5cm，叶面、叶背被稀疏的短柔毛，叶柄具狭翅，长0.5~4cm，上部和基部叶渐小。头状花序小，在枝顶排列成伞房或伞房圆锥花序，花序分枝被柔毛；总苞半球形，宽6~10mm；苞片2层，近膜质，绿色；外层苞片合生，被白色长柔毛；花两性，全部结实，筒状，白色，顶端5齿裂。瘦果倒披针形，长约4mm，冠毛棒状，4个，基部结合成环状。
【分布及生境】分布于我国长江流域以南、沿海地区和西南各地。生于林下和潮湿地。

【食用方法】春、夏季采摘嫩茎叶，洗净，调味煮食或做汤。

药用功效

全草入药。用于脚气病。

鱼眼草

Dichrocephala integrifolia（L.f.）Kuntze

别　名‖猪菜草、一粒珠、茯苓菜
英文名‖ Dichrocephala
分　类‖菊科鱼眼草属一年生或二年生草本

【形态特征】植株高20~35cm，全株密被茸毛或无毛，多分枝。单叶互生，叶片倒卵形或披针形，叶脉明显，叶缘粗锯齿，偶有深裂成头大羽裂。头状花序，球形，直径0.5~0.6cm，由多数管状花聚集而成，中央为两性花管状4裂，裂片平开，淡黄绿色，周围为雌花，丝状白色，先端2~3裂，总苞1层，苞片披针形。瘦果圆锥形，无冠毛。花期春季。
【分布及生境】分布于我国各地。生于山坡、山谷阴处或阳处，或山坡林下，或平川耕地、荒地或水沟边。

【食用方法】春、夏季采摘嫩茎叶，洗净，用热水煮去苦味，煮食。

药用功效

叶入药。消炎、消肿。

座地菊

Soliva anthemifolia R. Br.

别　名‖裸柱菊、假吐金菊
英文名‖ Camomileleaf soliva
分　类‖菊科裸柱菊属一年生草本

【形态特征】植株铺散，匍匐生长，丛生，多分枝，被长柔毛。单叶，叶长5~12cm，宽约2cm，二至三回羽状全裂，裂片线形，顶端急尖，叶面、叶背被长柔毛，全缘或2~3裂，叶柄长1.5~5cm，上部叶柄较短，下部叶柄较长。头状花序聚生于短茎上，近球形。总苞片长圆形或披针形，顶端渐尖；外围雌花无花冠，数层；中央两性花花冠长约2mm，顶端2~3裂。瘦果扁平，长约3mm，宽1.2mm，顶端被白色绢毛和冠以宿存的花柱，边缘具横皱纹翅。
【分布及生境】分布于安徽、江西、福建、广东、海南和台湾等地。原产南美洲，大洋洲也有。喜温暖、潮湿。

【食用方法】春、夏季摘取嫩株，油炸或用沸水焯后煮食。

药用功效

全草入药。性温，味辛。有小毒。化气散结、消肿解毒。

南苜蓿

Medicago polymorpha L.

别　名‖刺苜蓿、刺三叶、草苜蓿、华北草子、金花菜、三叶菜、黄花苜蓿草

英文名‖ Toothed burclover

分　类‖豆科苜蓿属一年生或二年生草本

【形态特征】植株高30~90cm，茎匍匐或稍直，基部多数分枝。三出复叶，小叶宽倒卵形、倒心形，长1~1.5cm，宽0.7~1cm，顶端钝圆或凹入，基部楔形，上部具齿裂，叶面无毛，叶背疏柔毛。两侧小叶略小，小叶柄长约5mm，具柔毛；托叶卵形，长约7mm，宽约3mm，边缘细锯齿。总状花序，2~6花，聚生于叶腋；花萼钟形，深裂，萼齿披针形，尖锐，具疏柔毛；花冠黄色，略伸出萼外。荚果螺旋形，边缘疏齿，刺端钩状。种子3~7颗，肾形，黄褐色。

【分布及生境】分布于湖南、湖北、江西、安徽、江苏、浙江、台湾、陕西、甘肃等地。生于田野、草地、湿地。适于排水良好的土壤和沙壤土，耐寒力强。

【营养成分】每100g嫩茎叶含蛋白质5.9g、脂肪0.1g、碳水化合物7.9g、维生素A 3.48mg、维生素B_1 0.1mg、维生素B_2 0.22mg、维生素B_5 0.1mg、维生素C 85mg、钙168mg、磷64mg、铁7.6mg。

【食用方法】冬、夏季摘取嫩茎叶，可凉拌、炒食、烧汤或做配料。

药用功效

全草入药。性平，味苦。清热、清利脾胃，具利大小肠功效。

天蓝苜蓿

Medicago lupulina L.

别　名‖黑美苜蓿、杂花苜蓿、天蓝、野花生、清酒缸、地梭罗、拉筋草

英文名‖ Black medick

分　类‖豆科苜蓿属一年生或二年生草本

【形态特征】植株高15~60cm，直根系，茎匍匐或斜向上生长，具白色柔毛，多分枝。叶具3小叶，小叶倒卵形至菱形，长、宽0.7~1.5cm，先端钝圆微缺，基部宽楔形，叶面、叶背均被白色疏柔毛。小叶柄长3~7mm，被毛；托叶大，斜卵形，长5~12mm，宽2~7mm，被柔毛。头状花序腋生，花10~15朵，花序轴长1~3cm，花萼钟形，萼筒短，萼齿长；花冠黄色，稍长于萼筒。荚果弯，肾形，长约2mm，具皱纹，无刺，被疏柔毛，成熟时黑色。种子1颗，黄褐色，肾形。花期7—10月，荚期8—10月。

【分布及生境】分布于我国西南部、华中、西北、华北、东北、内蒙古。生于海拔1 400m以下的山坡草地、水边湿地、沟边、河岸、路边。适于干燥地区，也相当耐湿，耐寒力强。

【营养成分】每100g可食部含胡萝卜素6.23mg、维生素B_2 0.52mg、维生素C 88mg，还含有鞣质、半乳糖及维生素D等。

【食用方法】春、夏季采摘嫩茎叶，可炒食、做汤、做馅，也可腌渍成菜食用。

药用功效

全草入药。清热利湿、舒筋活络、止咳。用于黄疸型肝炎、坐骨神经痛、风湿筋骨疼痛、喘咳、痔血。

救荒野豌豆

Vicia sativa Guss.

别　名 ‖ 大巢菜、野绿豆、野苕子、箭叶豌豆、黄藤子、无蔓箭

英文名 ‖ Common vetch

分　类 ‖ 豆科野豌豆属一年生或二年生草本

【形态特征】 植株高 25~60cm，茎单一或分枝，被短柔毛或无毛，茎上升或借卷须攀缘。偶数羽状复叶，顶端具分枝的卷须，小叶 8~16，长圆形、披针形或倒卵圆形，长 7~20mm，宽 4~9mm，顶端截形，凹入，具刺尖，基部楔形，叶面、叶背疏被短柔毛或几无毛，托叶截形。花 1~2 朵，腋生，蝶形，紫色或红色，花梗短。萼钟形，疏被白毛，5 裂，披针形，渐尖；花长 2~2.5cm，旗瓣倒卵圆形，顶端凹，具细尖，中部皱缩，以下渐狭；翼瓣顶端圆形，与旗瓣近等长，基部具长约 6mm 的爪和 1 个长约 2mm 的耳；龙骨瓣较旗瓣短，具长爪；子房被毛，柄短，花柱短，顶端背部具浅黄色的髯毛。荚果条状长圆形，直，扁，长 3~4cm，宽 4~5cm，成熟时棕褐色，2 裂，两端尖，基部具短柄。种子 8~10 颗，棕色球形。花期 6—8 月。荚期 7—8 月。

【分布及生境】 分布于我国大部分地区。生于海拔 800~2 400m 的山下、草地、路旁、灌木林下、田埂。

【营养成分】 每 100g 可食部含蛋白质 3.8g、脂肪 0.5g、碳

水化合物 9g、粗纤维 5.5g、钙 271mg、磷 26mg。

【食用方法】 春、夏季采摘嫩茎叶，以鲜嫩、无病虫害、色泽鲜艳者为佳，炒食、做汤、炖汤、凉拌均可。

药用功效

全草入药。利水消肿、化痰止咳、活血、平胃、利五脏。用于肾炎水肿、风热咳嗽。外敷疗疮。

硬毛果野豌豆

Vicia hirsuta （L.） Gray

别　名 ‖ 小巢菜、白花苕子、雀野豆、翘摇、元修菜、野蚕豆、小野麻豌

英文名 ‖ Pigeon vetch

分　类 ‖ 豆科野豌豆属一年生蔓性草本

【形态特征】 与救荒野豌豆为同属植物，其形态主要区别是：植株高 30~50cm。蔓性，茎纤细，4 棱。羽状复叶，小叶 4~8 对，线形或线矩形。总状花序具花 2~5 朵，白紫色，花小，长 3~6mm，萼齿 5，几乎等长；翼瓣和龙骨瓣无耳。萼较花瓣稍短，子房被毛，无柄。荚果扁圆形，被短柔毛。种子 2 颗。

【分布及生境】 分布于云南、四川、湖南、湖北、江西、安徽、江苏、浙江、福建、台湾、河南、陕西。生于海拔 1 300m 以下的山坡、草地、路旁、田间。

【食用方法】 食用方法与救荒野豌豆相同。

药用功效

全草入药。性平，味辛。解表利湿、活血止血。用于黄疸、疟疾、鼻衄、白带异常。种子可活血、明目。

广布野豌豆

Vicia cracca Benth.

别　名 ‖ 苕草、肥田草、草藤、苕子、野豌豆
英文名 ‖ Bird vetch
分　类 ‖ 豆科野豌豆属一年生或二年生草本

【形态特征】与救荒野豌豆为同属植物，其形态主要区别是：植株高 30~100cm。茎具棱，茎叶被稀疏短毛。总状花上具多数小花，花大。荚果条形较狭，宽约 6mm，褐色。种子 3~5 颗，黑色。花、荚期 5—8 月。

【分布及生境】我国大部分地区均有，以陕西、甘肃、贵州和东北、华北、华中、中南各省区为主。喜生于山坡、灌丛、林缘、草甸、河岸、杂草丛中。

【营养成分】每 100g 鲜品含胡萝卜素 8.04mg、维生素 B_2 0.59mg、维生素 C 235mg，还含有蛋白质、脂肪和多种矿物质。

【食用方法】食用方法与救荒野豌豆相同。

紫云英

Astragalus sinicus L.

别　名 ‖ 红花菜、翘摇、连花草、螃蟹花、灯笼花、铁马豆、米伞花、沙碗子、米布袋
英文名 ‖ Chinese milkvetch
分　类 ‖ 豆科紫云英属一年生草本

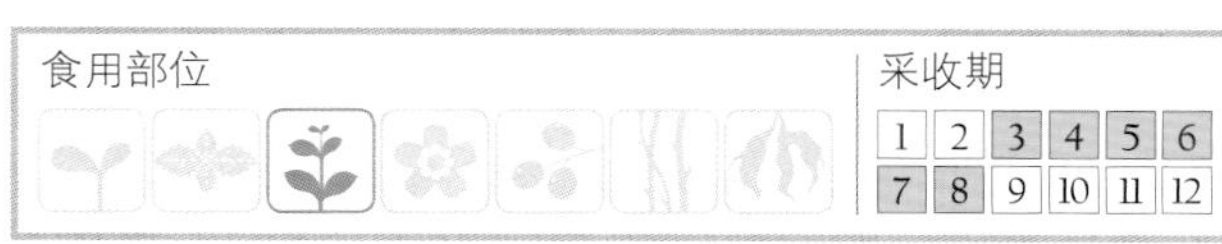

【形态特征】植株高 20~40cm，无毛，茎直立或匍匐生长。羽状复叶，小叶 7~13，宽倒椭圆形或倒卵形，长 5~20cm，宽 5~12cm。总状花序近伞形，花 5~9 朵，花小，长约 1cm。荚果弯曲，成熟时黑色，无毛。花期 2—6 月，结荚期 3—7 月。

【分布及生境】分布于湖南、湖北、江西、浙江、福建、广东、广西、河南、陕西、四川、贵州、云南。生于山坡、林缘、路边湿地。

【营养成分】每 100g 鲜品含胡萝卜素 6.23mg、维生素 B_2 0.25mg、维生素 C 88mg，还含有组氨酸、精氨酸、丙二酸、刀豆酸等。盛花期干物质中含有蛋白质 25.3%、粗脂肪 5.4%、粗纤维 22.2%。

【食用方法】春、夏季摘嫩茎叶，沸水烫后，可凉拌、炒食或做汤。

药用功效

种子、全草入药。性平，味甘、辛。补气固精、益肝明目、清热利尿。用于眼花、遗精、咳嗽、水肿。全草可祛风止咳、清热。

鸡眼草

Kummerowia striata （Thunb.） Schindl.

别　名‖爆火叶、公母草、人字草、铺地龙、小蓄草、白萹蓄、红花草、老鸦须
英文名‖ Striate kummerowia
分　类‖豆科鸡眼草属一年生草本

【形态特征】植株高10~30cm，茎直立斜举或平卧匍匐生长，长5~30cm，分枝多，其上具向下白色的毛。三出复叶，互生，小叶3，倒卵形或长圆形。花1~3朵，腋生。荚果卵状长圆形，通常较萼稍长或不超过萼的1倍。顶端稍急尖，具小喙，外面被细短毛。种子1颗，黑色。花期6—8月，荚期7—11月。
【分布及生境】分布于湖南、湖北、江苏、福建、台湾、广东、广西、河北、陕西、甘肃、山东、四川、贵州、云南等地。生于海拔1 300m以下的山坡、草地、山脚、路旁河沟边。

【营养成分】每100g嫩茎叶含蛋白质6.1g、脂肪1.4g、碳水化合物13g、粗纤维5g、胡萝卜素12.6mg、维生素B_2 0.8mg、维生素C 270mg、钙250mg、磷80mg。
【食用方法】春、夏季摘嫩茎叶，洗净，沸水烫后，清水浸泡1~2天去苦味，可炒食或做汤。8—9月采摘种子，洗净，浸泡3~5天，煮粥或做饭。

药用功效

全草入药。性平，味甘、微涩。清热止痛、健脾利湿、利尿通淋。用于腹痛、呕吐、腹泻、消化不良、痢疾、劳伤、刀伤出血。

长萼鸡眼草

Kummerowia stipulacea （Maxim.） Makino

别　名‖高丽胡枝子、鸡眼草、掐不齐
英文名‖ Japanese clover
分　类‖豆科鸡眼草属一年生草本

【形态特征】植株高10~25cm，茎直立斜举或平卧，长5~30cm，分枝多而展开，幼枝被疏硬毛。三出复叶，小叶倒卵形或椭圆形，长7~20mm，宽3~12mm，顶端尖而微凹，具短毛，基部楔形，全缘。叶面无毛，叶背、中脉和叶缘被白色长硬毛。侧脉平行；托叶2，卵圆形，宿存。花1~2朵，簇生叶腋，花梗被毛有关节；小苞片4，萼钟状，浅绿色，萼齿3，卵形，花冠上部暗紫色，长约7mm，旗瓣三角形，基部有2紫色斑点。翼瓣狭披针形，与旗瓣等长；龙骨瓣钝，较旗瓣长。荚果卵形，长约4mm，种子1颗，黑色，平滑。花期8—9月，荚期9—10月。
【分布及生境】分布于江西、安徽、湖北、江苏、浙江、福建、河南、陕西、甘肃、山东、山西、河北、内蒙古。生于海拔1 400m以下的山坡、草地、路旁、林下。

【营养成分】每100g可食部含胡萝卜素623mg、维生素B_2 1.41mg、维生素C 340mg、维生素K 10.6mg、维生素P 1.72mg。
【食用方法】春季采摘嫩茎叶，洗净，沸水烫后，炒食或做汤。种子可煮食。

药用功效

全草入药。性微寒，味甘、淡。清热解毒、健脾利湿、活血、利尿、止泻。用于感冒发热、胃肠炎、痢疾、热淋、白浊、泌尿系统感染、跌打损伤、疔疮等。

胡芦巴

Trigonella foenum-graecum L.

别　名 ‖ 苦斗、香菜、香草、香豆、芸香草
英文名 ‖ Fenugreek
分　类 ‖ 豆科胡芦巴属一年生草本

【形态特征】植株高 30~80cm，茎直立。小叶 3，长 5~30cm，中间小叶倒卵形或倒披针形，长 1~3.5cm，宽 0.5~1.5cm，先端圆钝，基部宽楔形，上部具锯齿，叶面、叶背均疏生长柔毛。侧生小叶略小，小叶柄极短，长不及 1mm，托叶与叶柄连合，宽三角形，顶端急尖。花 1~2 朵，生于叶腋，无梗；花萼筒长约 7mm，具白色柔毛，萼齿披针形；花冠白色，基部稍带紫色，长约为花萼 2 倍，旗瓣长圆形，具深波状凹缺刻。荚果条状，圆筒形，长 5.5~11mm，直径约 0.5cm，先端成尾状，直或弯曲，具疏柔毛，具明显的纵网脉，无子房柄。种子多数，棕色，长圆形，表面不光滑，长约 4mm。花期 4—6 月，果期 7—8 月。

【分布及生境】分布于新疆、甘肃、四川、河南、陕西、河北。原产地中海。

【营养成分】嫩茎叶含胡萝卜素、维生素 C、钙、铁等。茎、叶、种子均含芳香油，属樟脑芳香类型。

【食用方法】春季采摘嫩茎叶，晒干，搓碎，作调味料，具特殊苦香，做卤菜的配料或卷入面层中做花卷、烙饼，可增香味，但味略苦。

药用功效

种子入药。性温，味苦。补肾阳、祛寒湿。用于寒疝、寒湿脚气、肾虚腰痛、阳痿。

田皂角

Aeschynomene indica L.

别　名 ‖ 小皂角、合萌
英文名 ‖ Common aeschynomene
分　类 ‖ 豆科合萌属一年生半灌木状草本

【形态特征】植株高 30~100cm，具稍粗糙的小突点，无毛。奇数羽状复叶，长 5~10cm，具 41~61 小叶，或更多，近对生，膜质，闭合线状椭圆形，长 3~10mm，宽 1~2.5mm，顶端圆钝，有短头，基部圆形，小叶无柄或极短；托叶膜质，披针形，长约 1cm，顶端渐尖。基部叶大，耳状，脱落。总状花序腋生，长 3~4cm，花 2~4 朵，总花梗具粗刺毛，有黏性。膜质苞片 2 枚，小锯齿边缘；花萼 2，唇形，上唇 2 裂，下唇 3 裂；花冠黄色带紫纹。旗瓣无爪，翼瓣具爪，较旗瓣稍短，龙骨瓣较翼瓣短；雄蕊 10，下半部合生；子房线形，微被毛，无柄。荚果线状长圆形，微弯，长 2~4cm，宽约 5mm，具 4~10 荚节，平滑或中央具小瘤突。每节 1 颗种子，肾形，暗褐色，长约 2.5mm，宽 1.5mm。花期 7—9 月，果期 9—10 月。

【分布及生境】分布于北至吉林，南至广东、云南等地。生于沟旁、路边、草地、山谷。

【食用方法】春季采摘嫩苗和嫩叶，洗净，沸水烫，炒食或炖猪心、猪肝食。

药用功效

全部入药。性平，味甘。补肾益精、平肝明目。用于肾虚腰痛、视物不清。

钝叶决明

Cassia tora var. *obtusifolia* （L.） X. Y. Zhu

别　名‖草决明、马蹄决明、假绿豆
英文名‖ Chinese senna
分　类‖豆科决明属一年生半灌木状草本

【形态特征】植株高 50~150cm，全株被短柔毛，上部多分枝。偶数羽状复叶，互生，小叶 3 对，倒卵形或长圆状卵形，长 1.5~6.5cm 与第一对小叶间，或第一对小叶与第二对小叶间各有一长约 2mm 的针刺状暗红色腺体。托叶锥形，早落。花腋生，成对，萼片 5，分离，花瓣 5，黄色，具爪，能育雄蕊 7，下面 3 枚较发达，子房具柄。荚果线形。种子多数，菱形，浅褐色，具光泽。花期 7—9 月，果期 9—11 月。

【分布及生境】我国大部分地区均有，主要分布在江苏、安徽、四川等地。

药用功效

种子入药。性微寒，味微苦、咸。用于清热明目、润肠通便、头痛眩晕、大便秘结。

望江南

Cassia occidentalis L.

别　名‖羊角豆、决明子、扁决明、茶花儿、假绿豆、马蹄决明
英文名‖ Coffee senna
分　类‖豆科决明属一年生草本

【形态特征】植株高 60~150cm，分枝。叶互生，偶数羽状复叶，小叶 3~5 对，对生，披针形，或披针状椭圆形，先端尖，基部圆，长 3.6~5cm，基部具 1 对腺体；托叶腺形，早脱落。总状花序，伞房状，顶生或腋生。蝶形花大型，数朵，黄色；萼片 5，卵圆形，淡绿色，雄蕊 10，花丝长短不一；子房长形狭小，被细毛。荚果圆柱形，带状淡棕色，长约 10cm。种子多数，扁圆形，灰褐色，具光泽。花期 7—8 月，果期 9—10 月。

【分布及生境】分布于我国各地，主要是山东和长江流域以南各省区。生于山坡、河边。

【营养成分】种子富含可溶性碳水化合物，主要为葡萄糖、蔗糖、麦芽糖、乳糖、棉籽糖等。

【食用方法】春季采摘嫩叶，油炸，清水漂去苦味，调味食用。嫩荚煮食。种子晒干，炒熟，泡茶。

药用功效

种子入药。性平，味苦、甘。有小毒。清肝明目、健脾润肠。用于高血压性头痛、目赤肿痛、口腔糜烂、习惯性便秘、痢疾腹痛、慢性肠炎。

两型豆

Amphicarpaea bracteata subsp. *edgeworthii*（Benth.） H. Ohashi

别　名‖崖州扁豆、野毛扁豆
分　类‖豆科两型豆属一年生草本植物

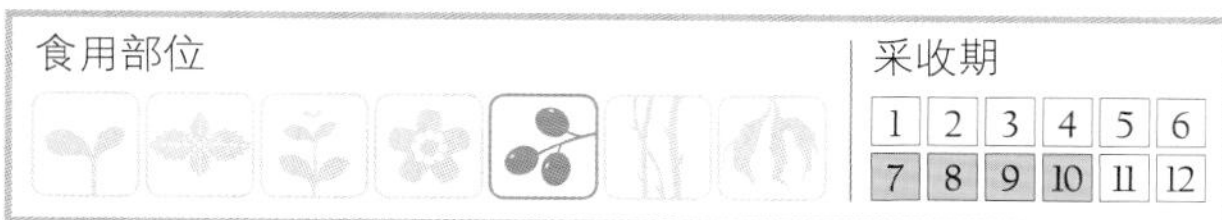

【形态特征】 茎纤细，缠绕生长，密被淡黄色柔毛。三出复叶，小叶薄纸质，中央小叶菱形，长 2~7.5cm，宽 1.5~3.5cm，先端尖，基部近圆，叶面、叶背被白长柔毛，侧生小叶较小，扁卵形。总状花序腋生，花二型，下部花单生，无花瓣但能育，萼筒状，萼齿 5，被淡黄色长柔毛，花冠为淡紫色或白色，子房被毛。荚果矩圆形，扁平，稍弯，长 2~3cm，膜质，被毛。每荚含 3~5 颗种子，种子近椭圆形，黄白色，有褐色斑点。

【分布及生境】 原产亚洲热带地区，分布于我国东北及河北、山西、山东、陕西、河南、江苏、安徽、浙江、江西、湖南、四川和海南等地。生于林缘、灌丛、路旁、草丛。

【营养成分】 种子营养丰富，粗蛋白含量比大豆低，但比绿豆、豆角、木豆等高。

【食用方法】 种子用于豆浆、豆芽和糕点的馅。

药用功效

地下茎入药。用于哮喘、支气管炎。

直生刀豆

Canavalia ensiformis （L.）DC.

别　名‖矮刀豆、挟剑豆、皂荚豆、葛豆
英文名‖ Ensiform knifebean
分　类‖豆科刀豆属一年生草本

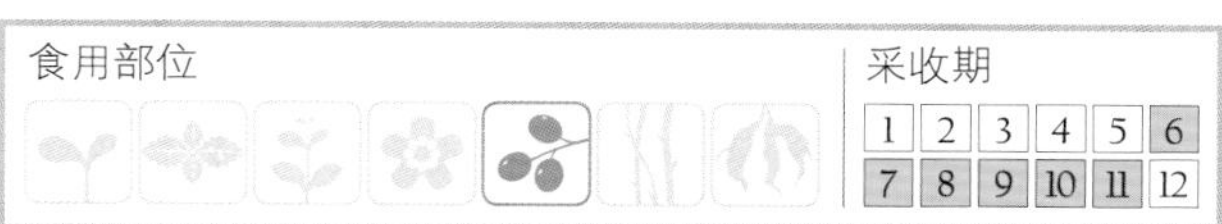

【形态特征】 植株高 60~100cm，茎直立或近直立，各部分幼时被白色短柔毛，后变无毛。三出复叶，革质，椭圆形或斜卵形椭圆形，顶端急尖，具小突尖，基部楔形或阔楔形，侧小叶偏斜，基出脉 3 条。总状花序，近基部开始有花，花序总轴上具密集、肉质、隆起的节；花 1~3 朵，生于总轴的每一节上；花冠浅紫色或白带紫色，旗瓣近圆形，翼瓣倒卵长椭圆形，龙骨瓣镰刀状，均具耳和爪；子房线状，被白色短柔毛，花柱无毛。荚果带状，长 20~35cm，宽 2.5~4cm，果瓣厚，革质。种子椭圆形，略扁，长约 3cm，宽约 2cm，种皮白色。花期 6—7 月。

【分布及生境】 分布于我国南方各省区。较耐荫蔽，喜温耐热，不耐霜冻，对土壤适应性广，耐涝、耐旱、耐盐碱。

【营养成分】 营养期干物质含粗蛋白质 30.72%、粗脂肪 4.36%、粗纤维 19.63%、钙 1.27%、磷 0.21%。幼嫩种子含粗蛋白质 25.70%、粗脂肪 3.10%、粗纤维 6.45%、钙 1.05%、磷 1.56%。

【食用方法】 幼嫩种子或成熟种子均可食用。

药用功效

种子入药。用于心阳虚、肾阳虚。

兵豆

Lens culinaris Medic.

别　名‖滨豆
英文名‖ Common lentil
分　类‖豆科兵豆属一年生草本

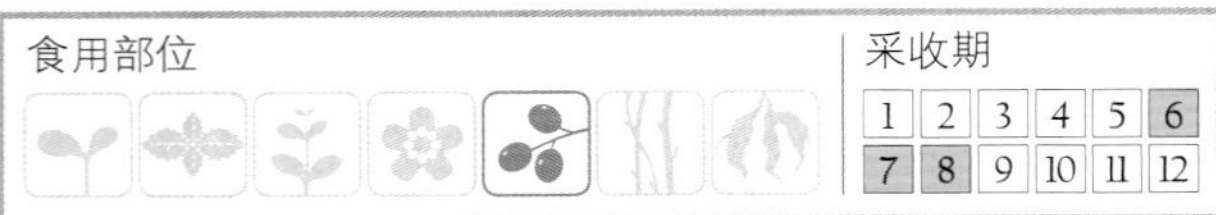

【形态特征】植株高10~40cm，有分枝，被疏短柔毛。羽状复叶，互生，小叶8~14，倒卵披针形、倒卵形或倒卵状矩圆形，长6~20mm，宽2~5mm，先端圆或微缺，基部宽楔形，叶面、叶背均有白色长柔毛，顶端小叶变为卷须或刚毛状；托叶披针形，被长柔毛。总状花序腋生，花1~2朵，花序轴和总花梗密生白色柔毛；花冠白色或淡黄色，萼浅杯状，齿5，条状披针形，密生白色柔毛；子房无毛，具柄，花柱顶端具一纵列髯毛。荚果矩圆形，黄色。种子1~2颗，褐色。

【分布及生境】分布于河北、河南、陕西、甘肃、四川、云南、西藏等地。喜凉爽、湿润的气候。

【营养成分】种子含粗蛋白质26.7%、粗脂肪2.04%、粗纤维0.50%。

【食用方法】种子可煮食。

朝天委陵菜

Potentilla supina L.

别　名‖老鸹筋、铺地委陵菜、鸡爪菜
英文名‖ Capet cinquefoil
分　类‖蔷薇科委陵菜属一年生或二年生草本

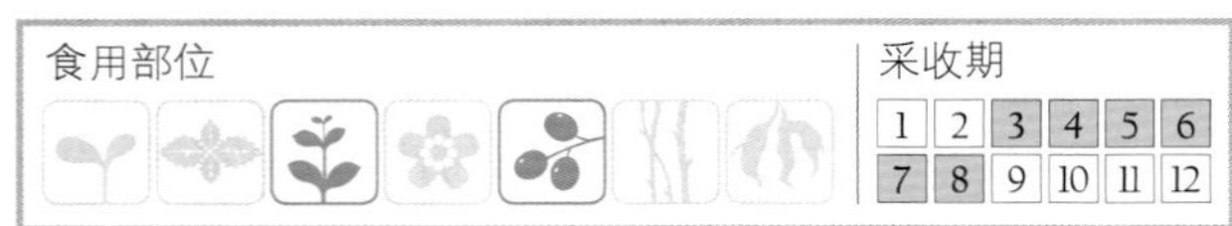

【形态特征】植株高20~50cm，茎直立，小叶3对，长5~30cm，中间小叶倒卵形或倒披针形，长1~3.5cm，宽0.5~1.5cm，先端圆钝，基部宽楔形，上部具锯齿，叶面、叶背均疏生长柔毛。侧生小叶略小，小叶柄极短，长不及1mm，托叶与叶柄连合，宽三角形，顶端急尖。花1~2朵，生于叶腋，无梗；花萼筒长约7mm，具白色柔毛，萼齿披针形；花冠白色，基部稍带紫色，长约为花萼2倍，旗瓣长圆形，具深波状凹缺刻。荚果条状，圆筒形，长5.5~11mm，直径约0.5cm，先端成尾状，直或弯曲，具疏柔毛，具明显的纵网脉，无子房柄。种子多数，棕色，长圆形，表面不光滑，长约4mm。花期4—6月，果期7—8月。

【分布及生境】分布于新疆、甘肃、四川、河南、陕西、河北。

【营养成分】嫩茎叶含胡萝卜素、维生素C、钙、铁等。茎、叶、种子均含芳香油，属樟脑芳香类型。

【食用方法】春、夏季采摘嫩苗或嫩茎叶，洗净，沸水烫过，切段，加调料凉拌、炒食、做汤或做火锅料等。

无瓣蔊菜

Rorippa dubia （Pers.） Hara

别　名‖塘葛菜、蔊菜、南蔊菜、干油菜、清明菜、胡椒菜、大叶香芥菜、野芥菜
英文名‖ Petalless rorippa
分　类‖十字花科蔊菜属一年生草本

【形态特征】植株高15~50cm，茎直立或铺散，无毛，具明显的纵条纹。基生叶和下部茎生叶倒卵形或匙形，长6~10cm，宽1~1.5cm，具不规则齿状缺刻或浅裂；顶生叶裂片较大，宽卵形，顶端钝，边缘具不整齐锯齿，侧生裂片小，1~3对，向下渐小，顶端急尖或钝；茎上部叶较短，柄短或无。卵形至宽披针形，多不分裂，顶端钝，基部渐狭，稍抱茎。总状花序顶生，花细小，直径约3mm，白色。萼片长圆形，长约2mm，无花瓣，偶有匙形花瓣，花梗细，长约1mm。长角果线状圆柱形，长20~35mm，宽约1mm。果瓣无中脉，果梗长3~6mm。种子多数，细小，近圆形，浅褐色。花期4—5月，果期6—7月。

【分布及生境】分布于我国长江以南各省区，以及西北的甘肃、陕西和西南地区。生于路边、沟边、田埂、山地、湿地。

【营养成分】每100g可食部含维生素A 4.15mg、维生素$B_2$0.6mg、维生素C 98mg。每100g干品含钾300mg、钙289mg、镁41.8mg、磷46.3mg、钠2.9mg、铁4 670mg、锰680mg、锌340mg、铜70mg。

【食用方法】春、夏季采摘嫩苗和嫩茎叶，可炒食、做汤。

药用功效

全草入药。性微温，味辛。疏风透表、理气利水、凉血解毒、消肿退黄、健胃。用于麻疹不透、鼻渊、腹水、风寒感冒发热、风湿性关节炎、慢性支气管炎、甲沟炎、胃痛、咽喉痛、疔疮、漆疮。

蔊菜

Rorippa indica（L.） Hiern

别　名‖香芥菜、江剪刀菜、鸡肉菜、印度蔊菜
英文名‖ Indian rorippa
分　类‖十字花科蔊菜属一年生草本

食用部位　采收期

1	2	3	4	5	6
7	8	9	10	11	12

【形态特征】植株高 20~50cm，直根系，主根细长，侧根多。茎直立，或斜举，具多分枝，浅绿色或紫色，较粗壮。茎生叶多，为羽状分裂，叶长 4~10cm，宽 1.5~4cm，具叶柄。总状花序顶生，花细小，浅黄色，萼片 4，长圆形，花瓣 4，匙形，春夏间开花。果实为长角果，长 15~20mm，直径 1~1.5cm，向上斜举，喙长 1~2mm。种子细小，卵形，褐色。
【分布及生境】分布于我国华东、华南、西南、华中，以及陕西、甘肃等。生于沟边、湖边、滩堤、田间、路旁、草地、山野等湿润地方。

【营养成分】营养成分与无瓣蔊菜相近。
【食用方法】春、夏季采摘嫩茎叶，洗净，切碎，可凉拌，或沸水烫后换清水浸泡后炒食、凉拌、做汤。

药用功效

全草入药。性凉，味辛。清热、利尿、活血、通络。用于感冒、咳嗽、咽痛、风湿性关节炎、水肿等。

球果蔊菜

Rorippa globosa（Turcz. ex Fisch. & C. A. Mey.） Vassilcz.

别　名‖银条菜、风花菜、水蔓青、圆果蔊菜
英文名‖ Globate rorippa
分　类‖十字花科蔊菜属一年生草本

食用部位　采收期

1	2	3	4	5	6
7	8	9	10	11	12

【形态特征】植株高达 100cm，茎直立，茎部木质化，具分枝无毛，茎有横纹，秃净或被短毛。叶长圆形至披针形，顶端急尖，基部渐狭，抱茎，两侧短耳状，边缘具不整齐锯齿，或中部以下呈羽状分裂。总状花序顶生，花黄色。花瓣具短爪。角果球形，顶端具短喙。种子多数，近圆形，一端凹入，具纵沟，浅褐色。花、果期 4—8 月。
【分布及生境】主要分布于我国华北、东北及华南等地。生于路边、沟边、田埂、山地、湿地。

【营养成分】营养成分与无瓣蔊菜相近。
【食用方法】春、夏季采摘嫩苗和嫩茎叶，可炒食、做汤。

紫花碎米荠

Cardamine tangutorum O. E. Schulz

别　名‖石芥菜
英文名‖ Tangut bittercress
分　类‖十字花科碎米荠属一年生草本

【形态特征】植株高20~40cm，根状茎细长，茎5举，无毛或少毛，上部具3~6叶。茎生叶为羽状分裂，小叶3~5对，矩圆状披针形，长2~3.5cm，宽5~15mm，边缘锯齿。无毛或生柔毛，叶柄长1~2.5cm。总状花序顶生，12~15花，花紫色，长1cm，开花时近伞房状。长角果条形，直立，长3.5~4.5cm，宽2~3mm，先端宿存花柱，长约2mm，果梗长约1.5cm。种子卵形或近圆形，长2~2.5mm，光亮，绿褐色。

【分布及生境】分布于河北、山西、陕西、甘肃、青海、新疆、四川、云南等省区。生于山坡林下、林缘及河边。

药用功效

茎叶入药。性热，味甘、微苦。清热利尿、祛风止痛。用于治尿道感染。

碎米荠

Cardamine hirsuta L.

别　名‖野油菜、小北米菜、雀儿菜、白带草、硬毛碎米芥、碎米芥
英文名‖ Pennsylvania bittercress
分　类‖十字花科碎米荠属一年生或二年生草本

【形态特征】植株高6~30cm，无毛或疏被柔毛，茎直立或斜举，具分枝或不分枝。奇数羽状复叶，基生叶花后枯萎，茎生叶具短柄或无柄，长达9cm，顶生小叶较大，常为宽卵形，长5~15mm，边缘具3~5圆齿，侧生小叶较狭，卵形或条形，边缘齿裂。总状花序顶生，花后伸长，花白色，长2.5~3mm，萼片长圆形，长约2mm，花瓣倒卵形、楔形，长约3mm，雄蕊4或6，花柱圆柱状，柱头头状，花梗长约5mm。长角果条形，长达3cm，宽约1cm，稍扁平，果瓣开裂，无中脉，果梗长5~8mm，斜长。种子长圆形，长约1mm，褐色。花期3—4月，果期5—6月。

【分布及生境】分布于我国西南、中南、华东和西北等地。生于海拔1 000m以下的山坡、路旁、田埂、沟边。

【营养成分】嫩苗和嫩叶富含蛋白质、脂肪、碳水化合物、多种维生素、矿物质。

【食用方法】冬季和早春采摘嫩苗或嫩茎叶，可炒食、做汤，沸水烫后可凉拌。

药用功效

全草入药。解毒祛风、利尿止血。用于痢疾、腹痛。

弯曲碎米荠

Cardamine flexuosa With.

别　名‖碎米芥、䓬菜
英文名‖ Wavy bittercress
分　类‖十字花科碎米荠属一年生或二年生草本

【形态特征】植株高10~30cm。茎直立，多分枝，上部呈之字形弯曲，稍有柔毛。羽状复叶，膜质，基生叶少，后枯干，茎生叶长2.5~9cm，有柄，小叶4~6对；顶生小叶卵形，长0.4~3cm，宽3~15mm；侧生小叶卵形或条形，长3~6mm，宽2~4mm，小叶全缘或有1~3圆裂，均有缘毛。总状花序，10~20朵花，花白色。长角果条形，直立，先端宿存花柱，长1~2cm，宽少于1mm，平滑，褐色。

【分布及生境】分布于我国长江以南各省区。生于海拔1 200m以下的田边、路旁、草地或沟边。

【食用方法】食用方法与碎米荠相同。

药用功效

全草入药。清热利湿、健脾、止泻。

独行菜

Lepidium apetalum Willd.

别　名‖腺独行菜、辣辣菜、辣辣根、辣辣麻、辣葛、北葶苈子、甜葶苈子
英文名‖ Pepperweed
分　类‖十字花科独行菜属一年生或二年生草本

【形态特征】植株高5~30cm。茎直立，圆柱形，具不明显的纵条纹，被头状腺毛，干后呈乳突状短毛，多分枝，铺散生长。基生叶莲座状，狭匙形，长3~7cm，宽1~1.5cm，羽状浅裂至深裂，具叶柄，长1~2cm；茎生叶较小，无柄，自下而上从狭披针形变成条形，全缘或疏生锯齿，被乳突状短毛。总状花序顶生，伸长达10cm，花小，白色，萼片卵圆形，长约1mm，背面疏被短柔毛，具白色边缘，早落，花瓣退化成丝状；雄蕊2~4，与萼片等长，子房扁圆形，花柱短。短角果卵圆形，扁平，直径2~3mm，顶端微凹，无毛，2室，每室种子1颗，果梗纤细，长约2mm，被乳突状短毛。种子椭圆形，长约1mm，稍扁，两面各具1深纵沟，黄棕色。花期4—6月，果期6—9月。

【分布及生境】分布于我国东北、西北、华北及西南地区。生于山坡、路旁、林缘、沟旁和荒地上，适应性强。

【营养成分】每100g嫩叶含维生素A 9.3mg、胡萝卜素2~4mg、维生素C 40~120mg。每100g干品含粗蛋白15.18g、粗脂肪2g、钙150mg。

【食用方法】春季采摘嫩苗和嫩茎叶，可用沸水煮烫后，凉拌、炒食或用盐腌渍，风味独特。

药用功效

种子入药。性寒，味辛、苦。利尿消肿、平喘。用于咳嗽、吐血、水肿。

皱叶独行菜

Lepidium sativum L.

别　名‖家独行菜
英文名‖ Granden cress
分　类‖十字花科独行菜属一年生草本

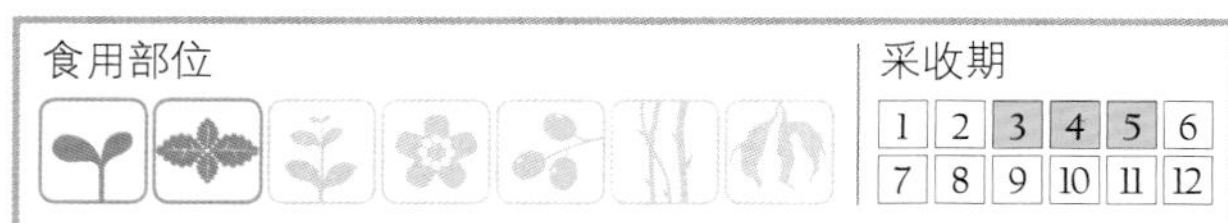

【形态特征】植株高20~50cm。茎直立，不分枝或很少分枝，少叶，绿色，有时像欧芹的叶面皱缩。花白色或微红。果荚薄。种子和叶具辣味，且随气温提高，辛辣味增加。

【分布及生境】分布于黑龙江、吉林、山东、新疆、西藏。喜冷凉气候，很多温带地区的开垦地、田野或路边均有生长。越是干旱地区生长越茂盛，北美洲的野生种多。

【食用方法】春季采摘为宜，味美不辣；入夏以后，辣味加重，品质变劣。食用方法与独行菜同。

药用功效

种子入药，有利水、平喘的作用。

北美独行菜

Lepidium virginicum L.

别　名‖星星菜、拉拉根
英文名‖ Virginia pepperweed
分　类‖十字花科独行菜属一年生或二年生草本

【形态特征】植株高30~50cm。茎直立，中部以上多分枝，具柱状腺毛。基生叶互生，倒披针形羽状分裂，具长柄，边缘具锯齿；茎生叶具短柄，倒披针形或线形，全缘或具锯齿，叶面、叶背无毛。总状花序顶生，花朵小，花白色，两性。短角果扁圆形。花期3—5月，果期5—7月。

【分布及生境】分布于我国各地区，主要在东北地区及长江中下游地区。生于湖边、河边、滩涂、田埂旁杂草丛生之地。

【食用方法】食用方法与独行菜同。

药用功效

种子入药，有利水、平喘的作用。

荠菜

Capsella bursa-pastoris（L.）Medic.

别　名‖地米菜、鸡脚菜、荠荠菜、沙芥、菱角菜、护生草、鸡心菜、三角菜

英文名‖ Shepherds purse

分　类‖十字花科荠属一年生或二年生草本

【形态特征】植株高 10~40cm，被单毛、分叉毛或星状毛。茎直立，不分枝或具分枝。基生叶莲座状，大头羽状分裂或羽状分裂，长达 10cm，宽达 3cm，顶端裂片较大，卵形至长圆形。侧裂片 3~8 对，边缘具规则锯齿或近全缘，叶柄长达 3cm；茎生叶较小，狭披针形，长 1~2cm，宽约 2mm，基部抱茎，边缘具缺刻或锯齿。总状花序顶生或腋生，花后伸长达 20cm，花细小白色，直径约 2mm，萼片长圆形，长约 2mm，花瓣卵形，长约 3mm，花梗纤细，长约 5mm。短角果三角形或倒心形，长 5~8mm，宽 4~7mm，扁平，顶端微凹，果梗纤细，长约 2cm，具极端的宿存花柱，种子小，椭圆形，长约 1mm，浅棕色。花期 3—5 月，果期 4—7 月。

【分布及生境】分布于我国大部分地区。生于低海拔地区田间、路边、荒地、河滩、林下、山坡，喜冷凉气候和肥沃疏松土壤，但在较贫瘠土壤也可生长。

【营养成分】每 100g 鲜荠菜含蛋白质 5.3g、脂肪 0.4g、碳水化合物 6g、粗纤维 1.4g、胡萝卜素 3.3g、维生素 B_1 0.14mg、维生素 B_2 0.19mg、维生素 B_5 0.7mg、维生素 C 55mg、钙 420mg、磷 37mg、铁 6.3mg。

【食用方法】秋冬至春季，采摘未抽薹开花的嫩苗和嫩茎叶食用，可做汤、炒食、煮粥、做馅等。

药用功效

全草入药。性平，味甘。清热明目、清积、凉血、利尿。用于高血压、小便不利、麻疹不通、痢疾、痔疮出血、水肿、淋巴结核。

芝麻菜

Eruca sativa Mill.

别　名‖香油罐、臭菜、臭芥

英文名‖ Roquette

分　类‖十字花科芝麻菜属一年生草本

【形态特征】植株高 20~90cm。茎直立，上部分枝，疏生刚毛。基生叶大头羽状分裂，长 4~7cm；顶生叶片短卵形，具细齿，倒生裂片卵形或三角状卵形；上部叶无柄，具 1~3 对裂片，顶生裂片卵形，侧生裂片圆形，花大，直径 1~1.5cm，花黄色，具紫褐色脉纹。长角果圆柱形，长 2~3cm，喙短而宽扁，种子 2 行，卵状球形，直径 1.5~2.5mm。花、果期 5—8 月。

【分布及生境】分布于内蒙古、河北、陕西、山西、甘肃、青海、新疆等地。生于海拔 800m 以上的山坡、田间、路旁，喜温暖湿润、土壤肥沃之地。

【营养成分】食用部位为嫩苗或嫩茎叶，或以种子榨油，种子含油量 30% 左右。

【食用方法】春季采收幼苗、嫩叶，洗净，沸水烫煮 5~10 分钟，清水浸泡 3~4 小时，烹调食用，可凉拌或炒食。

药用功效

地上部入药。性寒，味苦。利水消肿、止咳平喘。

遏蓝菜

Thlaspi arvense L.

别　名‖败酱草、苦葶苈、苦盖草、犁头草、大芥
英文名‖ Field pennycress
分　类‖十字花科遏蓝菜属一年生草本

【形态特征】植株高 9~60cm，全株无毛。茎直立，分枝或不分枝，具棱。单叶互生。基生叶具柄，倒卵状矩圆形，长 3~5cm，顶端圆钝全缘；茎生叶长圆状披针形，长 2~5cm，宽 0.5~2cm，顶端圆钝，基部抱茎，两侧箭形，边缘具疏锯齿。总状花序顶生和茎上部腋生，花白色，直径约 2mm，萼片卵形，宽约 2mm，直立，顶端圆钝，花瓣长圆状倒卵形，长约 3mm，顶端圆钝或微凹，基部渐狭成爪，雄蕊 6，花药近球形，子房无柄，柱头头状。短角果椭圆形至近圆形，扁平，长 1~1.5cm，顶端凹入，边缘具宽翅，每室种子数颗。种子倒卵形，长约 2mm，稍扁平，两面具同心环状纹，褐色。花期 3—4 月，果期 5—6 月。

【分布及生境】几乎遍布全国。生于海拔 2 000m 以下的山坡、路旁、田边、沟边、荒地。既耐寒、耐湿又耐热，对土质要求不严格。

【营养成分】每 100g 可食部含蛋白质 4.2g、脂肪 0.7g、粗纤维 4.5g、钙 360mg、磷 10mg，还含多种维生素、矿物质。种子含蛋白质 23%、脂肪油 34%，其中油酸、亚油酸和亚麻酸（一般称芥子油）可食用。

【食用方法】春季采摘嫩苗和嫩茎叶，洗净，用沸水烫后，清水浸泡去苦味，可炒食、做汤、凉拌或制腌菜。

药用功效

全草入药。性平，味苦。清热利湿、消肿止痛、舒筋活络、明目利尿。用于肾炎、肠炎水肿、烂疮、牛皮癣。

诸葛菜

Orychophragmus violaceus （L.） O. E. Schulz

别　名‖二月兰、翠紫花
英文名‖ Violet orychophragmus
分　类‖十字花科诸葛菜属一年生或二年生草本

【形态特征】植株高 10~50cm，全株无毛，直根系。茎直立，圆柱形，不分枝或基部分枝。基生叶和下部茎生叶大头羽状分裂，顶端裂片大，圆形或卵形，边缘具波状钝齿，侧生裂片小，2~4 对，歪卵形，全缘或齿状缺刻；茎上部叶狭卵形或矩圆形，基部耳状抱茎，边缘具不整齐的齿状。总状花序顶生，5~20 朵，花淡紫色或淡红色，具长花梗。花瓣长卵形，具长爪。角果线形，长 6~9cm，成熟时开裂，种子黑褐色。花期 4—5 月，果期 5—6 月。

【分布及生境】分布于辽宁、山西、甘肃、山东、河南、安徽、江苏、浙江、江西、湖北、四川、陕西等省区。生于平原、山地、路旁、地边或杂木林缘。耐寒性较强。

【营养成分】每 100g 鲜品含胡萝卜素 3.32mg、维生素 B_2 0.16mg、维生素 C 59mg。种子的含油量达 50% 以上，是很好的油料植物。

【食用方法】一般在春季采摘嫩茎叶，沸水烫一下，去苦味，即可食用。

播娘蒿

Descurainia sophia （L.） Webb ex Prantl

别　名‖野芥菜、麦蒿、米蒿、黄花蒿
英文名‖ Sophia tansy mustard
分　类‖十字花科播娘蒿属一年生或二年生草本

【形态特征】植株高30~90cm，全株被白色叉状毛和星状毛。茎直立，圆柱形，上部分枝，叶轮廓狭卵形，长3~5cm，二至三回羽状全裂，末回裂片条形或条状长圆性，长3~5cm，下部叶具柄，上部叶无柄。总状花序顶生，在上部腋生，花浅黄色，直径约2mm，萼片直立，长约2mm，花瓣匙形，与萼片约等长。长角果线形，长1.5~3cm，宽约1mm，微念珠状。种子椭圆形，长1mm以内，稍扁，稍扁平，暗褐色。花期5—6月，果期6—7月。
【分布及生境】分布于我国东北、华北、西北、西南等地。生于农田、荒地。

【营养成分】含挥发油、维生素等。
【食用方法】冬、春季采摘嫩茎叶食用，可炒食、凉拌、做汤等。

药用功效

种子入药。习称“南葶苈子”，药效与“北葶苈子”相同。

葶苈

Draba nemorosa L.

别　名‖猪耳朵、凉不死草
英文名‖ Woodland whitlow-grass
分　类‖十字花科葶苈属一年生或二年生草本

【形态特征】植株高10~40cm，全株被单毛或星状毛，直根系。茎直立，不分枝或下部分枝。基生叶莲座生长，倒卵状长圆形，顶端稍顿。边缘具疏齿或近全缘。叶面、叶背密生白色柔毛和星状毛；茎生叶长卵形或卵形，顶端尖，基部楔形，无柄，边缘具不整齐的齿状裂。总状花序顶生，花密集呈垂伞状，花黄色。短角果近水平开展，长圆形或椭圆形，扁平，具短毛或近无毛，种子卵形，浅棕色。花期5—6月，果期6—7月。
【分布及生境】分布于我国东北、华北、西北以及江苏、浙江、四川、西藏等。生于山坡、田野、草甸、路边、河谷湿地。

【营养成分】每100g鲜品含粗蛋白5.32g、粗脂肪1.32g、粗纤维11.93g。
【食用方法】夏季采摘嫩苗，沸水烫后，可炒食、做汤等。

药用功效

葶苈子有北葶苈子和南葶苈子之分，北葶苈子又称苦葶苈子，用此入药有下气行水功效，凡肺壅喘急、水肿胀满者，用此可破滞开结、降气平喘、利水消肿。

吉龙草

Elsholtzia communis （Coll. Hemsl.） Diels

别　名‖木姜花、狗尾草、野苏麻
英文名‖ Fragrant elsholtzia
分　类‖唇形科香薷属一年生草本

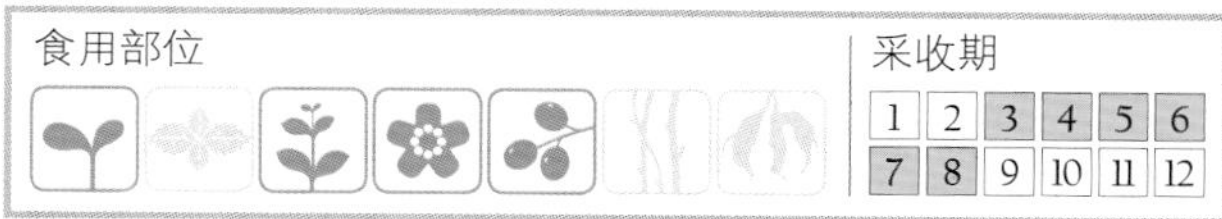

【形态特征】植株高60cm。全株具浓郁的柠檬醛香气（木姜花香气）。茎直立，下部近圆柱形，上部钝四棱状，常带紫红色，密被白色短柔毛，上部多分枝。叶卵形至长圆形，顶端钝，基部近圆形或宽楔形，边缘具锯齿，革质。叶面被白色短柔毛，叶背被短柔毛及浅黄色小腺点，叶柄长0.3~2cm，腹面背突，密被白色短柔毛。穗状花序生于茎或分枝顶端，圆柱形，长1~8.5cm，宽0.8~1.2cm，紧密排列。由多数轮伞花序组成。花萼圆柱形，萼齿长约1mm，顶端向下弯曲，外被灰白色绵长柔毛，果时稍闭合，花冠长3mm，漏斗形，外被疏柔毛和黄色腺点，冠檐二唇形，上唇长圆形，下唇开展，3裂，雄蕊4，前对较短，伸出，花丝紫色，无毛，花药卵圆形，2室，药室会汇合。小坚果长圆形，散生棕色毛。花期9—11月，果期10—12月。
【分布及生境】分布于我国云南南部。在海拔800~1 000m、年平均气温18~20℃、年降水量1 000~1 500mm的热带山区沙壤土上生长发育良好。

【营养成分】茎叶和花富含芳香油，具悦人的柠檬醛香气，含量1.7%，可做香料或工业原料。
【食用方法】春、夏季采摘嫩苗和嫩茎叶，用沸水洗后加调料食用。秋季采收带花的花序或果序，晒干后可作调料。

药用功效

全草入药。用于风寒感冒、头痛、发热、消化不良等。

野草香

Elsholtzia cypriani（Pavol.） S. Chow ex Hsu

别　名‖鱼香草、野木姜花
英文名‖ Tomentosecalyx elsholtzia
分　类‖唇形科香薷属一年生草本

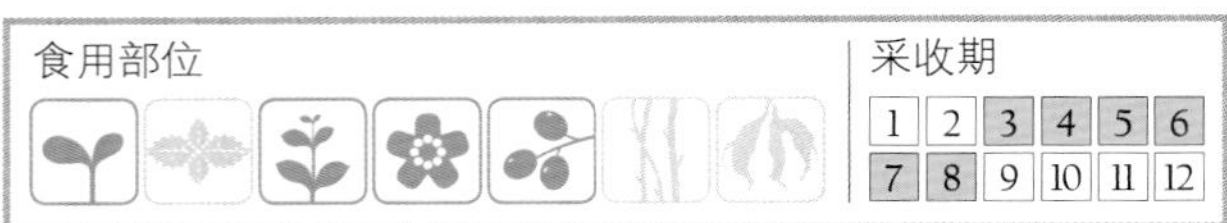

【形态特征】植株高 10~100cm。茎枝绿色或紫红色，被下弯短柔毛。叶卵形至长圆形，长 2~6.5cm，宽 1~3cm，顶端急尖，基部宽楔形，下近至叶柄，边缘圆齿状锯齿，叶背密被短柔毛和腺点。穗状花序圆柱形，长 2.5~10.5cm，顶生。由多数紧密的轮伞花序组成。花冠玫瑰色，长约 2mm，外被柔毛。花、果期 10—11 月。
【分布及生境】分布于我国西南、中南及安徽、陕西。生于海拔 600~2 300m 的田边、路旁、河边、林缘草地。

【营养成分】参考吉龙草。
【食用方法】参考吉龙草。

药用功效

参考吉龙草。

糖芥

Erysimum amurense Kitag.

别　名‖黄草
英文名‖ Orange erysinum
分　类‖十字花科糖芥属一年生或二年生草本

【形态特征】植株高 30~60cm。茎不分枝或上部分枝，具棱角。叶披针形或矩圆状条形，边缘疏生波状齿或近全缘。基生叶长 5~15cm，宽 5~10mm；茎上部叶无柄，近包茎。茎下部叶有柄，长 1.5~2cm。总状花序顶生，花橘黄色，直径约 1cm，萼片长圆形，长 5~8mm，雄蕊 6，近等长。花柱长约 1mm，柱头 2 裂。长角果条形，长 4.5~8cm，略呈 4 棱，先端具短喙，裂片具隆起中肋。种子每室 1 行，长圆形，侧扁，深红褐色。花期 6—8 月，果期 7—9 月。
【分布及生境】分布于我国东北、华北地区和陕西、江苏、四川等。生于田边、荒地、山坡等。

【食用方法】夏季采摘嫩苗，沸水烫后，炒食。

药用功效

全草入药。强心利尿、健脾和胃、消积。用于心悸、浮肿、消化不良。种子入药。清热、镇咳强心。

紫苏

Perilla frutescens（L.）Britton

别　名‖赤苏、白苏、桂荏、野苏、香苏、苏麻
英文名‖Common perilla
分　类‖唇形科紫苏属一年生草本

【形态特征】 植株高50~100cm，被白色长柔毛，须根粗壮发达。茎直立，4棱，具分枝。茎节间较密，绿色或带紫色，密被长柔毛。单叶互生，卵形或卵圆形，长7~13cm，宽5~13cm，顶端锐尖，基部圆形或广楔形，叶缘具锯齿，叶柄长3~5cm，密被长柔毛，叶紫红色或淡红色，叶面被疏柔毛，叶背脉被贴生柔毛。轮伞花序2花，组成顶生或腋生。偏向一侧的假总花序，每花具1苞片，卵形，顶端急尖或呈尾状；花萼钟状，被柔毛，具黄白色腺点，花冠紫红色或粉红色至白色，花冠筒内具环毛，二唇形，上唇微凹，下唇三裂，雄蕊4。小坚果近球形，黄褐色，内含种子1颗，种皮极薄，表面具网纹。花期8—9月，果期9—10月。

【分布及生境】 我国各省区均有分布。多生于低海拔地区的山坡、路边、疏林下、林缘等。野生种类以绿叶类型居多。

【营养成分】 每100g嫩茎叶含蛋白质3.8g、脂肪1.3g、碳水化合物6.4g、粗纤维1.5g、维生素A 9.09g、维生素B_1 0.02mg、维生素B_2 0.35mg、维生素B_5 1.3mg、维生素C 47mg、钙3mg、磷44mg、铁23mg。每100g种子含维生素A 28.87mg、维生素E 0.422mg、维生素B_1 0.90mg、维生素B_2 0.25mg、蛋白质2.5%。

【食用方法】 春、夏季采食嫩叶或嫩茎叶，可做饮料，也可沸水烫后炒食、凉拌或做汤。

药用功效

春夏采叶入药。性温，味辛。解表散寒，行气和胃。用于风寒感冒、咳嗽呕恶、妊娠呕吐、鱼蟹中毒。种子也可入药，李时珍称种子与叶同功，发散风热宜用叶，清利上下宜用种子。

益母草

Leonurus japonicus Houtt.

别　名‖红花艾、益母蒿、益明、地母草、月母草、铁麻干、四棱草
英文名‖Chinese motherwort
分　类‖唇形科益母草属一年生或二年生草本

【形态特征】 植株高30~120cm。茎直立，四棱状，微具槽，具倒生白糙伏毛，多分枝。叶形变化大，茎下部叶近卵形，掌状3裂，裂片常呈圆状菱形，通常长2.5~6cm，宽1.5~4cm。轮伞花序腋生，具8~15花，多数远离而组成穗状花序。小坚果长圆状三棱状，淡褐色。花期6—9月，果期9—10月。

【分布及生境】 全国各省区均有。生于海拔2 500m以下的山坡、林缘、田野、荒坡草地、路旁等。

【营养成分】 嫩茎叶含蛋白质、碳水化合物、维生素A等营养成分。

【食用方法】 春季至初夏开花前采摘嫩茎叶，可炒食、凉拌、煮汤、煮粥、做馅等。夏末秋初采花，去花梗、花萼，将花瓣洗净，可与鸡蛋、鸡肉、猪肉等炖食或做汤。

药用功效

全草入药。性微寒，味苦、辛。活血调经、利尿消肿、强健心肺。用于月经不调、痛经、闭经、恶露不尽、水肿尿少、急性肾水肿等。

罗勒

Ocimum basilicum L.

别　名 ‖ 毛罗勒、九重塔、香草、香叶草
英文名 ‖ Basil
分　类 ‖ 唇形科罗勒属一年生草本

【形态特征】 植株高 20~80cm，全株芳香，主根圆锥形，密生须根。茎直立，4 棱，被疏柔毛，多分枝，钝四棱状。叶对生，叶片长圆形，长 2.5~5cm，宽 1~3.5cm，叶柄长 1.5cm。轮伞花序的花在花茎上分层轮生，每层苞片 2，花 6。一般每花茎具 6~10 层轮伞花序，组成下部间断，上部连续的顶生总状花序，长 10~20cm，花萼钟状，宿萼，花冠唇形，淡紫色，或上唇白色，下唇紫红色，长约 4mm，雄蕊 4，柱头 1，每花能形成小坚果 4。小坚果黑褐色，卵球形，长约 2.5mm，宽约 1mm，基部具一白色果脐。花期 7—9 月，果期 9—12 月。
【分布及生境】 原产亚洲热带地区和非洲，我国分布于东部各省区。罗勒喜欢温暖湿润的生长环境，耐热，但不耐寒，耐干旱，不耐涝，对土壤要求不严格。

【营养成分】 茎叶和花穗含芳香油，主要成分为芳樟醇、乙酸芳樟酯、丁香酚等。
【食用方法】 春、夏季采摘嫩叶或嫩茎叶，沸水烫后可炒食。

药用功效

全草入药。性温，味辛。疏风行气、化湿消食、活血解毒。用于食胀气滞、脘痛、泄泻、月经不调、蛇虫咬伤、跌打损伤，对治疗头痛和偏头痛有特效。

宝盖草

Lamium amplexicaule L.

别　名 ‖ 珍珠莲、接骨草、莲台夏枯草、佛座、灯笼草、灯盏草、龙床草
英文名 ‖ Henbit deadnettle
分　类 ‖ 唇形科野芝麻属一年生或二年生草本

【形态特征】 植株高 10~30cm，基部多分枝。四棱状，中空，带紫色。叶对生，圆形或肾形，长 1~2cm，宽 0.7~1.5cm，顶端浑圆，基部截形或截状阔楔形，边缘具深圆齿。轮伞花序，6~10 花，萼片披针状钻形，具缘毛，花萼管状钟形，外被白色直伸的长柔毛，萼齿 3，花冠紫红色或粉红色，长 1.7cm。小坚果倒卵圆形，具 3 棱，浅灰黄色，表面具白色大疣状突起。花期 3—5 月，果期 7—8 月。
【分布及生境】 我国大部分地区有分布。生于路旁、林缘、沼泽草地及宅旁等地。

【营养成分】 每 100g 嫩茎叶含蛋白质 4.2g、脂肪 0.3g、碳水化合物 5g、维生素 A 4.06g、维生素 B_1 0.07mg、维生素 B_2 0.23mg、维生素 B_5 2.3mg、维生素 C 31mg、钙 348mg、磷 45mg、铁 30.1mg。
【食用方法】 春、夏季采摘嫩叶或嫩茎叶，洗净，沸水烫后换清水洗去苦味后，切段，可炒食或做炖狗肉配料。

药用功效

全草入药。性温，味辛、苦。祛风通络、消肿、止痛。用于骨折、跌打损伤、疮毒、半身不遂、高血压、小儿肝热等。

裂叶荆芥

Schizonepeta tenuifolia（Benth.）Briq.

别　名‖小茴香、香荆芥、四棱杆蒿
英文名‖ Catnip
分　类‖唇形科荆芥属一年生草本

【形态特征】植株高 0.3~1m，被灰色疏短柔毛，具浓郁香气。茎方形，基部紫色，上部多分枝。叶对生，指状 3 裂，偶有多裂，裂片线形至线状披针形，宽 1.5~4mm，叶面、叶背被短柔毛，背面具凹陷腺点。轮伞花序密生于枝端而成间断的假穗状，长 2~13cm，苞片叶状，花萼狭钟状，具纵脉 5 条，被毛，长约 3mm，5 齿裂，三角状披针形，花冠唇形，青紫色或淡红色，雄蕊 4，二强雄蕊。小坚果矩圆形三棱状，长约 1mm，棕色。花期 6—8 月，果期 7—10 月。
【分布及生境】我国大部分地区有分布。生于山坡、路旁或山谷林缘。

【食用方法】春、夏季采摘嫩茎叶，洗净，沸水烫后加调料凉拌，也可炒食或做汤。夏季至初秋采摘幼嫩花序洗净，去梗、花萼，切碎，常做调料，与菜食用。

药用功效

全草入药。性温，味辛。发表祛风、理气、止血（炒炭）。用于感冒发热、头痛、喉咙肿痛等。

凉粉草

Mesona chinensis Benth.

别　名‖仙人草、仙人冻、薪草
分　类‖唇形科凉粉草属一年生草本

【形态特征】植株高 15~50cm。茎下部倒卧，上部直立，分枝较多，枝条具 4 棱，嫩时被长柔毛或刚毛状长柔毛。单叶对生，纸质或近膜质，卵形、阔卵形或近圆形，顶端短尖或钝，基部呈极阔的楔尖，钝或圆，叶缘锯齿，叶面、叶背被柔毛或无毛。总状花序顶生，多花，花细小，白色或淡红色。果实筒状或近坛状，长 1~3cm，具 10 条纵脉，脉间蜂巢状。花、果期夏、秋季。
【分布及生境】分布于广东、广西、浙江、江西和台湾等地。喜温、湿，生于沟边、林下潮湿处或沙地草丛中。

【营养成分】全株含植物胶、β- 谷甾醇、豆甾醇等。
【食用方法】民间常在夏季采收。取茎叶揉烂，加水煎煮，过滤去渣，取滤液，再加热，一边放入适量的黏米米浆，一边搅拌，煮后放入容器内，让其自然凝结成黑色软糕，习称“凉粉”。进食时拌以糖水，口感凉快。

药用功效

全草入药。性微寒，味甘、淡。消暑解渴、清热解毒。用于中暑口渴、湿火骨痛。亦有用于治疗糖尿病与高血压病。

水蓼

Polygonum hydropiper L.

别　名‖辣蓼、泽蓼、白蓼、柳蓼、水辣蓼
英文名‖ Marshpepper knotweed
分　类‖蓼科蓼属一年生草本

【形态特征】植株高20~80cm。茎直立或倾斜，基部分枝或不分枝。常呈红褐色，无毛。基部节上常生不定根。单叶具短柄，叶片披针形，长4~8cm，宽0.5~2cm，顶端渐尖，基部楔形，叶面、叶背均具黑色腺点。全缘，叶缘具缘毛，揉之具辣味。托叶鞘筒形，长约1cm，褐色，膜质，疏生短状毛，顶端截形，具短截毛。总状花序穗状，顶生或腋生，细长，上部弯曲，下垂，下部间断，长4~10cm，苞片钟状，内生3~5花，竖生睫毛或无毛，常绿色，具褐色腺点，顶端斜形。花疏生，淡绿色或淡红色，花梗5深裂，具腺点，雄蕊常6，花柱2~3。瘦果卵形，扁平，少有3棱，具小点，暗褐色，稍具光泽。花期7—8月。

【分布及生境】我国大部分地区有分布。生于畦沟、沟渠、水边、路旁湿地。

【营养成分】每100g可食部含维生素A 7.89mg、维生素B_2 0.38mg、维生素C 235mg。

【食用方法】春、夏季采摘嫩苗和嫩叶，沸水烫后，压去汁液，用清水漂洗，去辛辣味后即可凉拌、炒食、蒸煮等。

药用功效

全草入药。性平，味微涩。清热利湿、解毒。用于痢疾、月经不调、肠炎、无名肿痛、皮肤瘙痒等。

酸模叶蓼

Polygonum lapathifolium L.

别　名‖辣蓼、泽蓼、蓼芽菜、白蓼
英文名‖ Dockleaved knotweed
分　类‖蓼科蓼属一年生草本

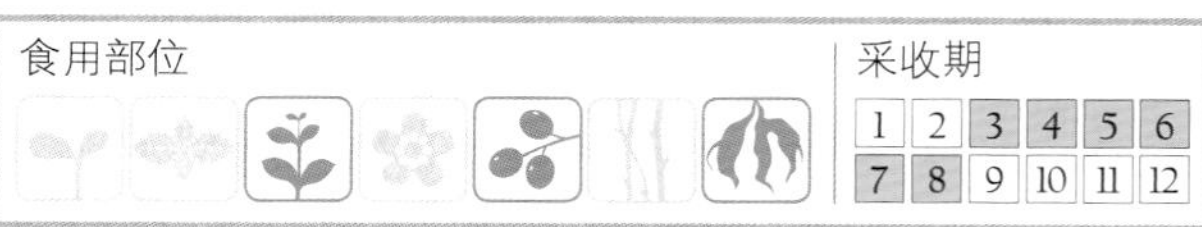

【形态特征】植株高50~120cm。茎直立，上部分枝，无毛，常具紫色斑点。叶片披针形或长圆状披针形，长7~15cm，宽1~3.5cm，顶端渐尖，基部楔形，叶面绿色，中部常见黑色月牙形斑，叶背浅绿色，具腺点，主脉和叶缘具刺伏毛，侧脉羽状，显著。叶柄短，具刺伏毛，托叶鞘管状，膜质，无毛，顶端截形。复总状花序，由数个花穗组成，花穗顶生或腋生，长4~6cm，苞片漏斗状，无毛，顶端斜形，具疏缘毛，内具数花，花被常4裂，浅绿色或粉红色，具腺点，外侧2裂片，各具3裂显著脉纹。雄蕊6，花柱2，内外弯曲。瘦果卵圆形，侧扁，长2~3mm，黑褐色，具光泽，常包于宿存花被内。花期6—8月，果期7—10月。

【分布及生境】我国南北各省区均有分布。生于海拔1 500m以下山坡、路边、草丛、沟边、池塘边、河岸湿地。

【营养成分】每100g嫩茎叶含维生素A 3.53mg、维生素B_2 0.34mg、维生素C 72mg。每100g干品含干物质28.77g、蛋白质6.04%、淀粉10.06%。

【食用方法】春、夏季采摘嫩茎叶，洗净，切碎，沸水烫后，清水漂洗，可凉拌、炒食。秋季采收根茎和果实，洗净，晾干，磨成粉，加糖，制成粑粑熟食。

药用功效

果实入药，活血、止痛、利尿。全草入药，清热解毒、利湿止痒。

红蓼

Polygonum orientale L.

别　名‖红草、水红花子、水泻花、东方蓼、大辣蓼、蓼实子、狗尾花
英文名‖Princes feather
分　类‖蓼科蓼属一年生草本

【形态特征】植株高1~3m，全株被长软毛。茎直立，多分枝。叶互生，阔卵形或卵形，长10~20cm，宽6~12cm，顶端渐尖，基部圆形或略心形，叶面、叶背具短伏毛，脉上具长茸毛，全缘。圆锥花序顶生，略下垂，花序轴生，具长柔毛，苞鞘状，宽卵形，被长柔毛及缘毛，花梗细。花被5深裂，裂片椭圆形，粉红色，红色或白色。雄蕊7~8cm，稍长于花被，着生于花被基部，柱头头状。瘦果扁圆形，黑色，具光泽，包于花被内。花期6—8月，果期8—10月。

【分布及生境】分布于黑龙江、吉林、辽宁、内蒙古、河北、山西、甘肃、山东、江苏。生于路旁、山坡、草地和湿地。

【营养成分】嫩茎叶主要含维生素、红草素、槲皮苷、荆芥素等。

【食用方法】春、夏季采摘嫩叶和嫩茎叶，洗净，沸水烫后，清水漂洗后可炒食。

药用功效

果实或全草入药。性微寒，味咸。散血消瘀、消积止痛、用于症瘕痞块、瘿瘤肿痛、积食不消、胃脘胀痛。

萹蓄

Polygonum aviculare L.

别　名‖辣蓼、泽蓼、白蓼、柳蓼、水辣蓼
英文名‖Common knotweed
分　类‖蓼科蓼属一年生草本

【形态特征】植株高10~70cm，常被白色粉霜。茎丛生，斜展或平卧，绿色。基部分枝，具微棱。叶互生，叶狭卵圆形至线状披针形或线形，长1~3cm，宽2~7cm，顶端圆钝或急尖，基部楔形，全缘。托叶鞘膜质，下部褐色，上部白色透明，具不明显脉纹。花腋生，1~5朵簇生，遍布全植株，花梗细而短，顶部具关节，花被常5深裂，裂片椭圆形，绿色，边缘白色或淡红色，雄蕊8，柱头3，柱头头状。瘦果卵圆形，3棱，黑色或褐色，表面具不明显的线纹及小点，无光泽。花期4—8月，果期6—9月。

【分布及生境】我国南北各省区均有分布。生于海拔1 800m以下的山坡、路旁、田野、水边、湿地。

【营养成分】每100g嫩茎叶含蛋白质5.5g、粗纤维2.1g、脂肪0.6g、碳水化合物60g、维生素A 9.55mg、维生素B_2 0.58mg、维生素C 158mg。每100g干品含钾200mg、钙1 030mg、镁900mg、磷318mg、钠94mg、铁14.4mg、锰2.8mg、锌5.7mg、铜1.0mg。

【食用方法】春、夏季采摘嫩茎叶，洗净，沸水烫，清水浸泡后，可凉拌、蒸食、炒食，或切碎与面粉混合煮食。

药用功效

全草入药。性微寒，味苦。利尿通淋、杀虫、止痒。用于热淋、小便短赤、淋漓涩痛、皮肤湿疹、阴痒带下等。

野荞麦草

Polygonum nepalense Meisn.

别　名‖尼泊尔蓼、野荞草
英文名‖ Nepal knotweed
分　类‖蓼科蓼属一年生草本

【形态特征】植株高 20~60cm。茎直立或倾斜，细弱，具分枝。叶卵形、三角状卵形或卵状披针形，长 1.5~7cm，宽 1~4cm，顶端渐尖，基部宽楔形并沿叶柄下近至翅状，边缘微波状，下面密生金黄色腺点。托叶鞘筒状，膜质，淡褐色。头状花序顶生或腋生，花白色或淡紫色，花被 4 裂，裂片长圆形，雄蕊 5~6，花柱 2。瘦果扁卵圆形，两面突起，顶端微尖，包被于宿存的花被内。
【分布及生境】分布于我国长江流域以南及陕西。生于山谷、湿地、路旁、田埂。

【食用方法】春、夏季采摘嫩苗和嫩茎叶，去根，去杂，洗净，汤食或炒食。

药用功效

全草入药。性温，味甘。理气止痛、健脾消积。用于胃痛、消化不良。

花蝴蝶

Polygonum runcinatum Buch.-Ham. ex D. Don.

别　名‖缺膜叶蓼、赤胫散、花脸荞、血当归
英文名‖ Lobed-leaf knotweed
分　类‖蓼科蓼属一年生或多年生草本

【形态特征】植株高 30~50cm。根茎细弱，黄色，须根黑棕色。茎直立或斜上升，略有分枝，紫色。叶多皱曲，展开后呈卵形或三角状卵形，长 3~7cm，宽 2~4cm，顶端长渐尖，基部近截形，叶面绿色，中部常有三角形紫黑色斑块，叶背绿色，两面及叶缘具粗毛，叶柄长 1~2cm，通常近基部具草质耳状片。托叶鞘膜质，筒状，长约 1cm，具长柔毛。头状花序小形，顶生，花被 5 裂，裂片卵形，白色或粉红色，雄蕊 8，花柱 3，中部以下合生柱头头状。瘦果卵圆形，黑色，具细点，长 2~2.5mm。花期 6—7 月，果期 7—8 月。
【分布及生境】分布于湖南、湖北、四川、贵州、台湾、广西、云南及西藏。生于山坡、草丛、水边。

【食用方法】春、夏季采摘嫩茎叶，洗净，沸水烫过，去涩味后可煮汤或炒食。秋冬摘取根茎，洗净，切碎可炒食，也可炖肉、炖鸡食用。夏季采摘初开的花可煮粥。

药用功效

全草入药。清热解毒、活血消肿。用于痢疾、白带异常、血热头痛、崩漏、闭经、乳疮、跌打损伤。

蓼蓝

Polygonum tinctorium Ait.

英文名‖ Folium polygoni tinctorii
分　类‖蓼科蓼属一年生草本

【形态特征】茎直立，具分枝。单叶互生，叶片卵形或宽椭圆形，长 3~8cm，宽 2~5cm，蓝绿色或黑蓝色，先端圆钝，基部渐狭，全缘。沿叶脉具短毛，灰绿色，干后变暗蓝色。托叶鞘膜质，圆筒状，具长睫毛。花序穗状，顶生或腋生，苞片膜质，花淡红色，密集，花被 5 深裂，雄蕊 6~8，花柱 3。瘦果卵形，具 3 棱，褐色，包被于宿存的花被内。

【分布及生境】分布于辽宁、河北、山东、山西、陕西、湖北、广东、广西和四川。生于旷野水沟边，多为栽培或半野生状态。

【营养成分】蓼蓝全草中含靛玉红、靛蓝、N- 苯基 -2- 萘胺、β- 谷甾醇、虫漆蜡醇，其地上部分含山柰酚 -3- 吡喃葡萄糖苷、色胺酮。

药用功效

叶入药。性寒，味苦。清热解毒、凉血消斑。用于温病发热、发斑、发疹、肺热、咳嗽、喉痹、痄腮、丹毒、痈肿。

习见蓼

Polygonum plebeium R. Br.

别　名‖小萹蓄、腋花蓼、假萹蓄
英文名‖ Small knotweed
分　类‖蓼科蓼属一年生草本

【形态特征】茎匍匐生长，多分枝，呈从生型，长 15~30cm，小枝具沟纹，无毛或近无毛。单叶互生，叶片线状长圆形、狭倒卵形或匙形，长 5~20mm，宽约 3mm，先端急尖，基部楔形；托叶鞘膜质，顶端数裂。花小，簇生于叶脉。花、果期 7—9 月。

【分布及生境】分布于安徽、江苏、浙江、江西等地。生于海拔 600~2 200m 的田边、路旁、水边湿地。

【食用方法】春、夏季采摘嫩茎叶食用。

药用功效

全草入药。利尿通淋、消热解毒、化湿杀虫。

戟叶蓼

Polygonum thunbergii Sieb. et Zucc.

别　名‖凹叶蓼、藏氏蓼、地荞麦
英文名‖ Halberd-leaf knotweed
分　类‖蓼科蓼属一年生草本

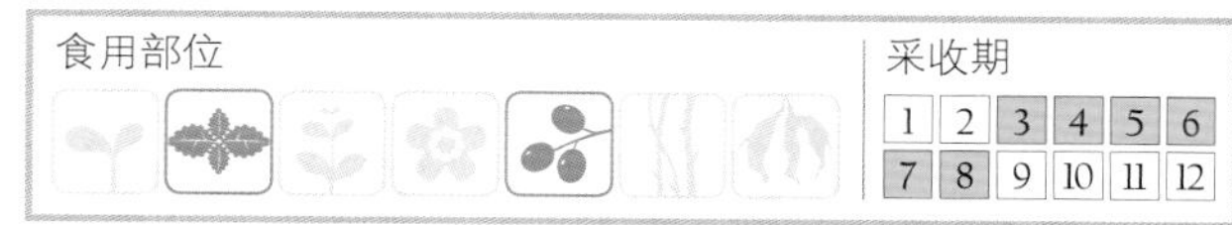

【形态特征】植株茎长 30~70cm，基部分枝平卧或匍匐生长，上部分枝直立或斜举，匍匐枝，具 4 棱，沿棱有倒生小钩刺。单叶互生，叶片戟形，长 3~9cm，宽 2~6cm，中央裂片较宽，卵形，先端渐尖，基部截形或微心形，叶面、叶背疏生伏毛，两侧叶耳平展，卵状三角形，叶缘生短睫毛，叶柄有狭翅和刺毛；托叶鞘膜质，斜圆筒状，边缘革质，绿色，向外反卷。具睫毛。头状花序聚伞状，顶生或腋生；苞片卵形，绿色，具短毛，花序梗细，密生腺毛和短毛，花白色或淡红色，花被 5 深裂，雄蕊 8，花柱 3，柱头头状。瘦果卵状三角形，长约 3mm，黄褐色，平滑，包于宿存花被内。花、果期 7—9 月。

【分布及生境】分布于我国东北及河北、山东、陕西、甘肃、湖北、江苏、浙江等地。生于山腰沟谷、低温草地、溪边。

【食用方法】采摘嫩叶炒食或作干菜。果实磨粉，用水蒸煮，榨去黄色汁液后可制糕点。

药用功效

全草入药。清热解毒、止泻。用于毒蛇咬伤、泻痢。

细梗荞麦

Fagopyrum gracilipes （Hemsl.）Damm. ex Diels

别　名‖野荞麦
英文名‖ Slender buckwheat
分　类‖蓼科荞麦属一年生草本

【形态特征】植株高 15~65cm，主根不发达，须根多。茎直立，常分枝，小枝纤细，具条纹，无毛。单叶互生。叶片卵形或戟形，偶有三角形，长 2~6cm，宽 2~4cm，先端渐尖或急尖，基部心形，叶面绿色，背面浅绿，沿叶脉和叶缘具乳头状突起，叶柄与叶片等长或较短，托叶鞘膜质，先端斜截形。花簇组成总状式花序，腋生和顶生；苞片漏斗状，先端斜形，背脊革质，绿色，叶缘膜质；花被 5 深裂，红色或淡红色，稀白色，裂片卵形，雄蕊 8，花柱 3。瘦果卵圆状三棱状，表面光滑，角棱锐利，黄褐色或黑褐色。花、果期 6—8 月。
【分布及生境】分布于陕西、湖北、四川、贵州、云南等地。生于山坡草地、山谷湿地、田埂、路旁。

【食用方法】春、夏季采摘嫩叶食用。

药用功效

叶能清热解毒、活血散瘀、健脾利湿、消肿，用于跌打损伤。

大麻

Cannabis sativa L.

别　名‖火麻、麻子、火麻红、大麻仁
英文名‖ Semen cannabis
分　类‖桑科科大麻属一年生草本

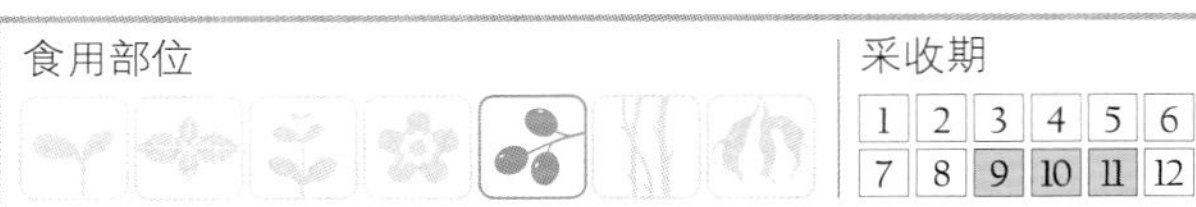

【形态特征】植株高 1~3m。茎直立，表面具纵沟，灰绿色，密被柔毛，茎皮纤维韧性强。掌状复叶互生或下部叶对生，小叶 3~11，披针形，长约 7~15cm，两端渐尖，边缘粗锯齿，叶面具粗毛，叶背密生灰白色毡毛，叶柄细长，4~13cm，托叶线状披针形。花单性，雌雄异株，雄花呈疏生的圆锥花序，黄绿色，雌花丛生于叶腋，绿色，每花具一宽卵形苞片，花被片 5，长卵形，花丝短，雄蕊 5，雌蕊 1。瘦果扁球形，外包围黄褐色苞片。花期 5—6 月，果期 6—7 月。
【分布及生境】我国各地均有分布。生于山坡、路旁。

【营养成分】种子含脂肪油约 30%，油中含饱和脂肪酸 6.8%~13.8%、油酸 13.1%~19.9%、亚油酸 43%~58%、亚麻酸 14%~27%。
【食用方法】秋季果实成熟时采摘，去皮取种子供食用。果皮薄而脆，种子的子叶肥厚，高油脂，气微味淡。在民间吃法为种子炒熟去壳生食，或去壳舂细做汤圆、包子的馅料，味香。

药用功效

果实入药。性平，味甘。润燥滑肠、通便。用于血虚津亏、肠燥便秘。大量服用会有中毒反应，应控制剂量。雌花枝和果穗也可入药，具镇痛、麻痹、致幻作用，但有成瘾性。大麻根入药可通淋祛瘀、祛风活血、清热解毒，用于风湿疼痛、痉挛麻木、跌打损伤、肠炎、腹泻、痢疾。

麦瓶草

Silene conoidea L.

别　名‖米瓦罐
英文名‖ Weed silene
分　类‖石竹科蝇子草属一年生草本

【形态特征】 植株高20~60cm。全株具腺毛，主根细长，具细枝根。茎直立，单生，叉状分枝。叶对生，基部叶匙形，中上部叶披针形，长5~8cm，宽5~10mm，顶端尖锐，基部渐狭，半抱茎，叶面和叶背被腺毛和柔毛。聚伞花序顶生，具少数花，萼筒圆锥形，长2~3cm，结果时基部膨大呈圆形，具30条显著叶脉，花瓣5，倒卵形，紫红色，喉部具2鳞片，雄蕊10，柱头3。蒴果卵圆形或圆锥形，上部尖缩，具光泽，顶端6齿裂，内含多数种子。种子肾形，长约1.5mm，表面具疣状突起。花期4—5月，果期5—6月。

【分布及生境】 分布于我国西北、华北地区和江苏、湖北、云南等。生于麦田、旷野、路旁、荒地。

【营养成分】 每100g嫩茎叶含蛋白质4.5g、脂肪0.5g、碳水化合物3g、维生素A 4.16mg、维生素B_1 0.02mg、维生素B_2 0.27mg、维生素B_5 1.6mg、维生素C 49mg、钙153mg、磷55mg、铁4.5mg。

【食用方法】 春季采摘嫩茎叶食用，可炒食、凉拌、做汤、做馅。

药用功效

全草入药。性微凉，味甘、苦。养阴活血。用于虚劳咳嗽、咳血、呕血、月经不调。

粗壮女娄菜

Silene aprica Turcz. ex Fisch. et Mey.

别　名‖坚硬女娄菜、女娄菜
英文名‖ Firm melandrium
分　类‖石竹科女娄菜属一年生草本

【形态特征】 植株高50~100cm。茎直立，单生或2~3分枝簇生，粗壮，节和下部带紫色，无毛或下部具茸毛。单叶对生，具短柄，叶片披针形至长圆形，或卵状披针形，长3~10cm或更长，宽8~25mm或更宽，具缘毛，叶背具白色短柔毛。总状花序顶生或腋生，花成簇对生在花轴上，像假轮生状，花萼管状，外具10条脉纹，无毛，花瓣5，白色，微长于萼，顶生2裂，基部狭成爪，喉部具2鳞片，雄蕊10，子房锥圆形，花柱3，线形。蒴果长卵圆形，略长于萼，顶生6裂，内含多数种子。种子小，肾形，褐黑色，表面具尖瘤状突起。花期6—7月，果期7—8月。

【分布及生境】 分布于我国东北、华北、华中、西北。生于山坡草地、林缘、灌丛、河谷、草甸及山沟路旁。

【食用方法】 春、夏季采摘嫩苗食用，洗净，沸水烫后炒食，也可做汤。

麦蓝菜

Vaccaria segetalis （Neck.） Garcke

别　名‖王不留行、不留子、不留母、王母牛
英文名‖ Cow soapwort
分　类‖石竹科麦蓝菜属一年生或二年生草本

【形态特征】植株高 30~70cm。茎直立，圆柱形，上部叉状分枝，节稍膨大。单叶对生，卵状披针形或卵状椭圆形，长 2~9cm，宽 1.5~2.5cm，粉绿色，基部稍联合而包茎，全缘，主脉在叶背突起，侧脉不明显。聚伞花序疏生，花梗细长，萼筒具 5 条绿色宽脉，5 棱，花瓣 5，倒卵形，淡红色，顶端具不整齐小齿，基部具长爪，雄蕊 10，花药丁字形着生，子房上位，花柱 2。蒴果卵形，4 齿裂，包于宿萼内。种子多数，球形，黑色，称为“王不留行”。花期 4—5 月，果期 5—6 月。

【分布及生境】除华南外，我国其他各地有分布，以河北、江苏、辽宁、黑龙江等地为主。生于山坡、路边、田间，尤以麦田中普遍。

【食用方法】春季采摘嫩叶后，用沸水焯，然后换水浸洗干净，调味食用。

药用功效

种子入药。性平，味苦。活血通筋、下乳消肿。用于乳汁不下、闭经、痛经、乳房肿痛。

蚤缀

Arenaria serpyllifolia L.

别　名‖鹅不食草、金顶殊、无心菜
英文名‖ Sandwort
分　类‖石竹科无心菜属一年生草本

【形态特征】植株高 10~30cm，全株具柔毛。茎丛生，稍铺散，叉式分枝，密生白毛，短柔毛。叶对生，卵形，无柄，长 3~9mm，宽 2~4mm，顶端渐尖，基部稍圆，具缘毛，叶面、叶背疏生柔毛，并具细乳头状腺点。聚伞花序疏生枝端，苞片和小苞片叶状，卵形，密生短柔毛，萼片 5，卵状披针形，具 3 脉，背面具柔毛，边缘膜质，花瓣 5，白色，倒卵形，全缘。雄蕊 10，比花萼短，子房卵形，花柱 3，线形。蒴果卵形，顶端 6 裂片。种子小，肾形，淡褐色，表面粗糙。花期 4—5 月，果期 5—6 月。

【分布及生境】分布于云南、贵州、四川、广东、广西、湖北、江西、安徽、江苏、浙江。生于路边、田埂、河岸边、荒坡及耕地中。

【食用方法】春、夏季采摘嫩苗，去杂、洗净、沸水烫、清水漂洗，去苦味后炒食或做汤。

药用功效

全草入药。性寒，味甘、辛。清热解毒、明目。用于目赤、咳嗽、齿龈肿痛。

繁缕

Stellaria media （L.） Vill.

别　名‖鹅肠菜、鹅儿伸筋、鸡儿肠、鹅儿肠
英文名‖ Chickweed
分　类‖石竹科繁缕属一年生或二年生草本

【形态特征】植株高10~60cm。茎柔软，半直立或铺卧，基部多分枝，节间具一行短柔毛，余无毛。单叶对生，叶片卵圆形或卵形，长1~2.5cm，宽1~1.8cm，顶端尖或尖锐，基部渐狭，圆形或心形，全缘，下部叶具长叶柄，上部叶常无柄或具短柄，两侧具缘毛。聚伞花序疏散顶生，下部叶腋间具单花，花梗细弱，花后近长，具柔毛。萼片5，卵状长圆形，花瓣5，白色，顶端2深裂至近基部，雄蕊10，常进化为1~9，短于花瓣，花药紫红色后变为蓝色，子房长卵圆形，1室，内数粒胚珠，顶生3条短线形花柱。蒴果卵形或矩圆形，顶端6裂。种子卵圆形，黑褐色。花期2—5月，果期5—7月。

【分布及生境】全国各地均有分布。生于山坡、路边、林下、田间、菜地沟旁等。喜温暖潮湿环境。

【营养成分】每100g可食部含蛋白质1.8g、脂肪0.3g、钙150mg、磷10mg及多种维生素和矿物质。

【食用方法】冬季至早春采摘嫩苗和嫩茎叶，用沸水烫后可凉拌或炒食。

药用功效

全草入药。性寒，味甘。清热解毒、利尿消肿。用于小儿高热、小便不利、无名肿痛、瘙痒，也可治烫伤、过敏、湿疹和某些皮肤病。

荷莲豆

Drymaria cordata （L.） Willd. ex Schult.

别　名‖水荷莲、假麦豆、水蓝青、水冰片、穿线蛇
英文名‖ Cordate drymaria
分　类‖石竹科荷莲荳草属一年生草本

【形态特征】植株匍匐生长，浅根系。基部分枝，枝柔弱，全株秃净，节上易生不定根。单叶对生，膜质，卵形至近圆形，长、宽1~3cm，绿色，顶端圆而具小突尖，基部宽楔形或急尖，全缘。掌状叶脉，3~5条，叶柄长2~5mm，托叶数片，刚毛状。单叶对生，叶片卵圆形或卵形，长1~2.5cm，宽1~1.8cm，顶端尖或尖锐，基部渐狭，圆形或心形，全缘，下部叶具长叶柄，上部叶常无柄或具短柄，两侧具缘毛。聚伞花序，腋生或顶生，花小，白色或淡绿色，花梗纤细，苞片长圆形，长1~2mm，萼片5，长圆形，长3~3.5mm，具3脉，边缘膜质，花瓣5，2裂至中部以下，裂片狭，短于萼片，雄蕊3~5，花柱2裂，胚珠5或更多。蒴果卵形，3裂至基部。种子1颗或多颗，近圆形，扁，粗糙。全年开花结果。

【分布及生境】我国东南部、中部至西南部有分布。生于低海拔至中海拔地区的山谷、水沟边和草地。

【食用方法】采摘嫩苗或嫩茎叶，做汤或炒食均可。

药用功效

用于肝炎、肾炎。

拟漆姑

Spergularia salina J. et C. Presl

英文名‖ Salt sandspurry
分　类‖石竹科拟漆姑属一年生草本

【形态特征】植株高 10~20cm，侧根多。茎多分枝，细弱，散开，枝上被柔毛。单叶对生，线形，肉质，长 0.5~4cm，先端钝，具小突尖；托叶宽卵形，膜质，透明。花单生叶脉，花梗长 3~8mm，密生腺毛；花瓣 5，白色或淡红色，长 2~3mm，雄蕊 5，2~3 个生花粉；萼片 5，卵形，长 3~5mm，先端钝，背面生腺状柔毛，具白色膜质边缘；子房卵形，花柱 3，离生。蒴果卵形，长 4~5mm，成熟时 3 瓣裂。种子多数，近卵形，褐色，稍扁，有种子具白色透明膜质翅，有种子无翅，边缘仅具细小柱形乳头状突起。花期 4—7 月，果期 5—9 月。
【分布及生境】分布于我国东北、华北、西北和华中等地。生于海岸沙地、盐碱地、河边、湖边以及水田边的水湿地。

【食用方法】采摘嫩茎叶，洗净，食用。

灰绿藜

Chenopodium glaucum L.

别　名‖白灰菜
分　类‖藜科藜属一年生草本

【形态特征】植株高 10~35cm。茎直立，部分分枝，分枝平卧或上举，具绿色或淡红色条纹。叶互生，叶片矩圆状卵形至披针形，长 2~4cm，宽 6~20mm，顶端急尖或钝，基部渐狭，边缘波状牙齿。叶面深绿色，叶背灰白色或淡紫色，密生粉粒。穗状或复穗状，顶生或腋生，两性花或雌性，花被片 3~4，肥厚，基部合生，雄蕊 1~2。胞果伸出花被外，果皮薄，黄白色。
【分布及生境】分布于我国华中、华东、西北、华北、东北。生于低海拔地区的田间、路旁、水边、草丛中。

【营养成分】参考藜。
【食用方法】参考藜。

药用功效

地上部分可用于疮疡痈肿久溃不愈。

藜

Chenopodium album L.

别　名‖灰菜、灰苋菜、灰藜、灰冬菜、灰条菜、胭脂菜、灰蓼
英文名‖ Goosefoot
分　类‖藜科藜属一年生草本

【形态特征】植株高 50~120cm。茎直立，粗壮，具棱，具绿色或紫红色条纹，多分枝。单叶互生，具长柄，叶片菱状卵形至披针形，长 3~6cm，宽 2.5~5cm，顶端急尖或微钝，基部宽楔形，边缘具不规则锯齿。叶背生粉粒，绿色。花两性，簇生，组成圆锥花序，花被 5 片，宽卵形或椭圆形，具纵隆脊和膜质边缘，顶端钝或微凹，雄蕊 5，柱头 2，胞果包于花被内或顶端稍露，果皮薄，与种子贴生。种子黑色，具光泽，具不明显沟纹和凹点。花期 6—9 月，果期 8—10 月。
【分布及生境】分布于我国南北各地，为世界性分布的杂草。生于海拔 1 800m 以下的山坡、路旁、溪沟边、田野、荒地、草原。

【营养成分】每 100g 嫩苗含蛋白质 3.5g、脂肪 0.8g、碳水化合物 6g、粗纤维 1.2g、维生素 A 5.36g、维生素 B_1 0.13mg、维生素 B_2 0.29mg、维生素 C 69mg、钙 209mg、铁 0.9mg。全草含挥发油、藜碱、甜菜碱、谷甾醇等。
【食用方法】夏季采摘嫩苗和嫩茎叶。因含卟啉等物质，使用前需加工处理，先沸水烫，清水浸泡 10 小时左右，洗净，可加工食用或凉拌、烹炒、做汤、做馅等，还可作干菜用。

药用功效

全草入药。性寒，味苦。清热解毒、消肿排脓、止痒透疹。用于风热感冒、痢疾腹泻。外用治皮肤瘙痒、疥癣、麻疹不透等。

小藜

Chenopodium ficifolium Sm.

别　名‖灰藋、水落藜、灰条、灰蒴、灰灰菜
分　类‖藜科藜属一年生草本

【形态特征】 植株高 20~50cm。茎直立，分枝，具条纹。分枝平卧或上举，具绿色或淡红色条纹。单叶互生，叶片长卵形或矩圆形，长 2.5~5cm，宽 1~3cm，顶端钝，基部楔形，边缘波状牙齿。下部叶，近基部 2 个较大的裂片，叶面、叶背疏生粉粒。叶柄细弱。穗状花序，顶生或腋生，花两性，花被片 5，宽卵形，顶端钝，深绿色，稍有龙骨状突起，雄蕊 5，与花被片对生，长于花被，柱头 2，条形。胞果包于花被内，果皮膜质，具有明显的蜂窝状网纹。种子圆形，黑色，具光泽。

【分布及生境】 参考藜。

【营养成分】 参考藜。

【食用方法】 参考藜。

药用功效

全草能祛湿、解毒，治脚汗。

地肤

Kochia scoparia（L.） Schrader

别　名‖扫帚草、铁扫把、扫帚菜、锦扫草
英文名‖ Belvedere
分　类‖藜科地肤属一年生草本

【形态特征】 植株高 1~1.5m。茎直立，多分枝，具柔毛，淡绿色或浅红色。叶互生，叶片披针形或条状披针形，长 2~2.5cm，宽 3~7mm，全缘，具 3 纵脉，叶面、叶背短柔毛。穗状花序，花两性或雌性，通常单生或 2 个生于叶腋。花被 5 片，花后增大，包被果实，各片脊部具三角形横突或扩张的翅。雄蕊 5，几无花柱，柱头 2，线形，子房上位，1 室。胞果扁球形，包于花被内。花期 8—9 月，果期 10 月。

【分布及生境】 分布于四川、云南、湖北、湖南、安徽、江苏、陕西、青海、河北、山西、山东、辽宁、吉林、黑龙江、内蒙古。生于海拔 1 000m 以下的山坡、路旁、土坎、菜园、山野荒地。

【营养成分】 每 100g 鲜茎叶含蛋白质 5.2g、脂肪 0.8g、碳水化合物 8g、粗纤维 2.2g、维生素 A 5.72mg、维生素 B_1 0.15mg、维生素 B_2 0.31mg、维生素 B_5 1.6mg、维生素 C 39mg。

【食用方法】 春季和初夏采摘嫩苗和嫩茎叶，洗净，沸水烫，清水浸泡后可凉拌、炒食、蒸食、做汤。

药用功效

叶及果实入药。性寒，味苦。祛风止痒、清热利水、止痒透疹。用于湿疹、瘙痒症、水肿、淋证、带下病、血尿。

猪毛菜

Salsola collina Pall.

别　名‖野针菜、野鹿角、猪毛蒿、扎蓬蒿
英文名‖ Common russian thistle
分　类‖藜科猪毛菜属一年生草本

【形态特征】植株高约 50cm。茎直立，由基部分枝，分枝开展，无毛或疏生短硬毛。单叶互生，无柄，叶片线状圆柱形，肉质，被短糙毛，顶端具小锐尖刺，基部狭近略包茎。穗状花序顶生苞片宽卵形，具锐尖，边缘膜质，小苞片 2，狭披针形。花被 5 片，膜质透明。胞果倒卵形，果皮膜质。种子小，扁圆形，胚螺旋状。花期 7—9 月，果期 8—10 月。
【分布及生境】分布于我国东北、华北、西北、西南等地。生于荒地、路旁、村庄附近。较耐旱，多种土壤可生长，以碱性沙质土生长最好。

【营养成分】每 100g 鲜茎叶含蛋白质 2.8g、脂肪 0.3g、碳水化合物 4g、粗纤维 0.9g、维生素 A 6.23mg、维生素 B_1 0.26mg、维生素 B_2 0.28mg、维生素 B_5 0.7mg、维生素 C 86mg、钙 480mg、磷 34mg、铁 8.3mg。
【食用方法】夏季采摘嫩苗，沸水烫后，凉水浸泡后，可炒食、凉拌或做馅料。

药用功效

全草入药。性凉，味淡。用于高血压。

沙蓬

Agriophyllum squarrosum （L.） Moq.

别　名‖冰米、登相子
英文名‖ Sand rice
分　类‖藜科沙蓬属一年生草本

食用部位　采收期
1 2 3 4 5 6
7 8 9 10 11 12

【形态特征】植株高 20~100cm，幼时全株密被毛，后脱落。茎直立，坚硬，分枝多。单叶互生，无柄，披针形至条形，长 1~8cm，宽 4~10mm，先端具尖刺，基部渐狭，叶脉明显，3~9 条，全缘。穗状花序，通常 1~3 个着生叶脉；苞片宽卵形，先端尖，具短针刺，稍反折；花被片 1~3，膜质；雄蕊 2~3，子房扁形，柱头 2。胞果卵圆形，扁平，周围略具翅，果喙深裂成 2 个条状小喙，其先端外侧各具 1 小齿。种子圆形，扁平。
【分布及生境】分布于我国东北、华北、西北和河南、西藏等地。

【营养成分】种子含有较丰富的粗蛋白和脂肪，两者分别占风干物的 21.5% 和 6.09%。
【食用方法】采摘幼嫩茎叶，洗净，食用。采收种子加工成粉，人畜均可食。

药用功效

种子入药。发表解热。用于感冒发烧、肾炎。

东亚市藜

Chenopodium urbicum L. Subsp. *Sinicum* Kung et G. L. Chu

别　名‖大灰菜、猪耳朵菜
英文名‖ Upright goosefoot
分　类‖藜科藜属一年生草本

【形态特征】植株高 1~1.5m。茎直立，粗壮，光滑无粉，具条棱，不分枝或上部稍分枝。单叶互生。叶大，菱形或菱状卵形，稍肥厚，长 5~12cm，宽 4~9cm，先端锐尖，基部宽楔形，有不整齐的大锯齿边缘；近基部的 1 对锯齿较大，呈裂片状，两面均为鲜绿色，叶柄粗壮，2~6cm。圆锥形花序，腋生或顶生，花簇由多数花密集而成，花两性和雌性，花被 3~5 裂，狭倒卵形。胞果双凸镜形，黑褐色。种子横生、斜生或直立，直径 0.5~0.7mm，红褐色，具明显点纹。
【分布及生境】分布于黑龙江、吉林、辽宁、河北、山东、江苏、山西、内蒙古、陕西及新疆。

【营养成分】鲜嫩部分含粗蛋白 20.78%、粗脂肪 4.36%、粗纤维 21.56%、钙 0.44%、磷 0.17%。
【食用方法】摘取嫩茎叶，洗净煮食或汤。

药用功效

全草入药。清热、利湿、杀虫。

独脚金

Striga asiatica（L.）O. Kuntze

别　名‖疳积草、黄花草、消独、金耳挖、地连枝、干草、矮脚子
英文名‖ Asiatic striga
分　类‖玄参科独角金属一年生草本

【形态特征】 植株高 8~25cm。茎直立，近于四方形，具两纵沟，多单生，少分枝。具短毛，新鲜时黄绿色，干后灰黑色。下部叶常对生，上部叶互生，叶片线形或狭卵形，长 5~12mm，宽 1~2mm，基部叶常退化成鳞片状。花序小，腋生，多黄色或红色，白色。蒴果长卵形，种子细小。花果期 4—10 月。

【分布及生境】 分布于广东、广西、海南、福建、云南、贵州等。生于低山丘陵、田边、沟谷、草丛中，常寄生于其他植物根上。耐干旱。

【营养成分】 含独脚金醇、木樨草素、金合欢素、金圣草黄素、芹菜苷元、酚酸类、酚类、氨基酸等。

【食用方法】 常做汤用。独脚金鲫鱼粥，民间常用于治疗小儿肝热脾湿引起的肠胃功能紊乱、食欲不振、烦躁低热、身体日渐消瘦等“疳积”病证。

药用功效

全草入药。性凉，味甘、淡。健脾消食、润肺止咳、清热利水。

松蒿

Phtheirospermum japonicum（Thunb.）Kanitz

别　名‖糯蒿、小盐灶菜
英文名‖ Japanese phtheirospermum
分　类‖玄参科松蒿属一年生草本

【形态特征】 植株高 10~80cm。茎直立或弯曲而后上升，通常多分枝。叶具长 5~12mm 边缘有狭翅之柄，叶片长三角状卵形，长 15~55mm，宽 8~30mm，近基部的羽状全裂，向上则为羽状深裂。花具长 2~7mm 之梗，萼长 4~10mm，萼齿 5 枚，叶状，披针形，长 2~6mm，宽 1~3mm；花冠紫红色至淡紫红色，长 8~25mm，外面被柔毛；上唇裂片三角状卵形，下唇裂片先端圆钝；花丝基部疏被长柔毛。蒴果卵珠形，长 6~10mm。种子卵圆形，扁平，长约 1.2mm。花、果期 6—10 月。

【分布及生境】 分布于我国除新疆、青海以外其他各省区。生于山坡、草地。

【食用方法】 春季至初夏采摘嫩茎叶食用，可炒食、凉拌、煮食。

药用功效

全草入药。性平，味微辛。清热利湿。用于黄疸、水肿、风热感冒。

涮辣

Capsicum frutescens 'Shuan laense' L. D. zhou. H. Liu et R. H. Li

别　名 ‖ 涮涮辣
分　类 ‖ 茄科辣椒属一年生或多年生草本

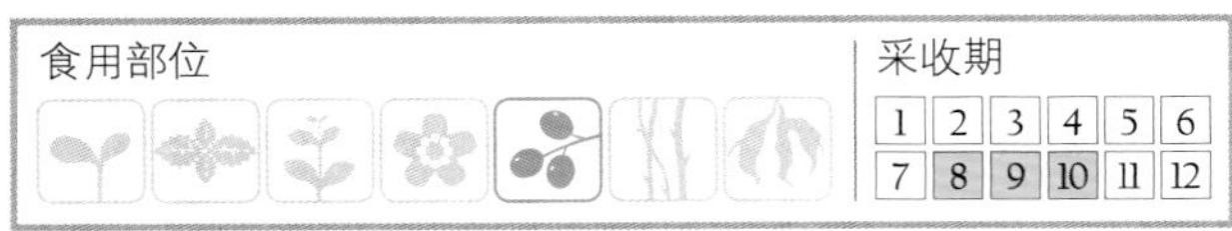

【形态特征】涮辣是小米辣的变种。生势较旺盛，根系较发达，分枝较多。茎绿色，茎节处略有紫色，单叶阔卵形，绿色，波状叶缘。花细小，黄色。果实圆盾形或近圆形，嫩时青绿色，成熟时橘红色。
【分布及生境】主要分布于云南。生长习性近似小米辣。

【营养成分】食用部位为果实，因其辣味强，宜做调味品。
【食用方法】具有强烈辣味，不宜食用。食用会导致牙龈出血或肠胃不适。

小米椒

Capsicum frutescens L.

英文名 ‖ Bush red pepper
分　类 ‖ 茄科辣椒属一年生或多年生草本

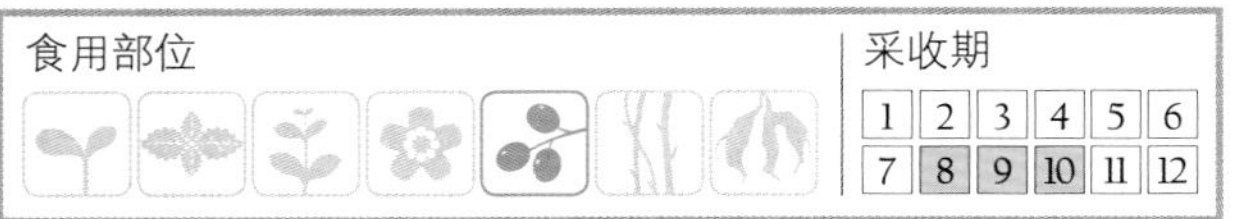

【形态特征】植株生势旺，根系较发达，分枝多。茎和叶绿色。花细小，黄绿色。果实大小如米粒，表面光滑或微皱，青绿色，成熟时橘红色，结果力强。
【分布及生境】主要分布于云南。生活力较强，抗病，耐热，不耐冷。

【营养成分】果实辛辣味强，宜做调味品。每100g可食部含维生素A 0.62mg、维生素B_2 0.86mg、维生素C 118mg。
【食用方法】嫩果和熟果均可采收，可生食或制干做调味品。

药用功效

性热，味辛。温胃、杀虫。用于胃寒、痔疮、虫病。

野生姜

Siphonostegia chinensis Benth.

别　名 ‖ 除毒草、风吹草、缸儿茶、山芝麻、灵茵陈、吊钟草、金钟茵陈
英文名 ‖ Chinese siphonostegia
分　类 ‖ 玄参科阴行草属一年生草本

【形态特征】植株高达1m，全株密被柔毛，间隔生出具柄腺毛。茎直立，上部多分枝。一至二回羽状细裂，叶具短柄，茎中下部叶常对生，上部叶渐变互生。穗形总状花序。由生于枝顶的花密集组成，花无柄或短柄，小苞片2，披针形，全缘，花冠黄色，伸出花萼外，唇形，上唇兜状，下唇3裂，中裂片较大，两侧裂片较小，裂片尖端中央有小舌状突起，两旁有半月形隆起，花冠筒上部内面和喉部具短柔毛，外面被柔毛。雄蕊4，二强雄蕊，花丝上半部与花筒合生，花萼长筒状纺锤形，外具10棱，棱上具短柔毛，萼筒先端5裂，裂片长椭圆状披针形，雌蕊1，子房上部，2室，花柱细长而微弯，伸出上唇外。蒴果狭长的椭圆形或线形，表面黑褐色，熟时室背开裂，内含多数种子。种子卵形至卵状菱形，两端短小，表面褐色，具数条纵棱和皱纹。
【分布及生境】分布于我国东北地区及河北、河南、山东、山西、江苏、安徽、浙江、江西、福建、湖北、湖南、广东、广西、陕西、甘肃、四川、贵州、云南等地。生于山坡、林中、草丛。

【食用方法】春季采嫩叶，热水焯熟后，换水浸洗干净，去苦味，加调味料拌食。

药用功效

全草入药。性温，味苦。破血、通经、敛疮消肿。用于闭经、产后瘀血、跌打损伤、创伤出血、水火烫伤、痈肿等。

龙葵

Solanum nigrum L.

别　名 ‖ 天茄菜、山海椒、天茄子、野辣角、苦葵、天汝草、酸浆草、灯笼草、野海椒
英文名 ‖ Black nightshade
分　类 ‖ 茄科茄属一年生草本

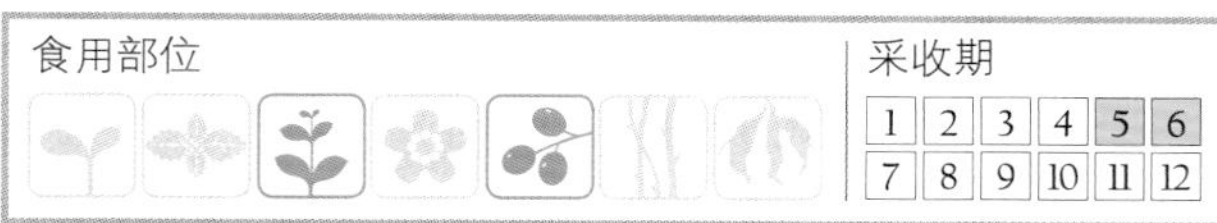

【形态特征】植株高 30~100cm。茎直立，多分枝。叶互生，卵形，长 2~10cm，宽 1.5~5.5cm，顶端渐狭，基部楔形，边缘不规则的波状齿裂，叶面、叶背光滑或少许短纤毛。叶柄长 0.8~2cm。花序短蝎尾状或近伞形，侧生或腋外生，4~10 朵小花，总花梗长 1~2.5cm，花梗长 5~10mm，花萼杯状，绿色，5 浅裂，花冠白色，辐射状，5 裂，裂片卵状三角形，宽约 3cm，雄蕊 5，花药顶端孔裂，子房上位，卵形，花柱中部以下具白色茸毛。浆果球形，直径约 8mm，熟时黑色。种子多数，近卵形黄色压扁状。花、果期 6—11 月。
【分布及生境】分布于我国各地。生于山野、路旁、荒坡草地、园地、沟边、河岸、土埂、湖堤等湿地。

【营养成分】每 100g 嫩茎叶含维生素 A 0.93mg、维生素 B_2 0.12mg、维生素 C 137mg。全草含多种龙葵碱、澳洲茄胺、龙葵定碱、皂苷、树脂。生物碱以果实含量最多，未熟果中达 4.2%，主要为澳洲茄边碱，果熟后消失。
【食用方法】5—6 月采摘嫩茎叶，不宜生吃和凉拌，必须沸水烫过，清水浸泡去苦味后炒食。未成熟的果实含生物碱，不能食用，熟果（紫黑色）所含澳洲茄边碱等消失可食用，可生食、泡酒或糖制。

药用功效

地上部入药。性寒，味苦、微甘。清热解毒、利尿。用于疮痈肿毒、皮肤湿疹、小便不利、白带过多、前列腺炎、痢疾、老年慢性支气管炎。

少花龙葵

Solanum americanum Mill.

别　名 ‖ 白花菜、古钮菜、苦凉菜
英文名 ‖ Shining-fruit Nightshade
分　类 ‖ 茄科茄属一年生草本

【形态特征】植株高 30~100cm，植株较纤细，形态特征较龙葵相近，不同的是，少花龙葵茎枝具稀疏短刺。花序近伞形，花较少，每花序具 1~6 花。果实和种子均较小，果实直径约 8mm。花、果期夏、秋季。
【分布及生境】分布于云南、江西、湖南、广西、广东、台湾等省区。生于田边、沟边、河岸、土埂、湖堤湿地、荒坡草丛等。

【营养成分】参考龙葵。
【食用方法】夏季采摘嫩茎叶，沸水烫后，清水浸泡去苦味，炒食或煮食。

药用功效

参考龙葵。

野西瓜苗

Hibiscus trionum L.

别　名 ‖ 小秋葵、天泡草、圆叶锦葵、灯笼花
分　类 ‖ 锦葵科木槿属一年生草本

【形态特征】植株高 25~70cm。茎直立或柔软平卧，被白色星状疏柔毛。叶二型，下部叶圆形，不分裂，上部叶掌状，3~5 深裂，裂片倒卵形，中央裂片较长，两侧裂片较短，边缘羽状分裂，具粗齿，叶片疏被粗刺或无毛，叶背疏被尾状粗刺毛，叶柄长 2~4cm，被星状粗刺毛和星状柔毛。花单生叶腋，花梗长约 2.5cm，果时长 4cm，被星状刺毛小苞片 12，线形，被长刺毛，基部合生，花萼钟状，长 1.5~2cm，被星状长刺毛和长刺毛，裂片 5，三角形，具紫色条纹，花冠淡黄色，直径 2~3cm，花瓣 5，倒卵形，外被疏细柔毛，雄蕊长约 5mm，花柱 5，无毛。蒴果矩圆状球形，被刺毛，分裂成 5 瓣。花期 6—9 月，果期 10—11 月。

【分布及生境】分布于我国各地。生于旱土、田埂、路旁、旷野草地。

【食用方法】春、夏季采摘嫩苗或嫩梢，可炒、拌、煮或做饮料，具清热解毒、祛风除湿、止渴利尿的食疗效果。

药用功效

全株入药。性平，味辛。疏风止咳、生肌解毒。用于风热咳嗽、风湿疼痛、烫火伤。

尖瓣花

Sphenoclea zeylanica Gaertn.

英文名 ‖ Ceylon spenoclea
分　类 ‖ 桔梗科尖瓣花属一年生草本

【形态特征】植株高 20~60cm，常从下部分枝，无毛。叶有短柄，披针形或矩圆状披针形，长 2.5~9cm，宽 0.5~1.6cm，顶端钝或微尖，基部楔形，全缘，无毛，脉纤细，不明显。穗状花序生茎或分枝顶端，长 1~4cm，直径 5~8mm，无毛；花无柄，紧密排列，无毛，有苞片和 2 小苞片；花萼绿色，裂片 5，宽卵形，长约 0.8mm，顶端钝，边缘绿白色；花冠白色，宽钟状，长约 1.5mm，5 浅裂；雄蕊 5，生花冠筒中部以下，与花冠裂片互生，花丝很短，花药卵形；子房下位，2 室，胚珠多数，花柱短，柱头不明显 2 裂。蒴果直径 2.5~4mm，盖裂。种子多数，矩圆形，长约 0.4mm。

【分布及生境】分布于广东、广西、云南和台湾。热带地区广泛分布。生于水田边或沼泽地。

【食用方法】夏季采摘嫩茎叶，洗净，炒食或做汤。

玫瑰茄

Hibiscus sabdariffa L.

别　名‖山茄
英文名‖ Roselle
分　类‖锦葵科木槿属一年生草本

【形态特征】植株高1~2m，多分枝。主茎直立，淡紫色。叶异型，互生，基部叶卵形，不分裂；上部掌状3裂，裂片披针形，长2~8cm，宽5~15cm，无毛，主脉3~5条，叶背中脉具腺体，叶柄长2~8cm。单花，腋生，近无梗；小苞片8~12，披针形，具刺状附属物；花冠黄色，直径6~7cm，萼杯状，淡紫色，疏被粗毛和刺，裂片5，长1~2cm。蒴果卵球形，直径约1.5cm，果瓣5。种子多数，肾形。
【分布及生境】分布于福建、广东、云南。热带地区广泛分布。生于山坡、林缘、草丛。

【食用方法】采摘嫩花，洗净，加水煮熟，冷却后制成果酱。

皱果苋

Amaranthus viridis L.

别　名‖绿苋、细苋、白苋、假苋菜
英文名‖ Wrinkle-fruit amananth
分　类‖苋科苋属一年生草本

食用部位	采收期
（茎叶）	1 2 3 4 5 6 / 7 8 9 10 11 12

【形态特征】植株高40~80cm。茎直立少分枝。叶互生，叶片卵形至卵状矩圆形，长2~9cm，宽2.5~6cm，叶柄长3~6cm，顶端微凹，表面具"V"形白斑。花单性或杂性，密生，绿色。胞果扁球形，果极皱缩。
【分布及生境】分布于我国各地。生于村庄附近的杂草地上或田野。

【营养成分】参考凹头苋。
【食用方法】参考凹头苋。

药用功效

参考凹头苋。

凹头苋

Amaranthus blitum L.

别　名‖爬地苋、光苋菜、红苋菜
英文名‖ Emarginate amaranth
分　类‖苋科苋属一年生草本

【形态特征】植株高10~40cm，全株无毛。茎平卧而斜伸，基部分枝。具条棱，肉质，浅绿色或暗紫色。单叶互生，叶片卵形或菱状卵形，长1.5~4.5cm，宽1~3mm，顶端钝圆而凹缺，基部楔形，全缘，绿色，叶柄与叶片几等长。花簇生叶腋，后期形成顶生穗状花序，苞片短，花被片3，细长圆形，顶端内曲，黄绿色，雄蕊3，花蕊长于花被，花两性或雌性，通常单生或2个生于叶腋，花被5片，花后增大，包被果实，柱头3或2，线形。胞果球形或卵圆形，微具皱纹，不开裂。花期4—5月，果期7—8月。

同属植物有：繁穗苋（*A. paniculatus* L.）、尾穗苋（*A. caudatus* L.）和反枝苋（*A. retroflexus* L.）等。分布与食用方法相同。
【分布及生境】分布于我国各地。生于田边、地脚、路旁、荒地等。

【营养成分】每100g嫩茎叶含蛋白质5.5g、脂肪0.6g、碳水化合物8g、粗纤维1.6g、维生素A 7.15mg、维生素B_1 0.05mg、维生素B_2 0.36mg、维生素B_5 2.1mg、维生素C 135mg、钾411mg、钙610mg、磷93mg、铁3.9mg。
【食用方法】春、夏季采摘嫩苗和嫩茎叶，洗净，沥干水后，沸水烫1~2分钟，捞出可制作多种菜肴，可凉拌，素炒或荤炒，也可做汤。

药用功效

全草入药。性凉，味甘。清热解毒、利湿、止痛明目。

刺苋

Amaranthus spinosus L.

别　名‖土苋菜、勒苋菜、刺刺菜、野勒苋
英文名‖ Spiny amaranth
分　类‖苋科苋属一年生草本

【形态特征】植株高 30~100cm。茎直立，圆柱形或钝棱状，多分枝，有纵条纹，绿色或带紫色，无毛或稍有柔毛。叶片菱状卵形或卵状披针形，长 3~12cm，宽 1~5.5cm，顶端圆钝，具微突头，基部楔形，全缘，无毛或幼时沿叶脉稍有柔毛；叶柄长 1~8cm，无毛，在其旁有 2 刺，刺长 5~10mm。圆锥花序腋生及顶生，长 3~25cm，下部顶生花穗常全部为雄花；苞片在腋生花簇及顶生花穗的基部者变成尖锐直刺，长 5~15mm；花被片绿色，顶端急尖，具突尖，边缘透明，中脉绿色或带紫色，在雄花者矩圆形，长 2~2.5mm，在雌花者矩圆状匙形，长 1.5mm；雄蕊花丝略和花被片等长或较短；柱头 3，有时 2。胞果矩圆形，长约 1~1.2mm，在中部以下不规则横裂，包裹在宿存花被片内。种子近球形，直径约 1mm，黑色或带棕黑色。花、果期 7—11 月。

【分布及生境】我国大部分地区有分布。生于山坡、田野。

【营养成分】可食部富含蛋白质、脂肪、碳水化合物、纤维素、矿物质等。

【食用方法】嫩茎叶可炒、焖、做汤。

药用功效

全草入药。性寒，味甘。清热利湿、解毒消肿。用于痢疾、便血、白带异常、瘰疬。

莲子草

Alternanthera sessilis （L.） R. Br. ex DC.

别　名‖虾钳草、莲子菜、白花籽、满天星
英文名‖ Sessile alternanthera
分　类‖苋科莲子草属一年生草本

【形态特征】植株高 10~60cm。茎斜生或匍匐，多分枝，具纵沟和棱纹，沟内具柔毛，节处具柔毛环生。叶对生，近肉质，披针形或倒卵状长圆形，长 1~8cm，宽 0.5~2cm，顶端钝或短尖，基部楔形，全缘或不明显锯齿。头状花序 1~4 个，腋生，无总花梗，苞片、小苞片和花被片白色，宿存。雄蕊 3，退化雄蕊三角状钻形。胞果倒心形，边缘具狭翅，包于花被内。种子扁圆形，具小凹点。花期 6—9 月，果期 8—10 月。

【分布及生境】分布于我国华南、西南及浙江、台湾等。生于沟边、池塘边、水边湿地。

【营养成分】每 100g 嫩茎叶含粗蛋白质 3.55g、粗脂肪 1.23g、粗纤维 3.84g、维生素 A 5.19mg、维生素 B_2 0.25mg、维生素 C 56mg。每 100g 干品含钾 5 160mg、钙 1 160mg、磷 420mg、钠 477mg、铁 39.6mg、锰 18.3mg、锌 4.5mg、铜 0.9mg。

【食用方法】春、夏季采摘嫩茎叶食用，沸水烫后可炒食，煮食等。

药用功效

全草入药。性凉，味苦。清热解毒。用于咳嗽、吐血、肠风下血、湿疹等。

青葙

Celosia argentea L.

别　名 ‖ 野鸡蛋花、鸡冠苋、百日红、野鸡冠、草蒿、青葙子

英文名 ‖ Feather cockscomb

分　类 ‖ 苋科青葙属一年生草本

【形态特征】 植株高 30~100cm，全株无毛。茎直立，具分枝，有条纹。绿色或带红色。叶互生，叶披针形或椭圆状披针形，长 5~8cm，宽 1~3cm，顶端渐尖，基部渐狭而下凹，全缘，绿色，有时具红色斑点，叶柄长 1.5~2cm。花穗圆柱形或圆锥形，长 3~6cm，苞片 3，宽披针形，花被片 5，披针形，长 8~10mm，干膜质，白色，包于花被内。雄蕊 5，花蕊下部合生，杯状，子房上位，柱头 2 裂。胞果卵形，盖裂。种子扁圆形，黑色光亮。具小凹点。花期 6—8 月，果期 8—10 月。

【分布及生境】 分布于我国各地。生于平原或山坡。

【营养成分】 每 100g 嫩茎叶含维生素 A 8.02mg、维生素 B_2 0.64mg、维生素 C 65mg。还含维生素 B_1、维生素 B_{12}、维生素 D、维生素 E 和维生素 K 及叶酸、泛酸等。

【食用方法】 春、夏季采摘嫩苗和嫩茎叶食用，洗净，沸水烫清水漂去苦味后可凉拌、炒食或做汤。

药用功效

种子入药。性微寒，味苦。用于平肝明目、清热祛风、杀虫、强筋骨、祛风湿。种子煎汁，治见风流泪。外用治痔痒症、疥癣。

鸡冠

Celosia cristata L.

别　名 ‖ 鸡冠花、鸡公花、鸡冠苋

英文名 ‖ Cockscomb

分　类 ‖ 苋科青葙属一年生草本

【形态特征】 植株高 60~90cm，全株无毛。茎直立，粗壮，绿色或带红色。叶互生，叶卵形或卵状披针形，长 5~13cm，宽 2~6cm，顶端渐尖，全缘，基部渐狭而成叶柄。花序扁平，鸡冠状，生于枝的顶端或分枝末端，苞片、小苞片和花被片具紫色，红色、淡红色或黄色，干膜质，雄蕊 5，花蕊下部合生，杯状，子房上位，柱头 2 浅裂。胞果卵形，盖裂。种子扁圆形或略呈肾形，黑色光亮，具小凹点。花期 7—10 月，果期 9—11 月。

【分布及生境】 分布于我国各地。生于平原或山坡。

【营养成分】 花含山柰苷、苋菜红苷、松醇。

【食用方法】 春、夏季采收鲜嫩花序，去梗，洗净，做菜用。

药用功效

花序入药。性凉，味甘、涩。收涩止血、止带、止痢。用于吐血、崩漏、便血、带下病、久痢不止。

拉拉藤

Galium aparine var. *echinospermum* (Wallr.) Cuf.

别　名‖活血草、铅子菜、麦筛子
英文名‖Catchweed bedstraw
分　类‖茜草科拉拉藤属一年生草本

【形态特征】植株高30~90cm。茎有4棱角；棱上、叶缘、叶中脉上均有倒生的小刺毛。叶纸质或近膜质，6~8片轮生，稀为4~5片，带状倒披针形或长圆状倒披针形，长1~5.5cm，宽1~7mm，顶端有针状突尖头，基部渐狭，两面常有紧贴的刺状毛，常萎软状，干时常卷缩，1脉，近无柄。聚伞花序腋生或顶生，少至多花，花小，4数，有纤细的花梗；花冠黄绿色或白色，辐状，裂片长圆形，长不及1mm，镊合状排列；子房被毛，花柱2裂至中部，柱头头状。果干燥，有1或2个近球状的分果爿，直径达5.5mm，肿胀，密被钩毛，果柄直，长可达2.5cm，较粗，每果有1颗平突的种子。花期3—7月，果期4—11月。

【分布及生境】分布于我国东北、华北、华南和西南等省区。生于湿润农田、草丛、沟边、荒地。

【营养成分】全草含维生素、槲皮素、半乳糖苷、车前草苷、伪紫色素苷等。

【食用方法】夏季采嫩茎叶，洗净，切段，沸水煮熟，捞出控干水分，加调料凉拌食，清香爽口，也可与肉丝炒食。

药用功效

全草入药。性寒，味苦、辛。清热解毒、消肿止痛、利尿。用于淋浊、尿血、跌打损伤、肠痈、疖肿、中耳炎等。

猪殃殃

Galium aparine var. *tenerum* (Gren. et Godr.) Rchb.

别　名‖细叶茜草、锯齿草
英文名‖Tender catchweed bedstraw
分　类‖茜草科拉拉藤属蔓生或攀缘状一年生草本

【形态特征】茎四棱，多分枝，棱上、叶缘和叶背中脉上均生倒生小毛刺。叶4~8片轮生，近无柄，叶片条状或倒披针形，长1~3cm，宽0.3~0.5cm，顶端具刺状突尖。聚伞花序腋生或顶生，由3~10花组成，单生或2~3个簇生，花小，黄绿色，具纤细花梗。果实密生钩状刺。

【分布及生境】分布于我国东北、华北、华南和西南等地区。生于湿润农田、草丛、沟边、荒地。

【营养成分】全草含苷类化合物，如车前草苷、茜根定－樱草糖苷、伪紫色素苷。

【食用方法】夏季采嫩苗或嫩茎叶，洗净，切段，沸水煮熟后可凉拌，炒食。

药用功效

全草入药。性凉，味苦、辛。清热解毒、利水消肿。用于感冒、牙龈出血、泌尿系统感染、水肿、痛经、中耳炎。

犁头草

Viola japonica Langsdorf

别　名‖犁头菜、地丁草、地丁香、紫地丁、耳钩草
分　类‖堇菜科堇菜属一年生草本

食用部位

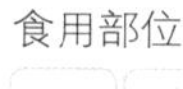

采收期

1	2	**3**	**4**	**5**	6
7	8	9	10	11	12

【形态特征】主根直立，茎不明显，无毛。分枝开展生长。叶基生，叶片三角状卵形，顶端钝或短尖，基部心形，叶缘锯齿状，叶面、叶背均无毛，托叶革质，下部与叶柄合生，全缘。花单生，由基部抽生，花紫色，花萼 5，花瓣 5。果实椭圆形，长 5~7mm。种子细小，卵圆形，褐色。花期春季，果期 5—8 月。
【分布及生境】分布于我国长江流域以南各省区。生于湿润沟边、荒地、路边、草地。

【食用方法】参考堇菜。

药用功效

全草入药。性凉，味甘、微苦。清热祛湿、凉血解毒。

小雀瓜

Cyclanthera pedata（L.） Schrad.

别　名‖辣子瓜、辣椒瓜、可利来瓜、翘脚瓜、小豆瓜
英文名‖ Pedata cyclanthera
分　类‖葫芦科小雀瓜属一或二年生蔓生草本

食用部位

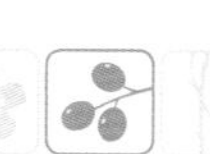

采收期

1	2	3	4	**5**	**6**
7	**8**	9	10	11	12

【形态特征】根系发达，茎蔓生，纤细，具丝状卷须，分枝力强。复叶，小叶 7~8 片，深裂，叶缘锯齿状。花细小。瓠果圆锥形或短角形，果顶微弯，略尖，果长 5~6cm，横径约 2cm，嫩果浅绿色，成熟时淡黄色，表面具十余条纵纹，被稀疏毛刺。每个茎节常结果实 2 个，少数结 1 个或 3 个，果肉白色，海绵状组织。种子形状不规则，黑褐色，种皮具皱纹。
【分布及生境】主要分布在云南。适宜温暖，不耐低温，较耐旱。

【营养成分】果质柔软，味清香可口。
【食用方法】嫩果和熟果均可食用。嫩果可连种子食用，熟果需取出种子后煮熟食用。

野菱

Trapa incisa Sieb. et Zucc.

别　名‖刺菱角、鬼菱角

分　类‖菱科菱属一年生浮水草本

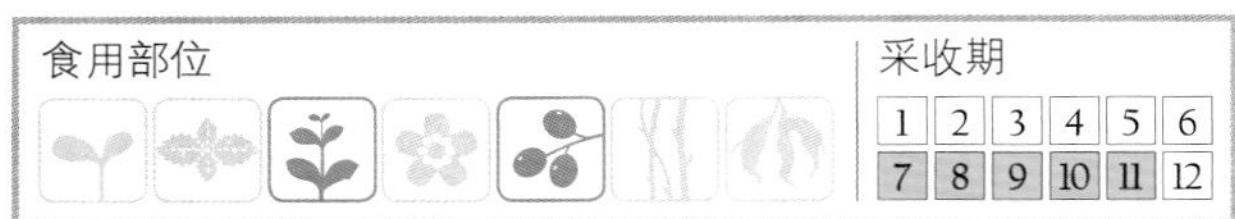

【形态特征】 茎甚细。叶二型，沉水叶对生，根状，羽状细裂，浮水叶莲座状生茎顶，叶斜方形或三角状菱形，长2~5cm，宽2~7cm，顶端锐，基部宽楔形，边缘上部具锐齿，下部全缘，叶柄长5~10cm，近顶处具膨大海绵状气囊。花单生叶腋，两性，花萼深4裂，花瓣4，雄蕊4，柱头头状，果实四角或二角具尖锐的刺，绿色，上方两刺向上伸展，下方两刺向下，果柄细而短。花期7—8月，果期10月。

【分布及生境】 我国大部分地区均有分布。生于池塘、沟渠、河湾、湖泊浅水域，适应性强。

【营养成分】 每100g可食部含蛋白质3.6g、脂肪0.5g、碳水化合物24g、维生素A 0.01g、维生素B_1 0.23mg、维生素B_2 0.05mg、维生素B_5 1.9mg、维生素C 5mg、钾140mg、钙9mg、磷49mg、铁0.7mg、钠11mg、镁27mg。

【食用方法】 生食易采嫩果，熟食或加工要采熟果。野菱开花后花梗沉入水中，经15~20天即可采嫩果，8—9月盛收期，采收后，漂洗干净，去杂，修短嫩果果柄，剥除熟果果柄，然后浸于水中，保持新鲜，迅速运销或加工。嫩茎叶可做蔬菜炒食。

药用功效

菱肉生食可消暑解热，除烦止渴，熟食可益气健脾。嫩茎叶性甘，味涩，治胃溃疡。

丘角菱

Trapa japonica Flerov

别　名‖刺菱角、鬼菱角

英文名‖ Japanese water chestnut

分　类‖菱科菱属一年生浮水草本

食用部位　采收期

1 2 3 4 5 6

7 8 9 10 11 12

【形态特征】 沉水叶阔卵状三角形或近菱形，长3~5cm，宽4~7cm，上部边缘具浅而钝细齿，齿端具1~2个骨质小刺，下部全缘，近截形或阔楔形，叶面绿色，无毛，背面被密毛，叶柄较粗壮，长8~12cm，直径3~4cm，气囊较大，长2~3cm，宽1~1.5cm，全被短柔茸毛。萼片长5~6cm，宽2~3cm，外脊被茸毛，花瓣白色。菱果倒三角形，高2~2.5cm，两肩角于果体上部水平展开，角端斜上升，两角端相距4~6cm，腰角缺，其位置具半球形小球突起，在间角和腰角之间还有两个圆形小突起，果颈短或缺，果冠不明显，顶端具2~3mm长喙状棘，果熟时黑褐色。花、果期7—9月。

【分布及生境】 分布于我国南北各地，主要产于东北。生于池塘、湖泊的水面。

【营养成分】 参考野菱。

【食用方法】 参考野菱。

药用功效

参考野菱。

冠菱

Trapa litwinowii V. Vassil.

别　名‖沙角

英文名‖ Crown water chestnut

分　类‖菱科菱属一年生浮水草本

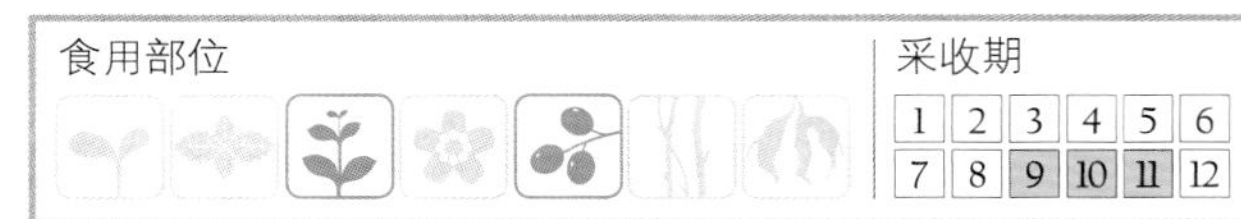

【形态特征】 沉水叶菱形，长3~4.5cm，宽3.5~5.5cm，上部边缘具不规则的浅齿，基部阔楔形，叶面绿色无毛，背面被密毛，后脱落。叶柄长5~10cm，气囊长2cm，具疏毛。花白色。果正三角形，高2.5~3.5cm，两肩角和果体基部同一水平伸展，成截形，果体上部弯弓，角端具倒刺，两角端相距5~7cm，腰角位置呈半月形隆起，果颈短，长3~4mm，果冠显著，外卷，直径1~1.4cm，顶端具2~3mm长的小尖头。果熟灰黄色。花、果期7—10月。

【分布及生境】 分布于我国长江中下游各省区和东北等地。生于池塘、湖泊的水面。

【营养成分】 参考野菱。

【食用方法】 参考野菱。

药用功效

参考野菱。

细果野菱

Trapa maximowiczii Korsh.

别　名‖小果菱
英文名‖ Maximowicz water chestnut
分　类‖菱科菱属一年生浮水草本

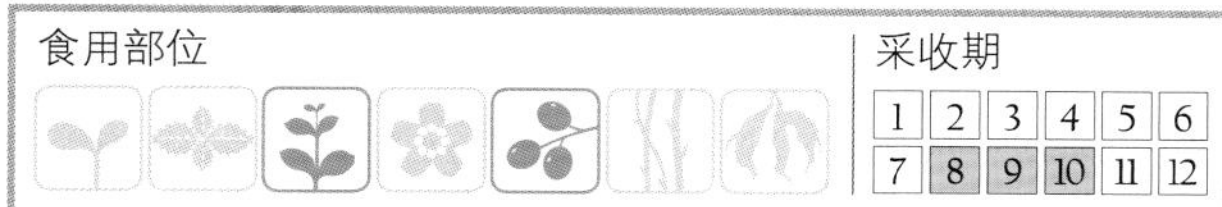

【形态特征】茎细长。沉水叶羽状细裂，裂片丝状，灰绿色，浮水叶聚生于茎顶，较小，叶片宽三角形或菱状三角形，基部宽楔形，全缘。上部边缘具齿，叶面绿色，无毛，叶背被疏柔毛，叶柄中部以上膨胀成海绵质气囊，无毛。花白色单叶腋生，萼片4深裂，长约4mm，基部具毛，花瓣4，长约7mm，雄蕊4，子房半下部，柱头头状，花盘全缘。坚果三角形，肩角向上，刺状，角间宽2~2.5cm，顶端具倒刺，腰角刺状，下倾无倒刺，顶端锐尖，果颈圆锥状，无果冠。花期7—8月，果期9—10月。

【分布及生境】分布于我国东北至长江流域。生于低山、丘陵、平原地区的池塘、沟渠、湖泊边以及水流缓慢的江河水面。

【营养成分】参考野菱。

【食用方法】参考野菱。

药用功效

参考野菱。

四角菱

Trapa quadrispinosa Roxb.

别　名‖乌菱、野角菱
英文名‖ Tetragonal water chestnut
分　类‖菱科菱属一年生浮水草本

【形态特征】茎细长。叶二型，沉水叶对生，羽状细裂，裂片丝状，灰绿色，浮水叶聚生于茎顶，较小，叶片宽三角形或菱状三角形，基部宽楔形，中上部边缘锐齿，叶面光滑无毛，叶背脉上被毛，叶柄被柔毛，中部以上膨胀成海绵质气囊。花两性，单生于叶腋，白色。萼片4深裂，披针形，花瓣4，椭圆形；雄蕊4，花盘鸡冠状；子房半下位，2室，柱头头状。坚果菱形，具4个较短的刺状角，顶端为极短尖，肩角平伸或稍向上，腰角近平伸，果冠大，向外反卷，果颈明显。花期6—8月，果期9—10月。

【分布及生境】我国各地有分布。生于池沼、浅塘、湖泊的水面。

【营养成分】参考野菱。

【食用方法】参考野菱。

药用功效

参考野菱。

耳菱

Trapa potanini V. Vassil.

别　名‖乌菱、野角菱
分　类‖菱科菱属一年生浮水草本

【形态特征】茎细长。浮水叶集生于茎顶，较小，叶片阔卵状三角形，长2~3.5cm，宽3~5cm，上半部边缘具钝三角形的浅齿，齿顶具1~2个细小骨质的荆刺，基部近截形或阔楔形，页面绿色，无毛叶背密被棕灰色柔毛，叶脉尤密，后脱落。叶柄全长7~11cm，海绵质气囊长2~3cm。花白色，萼片小，长5~6mm，宽2~3mm，花梗长约2cm，直径1.5mm，果肚增粗伸长，向下弯，长约3cm，直径5~6mm。果倒三角形，高2~2.5cm，两肩角水平展开斜上升，2角端相距5~7cm，角尖骨质具倒刺，二腰角较短，下垂，扁圆锥形或披针形，顶端钝而略圆，无倒刺。尖角和腰角之间具2个小丘突起，果颈短，约2mm，果冠不明显，果喙锥尖，果熟时褐色。花、果期7—9月。

【分布及生境】分布于我国东北、华北至长江流域。生于池塘、湖泊的水面。

【营养成分】参考野菱。

【食用方法】参考野菱。

药用功效

参考野菱。

附地菜

Trigonotis peduncularis （Trev.） Benth. ex Baker et Moore

别　名‖地胡椒
英文名‖ Pedunculated trigonotis
分　类‖紫草科附地菜属一年生草本

【形态特征】植株高 10~40cm。一般从茎基部分枝，分枝纤细，椭圆状卵形或长圆形，顶端圆钝或急尖，基部较狭窄，长 0.8~2mm，宽 0.5~1.5cm。叶面、叶背被短糙伏毛。茎生叶似基生叶，叶柄渐短或无柄。顶生总状花序长达 6~20cm，只有基部具 2~3 叶状苞片，有糙伏毛，花梗长 0.2~0.5mm，花萼长 1.5~3mm，5 深裂至近基部，裂片长椭圆状披针形，两面被糙伏毛；边缘具睫毛，花蓝色、蓝紫色，花冠短管状，5 裂至中部，喉部具 5 枚附属物，雄蕊 5，花丝短，内藏，子房 4 深裂，花柱基生。小坚果 4，具稀疏短柔毛，光亮，具短柄，棱尖锐。花、果期 4—7 月。

【分布及生境】我国大部分地区有分布。生于丘陵草坡、田埂路边、灌丛及林缘。

【营养成分】嫩苗、嫩叶富含蛋白质、脂肪、碳水化合物、多种矿物质、多种维生素。

【食用方法】春季至初夏采摘嫩苗或嫩叶，洗净，沸水烫，清水漂洗后，加入调料凉拌食用。

药用功效

全草入药。性凉，味苦、辛。祛风、镇痛。用于遗尿、赤白痢、发背、手脚麻木、胸肋骨痛。

大尾摇

Heliotropium indicum L.

别　名‖金耳坠、耳钓草、蟾蜍草、南蛮琉璃草
英文名‖ Big-tail heliotrope
分　类‖紫草科天芥菜属一年生草本

【形态特征】植株高 30~80cm，全株密被细毛。单叶互生或对生。叶卵形或三角状卵形，长 5~10cm，先端尖锐，基部钝形，钝锯齿叶缘、低锯齿叶缘或细波状叶缘。略翼柄。穗状花序，顶生，镰状卷曲，花密生，无苞，淡紫色或白色，花冠盆形，5 裂，顶圆钝，具齿缘，雄蕊 5；萼片深裂，5 枚，裂片线状披针形，子房 4 室，柱头圆锥状，线形。瘦果广卵形。

【分布及生境】广布于我国热带地区。喜温，耐热。

【营养成分】全草含 indicinenoxide，动物实验表明具抗癌作用。

【食用方法】采摘嫩茎叶，用沸水烫，再用水浸去酸叶，煮熟，油盐调味食用。

药用功效

根和叶入药，解热、祛风。煎服治肺炎。叶敷可治狗咬伤。

菟丝子

Cuscuta chinensis Lam.

别　名‖黄藤子、金丝藤、豆寄生、无根草
英文名‖ China dodder
分　类‖旋花科菟丝子属一年生缠绕寄生草本

【形态特征】茎细柔呈线状，缠绕生长，左旋性，黄色。叶鳞片状，三角状卵形。花簇生叶腋。近球状的短总状花序，苞片和小苞片鳞片状，花萼杯状，5裂，花小，花冠白色。短钟状，长为花萼的2倍，顶端5裂，向外反曲。花丝极短，着生于花冠裂片之间。茎部生鳞片，矩圆形边缘流苏状，子房2室。花柱2，宿存。蒴果扁球形，被花冠全部包住，盖裂。种子2~4颗，淡褐色。花期7—9月，果期8—10月。
【分布及生境】我国大部分地区均有分布。生于田边、荒野及灌木丛中。寄生于草本植物，以豆科、菊科、藤科为多。

【食用方法】把菟丝子放入锅内加水煮至沸腾，呈褐灰色稠粥状时，捣烂做饼，或加黄酒与面粉做饼，切块晒干。

药用功效

种子入药。性平，味辛、甘。滋肝补肾、固精缩尿、安胎、明目、止泻。用于阳痿遗精、遗尿尿频、腰膝酸软、目昏耳鸣、肾虚胎漏、胎动不安、脾肾虚泻；外治白癜风。

打碗花

Calystegia hederacea Wall. ex Roxb.

别　名‖小旋花、狗儿蔓、喇叭花、大碗花、兔耳朵
英文名‖ Ivy-like calystegia
分　类‖旋花科打碗花属一年生草本

【形态特征】植株矮小，具白色细长的根。茎蔓生，常自基部分枝，有时缠绕，具细棱，无毛。叶互生。花单生于叶腋。蒴果卵圆形，光滑无毛，宿存萼片与之近等长或稍短。种子黑褐色，表面有小疣。花期5—7月，果期6—8月。
【分布及生境】分布于我国各地。生于海拔2 500m以下的荒地、路旁草丛、林缘、河边、沙地、草原。

【营养成分】每100g嫩茎叶含粗蛋白3.7g、碳水化合物5g、粗纤维3.1g、维生素A 8.30mg、维生素B_1 0.02mg、维生素B_2 0.59mg、维生素B_5 2.0mg、维生素C 78mg、钙422mg、磷40mg、铁10.1mg。根茎含淀粉17%。
【食用方法】夏季采摘嫩茎叶，可用凉开水洗净，泡调料生食，脆嫩可口。或洗净，用沸水烫后切段，调配料凉拌、做汤、炒食。秋季或早春可挖取根茎，洗净，切碎，与饭煮食，或加调料炒食。

药用功效

全草入药。性平，味微甘、淡。活血、滋阴、补虚。用于淋证、白带异常、月经不调、小儿疳积。

狗肝菜

Dicliptera chinensis （L.） Juss.

别　名‖猪肝菜、路边青
英文名‖ Chinese dicliptera
分　类‖爵床科狗肝菜属一年生草本

【形态特征】 植株高 30~80cm。茎外倾或上升，具 6 条钝棱和浅沟，节常膨大膝曲状，近无毛或节处被疏柔毛。叶卵状椭圆形，顶端短渐尖，基部阔楔形或稍下延，长 2~7cm，宽 1.5~3.5cm，纸质，绿深色，两面近无毛或背面脉上被疏柔毛；叶柄长 5~25mm。花序腋生或顶生，由 3~4 个聚伞花序组成，每个聚伞花序有 1 至少数花，具长 3~5mm 的总花梗，下面有 2 枚总苞状苞片，总苞片阔倒卵形或近圆形，稀披针形，大小不等，长 6~12mm，宽 3~7mm，顶端有小突尖，具脉纹，被柔毛；小苞片线状披针形，长约 4mm；花萼裂片 5，钻形，长约 4mm；花冠淡紫红色，长 10~12mm，外面被柔毛，2 唇形，上唇阔卵状近圆形，全缘，有紫红色斑点，下唇长圆形，3 浅裂；雄蕊 2，花丝被柔毛，药室 2，卵形，一上一下。蒴果长约 6mm，被柔毛，开裂时由蒴底弹起，具种子 4 颗。

【分布及生境】 分布于福建、广东、广西、安徽、台湾、海南、香港、澳门、云南、贵州、四川等地。生于疏林、溪边、路旁。

【营养成分】 嫩茎叶富含蛋白质、碳水化合物、有机酸、矿物质、维生素等。

【食用方法】 采摘嫩茎叶，洗净，沸水稍焯，捞起用清水泡洗，晾干备用。凉拌或炒食，凉拌时适当加入调料即可，适合便血、尿血或小便不利患者。狗肝菜炒鸡蛋或鸭蛋，前者对咽喉肿痛患者，后者对热病斑疹患者有效。

药用功效

全草或茎叶入药。性寒，味苦。清热凉血、利尿解毒。用于咽喉肿痛、便血、尿血、小便不利、斑疹、疔疮等。

地锦草

Euphorbia humifusa Willd. ex Schlecht.

别　名‖斑鸠窝、红丝草、奶浆草、血见愁
英文名‖ Humicuse euphorbia
分　类‖大戟科大戟属一年生匍匐草本

【形态特征】 茎纤细，匍匐生长，近基部分枝，带红色，无毛。单叶对生，叶片长圆形，长 5~10cm，宽 4~6mm，顶端钝圆，基部偏斜，边缘细锯齿，绿色或带红色，叶背灰绿色或略带紫色，两面无毛或稀疏毛。杯状花序腋生，单性。总苞倒圆锥形，浅红色，顶端 4 裂，裂片长三角形，腺体 4，3 房 3 室，花柱 3，顶端 2 裂。蒴果三棱状球形，无毛；种子卵形，黑褐色。外披白色蜡粉。花期 5—10 月，果期 6—11 月。

【分布及生境】 全国各地均有分布。生于原野荒地、路旁和田间。

【营养成分】 叶含鞣质，鞣质中含量最多的是焦性没食子酸类和焦性儿茶酚。

【食用方法】 春季至初夏采摘嫩苗或嫩茎叶，洗净，切段，炖肉食。

药用功效

全草入药。性平，味苦、辛。清热解毒、活血止血、利湿通乳。用于痢疾泄泻、咯血、尿血、便血、崩漏、外伤出血、痈肿疮毒、跌打肿痛、湿热黄疸、乳汁不下。

铁苋菜

Acalypha australis L.

别　名‖止血菜、海蚌含珠、人苋、血见愁、铁苋、野麻菜、叶里藏珠

英文名‖ Asian copperleaf

分　类‖大戟科铁苋菜属一年生草本

【形态特征】植株高20~60cm。茎直立，多分枝，具棱，被微柔毛。单叶互生，叶片卵状菱形至椭圆形，长2~6cm，宽1.5~3.5cm，顶端渐尖，基部楔形，两面具疏毛或仅叶脉具毛或无毛，边缘钝齿；基出脉3条，叶柄长1~3cm，具毛；托叶披针形。雌雄同株，花单性，无花瓣。穗状花序腋生，具叶状苞片1~3，不分裂，卵状心形，边缘不规则锯齿；雌蕊1~3朵生于苞腋；雄花生于花序上部；花小，花萼4裂，裂片卵形；雄蕊8；雌花萼片3，卵形，具缘毛；子房球形，3室，被疏柔毛，花柱3，红色，枝状分裂。蒴果近球形，直径3~4mm。种子卵形，长1.5mm，每室种子1颗。花期5—7月，果期7—11月。

【分布及生境】分布于山西、山东、河北、河南、陕西、甘肃、宁夏、浙江、福建、台湾、江西、湖北、湖南、四川、广东。生于沟谷、荒地、耕地边、路边湿润地方、河岸边缘等。

【营养成分】每100g鲜草中含粗蛋白3.27g、纯蛋白2.30g、粗脂肪1.28g、粗纤维3.50g，另还含铁苋菜碱、鞣质、黄酮、酚类等。

【食用方法】春末夏初开花前采摘嫩茎叶食用。沸水烫过，清水浸泡片刻，可炒食、凉拌、炖食或做汤。

药用功效

全草入药。性寒，味苦、涩。清热止泻、化痰止咳。用于菌痢、肠炎、湿疹、咳喘、吐血、便血、尿血、崩漏、痈肿疔疮。

叶下珠

Phyllanthus urinaria L.

别　名‖珍珠草、阴阳草、假油柑、夜合珍珠

英文名‖ Pearlwort

分　类‖大戟科叶下珠属一年生草本

【形态特征】植株高10~70cm。主根不发达，须根多，深红棕色。茎直立，基部多分枝，枝倾卧而后上升；枝具翅状纵棱，上部被纵列疏短柔毛。叶片纸质，因叶柄扭转而呈羽状排列，长圆形或倒卵形，长4~10mm，宽2~5mm，顶端圆、钝或急尖，下面灰绿色，近边缘或边缘有1~3列短粗毛；侧脉每边4~5条，明显；叶柄极短；托叶卵状披针形，长约1.5mm。花雌雄同株，直径约4mm；雄花：2~4朵簇生于叶腋，通常仅上面1朵开花；花梗长约0.5mm，基部有苞片1~2枚；萼片6，倒卵形，长约0.6mm，顶端钝；雄蕊3，花丝全部合生成柱状；花粉粒长球形，通常具5孔沟，内孔横长椭圆形；花盘腺体6，分离，与萼片互生；雌花单生于小枝中下部的叶腋内；花梗长约0.5mm；萼片6，近相等，卵状披针形，长约1mm，边缘膜质，黄白色；花盘圆盘状，边全缘；子房卵状，有鳞片状突起，花柱分离，顶端2裂，裂片弯卷。蒴果圆球状，直径1~2mm，红色，表面具小突刺，有宿存的花柱和萼片，开裂后轴柱宿存。种子长约1.2mm，橙黄色。花期4—6月，果期7—11月。

【分布及生境】分布于江苏、浙江、广东、陕西、四川等地。生于海拔500~900m的低山坡或河岸沙砾地。适宜在相对潮湿、温差较小的环境生长。

【营养成分】主要含有黄酮类、鞣质类、香豆类等物质。

【食用方法】春季采摘嫩茎叶食用，沸水烫过，清水浸泡片刻，可炒食、凉拌、炖食或做汤。

药用功效

全草入药。性凉，微苦。清火解毒、利尿通淋、凉血止血、收敛止泻、排石。用于目赤肿痛、肠炎腹泻、痢疾、肝炎、小儿疳积、肾炎水肿、尿路感染等。

圆叶节节菜

Rotala rotundifolia（Buch-Ham. ex Roxb.）Koehne

别　名‖水苋菜、水豆瓣、水指甲、冰水花
英文名‖ Round-leaf rotala
分　类‖千屈菜科节节菜属一年生湿生草本

食用部位　采收期
1 2 3 4 5 6
7 8 9 10 11 12

【形态特征】植株高 10~30cm。茎纤细，紫红色，无毛，具棱，下部伏地生不定根，常成丛。叶对生，近圆形，偶有倒卵状长圆形，长 6~8mm，宽 4~9mm，顶端圆形或具尖头，基部钝圆或宽楔形，全缘，无柄。穗状花序，花小，长约 2.5mm，组成 1~5 个顶生的花序，苞片宽卵形，约与花等长；小苞片 2，狭披针形，长约 1mm；花萼钟形，长约 2mm，4 裂；花瓣 4，倒卵形，淡紫色，长 1.5~2mm，雄蕊 4，子房上部。蒴果卵圆球形，表面具横线条。花期 4—6 月。

【分布及生境】分布于我国长江以南各省区。生于水田中或湿地上。

【营养成分】每 100g 可食部含维生素 A 1.03mg、维生素 B_2 1.09mg、维生素 C 46mg。

【食用方法】4—10 月采摘嫩茎叶食用。去杂洗净，沸水烫后，切段，加调料凉拌，可做汤，也可炖肉食或炒食，具补体虚的食疗作用。

药用功效

全株入药。性平，味甘、酸。清热解毒、祛风利湿、通便消肿。用于中风瘫痪、咳嗽、尿路结石、淋证。

节节菜

Rotala indica（Willd.）Koehne

别　名‖禾虾菜、碌耳草、水马兰
英文名‖ Indian toothcup
分　类‖千屈菜科节节菜属一年生湿生草本

【形态特征】与圆叶节节菜为同属植物，形态主要区别是：叶长圆状倒卵形，具软骨质边缘，叶长 7~15mm，宽 3~7mm。花成腋生穗状花序，极少单生，苞片倒披针形，长约 5mm。

【分布及生境】分布于广东、广西、湖南、江西、福建、浙江、江苏、安徽、湖北、陕西、四川、贵州、云南。生于海拔 330~1 900m 的田间湿地。

【食用方法】参考圆叶节节菜。

药用功效

参考圆叶节节菜。

鸭跖草

Commelina communis L.

别　名‖竹节菜、鸭食草、鸡冠菜、耳环草、淡竹叶
英文名‖ Common dayflower
分　类‖鸭跖草科鸭跖草属一年生草本

【形态特征】植株高20~60cm，叶鞘和茎上部被短毛，有时叶鞘疏被多细胞长毛。茎基部匍匐生长，上部直立，微被毛，下部光滑，节稍膨大，生根。叶互生，叶片卵形，披针形或卵状披针形，长4~9cm，宽1.5~2cm。叶面疏被极短的毛或糠秕状物。叶背无毛，基部下延成膜状鞘，抱茎，具缘毛，无柄。聚伞花序具1~4朵花，总苞心状卵形，长1.2~2cm，边缘对合折叠，基部不相连，具柄。萼片3，膜质，绿色；花瓣3，深蓝色，具长爪；雄蕊6，3枚退化雄蕊顶端成蝴蝶状。子房卵形。蒴果椭圆形，长5~7mm，2室，2瓣裂。种子4颗，长2~3mm，具不规则窝孔。花期5—9月，果期6—11月。

【分布及生境】分布于甘肃、云南以东各省区。生于海拔300~2 400m的山坡、草丛、湿地、路边、田边、山间、溪边、林缘湿地。

【营养成分】每100g嫩茎叶含蛋白质2.8g、脂肪0.3g、碳水化合物5g、粗纤维1.2g、维生素A 4.19mg、维生素B_1 0.03mg、维生素B_5 0.9mg、维生素C 87mg、钙206mg、磷39mg、铁5.4mg，还含鸭跖黄酮苷等。

【食用方法】初夏开花前采摘嫩苗或嫩茎叶。沸水烫5~6分钟，清水浸泡后，可炒食、做汤，也可盐制或晾成干菜。

药用功效

全草入药。性寒，味甘、淡。清热解毒、利尿消肿。用于风热感冒、高热不退、咽喉肿痛、水肿尿少、热淋涩痛、痈肿疔毒。

疣草

Murdannia keisak（Hassk.）Hand.-Mazz.

别　名‖山叶竹根、山叶竹花菜、水马鞭
英文名‖ Marsh Dayflower
分　类‖鸭跖草科水竹叶属一年生草本

【形态特征】茎长，多分枝。匍匐生长，节上生根，分枝上举生长。叶互生，叶片狭披针形，长4~8cm，宽5~10mm，无柄。顶端渐尖，叶鞘较短，无毛。偶有叶鞘口疏被短柔毛。聚伞花序顶生或腋生，1~3朵花。苞片披针形，长0.5~2cm，花梗长0.5~1.5cm；萼片3，披针形，长5~7mm，花瓣倒卵圆形，蓝紫色或粉红色；能育雄蕊3，不育雄蕊3，花丝被长须毛。蒴果长椭圆形，两端急尖，长10mm，宽2~3mm。每室2~4颗种子。种子稍扁，灰褐色，光滑，中部微凹。花期8—9月，果期9—10月。

【分布及生境】分布于我国华东、中南、西南等地。生于海拔600~1 400m的山谷、田边、湿地或水边。

【营养成分】嫩茎叶含蛋白质、脂肪、碳水化合物、矿物质、维生素等。

【食用方法】春季和初夏采摘嫩茎叶，可凉拌、素炒或荤炒。

药用功效

全草入药。性平，味甘。清热利尿、消肿解毒。用于肺热咳喘、咽喉痛、高烧不退、吐血、咯血、无名肿毒等。

雨久花

Monochoria korsakowii Regel ex Maack

别　名 ‖ 河白菜、兰花草、蓝花草
英文名 ‖ Korsakow monochoria
分　类 ‖ 雨久花科雨久花属一年生水生草本

【形态特征】 植株高30~70cm，直立水生草本。根状茎粗壮，具柔软须根。茎直立，全株光滑无毛，基部有时带紫红色。叶基生和茎生；基生叶宽卵状心形，长4~10cm，宽3~8cm，顶端急尖或渐尖，基部心形，全缘，具多数弧状脉；叶柄长达3cm，有时膨大成囊状；茎生叶叶柄渐短，基部增大成鞘，抱茎。总状花序顶生，有时再聚成圆锥花序；花10余朵，具5~10mm长的花梗；花被片椭圆形，长10~14mm，顶端圆钝，蓝色；雄蕊6枚，其中1枚较大，花药长圆形，浅蓝色，其余各枚较小，花药黄色，花丝丝状。蒴果长卵圆形，长10~12mm。种子长圆形，长约1.5mm，有纵棱。花期7—8月，果期9—10月。

【分布及生境】 分布于我国东北、华北、华中、华东和华南等地。生于水田、池塘、水沟边。

【营养成分】 种子含脂肪油约30%。每100g嫩茎叶含蛋白质1.6g、脂肪0.4g、纤维素1.75mg、钙110mg、磷10mg，还含多种维生素。

【食用方法】 夏季采摘嫩茎叶食用，洗净，沸水焯一下捞出，切段，可与肉炒食，也可加调料凉拌。

药用功效

全草入药。性凉，味甘。清热解毒、祛湿定喘。用于高热、喘证。

马齿苋

Portulaca oleracea L.

别　名 ‖ 瓜子菜、长命菜、五竹菜、耐旱菜、五竹草、蚂蚱菜、马齿菜、马蛇子菜
英文名 ‖ Purslane
分　类 ‖ 马齿苋科马齿苋属一年生肉质草本

【形态特征】 植株高15~25cm，全株光滑无毛。茎平卧地面或向上斜升，基部多分枝，茎圆柱形，淡绿色或带紫红色。叶对生，叶片肥厚多汁，倒卵形，全缘，长1~3cm，宽0.5~1.5mm，顶端钝圆或平截，基部宽楔形，叶面暗绿色，叶背淡绿色或暗红色，叶柄极短。花小，单生或3~5朵簇生，顶生或腋生，无花梗；总苞片4~5，膜质，萼片2，花瓣5，黄色；雄蕊7~12，基部合生；子房半下位，1室，柱头4~6裂。蒴果圆锥形，盖裂。种子多，细小，肾状卵圆形，黑色，具光泽，密布小疣状突起。花期5—8月，果期6—9月。

【分布及生境】 分布于我国南北各地。生于海拔1 300m以下的山地、路旁、田间、园圃。

【营养成分】 每100g鲜品含蛋白质2.3g、脂肪0.5g、碳水化合物3g、粗纤维0.7g、维生素A 2.23mg、维生素B_1 0.03mg、维生素B_2 0.11mg、维生素B_5 0.7mg、维生素C 23mg、钙285mg、磷56mg、铁115mg、钾1 000mg。还含柠檬酸、苹果酸、氨基酸、豆香素、黄酮、生物碱等。

【食用方法】 春、夏季采摘嫩茎叶，洗净，沸水烫软后，清水洗几次，去酸味和黏液，可做多种菜肴，也可凉拌。

药用功效

全草入药。性寒，味酸。清热消肿、解毒通淋。用于湿热泄泻、疔疮肿毒、蛇虫咬伤、痔疮肿痛、湿疹等。

木贼状荸荠

Eleocharis equisetina J. Presl et C. Presl

别　名‖野荸荠
英文名‖ Horestails-like spike sedge
分　类‖莎草科荸荠属一年生水生草本

【形态特征】 植株丛生，具细长的匍匐根状茎，末端具小球茎，直径 1~1.5cm。秆直立，细小，圆柱形，高 50~100cm，直径 2~3mm，灰绿色，光滑无毛。具横膈膜。干后呈节状，秆的基部具 2~3 个膜质叶鞘，管状，鞘口斜，光滑无毛。穗状花序顶生，细长锥尖状，灰绿色，最下面的鳞片无花，围于花序的基部；其他鳞片各具一花，呈覆瓦状排列，柱头 2，花柱基部膨大。坚果倒卵形，双凸状略扁，长约 2mm，宽约 1.2mm，黄色光滑，表面细胞呈四角或六角形。花、果期 5—10 月。

【分布及生境】 分布于广东、海南、台湾、江苏。生于池沼、浅湖泊或水田中。

【食用方法】 秋、冬季采挖球茎，洗净去皮，去杂质后可生食，味甜略硬。

土人参

Talinum paniculatum （Jacq.） Gaertn.

别　名‖土高丽参、假人参、飞来参、紫人参
英文名‖ Panicled fameflower
分　类‖马齿苋科土人参菜属一年生肉质草本

【形态特征】 植株高 60~100cm。主根粗壮，呈倒圆锥形，具分枝，皮黑褐色，断面乳白色，似人参。茎圆柱形，肉质茎。基部叶近圆柱形，长 5~7cm，宽 4.5~4cm，全缘。稍肉质，短柄或无柄。圆锥花序顶生或腋生，花梗基部具苞片，萼片 2，卵圆形，早落。花瓣 5，倒卵形或椭圆形，粉红色或淡紫色，雄蕊 15~20，子房上位球形，柱头 3 裂。蒴果近球形，直径约 4mm，3 瓣裂。种子多数，呈扁球形，直径约 1mm，黑色光亮，具微细突起。花期 6—8 月，果期 9—11 月。

【分布及生境】 我国大部分地区有分布。生于园林、村庄、空旷阴湿处。

【营养成分】 土人参的嫩梢含较丰富的蛋白质、脂类、碳水化合物、钙、磷、铁，以及维生素 A、维生素 B_1、维生素 B_2、维生素 B_5、维生素 C。肉质根也可食用。

【食用方法】 从春季至初秋可采摘嫩苗、嫩梢或嫩叶食用，可做汤、做菜、煮粥等。冬、春季可挖肉质根炖肉、炖鸡食，具补气、强身、催乳作用。

药用功效

全草入药。性平，味甘。补中益气、润肺生津，能增强免疫力，具保肝作用，能抗细胞突变，增加白细胞等，用于病后体虚、虚劳咳嗽、遗精、多尿、乳汁不通。

丁香蓼

Ludwigia prostrata Roxb.

别　名‖水丁香、丁叶蓼、水硼砂
英文名‖ Climbing seedbox
分　类‖柳叶菜科丁香蓼属一年生湿生草本

【形态特征】 植株高40~60cm。茎近直立或下部斜举，多分枝，具纵棱，近红紫色，无毛或疏被短毛。单叶互生，披针形，长2~6cm，宽0.6~1.2cm，披针形，近无毛，叶面具紫红色斑点，叶柄长3~8mm。花两性，单生叶腋，黄色无柄，萼筒与子房合生。萼片4，花瓣4，雄蕊4，子房下位，花柱短。蒴果线状四方形，略具4棱，带红紫色。种子多数，细小，光滑，棕黄色。

【分布及生境】 分布于海南、广西、云南南部。生于田边、水沟边湿地。

【食用方法】 春季采摘嫩茎叶，洗净可凉拌、腌、蒸、做汤和做饮料，具清热解毒、利湿消肿的食疗作用。

药用功效

全草入药。性平，味辛、苦。利湿祛痰、清热降火。用于咳嗽、痢疾、跌打损伤、刀伤、湿热腹泻、水肿、白带异常、肠风下血。

白花菜

Cleome gynandra L.

别　名‖羊角菜、臭菜、香菜、羊角菜子
英文名‖ Common spidersflower
分　类‖白花菜科白花菜属一年生草本

【形态特征】 植株高100cm左右，全株密生黏质腺毛，具臭味。茎近直立，多分枝。掌状复叶，5小叶，小叶倒卵形，长1.5~5cm，宽1~2.5cm，基部楔形，顶端短尖，边缘稍具锯齿或全缘，叶柄长。总状花序顶生，花白色或带红晕，花瓣4，倒卵形，有长爪。蒴果圆柱形，无毛，黑褐色，具纵条纹，种子肾形。花、果期5—10月。

【分布及生境】 分布于我国长江中下游各省区。生于河边、沟边、草丛、湿润的地边、田角。

【营养成分】 叶含蛋白质，全草含挥发油。

【食用方法】 从春季至秋季陆续采摘嫩茎叶，以花瓣刚露出时采摘品质为佳。常用作腌渍，多用盐制，可切碎腌或整腌。盐渍后可生食、炒食或晒成干菜。

药用功效

解热镇痛、利尿。用于风湿病、淋证、痢疾、跌打损伤。

矮慈姑

Sagittaria pygmaea Miq.

别　名 ‖ 凤梨草、瓜皮草、线叶慈姑
英文名 ‖ Dwarf arrowhead
分　类 ‖ 泽泻科慈姑属一年生沼生草本

【形态特征】 有时具根状茎，匍匐茎短细，上生须根，白色。叶基生，无叶片与叶柄之分，条形，长 4~15cm，宽 3~8cm，全缘。质柔软而厚，近根部白色，全株绿色，顶端钝。花葶自叶丛中生出，直立，花单生，雌花单一，无梗，着生于花序下部，雄花 2~5，生于花序上部，具细梗，苞片椭圆形，萼片 3，倒卵形，花瓣 5，近圆形白色，雄蕊 12，花丝扁而宽，心房多数，聚成圆球形。瘦果具翅，翅缘具锯齿。花期 5—8 月，果期 6—10 月。

【分布及生境】 分布于陕西、山东、江苏、安徽、浙江、江西、福建、台湾、河南、湖北、湖南、广东、海南、广西、四川、贵州、云南等省区。生于沼泽、池塘、沟边、水田中。

【食用方法】 春、夏季采摘嫩叶，洗净沸水烫后做油汤食用。

药用功效

全草入药。性微寒，味苦、甘。清热解毒、除湿止咳。用于咳嗽、湿疹、热咳。

豆瓣绿

Peperomia tetraphylla （Forst. f.） Hook. et Arn.

别　名 ‖ 瓜子鹿衔、瓜子细辛、岩石莲、如意草
英文名 ‖ Four-leaf peperomia
分　类 ‖ 胡椒科草胡椒属一年生丛生草本

【形态特征】 茎肉质。基部匍匐生长，长 10~30cm，分枝多，下部节上生不定根，节间具纵条棱。叶 3~4 轮生，稍肉质，具透明腺点，平时变黄绿色，表面微皱，边缘背卷，长椭圆形或圆形，长 7~12mm，宽 4~9mm，两端钝圆，无毛或被短柔毛。穗状花序顶生或腋生，单生。总梗无毛或具疏毛，花序轴被毛；苞片近圆形，具短柄，盾状，雄蕊 2，花药椭圆形，花丝短，柱头头状，被微毛，子房卵形，与苞片一起着生于花序轴的凹陷处。浆果球形，长约 1mm，顶具尖。花期 9—12 月。

【分布及生境】 分布于四川、云南、贵州、广西、广东、台湾。生于湿润的岩隙、石上、树上。

【食用方法】 冬、春、夏季采摘嫩茎叶，适于凉拌、炝、蒸、煎、做饮料，具清热解毒、舒筋活络的食疗作用。

药用功效

全草入药。性温，味辛。祛风除湿、健脾补肾。用于肾虚腹痛、风湿骨痛、疳积咳嗽。

牻牛儿苗

Erodium stephanianum Willd.

别　名‖土高丽参、假人参、飞来参、紫人参
英文名‖ Common herons bill
分　类‖牻牛儿苗科牻牛儿苗属一年生草本

【形态特征】植株高 15~45cm。茎单生，平卧地面或稍斜举，被白色微柔毛。基生叶多数，脱落，与茎生叶同型，茎叶对生，叶片长卵形或长圆状三角形，长约 6cm，二回羽状深裂，羽片 9 对，基部下延，小羽对条形，全缘或具 1~2 粗齿，叶柄长 4~6cm，托叶小，披针形。蒴果长约 4cm，被白色长柔毛，顶端具长喙，成熟时 5 个果瓣与中轴分离，喙部呈螺旋状卷曲。花期 4—5 月，果期 5—6 月。
【分布及生境】分布于河北、山东等省区。生于山坡、灌丛或旱草地、草坡沟边。

【营养成分】每 100g 嫩茎叶含维生素 A 9.65mg、维生素 C 43mg，还含丰富的蛋白质、脂肪、碳水化合物、矿物质等。
【食用方法】春、夏季采摘嫩茎叶，洗净，沸水烫过，清水浸泡约 2 小时去苦味后，沥干水，加调料炒食。

药用功效

全草入药。性平，味苦、辛。祛风活血、清热解毒。用于风湿疼痛、痉挛麻木、痈疽、跌打损伤、肠炎、腹泻、痢疾。

金不换

Polygala chinensis L.

别　名‖小花远志、坡白草、金牛草
英文名‖ Chinese milkwort
分　类‖远志科远志属一年生草本

【形态特征】植株高 6~20cm，直立，单干或分枝，具毛。单叶互生，柄短，叶形变化大，线状矩圆形至矩圆状披针形，偶有卵圆形至倒心形，长 1~6cm，先端短尖至顿而锐尖，基部短尖。总状花序，腋生，花数朵，短于叶，平生或倒生，长约 5mm，最外萼片 3，矩圆状卵形，长约 1.5mm，最内 2 萼片与花同长，钩镰状。果实扁圆形，先端具缺刻，睫毛，长与宽约 4mm。种子被绢毛。花、果期秋季。
【分布及生境】分布我国各地。生于田间、荒野、山间。

【食用方法】多用于做汤。

药用功效

全草入药。止咳祛痰、清热解毒。用于肺结核、百日咳、支气管炎、小儿麻痹后遗症、小儿疳积、跌打损伤等。

毛连菜

Picris hieracioides L.

别　名 ‖ 毛柴胡、毛牛耳大黄、黏叶草、毛紫胡
英文名 ‖ Hawkweed oxtongue
分　类 ‖ 菊科毛连菜属二年生草本

【形态特征】植株高 40~100cm。茎直立，中上部分枝，被钩状分叉刚毛，刚毛淡褐色。基生叶和茎下部叶倒披针形或长椭圆形，长 6~18cm，宽 1~3cm，顶端钝或尖，基部渐狭成具刺的叶柄，柄基部耳状抱茎，边缘有疏齿。叶面、叶背被具钩的刚毛；中部叶渐小，披针形，无柄；上部叶线状披针形。头状花序在茎端排成疏伞房状。有条形苞叶，总苞钟状，总苞片 3 层。花舌状，黄色，顶端具 4~5 齿。瘦果红褐色，具 5 条纵沟和细横纹，冠毛污白色。花、果期 5—12 月。

【分布及生境】分布于我国华北、东北、中南等地。生于海拔 800~2 000m 的疏林、溪边、草地、路旁。

【营养成分】富含蛋白质、脂肪、碳水化合物、多种矿物质和维生素等。

【食用方法】春季采摘嫩苗，洗净，沸水烫，清水漂去苦味，可炒食、做汤。

药用功效

全草入药。性寒，味苦。泻火解毒、祛瘀止痛。用于高热不退、风热感冒、跌打损伤、胸胁满闷、无名肿毒。

一年蓬

Erigeron annuus （L.） Desf.

别　名 ‖ 女婉、野蒿、牙肿消、牙根消、千张草、墙头草、长毛草、地白菜、白马兰
英文名 ‖ Annual fleabane
分　类 ‖ 菊科飞蓬属二年生草本

【形态特征】植株高 30~90cm，直立，上部有分枝。基部叶长圆形或宽卵形，长 4~17cm，宽 1.5~4cm，顶端尖或钝，基部狭成具翅的长柄，边缘具粗齿，下部叶与基部叶同形，但叶柄较短，中部和上部叶较小，长圆状披针形或披针形，长 1~9cm，宽 0.5~2cm，顶端尖，具短柄或无柄。头状花序数个或多数，排列成疏圆锥花序，长 6~8mm，宽 10~15mm。瘦果披针形，长约 1.2mm，扁压，被疏贴柔毛。花期 6—9 月。

【分布及生境】分布于吉林、河北、河南、山东、江苏、安徽、江西、福建、湖南、湖北、四川和西藏等。生于荒野、草坪、山坡上。

药用功效

全草入药。性平，味淡。清热解毒、消食止泻。用于消化不良、肠炎腹泻、传染性肝炎、淋巴结炎、血尿。

牛蒡

Arctium lappa L.

别　名‖山牛蒡、黑萝卜、老母猪耳朵、牛菜
英文名‖ Edible burdock
分　类‖菊科牛蒡属二年生草本

【形态特征】植株高 50~80cm，或更高，具肉质直根，长约 15cm，直径约 2cm，皮褐色，肉黄白色，味微苦，黏质。茎直立，带紫色，具微毛，上部多分枝。基生叶丛生，宽卵状心形，长 30~50cm，宽约 30~40cm，边缘波状具细锯齿，叶面绿色，叶背灰白色或浅绿色，被茸毛或脱毛，顶端圆钝，基部心形，有柄。茎生叶互生，中、下部叶与基生叶近圆形，上部叶小。头状花序丛生，排成伞房状，生于茎顶。总苞钟状或半球，总苞片披针形，多层，长 1~2cm，顶端钩状内弯；管状花，淡紫色，顶端 5 齿裂，裂片狭。瘦果倒长卵形，长约 5mm，宽约 3mm。灰黑色，冠毛短刚毛状。花期 7—8 月，果期 8—9 月。

【分布及生境】主要分布于我国东北、华北、西北地区，华东、华中、西南部分地区也有。生于海拔 2 500m 以下的山坡、谷底、林缘、灌丛、河边湿地、路旁。

【营养成分】每 100g 嫩叶含蛋白质 4.7g、脂肪 0.8g、碳水化合物 3g、胡萝卜素 3.9mg、维生素 B_1 0.01mg、维生素 B_2 0.29mg、维生素 B_5 1.1mg、维生素 C 29mg、钙 242mg、磷 101mg、铁 7.6mg。每 100g 肉质根含蛋白质 2.8g、脂肪 0.1g、碳水化合物 16.2g、纤维素 1.4g、维生素 B_1 0.04mg、维生素 B_2 0.07mg、维生素 B_5 0.6mg、维生素 C 4mg、钙 49mg、磷 60mg、铁 0.8mg。

【食用方法】肉质根在秋、冬季挖取，洗净，切片，清水浸泡去涩味，炖、炒、拌、炸、腌均可。夏季采花鲜食，春季采摘嫩叶食用。

药用功效

果实和根入药。果实性寒，味辛、苦，疏散风热、宣肺透疹、清肺解毒。根性寒，味苦，祛风热、消肿毒，用于风毒面肿、头晕、咽喉热肿、齿痛、咳嗽、消渴、痈疽疮疖。

山莴苣

Lagedium sibiricum（L.）Sojak

别　名‖鸭仔草、野生菜、野莴苣、苦麻菜、一支箭、一支蒿、土洋参、苦芥菜
英文名‖ Common lagedium
分　类‖菊科山莴苣属二年生草本

【形态特征】植株高 80~150cm。主根肥大，纺锤形。茎直立，粗壮，上部有分枝，具纵条纹，无毛。叶互生，叶形多变化。一般呈长椭圆状条形或条状披针形。不分裂，基部扩大成戟形半抱茎至羽状全裂或深裂。叶缘具疏大齿或缺刻状齿，无柄，叶面、叶背均有长毛，上部叶变小，线形。折断有白色乳汁。头状花序有小花 25 朵，顶生，排成圆锥状，舌状花淡黄色或白色。瘦果宽椭圆形，黑色，压扁，每面有一条突起的纵肋，冠毛白色。花、果期 7—11 月。

【分布及生境】除西北地区外，在我国其他地区广布。生于田间、路旁、山谷、灌木丛、河滩、沟边及草丛中。

【营养成分】每 100g 嫩叶含蛋白质 2.2g、脂肪 0.4g、碳水化合物 5g、粗纤维 0.8g、胡萝卜素 3.98mg、维生素 B_1 0.1mg、维生素 B_2 0.27mg、维生素 B_5 1.0mg、维生素 C 28mg、钙 150mg、磷 29mg、铁 5.2mg，还含蒲公英甾醇、豆甾醇等。

【食用方法】春、夏季采摘嫩苗或嫩茎叶，洗净，烫后漂去苦味，可凉拌、炒食或做汤。

药用功效

全草入药。性平，味甘、苦。清热解毒、滋阴润燥。用于自汗、慢性阑尾炎、产后瘀血腹痛、痔血、血崩、宫颈炎。

飞廉

Carduus crispus L.

别　名‖山蓟、针刺菜、雷公菜、丝毛飞廉
英文名‖ Curly bristle thistle
分　类‖菊科飞廉属二年生或多年生有刺草本

【形态特征】植株高 40~150cm。茎直立，有条棱，不分枝或最上部有极短或较长分枝，被稀疏的多细胞长节毛，上部或接头状花序下部有稀疏或较稠密的蛛丝状毛或蛛丝状绵毛。下部茎叶全形椭圆形或倒披针形，长 5~18cm，宽 1~7cm，羽状深裂或半裂，侧裂片 7~12 对，三角形刺齿，齿顶及齿缘或浅褐色或淡黄色的针刺，齿缘针刺较短，或下部茎叶不为羽状分裂，边缘大锯齿或重锯齿；中部茎叶与下部茎叶同形并等样分裂，但渐小；最上部茎叶线状倒披针形或宽线形；全部茎叶两面明显异色，上面绿色，有稀疏的多细胞长节毛，下面灰绿色或浅灰白色，被蛛丝状薄绵毛，沿脉有较多的多细胞长节毛，基部渐狭，两侧沿茎下延成茎翼。茎翼边缘齿裂，齿顶及齿缘有黄白色或浅褐色的针刺，针刺长 2~3mm，上部或接头状花序下部的茎翼常为针刺状。头状花序，花序梗极短，通常 3~5 个集生于分枝顶端或茎端，或头状花序单生分枝顶端，形成不明显的伞房花序。总苞卵圆形，直径 1.5~2（2.5）cm。总苞片多层，覆瓦状排列，向内层渐长；苞片长三角形或披针形；中外层顶端针刺状短渐尖或尖头，最内层及近最内层顶端长渐尖，无针刺。全部苞片无毛或被稀疏的蛛丝毛。小花红色或紫色，长 1.5cm，檐部长 8mm，5 深裂，裂片线形，长达 6mm，细管部长 7mm。瘦果稍压扁，楔状椭圆形，长约 4mm，有明显的横皱纹，基底着生面平，顶端斜截形，有果喙，果喙软骨质，边缘全缘，无锯齿。冠毛多层，白色或污白色，不等长，向内层渐长，冠毛刚、毛锯齿状，长达 1.3cm，顶端扁平扩大，基部连合成环，整体脱落。花、果期 4—10 月。

【分布及生境】我国各地均有分布。生于海拔 400~3 600 m 的荒野、路边、田地、河岸、山坡草地、林缘、杂草丛中。

【营养成分】每 100g 嫩叶含蛋白质 1.5g、脂肪 1.4g、碳水化合物 4g、粗纤维 1.4g、胡萝卜素 3.05mg、维生素 B_2 0.32mg 和维生素 C 31mg。

【食用方法】春、夏季采摘嫩苗或嫩叶，洗净，沸水烫后，清水漂洗，可炒食、做汤、做馅或盐渍。也可在夏季采花序柄炒食或盐制。

药用功效

全草入药。性凉，味辛、甘。祛风消肿、散瘀利湿。用于流感、头风、乳糜尿、月经过多、白带异常、痔血、尿血、静脉曲张、疔疮。

风毛菊

Saussurea japonica（Thunb.） DC.

别　名‖空筒菜、八楞麻、八面风、三棱草
英文名‖ Japanese saussurea
分　类‖菊科风毛菊属二年生草本

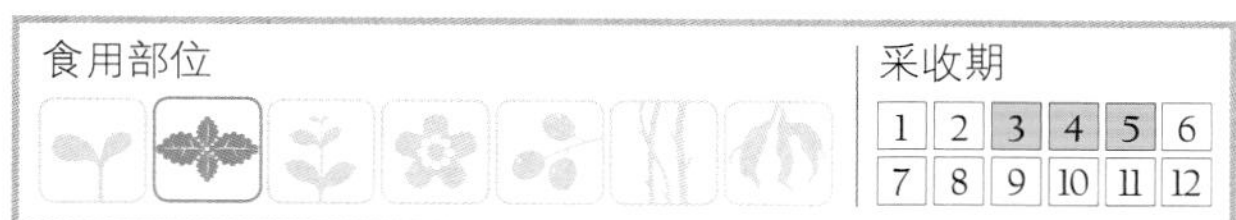

【形态特征】植株高 50~150cm。茎粗壮，直立，上部分枝，具微毛与腺点。基生叶和下部叶具长柄，矩圆形或椭圆形，羽状深裂；茎上叶渐小，椭圆形、披针形或条状披针形，羽状全裂或全缘。头状花序多数，小花紫色。瘦果冠毛淡褐色。花期 7—8 月，果期 8—9 月。

【分布及生境】分布于我国东北、华北、西北、华东和华南地区。生于山坡草地、沟边、路旁。

【营养成分】每 100g 嫩叶含维生素 A 7.19mg、维生素 C 15mg。

【食用方法】摘取嫩叶，洗净，沸水焯后，凉水浸泡，蘸酱或炒食。

药用功效

全草入药。性平，味辛、微苦。祛风除湿、活血舒筋、止咳。用于风湿骨节疼痛、腰腿痛、跌打损伤、伤风咳嗽、皮肤瘙痒。

山生菜

Lactuca indica L.

别　名‖山莴苣、莴苣菜、莴菜、鹅食菜
英文名‖ Indian lettuce
分　类‖菊科莴苣属二年生草本

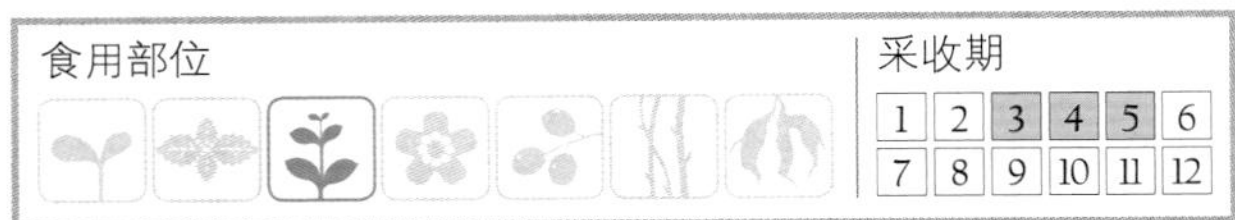

【形态特征】植株高 80~140cm，具乳汁。一至几个纺锤形肉质根。茎单生，直立，上部分枝。单叶互生，多变异，基部叶早枯萎，中部叶线形或线状披针形，长 10~30cm，宽 1.5~8.5cm，先端渐尖，基部扩大呈戟形半抱茎，叶脉羽状。全缘或倒向羽状全裂或深裂；上部叶变小，线状披针形或线形，叶面、叶背均无毛或叶背中脉被脉毛。头状花序，顶生，排列成圆锥状花序，各有小花 25 朵或更多；总苞片 3~4 层，外层短，卵圆形，内层长，长圆状披针形，先端钝；舌状花淡黄色或白色，下部密被白色丝毛；雄蕊 5，花柱长。瘦果椭圆形或宽卵形，长 3~4mm，压扁，深褐色至黑色，每面 1 条纵肋，喙短，冠毛白色。花期 7—9 月，果期 9—11 月。

【分布及生境】分布于我国东北及内蒙古、河北、山西、陕西、甘肃、青海、新疆等地。生于山坡荒地、林缘、灌丛、田间、路旁、沙质河岸。

【营养成分】每 100g 嫩苗、嫩叶含维生素 A 4.88mg、维生素 B_2 0.63mg、维生素 C 29mg、钾 32.8mg、钙 15.8mg、镁 4.12mg、磷 2.10mg、钠 0.40mg、铁 108mg、锰 77mg、锌 39mg、铜 14mg。

【食用方法】采摘嫩茎叶，洗净，沸水焯过，凉拌、炒食或做汤。

药用功效

根入药。性凉，味苦、甘。清热解毒、凉血散瘀、止血通乳。

小苜蓿

Medicago minima （L.） Grufberg

别　名‖野苜蓿
英文名‖ Little medic
分　类‖豆科苜蓿属一年生或二年生草本

【形态特征】须根系，茎基部分枝多，散生，具角棱，被柔毛。三出羽状复叶，小叶倒卵形，长 5~10mm，宽 5~7mm，先端圆或微凹，顶部具锯齿叶缘，基部全缘，叶面、叶背具毛；两侧小叶略小，被毛；托叶斜卵形，先端尖，基部具疏齿。头状总状花序，由 1~8 朵花组成，腋生，花冠黄色，花萼钟状，萼齿 5，披针形，密被毛。荚果盘曲成球状，棱背具 3 列长刺，刺端钩状，含种子数颗。种子肾形，两侧扁，淡黄色，光泽。

【分布及生境】分布于我国西北及河南、江苏、湖北、湖南、四川等。

【食用方法】春、夏季采摘嫩叶食用。

沙芥

Pugionium cornutum （L.） Gaertn.

别　名‖山萝卜、山羊沙芥、沙萝卜
英文名‖ Cornuted pugionium
分　类‖十字花科沙芥属二年生草本

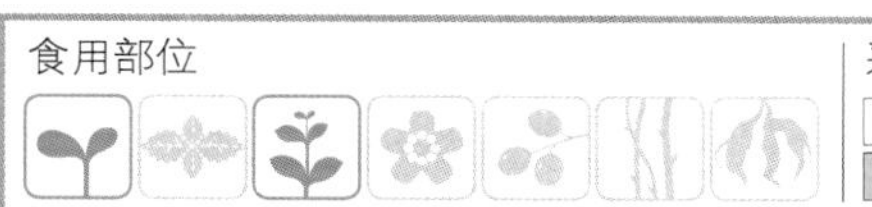

【形态特征】植株高 0.5~2m，主根发达，深而长，圆柱形，肉质。茎多分枝。单叶互生，叶肉质。基生叶羽状深裂或全裂，裂片 1~4cm，边缘 3~4 齿或不规则 2~3 裂，具长柄；茎生叶较小，羽状全裂，裂片较狭。无柄或短柄，上部茎生叶全缘，条状披针形。总状花序顶生或腋生，圆锥状。花黄色或白色。短角果长 3~3.5cm。革质，不裂，果翅上举。花期 6—8 月，果期 8—9 月。

【分布及生境】分布于陕西、宁夏、甘肃、内蒙古和东北沙漠地，草原沙地也有分布。生长于流动沙丘间的低地、落沙坡脚、平坦沙地、田边、渠旁。沙芥适应性强。生长旺盛，耐干旱，耐瘠，少病虫害。喜向阳背风坡，要求较细疏松沙子。

【营养成分】叶片肉质肥厚，有芥辣味，风味清香，是沙漠地区人传统的野菜。

【食用方法】夏、秋季，沙漠地区雨较多，为沙芥的旺盛生长期。可采收基生叶和当年未开花植株的根洗净，清煮脱水后，晒干或腌渍，可供长期食用。

药用功效

沙芥果实具行气、消食、止痛、解毒、清肺功效；叶具解酒、解毒、助消化功效；根具止咳、清肺功效，可治疗气管炎。

菘蓝

Isatis indigotica L.

别　名‖大青叶、大蓝、马蓝、大靛、青蓝菜
英文名‖ Indigo woad
分　类‖十字花科菘蓝属二年生草本

【形态特征】植株高 30~100cm，被白粉霜。主根粗肥，长圆柱形或近圆柱形，少分枝，表面灰黄色。茎直立，具四棱，上部分枝。茎直立，无毛，略呈四棱。单叶互生。基生叶莲座状，叶片长圆形至宽倒披针形，长 5~15cm，宽 1.5~4cm，先端钝尖，基部渐狭，浅波浪锯齿或全缘、具柄、淡灰色无毛。茎生叶长椭圆形或长圆状披针形，长 6~15cm，宽 1~4cm，基部垂耳圆形或箭形，全缘或近全缘，蓝绿色。上部叶渐小，全缘。总状花序，顶生或腋生。花瓣黄色，长圆状倒卵形，长 3~4mm，宽 1.5~2mm，先端近平截，基部楔形，具不明显短瓣柄；萼片淡黄色，长圆形或宽卵形，长 2~3mm，开展。雄蕊花药椭圆形，子房近圆形。短角果扁平，近圆形，长 9~25mm，宽 2~7mm，顶端多钝圆或截形，具短尖，基部楔形，边缘具膜质翅，中脉明显，无毛，不开裂。种子 1 颗，淡褐色，长圆形，长约 3mm。花期 4—5 月，果期 5—6 月。

【分布及生境】分布于河北、江苏、浙江、安徽、河南和陕西也有。菘蓝适应性较强，耐寒，喜温，忌涝。喜土层深厚、肥沃、排水良好的沙质壤土，土质黏质或低洼积水之处易烂根。

【营养成分】每 100g 嫩苗含脂肪 1.4g、碳水化合物 6.2g、粗纤维 4.3g，还含维生素 B、维生素 C 和维生素 A 及钙、磷和铁等。

【食用方法】古人采叶后用沸水焯熟，用清水浸泡去苦味，调味食用。现代研究表明，食用菘蓝后会引起染色体畸变或骨髓抑制，因此不适合食用。

药用功效

根、叶入药。根是常见药物“板蓝根”，叶是“大青叶”。性寒，味苦。清热解毒、凉血消斑。用于温邪入营、高烧神昏、发斑发疹、黄疸、热痢、痄腮、喉痺、丹毒。

凤花菜

Rorippa islandica（Oeder）Borbas

别　名‖沼生蔊菜、黄花蔊菜、岗地菜
英文名‖ Bog marsh-cress
分　类‖十字花科蔊菜属二年生或多年生草本

【形态特征】植株高 20~60cm。茎直立，多分枝，具纵条纹。基部偶有紫色，稍被毛或无毛。基生叶或下部茎生叶具叶柄，倒披针形，长达 12cm，宽达 3cm，大头羽状深裂，顶生裂片卵形至长圆形。侧生裂片小，3~7 对，边缘具锯齿。上部茎生叶逐渐变小互生，羽状分裂至不裂，具短柄至无柄。基部具耳状裂片，抱茎。总状花序顶生和茎上部腋生，花小，黄色，直径约 2mm，萼片长圆形，长 2~3mm，花瓣楔形，与萼片等长，花梗纤细，长约 3mm。长角果圆柱状长椭圆形，长约 5mm，宽约 2mm，稍肿胀，略内弯。果瓣无脉，突起。果梗长约 5mm。种子 2 列，卵形，稍扁，褐色，具网纹。花期 5—7 月，果期 7—9 月。
【分布及生境】分布于我国东北、华北、西北和山东、湖北、安徽、江苏、湖南、贵州、云南等地。生于路旁、沟边潮湿处、水田边、沼泽地、草丛间、河岸湿地等。

【营养成分】每 100g 鲜苗含蛋白质 2.06g、脂肪 1.5g、碳水化合物 8.18g、粗纤维 2.46g、维生素 C 110~220mg、钙 240mg、磷 47mg。
【食用方法】春季采摘嫩苗，洗净，沸水烫后炒食或凉拌。

药用功效

全草入药。性凉，味辛。清热利尿、解毒。用于黄疸、水肿、淋证、咽痛、关节炎；外用治烧伤。

灰毛糖芥菜

Erysimum diffusum Ehrh.

别　名‖灰毛糖芥、灰白糖芥
英文名‖ Greyhair sugar mustard
分　类‖十字花科糖芥属二年生草本

【形态特征】植株高 30~80cm，全部具贴生 2 叉丁字毛。茎直立，不分枝或分枝，有棱。基生叶莲座状，叶片长圆形或线状披针形，长 2~4cm，宽 3~8mm，顶端急尖，基部渐狭，全缘或具裂齿，叶柄长 3~5cm；茎生叶线状长圆形或线形，全缘，具短叶柄。总状花序在果期可达 15cm；萼片长圆形或披针状长圆形，长 6~7mm；花瓣黄色，倒卵形，长约 12mm，上面稍有毛，爪长 7~8mm。长角果圆筒状四棱形，长 5~7cm，宽约 1mm，直立伸展，有时稍弯曲，具灰白色丁字毛，但棱缘无毛，花柱长约 1mm；果梗较粗，长 5~7mm，伸展。种子长圆形，长约 2mm，棕色。花、果期 7—8 月。
【分布及生境】生于海拔 1 000~1 400m 的新疆天山北坡、丘陵、阿尔泰山。喜生于平缓的山坡、半阴坡。较耐旱，对土壤要求不严，再生性差。

【营养成分】鲜花风干物含粗蛋白质 16.38%、脂肪 2.35%、粗纤维 27.31%，还有钙 2.40%、磷 0.07%。
【食用方法】春、夏季采摘嫩叶食用。

药用功效

全草及种子入药。性寒，味甘、涩。清热镇咳、强心、解肉食中毒。用于虚劳发热、肺痨咳嗽、久病心力不足。

禾雀舌

Portulaca pilosa L.

别　名‖毛马齿苋、牛时草、禾雀花、翠草
英文名‖ Hair purslane
分　类‖马齿苋科马齿苋属一年生或二年生草本

【形态特征】植株高 5~20cm。茎密丛生，铺散，多分枝。叶互生，叶片近圆柱状线形或钻状狭披针形，长 1~2cm，宽 1~4mm，腋内有长疏柔毛，茎上部较密。花直径约 2cm，无梗，围以 6~9 片轮生叶，密生长柔毛；萼片长圆形，渐尖或急尖；花瓣 5，膜质，红紫色，宽倒卵形，顶端钝或微凹，基部合生；雄蕊 20~30，花丝洋红色，基部不连合；花柱短，柱头 3~6 裂。蒴果卵球形，蜡黄色，有光泽，盖裂。种子小，深褐黑色，有小瘤体。花、果期 5—8 月。
【分布及生境】分布于台湾原野。生于原野、村落空地、河岸和沿海沙地。

【食用方法】采摘嫩茎叶，用水煮后，洗净，供煮食或炸后调味食用。

药用功效

全草入药。清热、解毒。煎服治痢疾，捣敷治疮痈肿毒。

野胡萝卜

Daucus carota L.

别　名‖山萝卜、鹤虱、邪蒿、南鹤虱、虱子草
英文名‖ Wild carrot
分　类‖伞形科西风芹属二年生草本

【形态特征】植株高20~120cm。全体被粗硬毛。根粗，圆锥形，肉质，白色。茎直立，多分枝。基生叶具长柄。矩圆形，二至三回羽状深裂至全裂。最末裂片条形或披针形。顶端锐尖，具小尖头，长2~15mm，宽0.8~4mm，无毛或具糙硬毛；茎生叶近无柄，具叶鞘。复伞状花序顶生。总花梗长10~60cm，总苞片多数，叶状，羽状分裂。裂片条形。边缘膜质，具缘毛，反折；小总苞片5~7条，条形，不裂或羽状分裂，边缘具睫毛。花白色或淡红色。双悬果矩圆形，长3~4mm，4条次棱有翅，翅上具短钩状刺毛。花期5—7月，果期7—8月。

【分布及生境】分布于江苏、浙江、安徽、江西、湖南、湖北、四川、贵州等地。生于海拔700~1 300m的路旁、原野、山间。

【营养成分】每100g嫩茎叶含蛋白质3.8g、脂肪0.56g、粗纤维0.6g、碳水化合物1.88g。每100g鲜根含蛋白质2.1g、脂肪0.6g、碳水化合物4.5g、粗纤维1g，还含有丰富的胡萝卜素。

【食用方法】春、秋季采摘嫩茎叶。洗净，沸水烫过，切碎，可加适量盐拌食，也可炒、蒸、做馅等。秋季至冬春可挖取肉质根，洗净可生食，泡酸菜或煮食。

药用功效

全草果实或种子入药。果实具杀虫作用。性平，味苦、微甘。全草可杀虫、消肿、下气、化痰。种子具小毒，有理气消积、杀虫利湿等功效。

雀舌草

Stellaria alsine Grimm.

别　名‖滨繁缕、天蓬草、雪里花、寒草
英文名‖ Alpine starwort
分　类‖石竹科繁缕属二年生草本

【形态特征】植株高15~30cm，全株无毛。须根细。茎丛生，稍铺散，上升，多分枝。叶无柄，叶片披针形至长圆状披针形，长5~20mm，宽2~4mm，顶端渐尖，基部楔形，半抱茎，边缘软骨质，呈微波状，基部具疏缘毛，两面微显粉绿色。聚伞花序通常具3~5花，顶生或花单生叶腋；花梗细，长5~20mm，无毛，基部有时具2披针形苞片；萼片5，披针形，长2~4mm，宽1mm，顶端渐尖，边缘膜质，中脉明显，无毛；花瓣5，白色，短于萼片或近等长，2深裂几达基部，裂片条形，钝头；雄蕊5（~10），有时6~7，微短于花瓣；子房卵形，花柱3（有时为2），短线形。蒴果卵圆形，与宿存萼等长或稍长，6齿裂，含多数种子。种子肾脏形，微扁，褐色，具皱纹状突起。花期5—6月，果期7—8月。

【分布及生境】分布于西藏、云南、四川、广东、广西、湖南、湖北、江西、安徽、江苏、浙江、福建、台湾、陕西、甘肃、山东、辽宁、内蒙古。生于海拔2 000m以下的山坡路旁、林下、石缝中等较为潮湿处。

【营养成分】参考互生繁缕。

【食用方法】参考繁缕。

药用功效

全草入药。用于伤风感冒、痢疾、痔漏、跌打损伤。

野葵

Malva verticillata L.

别　名‖菟葵、冬苋菜、糯米菜、冬寒菜
英文名‖ Fructus malvae
分　类‖锦葵科锦葵属二年生草本

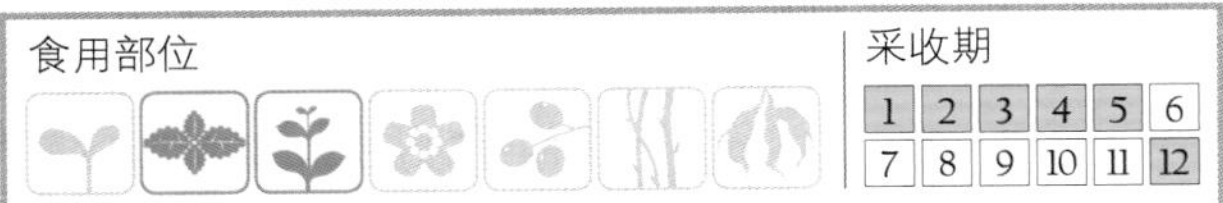

【形态特征】植株高 50~80cm。茎被星状长柔毛。叶肾形或圆形，宽 5~10cm。基生叶宽 5~10cm。常 5~7 掌状分裂。裂片三角形，边缘钝锯齿。叶面、叶背疏糙伏毛或近无毛，叶柄长 2~8cm，沟槽中具茸毛；托叶卵状披针形，被星状柔毛。花 3 朵至多朵，簇生叶腋，无花梗或花梗极短；小苞片 3，线状披针形，长 5mm；萼杯状，5 裂；花冠白色或淡红色；花瓣 5，顶端凹下，爪无髯毛；雄蕊长约 4mm，被毛；花柱分枝 10~11。果扁球形，直径 5~7mm，分果爿 10~11，背面平滑，两侧具网纹，无毛。花、果期 4—11 月。

【分布及生境】分布于我国各省区。生于路旁、田边、山坡湿润处。

【营养成分】每 100g 嫩茎叶含蛋白质 3.1g、脂肪 0.5g、碳水化合物 3.4g、维生素 A 8.98mg、维生素 B_1 0.13mg、维生素 B_2 0.3mg、维生素 B_5 2mg、维生素 C 55mg、钙 315mg、磷 56mg、铁 2.2mg。

【食用方法】冬、春季采摘嫩叶或嫩梢。用于做汤或炒食，口感滑利，具清热利湿的食疗效果。

药用功效

成熟果实入药。性凉，味甘、涩。止血利尿、补气止汗。用于尿路感染、排尿困难、水肿、口渴。种子治水肿、淋浊，叶治刀伤。根治气虚自汗。

小车前

Plantago depressa Willd.

别　名‖平车前、车轮草、车轱辘菜、车串串
英文名‖ Depressed plantain
分　类‖车前科车前属一年生或二年生草本

【形态特征】直根长，具多数侧根，多少肉质。根茎短。叶基生呈莲座状，平卧、斜展或直立；叶片纸质，椭圆形、椭圆状披针形或卵状披针形，长 3~12cm，宽 1~3.5cm，先端急尖或微钝，边缘具浅波状钝齿、不规则锯齿或牙齿，基部宽楔形至狭楔形，下延至叶柄，脉 5~7 条，上面略凹陷，于背面明显隆起，两面疏生白色短柔毛；叶柄长 2~6cm，基部扩大成鞘状。花序 3~10 余个；花序梗长 5~18cm，有纵条纹，疏生白色短柔毛；穗状花序细圆柱状，上部密集，基部常间断，长 6~12cm；苞片三角状卵形，长 2~3.5mm，内凹，无毛，龙骨突宽厚，宽于两侧片，不延至或延至顶端。花萼长 2~2.5mm，无毛，龙骨突宽厚，不延至顶端，前对萼片狭倒卵状椭圆形至宽椭圆形，后对萼片倒卵状椭圆形至宽椭圆形。花冠白色，无毛，冠筒等长或略长于萼片，裂片极小，椭圆形或卵形，长 0.5~1mm，于花后反折。雄蕊着生于冠筒内面近顶端，同花柱明显外伸，花药卵状椭圆形或宽椭圆形，长 0.6~1.1mm，先端具宽三角状小突起，新鲜时白色或绿白色，干后变淡褐色。胚珠 5。蒴果卵状椭圆形至圆锥状卵形，长 4~5mm，于基部上方周裂。种子 4~5 颗，椭圆形，腹面平坦，长 1.2~1.8mm，黄褐色至黑色；子叶背腹向排列。花期 5—7 月，果期 7—9 月。

【分布及生境】分布于我国各地。生于草地、河滩、沟边、田间及路旁。

【营养成分】在开花期干物质中含粗蛋白质 10.68%、粗脂肪 2.59%、粗纤维 21.74%、无氮浸出物 46.26%、粗灰分 18.73%、钙 2.36%、磷 0.45%。

【食用方法】初夏采摘嫩叶，水煮后用清水浸泡、揉搓，加葱花调味，炒食、煮汤或做馅。

药用功效

种子入药。利尿、清热、止泻、明目。

牡蒿

Artemisia japonica Thunb.

别 名‖齐头蒿、齐头菜、油蒿、熊掌蒿、白花蒿
分 类‖菊科蒿属多年生草本

【形态特征】植株高 30~150cm。主根粗，须根多，根状茎粗壮。茎直立，常丛生，具不育枝，被细柔毛或无毛。叶互生，下部叶匙形，顶端具齿或浅裂；中部叶匙形；上部叶小，近条形。头状花序多数，腋生，排成复总状，球形或长圆形。瘦果椭圆形，无冠毛。花、果期 8—11 月。

【分布及生境】除我国西北和内蒙古干旱地区外，其他省区均有。喜温不耐旱，常生于山坡、路边、荒野、林缘、林下、沟边、河边、杂草丛中。

【营养成分】每 100g 可食部含胡萝卜素 5.14mg、维生素 B_2 1.07mg、维生素 C 52mg。每 100g 干品中含钾 3 840mg、钙 990mg、镁 253mg、磷 214mg、钠 78mg、铁 15.8mg、锰 6.3mg、铜 1.5mg。

【食用方法】春、夏季采摘嫩苗或嫩茎叶，洗净，沸水烫，清水漂后，凉拌或炒食。

药用功效

全草入药。性平，味甘、苦。清热解毒、理气散郁。用于黄疸型肝炎、疟疾、肺痨潮热、风湿、便血、衄血、蛇虫咬伤。

蒌蒿

Artemisia selengensis Turcz. ex Besser

别 名‖水蒿、三叉叶蒿、白蒿、火绒蒿、狭蒿、芦蒿、香蒿、茼蒿、小艾
英文名‖Seleng wormwood
分 类‖菊科蒿属多年生草本

【形态特征】植株高 60~150cm。须根系，主根不明显，侧根多。地下根状茎肥大，棕色，长达 30~70cm，粗 0.6~1.2cm，分布于 15~25cm 深的表土层，新鲜时柔嫩多汁，节上具潜伏芽，能发生不定根。顶芽和腋芽伸出地面成为地上茎，基部匍匐生长，上部老龄时褐色。茎直立，有分枝，无毛，紫红色。单叶互生，中部叶羽状深裂，长 10~18cm，宽 5~9cm，侧裂 2 对或 1 对。条状披针形或条形，具锐锯齿。叶面无毛，绿色，叶背浅绿色，被白色薄茸毛；上部叶 3 裂或不裂，长条形而全缘。头状花序，近钟形，长 2.5~3mm，直径 2~2.5mm。直立或稍下倾。多数密生茎顶，排成复总状花序或长圆锥状。总苞片 4 层，外层为雌花 8~12 朵，内层为两性花 10~15 朵。瘦果长圆形，细小，无毛，褐色。花期 8 月。

【分布及生境】分布于我国东北、西北、华北、华东和华南及长江中下游地区。生于山坡、林下、草地、河滩或湖泊沼泽地，既可水生又能陆生，耐湿、耐热、耐肥。

【营养成分】每 100g 嫩茎中含蛋白质 3.6g、脂肪 1g、胡萝卜素 1.39mg、维生素 B_1 0.007 5mg、维生素 C 49mg、钙 730mg、磷 102mg、铁 2.9mg。根状茎富含淀粉，还含侧柏酮芳香油及十多种氨基酸。

【食用方法】春季采摘嫩茎叶，洗净，沸水烫过，清水漂后炒食或凉拌。秋冬挖取根状茎，洗净，阴干，可炒食、腌渍，也可鲜食。

药用功效

全草入药。性微温，味辛、苦。祛风除湿、理气散寒。用于寒湿脚气、黄疸、热痢、风寒湿痹、腹冷痛。

茵陈蒿

Artemisia capillaris Thunb.

别　名‖茵陈、绵茵陈、土茵陈、绒蒿、白蒿
英文名‖ Capillary wormwood
分　类‖菊科蒿属多年生草本或半灌木状

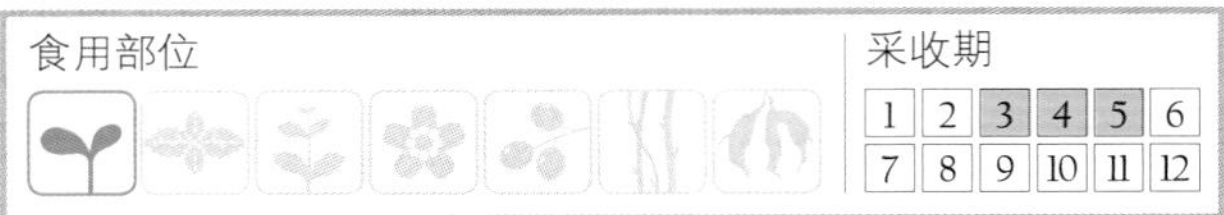

【形态特征】植株高 50~100cm，具直根。茎直立，基部木质化，表面黄棕色，具纵条纹，上部多分枝，被灰白色细柔毛。叶二至三回羽状分枝，下部裂片较宽短，常被短绢毛；中部叶裂片细长如发，宽约 1mm；上部叶羽状分裂，3 裂或不裂，近无毛。头状花序，多数，密集成复总状。总苞片 3~4 层，无毛，外层卵形，内层椭圆形，中央绿色，边缘膜质。花黄色，管状，外层 3~5 雌花，能育，内层 5~7 两性花，不育。瘦果长圆形，长约 0.8mm，无毛。花期 9—10 月，果期 10—12 月。

【分布及生境】分布于我国各地。生于山坡、灌丛、路旁草地、山顶草地。

【营养成分】每 100g 嫩茎叶含蛋白质 5.6g、脂肪 0.4g、碳水化合物 8g、维生素 A 5.02mg、维生素 B_1 0.05mg、维生素 B_2 0.35mg、维生素 B_5 0.2mg、维生素 C 2mg、钙 257mg、磷 97mg、铁 21mg，还含有挥发油。

【食用方法】春季苗高约 10cm 时采摘，鲜用或晒干后用。嫩苗洗净，沸水烫，清水漂洗后切碎，加调料凉拌、炒食或做汤。

药用功效

幼苗入药。性微寒，味苦、辛。清湿热。用于黄疸尿少、湿疮瘙痒、急性传染性黄疸型肝炎。

柳蒿

Artemisia integrifolia L.

别　名‖柳蒿芽、柳蒿菜、水蒿、白蒿
英文名‖ Willow-leaf wormwood
分　类‖菊科蒿属多年生草本

【形态特征】植株高 30~150cm。根状茎匍匐生长，地上茎直立，具条棱。单叶互生，中、下部叶矩圆形、披针形或条形，3 深裂，边缘锯齿；上部叶披针形，不分裂，较小，叶背密被灰白色茸毛。头状花序排列成穗状。边缘为雌花，中央为两性花。花冠钟形，黄绿色。瘦果矩圆形。花期 8—9 月，果期 9—10 月。

【分布及生境】分布于我国东北及华北等地。生于森林草原、草甸、林缘湿地、河岸湿地、山脚、路旁、沟旁、沼泽、灌丛。

【营养成分】每 100g 鲜品含蛋白质 3.7g、脂肪 0.7g、碳水化合物 9g、粗纤维 2.1g、维生素 A 4.4mg、维生素 B_1 0.3mg、维生素 C 23mg。每 100g 干品含钾 1 960mg、钙 950mg、镁 260mg、磷 415mg、钠 38mg、铁 13.9mg、锰 11.9mg、锌 2.6mg、铜 1.7mg。

【食用方法】夏季采摘嫩茎叶，采后沸水焯一下，焯去苦味即可炒食、做馅或做汤。

艾蒿

Artemisia argyi Lévl. et Van.

别 名‖蒿菜、艾叶、杜叶艾、五月艾、生艾
英文名‖ Argy wormwood
分 类‖菊科蒿属多年生草本

食用部位

采收期

1	2	3	4	5	6
7	8	9	10	11	12

【形态特征】植株高 50~150cm。茎直立，密被白色细软毛。叶互生，叶片展平后呈卵状椭圆形，长 6~9cm，宽 4~8cm，羽状深裂，侧裂片约 2 对，裂片椭圆状披针形，中裂片楔形，常再 3 裂或全缘或具 1~2 枚粗齿或羽状缺刻，叶面灰绿色或黄绿色，具蛛丝状毛，密布白色腺点，叶背灰白色，密茸毛。头状花序多数，钟形，长 3~4cm，直径 2~2.5mm。排成复穗状或复总状，花后下倾。总苞卵形，总苞片 4~5 层，花被白色绵毛，边缘膜质；外层披针形。花带黄色，外层雌花，6~10 朵，内层两性花，8~12 朵，紫褐色。

【分布及生境】分布于我国东北、华北、华东、西南。生于山坡草地、路旁及田边。

【食用方法】春季采摘嫩叶，洗净，沸水烫透，清水浸约 1 小时去苦味，切碎，与糯米粉或面粉（1：4 或 1：5 比例）加入白糖或红糖及水，搅拌后做成糍粑蒸熟食，或配料炒食、凉拌。

药用功效

叶入药。性温，味辛、苦。具小毒。温经止血、散寒止痛。用于虚寒崩漏、胎动不安、痛经、吐血、鼻衄、产后腹痛、虚寒腹痛。

紫香蒿

Artemisia dracunculus L.

别 名‖狭叶青蒿、椒蒿、龙蒿
英文名‖ Tarragon
分 类‖菊科蒿属多年生草本

【形态特征】植株高 30~150cm，绿色，无毛，具细长地下茎。地上茎直立，单一或多数，下部木质化，中部以上具密集分枝。单叶，叶片线形或长圆状线形，顶端渐尖，叶面、叶背具不密集腺点，全缘，无柄；下部叶有时在顶端具 3 浅裂，花期凋谢；中部叶以上密集。头状花序多数，梗短，俯垂，在茎和枝上排列成复总状花序，总苞球形，总苞片绿色，3 层，无毛，外层长圆形或近披针形，内层广卵形，边缘宽膜质。花为管状花，白色，外层雌性，7 朵，能育；内层两性，几多于雌花 1 倍，不育。瘦果倒卵形，无毛。

【分布及生境】分布于我国北部和西北部。生于山坡、山谷、沙滩地和河流阶地。

【食用方法】春季采嫩叶，用热水焯熟，换水浸洗干净，去苦味，加调味料拌食。

药用功效

全草入药。清热祛风、利尿功效。用于风寒感冒。

佩兰

Eupatorium fortunei Turcz.

别　名‖泽兰、水泽兰、杆升麻、野佩兰
英文名‖ Fortune's eupatorium
分　类‖菊科泽兰属多年生草本

【形态特征】植株高40~100cm。根状茎匍匐生长，淡红褐色。茎直立，圆柱形，绿色或红紫色，上部枝条和花序枝上密被毛。单叶互生，通常3深裂，中裂片较大，长椭圆形或长椭圆状披针形。头状花序排成复伞房状。瘦果长椭圆形，具5棱，无毛。花期5—7月，果期9—12月。

【分布及生境】分布于江苏、河北、山东、上海、天津、安徽、河南、陕西、浙江等地。多生于海拔1 000m左右的路边灌木林中、水边、低湿地。

【营养成分】全株含挥发油。叶含香豆精、邻－香豆酸和麝香草氢醌。

【食用方法】春、夏季采摘嫩叶，多做渣豆腐或嫩豆腐食用。

药用功效

叶入药。性平，味辛。芳香化湿、醒脾开胃、发表解暑。用于湿浊中阻、脘痞呕恶、口中甜腻、口臭、多涎、暑湿表证、头胀胸闷。

马兰

Kalimeris indica（L.） Sch.-Bip.

别　名‖马兰头、路边菊、十里香、泥鳅菜、蓑衣草、鸡肠儿、红管药、紫菊
英文名‖ Indian kalimeris
分　类‖菊科马兰属多年生草本

【形态特征】植株高30~70cm。根状茎匍匐生长，具匍匐枝，有时具直根。茎直立。叶互生，薄质，倒披针形或倒卵状矩圆形，长3~10cm，宽0.8~5cm，顶端钝或尖，基部渐狭成具翅的长柄，边缘有粗锯齿或羽状浅裂，上部叶细小，全缘。头状花序单生，在枝顶排成疏伞房状，直径2.5cm；总苞2~3层，倒披针形或倒披针状矩圆形，边缘为舌状花1轮。雌花舌片淡紫色，中央为管状花多数，管部被短毛。两性花花冠黄色，裂片3。瘦果倒卵状矩圆形，极扁，长1.5~2mm，褐色，边缘浅色有厚肋。花、果期5—11月。

【分布及生境】分布于云南、贵州、四川、广东、广西、湖南、江西、安徽、江苏、浙江、福建、台湾、河南、陕西、山东、辽宁。生于海拔1 600m以下的山坡、林缘、田野、沟边及路边草丛。

【营养成分】每100g可食部含蛋白质5.4g、脂肪0.6g、碳水化合物6.7g、胡萝卜素3.15mg、维生素B_1 0.07mg、维生素B_2 0.36mg、维生素B_5 3.15mg、维生素C 36mg、钙285mg、磷106mg、铁9.5mg。全草含挥发油。

【食用方法】春季采摘嫩苗或嫩茎叶，以叶大、鲜嫩、气味芳香者为佳。洗净，沸水烫后，清水漂洗去涩味，可凉拌、煮汤、炒菜或做馅。

药用功效

全草入药。性凉，味苦、辛。清热解毒、凉血、化痰止咳。用于风寒感冒、中耳炎、消化不良、肝炎、血崩、吐血、慢性支气管炎、咽喉肿痛、外伤出血、流感等。

全叶马兰

Kalimeris integrifolia Turcz. ex DC.

别　名‖扫帚花、全叶紫菀、扫帚鸡儿肚
英文名‖ Japanese aster
分　类‖菊科马兰属多年生草本

【形态特征】 植株高 30~80cm，根较深生，直根纺锤形，其上生须根。茎直立，单生或数个丛生，密被短茸毛，上部分枝。叶互生；基部叶早枯萎；中部叶多而密，线状披针形或倒披针形，长 2.5~4cm，宽 0.4~0.6cm，先端钝或尖，基部渐狭，叶面、叶背被短茸毛，全缘；上部叶较小，线形。头状花序单生于枝顶，排列成疏伞房状。总苞片 3 层，覆瓦状排列，外层近线形，内层长圆状披针形。先端尖，具短粗毛腺点；舌状花 1 层，20 多片，淡紫色，长约 11mm，管状花多数，黄色，花冠长 3mm，筒长 1mm。瘦果倒卵形，长 1.8~2mm，宽 1.5mm，浅褐色，扁平，具浅色边肋，或一面有肋，被短毛和腺体；冠毛褐色，易脱落。花期 6—10 月，果期 7—11 月。

【分布及生境】 分布于我国西部、中部、东部和东北部各地。生于山坡、林缘、灌丛、路旁、荒地。

【营养成分】 每 100g 嫩苗含维生素 A 3.32mg、维生素 C 46mg、维生素 B 0.05mg、钾 36.4mg、钙 8.9mg、镁 3.40mg、磷 3.88mg、钠 0.55mg、铁 370μg、锰 65μg、锌 45μg、铜 14μg。

【食用方法】 嫩苗沸水焯过，换凉水浸过夜，凉拌、蘸酱、炒食或做汤均可。

药用功效

全草入药。可治感冒发热、咳嗽、咽炎、胃溃疡，外用可治乳腺炎、疮疖肿毒、外伤出血。

东风菜

Doellingeria scabra （Thunb.） Nees

别　名‖白山菊、仙白草、盘龙草、白山蓟
英文名‖ Scabrous doellingeria
分　类‖菊科东风菜属多年生草本

【形态特征】 植株高 100~150cm。根状茎短粗，匍匐生长，着生众多褐色须根。茎直立，粗壮，圆形，有棱条。叶互生，基生叶与茎下部叶心脏形，长 9~15cm，宽 6~15cm，先端尖，基部心形，边缘具小尖头的齿，叶柄长，具狭翼。头状花序多数，在茎顶端排列成圆锥伞房状。瘦果倒卵圆形或椭圆形，具 5 条厚肋，无毛，冠毛污黄白色。花期 7—8 月，果期 8—9 月。

【分布及生境】 分布于我国华南、华中、华东及东北各地。生于海拔 1 500m 以下的向阳山坡、旷野、路旁草地、林缘、灌丛中。

【营养成分】 每 100g 可食部含蛋白质 2.6g、纤维素 2.75g、维生素 A 4.69mg、维生素 B_5 0.8mg、维生素 C 28mg。

【食用方法】 春、夏季采摘嫩苗或嫩茎叶，洗净，沸水烫后，清水漂洗，加调味料作凉拌、荤素炒食、做汤或煮粥等。

药用功效

全草入药。性寒，味甘。用于跌打损伤、蛇伤、风毒。根可疏风行气、活血止痛，治肠炎腹痛、骨节疼痛。

旋覆花

Inula japonica Thunb.

别　名‖满天星、六月菊、小黄花、伏花、水葵花、夏菊、金福花、金佛花
英文名‖ Japanese inula
分　类‖菊科旋覆花属多年生直立草本

【形态特征】植株高 30~70cm，根状茎短，横走或斜升，有少许粗壮的须根。茎单生，有时 2~3 个簇生，直立，有时基部具不定根，基部径 3~10mm，有细沟，被长伏毛，或下部有时脱毛，上部有上升或开展的分枝，全部有叶；节间长 2~4cm。基部叶常较小，在花期枯萎；中部叶长圆形，长圆状披针形或披针形，长 4~13cm，宽 1.5~3.5cm，稀 4cm，基部少许狭窄，常有圆形半抱茎的小耳，无柄，顶端稍尖或渐尖，边缘有小尖头状疏齿或全缘，上面有疏毛或近无毛，下面有疏伏毛和腺点；中脉和侧脉有较密的长毛；上部叶渐狭小，线状披针形。头状花序直径 3~4cm，多数或少数排列成疏散的伞房花序；花序梗细长。总苞半球形，直径 13~17mm，长 7~8mm；总苞片约 6 层，线状披针形，近等长，但最外层常叶质而较长；外层基部革质，上部叶质，背面有伏毛或近无毛，有缘毛；内层除绿色中脉外干膜质，渐尖，有腺点和缘毛。舌状花黄色，较总苞长 2~2.5 倍；舌片线形，长 10~13mm；管状花花冠长约 5mm，有三角披针形裂片；冠毛 1 层，白色有 20 余个微糙毛，与管状花近等长。瘦果长 1~1.2mm，圆柱形，有 10 条沟，顶端截形，被疏短毛。花期 6—10 月，果期 9—11 月。

【分布及生境】分布于我国东北、华北、西北、华东、华中、华南及西南各地。生于山坡、路旁、田边或水旁湿地。

【食用方法】春季采摘嫩叶，用热水焯熟，换水浸泡，除去苦味，洗净后调味食用。

药用功效

花序入药。性平，味甘、淡。软坚散结、消炎下气、逐水。用于胸中痰结、胁下胀满、咳喘、呃逆、心下痞硬、噫气不除、大腹水肿。

菊花脑

Dendranthema indicum（L.）Des Moul.

别　名‖菊花郎、菊花头、路边黄、黄菊仔
英文名‖ Vegetable chrysanthemum
分　类‖菊科菊属多年生草本

【形态特征】植株高 30~90cm，具菊香味，茎较纤细，直立或匍匐生长，分枝多。叶互生，叶片卵形或长椭圆状卵形，长 2~6cm，宽 1~2.5cm，边缘具粗大的复齿或羽状深裂。叶面绿色，叶背浅绿，基部楔形或收缩成叶柄。头状花序顶生，直径 1~1.5cm，周围舌状花，黄色，内为管状花。瘦果。花期 10—11 月，果期 12 月。

【分布及生境】分布于安徽、江苏、浙江等地。生于山坡、林缘、旷野。喜光，喜冷凉。耐热耐湿，也较耐寒。

【营养成分】每 100g 鲜品含蛋白质 3.2g、脂肪 0.5g、碳水化合物 6g、粗纤维 3.4g、维生素 C 17.1mg、维生素 A 0.87mg，还含钾、钙、镁、磷等。

【食用方法】嫩茎叶可炒食、做汤。

药用功效

全草入药。疏风散热、平肝明目、清热解毒。

山尖子

Parasenecio hastatus（L.）H. Koyama

别　名‖山头菜、山尖菜、戟叶兔儿伞
英文名‖ Hastate cacalia
分　类‖菊科蟹甲草属多年生草本

食用部位　　采收期
1 2 3 4 5 6
7 8 9 10 11 12

【形态特征】 植株高60~150cm。茎粗壮，上部密生腺状短柔毛。下部叶花期枯萎，中部叶三角状戟形，长10~17cm，宽13~19cm，基部截形或微心形，楔状下延成上部有狭翅的叶柄，叶柄长4~5cm，基生叶不抱茎，边缘有不大规则尖齿，上面有疏短毛，下面有密柔毛，上部叶渐小，三角形或矩圆形。头状花序多数，下垂、密集成窄金字塔形的圆锥花序，梗长4~20mm，密生腺状短毛；总苞筒状，长9~12mm，宽约8mm；总苞片8个，狭矩圆形或披针形，密生腺状短毛；花13~19个，筒状，淡白色。瘦果淡黄褐色，冠毛白色。

【分布及生境】 分布于我国东北和华北地区。生于林缘、灌丛、草地。

【食用方法】 嫩苗可炒食、做汤。

药用功效

全草入药。解毒、消肿、利水。用于伤口化脓、小便不利。

耳叶蟹甲草

Parasenecio auriculatus（DC.）J. R. Grant

别　名‖耳叶兔儿伞
英文名‖ Auriculatus cacalia
分　类‖菊科蟹甲草属多年生草本

【形态特征】 植株高50~100cm。根状茎较短。茎直立，无毛。叶互生，薄纸质，下部叶花期凋落；中部叶约4，叶片五角状肾形或三角状肾形，长4~10cm，宽7~14cm，基部微心形或截形，边缘有不规则齿，仅下面沿叶脉疏生短毛，叶柄长3~6cm，基部扩大成叶耳，抱茎；上部叶渐小，三角形或矩圆状卵形，叶柄基部不扩大；最上部叶条状披针形，小。头状花序多数，通常在枝端排成总状，少有圆锥状总状，梗长2~5mm，有1~3个钻形的小苞片，有疏短毛；总苞圆柱形，淡紫色；总苞片5，矩圆形，顶端钝，有微毛；小花4~7个，筒状，白色，长6~8mm。瘦果圆柱形，长4~5mm；冠毛白色。

【分布及生境】 分布于我国东北地区。生于林下、林缘、草甸。

【食用方法】 嫩苗和嫩茎叶可炒食、做汤。

野菊

Dendranthema indicum （L.）Des Moul.

别　名 ‖ 野菊花、野山菊、野黄菊、甘菊、菊花脑
英文名 ‖ Indian Dendranthema
分　类 ‖ 菊科菊属多年生草本

【形态特征】植株高 25~100cm。茎直立或铺散，分枝多，被茸毛，具地下匍匐茎。叶互生，基生叶脱落，中部叶卵形、长卵形或椭圆状卵形，长 3~7cm，宽 2~4cm，羽状深裂、半裂或浅裂；上部叶渐小。头状花序多在茎顶端成伞房状排列，直径 3.5~5cm；总苞片约 5 层，直径 8~20mm，长 5~6mm，边缘宽膜质；管状花在中央，两性，周围为舌状花，雌性，均为黄色。瘦果顶端截形，基部收缩，无冠毛。花期 9—11 月。

【分布及生境】分布于我国大部分地区。生于海拔 2 300m 以下的山坡、草地、疏林、灌丛、山脚溪边或岩石上。

【营养成分】每 100g 嫩茎叶含蛋白质 3.2g、脂肪 0.5g、碳水化合物 6g、粗纤维 3.4g、钙 178mg、磷 46mg。

【食用方法】春、夏季采摘嫩苗或嫩茎叶，可炒食、凉拌。秋季采摘花瓣，可泡茶，也可做汤。

药用功效

全草入药。性凉，味苦、辛。清热解毒、平肝明目。用于头晕目眩、感冒、结膜炎、痄腮、肠炎、痔血、无名肿毒、脚癣。

抱茎苦荬菜

Ixeridium sonchifolium （Maxim.）shih

别　名 ‖ 苦碟子、满天星、茎苦荬菜、抱茎小苦荬
英文名 ‖ Sowthistle leaf ixeris
分　类 ‖ 菊科小苦荬属多年生草本

【形态特征】植株高 30~80cm，无毛。基生叶多数，矩圆形，长 3.5~8cm，宽 1~2cm，顶端急尖或圆钝，基部下延成柄，边缘具锯齿或不整齐的羽状深裂；茎生叶较小，卵状矩圆形，长 2.5~6cm，宽 0.7~1.5cm，顶端急尖，基部耳形或戟形抱茎，全缘或羽状分裂。头状花序密集成伞房状，有细梗；总苞长 5~6mm；外层总苞片 5，极小，内层总苞片 8，披针形，长约 5mm；舌状花黄色，长 7~8mm，先端截形，5 齿裂。瘦果黑色，纺锤形，长 2~3mm，有细条纹及粒状小刺；冠毛白色。

【分布及生境】分布于我国东北、华北等地。生于荒野、山坡路旁、河边及林下。

【营养成分】可食部含维生素、叶绿素和黄酮类物质。

【食用方法】春、秋季采摘嫩苗和嫩株，洗净，沸水烫去苦味，用清水漂洗后，切碎，加调料可凉拌或与肉类炒食。

药用功效

全草入药。性寒，味苦。无毒。清热解毒、消肿排脓。

匍匐苦荬菜

Chorisis repens（L.）DC.

别　名 ‖ 窝食、沙苦荬菜
英文名 ‖ Creeping ixeris
分　类 ‖ 菊科沙苦荬属多年生草本

【形态特征】植株光滑无毛。茎匍匐，有多数茎节，茎节处向下生出多数不定根，向上生出具长叶柄的叶。叶有长柄，柄长 1.5~9cm，叶片一至二回掌状 3~5 浅裂、深裂或全裂，全形宽卵形，长 1.5~3cm，宽 1.5~5cm，裂片或末回裂片椭圆形、长椭圆形、圆形或不规则圆形，基部渐狭，有短翼柄或无翼柄，顶端圆形或钝，边缘浅波状或仅一侧有一大的钝齿或椭圆状大钝齿，两面无毛。头状花序单生叶腋，有长花序梗或头状花序 2~5 枚排成腋生的疏松伞房花序。总苞圆柱状，长 1.4cm；总苞片 2~3 层，外层与最外层小或较小，卵形或椭圆形，长 3~7mm，宽 2mm，顶端急尖或渐尖，内层长，长椭圆状披针形，长 1.4cm，宽 1.8mm，顶端急尖，全部总苞片外面无毛。舌状小花 12~60 枚，黄色。瘦果圆柱状，褐色，稍压扁，长 4mm，宽 1mm，无毛，有 10 条高起的钝肋，顶端渐窄成 2mm 的粗喙。冠毛白色，长 6mm，微粗糙。花、果期 5—10 月。

【分布及生境】分布于黑龙江、吉林、辽宁、河北、山东、福建、台湾、澳门。

【营养成分】营养期可食部含粗蛋白 15.05%、粗脂肪 4.74%、粗纤维 23.05%、钙 2.08%、磷 0.4%。

【食用方法】采摘嫩茎叶，洗净，煮食。

药用功效

全草入药。清热解毒、活血排脓。

苦荬菜

Ixeris denticulata（Houtt.）Nakai ex Stebbins

别　名 ‖ 苦荬、细叶苦荬菜、米汤菜、盘儿菜、苦碟子、老虎刺
英文名 ‖ Denticulate ixeris
分　类 ‖ 菊科苦荬属多年生草本

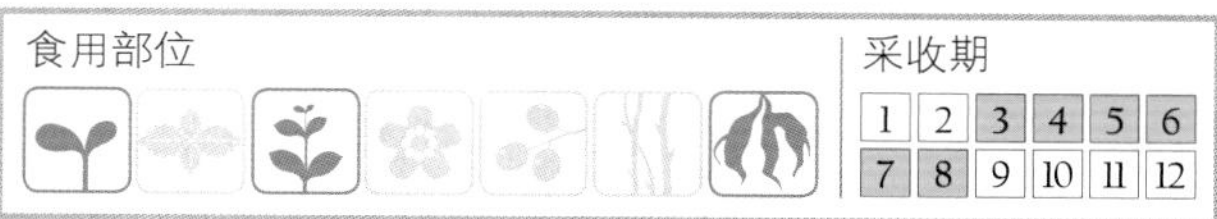

【形态特征】植株高 30~80cm，有白色乳汁。茎直立，多分枝，紫红色。基生叶卵形、矩圆形或披针形，长 5~10cm，宽 2~4cm，顶端急尖，基部渐窄成柄，边缘波状齿裂或羽状分裂，裂片具细锯齿，花期枯萎。茎生叶舌状卵形，长 3~9cm，宽 1.5~8cm，顶端急尖，无柄，基部微抱茎，耳状，边缘具不规则锯齿。头状花序生在茎端或叶腋，伞房状，具细梗；总苞长 7~8mm；外层总苞片小，长约 1mm，内层总苞片 8，条状披针形；舌状花黄色，长 7~9mm，顶端 5 齿裂。瘦果纺锤形，黑褐色，长 1~2mm，喙长约 0.8mm，肋间有浅沟，冠毛白色。花、果期 6—11 月。

【分布及生境】分布于我国南北各省区。生于海拔 980~1 500m 的河岸、湖畔、堤岸、土埂草丛、路边田间、山脚溪边、岩石上。喜肥沃、湿润。

【营养成分】每 100g 全草含粗蛋白 3.1g、粗纤维 1.4g、粗脂肪 1.3g、钙 150mg、磷 100mg。

【食用方法】春、夏季采摘嫩苗或嫩茎，洗净，用水浸泡较长时间，沸水焯过，清水漂去苦味和土腥味，可凉拌、炒食或腌渍泡菜。根挖取后洗净，盐水浸约 5 天，沥干，加配料后腌渍食用。

药用功效

全草入药。性凉，味甘。清热解毒、利湿止血。用于血崩、白带异常、月经不调、痔血、无名肿毒。

山苦荬

Ixeridium chinense （Thunb. ） Tzvel.

别　名 ‖ 中华苦荬菜、山苦菜、小苦苣
英文名 ‖ Chinese ixeris
分　类 ‖ 菊科小苦荬属多年生草本

【形态特征】植株高10~50cm，无毛，有白色乳汁。茎直立，基生叶丛生，叶片条状披针形或倒披针形，长7~15cm，宽1~2cm。顶端钝或急尖。基部下延成狭窄叶柄，全缘或具小锯齿或不规则的羽裂；茎生叶1~2，无叶柄，稍抱茎，全缘。头状花序排成伞房状聚伞形。小花约20朵，舌片黄色、白色或带紫色，顶端5齿裂。瘦果狭披针形，具喙，红棕色，冠毛白色。花、果期4—9月。

【分布及生境】分布于我国北部、东部和南部地区。生于海拔320~1 800m的山坡、草地、荒地、路旁、山谷、溪河边。

【营养成分】富含蛋白质、脂肪、维生素等。

【食用方法】春、夏季采摘嫩叶或嫩株，沸水烫过，清水漂洗去苦味，可凉拌、炒食或做汤。晚秋挖取根部，洗净后用清水长时间浸泡去苦味，可腌渍泡菜。

药用功效

全草入药。性凉，味苦。清热解毒、泻火止痛、凉血止血、活血调经、祛腐生肌。用于无名肿毒、阴囊湿疹、风热咳嗽、泄泻、痢疾、吐血、衄血、黄水疮、跌打损伤、骨折。

齿缘苦荬菜

Ixeridium dentatum （Thunb.） Tzvel.

别　名 ‖ 食用苦荬菜、小苦荬
英文名 ‖ Dentate ixeris
分　类 ‖ 菊科小苦荬属多年生草本

【形态特征】植株高25~50cm，无毛。须根系。基茎分枝。单叶，基生叶倒披针形或倒披针状长圆形，长5~17cm，宽1~3cm，顶端急尖，基部下延成叶柄，具钻状锯齿或近羽状分裂；茎生叶2~3，披针形或长圆状披针形，长3~9cm，宽1~2cm，基部略呈耳状，无柄。头状花序多数，在枝端密集成伞房状，具细梗；总苞长5~8mm，外层总苞片小，卵形，内层总苞片5~8，线状披针形，长5~8mm，舌状花黄色，长9~12mm。瘦果纺锤形，长3~3.5mm，喙长1mm，冠毛浅棕色。花、果期5—7月。

【分布及生境】分布于江苏、浙江、福建、安徽、江西、湖北、广东等地。生于林下、路旁、溪边或稻田边。

【营养成分】嫩茎叶含丰富的养分，尤其富含粗蛋白。

【食用方法】采摘嫩茎叶，洗净，煮食。

药用功效

全草入药。性凉，味苦。活血止血、排脓祛瘀。用于痈疮肿毒。

刺儿菜

Cirsium setosum （Willd.）MB.

别　名‖小蓟、小刺菜、大小蓟、野红花、刺狗芽
英文名‖ Setose thistle
分　类‖菊科蓟属多年生草本

【形态特征】植株高 30~80 cm，茎直立，上部有分枝。基生叶和中部茎叶椭圆形、长椭圆形或椭圆状倒披针形，顶端钝或圆形，基部楔形；上部茎叶渐小，椭圆形或披针形或线状披针形，全部茎叶两面同色，绿色或下面色淡，两面无毛。头状花序单生茎端，或植株含少数或多数头状花序在茎枝顶端排成伞房花序。瘦果淡黄色，椭圆形或偏斜椭圆形，压扁，长 3mm，宽 1.5mm，顶端斜截形。花、果期 5—9 月。

【分布及生境】分布于我国各地。生于海拔 170~2 650m 的山坡、河旁或荒地、田间。

【营养成分】每 100g 嫩茎叶含蛋白质 4.5g、脂肪 0.4g、碳水化合物 4g、粗纤维 1.8g、维生素 A 5.99mg、维生素 B_1 0.04mg、维生素 B_2 0.33mg、维生素 B_5 2.2mg、维生素 C 44mg、维生素 K 25.2mg、维生素 P 2.29mg、钙 254mg、磷 40mg、铁 19.8mg。

【食用方法】秋、冬季均可采摘嫩苗或嫩茎叶，洗净，沸水烫过，清水漂洗后挤干切段，可炒食、凉拌、做汤。

药用功效

全草入药。性凉，味甘。清热凉血、清肺利肝、止血。用于吐血、鼻衄、血崩、肝炎、肝肿大、血小板减少症、白带异常、月经不调。

烟管蓟

Cirsium pendulum Fisch. ex DC.

英文名‖ Pendulum thistle
分　类‖菊科蓟属二年生或多年生草本

【形态特征】植株高 0.5~2m，须根系、茎直立，上部有分枝，具纵沟棱，被稀疏蛛丝状毛。单叶互生。基生叶和茎下部叶宽椭圆形，长 10~30cm，宽 2~8cm。羽状深裂，先端尖；裂片边缘顶端具长尖小裂片和锯齿，裂片和锯齿的边缘均有刺，叶基部渐狭成具翅的短柄；中部叶狭椭圆形，长 15~25cm，无柄，稍抱茎或不抱茎；上部叶渐小。头状花序顶生，单生下垂，具长 2~15cm 的总花梗；总苞卵形，直径 1~4cm；总苞片多层，线状披针形，外层苞片短，先端具刺尖，向外反折，背部中脉带紫色，内层苞片长，先端短渐尖。花两性，紫色，花冠长 17~22mm，筒部细长，丝状，花柱伸出花冠筒外。瘦果长圆形，长 3~3.5mm，稍扁平，灰褐色，冠毛长 20~28mm，灰白色。花期 6—8 月，果期 7—9 月。

【分布及生境】分布于我国华北、东北等地。生于山坡林缘、草地和河岸。

【食用方法】春、夏季挖取嫩苗，洗净，调味食用。

药用功效

根、全草入药。凉血止血、祛瘀消肿、止痛。用于衄血、咯血、吐血、尿血、产后出血、外伤出血、跌打损伤。

蓟

Cirsium japonicum Fisch. ex DC.

别　名‖大蓟、刺蓟菜、猫蓟、雷公菜、野蓟、木蓟、山萝卜、野红花
英文名‖ Japanese thistle
分　类‖菊科蓟属多年生草本

【形态特征】植株高 50~100cm。根状茎短而粗，具簇生的不定根，常发育成纺锤形的宿根，直径达 7mm。茎直立，具分枝，茎枝具条纹，被黄色膜质长毛。基生叶较大，矩圆形或披针状长椭圆形，长 15~30cm，宽 5~8cm，羽状深裂或几全裂，侧裂片 6~12 对，柄翼边缘有针刺，侧生羽裂片边缘有锯齿，齿顶有长 2~6mm 的针刺。叶面绿色，被疏膜质长毛，叶背脉上有长毛。茎生叶渐小，基部抱茎，叶背密被白绵毛。头状花序顶生，苞下常有退化的叶 1~2 枚。总苞钟状，总苞片 1.5~2cm，宽 2.5~4cm，有蛛丝状毛；总苞片约 6 层，全部管状花，两性，紫红色，长 1.5~2cm，外层苞片较小，顶端有短刺，内层苞片较长，无刺。瘦果长椭圆形，稍扁，长约 4mm，冠毛浅褐色。花期 6—8 月。
【分布及生境】分布于云南、贵州、四川、广东、广西、湖南、湖北、江西、江苏、浙江、福建、台湾、陕西、河北、山东。生于海拔 2 000m 以下的山坡林下、林缘、灌丛、旷野、田间、路旁草丛。

【营养成分】每 100g 嫩叶含蛋白质 1.5g、脂肪 1.4g、碳水化合物 4g、维生素 A 3.05mg、维生素 B_2 0.32mg、维生素 C 31mg，还含类黄酮、生物碱、挥发油等。
【食用方法】春、夏季采摘嫩苗或嫩叶，洗净，沸水烫软针刺，清水漂净，加配料可凉拌、炒食或做汤。

药用功效

全草或根入药。性凉，味甘。活血散瘀、消肿解毒。用于月经不调、痛经、跌打损伤、尿路感染、无名肿毒。

滨蓟

Cirsium albescens Kitam.

别　名‖鸡蓟卷、大小蓟、鸡角蓟
分　类‖菊科蓟属多年生草本

【形态特征】植株高 20~60cm。根深生，肥大。根生叶，匍匐生长，肉质，具光泽，叶背脉上密被毛，叶缘具不整齐羽状缺刻，突出部分成锐刺，有柄。头花，单生，着生小枝先端，直立；基部具 1~4 苞叶；总苞广椭圆形，长 2~2.5cm，宽 1.5~2cm，肥厚，绿色，先端成锐刺，覆瓦状排列；花冠直径 2.5~3cm。全部为管状花组成，紫红色。瘦果椭圆形。
【分布及生境】分布于台湾。生于山坡林缘、草地。

【食用方法】嫩根挖起后，洗净，煮熟，调味食用。叶可炸食。

药用功效

全草入药。凉血、利水、祛风、补虚。用于吐血、便血、水肿、体弱、疥癣。

菊三七

Gynura japonica （Thunb.） Juel

别　名‖土三七、土当归、菊叶三七、水三七、狗头七、金不换、铁罗汉
英文名‖ Japanese velvetplant
分　类‖菊科菊三七属多年生草本

【形态特征】植株高 50~120cm。根状茎，肉质，肉紫红色。茎直立，多分枝，带肉质，具纵条纹，嫩时紫绿色，被细柔毛。基生叶丛生，羽状深裂，叶面深绿色，叶背紫绿色；茎生叶互生，形大，羽状深裂，边缘疏锯齿，基部抱茎；幼叶背面紫色。头状花序排成伞房状圆锥花序，顶生。总苞近圆柱形，总苞片 1 层，条状披针形，边膜质；花两性，筒状，金黄色，花冠顶端 5 齿裂，花柱基部小球形。瘦果狭圆柱形，浅褐色，冠毛白色。花、果期 7—11 月。

【分布及生境】分布于我国南方各省区。生于海拔 900~1 300m 的山坡、灌丛、密林中较潮湿处。

【食用方法】春季至初夏采摘嫩苗或嫩叶，洗净，沸水烫过后，控干，加调料凉拌，也可煮汤。

药用功效

全草入药。性温，味苦、微甘。活血消肿、止血。用于痔血、外伤肿痛、刀伤、骨折、跌打损伤。

铁杆蒿

Heteropappus altaicus （Willd.） Novopokr.

别　名‖阿尔泰狗娃花、阿尔泰紫菀
英文名‖ Altai aster
分　类‖菊科紫菀属多年生草本

【形态特征】植株高 20~60cm，根直生或横走。茎直立，具分枝，被腺点和毛。单叶、互生。下部叶条形、长圆状或披针形、倒披针形或近匙形。叶面、叶背被粗毛或细毛，常具腺点。上部叶渐小，条形。头状花序，生于枝端并排列成伞房状；总苞半球形，总苞片 2~3 层，近等长或外层稍短，长圆状披针形或条形，草质，表面被毛并有腺点；边缘膜质。舌状花约 20 个舌片，浅蓝紫色，长圆状条形；管状花具 5 裂片，其中 1 裂片较长，被疏毛。瘦果扁，倒卵状长圆形，灰褐色或褐色，被绢毛，具腺点，冠毛污白色或红褐色，具不等长微糙毛。

【分布及生境】分布于黑龙江、吉林、辽宁、河北、山西、内蒙古、陕西、甘肃、青海、新疆、湖北和西川等地。生于山坡、路旁。

【食用方法】春季采嫩叶，热水焯熟，换水浸洗干净，去苦味，加调味料拌食。

药用功效

根花和全草入药。性凉，味微苦。清热降火、排脓。

紫背菜

Gynura bicolor （Roxb. ex Willd.） DC.

别　名‖紫背天葵、红背菜、观音茶、玉枇杷、两色三七草、金叶枇杷
英文名‖ Tuberous velvetplant
分　类‖菊科菊三七属多年生草本

【形态特征】植株高 90cm，茎直立，多分枝，浅紫色。叶互生，有柄或无柄。叶片倒卵形或披针形，长 5~15cm，宽 3~6cm，顶端尖。基部渐狭下延至叶柄。边缘不规则粗锯齿或粗齿刻，叶面绿色，叶背浅紫绿色；茎上部叶具叶耳，幼茎、幼叶具细柔毛。头状花序排成伞房状，顶生或腋生；小花多数，外围小花橙黄色，中部小花鲜红色。瘦果圆柱形，具纵肋，冠毛为白色绢毛。

【分布及生境】分布于海南、广东、广西、云南、四川、重庆等。生于海拔 280~2 000m 的山坡草地、田边土角、屋前屋后。喜温，耐热，耐寒，喜湿。

【食用方法】春、夏季采摘嫩叶，洗净，可炒食或做汤。

药用功效

全草入药。性温，味苦。止痛接骨。用于骨折、疔疮肿毒、风湿劳伤。

兔儿伞

Syneilesis aconitifolia （Bunge） Maxim.

别　名‖雨伞菜、帽头菜、尚帽子、雷骨伞
英文名‖ Aconite-leaf syneilesis
分　类‖菊科兔儿伞属多年生草本

【形态特征】植株高约 80cm。根状茎匍匐生长。茎直立，上部少分枝，无毛，带紫褐色。基生叶 1 片，花期枯萎。叶片圆盾形，掌状深裂。裂片 7~9，每裂片二至三回叉状分裂。边缘不规则锐齿，无毛。茎生叶 2，互生，4~5 裂。头状花序顶生，多数，排列成复伞房状，花淡红色，管状花。瘦果圆柱形，具纵条纹。冠毛灰白色或淡褐色。花期 6—7 月，果期 7—8 月。

【分布及生境】分布于我国北方地区。生于山地林下、路旁、林缘等处。

【营养成分】每 100g 嫩叶含维生素 A 3.39mg、维生素 B_2 0.24mg、维生素 C 30mg。

【食用方法】夏季采摘嫩苗和嫩叶，用沸水焯约 1 分钟，再用清水浸泡后炒食或做汤。

药用功效

茎叶入药。祛风除湿、解毒活血、消肿止痛。用于风湿麻木、关节疼痛、痈疽疮肿、跌打损伤。

菊芋

Helianthus tuberosus L.

别　名‖洋姜、洋生姜、番姜、五草草
英文名‖ Jerusalem artichoke
分　类‖菊科向日葵属多年生草本

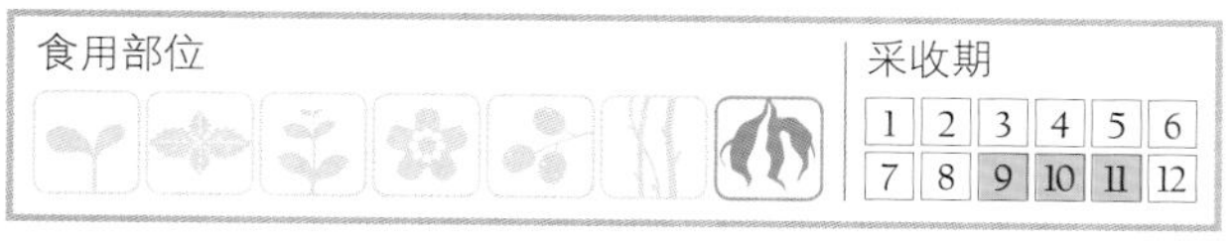

【形态特征】植株高达3m。株体被糙毛。地下块根肥大，土黄色或黄褐色。上具鳞芽，形似姜块，味甜脆。茎直立，上部分枝。基部叶对生，上部叶互生，卵状椭圆形或卵形。叶缘锯齿。叶柄上部具狭翅。头状花序数个，顶生。总苞片披针形。舌状花长椭圆形，黄色；筒状花黄色。瘦果楔形，具毛，上端具2~4个具毛的扁芒。

【分布及生境】分布于我国各地。生于地头、村边。

【营养成分】块根主要含淀粉、菊糖、维生素、多缩戊糖等。

【食用方法】秋季挖取地下块根，洗净后切丝，切片与肉丝炒食或凉拌或煮粥等。

药用功效

块根入药。性平，味甘。无毒。利水祛湿、和中益胃、清热凉血。

紫菀

Aster tataricus L. f.

别　名‖青菀、返魂草、山白菜、夹板菜、花蒿
英文名‖ Tatarian aster
分　类‖菊科紫菀属多年生草本

【形态特征】植株高0.4~1.5m。茎直立，上部分枝、表面具沟槽、疏生短毛。基生叶丛生，长椭圆形，长30~40cm，宽6~12cm，基部渐狭成翼状柄，边缘锯齿，叶面、叶背疏生粗毛，叶柄长，花期枯萎。茎生叶互生，卵形或长椭圆形，几无柄。头状花序排成伞房状，具长梗，密被短毛；总苞半球形，总苞片3层，边缘紫红色；舌状花单性，蓝紫色，筒状花两性、黄色。瘦果具短毛，冠毛灰白色或带红色。花期7—8月，果期8—10月。

【分布及生境】分布于黑龙江、吉林、辽宁、河北、安徽、河南及内蒙古。生于阴坡、草地、河边。

【营养成分】每100g鲜品含蛋白质3.18g、脂肪0.21g、碳水化合物5.18g、钙2.87mg、磷0.58mg及多种维生素等。

【食用方法】嫩茎叶采摘后，沸水焯一下，清水浸泡后可炒食。

药用功效

根和根茎入药。生用或蜜饯用。性温，味苦、辛。润肺下气、消痰止咳。用于痰多喘咳、新久咳嗽、肺痨咯血。

三脉紫菀

Aster ageratoides Turcz.

别　名 ‖ 银紫胡、大紫胡、白升麻、三褶脉紫菀
英文名 ‖ Japanese aster
分　类 ‖ 菊科紫菀属多年生草本

【形态特征】根状茎粗壮。茎直立，具棱沟，枝条秃净。叶卵圆形或卵状披针形。具 6~9 对浅或粗锯齿，基部渐狭，成翅或无翅的短柄；质较厚，叶面密被微糙毛，叶背密被短柔毛，有明显腺点，沿叶脉常有长柔毛，叶面平或有泡状。头状花序排列成伞房或圆锥花序，总苞较大，直径 6~10mm，长 5~7mm；总苞片上部绿色或顶端紫红色，舌状花白色或带红色。花期 10—11 月。

【分布及生境】分布于我国东北、华北、西北、西南等地。生于海拔 600~2 200m 的山坡草地、路旁、灌丛或疏林下。

【食用方法】春季采摘嫩叶食用，洗净，沸水烫，清水漂洗去辛味，可凉拌、炒食。秋、冬季挖取根状茎，洗净、切段，可炖肉、炖鸡，有止咳、消泡功效。

药用功效

根入药。性凉，味辛、苦。清热解毒、消肿止痛。用于风热感冒、气管炎、鼻血、疔疮肿毒。

苣荬菜

Sonchus arvensis L.

别　名 ‖ 苦菜、苣荬花、曲麻菜、启明菜、匍茎苦荬、牛舌头、苣菜、山苦荬
英文名 ‖ Field sowthisle
分　类 ‖ 菊科苦苣菜属多年生草本

【形态特征】植株高约 40cm，具白色乳汁。茎直立，圆柱形中空，中部具长分枝。被细柔毛，有纵细条纹。具匍匐茎。基生叶和下部叶长椭圆形，长 13~15cm，宽 3~5cm，顶端圆形、下部渐狭成具齿的短柄，边缘细波状浅齿，叶面绿色，叶背浅绿色；中部叶小，狭长圆形。头状花序顶生，总苞宽钟状，总苞片 3~4 层，舌状花，黄色。雄蕊 5，花药基部相连，末端渐尖。雌蕊为 2 心皮组成，子房下位，花柱细长，柱头 2 裂。瘦果褐色，扁，长圆形，具细横纹，冠毛白色，长 12mm。花、果期 6—11 月。

【分布及生境】分布于西藏、云南、四川、广东、广西、湖南、湖北、江西、江苏、陕西、甘肃、青海、宁夏、山西、河北、辽宁、吉林、黑龙江、内蒙古等。生于海拔 250~1 300m 的路旁、岩石上。

【营养成分】每 100g 嫩茎叶含蛋白质 3g、脂肪 1g、维生素 B_2 0.27mg、维生素 C 33mg，还含有维生素 P、维生素 K、胆碱、转化醇、酒石酸及多种矿物质。全草含 17 种氨基酸，以精氨酸、谷氨酸、组氨酸的含量最高。

【食用方法】春季采嫩苗，春、夏季采嫩茎叶。嫩苗洗净可炒食或生食。生食略有苦味。嫩叶洗净，沸水烫后，可调味凉拌、炒食。

药用功效

全草入药。性凉，味苦。清热解毒、止血。用于痔血、无名毒疮。

裂叶苣荬菜

Sonchus brachyotus DC.

别　名 ‖ 野苦荬、苦马菜、长裂苦苣菜
分　类 ‖ 菊科苦苣菜属多年生草本

【形态特征】植株高 50~100cm。根垂直直伸，生多数须根。茎直立，有纵条纹，基部直径达 1.2mm，上部有伞房状花序分枝，分枝长或短或极短，全部茎枝光滑无毛。基生叶与下部茎叶全形卵形、长椭圆形或倒披针形，长 6~19cm，宽 1.5~11cm，羽状深裂、半裂或浅裂，向下渐狭，无柄或有长 1~2cm 的短翼柄，基部圆耳状扩大，半抱茎，侧裂片 3~5 对或奇数，对生或部分互生或偏斜互生，线状长椭圆形或三角形，顶裂片披针形，全部裂片边缘全缘，有缘毛或无缘毛或缘毛状微齿，顶端急尖或钝或圆形；中上部茎叶与基生叶和下部茎叶同形并等样分裂，但较小；最上部茎叶宽线形或宽线状披针形，接花序下部的叶常钻形；全部叶两面光滑无毛。头状花序少数在茎枝顶端排成伞房状花序。总苞钟状，长 1.5~2cm，宽 1~1.5cm；总苞片 4~5 层，最外层卵形，长 6mm，宽 3mm，中层长三角形至披针形，长 9~13mm，宽 2~5mm，内层长披针形，长 1.5cm，宽 2mm，全部总苞片顶端急尖，外面光滑无毛。舌状小花多数，黄色。瘦果长椭圆状，褐色，稍压扁，长约 3mm，宽约 1.5mm，每面有 5 条高起的纵肋，肋间有横皱纹。冠毛白色，纤细，柔软，纠缠，单毛状，长 1.2cm。花、果期 6—9 月。

【分布及生境】分布于黑龙江、吉林、内蒙古、河北、山西、陕西、山东。生于海拔 350~2 260m 的地边、路旁、山坡草地。

【营养成分】每 100g 可食部含蛋白质 4.57g、粗纤维 1.4g、胡萝卜素 7.08mg、维生素 B_2 1.4mg、维生素 C 90mg。

【食用方法】春、夏季采摘嫩茎叶，洗净，沸水烫过，清水漂洗去苦味后，可炒食、凉拌。

药用功效

全草入药。性寒，味苦。清热解毒、凉血利湿。

蒲公英

Taraxacum mongolicum Hand.-Mazz.

别　名 ‖ 黄花丁地、灯笼草、黄花苗、婆婆丁、茅萝卜、黄花三七、地丁
英文名 ‖ Mongolian dandelion
分　类 ‖ 菊科蒲公英属多年生草本

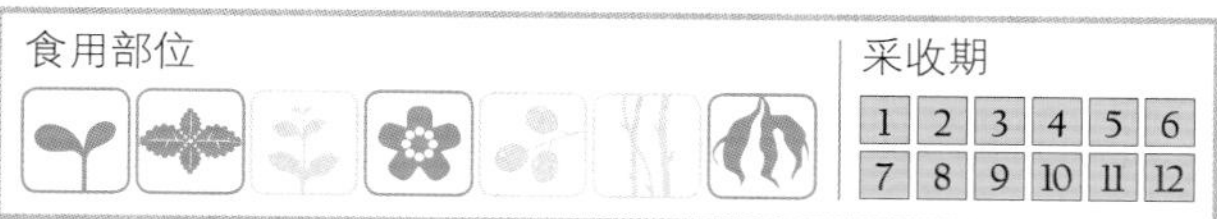

【形态特征】植株高 20~40cm。具白色乳汁。直根系，主根粗大，入土深，再生能力强，断根后可再生更多新根。叶基生，莲座状平展，长圆状倒披针形，长 5~15cm，宽 1~5.5cm，淡绿色至紫红色、羽状深裂，顶端尖或钝。基部狭窄下延成柄，被蛛丝状毛或无毛，侧裂片 4~5 对，长圆状披针形或三角形，具齿。叶片柔软。头状花序顶生，单一，中空，总苞钟形。总苞片多层。卵状或条状披针形，淡绿色，顶端有角状突起。舌状花黄色，两性，先端 5 齿裂。瘦果倒披针形，褐色，长约 4mm，有纵棱及刺状突起，喙长 6~8mm。顶生，冠毛白色，种子具白色冠毛。花、果期 4—11 月。

【分布及生境】分布于我国西南、华中、华东、华北和东北等地。生于田间、路旁、荒地、山坡、沟边草丛、河滩沙地或林下。

【营养成分】每 100g 嫩叶含蛋白质 4.8g、脂肪 1.1g、碳水化合物 5g、粗纤维 2.1g、胡萝卜素 7.35mg、维生素 B_1 0.03mg、维生素 B_2 0.39mg、维生素 B_5 1.9mg、维生素 C 47mg、钙 216mg、磷 93mg、铁 10.2mg。

【食用方法】春、秋和冬季均可采摘嫩苗、嫩叶和根，夏季采花序食用。蒲公英的苦涩味较浓，食前处理很重要。民间常用盐水煮一下，冷后浸泡 1 天，再用清水洗，基本除去苦涩味，可炒食、做汤、煮粥、做饮料等。

药用功效

全草入药。性寒，味苦、甘。清热凉血、消肿散结。用于胃炎、乳痈、胃十二指肠溃疡、白浊、白带异常、无名肿毒。

台湾蒲公英

Taraxacum formosanus Kitamura

别　名‖蒲公英
分　类‖菊科蒲公英属多年生草本

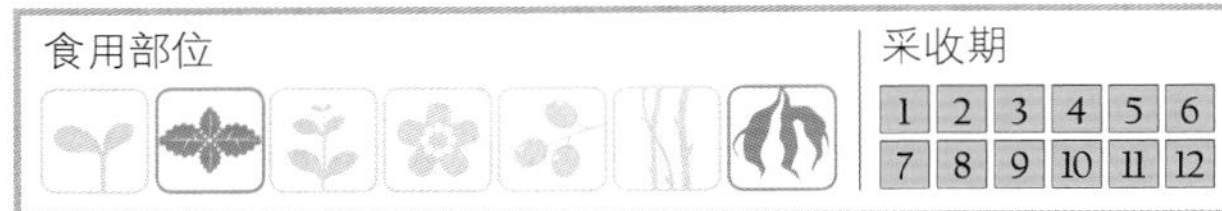

【形态特征】单株或丛株，具白色乳汁。主根长圆柱形或长纺锤形，较肥大、根茎短，生于地表下。单叶，根际丛生叶，披针状长椭圆形或倒针形，淡绿色，倒向羽状缺刻或深裂，先端裂片三角状戟形或箭形，全缘。花梗单一，根生，无苞。顶生头状花序，大形，直径约 3cm，舌状花，黄色，5 齿缘。瘦果纺锤形，嘴丝状，具冠毛，淡褐色，总苞细狭，线形或线状披针形，向外突出。
【分布及生境】分布于台湾。适应性较广，耐热，耐冷，耐瘦瘠。

【食用方法】叶用水焯后，作生菜食用，煮食或腌渍，略有苦味而味可口。根用热水去苦味后，切片混米煮食或炒油食用。

药用功效

根和叶入药。解热解毒、健胃。用于通乳等。

苍术

Atractylodes lancea（Thunb.） DC.

别　名‖山苍术、山刺菜、北苍术、茅苍术、赤术
英文名‖ Chinese atractylodes
分　类‖菊科苍术属多年生草本

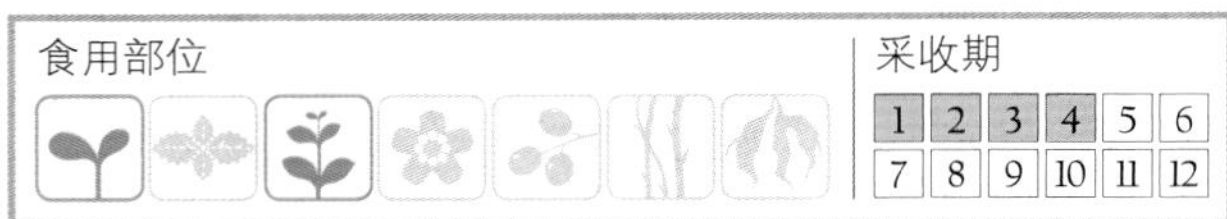

【形态特征】植株高 30~80cm。地下根状茎结节状圆柱形或疙瘩块状，直径 1~4cm，表面灰棕色或黑棕色。茎直立，具稀疏的蛛丝状毛或无毛。叶互生，中下部叶长 8~12cm，宽 5~8cm，大头羽状深裂或半裂。侧裂片 1~2 对或 3~4 对。裂片椭圆形、长椭圆形或倒卵状长椭圆形。宽 0.5~2cm。顶裂片宽 1.5~4.5cm；有时中下部叶不分裂，羽状或全部叶不分裂，叶片倒卵形或倒披针形。长 2~9cm，宽 1.5~5cm。上部叶基部有时具 1~2 对三角形刺齿裂，全部叶无毛，质地硬。边缘具针刺状毛或三角形刺齿。头状花序单生枝顶，总苞片针刺状羽状全裂或深裂；管状花，白色或紫蓝色。瘦果顶端具刚毛状冠毛，长约 8mm。基部连合成环。花、果期 6—10 月。
【分布及生境】分布于我国北方地区，以河北、山西、陕西等比较多。生于山坡、灌丛、草丛、岩缝、林下。

【食用方法】每年 4—6 月采摘嫩苗或嫩茎叶，经沸水烫后可炒食做汤，煮粥或和面蒸食。

药用功效

根茎入药。性温，味辛、苦。燥湿健脾、祛风、散寒、明目。用于脘腹胀满、泄泻、水肿、脚气、痿壁、风湿痹痛、风寒感冒、雀目夜盲。

关苍术

Atractylodes japonica Koidz. ex Kitam.

别　名‖枪头菜、苍术、山刺菜、东苍术、山尖菜、三角菜、山菠菜、猪耳菜
英文名‖ Japanese atractylodes
分　类‖菊科苍术属多年生草本

【形态特征】植株高 30~80cm。根状茎匍匐生长。茎直立，具分枝。叶互生，具长柄，三出或 5~7 羽状全裂，裂片卵圆形。顶端急尖，基部楔形或近圆形，边缘带刺的细锯齿。头状花序顶生，基部具叶状苞片 2 列，羽状裂片刺状。全部为管状花，花冠白色。瘦果长圆形，密被灰白色柔毛；冠毛羽状，淡黄色。花期 8—9 月，果期 9—10 月。
【分布及生境】分布于黑龙江、吉林、辽宁、河北、山西、山东、河南、陕西、甘肃等地。生于山坡、草地、杂木林下、林缘、灌丛。

【营养成分】每 100g 可食部含粗蛋白 2.86g、粗脂肪 4.6g、粗纤维 4.07g、维生素 A 3.81mg、维生素 B_2 0.23mg、维生素 C 56mg、烟酸 8.5mg，还含多种微量元素。
【食用方法】参考苍术。

药用功效

阴虚内热、气虚多汗者忌食，忌与猪肉、青鱼同食。

菊状千里光

Senecio laetus Edgew.

别　名 ‖ 菊叶千里光、野青菜、山青菜
英文名 ‖ Chrysanthemum-like groundsel
分　类 ‖ 菊科千里光属多年生草本

【形态特征】植株高 40~80cm。茎单生，直立，被蛛丝状毛，或变无毛。叶多型，下部叶长柄，叶片卵状椭圆形，长 8~20cm，宽 3~7cm。具齿，顶端钝，基部近心脏形至楔状，不分裂或大头羽状分裂，侧裂片 1~4 对，羽状脉，叶柄基部常扩大而抱茎；上部叶渐小，羽状深或浅裂，具锯齿。头状花序，花舌状，多数，排成顶生伞房或复伞房花序，梗细长，具细条形苞片，总苞钟状，总苞片 10~13，边缘宽膜质；舌状花 10~13，舌片黄色，长圆形，管状花多数，花冠黄色。瘦果圆柱形，冠毛污白色。花期 6—8 月。
【分布及生境】分布于西藏、重庆、贵州、湖北、湖南、云南。生于海拔 1 100~3 750m 的林下、林缘、草坡、田边和路边。

【食用方法】一年四季可采摘嫩叶。沸水烫过，清水洗后可做火锅或做汤。秋、冬季挖取肉质根，洗净后可与嫩叶炖食。根切碎可与鸡蛋煮食。

药用功效

全草入药。性寒，味苦。清热凉血、利水消肿。用于表虚自汗，尿血、浮肿、赤眼。

鸦葱

Scorzonera austriaca Willd.

别　名 ‖ 菊牛蒡、黑皮参、羊角菜、滨鸦葱
英文名 ‖ Common serpentroot
分　类 ‖ 菊科鸦葱属多年生草本

【形态特征】植株高 15~30cm。具块根，圆柱状，根皮稠密而厚实，纤维状，黑褐色。根茎部密被枯叶残留的纤维状维管束。基生叶丛生，披针形或线状披针形，长 12~20cm，宽 0.6~2cm，顶端渐尖，边缘平展，无毛。茎生叶 2~3，下部叶宽披针形，上部叶鳞片状。头状花序单生枝端，长 3~4.5cm，宽 1.2~1.5cm，总苞片多层，外层总苞片宽卵形。无毛，内层长椭圆形；舌状花黄色，两性，结实。瘦果长 10~13mm，无毛，具纵肋；冠毛污白色，羽状。花期 4—5 月。
【分布及生境】分布于我国华北、东北等地。生于海拔 1 200m 以下的山坡草地、路旁草丛中。

【营养成分】每 100g 嫩叶含蛋白质 3.1g、粗纤维 3.2g、维生素 A 6.54mg、维生素 B_5 1mg、维生素 C 51mg，还含菊糖、胆碱等。
【食用方法】春、夏季采摘嫩叶，洗净，沸水烫，清水漂洗去苦味，切段，可炒食，具滋阴润燥、消肿解毒功效。

药用功效

根入药。祛风除湿、理气活血。用于外感风寒、发热头痛、久年哮喘、风湿痹痛、妇女倒经、跌打损伤、疔疮。

笔管草

Scorzonera albicaulis Bunge

别　名‖白茎鸦葱、细叶鸦葱、牛角菜、羊肠子、华北鸦葱

分　类‖菊科鸦葱属多年生草本

【形态特征】 植株高 70~150cm。主根粗直，长圆锥形。茎直立，基部有去年柄基残鞘，上部分枝，中空。具沟纹，密被蛛丝状毛。基生叶长条形，长 40cm，宽 0.7~2cm，基部抱茎；茎生叶与基生叶同形，上部叶渐小。头状花序少数，在茎顶排成伞房状。总苞圆柱状，总苞片 5 层，具霉状蛛丝状毛或几无毛，外层三角状卵形，中层倒卵形，内层条状披针形。全部为舌状花，黄色。瘦果狭细，长 2.5cm，上部狭窄成喙，具多数纵肋，冠毛羽状，污黄色，基部合成杯状。花期 7 月。

【分布及生境】 分布于四川、湖南、湖北、安徽、江苏、河南、陕西、甘肃、青海、山西、山东、河北、辽宁、吉林等省区。生于海拔 1 250m 以下的山坡草地、路旁、林下、灌丛。

【营养成分】 参考鸭葱。

【食用方法】 4—7 月采摘嫩茎叶或嫩花柄，洗净，沸水烫过，清水浸泡数小时后即可炒食、凉拌、做汤或和面粉蒸食。根可在秋、冬季挖取，洗净，可炖肉食。

药用功效

全草入药。清热解毒、通乳、消炎。用于疔毒痈疮、乳痛、乳汁不足等。根入药，理气平喘、活血化瘀，用于衄血、哮喘、跌打损伤、外感风寒、风湿痹痛、疔疮。

大丁草

Gerbera anandria （L.） Sch.-Bip.

别　名‖翻白叶、鸡毛姜、小翻白草

英文名‖ Common leibnitzia

分　类‖菊科大丁草属多年生草本

【形态特征】 具春秋二型植株，春型植株高 5~10cm，秋型植株高 30cm。叶簇生，莲座状。宽卵形或倒披针状长椭圆形；春型株的叶较小，秋型株的叶较大，长 2~15cm，宽 1.5~5cm，顶端圆钝，基部心形或渐狭成叶柄，提琴状羽状分裂。顶端裂片宽卵形，有圆齿，齿端有突尖头，背面及叶柄密生白绵毛。花茎直立，密生白绵毛。有条形苞片；总苞钟形，总苞片约 3 层；舌状花 1 层，雌性，粉红色，筒状花两性。瘦果长约 5mm，冠毛污白色。花、果期 3—6 月。

【分布及生境】 分布于我国南北各地。生于山坡、路旁及灌丛。

【食用方法】 春、夏季采摘嫩苗或嫩叶，洗净，沸水烫过，清水漂洗去苦味，可做汤、做火锅料。此外，根可炖肉食或煮粑。

药用功效

全草入药。性凉，味苦、涩。清热解毒、祛风消肿。用于感冒头痛、风湿关节痛、淋巴结核、跌打损伤、外伤出血、毒蛇咬伤。

毛大丁草

Gerbera piloselloides （L.） Cass.

别　名‖兔儿风、爬地香、踏地香、一支箭
英文名‖ Hairy leibnitzia
分　类‖菊科大丁草属多年生草本

【形态特征】根状茎粗壮，密被灰白色绵毛。叶基生，具短柄，叶片长圆形或倒卵形，顶端圆钝，基部楔形，全缘，幼时叶面具柔毛，叶背密被灰白色绵毛。花茎单生，直立，长 15~40cm，花下肥厚，具淡褐色绵毛。头状花序单生花茎顶端；总苞片 2 层，条状披针形，背面密被淡褐色绵毛。舌状花白色，雌性，舌片条形；筒状花两性。瘦果条状披针形，稍扁，具纵肋和细柔毛，冠毛淡红色，具光泽。花、果期 3—9 月。

【分布及生境】分布于西藏、云南、四川、贵州、广西、广东、湖南、湖北、江西、江苏、浙江、福建等省区。生于山坡、草地、路旁、灌丛中。

【食用方法】秋冬至初春采挖根茎，洗净，可炖肉、炖鸡，味香，具补体、止咳、抗结核等作用。

药用功效

根入药。性寒，味苦、涩。清热止咳、理气消积。用于肺痨咳喘、咯血、水臌、哮喘、月经不调、食积不消。

腺梗菜

Adenocaulon himalaicum Edgew.

别　名‖腺梗菊、和尚菜、山白菜
英文名‖ Himalayas adenocaulon
分　类‖菊科和尚菜属多年生草本

【形态特征】植株高 30~100cm。根状茎匍匐生长，分枝粗壮，被株丝状线毛。单叶互生。下部叶肾形或圆形，长 3~8cm，宽 4~12cm，叶面沿叶脉被尘状柔毛，叶背密被蛛丝状毛，具狭或较宽的翅，翅全缘或有不规则钝齿；中部叶较大，向上渐小。头状花序圆锥状排列，结果期梗伸长，长 2~6cm，密被稠密头状有柄腺毛；总苞半球形，结果期向外反曲；雌花白色，两性花淡白色。瘦果长 6~8mm，中部以上被多数头状具柄腺毛，无冠毛。花期 7—8 月，果期 9—10 月。

【分布及生境】分布于我国各地。生于林下、林缘、路边、河谷湿地。

【食用方法】采摘嫩茎叶，洗净，沸水焯过，换清水洗 2~3 次后，可炒食、做汤、蘸酱、腌渍。

药用功效

全草入药。性温，味苦、辛。止咳、平喘、行瘀、利水。用于气管炎、肺气肿、肺心病。

蹄叶橐吾

Ligularia fischeri （Ledeb.） Turcz.

别　名‖肾叶橐吾、马蹄叶、葫芦七
英文名‖ Groundsel
分　类‖菊科橐吾属多年生草本

【形态特征】植株高 1~2m，中部及上部被细柔毛和疏蛛丝状毛。根状茎粗短，须根簇生，棕褐色。茎直立，圆柱形。基生叶肾状心形或马蹄形，长 32cm，宽 40cm，边缘具齿，叶面绿色，叶背带灰白色，叶柄长，基部抱基；茎生叶较小，叶柄基部鞘状抱茎。头状花序，多数，在茎顶排成总状花序；花序梗单生，长 0.5~1cm 或更短，基部或中部具卵形或椭圆形苞片；总苞 1 层，总苞片 8~9 片，舌状花鲜黄色。瘦果圆柱形，冠毛褐色，粗糙。

【分布及生境】分布于黑龙江、吉林、辽宁、河北、山西、甘肃、四川、湖南、浙江等。生于山坡、草地、略潮湿地。

【食用方法】春、夏季采摘嫩叶，洗净，沸水烫过，清水漂去苦味后，切段，加调料炒食。

药用功效

根状茎入药。理气活血、止痛止咳、祛痰。用于跌打损伤、劳伤、腰腿痛、咳嗽、气喘、百日咳、肺痈、咯血、小便短赤不利。

蜂斗菜

Petasites japonicus （Sieb. et Zucc.） Maxim.

别　名‖掌叶菜、蛇头草、老山芹、老水芹、大叶子、黑瞎子菜
英文名‖ Japanese butterbur
分　类‖菊科蜂斗菜属多年生草本

【形态特征】根状茎粗短，周围抽生分枝，匍匐生长，被白色茸毛。叶基生，心形或肾形，花后出现，长 2.8~8.6cm，宽 12~15cm。叶背灰绿色，具蛛丝状毛，叶柄长达 23cm。花雌雄异株，花茎从根茎抽出，茎上鳞片状大苞片，互生。头状花序，雌花白色，雄花黄白色。瘦果。花期 4—5 月。

【分布及生境】分布于浙江、江西、安徽、福建、四川、湖北、陕西等地。生于山坡、山脚阴湿地。

【营养成分】每 100g 鲜叶柄含粗蛋白 0.42g、脂肪 0.14g、粗纤维 1.44g、维生素 C 34mg、钙 64mg、磷 3.14mg。

【食用方法】夏季采摘嫩梢或叶柄，沸水焯一下，剥去表皮，可凉拌、炒食。

药用功效

全草入药。性凉，味辛。解毒祛瘀。

乳苣

Mulgedium tataricum（L.）DC.

别　名‖紫花山莴苣、苦苦菜、蒙山莴苣
英文名‖ Blue lettuce
分　类‖菊科乳苣属多年生草本

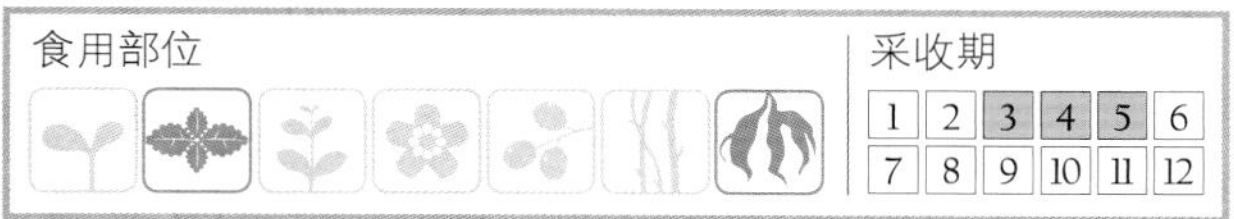

【形态特征】植株高10~70cm，根圆锥形，棕褐色。茎单生或丛生，具纵棱，直立，不分枝或上部分枝。单叶互生。中下部叶稍肉质，长椭圆形、矩圆形或披针形，长6~19cm，宽2~6cm，灰绿色，基部渐狭成具翅的短叶柄，半抱茎。具不规则羽状浅裂或半裂，侧裂片三角形，细小锯齿叶缘；上部叶较小，披针形或条状披针形，常全缘。圆锥花序，顶生，具多数头状花序；总苞圆柱状或楔形，4层。带紫色，狭膜质边缘；全为舌状花。两性花，紫色或淡紫色。瘦果长椭圆形，长约5mm，灰色或黑色，具5~7条纵肋，并有1mm长的短喙；冠毛白色。花、果期6—9月。

【分布及生境】分布于我国东北、华北、西北各地。生于河滩、湖边、草甸、田边及固定沙丘。

【营养成分】嫩叶含粗蛋白质21.20%、粗脂肪6.69%、粗纤维13.82%、钙1.89%、磷0.33%等。

【食用方法】摘取嫩叶或挖取直根，浸泡去苦味后，做菜食用。

药用功效

地上部分入药。清热解毒、活血、排脓。用于痢疾、肠炎、疮疖、痈肿、痔疮等。

台湾款冬

Petasites formosanus Kitam.

别　名‖蝙蝠草、山菊、台湾蜂斗菜
分　类‖菊科蜂斗菜属多年生草本

【形态特征】根状茎长，平卧，径粗约1cm，具多数纤维状根，茎葶状，数个丛生，直立，高25~40cm，不分枝，被密褐色短柔毛及蛛丝状绵毛。基部叶具长柄，叶柄长15~30cm，基部扩大，无毛；叶片心形或肾形，长5~8cm，宽7~12cm，顶端圆形，基部深或微心形，边缘具有尖头细齿，上面绿色，被短柔毛，下面特别沿脉被疏蛛丝状柔毛，基生掌状脉，较厚质；茎叶苞片状，无柄，半抱茎，长圆状披针形、长圆形，稀卵状长圆形，长2~4（6）cm，宽1~1.8cm，顶端尖或渐尖，全缘，被密蛛丝状毛，具平行脉。头状花序多数，排成圆锥状花序，雄花序宽8~10cm；雌花序直径7~8cm。花序梗纤细，长5~20mm，被褐色短柔毛，苞片2~5，线形或线状披针形，长4~5mm。总苞钟状，长8~9mm，宽10~14mm，总苞片1层，干时变紫色，长圆形或长圆状披针形，顶端尖或渐尖，具3~4条脉，外面被疏微毛，雌性头状花序具少数两性花；花梗序较粗，长7~15mm；两性花多数，花冠管状，长7~10mm，管部长3mm，檐部钟状漏斗形，5浅裂，裂片卵形，长1~1.5mm；花药线形，基部钝；花柱上部增大，近顶端短二浅裂被乳头状毛；雌花花冠丝状，长8~9mm，顶端具不规则4裂，裂片线形不等长，长约2.5mm，花柱丝状，长于花冠，顶端短二浅裂。瘦果圆柱形，无毛；冠毛白色，长6mm。花期5月。

【分布及生境】分布于台湾。生于山区草地。

【食用方法】采摘嫩叶或花柄，热水烫，去苦后煮食，或煮熟后调味食用。

药用功效

花入药，可镇咳。

一枝黄花

Solidago decurrens Lour.

别　名‖黄花一支香、金紫胡、土泽兰、地枝黄花、野黄菊、小白龙须

英文名‖ Common goldenrod

分　类‖菊科一枝黄花属多年生草本

【形态特征】植株高 15~60cm。茎直立，下部无毛，上部具茸毛。叶互生，下部叶具柄，边缘锯齿，上部叶较小、狭，近全缘。叶面深绿色，叶背灰绿色，无毛。圆锥花序，由腋生的总状花序聚集而成；头状花序小，单生或 2~4 聚生叶腋的短花序柄上；总苞片狭尖，具干膜质边缘，呈覆瓦状排列花托秃裸；外围的舌状花黄色；中央筒状花，两性，花冠 5 裂。瘦果近圆柱形，秃净或具柔毛。

【分布及生境】分布于我国大部分地区。生于山野、路旁、草丛、草坡、林边等处。

药用功效

全草入药。性凉，味微苦、辛。疏风清热、消肿解毒、抗菌消炎。

款冬

Tussilago farfara L.

别　名‖冬花、虎须、款冬花、款冻

英文名‖ Common coltsfoot

分　类‖菊科款冬属多年生草本

【形态特征】根状茎匍匐生长，褐色，早春抽生花葶数条，高 5~10cm，被白茸毛，具鳞片状互生叶 10 多片，淡紫褐色。后生基生叶，阔心形，长 3~12cm，宽 4~14cm，边缘波状锯齿，黑褐色，背面密生白色茸毛，具掌状网脉，主脉 5~9 条；叶柄长 5~15cm，被白色绵毛。头状花序，单生茎顶；总苞片 1~2 层，被茸毛，边缘具多层雌花，舌状，黄色，子房下位，柱头 2 裂；中央为两性筒状花，花冠黄色，顶端 5 裂，雄蕊 5，花药基部尾状，柱头头状，通常不结实。雌花瘦果长椭圆形，具 5~10 棱，冠毛淡黄色。花、果期 1—2 月。

【分布及生境】分布于我国西南、西北、华北。生于河边沙地、沟谷、水边。

【营养成分】嫩叶柄和花薹含少量蛋白质、碳水化合物，并具丰富的矿物质和维生素。

【食用方法】10 月下旬至 11 月上旬采摘花薹，可作香辛类蔬菜食用。嫩叶宜在二年生植株采摘，6—7 月为盛收期。采收后洗净，用盐揉搓几次，沸水烫过，清水漂洗去苦涩味，切段，即可做多种菜肴或加调料凉拌。

药用功效

花蕾、叶入药。性温，味辛、苦。祛痰止咳、降气平喘。用于肺痨咳嗽、风寒咳嗽、风热咳嗽、喉痹气喘、消渴喘息、肺痿。

高山蓍

Achillea alpina L.

别　名‖蓍、羽衣草、一枝蒿、锯齿草、蚰蜒草
英文名‖ Alpine yarrow
分　类‖菊科蓍属多年生草本

【形态特征】 植株高30~80cm，具短根状茎。茎直立，被疏或密的伏柔毛，叶无柄，条状披针形，长6~10cm，宽7~15mm，篦齿状羽状浅裂至深裂（叶轴宽3~8mm），基部裂片抱茎；裂片条形或条状披针形，尖锐，边缘有不等大的锯齿或浅裂，齿端和裂片顶端有软骨质尖头，上面疏生长柔毛，下面毛较密，有腺点或几无腺点。头状花序多数，集成伞房状；总苞宽矩圆形或近球形，直径（4）5~7mm；总苞片3层，覆瓦状排列，宽披针形至长椭圆形，长2~4mm，宽1.2~2mm，中间草质，绿色，有突起的中肋，边缘膜质，褐色，疏生长柔毛；托片和内层总苞片相似。边缘舌状花6~8朵，长4~4.5mm，舌片白色，宽椭圆形，长2~2.5mm，顶端3浅齿，管部翅状压扁，长1.5~2.5mm，无腺点；管状花白色，长2.5~3mm，冠檐5裂，管部压扁。瘦果宽倒披针形，长2mm，宽1.1mm，扁，有淡色边肋。花、果期7—9月。

【分布及生境】 分布于我国大部分地区。生于林缘、山坡、草丛、沟谷湿地、灌丛。

【食用方法】 春季采嫩苗，沸水焯3~5分钟，换凉水浸洗2~3次，凉拌蘸酱、炒食或做汤。

药用功效

全草入药。性凉，味辛、苦。具小毒。清热解毒、活血止痛。用于急性扁桃体炎、痄腮、肠炎、痢疾、急性阑尾炎、肾盂肾炎、盆腔炎及外科感染等急慢性炎症。

野豌豆

Vicia sepium L.

别　名‖黑荚巢菜
英文名‖ Bush vetch
分　类‖豆科野豌豆属多年生草本

【形态特征】 植株高30~100cm，根状茎倾卧或直立生长，茎和分枝细软，全株被疏短柔毛。羽状复叶，小叶10~14，卵状矩圆形或卵状披针形，长7~23mm，宽5~13mm，先端钝或截形，基部圆形；托叶小，半边戟形，叶缘具4个粗齿，有卷须。总状花序腋生，花2~6朵，淡红色或土黄色；萼钟状，萼齿披针状锥形；旗瓣楔状提琴形，顶端凹，翼瓣比旗瓣短，顶端圆。具耳和爪，龙骨瓣向内弯，近圆形，最短；子房无毛，花柱顶端背面一丛髯毛。荚果线状，长圆形，略内弯。种子6~8颗，球形，黑色。

【分布及生境】 分布于我国西北和西南地区。性喜温暖湿润环境，稍能抗冻。生于海拔1 000~2 200m的田野、路旁、灌木林缘。

【营养成分】 开花结荚期枝叶含粗蛋白质26.90%~18.55%、粗脂肪4.30%~1.95%、粗纤维26.40%~27.33%、钙1.13%~0.81%、磷0.51%~0.26%。

【食用方法】 采摘嫩茎叶，洗净，炒食，或沸水焯过，凉后凉拌、炖食、做汤。

药用功效

叶及花果药用有清热、消炎解毒之效。

山野豌豆

Vicia amoena Fisch.

别　名‖涝豆秧、透骨草、山黑豆
英文名‖ Broad-leaf vetch
分　类‖豆科野豌豆属多年生草本

【形态特征】 植株高 30~100cm，全株被疏柔毛，稀近无毛。主根粗壮，须根发达。茎具棱，多分枝，细软，斜升或攀缘；顶端卷须有 2~3 分枝。托叶半箭头形，长 0.8~2cm，边缘有 3~4 裂齿；小叶 4~7 对，互生或近对生，椭圆形至卵披针形，长 1.3~4cm，宽 0.5~1.8cm；先端圆，微凹，基部近圆形，上面被贴伏长柔毛，下面粉白色；沿中脉毛被较密，侧脉扇状展开直达叶缘。总状花序，花 10~20（~30）；花冠红紫色、蓝紫色或蓝色，花期颜色多变；花萼斜钟状，萼齿近三角形，上萼短于下萼齿；旗瓣倒卵圆形，长 1~1.6cm，宽 0.5~0.6cm，先端微凹，瓣柄较宽，翼瓣与旗瓣近等长，瓣片斜倒卵形，瓣柄长 0.4~0.5cm，龙骨瓣短于翼瓣，长 1.1~1.2cm；子房无毛，胚珠 6，花柱上部被毛，子房柄长约 0.4cm。荚果长圆形，长 1.8~2.8cm，宽 0.4~0.6cm。两端渐尖，无毛。种子 1~6 颗，圆形，直径 0.35~0.4cm；种皮革质，深褐色，具花斑；种脐内凹，黄褐色。花期 4—6 月，果期 7—10 月。

【分布及生境】 分布于我国东北及河北、内蒙古、山西、山东、陕西、甘肃、青海、河南等地。生于山坡、灌丛、林缘。

【营养成分】 嫩茎叶含蛋白质、脂肪、碳水化合物、矿物质。每 100g 鲜品含维生素 A 7.47mg、维生素 B_2 1.17mg、维生素 C 232mg。

【食用方法】 嫩苗或嫩茎叶采摘后，沸水烫一下，清水浸泡后，可炒食或做汤。

药用功效

全草入药。性温，味甘、苦。祛风湿、活血、舒筋、止痛。用于风湿痛、闪挫伤、无名肿毒、阴囊湿疹。

假香野豌豆

Vicia pseudorobus Fisch. et C. A. Mey.

别　名‖大叶草藤、大叶野豌豆、芦豆苗
分　类‖豆科野豌豆属多年生攀缘草本

【形态特征】 植株高 50~200cm。根茎粗壮，木质化，须根发达，表皮黑褐色或黄褐色。茎直立或攀缘，有棱，绿色或黄色，具黑褐斑，被微柔毛，老时渐脱落。偶数羽状复叶，长 2~17cm；顶端卷须发达，有 2~3 分枝，托叶戟形，长 0.8~1.5cm，边缘齿裂；小叶 2~5 对，卵形、椭圆形或长圆披针形，长（2）3~6（~10）cm，宽 1.2~2.5cm，纸质或革质。先端圆或渐尖，有短尖头，基部圆或宽楔形，叶脉清晰，侧脉与中脉为 60° 夹角，直达叶缘呈波形或齿状相联合，下面被疏柔毛。总状花序长于叶，长 4.5~10.5cm，花序轴单一，长于叶；花萼斜钟状，萼齿短，短三角形，长 1mm；花多，通常 15~30，花长 1~2cm，紫色或蓝紫色，翼瓣、龙骨瓣与旗瓣近等长；子房无毛，胚珠 2~6，子房柄长，花柱上部四周被毛，柱头头状。荚果长圆形，扁平，长 2~3cm，宽 0.6~0.8cm，棕黄色。种子 2~6 颗，扁圆形，直径约 0.3cm，棕黄色、棕红褐色至褐黄色，种脐灰白色，长相当于种子圆周的 1/3。花期 6—9 月，果期 8—10 月。

【分布及生境】 分布于我国东北及云南、四川、湖南、湖北、陕西、江苏、陕西、河北。生于海拔 800~2 000m 的山坡灌丛、沟谷阴处、林下等。

【营养成分】 每 100g 可食部含蛋白质 3.9g、脂肪 0.9g、碳水化合物 10g、粗纤维 8.6g、胡萝卜素 7.05mg、维生素 C 254mg、钙 278mg、磷 45mg。

【食用方法】 春、夏季采摘嫩苗或嫩茎叶，可炒食、凉拌或做汤。

药用功效

全草入药。祛风化湿、舒筋活血。用于关节不利、风湿痹痛、四肢酸痛、筋骨麻木、扭伤、岔气等。

黄芪

Astragalus membranaceus Moench

别　名‖膜荚黄芪、东北黄芪、北芪、白芪
英文名‖ Huangchi
分　类‖豆科紫云英属多年生草本

食用部位

采收期

1	2	3	4	5	6
7	8	9	10	11	12

【形态特征】植株高 50~150cm。主根粗而长，外淡土黄色或棕红色，稍木质。茎直立，多分枝，具细纵棱，被白色柔毛。奇数羽状复叶，互生，小叶 6~13 对，椭圆形、卵状披针形。总状花序腋生，花 10~20 朵。荚果半椭圆形，薄膜质，稍膨胀，长 20~30mm，宽 8~12mm，顶端具短喙，有长柄，叶面、叶背被黑色细短柔毛。种子 3~4 颗。花期 7—8 月，荚期 8—9 月。

【分布及生境】我国大部分省区有分布。生于林缘、灌丛、林间和山坡草地。

【营养成分】黄芪含三萜皂苷类衍生物、黄酮类衍生物、多糖、游离氨基酸、硒等多种微量元素。

【食用方法】一般在春秋季采收 4 年生以上的根，而以秋季采收的为佳。除去根颈后晒干、切片，生用或蜜炙用，与肉类煮食或做汤。

药用功效

根入药。性微温，味甘。补中益气、利水消肿、托毒生肌。为常用补气药，用于自汗、盗汗、血痹、浮肿、痈疽不溃或溃久不敛等症。

歪头菜

Vicia unijuga A. Braun

别　名‖两叶豆苗、山豆秧、山铃子、豆菜
英文名‖ Two-leaf vetch
分　类‖豆科野豌豆属多年生草本

食用部位

采收期

1	2	3	4	5	6
7	8	9	10	11	12

【形态特征】植株高 40~100cm。根较壮，近木质。茎直立，常数茎丛生，具细纵横。幼枝被浅黄色疏柔毛。羽状复叶，顶端卷须退化成针刺状；小叶 1 对，卵形、椭圆形，有时长卵形、卵状披针形、近菱形等，长 1~4cm，宽 0.7~2cm，顶端急尖，基部斜楔形，侧脉张度大，细脉密网状；托叶大，2 枚，戟形，长 8~20mm，全缘，叶背淡褐色疏柔毛；叶柄短，长 2~4mm。总状花序腋生，总花梗长 1~10cm，具 8~20 朵花，苞片小，鳞片状卵形；萼钟形，长约 4mm，萼齿 5，三角形，下面 3 齿高，疏生短毛，花冠紫色或紫红色、蓝紫色。长约 15mm；子房纺锤形，具长柄，无毛。花柱上半部被白色短柔毛。荚果狭矩形，扁，长 3~4cm，宽约 7mm，褐色，顶端具短而弯的小喙。种子 5~6 颗，扁圆形，棕褐色。花期 6—8 月。

【分布及生境】分布于云南、贵州、四川、湖南、湖北、江西、安徽、江苏、浙江、陕西、甘肃、青海、山西、河北、辽宁、内蒙古。生于海拔 500m 以下的草地、山沟、林缘、向阳灌丛中。

【营养成分】每 100g 嫩茎叶含蛋白质 2.5g、脂肪 0.3g、碳水化合物 13g、粗纤维 5.4g、胡萝卜素 5.43mg、维生素 B_2 0.94mg、维生素 C 118mg。每 100g 干品含钾 1 590mg、钙 1 130mg、镁 314mg、磷 153mg、钠 63mg、铁 16.3mg、锰 6.7mg、锌 1.5mg、铜 0.9mg。另外，氨基酸含量也较高。

【食用方法】在春、夏季采摘嫩茎叶，可凉拌、炒食、蒸煮、做汤、做饮料等。

药用功效

全草入药。性平，味甘。理气止痛、平肝补虚、清热利尿。用于头痛、胃痛、体虚浮肿。

紫苜蓿

Medicago sativa L.

别　名 ‖ 紫花苜蓿、蓿草、苜蓿
英文名 ‖ Alfalfa
分　类 ‖ 豆科苜蓿属多年生草本

【形态特征】植株高 30~100cm。茎直立，多分枝，具疏毛或无毛。三出复叶，小叶倒卵形或倒披针形，长 1~2.5cm，宽 0.4~0.5cm，顶端钝或截形，中肋稍突出，上部叶缘锯齿，叶面、叶背白色长柔毛。总状花序腋生，长 3~6cm，8~15 花成簇状。荚果螺旋形，具疏毛，顶端具喙，黑褐色，不开裂。种子 1 至数颗，种子肾形，黄褐色，长约 2mm。花期 5—8 月，果期 6—10 月。

【分布及生境】分布于我国西北、华北、东北。生于旷野、田间。

【营养成分】每 100g 可食部含蛋白质 5.9g、碳水化合物 9.7g、维生素 A 3.28mg、维生素 B_1 0.36mg、维生素 C 92mg、钙 332mg、磷 115mg、铁 8mg。叶含 8 种重要的氨基酸。

【食用方法】春季采摘嫩苗或嫩茎叶，以色泽青绿新鲜、叶茎柔嫩者为佳，可炒食、凉拌、蒸煮和做馅。

药用功效

全草入药。性平，味苦、涩。清五脏、轻身健体、利肠。用于脾胃间邪热气、小肠诸毒、热病烦满、膀胱结石、膀胱炎。

野苜蓿

Medicago falcata L.

别　名 ‖ 黄苜蓿、黄花苜蓿、连花生
英文名 ‖ Sickle alfalfa
分　类 ‖ 豆科苜蓿属多年生草本

【形态特征】植株高 30~60cm，茎直立，多分枝，茎、枝较粗壮，被微毛。三出复叶，互生。小叶椭圆形至倒披针形，长 13~30mm，宽 3~7mm，先端钝或微凹，上部叶锯齿叶缘，叶背被疏柔毛，侧生小叶较小，托叶披针形，先端尖。短总状花序，花 10 余朵，簇生，花冠黄色，花萼钟形，被白柔毛，萼齿披针形，尖头。荚果弯曲，呈镰形，密被白色柔毛，熟时黄绿色，每荚 5~10 颗种子。种子肾状椭圆形或卵形，两侧稍扁，表面黄色或黄褐色，近光滑，具光泽。花期 5—8 月。

【分布及生境】原产新疆，分布于我国东北、华北、西北。亚洲、欧洲也有。生于河边、路旁，耐寒，耐旱，耐盐碱。

【食用方法】采摘嫩茎叶，洗净，沸水烫过，煮食或做汤。

药用功效

全草入药。性平，味甘、微苦。宽中下气、健脾补虚、利尿。用于胸腹胀满、消化不良、浮肿。

土圞儿

Apios fortunei Maxim.

别　名‖野豆子、野豆根、食用土圞儿、九子羊、地栗子、土蛋、野凉薯
英文名‖ Fortune apios
分　类‖豆科土圞儿属多年生缠绕草本

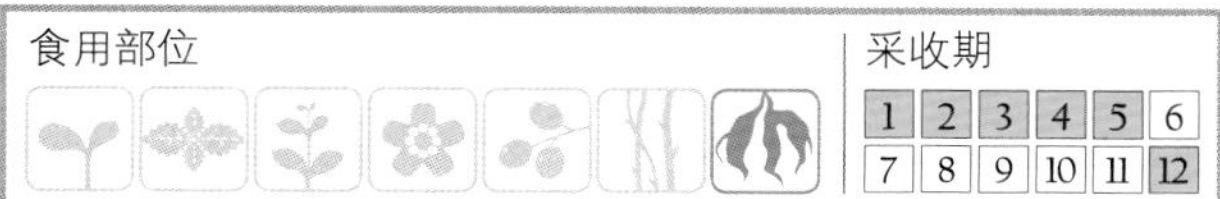

【形态特征】 植株具球状块根，皮黄褐色，茎缠绕生长，具纵棱，疏被白色短毛。奇数羽状复叶，互生，长 15~18cm，小叶 3~7 对。小叶卵形或宽披针形，长 3~7cm，宽 1.5~4cm，顶端急尖，具短尖头，基部楔形，全缘。叶面疏被白毛，叶背无毛，小叶柄短，小托叶刚毛状，托叶和小托叶早落。总状花序腋生，长 6~20cm；苞片和小苞片条形，被毛；萼杯状，无毛，萼齿根短，三角形；花冠绿白色，旗瓣圆形，长约 10mm，翼瓣矩形，长约 7mm。龙骨瓣狭矩形，带状。雄蕊管长，包围花柱，并卷曲。子房疏被短柔毛。荚果条形，长 8~15cm，宽 0.5cm，被短毛。种子多。花期 6—7 月，荚期 8 月。
【分布及生境】 分布于河南、陕西、甘肃、湖北、湖南、江西、浙江、福建、台湾、广东、四川、贵州等地。生于较潮湿的山坡、林缘、路旁灌丛中。

【营养成分】 新鲜块根含淀粉 35.81%、葡萄糖 2.41%。
【食用方法】 冬、春季挖取块根，可烧熟去皮食用，或洗净、去皮、配糖煮食或炒食、炖肉食等。

药用功效

块根入药。性温，味甘。理气散结、补脾活血。用于疝气、消化不良、痛经、无名肿毒、感冒咳嗽、百日咳、咽喉肿痛。

大山黧豆

Lathyrus davidii Hance

别　名‖茳芒香豌豆、鸡冠菜、山豇豆、大豆瓣菜
英文名‖ David vetch
分　类‖豆科山黧豆属多年生草本

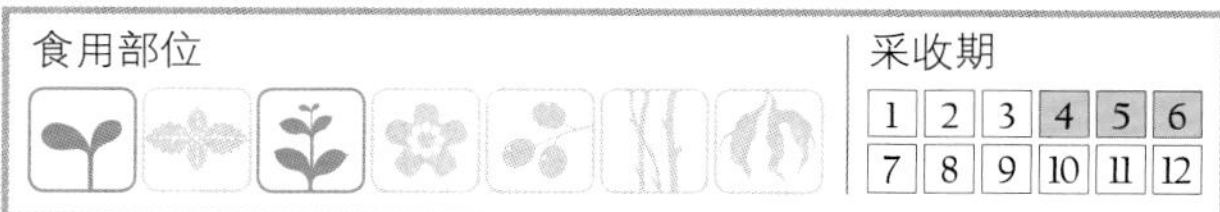

【形态特征】 植株高 80~100cm。茎直立或斜举，多分枝，圆柱形，具细沟，无毛。偶数羽状复叶，具卷须，小叶 2~5 对，卵形或椭圆状卵形，顶端急尖，基部楔形或宽楔形，全缘。上部叶的叶轴顶端具分枝的卷须，下部叶的叶轴顶端为单一卷须或长刺；托叶大，半箭头状。总状花序，腋生，10 余朵花，花冠黄色。荚果线形，两面膨胀，无毛，成熟时开裂。种子近球形，褐色。花期 6—7 月，果期 7—8 月。
【分布及生境】 分布于我国北方地区。生长于林缘、草坡、疏林、灌丛、林间溪流附近。

【营养成分】 每 100g 嫩茎叶含维生素 A 5.70mg、维生素 B_2 0.94mg、维生素 C 169mg。每 100g 干品含钾 870mg、钙 1 410mg、镁 277mg、磷 191mg、钠 65mg、铁 17mg、锰 3.6mg、锌 1.8mg、铜 1.0mg。
【食用方法】 每年 4—6 月采摘嫩苗或嫩茎叶，沸水烫后，清水漂洗除异味，可炒食、做汤、凉拌或和面蒸煮。

药用功效

全草入药。用于痛经、子宫内膜炎，也试用于避孕。

白车轴草

Trifolium repens L.

别　名‖白三叶草、百花苜蓿、荷兰翘摇
英文名‖ White clover
分　类‖豆科车轴草属多年生草本

【形态特征】茎匍匐生长，无毛。掌状复叶，3小叶，倒卵形或倒心脏形，长1.2~2.5cm，宽1~2cm，先端圆或微凹，基部宽楔形或圆，边缘细锯齿。叶面无毛，叶背微被毛，小叶柄极短，长1~1.5mm，被黄色疏毛；托叶椭圆形，顶端渐尖，抱茎。花序头状，总花梗长，无总苞；花萼筒状，萼齿三角形，较萼筒短，均被微毛。萼筒连萼齿长约5mm；花冠白色或淡红色，长0.8~1cm。荚果倒卵状长圆形，包于膨大的膜质萼内。种子2~4颗，近圆形，黄褐色。花期4—10月，荚期7—11月。

【分布及生境】生于潮湿田埂、土坎、路边。

【营养成分】茎叶细软，营养丰富。开花期的干物质中含粗蛋白24.7%、粗脂肪2.7%、粗纤维1.25%、钙1.72%、磷0.34%，还有少量的胆素和蛋黄素。

【食用方法】春、夏季采摘嫩叶，做汤。

药用功效

全草入药。性平，味甘。镇静安神、清热凉血。用于风热咳嗽、痰喘、失眠、皮肤发炎、帮助身体放松、预防肿瘤等。

同属植物红车轴草的分布、食用部位、营养成分和药用功效等均相同。

猪仔笠

Eriosema chinense Vog.

别　名‖省琍珠、毛瓣花、山葛
英文名‖ China cockhead yam
分　类‖豆科鸡头薯属多年生草本

【形态特征】　植株高约50cm，密生棕色长柔毛，具块根，纺锤形或球形。茎直立，具分枝。单叶互生，披针形，长3~6cm，宽5~15mm，先端钝，基部圆，叶面、叶背被白色短柔毛。总状花序腋生，花1~2朵；苞片条形，被棕色柔毛；花冠黄色，萼钟形，萼齿5，披针形，外被白色长柔毛。荚果菱状椭圆形，长8~10mm，被棕色长硬毛。种子2颗，细小，肾形，黑色。

【分布及生境】　分布于广东、广西、云南、贵州等地。生于向阳山坡草地、干旱山顶。

【食用方法】挖取块根食用，或提取淀粉，也可酿酒。

药用功效

块根入药。滋阴清热、祛痰消肿。

米口袋

Gueldenstaedtia multiflora（Georgi） Boriss.

英文名‖ Many-flower gueldenstaedtia
分　类‖豆科米口袋属多年生草本

【形态特征】 全株被白色长柔毛。根肉质，圆锥状，其上生须根。茎短缩，根颈丛生叶片。奇数羽状复叶，小叶11~21，椭圆形、长圆形或卵形，长6~22mm，宽3~8mm，托叶三角形。伞形花序，4~6花，花梗极短，花冠紫红色或紫色。旗瓣卵形，长约13mm，翼瓣长约10mm，龙骨瓣长5~6mm；花萼钟形，长5~8mm，上二萼齿较大；子房圆筒形，花柱内卷。荚果筒状，长17~22mm。种子多颗，肾形，具凹点、光泽。

【分布及生境】 分布于黑龙江、吉林、辽宁、河北、山东、山西、陕西、河南、湖北、甘肃、江苏等。生于山地和平原。

【食用方法】 挖取嫩苗，洗净，煮食或做汤。

药用功效

全草入药，中药作“地丁”用。清热解毒、消肿。

玉簪叶韭

Allium funckiaefolium H. M.

别　名‖天韭、虎耳韭、天蒜
英文名‖ Jade-leaf onion
分　类‖百合科葱属多年生草本

【形态特征】 鳞茎圆柱形，外被残存的棕网状叶鞘。叶基生，1~2枚，卵状心形，长13cm，宽约8cm；叶鞘白色，膜质，抱茎。花茎自叶鞘间抽出，纤细，高35~45cm；伞形花序顶生，近圆球形；花白色，具细梗；萼片6；子房上部3室。

【分布及生境】 分布于四川、湖北。生于海拔1 500~2 400m的山坡疏林下、山沟阴湿处。

【食用方法】 与卵叶韭相同。

药用功效

全草入药。性温，味辛、苦。散瘀止痛、祛风、止血。用于跌打损伤、瘀血肿痛、衄血、漆疮。

野藠头

Allium chinense G. Don.

别　名‖山薤、野薤、细米藠
英文名‖ Wild onion
分　类‖百合科葱属多年生宿根草本

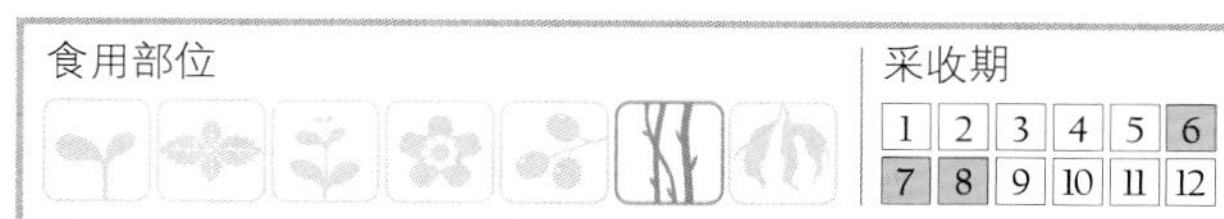

【形态特征】 鳞茎数枚聚生，狭卵形，鳞茎表皮白色或带红色，膜质，不破裂。叶2~5片，中空，具3~5棱的圆柱状，长20~40cm，直径0.1~0.3cm。花葶侧生，圆柱状，与叶近等长，下部被叶鞘。总苞2裂。伞房花序近半球状。花多，排列较疏散；小花梗等长，比花被片长1~4倍，基部具小苞片；花淡紫色至暗色；花被片宽椭圆形或近圆形，顶端钝圆，内轮稍长，花丝等长，伸出花被，约为花被片长的1.5倍，仅基部合生并与花被片贴生，内轮花丝基部扩大，扩大部分每侧各具1齿；子房倒卵球形，腹缝线基部具帘的凹陷蜜穴，花柱伸出花被外。

【分布及生境】 分布于我国大部分地区。生于山区林缘、草地。

【营养成分】 每100g鳞茎含碳水化合物8.0g、蛋白质1.6g、胡萝卜素1.46mg、维生素B_1 0.02mg、维生素B_2 0.12mg、维生素B_5 0.8mg、维生素C 14mg、钙64mg、磷32mg、铁2.1mg。

【食用方法】 夏季挖取鳞茎，可炒食、煮粥或腌渍。

药用功效

鳞茎入药。性温，味辛。理气、宽胸、通阴、散结。用于胸痹心痛、脘腹痞满、泻痢后重、疮疖等。

太白韭

Allium prattii C. H. Wright

别　名 ‖ 天韭、野葱、野韭菜、太白山葱
英文名 ‖ Tai-bai onion
分　类 ‖ 百合科葱属多年生草本

【形态特征】具根状茎，鳞茎柱状圆锥形。单生或数枚聚生，外皮黑褐色，网状纤维质。花葶圆柱形，高 10~40cm。叶基生，常 2 枚呈对生状，条状披针形至椭圆状披针形，与花葶近等长，顶端渐尖，基部渐狭成不明显的叶柄。总苞 1~2 裂，宿存。伞形花序球形，花多，小花梗长为花被的 2~4 倍，无苞片。花紫红色或浅红色，稀白色。花被片 6，顶端常凹陷或钝头；花丝伸出花被，子房具短柄。

【分布及生境】分布于西藏、云南、四川、安徽、河南、湖北、陕西、甘肃、青海。生于海拔 1 200~2 900m 的山坡草地、沟谷阴湿处岩石上。

【食用方法】与卵叶韭相同。

药用功效

全草入药。性温，味辛。发汗、消肿、健胃。用于伤风感冒、头痛发烧、腹部冷痛、消化不良。

薤白

Allium macrostemon Bunge

别　名 ‖ 小根蒜、苦蒜、团蒜、山蒜、野葱、小蒜、荞子、藠子、小根草、子根蒜
英文名 ‖ Longstamen onion
分　类 ‖ 百合科葱属多年生草本

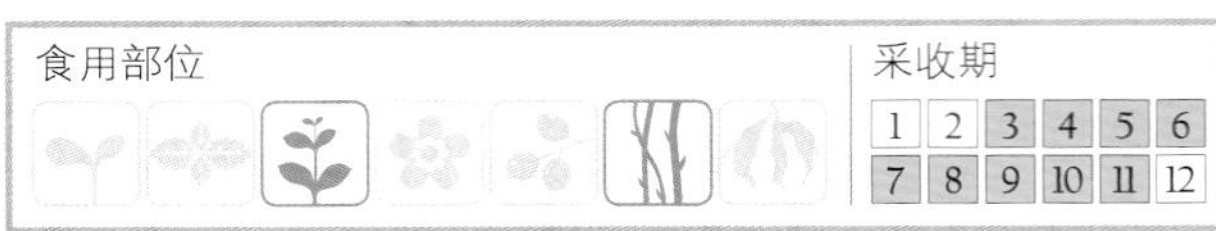

【形态特征】植株高 30~60cm。鳞茎近球形，直径 0.7~1.5cm，基部常生小鳞茎，鳞茎外皮白色，常带棕黑色，革质或膜质，不破裂。叶基生，线形，中空，上面具沟槽，长 15~30cm，宽 3~4cm，顶端渐尖，基部鞘状，抱茎。花葶圆柱状，高 30~60cm，下部被叶鞘；总苞 2 裂，比花葶短，伞形花序球形或半球形。花多而密集，常具密集珠芽，花粉红色或紫红色。蒴果腹缝线基部具有帘的蜜穴。花期 5—6 月。

【分布及生境】分布于我国长江以北除新疆和青海以外的各省区。生于海拔 600~1 400m 的山坡、丘陵、山谷、干草地、荒地、林缘、草甸及田间，常成片生长，小群优势。

【营养成分】每 100g 可食部含碳水化合物 26g、蛋白质 3.4g、脂肪 0.4g、粗纤维 0.9g、胡萝卜素 0.09mg、维生素 B_1 0.08mg、维生素 B_2 0.14mg、维生素 B_5 1.0mg、维生素 C 36mg、钙 100mg、磷 53mg、铁 4.9mg。

【食用方法】夏、秋季采嫩茎叶，切段，可生拌、炒食、做馅。春、夏季挖取鳞茎，生拌、炒食或腌渍。夏季采珠芽，洗净，切成 2 瓣，生拌食用。

药用功效

鳞茎入药。性温，味辛、苦。温中通阳、下气散结。用于泄泻、里急后重、胸痹刺痛、便秘、痢疾、阴痒。

黄花韭

Allium chrysanthum Regel

别　名‖野葱
英文名‖ Yellow-flower onion
分　类‖百合科葱属多年生草本

【形态特征】鳞茎矩圆形至卵状柱形，外皮褐色，革质。叶管状，中空，3~6 枚，比花葶短。花葶圆管形，中空，高 20~45cm，基部至 1/8 处具叶鞘。总苞膜质，常 2 裂，与花序等长。伞形花序球形，多花，密集；花梗略短于或长于花被，无苞片；花被钟形，亮黄色，花被片 6，卵状矩圆形，顶端钝圆，长 5~6.5mm，宽 2~3mm，内轮略比外轮宽；花丝锥形，基部略成三角形。基部合生并与花被贴生，等长，比花被片长 1.5~2 倍；子房卵圆形，花柱伸出花被。
【分布及生境】分布于西藏、云南、四川、陕西、甘肃、青海、湖北。生于海拔 2 000~2 800m 的山坡草丛。

【食用方法】与卵叶韭相同。

疏花韭

Allium henryi C. H. Wright

英文名‖ Mini-flower onion
分　类‖百合科葱属多年生草本

【形态特征】具根状茎，直生。鳞茎数枚聚生，圆柱状，有时基部稍增粗，粗 0.4~1.2cm；鳞茎外皮暗褐色，破裂成纤维状，呈网状。叶条形，扁平，先端长渐尖，比花葶长，宽 2~5mm。花葶圆柱状，具细的纵棱，高 11~25cm，下部被叶鞘；总苞单侧开裂，比伞形花序短，具短喙，宿存；伞形花序具少数花，疏散；小花梗近等长，比花被片长 1.5~2 倍，基部无小苞片；花紫蓝色或蓝色；花被片卵形，等长或内轮的稍长，长 5.5~7mm，宽约 3mm；花丝稍比花被片长，或长达它的 1.5 倍，基部合生并与花被片贴生，内轮花丝的基部扩大，扩大部分每侧各具 1 齿，外轮的锥形；子房倒卵状球形，腹缝线基部具有帘的凹陷蜜穴；花柱伸出花被外。花、果期 9—10 月。
【分布及生境】分布于四川、湖北。生于海拔 1 300~2 500m 的山地向阳坡草丛。

【食用方法】与卵叶韭相同。

多星韭

Allium wallichii Kunth

别　名‖小大蒜、野大蒜
英文名‖ Himalaya onion
分　类‖百合科葱属多年生草本

【形态特征】鳞茎圆柱状或卵形圆柱状，具稍粗根，鳞茎外皮黄褐色或浅黄色，片状破裂或呈纤维状，有时近网状残留，内皮膜质，仅顶端破裂。叶狭条形或稍宽，向上渐尖，具明显中脉及平行细脉。花葶从叶丛中抽出，呈三棱状柱形，具 3 条纵棱或狭翅状，高 20~100cm，下部被叶鞘，总苞单侧开裂或 2 裂，膜质，早落；伞形花序半球状或扇形，多花，排列密集或疏散；小花梗等长，基部无小苞片；花紫红色、红色或紫黑色；花被片矩圆形至狭矩圆状椭圆形，顶端钝圆或微凹，花后反折，长 5~7mm，宽 1~2mm；花丝和花被片近等长或稍短，下部扩大呈锥形，基部合生并与花被片贴生；子房倒卵状球形，具 3 圆棱，基部不具凹陷的蜜穴；花柱比子房长，一般不伸出花被。
【分布及生境】分布于四川、西藏、云南、贵州、广西和湖南。生于海拔 2 300~4 800m 的湿润草坡、林缘、灌丛下或沟边。

【食用方法】春季采嫩叶，烫后凉拌或炒食。夏季割取未开花的肥嫩花茎，可炒食。秋季挖取肉质根，洗净，切段加味料凉拌或炖肉食，有滋补作用。

药用功效

全草入药。性平，味甘。散瘀止痛、止痒。用于跌打损伤、刀枪伤、异物入肉、漆疮、隐疹、疟疾、牛皮癣。

宽叶韭

Allium hookeri Thwaites

别　名‖大叶韭、野苤菜、山韭菜、根韭
分　类‖百合科葱属多年生草本

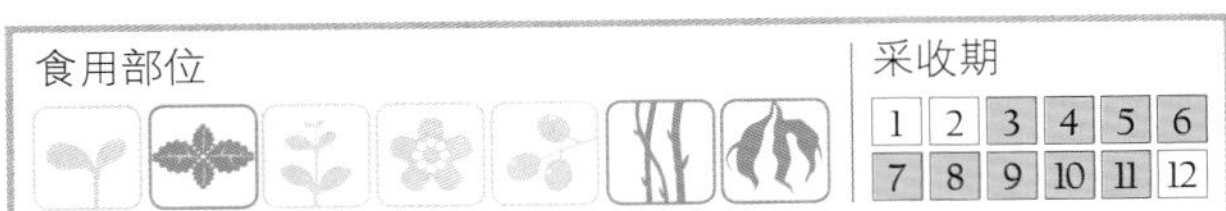

【形态特征】鳞茎圆柱状，具粗壮根；鳞茎外皮白色，膜质，不破裂。叶条形至宽条形，少数为倒披针状条形，比花葶短或近长，宽 5~20mm，具明显中脉，花葶侧生，圆柱状或稍呈三棱柱状，高 20~50cm。下部被叶鞘；总苞 2 裂，常早落；伞形花序近球形，多花密集；小花梗纤细，近等长，8~20mm，基部无小苞片；花白色，花被片披针状至长三角状条形，内外轮等长，长 4~7mm，宽 1~1.2mm，顶端渐尖或不等的 2 浅裂；雄蕊不伸出花被，花丝比花被片短或近等长，在基部合生并与花被片贴生，子房倒卵形，基部收狭成短柄；花柱比子房稍长，柱头成点状。花期 7—8 月。

【分布及生境】分布于西藏、云南、四川、贵州、广东、广西等省区。生于海拔 1 500~4 000m 的湿润山坡。

【营养成分】每 100g 嫩叶含蛋白质 3.7g、脂肪 0.9g、碳水化合物 3g、粗纤维 4.1g、钙 129mg、磷 47mg、铁 5.4mg、胡萝卜素 1.41mg、维生素 B_1 0.03mg、维生素 B_2 0.11mg、维生素 B_5 0.7mg、维生素 C 71mg。

【食用方法】除冬季外，各季可摘取嫩叶食用。嫩叶可炒食、做汤或做馅。花茎在 7—8 月摘取，炒食。肉质根在秋季挖取，洗净，切段，炖肉食，也可凉拌。

药用功效

全草入药。理气宽中、通阳散结、消肿止痛。

卵叶韭

Allium ovalifolium Hand.-Mazz.

别　名‖鹿耳韭
英文名‖ Ovate-leaf onion
分　类‖百合科葱属多年生草本

【形态特征】植株具根状茎。鳞茎单生或 2~3 个聚生，柱状圆锥形。鳞茎外皮灰褐色，破裂成纤维状，呈网状。叶基生，2 枚，近对生状，极少具 3 枚，卵状长圆形或披针形，长 7~15cm，宽 3~7cm。伞形花序球形，多花，花梗为花被长的 1.5~4 倍，无苞片。花白色或淡红色，花被片长 3~6mm，卵状矩圆形或矩圆形。子房具短柄，子房 3 室，每室具 1 胚珠。

【分布及生境】分布于云南、贵州、四川、陕西、甘肃、青海、湖北。生于海拔 1 400~2 900m 的山坡草地、林下、林缘、阴湿草丛中。

【食用方法】春季采摘嫩叶，可炒食，素荤均可，沸水烫后切段，可凉拌。

药用功效

全草入药。性温，味辛。散寒理气、止血止痛。体虚烦热、瘦弱乏力者食用，对脾胃虚弱、食欲不振的老人具明显的食疗作用。

茖葱

Allium victorialis L.

别 名‖朝葱、旱葱、寒葱、茖韭
英文名‖ Longroot onion
分 类‖百合科葱属多年生草本

【形态特征】 鳞茎单生或2~3枚聚生，近圆柱状鳞茎外皮灰褐色至黑褐色，破裂成纤维状，呈明显的网状。叶2~3枚，倒披针状椭圆形至椭圆形，长8~20cm，宽3~9.5cm，基部楔形，沿叶柄稍下延，先端渐尖或短尖，叶柄长为叶片的1/5~1/2。花葶圆柱状，高25~80cm，1/4~1/2被叶鞘，总苞2裂，宿存伞形花序球状，具多而密集的花，小花梗近等长，比花被片长2~4倍，果期伸长，基部无小苞片，花白色或带绿色，极稀带红色内轮花被片椭圆状卵形，长（4.5~）5~6mm，宽2~3mm，先端钝圆，常具小齿外轮狭而短，舟状，长4~5mm，宽1.5~2mm，先端钝圆，花丝比花被片长1/4~1倍，基部合生并与花被片贴生，内轮狭长三角形，基部宽1~1.5mm，外轮锥形，基部比内轮的窄，子房具3圆棱，基部收狭成短柄，柄长约1mm，每室具1胚珠。花、果期6—8月。

【分布及生境】 分布于我国东北、华北及湖南、四川、甘肃、云南等地。生于山地林间、林下、岩石缝、草坪、沟谷等较潮湿地。

【营养成分】 每100g鲜品含粗蛋白1.4g、脂肪0.3g、粗纤维0.4g、维生素C 100mg。另含有一些丙烯基硫化物、挥发油，具有葱蒜的辛辣味。

【食用方法】 夏季采摘嫩苗、嫩叶等食用，可生食、炒食、做汤、腌渍。

药用功效

鳞茎、全草入药。性微温，味辛。止血、散瘀、镇痛。用于衄血、瘀血、跌打损伤。

野韭菜

Allium ramosum L.

别 名‖山韭菜
英文名‖ Branchy onion
分 类‖百合科葱属多年生草本

【形态特征】 须根系，须根多，肉质，浅生。根状茎粗壮，鳞茎近圆柱形。簇生，具膜质鳞被，外皮灰黑色。单叶基生，对生，三棱状长线条形。叶背具隆起纵棱，中空，叶形变化大。花葶圆柱形，高可达50cm，花期下弯。伞形花序，顶生，半球形至近球形，花白色或紫色，花被片6，雄蕊6，子房上位，具3圆棱。蒴果具圆形果瓣。种子黑色。开花、结籽期夏、秋季。

野韭菜有多种，常见的有峨眉韭（*Allium omierense*）、山韭（*A. japonicum* Rogal）、阔叶韭（*A. hookeri* Threaltes）、食根韭（*A. genahum*）和卵叶韭（*A. ovalifolium* Hand.-Mass.）。

【分布及生境】 分布于我国东北、华北、华中、华南、西南以及甘肃东部、新疆西北部和西藏东部。生于山坡、丘陵地带、草丛。

【营养成分】 每100g嫩叶含蛋白质3.7g、脂肪0.9g、碳水化合物3g、维生素A 1.41mg、维生素B_1 0.03mg、维生素B_2 0.11mg、维生素B_5 0.11mg、维生素C 11mg、钙129mg、磷47mg、铁54mg。

【食用方法】 春、夏季割取嫩叶，洗净，切碎，做馅。花葶切段，炒食。

药用功效

性寒，味咸、涩。无毒。具抗菌消炎、益肾作用。

野葱

Allium albidum Fisch. ex M. Bieb.

别　名 ‖ 沙葱、麦葱
英文名 ‖ Whitish onion
分　类 ‖ 百合科葱属多年生草本

【形态特征】 植株高30~45cm，鳞茎外被宿存纤维叶鞘。叶披针形，基部鞘状，顶端细尖。花茎直立，由叶丛中抽出，平行花序顶生，下具膜质总苞片数枚，花紫红色，蒴果。

【分布及生境】 分布于西藏等地。生于山坡、草地。

【营养成分】 每100g可食部含蛋白质2.7g、脂肪0.2g、碳水化合物5g、维生素A 3mg、维生素B_1 0.31mg、维生素B_5 0.7mg、维生素C 46mg、钙279mg、磷43mg、铁4.1mg。

【食用方法】 野葱采挖后，去杂除根，洗净，切段，可炒食。

药用功效

全株入药。性温，味辛。发汗散寒、健胃消肿。用于伤风感冒、头痛发热、腹部冷痛、消化不良。

百合

Lilium brownii var. *viridulum* Baker

英文名 ‖ Greenish lily
分　类 ‖ 百合科百合属多年生草本

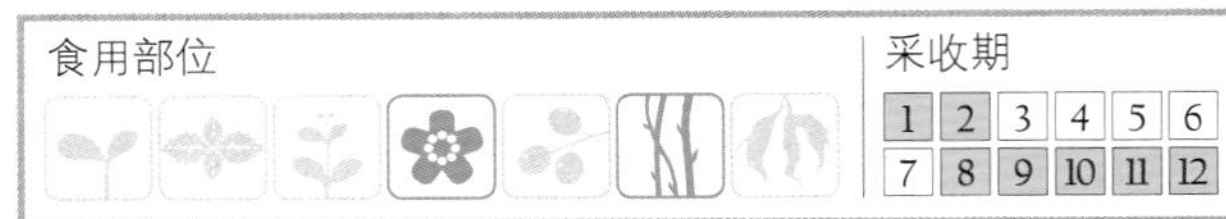

【形态特征】 植株高70~150cm，具鳞茎，球形，直径约5cm，鳞茎瓣开展，无节，白色；茎直立，具紫色条纹，无毛。单叶散生。中部叶较大，上部叶较小，倒披针形，长7~10cm，宽2~2.7cm，具3~4脉，基部斜窄、全缘，叶柄短。花1~4朵，喇叭形，具香味；花被片6，倒卵形，长15~20cm，宽3~4.5cm，多白色，背面带紫褐色，顶端弯曲不卷，蜜腺两边具小乳头状突起。子房长圆柱形，长约3.5cm。蒴果矩圆形，长5cm，宽3cm，具枝，种子多数。

【分布及生境】 分布于我国东南、西南及河南、河北、陕西、甘肃。生于山坡和石缝。

【营养成分】 花含芳香油。

【食用方法】 挖取鳞茎食用，花也可食用。

药用功效

鳞茎入药，性寒，味甘。养阴润肺、清心安神。用于阴虚久咳、痰中带血、虚烦惊悸、失眠多梦、精神恍惚。花入药润肺、清火、安神，用于咳嗽、眩晕、夜寐不安、天疱疮。种子用于肠风下血。

山丹

Lilium pumilum DC.

别　名‖细叶百合
英文名‖ Low lily
分　类‖百合科百合属多年生草本

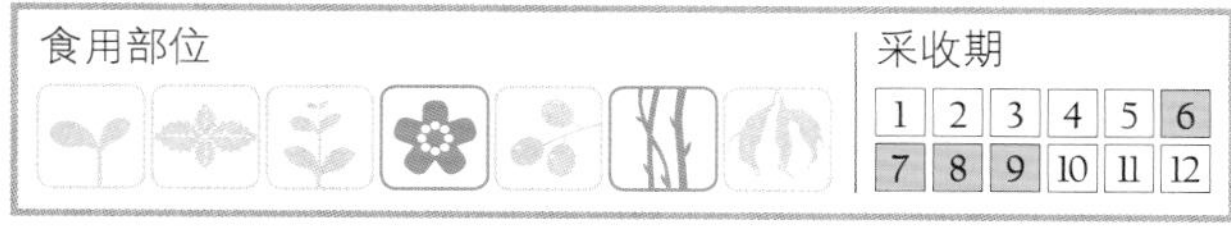

【形态特征】植株高 15~60cm。茎具小乳头状突起或带紫色条纹。鳞茎卵形或圆锥形，高 2.5~4.5cm，直径 2~3cm，鳞片矩圆形或长卵形，长 2~3.5cm，宽 1~1.5cm，白色。叶散生于茎中部，条形，长 3.5~9cm，宽 1.5~3cm，叶背中脉突出，边缘具乳头状突起。花单生或数朵排成总状花序，鲜红色，通常无斑点，有时具少数斑点，下垂；花被片 6，反卷，长 4~4.5cm，宽 0.8~1.1cm，蜜腺两边有乳头状突起；花丝长 1.2~2.5cm，无毛，花药长椭圆形，长约 1cm，黄色，花粉近红色；花柱稍长于子房，长 1.2~1.6cm，柱头膨大，直径 5mm，3 裂，子房圆柱形，长 0.8~1cm。蒴果矩圆形，长 20cm，宽 1.2~1.8cm。花期 7—8 月，果期 9—10 月。

【分布及生境】分布于海南、湖北、陕西、甘肃、青海、宁夏、山西、山东、河北、辽宁、吉林、黑龙江、内蒙古。生于海拔 400~2 600m 的向阳山坡草地、林缘草丛。

【食用方法】与山百合相同。

药用功效

性平，味甘、微苦。无毒。润肺止咳、清心安神。用于肺痨久咳、神经衰弱、心烦不安等。

山百合

Lilium brownii F. E. Br. ex Miellez

别　名‖野百合、淡紫百合、白百合
英文名‖ Brown lily
分　类‖百合科百合属多年生草本

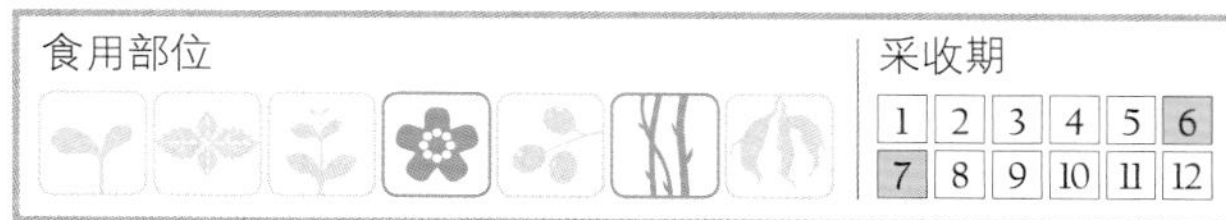

【形态特征】植株高 70~200cm。鳞茎球形，直径 2~5cm。鳞片白色，少数，带紫色，披针形，长 2.5~4cm，宽 0.8~1.4cm，无节。茎直立，圆柱形，黄绿色，少数具紫色条纹，下部具小乳头状突起。叶散生，自下而上渐小，披针形、窄披针形至条形，长 6~12cm，宽 0.5~2cm。顶端渐尖，基部渐狭，具 5~7 脉，全缘，叶面、叶背均无毛。花单生或几朵在茎端排成近伞形，花梗粗壮，基部具几苞片，披针形或卵状披针形；花冠喇叭形，具香气，乳白色，外面稍具紫色，无斑点，向外张开或顶端外弯而不卷曲，长 13~18cm；蜜腺两边具小乳头状突起；花被片 6；雄蕊 6，向上弯。花丝长 10~13cm，中部以下密被柔毛，少数只具稀疏毛或无毛。花药长椭圆形，长 1~1.5cm，柱头膨大，3 裂，花柱长 8.5~11cm。子房圆柱形，长 3.2~3.6cm。蒴果矩圆形，长 4.5~6cm，宽约 3.5cm，具钝棱。种子多数。花期 5—6 月，果期 9—10 月。

【分布及生境】分布于云南、贵州、四川、广东、广西、湖北、湖南、江西、安徽、浙江、福建、河南、陕西、甘肃等省区。生于海拔 300~2 300m 的山坡、林缘、沟谷、路旁、岩缝中。

【营养成分】每 100g 鳞茎含蛋白质 3.36g、蔗糖 10.39g、还原糖 3g、果胶 5.61g、淀粉 11.46g、脂肪 0.18g，还含磷、钙、维生素 B_1、维生素 B_2 等。鳞茎含有秋水仙碱及其他生物碱。

【食用方法】采收避免损伤鳞茎，收获后除去根部和茎叶，放室内并覆盖，避免光照引起鳞茎变色，影响品质。可凉拌、烧炸、炒食、蒸炖。花在夏季花盛开时采摘，取花瓣食用，可鲜食或干制后食用。

药用功效

鳞片、花或果实入药。性平，味甘、微苦。润肺止咳、清心安神，用于肺痨久咳、心悸不眠、疔疮。

卷丹

Lilium lancifolium Thunb.

英文名 ‖ Lance-leaf lily
分　类 ‖ 百合科百合属多年生草本

【形态特征】植株高 80~150cm，茎具紫色条纹，被白色绵毛。鳞茎近宽球形，高约 3.5cm，直径 4~8cm，鳞片宽卵形，长 2.5~3cm，宽 1.4~2.5cm，白色。叶散生，矩圆状披针形或披针形，长 6.5~9cm，宽 1~1.8cm。叶面、叶背近无毛。花 3~6 朵或更多，下垂，花被片披针形，反卷，橙红色，具紫黑色斑点。雄蕊四面张开，花丝长 5~7cm，淡红色，无毛，花药矩圆形，长约 2cm，花柱长 4.5~6.5cm，柱头稍膨大，3 裂，子房圆柱形，长 1.5~2cm，宽 0.2~0.3cm。蒴果狭长卵形，长 3~4cm。花期 7—8 月，果期 9—10 月。

【分布及生境】分布于西藏、四川、广西、湖北、湖南、江西、安徽、江苏、浙江、河南、陕西、甘肃、青海、山西、山东、河北、吉林。生于海拔 1 800m 以下的山坡林下、林缘、沟边、路旁草丛。

【食用方法】食用方法与山百合同。

药用功效

参考山百合。

绿花百合

Lilium fargesii Franch.

英文名 ‖ Farges lily
分　类 ‖ 百合科百合属多年生草本

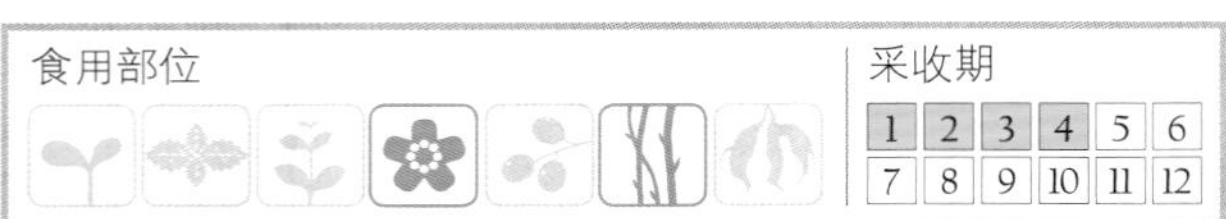

【形态特征】植株高 20~70cm，茎粗 2~4mm。具小乳头状突起，鳞茎卵形，高 2cm，直径 1.5cm。鳞片披针形，长 1.5~2cm，宽约 0.6cm，白色。叶散生，条形，生于中上部，长 10~14cm，宽 2.5~5cm。顶端渐尖，边缘反卷，叶面、叶背无毛。花单生或数朵排成总状花序；花下垂，绿白色，有稠密的紫褐色斑点；花被片披针形，长 3~3.5cm，宽 0.7~1.0cm，反卷，蜜腺两边具鸡冠状突起；花丝长 2~2.2cm，无毛，花药长矩圆形，长 7~9mm，宽 2mm，橙黄色；花柱长 1.2~1.5cm，柱头稍膨大，3 裂，子房圆柱形，长 1~1.5cm，宽 0.2cm。蒴果矩圆形，长 2cm，宽 1.5cm。花期 7—8 月，果期 9—10 月。

【分布及生境】分布于云南、四川、陕西、湖北。生于海拔 1 000~2 800m 的山坡林下、林缘草丛。

【食用方法】食用方法与山百合相同。

药用功效

参考山百合。

淡黄色百合

Lilium sulphureum Baker

别　名‖红百合
英文名‖ Yellowish-flower lily
分　类‖百合科百合属多年生草本

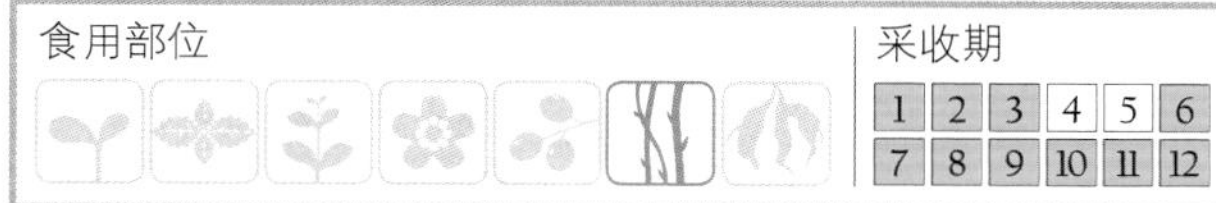

【形态特征】植株高 80~120cm。茎绿色，干后黄褐色，具小乳头状突起。鳞茎球形，高 6~9cm，直径 4~7cm。鳞片较松散，卵状披针形或披针形，红棕色或紫黑色，长 2.5~6cm，宽 1~1.8cm。中下部叶较宽大，上部叶较狭小；叶面、叶背的中脉明显。花通常 2 朵，喇叭形，白色，芳香味；花被片长 17~19cm。外轮花被片长圆状倒披针形，宽 1.5~2cm，内轮花被片较宽，匙形或宽倒披针形，宽 3.5~4cm，蜜腺两边无乳头状突起，花丝长 13~15cm，无毛或有疏毛；花药长矩圆形，长 1.8~2cm；子房圆柱形，长 4~4.2cm，宽 0.2~0.5cm，紫绿色；花柱长 11~12cm，柱头膨大，直径 0.6~0.8cm。
【分布及生境】生于路边、草坡或山坡阴处疏林下。

【食用方法】早春及夏、秋和冬季，均可采挖鳞茎。鳞茎除去红色素，去苦味，才可食用。可用 5% 的盐水浸泡鳞片，泡至起泡沫，也可用小刀刮，去掉鳞片两面的红色，以去除苦味。可炒食、蒸煮。

药用功效

鳞片入药。性寒，味甘、苦。清热解毒、润肺止咳。用于咯血、虚劳咳嗽、无名肿毒。

乳头百合

Lilium papilliferum Franch.

分　类‖百合科百合属多年生草本

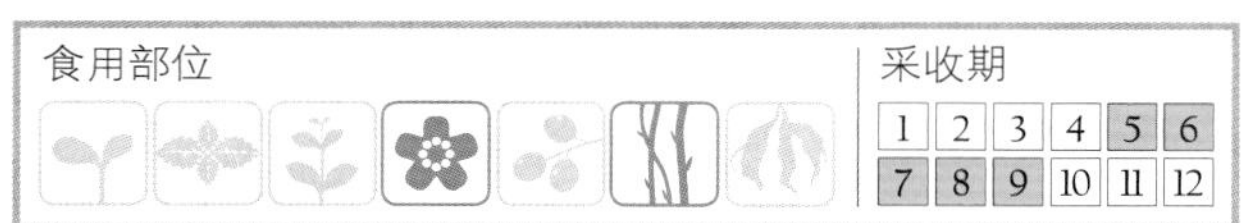

【形态特征】植株高约 60cm，带紫色，密生小乳头状突起。鳞茎卵圆形，高 3cm，直径 2.5cm。鳞片卵形或披针状卵形，白色。叶多数，散生，着生于中上部，条形，顶端急尖，长 5.5~7cm，宽 2.5~4cm，中脉明显。头状花序具 5 花，芳香，下垂，紫红色。花被片矩圆形，顶端急尖，基部稍狭，长 3.5~3.8cm，宽 1~1.3cm，蜜腺两边具乳头状突起和鸡冠状突起；花丝长 2cm，无毛。花药浅褐色，花粉橙色；子房圆柱形，长 1cm，宽 0.4cm，花柱长 1.3cm。蒴果矩圆形，长 2~2.5cm，宽 1.5~2cm。花期 7 月，果期 9 月。
【分布及生境】分布于云南、四川、陕西、湖北。生于海拔 800~2 000m 的山坡或沟谷林下、灌丛、岩石上。

【食用方法】与山百合相同。

药用功效

参考山百合。

披针叶百合

Lilium primulinum var. *ochraceum* (Franch.) Stearn

英文名‖ Nepal lily
分　类‖百合科百合属多年生草本

【形态特征】植株高 40~120cm。茎上多具细纵棱，棱上具细小乳头状突起；鳞茎近球形，高约 2.5cm，直径约 2.2cm，鳞片干后紫褐色，披针形或长卵状披针形，具膜质淡色边缘，长 2~2.5cm，宽 0.7~1cm。叶散生，披针形或长披针形，长 3.5~7cm，宽 7~10mm。茎下部和顶部的叶片较短小，中部叶片较长和宽，顶端渐尖。基部渐狭，边缘具稀疏的乳状突起，具 3~5 脉，叶面、叶背无毛，但叶背具明显的细小皱折。花单生或 2~3 朵排成总状花序；苞片长圆状披针形，长 3.5~7cm；花梗长 4~4.5cm，花浅黄绿色，喇叭状。花被片明显反卷，长 5.5~6.5cm，宽 8~12mm，蜜腺两侧无乳头状突起；雄蕊的花丝长 4~4.5cm，无毛，基部稍宽约 2mm，花药 8mm；子房圆柱状，长 1.5cm，花柱长 3cm，柱头膨大略呈球形，直径约 2mm。
【分布及生境】分布于贵州、四川、云南。生于海拔 1 400~1 700m 的湿润山坡和岩地。

【食用方法】采收期与山百合相同，把鳞片洗净，沸水烫后，清水漂 4~6 小时即可食用。食用方法与山百合同。

药用功效

参考山百合。

毛百合

Lilium dauricum Ker-Gawl.

别　名 ‖ 东北卷丹
英文名 ‖ Dahurian lily
分　类 ‖ 百合科百合属多年生草本

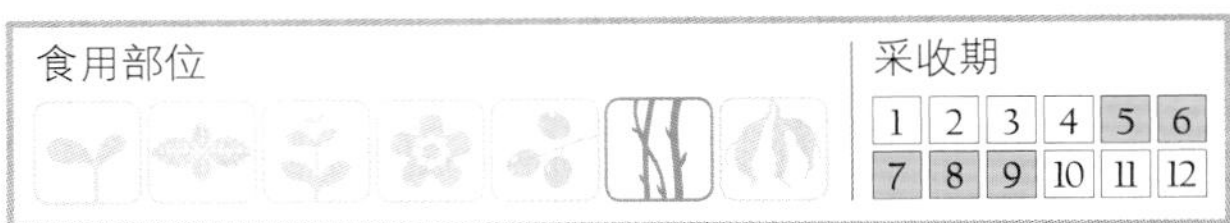

【形态特征】鳞茎卵状球形，直径约 2cm；鳞片宽披针形，长 1~1.4cm，宽 5~6mm，白色，有节或无节。茎高 50~70cm，有棱。叶散生，在茎顶端有 4~5 枚叶片轮生，基部有一簇白绵毛，边缘有小乳头状突起，有的还有稀疏的白色绵毛。苞片叶状，长 4cm；花梗长 2.5~8.5cm，有白色绵毛；花 1~2 朵顶生，橙红色或红色，有紫红色斑点；外轮花被片倒披针形，先端渐尖，基部渐狭，长 7~9cm，宽 1.5~2.3cm，外面有白色绵毛；内轮花被片稍窄，蜜腺两边有深紫色的乳头状突起；雄蕊向中心靠拢；花丝长 5~5.5cm，无毛，花药长约 1cm；子房圆柱形，长约 1.8cm，宽 2~3mm；花柱长为子房的 2 倍以上，柱头膨大，3 裂。蒴果矩圆形，长 4~5.5cm，宽 3cm。花期 6—7 月，果期 8—9 月。

【分布及生境】分布于黑龙江、吉林、辽宁、内蒙古和河北。生于海拔 450~1 500m 的山坡灌丛间、疏林下、路边及湿润的草甸。

【营养成分】鳞茎含淀粉，可供食用、酿酒或作药用。

渥丹

Lilium concolor Salisb

别　名 ‖ 山丹、雷百合、山丹花
分　类 ‖ 百合科百合属多年生草本

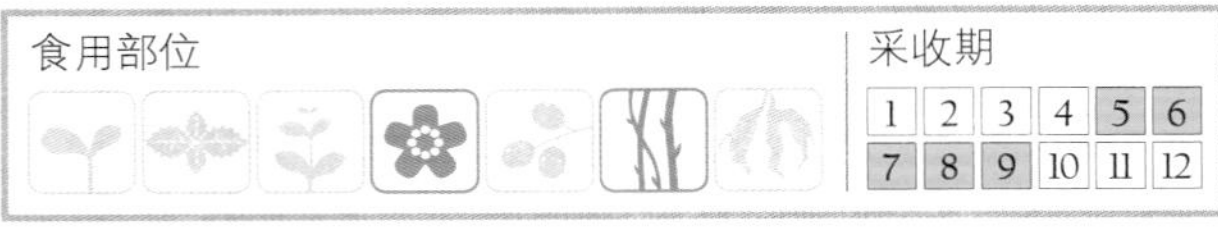

【形态特征】植株高 30~50cm。少数茎近基部带紫色，具小乳头状突起。鳞茎卵球形，高 2~3.5cm，直径 2~3.5cm。鳞片卵形或卵状披针形，长 2~3.5cm，宽 1~3cm，白色，鳞茎上方茎上具根。叶散生，条形，长 3.5~7cm，宽 0.3~0.6cm，3~7 条脉，边缘具小乳头状突起，叶面、叶背均无毛。花 1~5 朵排成近伞形或总状花序。花直立，星状开展，深红色，无斑点，具光泽。花被片矩圆状披针形，长 2.2~4cm，宽 0.4~0.7cm，蜜腺两边具乳头状突起；雄蕊向中心靠拢。花丝长 1.8~2cm，无毛。子房圆柱形，长 1~1.2cm，宽 0.2~0.3cm，花柱稍短于子房，柱头稍膨大。蒴果矩圆形，长 3~3.5cm，宽 2~2.2mm。花期 6—7 月，果期 8—9 月。

【分布及生境】分布于河南、湖北、陕西、山西、山东、河北、吉林。生于海拔 1 250m 以下的山坡草地、灌丛。

【食用方法】与山百合相同。

药用功效

参考山百合。

黄花菜

Hemerocallis citrina Baroni

别　名‖黄花萱、柠檬萱草、黄金萱、黄花
英文名‖ Citron daylily
分　类‖百合科萱草属多年生草本

食用部位

采收期

1 2 3 4 5 6
7 8 9 10 11 12

【形态特征】植株具短的根状茎和块根，块根肉质，肥大纺锤形。叶基生，排成两列，条形，长 70~80cm，宽 1.5~2.5cm。花葶高 85~110cm。蜗壳状聚伞花序复组成圆锥形，多花，多达 30 朵。花柠檬黄色，具清香味。蒴果钝三棱状椭圆形。种子黑色，具棱。花期 6—7 月。

【分布及生境】分布于山西、河北、河南、甘肃、山东、湖北、湖南、四川、陕西等。生于海拔 2 000m 以下的山坡、沟谷、林缘草丛。

【食用方法】当花蕾充分生长饱满、色黄绿、纵沟明显、馨汁显著减少时，应及时采摘。食用干品为主，荤素皆宜，可炒、拌、炸、炖等。

药用功效

根入药，利水、凉血，用于水肿、小便不利、淋浊、带下、黄疸、衄血、便血、崩漏、乳痈。嫩苗入药，利湿热、宽胸、消食。花蕾入药，利湿热、宽胸膈。

萱草

Hemerocallis fulva L.

别　名‖金针菜、黄花萱草、芦葱、忘忧草
英文名‖ Common yellow daylily
分　类‖百合科萱草属多年生草本

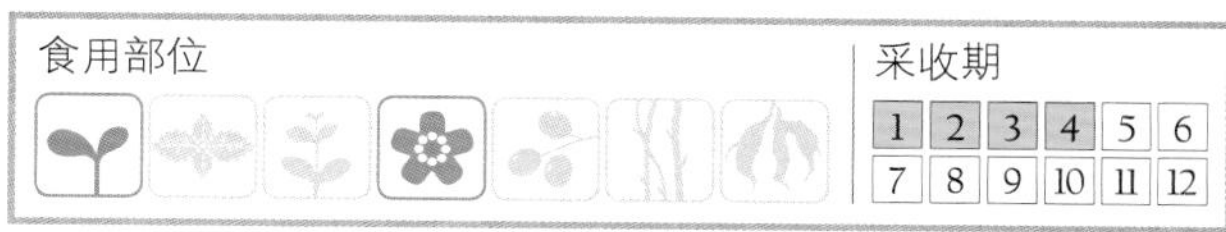

【形态特征】植株具短根状茎和块根，块根肉质，肥大纺锤状。叶基生，排成两列，条形，长 30~80cm，宽 1.5~3.5cm。花葶粗壮，高 60~100cm，蝎壳状聚伞花序复组成圆锥状，具 6~12 花或更多。花橘红色，具短花梗。蒴果矩圆形。花期 6—8 月，果期 8—9 月。

【分布及生境】分布于我国北方地区。生于海拔 1 600m 以下的山坡草丛、沟谷阴湿处、林缘、林下、灌丛中。

【营养成分】每 100g 鲜花含维生素 A 1.85mg、维生素 B_2 0.118mg、维生素 C 131mg。每 100g 嫩苗含蛋白质 12.63g、脂肪 0.89g、纤维素 3.59g、维生素 A 0.3mg、维生素 B_2 0.77mg、维生素 C 340mg。

【食用方法】与黄花菜相同。

药用功效

根入药。性凉，味甘。清热利尿、凉血止血。用于小便不利、尿血、膀胱炎、乳汁缺乏、月经不调、便血等。

小黄花菜

Hemerocallis minor Mill.

别　名 ‖ 小萱草、黄花菜、金针黄花、红萱
英文名 ‖ Small yellow daylily
分　类 ‖ 百合科萱草属多年生草本

【形态特征】植株具短根状茎和绳索状须根，根粗 1.5~3mm，不膨大。叶长 20~60cm，宽 3~14mm。花亭稍短于叶或近等长，顶端具 1~2 花，少有具 3 花；花梗很短，苞片近披针形，长 8~25mm，宽 3~5mm；花被淡黄色；花被管通常长 1~2.5cm，极少能近 3cm；花被裂片长 4.5~6cm，内三片宽 1.5~2.3cm。蒴果椭圆形或矩圆形，长 2~2.5cm，宽 1.2~2cm。花、果期 5—9 月。

【分布及生境】分布于陕西、甘肃、山西、山东、河北、湖北、辽宁、吉林、黑龙江、内蒙古。生于海拔 2 300m 以下的山坡林下、草地、山谷沟边、灌丛中。

【营养成分】每 100g 花蕾鲜品含蛋白质 2.9g、脂肪 0.5g、粗纤维 1.5g、碳水化合物 11.6g、胡萝卜素 1.17mg、硫胺素 0.19mg、核黄素 0.13mg、尼克酸 1.1mg、钙 73mg、磷 69mg、铁 1.4mg。

【食用方法】与黄花菜相同。

药用功效

根状茎及根供药用，有利尿消肿的功用，用于小便不利、浮肿、淋证、乳痈肿痛等症。嫩苗入药，性凉，味甘，利湿热、宽胸、消食。

褶叶萱草

Hemerocallis plicata Stapf

别　名 ‖ 凤尾一支蒿、萱草、黄花菜、金针菜
英文名 ‖ Fold-leaf daylily
分　类 ‖ 百合科萱草属多年生草本

【形态特征】植株具短根状茎和块根，块根肉质，肥大纺锤形。叶基生，狭条形，长 20~40cm，宽 5~8mm，常对褶。花葶高 25~50cm，蝎壳状聚伞花序。花数朵，橘黄色。花梗长 1~1.5cm，可达 4cm；花被长 5~7cm，下部 1~2cm 合生成花被筒，裂片 6，具平行脉；雄蕊伸出，上弯，比花被裂片短；花柱伸出，上弯，几与花被裂片等长。花期夏季。

【分布及生境】分布于云南、四川、湖北。生于海拔 1 500~2 000m 的山坡草丛。

【食用方法】与黄花菜相同。

药用功效

根入药。性平，味甘。有小毒。养血平肝、利尿消肿。用于头晕、耳鸣、心悸、腰痛、衄血、大肠下血、水肿、淋证、咽喉痛、乳痈。

粉条儿菜

Aletris spicata（Thunb.） Franch.

别　名‖肺筋草、金钱吊白米、瞿麦、一窝蛆
英文名‖ Spike aletris
分　类‖百合科粉条儿菜属多年生草本

【形态特征】植株具多数须根，少数局部膨大，长3~6mm，宽0.5~1.7mm，白色。叶簇生，条形或狭线形，长10~25cm，宽0.3~0.4cm，顶端渐尖。花葶直立，高40~70cm，中下部具数枚1.5~6.5cm的苞片状叶，长披针形或条状披针形；中部具细纵纹，下部圆形光滑，上部密生短腺毛及柔毛，具棱。总状花序，疏生多花，长6~30cm；苞片2，狭条形或狭披针形，位于花梗基部，长5~8mm。花梗短，长1~1.5mm，被毛；花被黄绿色，上端粉红色，外有短腺毛，长5~7mm，裂片6，条状披针形，长2~3.5mm，宽0.8~1.2mm；雄蕊生于花被裂片的基部。花丝短，离生，花药椭圆形；子房卵形，花柱长1.5mm。蒴果倒卵形、长圆状倒卵形或倒卵状椭圆形，与宿存的花被连生，有棱角，长3~4mm，宽2.5~3mm，密被柔毛。

【分布及生境】分布于我国华东、华南及贵州、甘肃、河北等。生于山坡、路旁、灌丛草地。

【食用方法】春、夏季采摘嫩茎叶，适用于凉拌、炝、蒸、做饮料。

药用功效

全草入药。性平，味甘、苦。清热、化痰、止咳、活血、杀虫。用于咳喘、虫积、小儿疳积、肺痈、肠风下血、乳痈。

七叶一枝花

Paris polyphylla Smith

别　名‖华重楼、七叶莲、铁灯台、草河车
英文名‖ Chinese paris
分　类‖百合科重楼属多年生草本

食用部位　采收期
1 2 3 4 5 6
7 8 9 10 11 12

【形态特征】植株高30~100cm。具根状茎，粗壮，直径1~2.5cm，棕褐色，密生环节和须根。茎偶带紫红色，直径3~5mm，上部较细，基部常具黄白色膜质鞘1~3枚。叶5~10片，叶形以长圆形、椭圆形为主，偶有倒卵状披针形。长5~15cm，宽1.5~5cm，生于海拔较高处的叶片较短小，顶端短渐尖，基部宽楔形或近圆；叶柄长1.5~4cm，常带紫红色，花梗较叶长，长6.5~30cm，较为纤细；萼绿色，4~6片，狭椭圆形至狭卵状披针形，长3~7cm，宽0.5~2cm。偶具短爪，顶端渐尖，基部收缩成短柄或无，花瓣黄绿色，狭条形；雄蕊8~12枚，花药条形，长5~10mm；花丝扁平，药隔突出于花药。子房近球形，具棱，绿色或带紫色。顶端具盘状花柱基，花柱粗短，具4~5分枝，分枝向下弯曲。蒴果3~6瓣开裂，紫色。种子多，卵球形，具鲜红色多浆汁的假种皮。花期5—7月，果期8—10月。

【分布及生境】分布于广东、广西、江西、福建、陕西、四川。生于海拔1 200m以上的山地灌丛草坪、林下阴处、沟谷边的草丛阴湿处。

【营养成分】根状茎含生物碱、氨基酸、甾体皂苷。

【食用方法】春、秋、冬季挖取根状茎。烹制时先去皮，清水浸泡，盐、油作用，除毒性，可炖肉，有一定滋补作用。

药用功效

根状茎入药。性寒，味辛、微苦。具小毒。清热解毒、止咳平喘、息风定惊。用于小儿惊风抽搐、痈肿、疔疮、瘰疬、喉痹、慢性气管炎、蛇虫咬伤。

沿阶草

Ophiopogon japonicus （L. f.） Ker-Gawl.

别　名 ‖ 麦冬、寸冬、麦门冬、绣墩草、麦门
英文名 ‖ Drawf lilyturf
分　类 ‖ 百合科沿阶草属多年生常绿草本

【形态特征】根密集而较粗，粗约1mm，密被绵毛状根毛或部分脱落，中间或近末端常膨大成椭圆形或纺锤形小块根。茎短，常从茎发生数条地下走茎。基生叶成丝，窄长线形，长10~40cm，宽1.5~4mm。花葶从叶丛中央抽出，通常比叶短，长6~15mm；总状花序，数朵至十余朵花，单生或2朵生于苞片腋内。花白色或淡紫色。浆果球形。种子球形，熟时黑色。花期5—8月，果期7—9月。

【分布及生境】分布于云南、贵州、四川、广东、广西、湖南、湖北、江西、江苏、浙江、福建、台湾、河南、河北、陕西、山西等。生于海拔2 200m以下的山坡林下、湿地。

【营养成分】块根含麦冬皂苷等多种甾体皂苷和麦冬黄酮等黄酮类化合物，以及β-谷甾醇、豆甾醇、葡萄糖苷等。

【食用方法】秋季可采挖全草带块根，洗净后，炖鸡、炖肉食，具保健作用。块根可加入红枣煮粥，具健脾胃、益寿作用。

药用功效

块根入药。性凉，味甘、微苦。润肺止咳、清心除烦、滋阴生津。用于肺燥干咳、吐血、咯血、肺痿、肺痈、虚劳烦热、消渴、热病津伤、咽干口燥、便秘。

吉祥草

Reineckia carnea （Andr.） Kunth

别　名 ‖ 观音草、佛顶珠、松寿兰、竹叶青、竹根七、小九龙盘、地蜈蚣
英文名 ‖ Pink reineckea
分　类 ‖ 百合科吉祥草属多年生常绿草本

【形态特征】茎匍匐生长，分枝，茎粗2~3mm，逐年向前延长或发生新枝，每节具一残存叶鞘，并长出叶簇，每簇具3~8叶。叶狭长，条形或披针形，长10~38cm，宽0.5~3.5cm，浓绿色，叶面、叶背均具突起纵脉。花葶长5~15cm。穗状花序圆柱形，长2~6.5cm。上部花有时仅具雄蕊，苞片卵状三角形，浅褐色或带紫色，长5~7mm。每苞片常具1花，花芳香，粉红色；裂片长圆形，稍肉质，花开时反卷；雄蕊6，短于花柱而稍长于花被，花丝丝状。花药背着，内向纵裂，近长圆形，两端微凹，长2~2.5mm；花柱丝状。浆果近球形，直径6~10mm，熟时鲜红色。

【分布及生境】分布于我国华中、华南、西南及陕西、江西、浙江等。生于阴湿山坡、谷地、密林下。

【食用方法】春、夏季采摘嫩茎叶食用。洗净，切段，炖肉食，具一定的食疗作用。

药用功效

全草入药。性寒，味甘。润肺止咳、清热凉血。用于黄疸型肝炎、妇女干痨、肾盂肾炎、跌打损伤、吐血、骨折、咳血、咳嗽。

玉竹

Polygonatum odoratum （Mill.） Druce

别　名‖萎蕤、尾参、铃铛菜、女萎、玉参、甜根草、灯笼菜、地管子、靠山竹、黄脚鸡
英文名‖ Fragrant solormonseal
分　类‖百合科黄精属多年生草本

【形态特征】 植株高20~50cm。具根状茎，圆柱形，直径5~14mm，黄白色，匍匐生长，节间长，结节不粗大，节上密生须根。茎直立，具纵棱，无毛，绿色，有时带紫色。叶互生，叶片椭圆形至卵状矩圆形，长5~12cm，宽3~6cm，顶端尖，全缘。花序腋生，每叶腋具1~3花，总花梗长1~1.5cm，花被白色或顶端黄绿色，合生呈筒状。全长15~20cm，裂片6，长约3mm；雄蕊6，花丝着生近花被筒中部，近平滑或具乳头状突起；子房长3~4mm。浆果球形，直径7~10mm，蓝黑色。花期4—5月，果期8—9月。
【分布及生境】 分布于湖南、湖北、江西、安徽、江苏、台湾、河南、甘肃、青海、山西、山东、河北、辽宁、吉林、黑龙江、内蒙古。生于海拔400~1 800m的山坡林阴下、潮湿岩石上。

【营养成分】 每100g可食部含淀粉25.6~30.6g、粗纤维3.6g、胡萝卜素5.4mg、维生素B_2 0.43mg、维生素C 232mg。每100g干品含钾2 300mg、钙650mg、镁261mg、磷393mg、钠34mg、铁10.8mg、锰8.7mg、锌3.8mg、铜0.7mg。
【食用方法】 春季采摘嫩叶食用，沸水烫后炒食或做汤。春、秋季挖取根状茎，除去须根，洗净即可煎、炒、煮粥、做汤。

药用功效

根状茎入药。性平，味甘。养阴润燥、除烦止渴。用于热病阴伤、咳嗽烦渴、虚劳发热、消食易饥、小便频数。

小玉竹

Polygonatum humile Fisch. ex Maxim.

别　名‖十样错
英文名‖ Small solomonseal
分　类‖百合科黄精属多年生草本

【形态特征】 植株高25~50cm。具根状茎，细圆柱形，直径3~5mm，节上生多数侧根，侧根被浅黄色细茸毛。茎直立，或上部稍弯曲。叶互生，具7~11叶，长椭圆状披针形，长5~8cm，宽1~2cm。顶端尖，渐尖或略钝，基部宽楔形或近圆形，叶背具短糙毛；短柄，长1~8mm。花常单生叶腋，花梗显著向下弯曲，长8~13mm；花被白色，顶端带绿色，长10~15mm，花被筒中部稍缢缩，顶端6枚裂片；雄蕊6，花丝粗糙，长约3mm，花药等长。子房卵形，长3~4mm，花柱细，长8~10mm，柱头细小。浆果直径约1cm，蓝黑色，含5~6颗种子。
【分布及生境】 分布于黑龙江、吉林、辽宁、河北、山西。生于林下或山坡草地。

【营养成分】 每100g可食部（包含嫩苗）含胡萝卜素3.94mg、维生素B_2 0.43mg、维生素C 232mg。每100g根状茎含蛋白质1.5g、粗纤维3.6g、维生素B_2 0.3mg，还含黏多糖、玉竹果聚糖、吖丁啶-2-羧酸、山柰素阿拉伯糖苷、天冬酰胺及鞣质。
【食用方法】 春、夏季采嫩苗（刚出土、茎叶尚包卷的嫩苗），沸水烫后，可炒食或做汤。秋、冬季挖取根状茎，洗净，切段，可炖肉食。

药用功效

根状茎入药。性平，味甘。养阴润燥、生津止渴。用于肺阴虚、燥热咳嗽、胃阴不足、咽干口渴、热病伤阴、烦渴及消渴。

多花黄精

Polygonatum cyrtonema Hua

别　名‖老虎姜、长叶黄精、鸡头黄精、鸡头根
英文名‖ Many-flower solomonseal
分　类‖百合科黄精属多年生草本

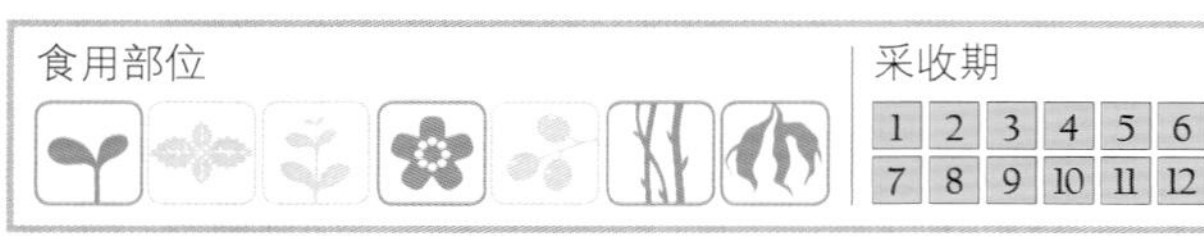

【形态特征】植株高 50~100cm。茎直立，具根状茎，肥厚，通常连珠状或结成块，少数圆柱形，直径 1~2cm，密生肉质须根。叶互生，通常具 10~15 枚叶，椭圆形、卵状披针形至矩圆状披针形，长 10~18cm，宽 2~5cm。花序腋生，具 2~14 花，常排成伞形花序，偶有单生叶腋。浆果球形，黑色，直径约 1cm，种子 3~9 颗。花期 4—5 月。

【分布及生境】分布于贵州、四川、广东、广西、湖北、湖南、江西、安徽、江苏、浙江、福建、河南等地。生于海拔 2 000m 以下的山坡、阴林、灌丛、沟边等潮湿处。

【营养成分】每 100g 根状茎含淀粉 25g、蛋白质 8.4g、还原糖 5g，还含有多种氨基酸、维生素等。

【食用方法】春季采摘嫩苗、嫩茎。嫩茎去皮后切段，炒食。夏季采花，食用花瓣，可炒食或做汤。秋、冬季挖取根状茎，去须根和皮，洗净，切片炒食、煮粥、炖肉等。

药用功效

根状茎入药。性平，味甘。补脾润肺、益气养阴。用于脾胃气虚的眩晕、纳呆，脾胃阴虚的口干食少、大便干燥、消渴、肺虚咳嗽，肾虚精亏的腰酸膝软、眩晕耳鸣。

黄精

Polygonatum sibiricum Delar. ex Redoute

别　名‖瓜子参、卷叶黄精、笔管菜、黄芝、野生姜
英文名‖ Siberian solomonseal
分　类‖百合科黄精属多年生草本

【形态特征】植株高 50~80cm。根状茎，匍匐生长，肥大肉质，黄白色，直径 1~2cm，略成扁圆柱状，具数个茎痕，茎痕处较粗大，最粗处直径达 2.5cm，有时呈攀缘状。茎直立，圆柱形。叶轮生，每轮 4~6 叶，条状披针形，长 8~15cm，宽 4~16mm，先端拳卷或弯曲成钩。花序常具 2~4 花，呈伞形状，俯垂。总花梗长 1.5~2cm，花梗长 2.5~10mm；苞片膜质，钻形或条状披针形，长 3~5mm，位于花梗基部；花被乳白色至淡黄色，全长 9~12mm，合生成筒状，顶端 6 齿裂；雄蕊 6，花丝着生于花被筒上部；子房长约 3mm，花柱长 5~7mm。浆果直径 7~10mm，熟时黑色。花期 5—6 月。

【分布及生境】分布于安徽、浙江、河南、陕西、甘肃、宁夏、山西、山东、湖北、河北、辽宁、吉林、黑龙江、内蒙古。生于海拔 800~1 800m 的山坡林下阴处、灌丛中。

【营养成分】参考多花黄精。

【食用方法】春季采摘嫩苗，春、秋季挖取根状茎，可鲜用，或煮沸后晒干或烘干食用。

药用功效

根状茎入药。性平，味甘。补气养阴、健脾、润肺、益肾。用于脾胃虚弱、体倦乏力、口干食少、肺虚燥咳、精血不足、内热消渴。

卷叶黄精

Polygonatum cirrhifolium （Wall.） Royle

别　名‖老虎姜、轮叶黄精、鸡头参、山姜
英文名‖ Roll-leaf solomonseal
分　类‖百合科黄精属多年生草本

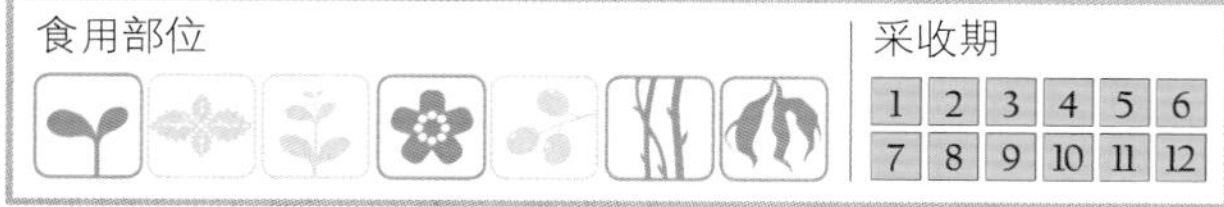

【形态特征】植株高 30~90cm。具根状茎，肥厚，圆柱形或连珠状，直径 1~2cm。叶轮生，多为 3~6 叶一轮，细条形至条状披针形，长 4~12cm，宽 0.2~1.5cm，顶端拳卷或弯曲成钩状。花序腋生，常具 2 花，俯垂，总花梗长 3~10mm，花梗长 3~8mm；花被淡紫色，合生成筒状，全长 8~11mm，裂片 6，长约 2mm；雄蕊 6，花丝着生靠近花被筒中部；子房长约 2.5mm，具等长的花柱。浆果直径 8~9mm，熟时红色或紫红色，直径 8~9mm，具 4~9 颗种子。花期 5—7 月，果期 9—10 月。
【分布及生境】分布于西藏、云南、四川、陕西、甘肃、青海、宁夏、湖北。生于海拔 700~2 300m 的山坡林下、草地、沟谷灌丛中。

【食用方法】与多花黄精相同。

药用功效

根状茎治跌打损伤。

宝铎草

Disporum sessile （Thunb.） D. Don. ex Schult. & Schult. f.

别　名‖淡竹花、乌骨鸡、竹叶三七、百尾笋
英文名‖ Common fairybells
分　类‖百合科万寿竹属多年生草本

【形态特征】植株高 30~60cm。茎直立，光滑无毛，具细条纹。根状茎，匍匐生长，肉质，长达 3~10cm；根簇生，稍肉质，直径 2~4mm，具纵行皱纹。叶纸质，宽卵形、椭圆形或宽披针形，长 8~12cm，宽 2~6cm。花 1~5 朵生于茎和分枝顶端，黄色、绿色或白色。浆果椭圆形或球形，直径约 1cm，成熟时黑色。种子 3 颗，直径约 3mm，深棕色。
【分布及生境】分布于贵州。生于林下、灌丛。

【食用方法】秋、冬季挖取肉质根食用。洗净，切段，可炖肉食，有滋补作用。根状茎和嫩芽可炒食、做汤。

药用功效

根或根状茎入药。性平，味甘。润肺止咳、健脾消积。用于虚损咳喘、肠风下血、食积腹满。

鹿药

Smilacina japonica （A. Gray） La Frankie

别　名‖盘龙七、九层楼、扁豆菜
英文名‖ Japanese false solomonseal
分　类‖百合科鹿药属多年生草本

【形态特征】 植株高30~60cm。具根状茎，匍匐生长，呈圆柱状，直径6~15mm。常有膨大的结节，节上生须根。地上茎直立，单生，中部以上或仅上部被粗状毛。叶互生，4~9片，纸质，卵状椭圆形或矩圆形，长6~15cm，宽3~8cm。上部叶稍小，顶端渐尖，基部圆形，叶面、叶背疏生短粗毛或几无毛，边缘具睫毛。3~5片条叶脉，在叶面凹下，在叶背深突，具短柄，长3~15mm。圆锥花序具10~20朵花，花小，单生，白色。花序长3~6cm，被黄白色短粗毛；花梗长2~6mm，花被片分离或仅基部合生，长圆状倒卵形，长约3mm；雄蕊6，比花被片稍短；花药小，花柱长0.5~1mm，柱头完整或稍裂。浆果近球形，直径5~6mm，初期绿色，熟时浅黄色或红色。种子1~2颗。

【分布及生境】 分布于我国东北、华北和甘肃、陕西、四川、湖北、湖南、安徽、江苏、浙江、江西、台湾。生于海拔1 000~2 000m的林下阴湿处、岩石缝隙中。

【食用方法】 春、夏季采摘嫩茎叶，洗净，沸水烫后炒食或做馅。

药用功效

根或根状茎入药。性温，味甘、苦。祛风止痛、强筋壮骨。用于头痛、劳伤、风湿、背疽、乳痈。

兴安鹿药

Smilacina dahurica （Turcz. ex Fisch. et C. A. Mey.） La Frankie

英文名‖ Dahur deerdrug
分　类‖百合科鹿药属多年生草本

【形态特征】 植株高30~60cm。具根状茎，粗1~2.5mm，生须根。茎近直立，近无毛或上部被短毛，具6~12叶。单叶互生。叶片短圆状卵形或矩圆形，长6~13cm，宽2~4cm，顶端急尖或短尖，叶背密被短毛，无柄。总状花序，顶生，被短毛；花2~4朵簇生，白色；花被片6，基部稍合生，倒卵状矩圆形或矩圆形，长2~3mm。浆果近球形，直径6~7mm，红色或紫红色，具1~2颗种子。

【分布及生境】 分布于黑龙江、吉林。生于海拔450~1 000m的林下。

【食用方法】 挖取嫩苗，洗净，调味煮食或做汤。

药用功效

主治虚痨、阳痿、偏正头痛、风湿骨痛、月经不调、跌打损伤、乳痈、痈疖肿毒。

天门冬

Asparagus cochinchinensis （Lour.） Merr.

别　名‖天冬草、天冬、老虎尾巴根、丝冬
英文名‖ Cochinchinese asparagus
分　类‖百合科天门冬属攀缘性多年生草本

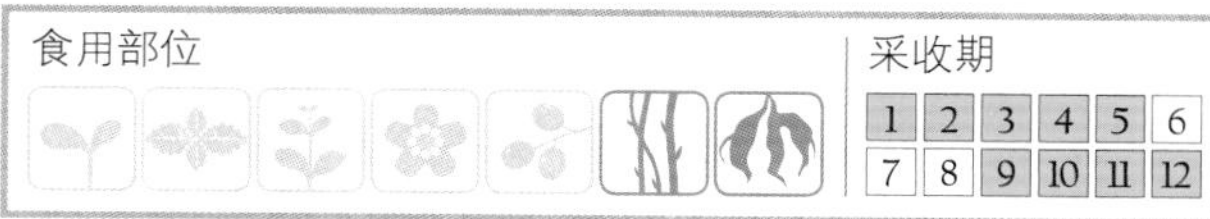

【形态特征】 根状茎较短；根中部或顶端膨大成块根。肉质，长椭圆形或纺锤形，长4~10cm，直径1~2cm，灰黄色。茎常弯曲或扭曲，多分枝，长达2m，开展或蔓生，具棱或狭翅。叶状枝常3枚成簇，偶有1~2枚成簇，扁平，条状，稍作弧形弯曲，长0.8~3cm，少数5~8cm，宽0.1~0.2cm，中脉明显。在叶面、叶背稍隆起呈龙骨状，叶退化为鳞片，三角状卵形，顶端长尖，茎上鳞片状叶顶端稍短而钝，基部下延变成硬刺，刺长2~3mm，分枝上刺短或不明显。花1~4朵簇生叶腋，浅绿色或带白色，下垂，单性，雌雄异株。雄花花被片长2.5~3mm，雄蕊稍短于花被；雌花具3枚退化雄蕊，雌蕊1，子房3室，柱头3歧。浆果球形，直径6~7mm，熟时红褐色，干后灰褐色。种子1颗，黑色。花期5月。

【分布及生境】 分布于我国长江流域以南各省区及陕西、甘肃、河北。生于海拔1 800m以下的山坡、林下、灌丛。

【营养成分】 块根含淀粉33%、蔗糖4%、天冬苷Ⅳ ~ Ⅶ及天冬酰胺、瓜氨酸、丝氨酸、苏氨酸、脯氨酸、甘氨酸等19种氨基酸和β-谷甾酸、5-甲氧基糖醛、葡萄糖、果糖及多种低聚糖。

【食用方法】 春季采摘嫩茎食用。秋、冬季挖取块根，除须根，洗净，去皮后可生食或煮食。

药用功效

块根入药。性寒，味甘、苦。滋阴润燥、清肺降火。用于热病口渴、燥咳、咯血、肠燥便秘，新鲜块根治疗乳腺小叶增生。

水杨梅

Geum aleppicum Jacq.

别　名‖蓝布政、路边青、追风七
英文名‖ Aleppo avens
分　类‖蔷薇科路边青属多年生草本

【形态特征】 植株高40~100cm，全株被长粗硬毛。根多分枝。基生叶羽状全裂或近羽状复叶，顶裂片较大，菱状卵形至圆形，长5~10cm，宽3~10cm，3裂或具缺刻。顶端急尖，基部楔形或近心形。边缘具大锯齿，叶面、叶背疏生长刚毛。侧生裂片小，1~3对，宽卵形，并具小型叶片；茎生叶羽状复叶，有时小叶再分裂，向上小叶减少，顶生小叶披针形或倒卵披针形，顶端渐尖，基部楔形；基生叶托叶膜质与叶柄合生；茎生叶托叶呈叶状，卵形，革质，绿色，边缘具不规则缺刻和粗齿。花单生茎端，一至数朵，花瓣近圆形，黄色，雄、雌蕊多数。聚合果倒卵球形，宿存花柱顶具小钩，无毛，果托被1mm长的短硬毛。花、果期6—9月。

【分布及生境】 分布于西藏、云南、贵州、四川、湖南、河南、陕西、甘肃、山西、山东、辽宁、吉林、黑龙江、内蒙古、新疆。生于海拔400~2 500m的林下、草丛和河岸边。

【营养成分】 每100g可食部含维生素A 5.24mg、维生素B_2 0.27mg、维生素C 80mg，还含蛋白质、脂肪、碳水化合物和一些矿物质。

【食用方法】 春、夏季采摘嫩叶或嫩茎叶，洗净，沸水烫过，清水漂洗，挤干，即可烹制多种菜肴。

药用功效

根或全草入药。祛风除湿、活血消肿。用于腰腿痹痛、痢疾、崩漏、白带异常、跌打损伤、痈疽疮疡、咽痛等。

柔毛水杨梅

Geum japonicum var. *chinense* F. Bolle

别　名‖柔毛路边青、南水杨梅、日本水杨梅、草水杨梅、小益母
英文名‖ Chinese avens
分　类‖蔷薇科路边青属多年生草本

【形态特征】植株高 25~80cm，全株被短及长柔毛。根生叶具长柄，羽状深裂至全裂，侧小叶小，顶小叶较大。顶端圆或钝圆，基部广楔形，边缘具缺刻；茎生叶具短柄，三角状圆形或卵形，顶端渐尖或钝，常呈 3 裂，基部楔形，边缘具锯齿。花顶生或腋生，单生或数个，具长柄，被短柔毛。花黄色，萼片狭卵状三角形，外卷，密被短柔毛；花瓣 5，雄蕊多数，花柱宿存，顶端具钩刺。瘦果密被柔毛。花、果期 6—9 月。

【分布及生境】分布于云南、贵州、四川、广东、广西、湖南、江西、安徽、江苏、浙江、福建、河南、陕西、甘肃、山东、新疆。生于海拔 600~2 100m 的山坡草地、疏林、灌丛中。

【食用方法】春、夏季采摘嫩叶供食。食用方法与水杨梅相同。

药用功效

全草入药。辅虚益肾、活血解毒。用于头晕目眩、四肢无力、遗精阳痿、表虚感冒、咳嗽吐血、虚寒腹痛、月经不调、疮肿、骨折。

委陵菜

Potentilla chinensis Ser.

别　名‖白草、生血骨、扑地虎、红眼草、翻白草、白头翁、鸡爪七、蛤蟆草、天青地白
英文名‖ Chinese cinquefoil
分　类‖蔷薇科委陵菜属多年生草本

【形态特征】植株高 20~60cm。主根发达，圆柱形，木质化。茎丛生，直立或斜生，被白绢状长柔毛和稀疏短柔毛。奇数羽状复叶，基生小叶 15~31，矩圆状倒卵形或矩圆形。长 3~5cm，宽约 1.5cm。羽状深裂，裂片三角状披针形。叶面被短柔毛，叶背密生白色茸毛，叶柄长约 1.5cm；托叶和叶柄基部合生，叶轴具长柔毛；茎生叶与基生叶相似。聚伞花序顶生，总花梗和花梗具白色茸毛或柔毛；萼片三角形，花瓣宽倒卵形，顶端微凹，黄色，雄蕊和雌蕊多数，分离，花柱近顶生。瘦果卵形，具肋纹，多数，聚生于具绵毛的花托上，深褐色。花、果期 6—9 月。

【分布及生境】分布于西藏、云南、贵州、四川、广东、广西、湖南、湖北、江西、安徽、江苏、台湾、河南、陕西、甘肃、山西、山东、河北、辽宁、吉林、黑龙江、内蒙古。生于海拔 2 300m 以下的山坡草丛、沟谷、路边、林下、灌丛中。

【营养成分】每 100g 鲜品含蛋白质 9.18g、粗脂肪 4.03g、粗纤维 12.89g、碳水化合物 10.46~20.55g、维生素 C 49.4mg。

【食用方法】春季采嫩苗，夏季采嫩茎叶，煮汤、炒食均可。

药用功效

全草入药。性寒，味苦。清热解毒、凉血止痢。用于赤痢腹痛、久痢不止、痔疮出血、痈肿疮毒。

翻白委陵菜

Potentilla discolor Bunge

别　名‖翻白草、鸡腿子、鸡爪草、天藕、鸡腿根、叶下白、土菜
英文名‖ Discolor cinquefoil
分　类‖蔷薇科委陵菜属多年生草本

【形态特征】根粗壮，下部常肥厚呈纺锤形。花茎直立，上升或微铺散，高 10~45cm，密被白色绵毛。基生叶有小叶 2~4 对，间隔 0.8~1.5cm，连叶柄长 4~20cm，叶柄密被白色绵毛，有时并有长柔毛；小叶对生或互生，无柄，小叶片长圆形或长圆披针形，长 1~5cm，宽 0.5~0.8cm，顶端圆钝，稀急尖，基部楔形、宽楔形或偏斜圆形，边缘具圆钝锯齿，稀急尖，上面暗绿色，被稀疏白色绵毛或脱落几无毛，下面密被白色或灰白色绵毛，脉不显或微显。茎生叶 1~2，有掌状 3~5 小叶；基生叶托叶膜质，褐色，外面被白色长柔毛，茎生叶托叶草质，绿色，卵形或宽卵形，边缘常有缺刻状齿，稀全缘，下面密被白色绵毛。聚伞花序有花数朵至多朵，疏散，花梗长 1~2.5cm，外被绵毛；花直径 1~2cm；萼片三角状卵形，副萼片披针形，比萼片短，外面被白色绵毛；花瓣黄色，倒卵形，顶端微凹或圆钝，比萼片长；花柱近顶生，基部具乳头状膨大，柱头稍微扩大。瘦果近肾形，宽约 1mm，光滑。花、果期 5—9 月。

【分布及生境】分布于四川、广东、湖南、湖北、江西、安徽、江苏、浙江、福建、台湾、河南、陕西、山西、山东、河北、辽宁、黑龙江、内蒙古。生于海拔 2 000m 以下的山坡草地、疏林下或路旁。

【营养成分】参考委陵菜。

【食用方法】与委陵菜相似。

药用功效

全草入药，能解热、消肿、止痢、止血。

鹅绒委陵菜

Potentilla anserina L.

别　名‖蕨麻、人参果、延寿果、莲花菜、长寿果、长生果、老鸭爪、鸭子巴掌草
英文名‖ Silverweed cinquefoil
分　类‖蔷薇科委陵菜属多年生草本

【形态特征】植株高 10~25cm。主根圆柱形，具多数细长须根，部分须根膨大成长圆形块根，肉质。匍匐茎细长，节上生根，被稀毛。基生叶，奇数羽状复叶，小叶 3~12 对，卵状矩圆形或椭圆形，长 1~3cm，宽 0.6~1.5cm，顶端圆钝，边缘重锯齿，叶柄长，托叶大，具耳。茎生叶较小，小叶卵状长圆形，边缘粗锯齿，叶面暗绿色，叶背密生灰白色茸毛。花单生叶腋，黄色。瘦果卵形，多数，背部具槽。花期 6—8 月，果期 8—9 月。

【分布及生境】分布于我国东北、华北、西北、西南等地。生于湿草地、河岸草甸、湿碱性沙地、旱地、路旁、山坡等处。

【营养成分】每 100g 可食部含蛋白质 12.6g、脂肪 1.4g、碳水化合物 3g、粗纤维 3.2g、维生素 A 0.64mg、维生素 B_1 0.6mg、维生素 B_5 3.3mg、钙 123mg、磷 334mg、铁 24.4mg，还含鞣质、委陵菜苷、黄酮类等。每 100g 嫩苗含维生素 A 4.88mg、维生素 B_2 0.74mg、维生素 C 340mg。

【食用方法】春季采摘嫩苗食用，沸水焯一下，清水浸泡，可炒食。秋季或早春挖取块根，洗净后可生食。块根炖羊肉，烧猪肉等，适用于脾虚泄泻、病后贫血、营养不良、体虚乏力等。

药用功效

块根入药。健脾益胃、生津止渴、益气补血。用于脾虚腹泻、病后贫血、营养不良。

龙芽草

Agrimonia pilosa Ledb.

别　名 ‖ 仙鹤草、路边草、瓜香草、黄龙尾、路边鸡、鸡爪沙、牛头草、老鹳咀、子母草、地仙草、毛脚苗

英文名 ‖ Hairyvein agrimonia

分　类 ‖ 蔷薇科龙牙草属多年生草本

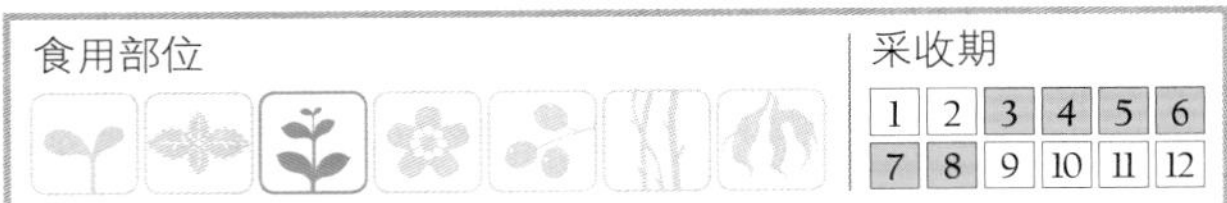

【形态特征】 植株高 30~150cm，全株密被长柔毛。茎直立，上部分枝。奇数羽状复叶，互生，小叶 5~7，无柄，椭圆状卵形或倒卵形，长 3~6cm，宽 1~3cm，顶端急尖或圆钝，基部楔形至宽楔形，边缘具锯齿，叶面被稀疏柔毛，叶背脉上伏生柔毛，腺点明显；托叶镰状半卵形，边缘具锯齿或裂片。茎下部托叶常全缘。总状花序顶生，多花，花序轴被毛，花梗长 1~5mm，花直径 6~9mm，萼片 3，花瓣长圆形，黄色，雄蕊 5~15，雌蕊 2，分离，花柱丝状，柱头头状。瘦果倒卵圆锥形，外具 10 棱，被疏柔毛，萼筒顶端具钩刺。花、果期 5—12 月。

【分布及生境】 分布于我国各地。生于水边、河边、路边、林下、草丛、荒山坡较潮湿地。

【营养成分】 每 100g 可食部含蛋白质 4.4g、脂肪 0.97g、维生素 A 7.01mg、维生素 B_2 0.63mg、维生素 C 157mg、钙 970mg、磷 134mg。

【食用方法】 春、夏季植株开花前采摘嫩茎叶，洗净、沸水烫后，清水浸泡去苦涩味后挤干，可炒食。

药用功效

全草入药。性平，味苦、涩。收敛止血、截疟、止痢、解毒。用于咯血、吐血、崩漏下血、血痢、脱力劳伤、痈肿疮毒、阴痒带下、疟疾。

东方草莓

Fragaria orientalis Lozinsk

别　名 ‖ 野草莓、野高丽果

英文名 ‖ Oriental strawberry

分　类 ‖ 蔷薇科草莓属多年生草本

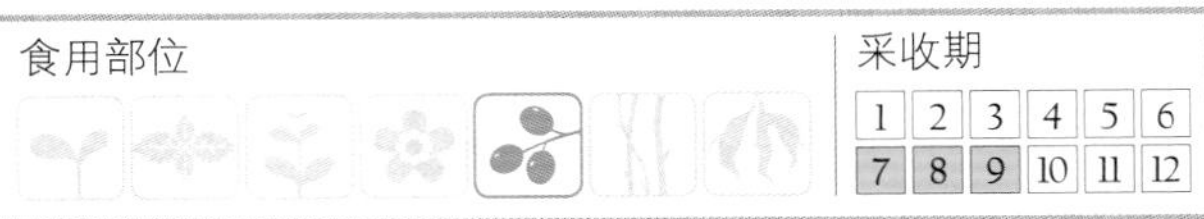

【形态特征】 植株高 5~30cm。茎被开展柔毛，上部较密，下部有时脱落。三出复叶，小叶几无柄，倒卵形或菱状卵形，长 1~5cm，宽 0.8~3.5cm，顶端圆钝或急尖，顶生小叶基部楔形，侧生小叶基部偏斜，边缘有缺刻状锯齿，上面绿色，散生疏柔毛，下面淡绿色，有疏柔毛，沿叶脉较密；叶柄被开展柔毛，有时上部较密。花序聚伞状，有花 2~5 朵，基部苞片淡绿色或具一有柄之小叶，花梗长 0.5~1.5cm，被开展柔毛。花两性，稀单性，直径 1~1.5cm；萼片卵圆披针形，顶端尾尖，副萼片线状披针形，偶有 2 裂；花瓣白色，几圆形，基部具短爪；雄蕊 18~22，近等长；雌蕊多数。聚合果半圆形，成熟后紫红色，宿存萼片开展或微反折；瘦果卵形，宽 0.5mm，表面脉纹明显或仅基部具皱纹。花期 5—7 月，果期 7—9 月。

【分布及生境】 分布于我国东北、华北及陕西、甘肃、青海。生于林下、山坡草地。

【食用方法】 每 100g 鲜品含蛋白质 1g、脂肪 0.6g、碳水化合物 10g、维生素 A 0.05mg、维生素 B_1 0.01mg、维生素 B_2 0.1mg、维生素 C 41mg。

【营养成分】 采收成熟鲜果，可生食，也可做果酱、果汁、果酒等。

药用功效

全草可清热解毒、消肿。

地榆

Sanguisorba officinalis L.

别　名‖枣儿红、九瓣叶、大地榆、黄瓜香、酸赭、满山红、野升麻、血箭草、猪人参
英文名‖ Garden burnet
分　类‖蔷薇科地榆属多年生草本

【形态特征】植株高 1~1.5m。根粗壮，多呈纺锤形。茎直立，上部分枝，具棱，无毛或基部具稀疏腺毛。奇数羽状复叶，基生叶具小叶 4~6 对。具长柄，无毛或具稀疏腺毛。小叶具短柄，卵形或长圆状卵形，长 1.5~7cm，宽 0.4~3cm，顶端圆钝稀急尖，基部心形至微心形，边缘具粗钝三角状锯齿，无毛；茎生叶小叶数少，小叶具短柄至几无柄，长圆形至长圆披针形，顶端急尖，基部微心形至圆形；基生叶托叶膜质，褐色，无毛或被疏腺毛；茎生叶托叶革质，半卵形，边缘具锐锯齿。穗状花序顶生，圆柱形，花小而密集，花被 4 裂，花瓣状，紫红色。雄蕊 4，雌蕊 1，子房外无毛或基部微被毛。柱头扩大成盘状，边缘具流苏状乳头。瘦果椭圆形，褐色，花被宿存。花期 7—9 月，果期 8—10 月。

【分布及生境】分布于我国东北、西北、西南以及山西、山东、河北、河南、江西、江苏、浙江、安徽、湖南、湖北、广西等地。生于海拔 500~1 300m 的山坡草地、荒地、田边、灌丛、林缘，适应性强。耐旱、喜光。

【营养成分】每 100g 嫩叶含粗蛋白 4.2g、粗脂肪 1.1g、碳水化合物 0.67g、粗纤维 1.8g、维生素 A 8.30mg、维生素 B_2 0.72mg、维生素 C 229mg、维生素 K 18.60mg、维生素 P 2.16mg。每 100g 干品含钾 18.6mg、钙 1 460mg、镁 450mg、磷 216mg、钠 77mg、铁 11.6mg、锰 4.6mg、锌 2.5mg、铜 0.9mg。

【食用方法】春季采摘嫩苗，夏季采摘嫩叶和花穗。沸水烫后，清水浸泡约 1 天，去苦味后炒食、做汤。

药用功效

根入药。性微寒，味苦、酸、涩。凉血止血、解毒敛疮。用于痢血、痔血、崩漏、水火烫伤、痈肿疮毒。

蛇莓

Duchesnea indica （Andr.） Focke

别　名‖地莓、龙吐珠、蛇被、鸡冠果
英文名‖ India mock strawberry
分　类‖蔷薇科蛇莓属多年生草本植物

【形态特征】植株匍匐生长，茎被柔毛。三出羽状复叶，小叶菱状卵形或倒卵形，长 1.5~3cm，宽 1.2~2cm。叶面、叶背散生柔毛或叶面近无毛，钝锯齿叶缘，叶柄长 1~5cm，托叶卵状披针形，偶有 3 裂，被柔毛。花单生叶腋，直径 1~3.8cm，花梗长 3~6cm，被柔毛。花托扁平，果期膨大成半圆球形，海绵质，红色，副萼片 5，比萼片大，萼裂片 5，卵状披针形，均有柔毛，花瓣黄色，长圆形或倒卵形，先端微凹或圆钝，雄蕊短于花瓣。瘦果长圆状卵形，暗红色；瘦果多数，着生在半球形花托上，长 4mm，宽 3.5mm，先端微凹，叶基圆形，边缘生睫毛，具长柄。花期 4—7 月，果期 5—10 月。

【分布及生境】分布于我国各地。

【营养成分】种子含脂肪油，其主要脂肪酸为亚麻酸，尚含醇、固醇。

【食用方法】采摘果实生食，味酸甜，柔脆。

药用功效

茎叶可入药，止血、解热、解毒，用于吐血、胃痛、肿痛、狗咬伤。

假升麻

Aruncus sylvester Kostel

别　名‖山花菜、棣棠升麻
英文名‖ Goatsbeard
分　类‖蔷薇科假升麻属多年生草本

【形态特征】植株高 1~3m，无毛。大型二至三回羽状复叶，总叶柄无毛；小叶片 3~9，菱状卵形、卵状披针形或长椭圆形，长 5~13cm，宽 2~8cm，边缘具不规则的尖锐重锯齿，近无毛；小叶柄短。大型穗状圆锥花序，被柔毛与疏星状毛；花白色，直径 2~4mm；萼筒杯状，微被毛，裂片三角形；花瓣倒卵形；雄花具雄蕊约 20，比花瓣长，有退化雌蕊；雌花心皮 3~4，稀 5~8。蓇葖果无毛，果梗下垂，萼裂片宿存。

【分布及生境】分布于我国东北及河南、甘肃、陕西、四川、云南、西藏、湖南、江西、安徽、广西等省区。生于海拔 1 800~3 500m 的山沟、山坡杂林下。

【食用方法】嫩茎叶洗净，沸水烫过，清水漂洗，沥干，即可烹制多种菜肴。

药用功效

根入药。疏风解表、活血舒筋。

广州蔊菜

Rorippa cantoniensis（Lour.）Ohwi

别　名‖薇子蔊菜、细子蔊菜、色蔊菜、广东葶苈
英文名‖ Canton rorippa
分　类‖十字花科蔊菜属多年生草本

【形态特征】植株高 10~25cm，全体无毛。茎直立，不分枝或分枝。基生叶有柄，羽状深裂，长 2~6cm，宽 1~1.5cm，约有 7 对裂片，顶生裂片较大，侧生裂片较小，边缘有钝齿；茎生叶无柄，羽状浅裂，基部抱茎，两侧耳形，边缘有不齐锯齿。总状花序顶生；花生于羽状分裂苞片的腋部；花瓣白色，倒卵形，长约 2mm。长角果圆柱形，长 6~8mm，宽 1~2mm，裂爿无脉，平滑；果梗极短。种子多数，微小，卵形，有网纹，一端凹入，红褐色。花期 3—4 月，果期 4—6 月。

【分布及生境】分布于我国各地。生于沟边、河边、湖边、滩堤、田间、路旁、草地、山野等湿润地方。

【营养成分】嫩苗和嫩茎叶含蛋白质、碳水化合物、多种维生素、蔊菜素等。

【食用方法】春、夏季采摘嫩苗或嫩茎叶，洗净，可做汤、炒食。

药用功效

全草入药。性凉，味辛。清热、利尿、活血。用于感冒、咳嗽、咽痛、风湿性关节炎、水肿、痛经等。

水田碎米荠

Cardamine lyrata Bunge

别　名‖琴叶碎米荠、水田芥、小米田芥
英文名‖ Lyrate bittercress
分　类‖十字花科碎米荠属多年生草本

【形态特征】植株高 30~60cm，秃净。直立茎稀少分枝，具棱；匍匐茎从直立茎基部叶腋伸出，沿地面生长，节处生根。叶二型，直立茎生叶为大头羽状全裂叶，长 7cm，顶端裂片大，宽卵形；匍匐茎生叶较茎生叶小，除大头羽状全裂叶外，还有圆形不裂而具柄叶。总状花序顶生。花白色，直径约 1cm。种子矩圆形，长约 2mm，褐色，有翅。花期 4—5 月，果期 6—7 月。

【分布及生境】分布于我国东北、华北、华东、中南、西南等地。生于海拔 800~2 000m 的阴沟边、密林下。

【营养成分】富含蛋白质、脂肪、碳水化合物、维生素、矿物质。

【食用方法】冬季和早春采摘嫩苗或嫩叶，可炒食、做汤或沸水烫后凉拌。

药用功效

全草入药。清热利湿、消肿止血、调经。用于肾炎、痢疾、吐血、血崩、月经不调。

白花碎米荠

Cardamine leucantha （Tausch.） O. E. Schulz

别　名‖白花石芥菜、菜子七、山芥菜、假芹菜
分　类‖十字花科碎米荠属多年生草本

【形态特征】植株高 30~80cm。根状茎细，长 20cm。茎直立，不分枝，具纵槽和短柔毛。茎生叶数枚，为奇数羽状复叶，长 8.5~10cm。具长柄，小叶 2~3 对，顶生小叶宽披针形，边缘具锯齿。侧生小叶生上部的无柄，生下部的具短柄。总状花序顶生，花后伸长，花白色，直径 5~8.5mm。长角果条形，长 1.5~2.5cm，宽约 1.5mm。果梗近直展。种子多数。花期 5—6 月，果期 6—7 月。

【分布及生境】分布于我国东北、华北及陕西、甘肃、江苏、浙江、湖北、四川等地。生于海拔 800~1 800m 的山地林下草丛、沟旁。

【营养成分】每 100g 嫩茎叶含蛋白质 2.3g、脂肪 0.6g、碳水化合物 18g、粗纤维 1.8g、胡萝卜素 5.73mg、维生素 B_1 0.04mg、维生素 B_2 0.21mg、维生素 C 117mg、烟酸 2.1mg、钙 268mg、磷 61mg、铁 8.6mg。

【食用方法】春、夏季采摘嫩苗和嫩叶。沸水烫后，清水浸 3~5 天，不断换水，可炒食、做汤、腌渍、制干菜。

药用功效

根入药。治百日咳。

华中碎米荠

Cardamine urbaniana O. E. Schulz

别　名‖菜子七、半边菜、妇人参、普贤菜
英文名‖ Central bittercress
分　类‖十字花科碎米荠属多年生草本

【形态特征】植株高 35~65cm。根状茎粗壮，通常匍匐，其上密生须根。茎粗壮，直立，不分枝，表面有沟棱，近于无毛。茎生叶有小叶 4~5 对，有时 3~6 对，顶生小叶与侧生小叶相似，卵状披针形、宽披针形或狭披针形，长 5~10cm，宽 1~3cm，顶端渐尖或长渐尖，边缘有不整齐的锯齿或钝锯齿，顶生小叶基部楔形，无小叶柄，侧生小叶基部不等而多少下延成翅状，小叶片薄纸质，两面散生短柔毛或有时均无毛；叶柄长 1.5~6.5cm。总状花序多花，花梗长 6~12mm；萼片绿色或淡紫色，长卵形，长 5~7mm，顶端钝，边缘膜质，外面有毛或无毛，内轮萼片基部囊状；花瓣紫色、淡紫色或紫红色，长椭圆状楔形或倒卵楔形，长 8~14mm，顶端圆，花丝扁平而显著扩大；雌蕊花柱短，柱头扁球形。长角果条形而微扁，长 3~4cm，宽约 3mm，果瓣有时带紫色，疏生短柔毛或无毛；果梗直立展，长 1~2cm，有短柔毛。种子椭圆形，长约 3mm，褐色。花期 4—7 月，果期 6—8 月。

【分布及生境】分布于四川、湖南、湖北、江西、浙江、陕西、甘肃。生于海拔 500~2 500m 的山坡林下潮湿地草丛中、沟旁。

【食用方法】食用方法与水田碎米荠相同。

药用功效

根状茎入药。性平，微苦、辛。止咳化痰、活血、止泻。用于咳嗽痰喘、顿咳、小儿泄泻、跌打损伤。全草则用于崩漏、带下。

垂果南芥

Arabis pendula L.

别　名‖南芥菜
英文名‖ Pendant-fruit rockcress
分　类‖十字花科南芥属多年草本植物

【形态特征】植株高 20~80cm，疏生粗硬毛和星状毛。茎直立，基部木质化，分枝或不分枝。单叶互生。基生叶矩圆形或矩圆状卵形，长 5~10cm，宽 2~3cm，先端渐尖，基部窄耳状，稍抱茎，边缘具齿状或波状齿，具叶柄；茎生叶狭椭圆形或披针形，长 3~5.5cm，近抱茎，全缘或具细锯齿，无柄。总状花序，顶生，花白色，萼片被星状毛，花瓣倒披针形。长角果条形，扁平，长 6~9cm，宽 1.5~2.5mm。下垂，具 1 脉，每室 1 列种子。种子卵形；淡褐色，具膜质狭翅。花期 6—7 月，果期 8 月。

【分布及生境】分布于我国东北、华北、西北、西南等地。为森林草原带和草原带林缘或灌丛的伴生种，也常生于沙质草原、河岸和路旁杂草地。

【食用方法】采摘嫩苗或嫩茎叶，洗净，热水焯熟，换水浸泡，去除涩味，加调味料食用。

药用功效

全草入药，清热解毒，止血有特效。

蓝花子

Raphanus sativus var. *Raphanistroides*（Makino）Makino

别　名‖野萝卜、海滨萝卜、山菜豆
英文名‖ Wild radish
分　类‖十字花科萝卜属多年生草本

食用部位　采收期

1	2	3	4	5	6
7	8	9	10	11	12

【形态特征】植株高约 30cm，具稀疏白硬毛。主根细长（不肥大），侧根发达。根生叶，散开且伏地。春天生立茎。基生叶侧裂片 2~3 对，上部叶卵形，互生。总状花序，顶生，花紫红色，花瓣倒卵形，长约 2cm。长角果长 1~2cm。种子椭圆形或近卵形，褐色。花期 3—4 月，果期 4—6 月。
【分布及生境】分布于浙江、江苏、台湾、湖南、广西、四川、云南等地。生长习性近似栽培种萝卜。

【营养成分】种子含油量 31.6%~40.2%，供制皂或润滑用。
【食用方法】春、夏季采摘嫩叶食用，洗净后炒食、拌食、煮食或蘸渍。

药用功效

叶入药。性温，味辛、苦。清咽和胃。用于咽痛、消化不良、痢疾、泄泻。

匍匐南芥

Arabis flagellosa Miq.

别　名‖筷子芥、雪里开
英文名‖ Creeping rockcress
分　类‖十字花科南芥属多年生草本

【形态特征】植株高 10~15cm。自基部丛生鞭状匍匐茎，茎与叶密被单毛，2~3 分叉毛或分枝毛。单叶互生。基生叶倒长卵形至匙形，长 3~9.5cm，宽 1.5~2.5cm，浅锯齿边缘，基部下延成有翅的狭叶柄。茎生叶疏生，向下渐小，叶片倒卵形至长椭圆形，先端圆钝，全缘或具疏锯齿。总状花序，顶生，花白色，花瓣匙形，长 10~12mm，宽 3mm，先端截形或微凹，基部渐狭成瓣柄；萼片斜向开展，卵形至长圆形，长 4~6mm，宽 2mm，外有分歧毛或无。长角果线形，扁平，长 3.8~4.8cm，宽 1.2mm，果瓣光滑，中脉明显或不明显，熟时开裂；每室具 1 行种子。种子褐色，卵球形，具极狭的翅。花期 3—4 月，果期 4—5 月。
【分布及生境】分布于浙江、江苏、安徽。生于林下阴湿地。

【食用方法】参考垂果南芥。

药用功效

参考垂果南芥。

群心菜

Cardaria draba （L.） Desv.

英文名‖ Common cardaria
分　类‖十字花科群心菜属多年生草本

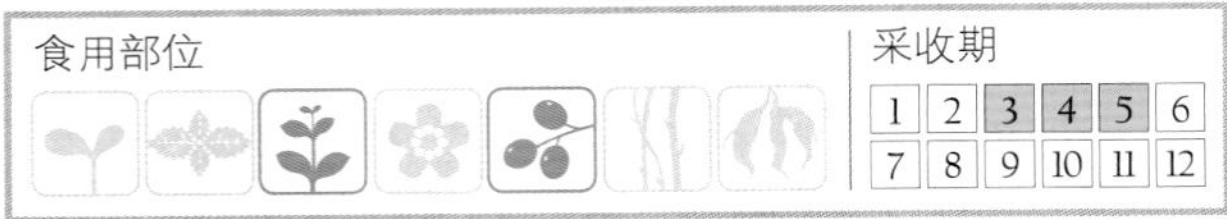

【形态特征】植株高 20~50cm。主根深入土中达数米，在土壤不同深度上生出水平生长的侧根，侧根白色，不分枝，直径 1~3mm；在靠近表土处常变曲成弧状，当侧根长粗至 6~7mm 时，侧根发生不定芽。茎直立，无毛或具稀疏单毛。单叶，基生叶倒卵状匙形，长 3~10cm，宽 1~4cm，波状锯齿边缘，具柄，开花时枯萎；茎生叶倒卵形，长圆形至披针形，顶端钝，具小锐尖头；基部心形，抱茎，近全缘或具尖锐波状锯齿，叶面、叶背具柔毛。总状花序排列成圆锥形，花白色，花瓣倒卵状匙形，长约 4mm。顶端微缺，具爪；萼长圆形，长约 2mm；花有较多蜜，味芳香。短角果卵形或近球形，长 3~4.5mm，宽 3.5~5mm，具不明显的网状脉。种子 1 颗，宽卵形或椭圆形，长 1.5~2mm，宽 1~2.5mm，厚 0.75mm，稍扁平，棕色，具小穴，种脐白色，无翅。花期 5—6 月，果期 7—8 月。

【分布及生境】分布于辽宁、新疆。

【营养成分】在现蕾期，按风干物质计，含粗蛋白 31.9%、粗脂肪 2.0%、粗纤维 9.89%、钙 1.5%、磷 0.65%。

【食用方法】采摘嫩茎叶，可生食。种子具胡椒味，可作胡椒的代用品。

日本山嵛菜

Eutrema tenue Makino

别　名‖山葵、山嵛菜、云南山嵛菜
英文名‖ Japan eutrema
分　类‖十字花科山嵛菜属多年生草本

【形态特征】植株高 20~30cm，根茎肥壮，圆柱形，具明显密集的根痕，须根多。单叶，根出叶，心脏形，长与宽 8~10cm，波浪叶缘或不规则锯齿叶缘，叶柄长。花茎具数枚小叶，互生，广卵形或心脏形，长 2~4cm，基部浅心形，先端渐尖，具柄。总状花序短，花白色，细小，密生。花瓣 4，长椭圆形，先端钝，长约 6mm，雄蕊 4，雌蕊 1，萼片椭圆形，长约 4mm。长角果略弯曲，长约 17mm。种子椭圆形。

【分布及生境】分布于江苏、浙江、湖北、湖南、陕西、甘肃、四川、云南等。生于海拔 1 000~3 500m 的林下或山坡草丛，沟边，水中。

【食用方法】采取根茎，去皮后，磨成粥状，与生鱼片或其他调味食用。或将根茎干燥后磨粉，用时加温水拌成泥状，食法与前相同。春季采摘嫩茎叶或嫩叶，切成小片，洗净后供食用，或加于饼干或羊羹中作香辛料食用。

野芝麻

Lamium barbatum Sieb. et Zucc.

别　名‖短柄野芝麻、白花野芝麻、野油麻、山麦胡、龙脑薄荷、白花菜、山苏子
英文名‖ White deadnettle
分　类‖唇形科野芝麻属多年生草本

【形态特征】植株高达100cm。茎单生，直立，四棱状，具沟槽，被开展毛，中空。具地下匍匐茎。叶对生，下部叶卵圆形或心脏形，长4.5~8.5cm，宽3.5~5cm，顶端钝尖，基部心形。上部叶卵圆状披针形，较下部叶长而狭，顶端长尾状渐尖。边缘具粗锯齿或间有重锯齿，叶面、叶背均被短硬毛。轮伞花序具10~14花，着生茎端。苞片狭线形丝状，锐尖；花萼钟形，膜质；花冠白色或淡黄色，唇形。小坚果倒卵形，淡褐色，无毛，近三棱，具小突起。花期5—7月，果期6—8月。

【分布及生境】分布于我国东北、华北、长江中下游各省区及陕西、甘肃、四川、贵州等地。生于路边、溪旁、田埂及荒坡上。

【营养成分】每100g嫩茎叶含维生素A 15mg、维生素C 56mg。

【食用方法】春季和初夏采摘嫩苗或嫩茎叶，洗净，沸水烫后，清水浸泡后食用，可炒、烧、蒸、拌、做馅等。

药用功效

根性平，味微甘，清肝利湿、活血消肿，用于眩晕、肝炎、肺痨、水肿、带下病、疳积、痔疮。全草性平，味甘、辛，散瘀、消积、调经、利湿，用于跌打损伤、小儿疳积、带下、痛经、月经不调、水肿、小便涩痛。花性平，味甘、辛，用于月经不调、带下、小便不利。

牛至

Origanum vulgare L.

别　名‖满坡香、土香薷、地香薷、山香薷、香耳草、百花香、白花茵陈、小田草
英文名‖ Common origanum
分　类‖唇形科牛至属多年生草本或半灌木

【形态特征】植株高25~60cm，具芳香味。茎直立或近基部伏地，四棱状，紫棕色至淡棕色，密被细白毛，节明显，节间长2~5cm，具根状茎。斜生，节上生纤维性须根。单叶对生，卵圆形或长圆状卵圆形，长1~4cm，宽0.3~1.8cm，全缘，叶面、叶背密被柔毛及腺点。伞房状圆锥花序顶生，开放，苞片倒长卵形，锐尖；花萼钟状，5裂，边缘密生白色细柔毛，花冠紫色、淡红色至白色，管状钟形，长7mm。小坚果卵圆形，褐色，无毛。花期6—9月，果期10—12月。

【分布及生境】分布于河南、江苏、浙江、安徽、江西、福建、台湾、湖北、湖南、广东、贵州、四川、云南、陕西、甘肃、新疆及西藏等地。生于路旁、山坡、林下及草地。

【营养成分】全草含挥发油，主要成分为对－聚伞花素、香荆芥酚、麝香草酚、Y－松油烯等。全草可提芳香油，鲜茎叶含油0.07%~0.2%，干茎叶含油0.15%~4%。除供调配香精外，亦用作酒曲配料。

【食用方法】春、夏季采摘嫩叶，洗净，煮熟蘸辣椒水食，味香。叶片晒干，舂成粉，可作调料。

药用功效

全草入药。性凉，味辛。解表、理气、化湿。可预防流感，治中暑、感冒、头痛身重、腹痛、呕吐、胸膈胀满、气滞食积、小儿食积腹胀、腹泻、月经过多、崩漏带下、皮肤瘙痒及水肿等证，其散寒发表功用，胜于薄荷。

地笋

Lycopus lucidus Turcz.

别　名‖地瓜儿苗、地藕、土人参、提类、银条菜
英文名‖ Shiny bugleweed
分　类‖唇形科地笋属多年生草本

【形态特征】植株高60~170cm；根茎横走，具节，节上密生须根，先端肥大呈圆柱形。茎直立，通常不分枝，四棱状，具槽，绿色，常于节上多少带紫红色。叶具极短柄，叶片长圆状披针形，4~8cm，宽1.2~2.5cm，先端渐尖，基部渐狭，边缘具锐尖粗锯齿，两面或上面具光泽，亮绿色，下面具凹陷的腺点，侧脉6~7对。轮伞花序无梗，轮廓圆球形，花时直径1.2~1.5cm，多花密集；小苞片卵圆形至披针形，先端刺尖。花萼钟形，长3mm，两面无毛，外面具腺点，萼齿5，披针状三角形，长2mm，具刺尖头，边缘具小缘毛。花冠白色，长5mm，外面在冠檐上具腺点，内面在喉部具白色短柔毛，冠筒长约3mm，冠檐不明显二唇形，上唇近圆形，下唇3裂，中裂片较大。雄蕊仅前对能育，超出于花冠，后对雄蕊退化，丝状，先端棍棒状。花柱伸出花冠，先端相等2浅裂，裂片线形。花盘平顶。小坚果倒卵圆状四边形，基部略狭，长1.6mm，宽1.2mm，褐色，腹面具棱，有腺点。花期6—9月，果期8—11月。
【分布及生境】分布于我国大部分地区。生于海拔300~2 200m的山地、潮湿处、沟边、水边。

【营养成分】每100g嫩茎叶含蛋白质4.3g、脂肪0.7g、碳水化合物9g、维生素A 6.33mg、维生素B_1 0.04mg、维生素B_2 0.25mg、维生素B_5 1.4mg、维生素C 7mg、钙297mg、磷62mg、铁4.4mg。地下根茎富含淀粉、蛋白质、矿物质等。
【食用方法】春、夏季采摘嫩苗或嫩茎叶，洗净，沸水烫过，用清水泡洗后，可炒食、凉拌、做汤等。秋、冬季采挖地下根茎，去表皮，切片，可凉拌、炒食、炖汤等，还可做腌菜、泡菜原料。

药用功效

茎叶入药。性微温，味苦、辛。活血化瘀、利水消肿。用于月经不调、闭经、痛经、产后瘀血腹痛、水肿。

草石蚕

Stachys arrecta L. H. Bailey

别　名‖宝塔菜、甘露子、地蚕、蜗儿菜、螺丝菜、银条地蚕
英文名‖ Artichoke betony
分　类‖唇形科水苏属多年生草本

【形态特征】植株高30~120cm，基部具匍匐枝，枝端具块茎，念珠状，白黄色，肉质。茎直立，4棱，被倒生刺毛。叶对生，叶片卵形或长圆状卵形，长3~10cm，宽1.6~6cm，两面被长柔毛，叶缘圆齿。轮伞花序，6花，排列成顶生穗状花序，小苞片条形，具微柔毛。花萼钟状，顶端具尖刺头，具10条脉，齿5。花冠粉红色或紫红色，长1.2cm，筒内具毛环，上唇直立，下唇3裂，中裂片近圆形。小坚果卵球形，黑褐色，具小瘤。
【分布及生境】分布于云南、四川、贵州、广东、广西、湖南、湖北、江西、河南、河北、江苏、陕西、甘肃、青海、山东、辽宁等地。生于海拔2 000m以下的山坡、草地、湿地、沟边。

【营养成分】每100g块茎含蛋白质5.5g、脂肪0.3g、碳水化合物20.3g、维生素B_1 0.2mg、维生素B_2 0.1mg、维生素C 6mg、钙32mg、磷88mg、铁0.6mg，还含氨基酸、水苏碱、胆碱等。
【食用方法】秋季挖取地下块茎，洗净，可炒食、凉拌、煮粥、腌渍。

药用功效

地上部入药。性平，味甘。疏风清热、消肿解毒、活血祛瘀。

硬毛地笋

Lycopus lucidus var. *hirtus* Regel

别　名 ‖ 硬毛地瓜儿苗、地蚕、甘露子、螺旋钻、旱藕、地嫩山、矮地瓜苗
英文名 ‖ Hirsute shiny bugleweed
分　类 ‖ 唇形科地笋属多年生草本

【形态特征】 植株高 40~120cm。全株被向上小硬毛。茎直立、四棱，中空，具沟槽。根状茎肉质肥大，纺锤形。叶对生，披针形，长 2.5~12cm，先端渐尖，基部楔形，边缘具锐齿，缘毛，叶面密被细刚毛状硬毛，叶背密被腺点。轮伞花序腋生，花多；苞片披针形，具缘毛；花萼钟状，5 齿；花冠白色，先端 4 裂，喉部具白色柔毛，不明显二唇形；前对雄蕊能育，后对退化为棒状假雄蕊。小坚果倒卵圆形，扁平而平滑，暗褐色。花、果期 8—10 月。
【分布及生境】 分布于我国各地。生于海拔 2 000m 以下的沟谷地、路边湿地、水边。

【食用方法】 根状茎于秋季挖取，可炒食或制作酱菜。嫩茎叶可炒食。

药用功效

茎叶活血、行水，用于吐血、衄血、产后腹痛、带下。全草活血、通经、利尿，用于闭经、跌打损伤、痈疖疮毒。

水苏

Stachys japonica Miq.

别　名 ‖ 鸡苏、水鸡苏、望江青、甘露子
分　类 ‖ 唇形科水苏属多年生草本

【形态特征】 植株高 20~80cm。主根较深生，侧根多。根状茎匍匐生长，节上具小刚毛。单叶对生。叶片长圆状宽披针形，长 5~10cm，具圆齿状锯齿叶缘。叶柄近茎基部最长，向上渐短。轮伞花序 6~8 朵花。上部密集排列成假穗状花序；小苞片刺状，细小；花冠粉红色或淡紫色，长约 1.2cm，筒内近基部具毛环，二唇形，上唇直立，下唇 3 裂，中裂近圆形；花萼钟形，外被腺微柔毛，10 脉，齿 5，三角状披针形，具刺尖头；雄蕊 4，花丝被微柔毛，花药 2 室，花柱先端 2 浅裂。小坚果宽倒卵形或卵珠形，直径 1.5~2mm，暗褐色，表面粗糙。花期 5—6 月，果期 6—7 月。
【分布及生境】 分布于辽宁、内蒙古、河北、河南、山东、江苏、浙江、安徽、江西、福建等地。生于海拔 230m 以下的水沟、河岸等湿地上。

【食用方法】 挖取块茎，洗净食用，炒食、煮食、炖食或腌食。

药用功效

全草或根入药。用于百日咳、扁桃体炎、咽喉炎、痢疾等，根还可治带状疱疹。

甘露子

Stachys sieboldii Miq.

别　名 ‖ 草石蚕、地蚕、宝塔菜
英文名 ‖ Japan artichoke
分　类 ‖ 唇形科水苏属多年生草本

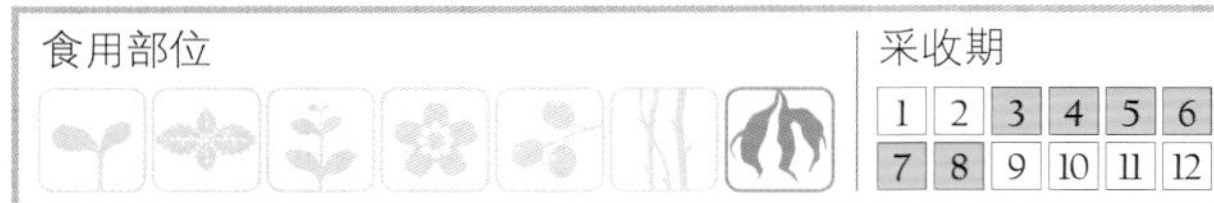

【形态特征】植株高 30~120cm。在茎基部数节上生有密集的须根及多数横走的根茎；根茎白色，在节上有鳞状叶及须根，顶端有念珠状或螺蛳形的肥大块茎。茎直立或基部倾斜，单一，或多分枝，四棱状，具槽，在棱及节上有平展的或疏或密的硬毛。茎生叶卵圆形或长椭圆状卵圆形，长 3~12cm，宽 1.5~6cm，先端微锐尖或渐尖，基部平截至浅心形，有时宽楔形或近圆形，边缘有规则的圆齿状锯齿，内面被或疏或密的贴生硬毛，但沿脉上仅疏生硬毛，侧脉 4~5 对，叶柄长 1~3cm，腹凹背平，被硬毛。轮伞花序通常 6 花，多数远离，组成长 5~15cm 顶生穗状花序；小苞片线形，长约 1mm，被微柔毛；花梗短，长约 1mm，被微柔毛。花萼狭钟形，连齿长 9mm，外被具腺柔毛，内面无毛，10 脉，多少明显，齿 5，正三角形至长三角形，长约 4mm，先端具刺尖头，微反折。花冠粉红至紫红色，下唇有紫斑，长约 1.3cm，冠筒筒状，长约 9mm，近等粗，前面在毛环上方略呈囊状膨大，外面在伸出萼筒部分被微柔毛，内面在下部 1/3 被微柔毛毛环。冠檐二唇形，上唇长圆形，长 4mm，宽 2mm，直伸而略反折，外面被柔毛，内面无毛，下唇长、宽约 7mm，外面在中部疏被柔毛，内面无毛，3 裂，中裂片较大，近圆形，直径约 3.5mm，侧裂片卵圆形，较短小。雄蕊 4，前对较长，花丝丝状，扁平，先端略膨大，被微柔毛，花药卵圆形，2 室，室纵裂，极叉开。花柱丝状，略超出雄蕊，先端近相等 2 浅裂。小坚果卵珠形，直径约 1.5cm，黑褐色，具小瘤。花期 7—8 月，果期 9 月。

【分布及生境】分布于辽宁、河北、山东、山西、河南、陕西、甘肃、青海、四川、云南、广西、广东、湖南、江西及江苏等省区。生于水边或湿地。

【营养成分】块茎含水苏碱、水苏糖、蛋白质、氨基酸、脂肪、胡芦巴碱等。

【食用方法】挖取块茎食用。

药用功效

全草入药。性平，味甘。养阴润肺。用于风热感冒、虚劳咳嗽、黄疸、淋证、疮毒肿痛、毒蛇咬伤。

藿香

Agastache rugosus (Fisch. et Mey.) O. Ktze.

别　名 ‖ 枝香、合香、排香草、鸡肉香、山茴香、山薄荷、杷蒿、猫巴蒿、野苏子
英文名 ‖ Wrinkled gianthyssop
分　类 ‖ 唇形科藿香属多年生草本

【形态特征】植株高 50~100cm。茎直立，四棱，上部分枝被微柔毛，下部无毛。叶对生，卵形至长圆状卵形，长 4.5~11cm，宽 3~6.5cm。基部心形，边缘具粗齿，有柄。叶面深绿色，叶背淡绿色被微柔毛和腺点。轮伞花序具多花，在主茎或分枝上排列成顶生的穗状花序，长达 12cm，直径达 2.5cm；苞片披针形，花萼管状钟形，花冠淡紫蓝色，二唇形。小坚果卵状长圆形，长约 1.8mm，腹面具棱，顶端具短硬毛，褐色。花期 6—9 月，果期 9—11 月。

【分布及生境】分布于我国东北、华北，以及山东、广东、海南、广西、台湾、云南等地。生于山沟、山坡路旁、灌木丛、道边、林下、林缘、小河、溪流等。

【营养成分】每 100g 嫩叶含蛋白质 8.6g、脂肪 1.7g、碳水化合物 10g、粗纤维 3.6g、维生素 A 6.38mg、维生素 B_1 0.1mg、维生素 B_2 0.38mg、维生素 B_5 1.2mg、维生素 C 23mg、钙 580mg、磷 104mg、铁 28.5mg。

【食用方法】春、夏季采摘嫩叶或嫩茎叶。沸水烫后，清水浸泡 1 天，可炒食、凉拌或做汤。夏季至早秋采摘幼嫩花序，清水洗净，再用凉开水洗，滤干后可蘸甜酱生食或作调料。

药用功效

全草入药。日晒夜闷，反复至干，备用。性微温，味辛。行气、和中、辟秽、祛湿。用于暑湿感冒、头痛、胸脘痞闷，呕吐泄泻、疟疾、痢疾、口臭。

薄荷

Mentha haplocalyx Briq.

别　名‖土薄荷、仁丹草、鱼香草、蕃荷菜
英文名‖ Wild mint
分　类‖唇形科薄荷属多年生草本

【形态特征】植株高 30~60cm。茎直立，四棱，多分枝，上部具倒向微柔毛，下部仅沿棱上具微柔毛，且下部数节生须根和匍匐的根状茎。单叶对生，具柄，叶片矩圆状披针形至披针状椭圆形，长 3~7cm，宽 0.8~3cm，顶端锐尖，基部楔形至近圆形，边缘具锯齿。叶面绿色，被微柔毛或除叶脉外近无毛，叶背淡绿色，沿脉密被微柔毛。轮伞花序腋生，球形，有梗或无；花萼筒状钟形，长约 2.5mm，10 脉，齿 5，狭三角状钻形。花冠淡紫色，长约 4mm，外被毛，内面喉部以下被微柔毛，檐部 4 裂，上裂片顶端 2 裂，较大，其余 3 裂片近等大；雄蕊 4，前对较长，均伸出冠外。小坚果卵球形，黄褐色。花期 7—9 月，果期 10—12 月。

【分布及生境】我国各省区均有分布。生于海拔 2 000m 以下的山谷溪边草丛、水旁、河岸潮湿地。

【营养成分】每 100g 可食部含维生素 A 7.26mg、维生素 B_2 0.14mg、维生素 C 62mg，另含薄荷酮、薄荷醇、挥发油。叶具芳香味，可提取薄荷油。

【食用方法】春、夏季采摘嫩茎叶食用，可凉拌、炒食、炸食或做汤。

药用功效

全草或叶入药。性凉，味辛。祛痰、止咳、宣散风热、清利头目、利胆、透疹。用于风热感冒、风温初起、头痛、目赤、喉痹、口疮、风疹、胸胁胀闷等。

留兰香

Mentha spicata L.

别　名‖绿薄荷、青薄荷、狗肉香、肉香
英文名‖ Spearmint
分　类‖唇形科薄荷属多年生草本

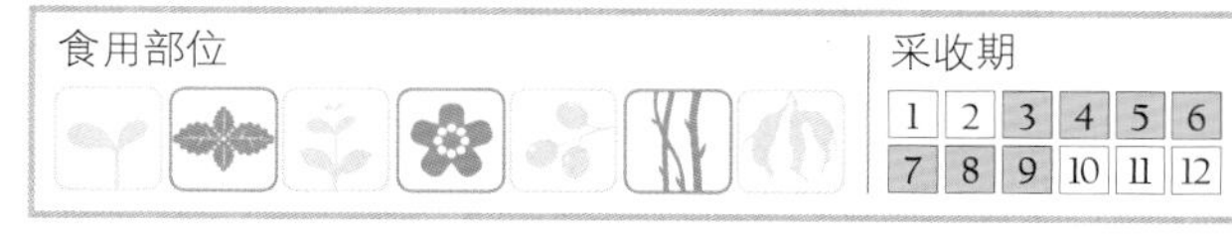

【形态特征】植株高 30~130cm。茎直立，绿色，钝四棱，具槽及条纹，不育枝仅贴地生。叶对生，质薄，无柄，卵状长圆形或长圆状披针形，长 3~7cm，宽 1~2cm，顶端尖锐，基部宽楔形，边缘具尖锯齿。叶面平，绿色，叶背灰绿色，中脉和侧脉在叶面上稍凹陷，在叶背上明显突起且带白色。轮伞花序顶生，长 4~10cm，呈间断成向上密集的圆柱形穗状花序；小苞片线形，花萼钟形，齿 5；花冠淡紫色，花 4mm，无毛，雄蕊 4。小坚果卵形，黑色。花期 7—9 月，果期 9—11 月。

【分布及生境】分布于江苏、浙江、河北和新疆。常见生于沟边、湖边等湿润地。

【营养成分】全株含挥发油，油中含 50%~80% 的香荆芥酮。还含胡妥酮、松节油萜、水茴香萜等。

【食用方法】春季至初夏采摘嫩叶和嫩茎，夏季至早秋采花。气味芳香，可做调料。

药用功效

全草入药。性温，味辛、甘。疏风、理气、止痛。用于感冒、咳嗽、头痛、脘腹胀痛。

夏枯草

Prunella vulgaris L.

别　名‖铁色草、棒头花、大头花、羊胡草、羊蹄尖、蜂窝草、地枯牛、棒柱头草、灯笼头草、白花草
英文名‖ Common selfheal
分　类‖唇形科夏枯草属多年生草本

【形态特征】 夏末全株枯萎，故名夏枯草。植株高 10~30cm。被稀疏糙毛或近于无毛。茎匍匐生长，茎节上生须根，基部多分枝，钝四棱状，具浅槽，紫红色。叶革质，叶柄长，叶片卵状矩圆形至卵形，长 1.5~6cm，宽 0.5~2.5cm，边缘具不明显波状浅齿或近全缘。花序下方的一对苞片的茎叶，近卵圆形。轮伞花序密集，排列成顶生、长 1.5~4cm 粗短的穗状花序。苞片心形，具骤尖头；花萼钟形，长 10mm，二唇形。上唇扁平，顶端几截平，具 3 个不明显的短齿，中齿宽大；下唇 2 裂，裂片披针形，果时花萼由于下唇 2 齿斜伸而闭合。花冠紫、蓝紫或红紫色，长约 13mm，雄蕊 4，雌蕊花柱丝状。小坚果矩圆状卵形，黄褐色微具沟纹。花期 4—6 月，果期 7—10 月。

【分布及生境】 我国大部分地区均有分布。生于海拔 2 500m 以下的山坡林缘、草地、路旁、溪边。

【营养成分】 每 100g 嫩茎叶含蛋白质 2.5g、脂肪 0.7g、碳水化合物 11g、维生素 A 3.76mg、维生素 B_2 0.21mg、维生素 B_5 1.2mg、维生素 C 28mg。

【食用方法】 春季采摘嫩茎叶，洗净，沸水烫过，换清水浸泡去苦味，加调料可素可荤食用。夏季至早秋采摘花穗，鲜用或晒干备用，煲粥、做汤均可。

药用功效

果穗或全草入药。性寒，味苦、辛。清肝、散结。用于目赤肿痛、头痛眩晕、乳痈肿痛、甲状腺肿大、淋巴结核、乳腺增生、高血压等。

活血丹

Glechoma longituba （Nakai） Kupr.

别　名‖连钱草、金钱草、金钱薄荷、肺风草、穿墙草、佛耳草
英文名‖ Longitube ground ivy
分　类‖唇形科活血丹属多年生草本

【形态特征】 植株高 10~20cm，四棱状，基部淡红色，幼嫩部被疏长柔毛。具匍匐茎，斜向生长，逐节生根。叶对生，柄长，下部叶较小，叶片心形或近肾形，上部叶较大，心形。轮伞花序，通常具 2 花，少数 4~6 花。小坚果深褐色，长圆状卵形。花期 4—5 月，果期 5—6 月。

【分布及生境】 除西藏、甘肃、青海、新疆外，分布于我国各地，在中部和东部地区广泛生长。生于海拔 2 000m 以下的林缘、疏林、草地、溪边等阴湿处。

【营养成分】 每 100g 可食部含维生素 A 4.15mg、维生素 B_2 0.13mg、维生素 C 56mg。

【食用方法】 春季采摘嫩苗或嫩茎叶，洗净，沸水烫后换清水浸 30 分钟，滤干后炒食、做汤等。

药用功效

全草入药。性凉，味苦、辛。清热、利尿、镇咳、消肿、解毒。用于黄疸、水肿、尿路结石、流感、吐血等。

风轮菜

Clinopodium chinense（Benth.） O. Kuntze

别　名‖野凉风草、苦刀草
英文名‖ Chinese clinacanthus
分　类‖唇形科风轮菜属多年生草本植物

【形态特征】 植株高达100cm。茎基部匍匐生长，节上生不定根，上部直立，具细条纹，密被短柔毛和腺微柔毛。单叶、对生，叶片卵圆形，长2~4cm，宽1.3~2.6cm。先端急尖或钝，基部阔楔形。叶面绿色，密被平伏短硬毛，叶背灰白色，被疏柔毛，具圆齿状锯齿叶缘，叶柄长3~8mm，密被疏柔毛。轮伞花序，花密集，常偏向一侧，总梗多分枝，苞片针状；花冠小，紫红色，上唇直伸，下唇3裂，中裂片稍大，雄蕊4，花药2室，花柱2线裂，裂片扁平，花萼狭管状，常紫红色，外被长柔毛和腺微柔毛。小坚果倒卵形，长约1.2mm，宽约0.9mm，黄褐色，具3条不明显纵条纹，果脐生基部，呈蝶翅状。花期5—8月，果期8—10月。

【分布及生境】 分布于山东、浙江、江苏、安徽、江西、福建、台湾、湖南、湖北、广东、广西、云南等。生于海拔1 000m以下的山坡、草丛、路边、沟边、灌丛、林下。

【食用方法】 春、夏季采摘嫩茎叶食用。嫩叶具香辛味，可凉拌或炒食，还常作烹调鱼等的香料。花序的枝端可泡茶。

药用功效

全草入药。性凉，味苦、辛。疏风清热、解热消肿。

葛公菜

Salvia miltiorrhiza Bge.

别　名‖丹参、紫丹参、血参、大红袍、红根、郗蝉草、木羊乳、奔马草、山红萝卜、活血根、靠山红、野苏子根、蜂糖缸
英文名‖ Dan-shen root
分　类‖唇形科鼠尾草属多年生草本

【形态特征】 植株高40~80cm。根肥大，略呈红色，茎被长柔毛。奇数羽状复叶，对生，小叶1~3对，卵形或椭圆状卵形，叶面、叶背被毛。轮伞花序具6花或更多，组成顶生或腋生的总状花序，表面密被腺毛或长柔毛；苞片披针形，花冠蓝紫色，筒内有毛环，上唇镰刀形，下唇略短，3裂，中裂片最大，雄蕊着生于下唇基部；花萼紫色，具11条脉纹，长约11mm，外有腺毛，二唇形，上唇阔三角形，顶端具3个聚合小尖头，下唇具2齿，三角形或近半圆形。小坚果黑色，椭圆形。花期4—6月，果期7—8月。

【分布及生境】 我国大部分地区有分布，主要在四川、山东、浙江等省。生于山坡草地、林下、溪旁。

【食用方法】 春季采嫩叶，热水焯熟，换水浸洗干净，去苦味后，调味拌食。

药用功效

根茎入药。性微寒，味苦。祛瘀止痛、活血通经、清心除烦。用于月经不调、闭经、痛经、症瘕积聚、胸腹刺痛、热痹疼痛、疮疡肿痛、心烦不眠、肝脾肿大、心绞痛等。不宜与藜芦同用。

白花益母草

Leonurus pseudomacranthus Kitagawa

别　名‖鏨草、山玉米
分　类‖唇形科益母草属多年生草本

【形态特征】 植株高60~100cm。具密生须根的圆锥形主根。茎直立，单一，成对地分枝，茎及分枝钝四棱状，明显具槽，密被贴生倒向的微柔毛。叶片变异很大，近茎基部叶轮廓为卵圆形，长6~7cm，宽4~5cm，3裂，分裂达中部，裂片几相等，边缘疏生粗锯齿，先端锐尖，基部宽楔形，近革质，上面暗绿色，稍密被糙伏小硬毛，下面淡绿色，主沿脉上有贴生的小硬毛，其间散布淡黄色腺点；茎中部的叶通常不裂，轮廓为长圆形，边缘疏生4~5对齿，最下方的一对齿多少呈半裂片状；花序上的苞叶最小，近于线状长圆形，长3cm，宽1cm，全缘，或于先端疏生1~2齿，无柄。轮伞花序腋生，多花，远离而向顶密集组成长穗状；小苞片少数，刺状，直伸，长5~6mm，基部相连接，具糙硬毛，绿色；花梗无。花萼管状，长7~8mm，外面被微硬毛，沿脉上被长硬毛，其间混有淡黄色腺点，花冠白色，常带紫纹，长1.8cm，冠筒长约8mm，雄蕊4，花柱丝状，先端相等2浅裂。花盘平顶。子房褐色，无毛。小坚果长圆状三棱状，黑褐色。花期8—9月，果期9—10月。

【分布及生境】 分布于辽宁、陕西、甘肃、安徽、江苏及华北等地。生于山坡、路旁、草地。

【食用方法】 采摘嫩茎叶，洗净，煮食或做汤。

药用功效

全草入药，用于月经不调、月经痛、急性肾炎、慢性肾炎、血尿、浮肿、小便不通、产后腹痛、腰痛等。

蓝萼香茶菜

Isodon japonicus var. *glaucocalyx* （Maxim.） H. W. Li

别　名‖香茶菜、回花菜
英文名‖ Blue-sepal rabdosia
分　类‖唇形科香茶菜属多年生草本

【形态特征】 植株高150cm，分枝，下部被疏柔毛，上部近无毛。单叶、对生。叶片卵形或宽卵形，长6.5~13cm。叶面、叶背沿脉疏被柔毛。叶柄长0.5~3cm。聚伞花序，3~5花，组成顶生疏松圆锥花序；苞片和小苞片卵形，被微柔毛；花冠白色，花冠筒近基部浅囊状，上唇4，等型，下唇舟形，雄蕊和花柱伸出花冠；花萼筒状钟形，外被灰白色短柔毛和腺点，齿5，多少呈二唇形，上唇3齿，中唇略小，下唇2齿较长，结果时萼增大。小坚果宽倒卵形，顶端无毛。

【分布及生境】 分布于我国东北及河北、山西、山东。生于林缘、路旁、杂木林下、草地、沙土地、山沟。

【食用方法】 春季采嫩茎叶，沸水焯过，换清水浸泡2~4小时后，炒食、和面食或做汤。

药用功效

全草入药。性微寒、味苦。清热解毒、健脾、活血祛痰。用于风热感冒、头痛、风湿痛、闭经、乳痛、黄疸型肝炎、乳腺炎、慢性肝炎、肝脾肿大、肺脓肿、风热感冒、头痛。

香茶菜

Isodon amethystoides（Benth.）Hara

别　名‖铁棱角、铁钉角、蛇总管
英文名‖ Rabdosia
分　类‖唇形科香茶菜属多年生草本

【形态特征】植株高30~100cm，茎有分枝，直立。密被倒向疏柔毛或短柔毛。单叶对生。叶片卵形至披针形，长0.8~11cm，叶面被短刚毛，有时近无毛，叶背被柔毛至短茸毛，或近无毛，但密被腺点，有叶柄，长0.2~2.5cm。聚伞花序多花，顶生，组成疏散的圆锥花序；苞片和小苞片卵形或针状；花冠白色，上唇带紫蓝色，长约7mm，花萼钟形，长与宽约2.5mm，外被短硬毛或近无毛，满布腺点，齿5，三角形，果萼增大，宽钟形。小坚果卵形。
【分布及生境】分布于我国华北及广东、广西、湖北等地。生于林下、灌丛、草丛中。

【食用方法】采摘嫩茎叶，洗净，调味食用。

药用功效

根性凉，味甘，清热解毒、消肿止痛，用于劳伤、筋骨酸痛、跌打肿痛、疮毒、毒蛇咬伤。全草性凉，味苦、辛，清热散血、疏风解表、消肿解毒，用于感冒发热、闭经、乳痈、肺痈、疳积、跌打肿痛、黄疸。

香薷

Elsholtzia ciliata（Thunb.）Hyland.

别　名‖鱼香菜、野鱼香、半边苏、臭荆芥、铁杆青、香菜、香茸、水芳香
英文名‖ Common elsholtzia
分　类‖唇形科香薷属多年生草本

【形态特征】植株高30~70cm，钝四棱状，多分枝，嫩时麦秆色，老时紫褐色。具密集的须根。叶对生，卵形或椭圆状披针形，长2.5~9cm，宽1~4cm，顶端渐尖，基部楔形下延成狭翅，边缘具锯齿，叶面被疏毛，叶背沿叶脉被疏硬毛，散布橙色发亮的腺点。穗状花序顶生，长2~7cm，宽1.3cm，偏向一侧，被长柔毛，多花；苞片宽卵圆形，长、宽约4cm；花萼钟形，齿5，三角形；花冠淡紫色，长约4.5mm，外被柔毛，花药紫黑色，花柱内藏，顶端2浅裂。小坚果棕黄色，长圆形，长约1mm，光滑。花期9—11月，果期11月至翌年1月。
【分布及生境】除新疆、青海外，分布于我国各地。生于路旁、山坡、荒地、林内、河岸。

【食用方法】春、夏季采摘嫩茎叶，可炒食、凉拌、做汤。秋季采摘花。叶和花味清香，晒干舂成粉，可作增香调味品。

药用功效

全草入药。性温，味辛、微苦。祛风发汗。用于瘫痪、痨伤、吐血、感冒、急性肠胃炎、腹痛吐泻、水肿、口臭等。治细菌性痢疾有特效。

藁本

Ligusticum sinense Olive

别　名‖大叶川芎、川芎
英文名‖ Chinese ligusticum
分　类‖伞形科藁本属多年生草本

【形态特征】植株高达 100cm。根状茎呈不规则的团块状，有多数条状根，具浓香。茎直立、中空、表面具纵棱。叶互生。叶柄长 20cm，基部扩大成鞘状、抱茎。基生叶三角形，长 8~15cm，二回羽状全缘，最终裂片卵形，长 2.5~5.5cm，宽 1~2.5cm。两侧不相等，边缘为不整齐的羽状浅裂或粗大锯齿。表面脉上有乳头突起；茎上部叶具扩展叶鞘。复伞形花序顶生，有乳头状毛，总苞片和小苞片线形或分裂；伞幅 15~22；花梗多数，花小，白色，花柱细软而反折。双悬果宽卵形，稍侧扁，长 2mm，宽 1mm。分果具 5 棱，各棱槽具 3 油管，合生面具 5 油管。花期 7—8 月，果期 9—11 月。

【分布及生境】分布于四川、陕西、甘肃、湖北、湖南、江西。生于山地草丛或潮湿地。

【营养成分】可食部含挥发油 0.3%~0.65%，油中主要成分为 3- 正丁基酞内酯、川芎内酯、甲基丁香油酚等。

【食用方法】春季采摘嫩叶，洗净，切段，加调料炒食。秋季至早春刚出苗时采挖根茎，洗净，切片，可炖肉食。

药用功效

根入药。性温，味辛。祛风散寒、除湿止痛。用于风寒感冒、巅顶疼痛、风湿关节疼痛。

川芎

Ligusticum sinense ‘Chuanxiong’ S. H. Qiu et al.

别　名‖细叶川芎、广川芎、芎䓖、西芎、抚芎
英文名‖ Szechwan lovage
分　类‖伞形科藁本属多年生草本

【形态特征】植株高 40~70cm。根状茎呈不规则的结节状拳形团块，具明显结节状突起的轮节，外皮黄褐色，具香气。茎直立，中空，常丛生，上部分枝，基部节明显膨大成盘状，易生根。叶互生，二至三回羽状复叶，小叶 3~5 对，卵状三角形。边缘不整齐羽状全裂或复伞形花序顶生，伞幅 7~20；总苞片 3~6，小苞片线形，花白色。双悬果卵形，分生果 5 棱，具窄翅。花期 7—8 月，果期 8—9 月。

【分布及生境】分布于四川、江西、湖北、陕西、甘肃、贵州、云南等地。生于肥沃、湿润、排水良好之地。

【食用方法】春季至初夏采摘嫩叶，洗净，切段，配调料与炒食。夏、秋季挖取根茎，洗净，可炖肉食。

药用功效

根茎入药。性温，味辛。活血行气、祛风止痛。用于月经不调、闭经、痛经、产后腹痛、风湿等。

鸭儿芹

Cryptotaenia japonica Hassk.

别　名 ‖ 鸭脚板、三叶芹、毛芹、野芹菜、六月寒、水蒲莲
英文名 ‖ Japanese honewort
分　类 ‖ 伞形科鸭儿芹属多年生草本

【形态特征】 植株高 30~90cm，全株无毛。根状茎短，具细长成簇的根。茎直立，具细槽，呈叉状分枝。基生叶和茎下部叶具长柄，长 5~17cm，基部成鞘抱茎，三出复叶，中间小叶菱状倒卵形或阔广卵形，长 3~8cm，宽 2~6cm，两侧小叶歪卵形，与中间小叶近等大。边缘具不规则重锯齿，有时具 2~3 浅裂，茎中上部叶的叶柄较短。茎顶部叶无叶柄，基部成狭鞘状或全部成鞘状，鞘边缘为宽膜质，叶渐小，披针形。复伞形花序疏松，不规则；总苞片和小苞片各 1~3，条形，早落；伞幅 2~7，斜上；花梗 2~4；花白色。双悬果条状矩圆形，光滑，长 3.5~6.5mm，宽 1~2mm。花期 4—5 月，果期 7—9 月。

【分布及生境】 分布于我国长江以南各地。生于海拔 2 000m 以下的山坡草丛、路边、宅旁较阴湿处。

【营养成分】 每 100g 可食部含蛋白质 2.7g、脂肪 0.5g、碳水化合物 9g、维生素 A 7.30mg、维生素 B_2 0.46mg、维生素 C 33mg、维生素 K 33.2mg、维生素 P 2.05mg、钙 333mg、磷 46mg、铁 20mg 等。

【食用方法】 春、夏季采摘嫩苗或嫩茎叶，洗净，沸水烫过，可炒食或凉拌。

药用功效

全草入药。发表散寒、温肺止咳。用于食积腹痛、甲状腺肿、气虚食少、风寒咳嗽、风寒感冒、中暑、尿闭。

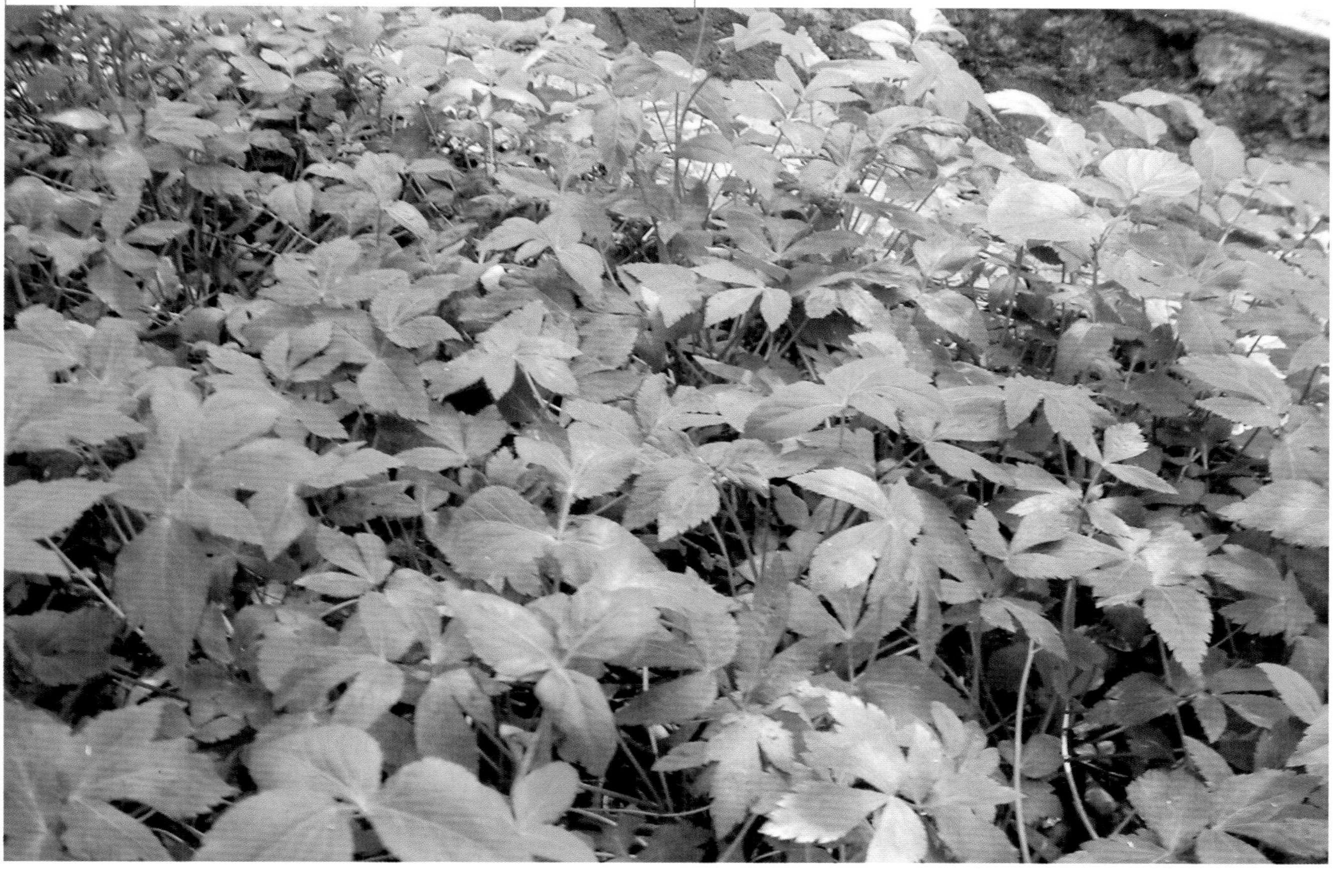

白苞芹

Nothosmyrnium japonicum Miq.

别　名‖紫茎芹、山芹、香毛芹、藁本
分　类‖伞形科白苞芹属多年生草本

【形态特征】植株高50~120cm。主根较短，长3~4cm，有较多的须状支根。茎直立，分枝，有纵纹。叶卵状长圆形，长10~20cm，宽8~15cm，二回羽状分裂，一回裂片有柄，长2~5cm，二回裂片有或无柄，卵形至卵状长圆形，长2~8cm，宽2~4cm，顶端尖锐，边缘有重锯齿，下面有疏柔毛；叶柄基部有鞘。复伞形花序顶生和腋生；总苞片3~4，披针形或卵形，顶端长尖，有多脉，反折，边缘膜质；小总苞片4~5，广卵形或披针形，顶端尖锐，淡黄色，多脉，反折，边缘膜质；伞辐7~15；花白色，花柄线形。果实球状卵形，基部略呈心形，顶端渐窄狭，长2~3mm，宽1~2mm，果棱线形；油管多数。花、果期9—10月。

【分布及生境】分布于江苏、安徽、浙江、福建、江西、湖北、湖南、广西、贵州、四川、甘肃、陕西、河南等省区。生于山坡林下阴湿草丛或杂木林下。

【食用方法】春、夏季采摘嫩苗或嫩叶。嫩苗做汤，味清香。也可沸水烫后加调料凉拌、炒食。

药用功效

根状茎入药。性温，味辛、苦。镇痉、止痛。用于风寒感冒、头痛、筋骨痛。

防风

Saposhnikovia divaricata（Turcz.）Schischk.

英文名‖Divaricate saposhnikovia
分　类‖伞形科防风属多年生草本

【形态特征】植株高30~80cm，全株无毛。主根肥大，呈圆锥状，无侧根或具少数侧根。根颈处密被纤维状茎生叶的叶柄残基。茎单生，直立，二歧分枝，表面具棱沟。基生叶具长柄，基部扩展成叶鞘，稍抱茎。叶片卵形或三角状卵形，一至二回羽状全裂，长1~3cm，宽1~3mm。茎生叶渐无柄，叶鞘半抱茎，颈顶叶不发育或极小。复伞形花序顶生，无总苞片，少有1片；伞幅5~9；小总苞片4~5，条状至披针形；小伞形花序具4~9花，白色；萼齿短三角形；花杂性，顶生伞形花序为两性或雌性，花瓣5，倒卵形，顶端钝截，向内卷，雄蕊5。双悬果狭椭圆形，具小疣状突起，稍侧扁，侧棱具翅。棱向各有油管1条。花期7—8月，果期8—9月。

【分布及生境】分布于我国华北、东北、西北等地。生于草甸、草原、山坡丘陵、林下、灌丛、田边、路旁。喜温和气候，耐寒喜干，适应性较强。

【营养成分】嫩叶和嫩茎叶含挥发油及甘露醇，还含前胡素及色原酮苷。

【食用方法】春、夏季采摘嫩苗和嫩茎叶，洗净后可炒食、凉拌、做汤、做馅。

药用功效

根入药。性温，味甘、辛。祛风解毒、除湿止痛。用于外感风寒、头痛、齿痛、风湿痹痛、破伤风等。

积雪草

Centella asiatica（L.）Urban

别　名‖崩大碗、马蹄草、连线草、大钢钱
英文名‖ Asiatic pennywort
分　类‖伞形科积雪草属多年生草本

【形态特征】直根系，主根细。茎纤细，匍匐生长，空心，表面有纵条纹或浅沟，节上生根。单叶互生，叶片自节上丛生，具长叶柄，长1.5~2.7cm，叶片膜质至草质，肾形或马蹄形，长1~3cm，宽1.5~5cm。伞形花序单生或2~4个聚生叶腋。双悬果扁圆形，基部心形至平截形，长2~3mm，有明显的主棱和次棱，棱间具小横脉相连成网状，表面有短柔毛。花、果期4—10月。

【分布及生境】分布于云南、四川、广东、广西、福建、台湾、湖北、湖南、浙江、江西、安徽及陕西等。生于海拔200~1 900m的潮湿草地、田边、沟旁、河滩。

【营养成分】每100g可食部含维生素A 1.03mg、维生素B_2 1.09mg，维生素C 46mg。

【食用方法】四季均可采。嫩叶用沸水烫过，清水漂去苦味后可炒食或做汤。夏季可制作饮料。

药用功效

全株入药。性寒，味苦、辛。清热解毒、利湿化瘀。用于暑热口渴、淋浊、跌打瘀肿、黄疸、吐血等。

变豆菜

Sanicula chinensis Bunge

别　名‖山芹菜、鸭脚板、紫花芹、白梗芹
英文名‖ Chinese sanicle
分　类‖伞形科变豆菜属多年生草本

【形态特征】植株高30~100cm，无毛。根状茎短缩，多须根。茎直立，上部多次二歧分枝。基生叶和下部茎生叶具长柄，长7~30cm。叶柄基部成鞘状抱茎；基生叶近圆形、圆肾型或圆心形，常3分裂，中裂片倒卵形。基部近楔形，长3~10cm，宽4~13cm。无柄或短柄，两侧裂片倒卵形至斜卵形，常具1个深或浅缺刻，裂片边缘具不等重锯齿，齿端具刺尖。伞形花序二至三回二歧分枝，总苞片叶状，常3分裂，齿端具刺尖；小总苞片8~10，卵状披针形或条形；雄花3~7，短于两性花，萼齿窄线形，花瓣白或绿白，倒卵形至长倒卵形，顶端内折，两性花3~4，无柄；萼齿和花瓣的形状、大小同雄花；花柱与萼齿同长。双悬果圆卵形，顶端萼齿成喙状突起，密生顶端具钩的直立皮刺。花、果期4—10月。

【分布及生境】分布于我国西南部、中南、华东、西北和东北。生于海拔200~2 200m的阴湿山坡路旁、杂木林、竹园边、溪边等草丛中。

【营养成分】每100g可食部含维生素A 5.14mg、维生素B_2 0.46mg、维生素C 33mg。

【食用方法】夏季采摘嫩苗或嫩茎叶，用沸水烫过，清水浸片刻，即可炒食、凉拌、蘸酱、做馅或腌渍。

药用功效

全株入药。温化寒痰、祛风通经。用于风寒感冒、扁桃体炎、百日咳、闭经、乳痈、膀胱结石。

大东俄芹

Tongoloa elata Wolff

别　名‖假茴芹、大叶芹、短叶茴芹、短果茴芹
英文名‖ Chamnamul
分　类‖伞形科东俄芹属多年生草本

【形态特征】 植株高 20~75cm。根圆锥形。茎 1~2，直立，圆柱形，有条纹，上部分枝疏生，表面有时略带淡紫红色。基生叶常早落；较下部的茎生叶有柄，柄长 5~12cm，叶鞘边缘膜质，抱茎；叶片轮廓呈阔三角形以至阔卵状披针形，长 5~10cm，宽 3~8cm，通常呈三出式的三至四回羽状分裂，羽片 5~7 对，彼此疏离，第一回及第二回的羽片有短柄，末回裂片线形，长 3~7mm，宽不到 1mm；序托叶柄呈鞘状，叶片二至三回羽状分裂，裂片细小。复伞形花序顶生或侧生，顶生的花序梗较粗壮，长 5~12cm；无总苞片和小总苞片；伞辐 6~16，长 2~4 cm；小伞形花序多花，排列较紧密，花柄长 3~5mm；萼齿明显，长约 0.2mm；花瓣通常白色，有时稍带红色，倒卵圆形，长 1.8~2mm，宽 1.2~1.8mm，基部有短爪，顶端钝圆或在花蕾时微凹，中脉 1 条；花丝长约 1.5mm，花药卵圆形；花柱基幼时扁压，花柱向外反折。分生果卵圆形，基部心形，长 1.5~2.5mm，无毛，主棱 5，每棱槽有油管 3。花、果期 8—10 月。

【分布及生境】 分布于四川、甘肃、青海等省。生于海拔 2 300~4 300m 的山地混杂的阔叶林下、灌丛、山坡草地、山沟湿地、山地溪流旁或腐殖质较多的地方。

【营养成分】 每 100g 鲜品含蛋白质 2.16g、维生素 C 200mg，还有维生素 E 及多种氨基酸。每 100g 干品含钙 1 890mg、镁 172.5mg、磷 145.4mg、钠 4 783mg、钾 289mg、锌 16.1mg、铜 3.87mg、铁 110.9mg、锰 5.9mg、钴 0.025mg。

【食用方法】 夏季采摘嫩茎叶，可炒食、凉拌、做馅或腌渍。

条叶东俄芹

Tongoloa taeniophylla （de Boiss.） Wolff

别　名‖异叶茴芹、鹅脚板、苦爹菜、山当归、肚寒药、蛇倒退
英文名‖ Belt-leaf tongoloa
分　类‖伞形科东俄芹属多年生草本

【形态特征】 植株高 18~25cm。根圆锥形，短。茎直立，少分枝，表面略呈暗紫色。基生叶的叶柄长 4~5cm，细弱，基部有膜质而抱茎的叶鞘，叶片轮廓呈三角形，长 2.5~4cm，通常二至三回羽状分裂或三出式二回羽状分裂，羽片 6~7 对，彼此相隔 5~10mm；羽片长卵形至倒卵状披针形，长 4~6mm，宽 2~3mm，基部近楔形，上部边缘有不等的锯齿；序托叶的叶柄呈鞘状。复伞形花序顶生，花序梗长 3~7cm；通常无总苞片和小总苞片；伞辐 6~10，不等长，细弱，无毛；花柄不等长；萼齿细小，卵形，直立，花瓣紫红色，长倒卵形，长 1.2~1.5mm，宽约 1mm，基部狭窄呈爪状，脉 1 条；花丝与花瓣近等长或稍短；花药卵圆形，紫黑色，长约 0.2mm；花柱基幼时扁压，花柱短，向外反曲。分生果幼时呈圆心形，主棱 5，无毛，每棱槽有油管 2~3。花期 8 月。

【分布及生境】 分布于青海、四川、云南。生于海拔 830~1 100m 的山坡林下草丛、路旁。

【营养成分】 每 100g 可食部含维生素 A 6.17mg、维生素 B_2 0.57mg、维生素 C 72mg。全株含挥发油。

【食用方法】 春、夏季采摘嫩苗或嫩茎叶，可炒食，也可用沸水烫后凉拌或荤素炒食。

药用功效

根茎入药。性微温，味辛、甘。理气止痛、祛痰祛风。用于风寒感冒、痢疾、小儿疳积、皮肤瘙痒。

天胡荽

Hydrocotyle sibthorpioides Lam.

别　名‖小铜钱草、满天星、石胡荽、鹅不食草
英文名‖ Lawn pennywort
分　类‖伞形科天胡荽属多年生草本

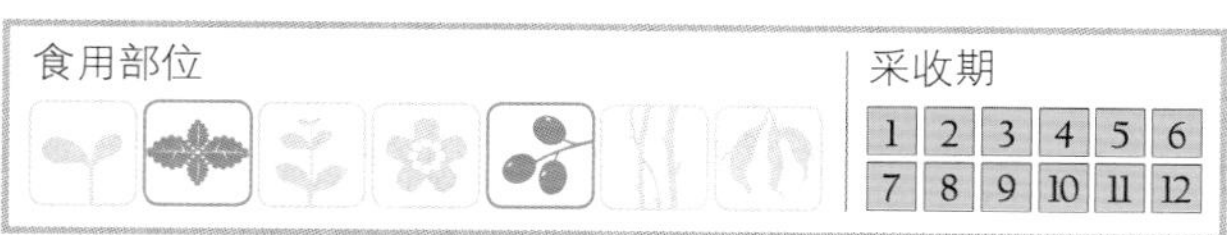

【形态特征】茎细长，蔓延地面生长，节上生根。单叶互生，叶片膜质至草质，圆形或肾圆形，长0.5~2cm，宽0.7~2cm。伞形花序与叶对生，单生于节上。小伞形花序具5~8花；花瓣卵形，小，绿白色或淡绿色。双悬果扁平，略呈心脏形，具红紫色斑点，三棱，次棱不明显。

【分布及生境】分布于广东、广西、云南、福建、江苏、河南、辽宁等地。喜生于湿润草地、河沟边、林下。

【食用方法】一年四季均可采摘。嫩叶和种子带香味和辣味，可作调味品，蒸肉类具清热、开胃作用。

药用功效

全草入药。性平，味苦、辛。清热解毒、利湿化痰、止血。用于黄疸肝炎、急性肾炎、百日咳、赤痢、尿路结石、结膜炎、中耳炎等。

茴香

Foeniculum vulgare Mill.

别　名‖小茴香、野茴香、大茴香、土茴香、怀香、香丝菜、谷茴香、律莨香
英文名‖ Common fennel
分　类‖伞形科茴香属多年生草本

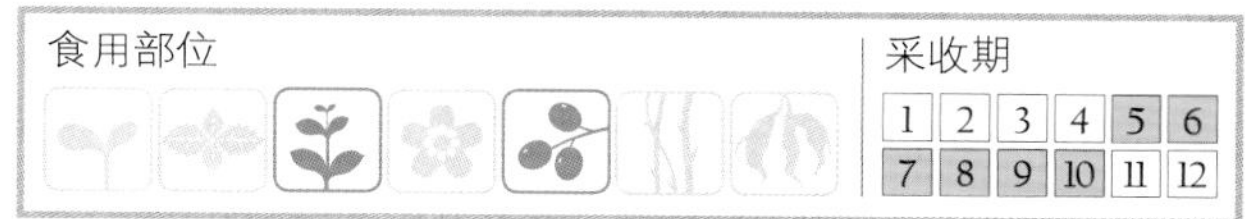

【形态特征】植株高50~150cm，有浓郁香气，具粉霜，根系分布浅。茎直立，圆柱形。上部发枝，灰绿色，表面有细纵纹。基生叶丛生，具长柄，基部鞘状抱茎；茎生叶互生，由下而上渐短，近基部呈鞘状，宽大抱茎。三至四回羽状复叶，最终小叶线形至丝状边缘膜质。球茎由肥大的叶鞘组成。复伞形花序顶生或侧生，花广卵形、细小，无花萼，花瓣金黄色，中部以上向内卷曲，先端微凹。双悬果卵状长圆形，外表黄绿色，顶分果椭圆形，常弯曲，具5条隆起纵棱。内含种子2颗，灰白色。花期6—7月，果期10月。

【分布及生境】分布于内蒙古、山西、黑龙江等地。茴香适应性较广，喜冷凉，能耐寒，也耐热，生长适温为15~20℃，对光照要求不严格，喜肥沃、湿润土壤。

【营养成分】茴香有特殊香味，主要成分为茴香醚和茴香酮。嫩茎中含较丰富的维生素A和维生素E及钙等。

【食用方法】果实可做香料，嫩茎叶可做菜。嫩茎叶采摘后，洗净，沸水焯熟，再用水洗，调味食用，味道清香。

药用功效

全草入药。性温，味辛。温肾散寒、和胃理气。用于寒疝、小腹冷痛、肾虚腰痛、呕吐、脚气。

白花前胡

Peucedanum praeruptorum Dunn

别　名‖前胡、官前胡、鸡脚前胡、山当归
英文名‖ White-flower hogfennel
分　类‖伞形科前胡属多年生草本

【形态特征】植株高 30~120cm。根粗大而直。茎直立，基部具叶鞘残存纤维，上部分枝被短毛，下部无毛。基生叶具长柄，长达 30cm，基部膨大成叶鞘，抱茎；叶为二至三回羽状复叶，第一回小叶具柄，第二回小叶 3~5 裂，裂片成菱形，边缘具不规则锯齿。茎生叶较小，具短柄或无柄，近花序的叶片生在膨大的叶鞘上。复伞形花序顶生或腋生，具短柔毛；花白色。双悬果椭圆形或卵形，具微毛，背棱和中棱线状突起，侧棱具厚的窄翅。花期8—9 月，果期10 月。
【分布及生境】分布于浙江、四川、安徽等地。生于山坡草丛、林缘、灌丛和草地。

【营养成分】嫩叶含挥发油和多种香豆素类化合物。
【食用方法】春季采摘嫩叶，洗净，切段，可做汤或与蛋煮食，具治头昏的功效。秋、冬季挖取嫩根，洗净，切段，炖肉、炖猪心肺食可治虚汗等。

药用功效

根或全株入药。性微寒，味苦、辛。降气祛痰、疏散风热。用于痰热咳嗽、外感咳嗽、心腹结气、头痛、妇女干血痨。

紫花前胡

Peucedanum decursivum （Miq.） Franch. et Sav.

别　名‖牛尾独活、土当归、野当归、独活、麝香菜、鸭脚前胡、鸭脚当归、老虎爪
英文名‖ Common hogfennel
分　类‖伞形科前胡属多年生草本

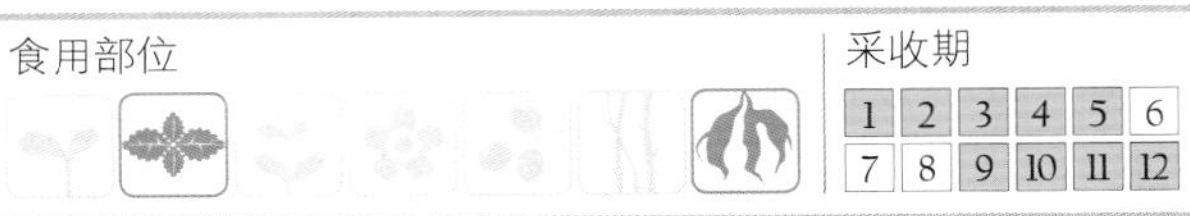

【形态特征】植株高 100~200cm。根圆锥状，有少数分枝，直径 1~2cm，外表棕黄色至棕褐色，有强烈气味。茎直立，单一，中空，光滑，常为紫色，无毛，有纵沟纹。根生叶和茎生叶有长柄，柄长 13~36cm，基部膨大成圆形的紫色叶鞘，抱茎，外面无毛；叶片三角形至卵圆形，坚纸质，长 10~25cm，一回三全裂或一至二回羽状分裂；茎上部叶简化成囊状膨大的紫色叶鞘。复伞形花序顶生和侧生，花序有柔毛；伞辐 10~22；总苞片 1~3，卵圆形，阔鞘状，宿存，反折，紫色；小总苞片 3~8，线形至披针形，绿色或紫色，无毛；伞辐及花柄有毛；花深紫色，萼齿明显，线状锥形或三角状锥形，花瓣倒卵形或椭圆状披针形，顶端通常不内折成凹头状，花药暗紫色。果实长圆形至卵状圆形，长 4~7mm，宽 3~5mm，无毛，背棱线形隆起，尖锐，侧棱有较厚的狭翅，与果体近等宽，棱槽内有油管 1~3，合生面油管 4~6，胚乳腹面稍凹入。花期 8—9 月，果期 9—11 月。
【分布及生境】分布于江西、安徽、贵州。生于山坡、林缘和灌丛。

【营养成分】可食部含挥发油和三种香豆素（即紫花前胡苷、紫花前胡苷元和紫花前胡素）。
【食用方法】春季采摘嫩叶，洗净，切段，可做汤或煮蛋食，具治感冒的功效。主根秋、冬季至早春挖取，可炖肉食。

药用功效

根入药。性微寒，味苦、辛。疏风清热、降气化痰。用于风热咳嗽痰多、痰热喘满、咳痰黄稠等。

石防风

Peucedanum terebinthaceum (Fisch.) Fisch. ex Turcz.

别　名‖小芹菜、山香菜
英文名‖ Resin hogfennel
分　类‖伞形科前胡属多年生草本

食用部位　采收期

1	2	3	4	5	6
7	8	9	10	11	12

【形态特征】植株高 30~120cm。主根圆柱形或近纺锤形，灰黄色或黑褐色，生须根。茎近无毛。叶互生，基生叶二回三出式羽状全裂，三角状卵形，或一回裂片卵形至披针形，最终裂片披针形，长 1~2cm，宽 2mm。叶缘具缺刻状锯齿，无毛或叶面叶脉被粗毛，叶柄长 3~30cm，茎生叶成叶鞘。复伞形花序，总花梗长 3~30cm，总苞片数个，小总苞片 4~12，花白色或淡红色。双悬果卵状椭圆形，长 3~4mm，宽 2~3mm，侧棱具翅。花期 7—9 月，果期 9—10 月。
【分布及生境】分布于黑龙江、吉林、辽宁、内蒙古、河北等省区。生于山坡草地、林下及林缘。

【食用方法】摘取嫩苗，沸水烫过，炒食或凉拌。

药用功效

根入药。性凉，味苦、辛。发散风热、降气化痰。用于感冒、咳喘、妊娠咳嗽。

拐芹

Angelica polymorpha Maxim.

别　名‖独活拐子芹、倒钩芹、白根独活白、拐芹当归、紫杆芹、山芹菜
分　类‖伞形科当归属多年生草本

食用部位　采收期

1	2	3	4	5	6
7	8	9	10	11	12

【形态特征】植株高 50~150cm。根圆锥形，直径达 0.8cm，外皮灰棕色，有少数须根。茎单一，细长，中空，有浅沟纹，光滑无毛或有稀疏的短糙毛，节处常为紫色。叶二至三回三出式羽状分裂，叶片轮廓为卵形至三角状卵形，长 15~30cm，宽 15~25cm；茎上部叶简化为无叶或带有小叶、略膨大的叶鞘，叶鞘薄膜质，常带紫色。复伞形花序直径 4~10cm，花序梗、伞辐和花柄密生短糙毛；伞辐 11~20，长 1.5~3cm，开展，上举；总苞片 1~3 或无，狭披针形，有缘毛；小苞片 7~10，狭线形，紫色，有缘毛；萼齿退化，少为细小的三角状锥形；花瓣匙形至倒卵形，白色，无毛，渐尖，顶端内曲；花柱短，常反卷。果实长圆形至近长方形，基部凹入，长 6~7mm，宽 3~5mm，背棱短翅状，侧棱膨大成膜质的翅，与果体等宽或略宽，棱槽内有油管 1，合生面油管 2，油管狭细。花期 8—9 月，果期 9—10 月。
【分布及生境】分布于我国东北及河北、山东、江苏。生于山沟溪流旁、杂木林下、灌丛间及阴湿草丛中。

【食用方法】春季采摘嫩苗，洗净，切段，可调料素炒或荤炒，也可沸水烫后凉拌。

药用功效

根入药。性温，味辛。祛风散寒、化湿消肿、排脓止痛。

中华水芹

Oenanthe sinensis Dunn

别　名 ‖ 干芹菜、水芹菜
英文名 ‖ Chinese oenanthe
分　类 ‖ 伞形科水芹属多年生草本

【形态特征】植株高 30~50cm，全株无毛或近无毛。茎基部匍匐生长，节上生不定根，单生，中空，少分枝。基生叶和下部叶二回三出式羽状复叶，小叶卵形、卵状楔形或条状披针形，长 2~2.5cm，宽 5~10mm，边缘具不规则锯齿，叶柄长 8~9cm，基部具叶鞘；茎生叶的小叶卵状条形，长 2~3cm，宽 3~7mm；羽状浅裂。复伞形花序顶生和侧生，无总苞片，小总苞片多条，条形；花梗多数，长 3~6mm，花白色。双悬果椭圆形，长 2.5~3mm，宽 1~2mm。花期 4—6 月，果期 6—8 月。

【分布及生境】分布于我国长江中下游及四川、云南、广东、广西等省区。生于水沟边、田埂、坑边、塘边或潮湿地。

【食用方法】春、夏季采摘嫩茎叶，制作酸芹菜，也可凉拌、炒食。

药用功效

全草入药。清热解毒、凉血止血。用于浮肿、头目眩晕、肺炎。

水芹

Oenanthe javanica （Bl.） DC.

别　名 ‖ 水芹菜、野芹菜、沟芹、蜀芹、刀芹、小叶芹、河芹
英文名 ‖ Chinese celery
分　类 ‖ 伞形科水芹属多年生草本

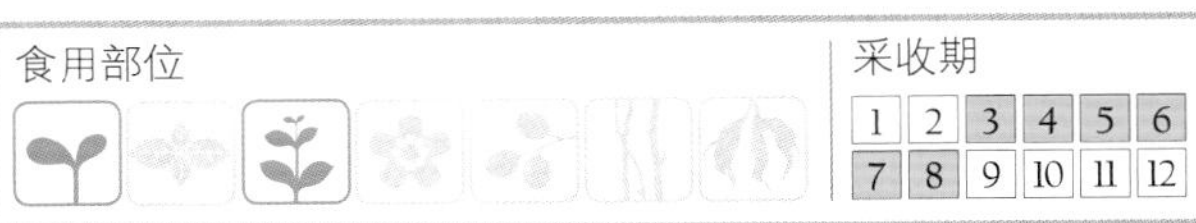

【形态特征】植株高 15~80cm，全株无毛。根状茎短，匍匐生长，节上生成簇须根。地上茎直立，具分枝，中空，圆柱形，具纵棱。叶互生，基生叶丛生，具长柄，柄长 7~15cm，基部成鞘状，抱茎；叶片三角形，二至三回羽状分裂，最终裂片卵形或菱状披针形，边缘具不规则尖齿或圆锯齿。茎生叶同形，较小，叶柄渐短，一部分或全部成鞘，边缘宽膜质。复伞形花序顶生，具长梗，常与叶对生，小伞形花序具 20 花。花白色或淡红色，子房下位。双悬果椭圆形或近圆锥形，长约 3mm，宽约 2mm。果棱明显隆起，肥厚，钝圆，稍木栓化。花期 7—8 月，果期 8—9 月。

【分布及生境】几乎分布于全国。多生于浅水低洼地或池沼、水沟旁。适用性广，较耐寒，不耐高温，宜冷凉、日照短、土层深厚、富含有机质的潮湿环境。

【营养成分】每 100g 可食部含蛋白质 2.1g、脂肪 0.6g、粗纤维 3.0g、维生素 A 4.28mg、维生素 B_1 0.02mg、维生素 B_2 0.09mg、维生素 B_5 0.1mg、维生素 C 47mg、钙 154mg、磷 9.8mg、铁 23.3mg，还含氨基酸、咖啡酸、芸香苷、水芹素、槲皮素和挥发油等。

【食用方法】春、夏季采摘嫩苗或嫩茎叶。注意清洗，多浸泡冲洗，去梗、老叶柄后可炒食，或浸熟后切段，配调料食用，也可腌渍。

药用功效

全草或根入药。性凉，味甘、辛。清热解毒、宣肺利湿。用于感冒发热、呕吐腹泻、尿路感染、崩漏、白带异常、高血压、水肿等。

刺芫荽

Eryngium foetidum L.

别　名‖假芫荽、大芫荽、洋芫荽、牙锯草、野香草、节节花
英文名‖ Foecid eryngo
分　类‖伞形科刺芹属多年生草本

食用部位　采收期
1 2 3 4 5 6
7 8 9 10 11 12

【形态特征】 植株高 11~40cm，主根纺锤形。茎绿色直立，粗壮，无毛，有数条槽纹，上部有 3~5 歧聚伞式的分枝。基生叶披针形或倒披针形不分裂，革质，长 5~25cm，宽 1.2~4cm，顶端钝，基部渐窄，有膜质叶鞘，边缘有骨质尖锐锯齿，近基部的锯齿狭窄呈刚毛状，表面深绿色，背面淡绿色，羽状网脉；叶柄短，基部有鞘可达 3cm；茎生叶着生在每一叉状分枝的基部，对生，无柄，边缘有深锯齿，齿尖刺状，顶端不分裂或 3~5 深裂。头状花序生于茎的分叉处及上部枝条的短枝上，呈圆柱形，长 0.5~1.2cm，宽 3~5mm，无花序梗；总苞片 4~7，长 1.5~3.5cm，宽 4~10mm，叶状，披针形，边缘有 1~3 刺状锯齿；小总苞片阔线形至披针形，边缘透明膜质，萼齿卵状披针形至卵状三角形，顶端尖锐；花瓣与萼齿近等长，倒披针形至倒卵形，顶端内折，白色、淡黄色或草绿色；花柱直立或稍向外倾斜，长约 1.1mm，略长过萼齿。果卵圆形或球形，长 1.1~1.3mm，宽 1.2~1.3mm，表面有瘤状突起，果棱不明显。花、果期 4—12 月。

【分布及生境】 分布于广东、广西、贵州和云南南部。通常生于山地林下、路旁、沟边等潮湿处。

【食用方法】 嫩苗做菜或调味用。

药用功效

全草入药。性温，味辛。疏风清热、行气消肿、健胃止痛。用于感冒、脘腹疼痛、泄泻、消化不良；外用于蛇虫咬伤、跌打肿痛。

大叶芹

Pimpinella brachycarpa（Kom.）Nakai

别　名‖山芹菜、明叶菜、蜘蛛香、短果茴芹
分　类‖伞形科茴芹属多年生草本

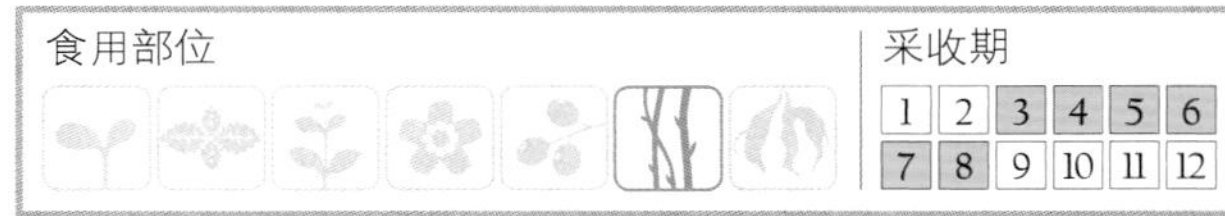

【形态特征】 植株高 70~85cm。须根。茎圆管状，有条纹，上部 2~3 个分枝，无毛。基生叶及茎中、下部叶有柄，长 4~10cm；叶鞘长圆形；叶片三出分裂，成三小叶，稀二回三出分裂，裂片有短柄，长 0.5~1cm，两侧的裂片卵形，长 3~8cm，宽 4~6.5cm，偶 2 裂，顶端的裂片宽卵形，长 5~8cm，宽 4~6cm，基部楔形，顶端短尖，边缘有钝齿或锯齿，叶脉上有毛；茎上部叶无柄，叶片 3 裂，裂片披针形。通常无总苞片，稀 1~3，线形；伞辐 7~15，长 2~4cm；小总苞片 2~5，线形，短于花柄；小伞形花序有花 15~20；萼齿较大，披针形；花瓣阔倒卵形或近圆形，白色，基部楔形，顶端微凹，有内折的小舌片，中脉和侧脉都比较明显；花柱基圆锥形；花柱长为花柱基的 2~3 倍，向两侧弯曲。果实卵球形，无毛；果棱线形，每棱槽内油管 2~3，合生面油管 6；胚乳腹面平直。花、果期 6—9 月。

【分布及生境】 主要分布于我国东北、华北等地。生于林下草丛中。

【营养成分】 每 100g 鲜品含蛋白质 2.16g、维生素 A 105mg、维生素 B_2 22.3mg、维生素 C 65.88mg、维生素 E 45.3mg、铁 30.6mg、钙 1 280mg。

【食用方法】 嫩茎可素炒、荤炒。

药用功效

全草入药，用于胃寒疼痛。

珊瑚菜

Glehnia littoralis F. Schmidt ex Miq.

别　名‖莱阳参、海沙参、银沙参、珊瑚菜根、辽沙参、北沙参
英文名‖ Beach silvertop
分　类‖伞形科珊瑚菜属多年生草本

【形态特征】植株高 5~35cm。主根细长，圆柱形。茎大部分生长在土中，部分露出土面，密被灰褐色茸毛。叶互生，基生叶卵形或宽三角状卵形。三出式羽状分裂或二至三回羽状深裂，具长柄；茎上部叶卵形，边缘具三角形圆锯齿。复伞形花序顶生，密被灰褐色茸毛；伞幅 10~14，不等长；小总苞片 8~12，线状披针形；花小，白色。双悬果近球形，直径 6~10mm，密被棕色软毛。果棱 5 翅状，具木栓翅。花期 5—7 月，果期 6—8 月。
【分布及生境】分布于辽宁、山东、江苏、福建、河北、浙江、广东、海南和台湾等地。生于海边沙滩。喜阳光、温暖湿润环境，耐寒，耐干旱，耐盐碱。

【营养成分】珊瑚菜含挥发油、香豆素、淀粉、生物碱、三萜酸、豆甾醇、β-谷甾醇、沙参素等。
【食用方法】春、夏季采摘嫩苗和根，洗净，炖肉食，也可做汤。

药用功效

根入药。性微寒，味甘、微苦。养阴清肺、益胃生津。用于肺热燥咳、劳嗽痰血、热病津伤口渴。寒性咳嗽者忌用。

东北羊角芹

Aegopodium alpestre Ledeb.

别　名‖羊犄角
分　类‖伞形科羊角芹属多年生草本

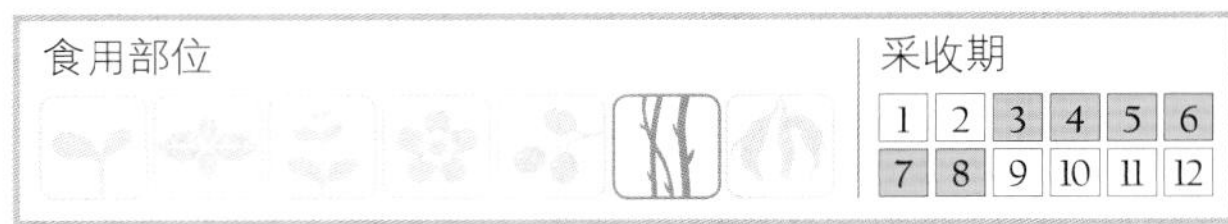

【形态特征】植株高 20~60cm。主根细，须根较多。茎单一或上部有分枝，无毛，仅叶缘和伞幅内稍有微柔毛。基生叶和茎下部叶三角形，长 5~10cm，二回三出式羽状复叶，小叶长卵形至矩圆形，长 1~3.5cm，宽 8~20mm，顶端渐尖，叶缘具不整齐深而尖锯齿。叶柄长 3.5~10cm；茎生叶一回羽状复叶或羽状浅裂。复伞房花序，总花梗长 4~12cm。无总苞和小总苞，花白色。双悬果矩圆形或矩圆状卵形，长 2.5~3.5mm，宽 1.5~2mm，果棱丝状，花柱外折，花柱茎特别发达。
【分布及生境】分布于黑龙江、吉林、辽宁、新疆。生于阔叶林下、山坡草地、沟边。

【食用方法】采取嫩茎，洗净，食用。

药用功效

根入药，可镇痛，用于风湿骨痛。全草则用于眩晕。

土当归花

Heracleum lanatum Michx.

别　名‖相白子叶
分　类‖伞形科独活属多年生草本

【形态特征】植株高 1~2m。全株被柔毛。茎绿色，具沟纹。叶互生，下部叶具叶柄，基部膨大成鞘状，上部叶叶柄短或仅具宽大叶鞘；叶一回羽状分裂，裂片 3，长 10~20cm，宽约 14cm。叶面、叶背被短白毛。复伞房花序，花小，白色。双悬果倒卵状长圆形。
【分布及生境】分布于我国北部和中部。生于山坡草丛。

【营养成分】每 100g 可食部含蛋白质 6.2g、脂肪 0.4g、碳水化合物 8g、维生素 A 5.5mg、维生素 B_1 0.07mg、维生素 B_2 0.05mg、维生素 B_5 1.9mg、维生素 C 12.8mg、钙 473mg、磷 61mg、铁 7.6mg。
【食用方法】嫩叶可凉拌、烧豆腐，具滋阴补气功效。

波叶大黄

Rheum franzenbachii Munt.

别　名 ‖ 河北大黄、山大黄、大黄、华北大黄
分　类 ‖ 蓼科大黄属多年生草本

食用部位　采收期

1 2 3 4 5 6
7 8 9 10 11 12

【形态特征】 植株高 40~100cm。根粗壮。茎直立，粗壮，不分枝，表面具纵沟纹，无毛。基生叶，柄长，下部红紫色，稍具短毛。叶脉 3~5 条，由基部发出。茎生叶较小，具短柄或无柄；托叶鞘膜质，暗褐色。花序圆锥状，顶生，花小，多数白色。瘦果具 3 棱，沿棱生翅，基部心形，顶端略下凹，具宿存花被。

【分布及生境】 主要分布于华北地区，以内蒙古、河北、山西等省区为多。生于山坡、路旁、荒地及草原。

【营养成分】 每 100g 可食部含维生素 A 4.05mg、维生素 B_2 1.17mg、维生素 C 150mg。根和根状茎含总蒽醌 1.15%，其中结合型蒽醌为 1.05%、游离蒽醌为 0.06%。

【食用方法】 春末夏初采摘嫩苗，烫后炒食或做汤。嫩叶柄也可食用，去皮后生食、炒食，酸甜可口。

药用功效

全草入药。性寒，味苦。泻热通便、破积行瘀。用于黄疸、食积、腹满胀痛、便秘、闭经、烧伤、跌打损伤等。

大黄

Rheum officinale Baill.

别　名 ‖ 黄良、锦纹大黄、马蹄黄、药用大黄
英文名 ‖ Medicinal rhubarb
分　类 ‖ 蓼科大黄属多年生草本

【形态特征】 植株高 150~200cm。根及根状茎粗壮，内部黄色。茎粗壮，基部直径 2~4cm，中空，具细沟棱，被白色短毛，上部及节部较密。基生叶大型，叶片近圆形，稀极宽卵圆形，直径 30~50cm，或长稍大于宽，顶端近急尖形，基部近心形，掌状浅裂，裂片大齿状三角形，基出脉 5~7 条，叶上面光滑无毛，偶在脉上有疏短毛，下面具淡棕色短毛；叶柄粗圆柱状，与叶片等长或稍短，具楞棱线，被短毛；茎生叶向上逐渐变小，上部叶腋具花序分枝；托叶鞘宽大，长可达 15cm，初时抱茎，后开裂，内面光滑无毛，外面密被短毛。大型圆锥花序，分枝开展，花 4~10 朵成簇互生，绿色到黄白色；花梗细长，长 3~3.5mm，关节在中下部；花被片 6，内外轮近等大，椭圆形或稍窄椭圆形，长 2~2.5mm，宽 1.2~1.5mm，边缘稍不整齐；雄蕊 9，不外露；花盘薄，瓣状；子房卵形或卵圆形，花柱反曲，柱头圆头状。果实长圆状椭圆形，长 8~10mm，宽 7~9mm，顶端圆，中央微下凹，基部浅心形，翅宽约 3mm，纵脉靠近翅的边缘。种子宽卵形。花期 5—6 月，果期 8—9 月。

【分布及生境】 分布于四川、湖北、云南及贵州等地。生于水分丰富的山地林下阴湿处。

【食用方法】 参考波叶大黄。

药用功效

根茎和根入药。性寒，味苦。泻热毒、破积滞、行瘀血。用于实热便秘、谵语发狂、食积痞满、痢疾初起、里急后重、闭经、症瘕积聚、时行热疫、目赤肿痛、吐血、衄血、阳黄、水肿、淋浊、痈疡肿毒、疔疮、烫火伤。

小酸模

Rumex acetosella L.

英文名‖ Sour weed
分　类‖ 蓼科酸模属多年生草本

【形态特征】 植株高 15~50cm。须根系，茎直立，常呈“之”字形生长，无毛。花序下部常有分枝；下部叶戟形中裂、线状披针形，长 1.5~6.5cm，宽 1.5~6mm。先端渐尖，两侧耳状裂片短而狭，外展或上弯，裂片全缘，具叶柄；上部叶无柄或近无柄；托叶鞘白色，破裂。雌雄异株，花单性。花被片 6，雌花内轮花被片宽卵形或近棱状，长 1~2mm，宽 1~1.8mm，果时不增大或稍增大，网脉明显；雄花花被片较雌花狭窄，雄蕊 6；子房三棱状。瘦果椭圆形，3 棱，长约 1mm，淡褐色，具光泽。花、果期 6—8 月。
【分布及生境】 分布于我国东北、华北、华东、华中等地区。生于山坡草地、林缘、山谷、路旁。

【食用方法】 春、夏季采摘嫩茎叶食用。

酸模

Rumex acetosa L.

别　名‖ 酸浆、酸不涩、酸溜溜、牛耳大黄、酸汤菜、山大黄、山羊蹄、田鸡脚、牛舌头
英文名‖ Green-sauce dock
分　类‖ 蓼科酸模属多年生草本

【形态特征】 植株高 30~100cm。根肥壮、具须根。茎直立，不分枝，具棱线，中空。单叶互生，基生叶具长柄，叶片矩圆形，长 5~15cm，宽 2~5cm。顶端急尖或圆钝，基部箭形，全缘。茎上部叶较小，披针形，抱茎。托叶鞘膜质，斜形。总状花序顶生，长圆锥形，花簇生，2~7 朵一簇。单性，雌雄异株；花被 6，椭圆形，成 2 轮；雄花内轮花被片长约 3mm，外轮花被片较小，直立，雄蕊 6；雌花内轮花被片在果时增大，圆形，全缘，基部心形。外轮花被片较小，反折，柱头 3，画笔状。瘦果椭圆形，具 3 棱，暗褐色，有光泽。花期 6—8 月，果期 7—9 月。
【分布及生境】 分布于我国各地。生于海拔 2 600m 以下的山坡、荒地、路旁、沟边。

【营养成分】 每 100g 可食部含蛋白质 1.8g、脂肪 0.7g、碳水化合物 2g、维生素 A 3.2mg、维生素 B_1 0.4mg、维生素 C 70mg、维生素 B_5 0.7mg、钙 440mg、磷 80mg 等。
【食用方法】 春季采摘嫩茎叶，沸水烫后，清水漂洗去黏液后食用，可凉拌、炒食、制罐头、制酱。

药用功效

根入药，清热凉血、利尿杀虫，用于热痢、淋证、小便不利、吐血、恶疮、疥癣。叶外用于消伤肿、疮毒、疥癣。

齿果酸模

Rumex dentatus L.

英文名‖ Tooth-fruit dock
分　类‖ 蓼科酸模属多年生草本

【形态特征】 植株高 30~80cm。茎直立，多分枝，枝斜上。叶具长柄，叶片矩圆形或宽披针形，长 4~8cm，宽 1.5~2.5cm，顶端圆钝，基部圆形。托叶鞘膜质，筒状。花序顶生，大型，花簇呈轮状排列；通常有叶。花两性，黄绿色。花被片 6，呈 2 轮，在果时内轮花被片增大，长卵形，有明显网纹，边缘具不整齐的针刺状齿。全部具瘤状突起。雄蕊 6，柱头 6，画笔状。瘦果卵形，具 3 锐棱，褐色，光亮。
【分布及生境】 分布于云南、四川、江苏、浙江、台湾、河南、陕西、甘肃、河北、山西、湖北。生于海拔 1 000m 以下的山坡路旁、沟边湿地。

【营养成分】 参考酸模。
【食用方法】 参考酸模。

药用功效

叶捣烂敷治乳房红肿。

皱叶酸模

Rumex crispus L.

别　名‖羊蹄叶、四季菜根、羊蹄草
英文名‖ Crispate dock
分　类‖蓼科酸模属多年生草本

食用部位　　采收期

1	2	3	4	5	6
7	8	9	10	11	12

【形态特征】植株高 40~80cm。茎直立，不分枝，具浅沟槽。基生叶具长柄，叶片披针形或矩圆状披针形，长 12~15cm，宽 2~4cm，顶端急尖。基部楔形，边缘具波状皱折，叶面、叶背无毛。托叶鞘筒状，膜质。数个腋生总状花序合成一狭长圆锥状花形，全缘或具不明显的齿，具网纹，全部具瘤状突起。雄蕊 6，柱头 3，画笔状。瘦果椭圆形，具 3 棱，褐色，有光泽。

【分布及生境】分布于吉林、辽宁、内蒙古、河北、陕西、青海、四川、广西、福建、台湾、湖北。生于田边、路旁、湿地和水边。

【营养成分】参考酸模。

【食用方法】参考酸模。

药用功效

根入药。清热凉血、化痰止咳、通便杀虫。用于急性肝炎、慢性气管炎、吐血、血崩、血小板减少症、大便燥结、痢疾、疥癣、秃疮、疔疖。

巴天酸模

Rumex patientia L.

别　名‖牛耳酸模、牛耳大黄、牛西西
英文名‖ Patience dock
分　类‖蓼科酸模属多年生草本

【形态特征】植株高 100~150cm。茎直立，粗壮，不分枝或分枝，具沟槽。基生叶具粗柄，叶片矩圆状披针形，长 15~30cm，宽 4~8cm，顶端急尖或圆钝，基部圆形或近心形，全缘或边缘波状，上部叶小而狭，近无柄，托叶鞘筒状，膜质。圆锥花序，大型，顶生或腋生。花两性，花被片 6，呈 2 轮，有果时内轮花被片增大，宽心形，具网纹，全缘，部分或全部有瘤状突起，雄蕊 6，柱头 6，画笔状。瘦果卵形，具 3 锐棱，褐色，光亮。

【分布及生境】分布于河南、陕西、甘肃、青海、山西、河北、山东、新疆、内蒙古。生于海拔 500~1 500m 的路旁、沟边。

【营养成分】参考酸模。

【食用方法】参考酸模。

药用功效

根入药。清热解毒、活血止血、通便杀虫。用于痢疾、肝炎、慢性肠炎、跌打损伤、血小板减少症、大便燥结、痈疮疥癣、脓疱疮、烫火伤。

羊蹄

Rumex japonicus Houtt.

别　名‖土大黄、牛舌头、羊蹄大黄、牛舌根、狭叶土大黄、野当归

英文名‖ Japan dock

分　类‖蓼科酸模属多年生草本

【形态特征】 植株高 50~100cm。茎直立，上部分枝，具沟槽。基生叶长圆形或披针状长圆形，长 8~25cm，宽 3~10cm，顶端急尖，基部圆形或心形，边缘微波状，下面沿叶脉具小突起；茎上部叶狭长圆形；叶柄长 2~12cm；托叶鞘膜质，易破裂。花序圆锥状，花两性，多花轮生；花梗细长，中下部具关节；花被片 6，淡绿色，外花被片椭圆形，长 1.5~2mm，内花被片果时增大，宽心形，长 4~5mm，顶端渐尖，基部心形，网脉明显，边缘具不整齐的小齿，齿长 0.3~0.5mm，全部具小瘤，小瘤长卵形，长 2~2.5mm。瘦果宽卵形，具 3 锐棱，长约 2.5mm，两端尖，暗褐色，有光泽。花期 5—6 月，果期 6—7 月。

【分布及生境】 分布于我国东北、华北、华东、华中、华南及陕西、四川、贵州。生于田边、路旁、河滩、沟边湿地。

【营养成分】 每 100g 嫩叶含蛋白质 2g、脂肪 0.2g、碳水化合物 3g、维生素 A 3.23mg、维生素 C 64mg。根含淀粉，可酿酒，叶富含鞣质，可提取栲胶，种子可提取糠醛。

【食用方法】 采摘嫩叶，经蒸煮、清水浸泡除去酸味后可食用。

药用功效

根和叶均可入药。性寒，味苦。清热解毒、杀虫止痒、通便。用于皮肤病、疥癣、各种出血、肝炎等。

金荞麦

Fagopyrum dibotrys （D. Don.） Hara

别　名‖野荞麦、荞麦三七、金锁银开、苦荞麦、万年荞、赤地利、透骨消

英文名‖ Perennial buckwheat

分　类‖蓼科荞麦属多年生草本

【形态特征】 植株高 50~150cm。根茎粗大，呈结节状，横走，红棕色。茎直立，具棱槽，绿色或红褐色。叶互生，戟状三角形，长宽几相等，顶端突尖，基部心脏状，边缘波状。托叶鞘近筒状斜形，膜质。由花集成聚伞花序顶生或腋生，花小；花被片 5，白色，雄蕊 8；子房上位，花柱 3。瘦果卵形，具 3 棱，红棕色。花期 7—9 月，果期 10—12 月。

【分布及生境】 分布于江苏、浙江、贵州、陕西以及华中、华南和西南等地。生于山坡、旷野、路边、溪沟等较阴湿处。

【食用方法】 采摘嫩茎叶、根鲜用，作主料或配料，可炒食或做汤。

药用功效

根茎入药。性凉，味涩、微辛。清热解毒、清肺排痰、排脓消肿、祛风化湿。用于肺脓肿、咽喉肿痛、痢疾、无名肿毒、跌打损伤、风湿关节痛。

杠板归

Polygonum perfoliatum L.

别　名 ‖ 刺头草、贯叶蓼、猫爪草、河白草、蛇倒退、梨头刺、蛇不过
英文名 ‖ Perfoliate knotweed
分　类 ‖ 蓼科蓼属多年蔓性草本

【形态特征】茎有棱，红褐色，具倒生钩刺。叶互生，盾状着生，叶片近三角形，长 4~6cm，宽 5~8cm，顶端尖，基部近心形或截形，叶背沿脉疏生钩刺。托叶鞘近圆形，抱茎。叶柄长，疏生倒钩刺。花序短穗状，苞片圆形，花被 5 深裂，淡红色或白色，结果时增大，肉质，深蓝色。雄蕊 8，花柱 3 裂。瘦果球形，包于蓝色多汁的花被内。花期 6—8 月，果期 9—10 月。

【分布及生境】分布于江苏、浙江、福建、江西、广东、广西、四川、湖南、贵州。生于山谷、灌丛或水沟旁。

药用功效

地上部入药。性微寒，味酸。利水消肿、清热解毒、止咳。用于肾炎水肿、百日咳、泻痢、湿疹、疖肿、毒蛇咬伤。

两栖蓼

Polygonum amphibium L.

别　名 ‖ 小黄药、天蓼、木莛
英文名 ‖ Amphibious knotweed
分　类 ‖ 蓼科蓼属多年生草本

【形态特征】茎横走，节上生不定根。在水中生时，叶具长柄，叶片长圆形或长圆状披针形，长 5~12cm，宽 2.5~4cm，顶端急尖或钝，基部心形或圆形。叶柄由托叶鞘中部以上伸出。叶长出水面或陆生时，叶柄短，叶片长圆状披针形，顶端渐尖，长 4~8cm，宽 1~1.5cm，叶面、叶背短伏毛。穗状花序顶生或腋生，紧密，长圆形，长 2~4cm。苞三角形，内含 3~4 花，花被 5 深裂，粉红色或白色，长约 4mm。雄蕊 5，与花被对生，花药粉红色，花柱 2 枚。瘦果倒卵形，两侧突起，长约 2.5mm，褐黑色。花期 5—7 月，果期 7—8 月。

【分布及生境】分布于我国东北、华北、西北、华东、华中和西南。生于湖泊、河流浅水中和水湿地。

【食用方法】参考水蓼。

药用功效

全草入药。性平，味苦。清热利湿。用于痢疾，外用于疔疮。

何首乌

Fallopia multiflora （Thunb.） Haraldson

别　名‖夜交藤、首乌、赤首乌、山首乌、夜合
英文名‖ Tuber fleeceflower
分　类‖蓼科蓼属多年生缠绕性草本

【形态特征】根细长，具肥大的块根，皮黑色，断面紫红色。茎缠绕，长 3~4m，中空，多分枝，基部木质化，无毛，具白色乳突状小突起。叶互生，叶片卵形，长 5~7cm，宽 3~5cm，顶端渐尖，基部心形，叶面、叶背均无毛，全缘，叶柄细长。托叶鞘短筒状，褐色，膜质，易破裂。圆锥花序，大而开展，顶生或腋生，花小，多数，白色或黄色。苞小，膜质，内具 1~3 花，花被 5 深裂，外轮 3 片肥厚，结果时增大，形成果实外的 3 片纵翅。雄蕊 8，短于花被，花柱 3，扩展呈盾状。蒴果椭圆形，具 3 棱，光滑，黑色，有光泽。花期 9—10 月，果期 10—11 月。

【分布及生境】分布于山西、山东、陕西、甘肃、河南、江苏、浙江、安徽、江西、湖南、湖北、四川、云南、贵州、广东、广西等地。生于海拔 1 600m 以下的山坡、路旁、沟边、灌丛、山脚阴处和岩石缝中。

【营养成分】每 100g 嫩茎叶含维生素 A 7.3mg、维生素 B_2 1.05mg、维生素 C 131mg。每 100g 块根含淀粉 28.73g、葡萄糖 2.67g、维生素 A 7.3mg、维生素 B_1 1.05mg、维生素 C 131mg。

【食用方法】春、秋季采摘嫩茎叶，洗净，沸水烫后用清水漂洗一下，可炒食或做汤。秋季挖取块根，除炒食外，还可煮汤、煮粥、泡酒、制茶。

药用功效

块根入药。性温，味苦、甘、涩。解毒、消痈、通便。用于瘰疬疮痈、风疹瘙痒、肠燥便秘及高脂血症。

虎杖

Polygonum cuspidatum Sieb. et. Zucc.

别　名‖酸汤杆、活血龙、斑庄根、酸桶笋
英文名‖ Giant knotweed
分　类‖蓼科蓼属多年生灌木状草本

【形态特征】植株高达 200cm，根茎横卧地下，木质化，黄褐色。茎直立，具分枝，圆筒形，中空，表面散生红色或紫红色斑点，无毛。叶互生，叶片宽卵形或卵状椭圆形，长 5~9cm，宽 3.5~6cm，顶端急尖，基部宽楔形、平截或圆形，全缘，叶缘和脉上有乳头状突起，两面均无毛。叶柄长约 1cm，无毛，紫红色；托叶鞘筒状，褐色，膜质，易破裂，常早落。圆锥花序腋生，花单性，雌雄异株。花序长 3~8cm，花被白色或红色，5 深裂，外轮 3 片，背部有翅。雄花雄蕊 8，雌花子房卵形，具 3 棱，花柱 3。瘦果 3 棱状，黑褐色，具光泽，包于翅状宿存花被内。花期 6—8 月，果期 8—10 月。

【分布及生境】分布于我国陕西南部、甘肃南部、四川、云南、贵州及华东、华中、华南。生于山沟、河旁、溪边、林下、路边、草丛的阴湿处。

【营养成分】每 100g 鲜品含粗蛋白 3.3g、粗脂肪 0.53g、粗纤维 3.97g、维生素 A 4.94mg、维生素 B_2 0.19mg、维生素 C 118mg。

【食用方法】春季采摘嫩茎叶，去皮后可生食，或沸水烫后用清水泡 1~2 天，去酸味可炒食或做汤。

药用功效

根状茎和根入药。性微寒，味微苦。祛风利湿、散瘀定痛、止咳化痰。用于关节痹痛、湿热黄疸、经闭症瘕、咳嗽痰多、水火烫伤、跌打损伤、痈肿疮毒。

火炭母草

Polygonum chinense L.

别　名 ‖ 赤地利、五毒草、黄鳝藤
分　类 ‖ 蓼科蓼属多年生草本

【形态特征】植株高达100cm，茎直立或攀缘状，无毛或被疏毛。单叶互生。叶片卵形或长圆状卵形，长5~10cm，宽3~6cm，先端渐尖，基部截形或楔形，向下延伸至叶柄，叶面绿色，常有褐色斑，叶背浅绿色，两面无毛，或有疏毛。叶缘具细圆锯齿，叶柄长1~1.5cm，基部具草质耳状片，耳片常早落；托叶鞘膜质，斜截形。头状花序顶生，排列成伞房花序或圆锥花序状，序轴被腺毛；苞片膜质，卵形；花被5深裂，白色或淡红色。瘦果幼时三棱状，成熟时近球形，黑色，具光泽，包藏在多汁、白色透明或稍带紫色又增大的花被内，花、果期7—10月。

【分布及生境】分布于陕西南部、甘肃南部及华东、华中、华南和西南。生于山谷湿地、山坡草地。

【营养成分】营养期茎叶干物质中含粗蛋白17.47%、粗脂肪4.91%、粗纤维23.89%、钙1.37%和磷0.42%。

药用功效

全草入药，性凉，味微酸，清热解毒、利湿消滞，用于泄泻、痢疾、黄疸、风热咽痛、虚热头昏、带下病、痈肿湿疮。根入药，性平，味酸、甘，益气行血，用于气虚头昏、耳鸣耳聋、跌打损伤。

葎草

Humulus japonicus Sieb. et Zucc.

别　名 ‖ 山苦瓜、苦瓜草、勒草、葛勒蔓
英文名 ‖ Humulus
分　类 ‖ 桑科葎草属一年或多年生草本

【形态特征】缠绕草本，茎、枝、叶柄均具倒钩刺。叶纸质，肾状五角形，掌状5~7深裂稀为3裂，长、宽7~10cm，基部心脏形，表面粗糙，疏生糙伏毛，背面有柔毛和黄色腺体，裂片卵状三角形，边缘具锯齿；叶柄长5~10cm。雄花小，黄绿色，圆锥花序，长15~25cm；雌花序球果状，直径约5mm，苞片纸质，三角形，顶端渐尖，具白色茸毛；子房为苞片包围，柱头2，伸出苞片外。瘦果成熟时露出苞片外。花期春、夏季，果期秋季。

【分布及生境】分布于我国各地。常生于沟边、荒地、废墟、林缘边。

【食用方法】采摘嫩苗或嫩芽，洗净，炸熟，淘去苦味，调味食用。

药用功效

全草入药。健胃、利尿。用于胃病、痢疾、跌打。叶可解热、镇静、健胃、利尿、蛇虫咬伤等。雌花味苦，健胃。干球果可健胃。

毛竹

Phyllostachys heterocycla ‘pubeslens’

别　名‖楠竹、毛竹笋
英文名‖ Edible Bamboo
分　类‖禾本科刚竹属多年生草本

【形态特征】植株高达20m，干单生，圆筒形，径达20cm，绿色，基部的节间较短，中部的节间最长达40cm。新干密被细柔毛和白粉，老干无毛。节下具白粉环，后弯黑，分枝以下干环不明显。箨环隆起，初被一圈毛，后无毛。干箨厚革质，褐紫色，背面密被棕色毛和深褐色斑点；箨耳小，肩毛发达；箨舌宽短，弓形；箨叶较短，长三角形至披针形，绿色。枝叶二列状排列，每小枝具2~3叶，较小，披针形，长4~11cm，宽5~12mm，叶舌隆起。幼苗分蘖丛生，每小枝具7~14叶，叶大，披针形或卵状披针形，长10~18cm，宽2~4cm，叶鞘紫褐色，与叶下面均密生柔毛，叶耳小，肩毛长1~1.5cm。

【分布及生境】分布于我国秦岭以南各地。生长于海拔300~1 800m的山坡、山脚、平地。

【营养成分】每100g鲜笋含蛋白质2.6g、脂肪0.2g、碳水化合物7g、磷76mg、钙10mg、铁0.5mg。

【食用方法】冬季挖冬笋，清明前后开始收春笋，8月收鞭笋。食笋历史久，食法多样，可炒丝、煎片、炖肉、煲汤、熬粥、做羹等。

药用功效

竹笋利九窍、通血脉、化痰涎、消食胀、发痘疹。

篌竹

Phyllostachys nidularia Munro

别　名‖花竹、白竹、水竹、枪刀竹
英文名‖ Flower bamboo
分　类‖禾本科刚竹属多年生草本

【形态特征】植株高8~14m，直径3~7cm，节间长17~40cm，新干绿色，嫩时被白粉，老干绿色。箨环下具一圈白粉，干环平，与箨环同等隆起。干箨厚革质，绿色，中下部具紫色条纹，具白粉；箨叶阔三角形至三角状披针形，直立，具紫红色条纹，内侧延伸成箨耳；箨耳大，长1~3cm，长圆形至镰刀形，紫褐色。干箨脱落时向外反卷。每小枝具1叶，稀2叶。叶长圆状披针形至披针形，长7~13cm，宽1.3~2cm，无毛。笋期4月。

【分布及生境】分布于我国长江流域及以南各省区、陕西秦岭南坡。生于海拔500~1 000m的村旁、山脚、平地。

【食用方法】参考毛竹。

药用功效

叶清热、除烦、止呕。花能清热、利尿。

刚竹

Phyllostachys sulphurea （Carr.）A. ‘Viridis’

别　名‖斑竹、台竹、桂竹、苦竹、箭竹、石竹
英文名‖ Giant imber bamboo
分　类‖禾本科刚竹属多年生草本

【形态特征】植株高 8~22m，粗 3.5~7cm，节间绿色或黄绿色，长达 45cm，干环及箨环均甚突起。箨鞘革质，背面疏生黄色小刺毛，并具淡黑色大小不等的块斑，箨叶带状，小枝具 2~6 叶；叶鞘无毛，叶耳不明显，鞘口具坚硬、放射状张开的缝毛，叶长椭圆状披针形，宽 10~25mm，质坚韧。小穗从长椭圆状披针形，长 4~10cm，基部托有 4~10 片佛焰苞，后者常在顶端各具一卵形或披针形的退化叶片。笋期 4—7 月。
【分布及生境】分布于我国黄河以南各省区。生于海拔 1 300m 以下的山坡、村旁。

【食用方法】参考毛竹。

药用功效

根茎和根可除湿热、祛风寒，用于咳嗽气喘、四肢顽痹、筋骨疼痛；箨叶清血热，烧灰吃可透斑疹；花可治猩红热。

毛金竹

Phyllostachys nigra var. *henonis*（Mitf.）Rendle

别　名‖淡竹、甘竹、金竹花、平竹、杜圆竹
英文名‖ Henon bamboo
分　类‖禾本科刚竹属多年生草本

【形态特征】植株高 6m 以上，竹竿较粗大，直径 5~7cm，节间长 20~30cm。新干绿色，密被细柔毛，具白粉，箨环密被褐色柔毛；老干灰绿色或灰色。干环与箨环均隆起。新箨短于节间，绿红褐色或绿褐色，背面密生淡褐色毛，边缘具黄褐色纤毛，无斑点；箨耳发达，长圆形，紫黑色；箨叶褐色，两侧具纤毛，中间无毛；箨叶三角形或三角状披针形，绿色，具紫色脉纹。每小枝具 2~3 叶，披针形，长 4~10cm，宽 1~1.5cm，背面基部被毛。
【分布及生境】分布于我国长江流域及河南、陕西。生于海拔 800~1 200m 的山坡、山脚、村旁。

【食用方法】春季采竹笋，夏季采鞭笋。因肉质稍硬，味甘淡，也称淡竹。食法参考毛竹。

药用功效

茎干中层入药。清热、凉血、化痰、止吐。用于烦热呕吐、呃逆、痰热咳喘、吐血、衄血、崩漏、胎动、惊痫。叶清热除烦、生津利尿；壳能去目翳；根消痰、祛风热、下乳。

早园竹

Phyllostachys propinqua McClure

别　名‖沙竹
英文名‖ Propinquity bamboo
分　类‖禾本科刚竹属多年生草本

【形态特征】植株高 6m，粗 3~4cm。幼干绿色（基部数节间常为暗紫带绿色），被以渐变厚的白粉，光滑无毛；中部节间长约 20cm，壁厚约 4mm；干环微隆起与箨环同高。箨鞘背面淡红褐色或黄褐色，另有颜色深浅不同的纵条纹，无毛，亦无白粉，上部两侧常先变干枯而呈草黄色，被紫褐色小斑点和斑块，以上部较密；无箨耳及鞘口缝毛；箨舌淡褐色，拱形，有时中部微隆起，边缘生短纤毛；箨片披针形或线状披针形，绿色，背面带紫褐色，平直，外翻。末级小枝具 2 或 3 叶；常无叶耳及鞘口缝毛；叶舌强烈隆起，先端拱形，被微纤毛；叶片披针形或带状披针形，长 7~16cm，宽 1~2cm。笋期 4 月上旬开始，出笋持续时间较长。
【分布及生境】分布于河南、江苏、安徽、浙江、贵州、广西、湖北等省区。生于村旁、林地。

【食用方法】参考毛竹。

箭竹

Fargesia spathacea Franch.

别　名 ‖ 箭竹仔、包箨箭竹
英文名 ‖ Arrow bamboo
分　类 ‖ 禾本科箭竹属多年生草本

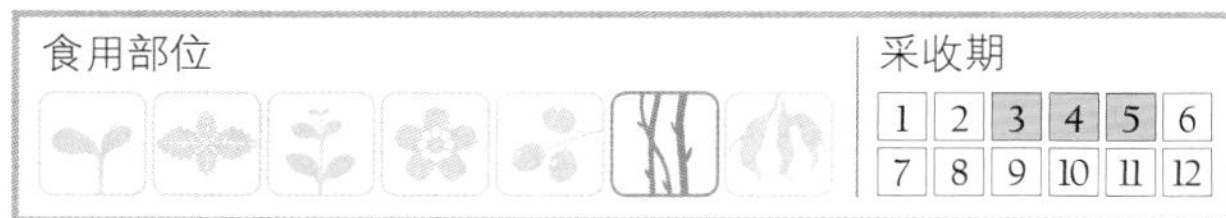

【形态特征】植株高约 3m，直径 1~1.5cm。地下茎匍匐生长，箨甚长，筒期几抱尽节间，外表粗糙，具刺毛；上端节上生细枝，3 或多数，具箨或无；叶舌片黑褐色，密生茸毛，假叶长卵形，头尖锐，革质，小枝叶 1~3 枚。叶片披针形，革质。叶背带粉色，密生短刚毛，楔脚或圆脚。极少开花。

【分布及生境】分布于台湾。生于山间、山地和高山。

【食用方法】挖取幼期之笋食用。

红边竹

Phyllostachys rubromarginata Mcclure

别　名 ‖ 红尾笋、囡儿子竹、小囡竹、扫把竹
英文名 ‖ Reddish margin bamboo
分　类 ‖ 禾本科刚竹属多年生草本

食用部位　采收期

【形态特征】植株高 4~7m，直径 8~20mm。节间 15~32cm，圆筒形，新干绿色，节下疏被白毛，具薄白粉，老干绿色或黄绿色，干环稍隆起，小竹干环甚隆起，箨环也突起，具黄绿色向下一圈硬毛。干箨较节间短，绿色，具紫色细条纹或全绿色，边缘紫红色，无毛，无斑点，无箨耳和肩毛；箨叶带状或带状披针形，下部干箨的箨叶小，为三角形。小枝具 2 叶，稀有 1 或 3 叶，鞘口具直立须毛。叶带状披针形，长 6~11cm，宽 8~12mm。嫩叶背面和叶柄密被白柔毛，两边细锯齿，次脉 4—7 对。笋期 4—5 月。

【分布及生境】分布于浙江、广西。生于海拔 500~800m 的山沟边、田埂。

【食用方法】参考毛竹。

水竹

Phyllostachys heteroclada Oliver

别　名 ‖ 烟竹
英文名 ‖ Fishscale bamboo
分　类 ‖ 禾本科刚竹属多年生草本

【形态特征】植株高 1~1.5m，直径 3~5mm。经栽培植株高可达 5~7m，直径 2~3cm。箨鞘深绿色，也有淡红褐色，箨叶宽三角形至披针形；干基部叶紧贴而扁平，上部叶呈舟形，小枝常单生，具 2~5 叶，叶鞘常被微毛，叶片矩状披针形。小枝顶端着生小穗，其下具卵形叶。

【分布及生境】分布于我国长江流域以南。生于河岸、湖畔、灌丛或岩石山坡。

【食用方法】挖取肉质嫩茎，生食或煮食。

药用功效

叶、根入药，具清热、凉血、化瘀功效。

粉绿竹

Phyllostachys viridiglaucescens Rivière et C. Rivière

英文名‖ Grey blue bamboo
分　类‖禾本科刚竹属多年生草本

【形态特征】 植株高达11m，直径约4.7cm，节间绿色，长5~22cm。干环、箨环均中度隆起；箨鞘先端具褐色斑与稀疏棕色小斑点；箨舌黑色顶端截平，边缘具纤毛，箨叶披针形至带状，叶鞘无叶耳；叶舌中度发达，初期紫色。

【分布及生境】 分布于江苏、浙江等地。生于山坡、河岸、灌丛和湖旁。

【食用方法】 挖取肉质嫩茎，可生食或煮食，味鲜美。

香茅

Cymbopogon citratus （DC.） Stapf

别　名‖姜巴茅、香茅草、姜黄、大风茅
英文名‖ Lemon grass
分　类‖禾本科香茅属多年生芳香草本

【形态特征】 植株高达2m，秆丛生，直立，粗壮，节具蜡粉。叶扁平，阔线形，长可达1m，宽1~1.5cm。叶面、叶背均灰白色而粗糙，顶端细长渐尖，基部圆形或心形，包茎。叶鞘无毛，叶舌厚，鳞片状，长圆形。伪圆锥花序疏散，长30~60cm，具三面分枝，分枝纤细，顶端的分枝稍下垂。总状花序成对，具3~6节，佛焰苞披针形，长1.5~2cm，红色或淡黄褐色。花、果期秋、冬季。

【分布及生境】 分布于我国热带地区。

【营养成分】 茎叶具柠檬香，主要成分为柠檬醛、月桂烯等。

【食用方法】 用嫩茎叶捆住要烧烤的鲜鱼或鸡等，烤熟，或将少许香茅草与肉食一起煮熟，然后将香茅草取出。一般只作香料使用。

药用功效

全草入药。性温，味辛。祛风解表、祛瘀通络。用于感冒头痛、泄泻、风湿痹痛、胃痛、跌打损伤。

白茅

Imperata cylindrical （L.） Beauv.

别　名 ‖ 白茅根、茅针、茅根
英文名 ‖ Lalang grass
分　类 ‖ 禾本科白茅属多年生草本

【形态特征】植株高 20~100cm。根状茎长，白色，节部密被鳞片。秆直立，具节，节上具长柔毛。单叶互生，叶片线形或线状披针形，顶端渐尖，基部渐狭，长 5~60cm，宽 5~9mm，边缘细刺状。根出叶几与植株等长，茎生叶较短。叶鞘无毛或在鞘口和上部边缘具纤毛，老时基部常破碎成纤维状。叶舌短，膜质。圆锥花序圆柱形，长 5~20cm，宽 1~3cm。小穗披针形或长圆形，长 3~4mm，基部密生白色丝状柔毛，常通成对着生。花两性，每小穗具 1 花，基部被白色丝状柔毛。雄蕊 2，花药黄色，柱头深紫色。蒴果暗褐色，成熟果序被白色长柔毛。花期 5—6 月，果期 6—7 月。

【分布及生境】分布几乎遍及全国。生于路旁、山坡、荒地和草地。

【食用方法】在春季苗未出土或秋后苗枯时挖取根状茎，洗净可生食，也可晒干切成短节生用。每年 4 月左右花序在近地面叶鞘中形成，可割取叶鞘，从叶鞘取出嫩花序，可生食，味甜，也可做菜肴。

药用功效

根状茎入药。性寒，味甘。凉血止血、清热利尿。用于血热吐血、衄血、尿血、热病烦渴、黄疸、水肿、热淋涩痛、急性肾炎水肿。

五节芒

Miscanthus floridulus （Lab.） Warb. ex Schum. et Laut.

英文名 ‖ Giant miscanthus
分　类 ‖ 禾本科五节芒属多年生草本

【形态特征】植株高 2~4m。植株具发达根状茎。秆高大似竹，无毛，节下具白粉，叶鞘无毛，鞘节具微毛，长于或上部者稍短于其节；叶舌长 1~2mm，顶端具纤毛；叶片披针状线形，长 25~60cm，宽 1.5~3cm，扁平，基部渐窄或呈圆形，顶端长渐尖，中脉粗壮隆起，两面无毛，或上面基部有柔毛，边缘粗糙。大型圆锥花序，稠密，长 30~50cm，主轴粗壮，延伸达花序的 2/3 以上，无毛；分枝较细弱，长 15~20cm，通常 10 多枚簇生于基部各节，具二至三回小枝，腋间生柔毛；总状花序轴的节间长 3~5mm，无毛，小穗柄无毛，顶端稍膨大，小穗卵状披针形，长 3~3.5mm，黄色，基盘具较长于小穗的丝状柔毛；雄蕊 3 枚，花药长 1.2~1.5mm，橘黄色；花柱极短，柱头紫黑色，自小穗中部之两侧伸出。花、果期 5—10 月。

【分布及生境】分布于我国各地。生于低海拔荒地、丘陵潮湿谷地、山坡或草地。

【营养成分】茎、叶含苜蓿素（麦黄酮），花穗含洋李苷、樱桃苷等。

【食用方法】挖取新芽或嫩笋生食或煮食，不可多食，否则易引起腹痛。

药用功效

茎入药，利尿、清热、解毒；根治咳嗽、白带异常、小便不利。

蘘荷

Zingiber mioga（Thunb.） Rosc.

别　名‖阳藿、野姜、蘘草、茗荷
英文名‖ Mioga ginger
分　类‖姜科姜属多年生草本

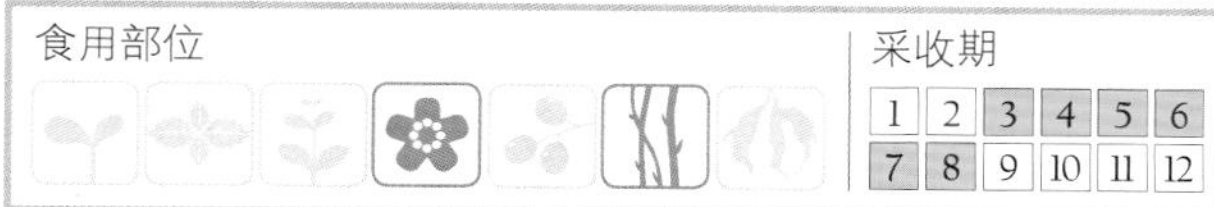

【形态特征】植株高50~100cm。地下茎匍匐生长，向下生根茎，肉质，其上生须根，向上生紫红色嫩芽，见光转绿色。叶鞘紫色，紧裹嫩芽（俗称"蘘荷笋"），叶鞘散开后，茎叶生长，花轴抽出。叶2裂互生，叶片长圆状披针形至线状披针形，长15~35cm，宽2.5~6cm，顶端长渐尖，基部楔形。叶面、叶背散生紫红色细点，叶面光滑，背面中脉两侧疏被长柔毛，叶舌2裂，膜质，长2~4cm。穗状花序，椭圆形，长3~5cm，花蕾由紫红色的鳞片包被。花3瓣，淡黄色或白色。蒴果近卵形，成熟时3裂，果皮内鲜红色，种子黑色，被白色假种皮。花期8—9月，果期10—11月。

【分布及生境】分布于江西、浙江、贵州、四川等地。生于海拔1 000~1 500m的山谷阴湿处。

【营养成分】每100g嫩茎和花穗含蛋白质12.4g、脂肪2.2g、纤维素28.1g、维生素C和维生素A共约95.85mg，还含碳水化合物和多种矿物质等。

【食用方法】夏季采嫩花穗，可凉拌、炒食和腌渍。春季，在地下茎萌发出嫩芽、叶鞘开前采食，可炒食或凉拌。

药用功效

根茎入药。性温，味辛。温中止痛、散瘀消肿、平喘。用于冷气腹痛、年久咳喘、闭经、大叶性肺炎、颈淋巴结核、无名肿毒。

阳荷

Zingiber striolatum Diels

别　名‖白蘘荷、野蘘荷
英文名‖ Striolate ginger
分　类‖姜科姜属多年生草本

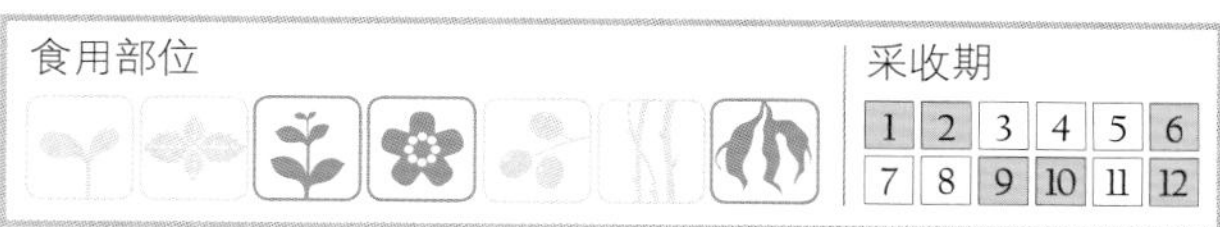

【形态特征】植株高100~150cm；根茎白色，微有芳香味。叶片披针形或椭圆状披针形，长25~35cm，宽3~6cm，顶端具尾尖，基部渐狭，叶背被极疏柔毛至无毛；叶柄长0.8~1.2cm；叶舌2裂，膜质，长4~7mm，具褐色条纹。总花梗长1.5~2cm（或有时更长），被2~3枚鳞片；花序近卵形，苞片红色，宽卵形或椭圆形，长3.5~5cm，被疏柔毛；花萼长5cm，膜质；花冠管白色，长4~6cm，裂片长圆状披针形，长3~3.5cm，白色或稍带黄色，有紫褐色条纹；唇瓣倒卵形，长3cm，宽2.6cm，浅紫色，侧裂片长约5mm；花丝极短，花药室披针形，长1.5cm，药隔附属体喙状，长1.5cm。蒴果长3.5cm，熟时开裂成3瓣，内果皮红色。种子黑色，被白色假种皮。花期7—9月，果期9—11月。

【分布及生境】分布于四川、贵州、广西、湖北、湖南、江西、广东。生于海拔500~2 000m的山坡林阴下。

【食用方法】6月采收嫩花茎，洗净，沸水烫至半熟或在火上烤至半熟，切碎，加调料凉拌食用，也可炒食、炖肉等。9—10月采花，冬季挖根茎食用，可炖肉、炖鸡、炖猪心肺食，具治胃病、消化不良的食疗功效。

药用功效

根状茎入药，用于泄泻、痢疾。

红球姜

Zingiber zerumbet （L.） Smith

英文名 ‖ Shampoo ginger
分　类 ‖ 姜科姜属多年生草本

【形态特征】 植株高40~80cm。根茎块状，淡黄色。叶片披针形至长圆状披针形，长15~40cm，宽3~8cm，先端渐尖或短渐尖，基部楔形，无毛或叶背疏被柔毛，幼叶背面有时淡紫色；叶无柄或具短柄；叶舌全缘，长1.5~2.5cm，薄膜质，基部被柔毛。穗状花序卵形或椭圆形，长5~15cm，宽3.5~5cm，先端圆形，从根茎基部抽出1~3枚；花序梗直立，长15~40（~50）cm，具5~7枚绿色鳞片；苞片覆瓦状排列，近圆形，长2.5~3.5cm，花时淡绿色，后呈全红色，边缘膜质，疏被柔毛，内常贮有黏液；小苞片长约2.5cm，宽约1.2cm，薄膜质，果时宿存；花萼长1.2~2cm，先端具3齿，膜质，一侧开裂；花冠管近等长于苞片，纤细，裂片披针形，微黄色，背裂片长达2.5cm，宽约1.4cm，侧裂片较狭；唇瓣与花冠裂片同色，中裂片近圆形，长1.5~2cm，宽1.4~1.8cm，先端近2裂，侧裂片（侧生退化雄蕊）倒卵形，长约1cm，近裂至中裂片基部；雄蕊与唇瓣近等长，药隔附属体长约7mm；子房无毛。蒴果椭圆形，长8~12cm，近白色，壁薄。种子椭圆形，长约6mm，黑色，具白色假种皮。花期7—9月，果期10月。

【分布及生境】 分布于广东、广西、云南。生于林下阴湿处。

【食用方法】 春、夏季采摘嫩梢，炒食或生食。花期采花，烤食。

药用功效

根状茎入药。用于腹痛、腹泻。

脆舌姜

Zingiber fragile S. Q. Tong

英文名 ‖ Crisp-tongue zingiber
分　类 ‖ 姜科姜属多年生草本

【形态特征】 植株高80~300cm，基部具无叶片的红色叶鞘。叶片披针形或狭披针形，长40~50cm，宽9~11cm，先端渐尖，基部楔形，叶面主脉两侧疏被柔毛，叶背除主脉两侧密被柔毛外，其余疏被柔毛；叶无柄，主脉基部膨大，且两侧具红色斑点；叶舌2裂，长3~4cm，淡褐色，脆膜质，无毛；叶鞘淡紫红色，边缘白色，脆膜质。穗状花序卵形或头状，长4~8cm，宽3~7.5cm，红色。花序梗极短，具淡红色的无毛鳞片；苞片红色，具淡褐色短柔毛，外苞片卵形或长圆形，先端锐尖，内苞片渐狭三角形，小苞片管状，裂片近等长，红色，被白色短柔毛，背裂片披针形，长2.3~3.2cm，宽8~9mm，侧裂片宽5~7mm；唇瓣淡褐色，具褐色斑点，无毛，中裂片舌形，长2~2.4cm，宽7~9mm，侧裂片（侧生退化雄蕊）耳形，宽1.3~1.5cm；雄蕊长约3.4cm，无毛，花丝长约3mm，花药长约2cm，药隔附属体长约1.3cm，紫色；子房密被白色短柔毛，花柱线形，淡白色，柱头白色，具睫毛；上位腺体线形，长约4mm，淡白色。花期7月。

【分布及生境】 分布于云南南部。生于海拔560~1 000m的林下。

【食用方法】 采摘嫩茎叶，剥出老叶，取嫩心，火上烤熟，蘸佐料食用，或与其他熟食合食。

姜花

Hedychium coronarium Koenig

别　名‖夜寒舒、野洋荷、白草果、狗姜花
英文名‖ Coronarious gingerlily
分　类‖姜科姜花属多年生草本

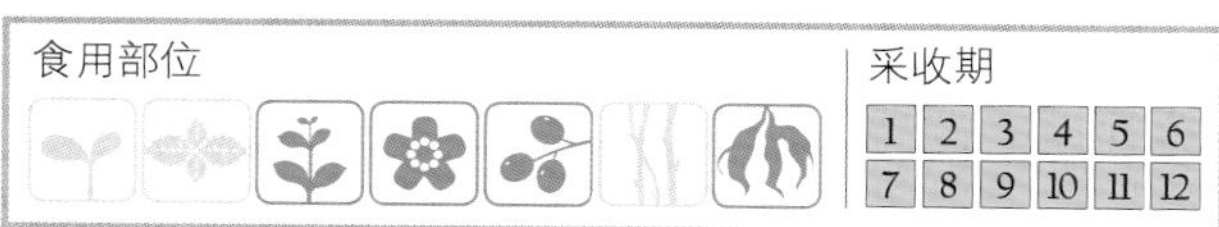

【形态特征】植株高100~200cm，具根状茎，淡黄色，块状，茎节上着生纤维根和肉质根，断面白色。叶片短圆状披针形或披针形，长20~40cm，宽4.5~8cm。叶背被短柔毛，无柄，叶舌长2~3cm。穗状花序长10~20cm，苞片卵圆形，覆瓦状排列，每一苞片内2~3花；花萼管长4cm；花冠白色，花冠管长8cm，裂片披针形，长5cm，后方的1枚兜状，顶端尖头，侧生退化雄蕊白色，矩圆状披针形，长5cm；唇瓣倒心形，长、宽约6cm，顶端2裂。花期7—8月，果期9—10月。

【分布及生境】分布于四川、云南、广西、广东、湖南和台湾。生于山地溪谷边。

【食用方法】采摘新鲜嫩芽，切细，加蛋煮汤或与醋煮食，具特别气味。秋、冬季采挖地下根茎，取粗大的肉质根茎，去纤维根，刮去表皮，洗净，切片，可炖猪肉、猪脚、鸡肉食用，或切成薄片或丝状炒猪肉食用。夏季采花苞炖肉食或取花瓣作菜肴的配料，可做汤、炒食。秋季采成熟果实，晒干打粉，做菜肴的配料，食味清香。

药用功效

根茎和花可入药。性温，味辛。祛风散寒、解表发汗。用于头痛、风湿、筋骨疼痛、跌打损伤。

圆瓣姜花

Hedychium forrestii Diels

别　名‖玉寒舒
英文名‖ Forest gingerlily
分　类‖姜科姜花属多年生草本

【形态特征】植株高约150cm，具块状根茎，表皮黄色，断面白色。叶片长圆状披针形或披针形，长20~52cm，宽5~11cm，顶端尾状渐尖，基部渐狭，叶面光滑无毛。叶面沿中脉两侧被长柔毛，无柄或具短柄；叶舌长2.5~4cm，略被长柔毛。穗状花序顶生，圆柱形，长20~35cm，花序轴被长柔毛，苞片排列稀疏，边缘内卷，每苞片具3花，花白色，具香味，花萼管略短于苞片，顶端2裂，被柔毛，花冠管裂片线形；侧生退化雄蕊长圆形，唇瓣近圆形，顶端2裂，基部收缩成短瓣。子房卵形，疏被绢毛，柱头具短缘毛。蒴果卵状矩圆形，长约2cm，花期7—8月，果期9—10月。

【分布及生境】分布于云南。生于海拔800~1 100m的山谷林下。

【食用方法】秋、冬季采挖根茎，去纤维根、皮，洗净，切片或块状，炖猪肉、猪脚、鸡肉食用。夏季采收未开放的花苞，炖肉食。花开后，可摘花瓣，炒食、做汤，有增进食欲、滋补的功效。

药用功效

根茎入药。性温，味辛、苦。祛风散寒、敛气止汗。用于虚弱自汗、胃气寒痛、消化不良、风寒湿痹。

小花姜花

Hedychium sinoaureum Stapf

别　名‖夜寒舒
英文名‖ Chinese orange gingerlily
分　类‖姜科姜花属多年生草本

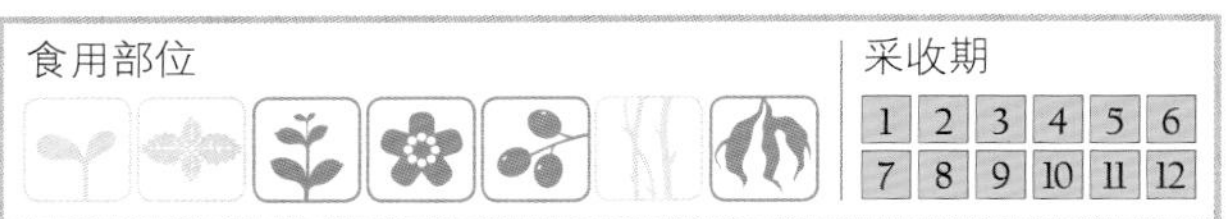

【形态特征】植株高60~80cm，具地下肉质根状茎。叶片披针形，长20~30cm，宽3~6cm，顶端尾状渐尖。叶面、叶背均无毛，基部渐狭，叶柄长1cm，叶舌紫色，长2mm。穗状花序长13~17cm。每苞片具1花，花黄色。花萼管长8~13mm。花冠管较萼管略长，花冠裂片线形，长8~11mm，内卷；侧生退化雄蕊披针形，长8~10mm，唇瓣椭圆形，深2裂至中部以下；花丝长8~9mm，花药室长5~6mm。花期9月。

【分布及生境】分布于云南、西藏。生于海拔1 900~2 800m的空旷石头山上。

【食用方法】参见姜花。

药用功效

参见姜花。

广西豆蔻

Amomum kwangsiense D. Fang et X. X. Chen

别　名‖蘘荷、洋荷、沙仁、土苹果
英文名‖ Kwangsi amomum
分　类‖姜科豆蔻属多年生草本

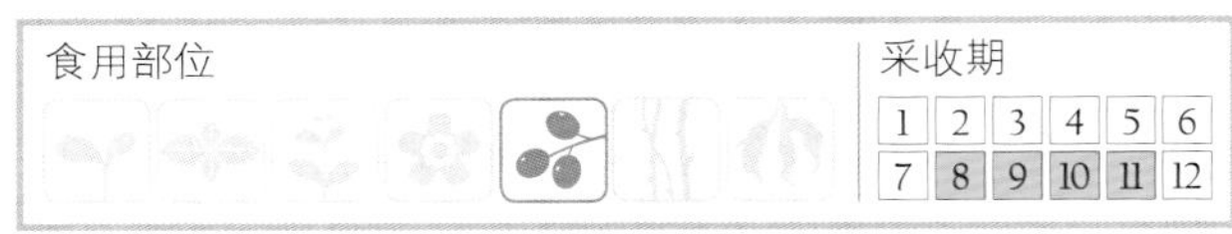

【形态特征】植株高约100cm。根茎细长，匍匐。叶片披针形，长11~73cm，宽1.5~8.5cm，顶端长渐尖，边缘有短刚毛，基部通常楔形，叶背主脉两侧密被贴伏的短柔毛，几无柄；叶舌长2~4mm。穗状花序自接近茎基的根茎上斜出；总花梗长1.5~33cm，生于地下，鳞片长0.5~5cm，近无毛；苞片披针形，长3.5~6cm，宽0.5~1.5cm，白色，小苞片三角状披针形，长0.9~3.5cm，不呈管状，花萼管长3.3~4.5cm，一侧浅裂，近无毛，顶端3裂，裂片长8 mm；花冠管白色，长3~4.5cm，里面有毛，裂片披针形，近等大，长3.5~4cm，宽0.8~1.2cm，兜状，后方的一枚具短尖头；唇瓣扇形或近匙形，长3.5~4cm，宽2.5~3cm，爪部紫红色，里面有疏柔毛，顶端淡黄色，基部与花丝连成一长0.7~1.3cm的管；侧生退化雄蕊锥状，长4mm；花丝长7mm，花药长1.1~1.4cm，药隔附属体全缘，长5mm；花柱丝状；子房被短柔毛。蒴果成熟时淡紫色，扁球形或近球形，直径1~2cm，有12条纵线条，有时不明显，表面常有疏短毛和小突起，顶端具花柱的残迹；种子多数。花期5—6月；果期8—9月。

【分布及生境】分布广西、贵州。生于海拔700m的山坡林下。

【食用方法】成熟果实和种子可作调味香料，以颗粒均匀、饱满坚实、气味纯正、芳香浓郁者为佳。用于配制卤汤、做卤菜，可去异味增辛香，并具健胃消食、帮助消化、增进食欲的功效。

药用功效

果实入药。性温，味辛，气芳香。药效与草果相同。入药功效全在芳香之气，临用时磨碎，以免芳香之气挥发掉而降低药力。

草果

Amomum tsao-ko Grevost et Lemaire

别　名‖智之子、土草果
英文名‖ Tsao-ko amomum
分　类‖姜科豆蔻属多年生草本

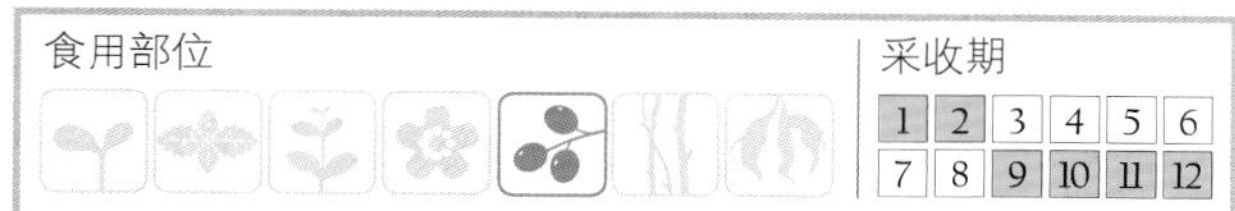

【形态特征】 植株高 200cm，全株具辛香味。根茎略似生姜，淡紫红色。茎圆柱形，直立或稍倾斜。叶片窄椭圆形或长圆形，长 30~70cm，宽 5~15cm，顶端渐尖，基部渐狭，边缘干膜质，叶面、叶背均无毛，无叶柄或短柄；叶舌全缘，钝圆。穗状花序，生自根茎抽出的花葶上。总花梗长 10cm，密被革质鳞片，长圆形；苞片披针形，长约 4cm，小苞片管状，约与萼管等长；花萼管顶部具钝 3 齿，花冠红色，裂片长圆形。唇瓣椭圆形，顶端微齿裂；花药长约 1.2cm，药隔附属体 3 裂。蒴果密生，成熟时红色，不开裂，干后褐色，具皱缩纵条，果梗长 3~5mm，具宿存苞片。种子多角形，破碎时具特异臭味。花期 4—6 月，果期 9—12 月。

【分布及生境】 分布于云南、广西、贵州等地。生于海拔 950m 的林下。

【营养成分】 果实主要含芳樟醇、苯酮等成分，辛香浓烈，入馔辛辣苦香，去腥开胃。

【食用方法】 秋、冬季果熟后采收，晒干备用。草果以个大饱满、质地干燥、表面红棕色者为佳，多用作肉食调料。

药用功效

果实入药。性温，味腥。祛痰截疟、温中燥湿。用于祛痰除疟、湿阻中满、胸腹饱胀。

九翅砂仁

Amomum maximum Roxb.

别　名‖九翅豆蔻
英文名‖ Ninewing amomum
分　类‖姜科豆蔻属多年生草本

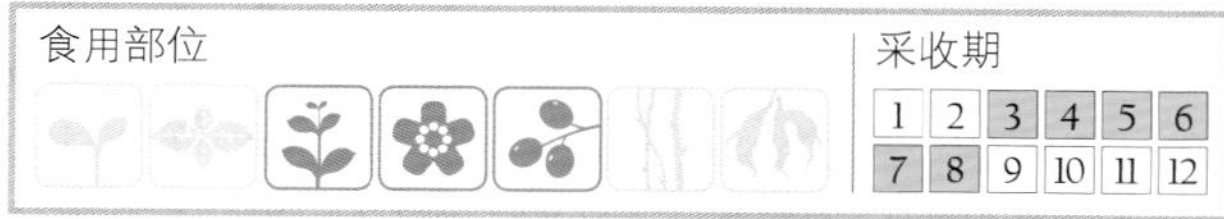

【形态特征】 植株高 200~300cm，茎丛生。叶片长椭圆形或长圆形，长 30~90cm，宽 10~20cm，顶端尾尖，基部渐狭，下延，叶面无毛，叶背及叶柄均被淡绿色柔毛；植株下部叶无柄或近于无柄，中部和上部叶的叶柄长 1~8cm；叶舌 2 裂，长圆形，长 1.2~2cm，被稀疏的白色柔毛，叶舌边缘干膜质，淡黄绿色。穗状花序近圆球形，直径约 5cm，鳞片卵形；苞片淡褐色，早落，长 2~2.5cm，被短柔毛；花萼管长约 2.3cm，膜质，管内被淡紫红色斑纹，裂齿 3，披针形，长约 5mm；花冠白色，花冠管较萼管稍长，裂片长圆形；唇瓣卵圆形，长约 3.5cm，全缘，顶端稍反卷，白色，中脉两侧黄色，基部两侧有红色条纹；花丝短，花药线形，长 1~1.2cm，药隔附属体半月形，淡黄色，顶端稍向内卷；柱头具缘毛。蒴果卵圆形，长 2.5~3cm，宽 1.8~2.5cm，成熟时紫绿色，3 裂，果皮具明显的九翅，被稀疏的白色短柔毛，翅上更为密集，顶具宿萼，果梗长 7~10mm。种子多数，芳香，干时味变微。花期 5—6 月，果期 6—8 月。

【分布及生境】 分布于广东、广西、海南、西藏南部、云南南部。生于海拔 350~800m 的山坡林下。

【食用方法】 嫩茎心炒食或生食，花炒食或烤食。果实煮食或做佐料，也可蘸佐料生食，味道独特。

药用功效

果实入药，能开胃、消食、行气、止痛。

闭鞘姜

Costus speciosus （Koening） Sm.

别　名‖广商陆、水蕉花
英文名‖ Canereed spiralflag
分　类‖姜科闭鞘姜属多年生草本

【形态特征】 植株高100~200cm。基部近木质，顶部常分枝，旋卷。叶片长圆形或披针形，长15~20cm，宽6~10cm，顶端渐尖或尾状渐尖，基部近圆形，叶背密被绢毛。穗状花序顶生，椭圆形或卵形，长5~15cm；苞片卵形，革质，红色，长2cm，被短柔毛，具增厚及稍锐利的短尖头；小苞片长1.2~1.5cm，淡红色；花萼革质，红色，长1.8~2cm，3裂，嫩时被茸毛；花冠管短，长1cm，裂片长圆状椭圆形，长约5cm，白色或顶部红色；唇瓣宽喇叭形，纯白色，长6.5~9cm，顶端具裂齿及皱波状；雄蕊花瓣状，长约4.5cm，宽1.3cm，上面被短柔毛，白色，基部橙黄色。蒴果稍木质，长1.3cm，红色。种子黑色，光亮，长3mm。花期7—9月，果期9—11月。

【分布及生境】 分布于台湾、广东、广西、云南。生于海拔45~1 700m的疏林下、山谷湿地、路边草丛、荒坡、水沟边等。

【食用方法】 采摘嫩茎叶，洗净，煮汤、炒食或蘸佐料食用。

药用功效

根状茎入药。性微温，味辛、酸。有小毒。利水、消肿、拔毒。用于水肿、小便不利、膀胱湿热淋浊、无名肿毒、麻疹不透、跌打扭伤。

姜黄

Curcuma longa L.

别　名‖郁金、马述、黄姜、毛姜黄
英文名‖ Turmeric
分　类‖姜科姜黄属多年生草本

【形态特征】 植株高100~150cm，直立，根茎粗壮，根末端形成块根，多分枝，椭圆状或圆柱状，内深黄色，极香。单叶，叶片长椭圆形，长30~45cm，宽15~20cm，绿色，叶面、叶背均无毛，叶鞘绿色，具叶柄，长20~45cm。穗状花序，近圆柱形，长12~18cm，宽4~9cm，花序梗长12~20cm，花序从叶鞘抽出，苞片卵形或长圆形，长3~5cm，先端钝，淡绿色。不育苞片狭，先端尖，开展，白色，边缘不规则淡红色。唇瓣倒卵形，长1.2~2cm，淡黄色，中央深黄色。蒴果膜质，球形。花期8—11月。

【分布及生境】 分布于广东、广西、福建、台湾、四川、云南等地。生于林下、草地、路边。

【食用方法】 摘取花序，洗净用刀割开，撒少许食盐，放文火上烤熟食用，味道香甜可口。

药用功效

根茎入药。性温，味辛、苦。行气破瘀、通经止痛。用于胸胁刺痛、闭经、症瘕、风湿肩臂疼痛、跌打肿痛。

瓷玫瑰

Etlingera elatior (Jack) R. M. Sm.

别　名‖火炬姜
英文名‖Etlingera
分　类‖姜科茴香砂仁属多年生草本

【形态特征】植株高100~300cm，茎粗2~3cm，基部膨大，叶鞘抱茎。单叶，叶片披针形至长椭圆形披针形，长30~50cm，宽10~15cm，叶缘波状。花葶由地下茎生出，高60~100cm，花大，花瓣多层，较厚，淡红色，唇瓣边缘金黄色。

【分布及生境】分布于我国热带、亚热带地区。开花时间长，在热带地区几乎全年开花。

【食用方法】采摘花瓣，炒食或做汤。

舞花姜

Globba racemosa Smith

别　名‖午花姜、午姜花、云南小草蔻
英文名‖Raceme globba
分　类‖姜科舞花姜属多年生草本

【形态特征】植株高60~100cm，茎基膨大。叶片长圆形或卵状披针形，长12~20cm，宽4~5cm，顶端尾尖，基部急尖，叶脉疏被柔毛或无毛，无柄或具短柄；叶舌及叶鞘口具缘毛。圆锥花序顶生，长15~20cm，苞片早落，小苞片长约2mm；花黄色，各部均具橙色腺点；花萼管漏斗形，长4~5mm，顶端具3齿；花冠管长约1cm，裂片反折，长约5mm；侧生退化雄蕊披针形，与花冠裂片等长；唇瓣倒楔形，长约7mm，顶端2裂，反折，生于花丝基部稍上处，花丝长10~12mm，花药长4mm，两侧无翅状附属体。蒴果椭圆形，直径约1cm，无疣状突起。花期6—9月。

【分布及生境】分布于我国华南至西南各地。生于林下阴湿处。

【食用方法】摘取花序，洗净，直接炒食，或撒少许食盐，放在文火上烤熟后食用。

药用功效

果实入药有健胃功效。根状茎入药用于急性水肿、崩漏、劳伤、咳嗽痰喘、腹胀。

华山姜

Alpinia oblongifolia Hayata

别　名‖山姜、姜叶淫羊藿、座杆、大杆
英文名‖ Chinese galangal
分　类‖姜科山姜属多年生草本

【形态特征】 植株高40~80cm。根茎节状横走。叶片长圆状披针形，间有卵状披针形，长13~33cm，宽4~7cm，顶端渐尖或尾状，基部渐狭或钝，叶面、叶背均无毛，叶柄长3~5mm，叶舌膜质，2裂，钝头，具缘毛。圆锥花序顶生，狭长，长15~20cm，无毛，分枝长2~10mm，下部的较长，2~5花；小苞片早落；花白色。果球形，直径6~8mm，黄褐色，无毛。花期5—6月，果期7—10月。

【分布及生境】 分布于我国东南部至西南部各省区。生于山谷林下、山坡林阴下。

【食用方法】 秋、冬季采挖根茎，去杂，洗净，切段，可炖猪肉食用，具滋补健体的食疗功效。初夏采收花朵，去花梗，可炖鸡或煮粥，味香。

药用功效

根茎和种子入药。性温，味辛。温中止痛、散寒定喘。用于肺痨咳嗽、咳喘、劳伤疼痛、风湿关节冷痛、胃痛、骨折。

高良姜

Alpinia officinarum Hance.

英文名‖ Lesser galangal
分　类‖姜科山姜属多年生草本

【形态特征】 植株高40~110cm。根状茎圆柱形。叶片条形，长20~30cm，宽1.2~2.5cm，顶端尾尖，无柄；叶舌披针形，长2~3cm，有时可达5cm。总状花序顶生，长6~10cm，花序轴被茸毛；小苞片长不逾1mm，花梗长1~2mm；花萼管长8~10mm，被小短柔毛；花冠管较萼管稍短，裂片长圆形，长约1.5cm；唇瓣卵形，长约2cm，白色而有红条纹；雄蕊长约1.6cm。果球形，直径约1cm，红色。

【分布及生境】 分布于我国东南部至西南部。生于荒坡灌丛或疏林中。

【营养成分】 根茎含挥发油0.5%~1.5%，油中主要成分为蒎烯、桉油精、桂皮酸甲酯、高良姜醇。据文献报道含有14种黄酮类化合物，结构已证实的有下列7种：槲皮素、山柰醇、槲皮素-3-甲醚、异鼠李素、4'-甲基山柰素、高良姜素、高良姜素-3-甲醚。

【食用方法】 秋、冬季采挖根茎，去杂，洗净，切段，可炖猪肉食用。

药用功效

根茎入药。性热，味辛。温胃散寒、消食止痛。用于脘腹冷痛、胃寒呕吐、嗳气吐酸。

黑果山姜

Alpinia nigra（Gaertn.）Burtt

别　名‖黑果姜
英文名‖ Black-fruit galangal
分　类‖姜科山姜属多年生草本

【形态特征】 植株高 1~2m，直立。叶片披针形或椭圆状披针形，长 25~40cm，宽 6~8cm，顶端及基部急尖，各部均无毛；无柄或近无柄；叶舌长 4~6mm，无毛。圆锥花序顶生，长达 30cm，分枝开展，长 2~8cm，花序轴及分枝被茸毛；苞片卵形，小苞片漏斗形，宿存，被茸毛，花在分枝上作近伞形花序式排列；小花梗长 3~5mm；花萼筒状，长 1.1~1.5cm，一侧斜裂至 2/3 处，外被短柔毛；花冠管长约 1cm，花冠裂片长圆形，长约 1.2cm，外被短柔毛；唇瓣倒卵形，长 1.5cm，顶端 2 裂，基部具瓣柄；雄蕊长约 1.5cm，花丝线形，花药卷曲。果圆球形，直径 1.2~1.5cm，被疏短柔毛，干时黑色，顶端冠以残花，不规则开裂，果梗长 5~10mm。种子宽 5~6mm。花、果期 7—8 月。

【分布及生境】 分布于云南南部地区。生于海拔 600~900m 的密林中阴湿之地。

【食用方法】 摘取嫩茎叶，剥老茎和老叶，取得嫩茎叶，蒸熟，蘸佐料食用或炒食。茎内未熟时有麻辣味，口感不好。

药用功效

根茎入药，具行气解毒功能，用于食滞及蛇虫咬伤。

长柄山姜

Alpinia kwangsiensis T. L. Wu et S. J. Chen

别　名‖大豆蔻、广西山姜、通蔸
英文名‖ Guangxi galangal
分　类‖姜科山姜属多年生草本

【形态特征】 植株高 1.5~3m，直立。叶片长圆状披针形，长 40~60cm，宽 8~16cm，顶端具旋卷的小尖头，基部渐狭或心形，稍不对称，叶面无毛，叶背密被短柔毛；叶舌长 8mm，顶端 2 裂，被长硬毛；叶柄长 4~8cm。总状花序直立，长 13~30cm，果时略延长，粗 5~7mm，密被黄色粗毛；花序上的花很稠密，小花梗长约 2mm；小苞片壳状包卷，长圆形，长 3.5~4cm，宽约 1.5cm（摊开约 4cm），褐色，顶端 2 裂，顶部及边缘被黄色长粗毛；果时宿存；花萼筒状，长约 2cm，宽约 7mm，淡紫色，顶端 3 裂，复又一侧开裂，被黄色长粗毛；花冠白色，花冠管长约 12mm，宽约 5mm；花冠裂片长圆形，长约 2cm，宽约 14mm，边缘具缘毛；唇瓣卵形，长约 2.5cm，白色，内染红色，花药、花丝各长约 1cm；子房长圆形，长约 5mm，密被黄色长粗毛。果圆球形，直径约 2cm，被疏长毛。花、果期 4—6 月。

【分布及生境】 分布于云南、广东、贵州、广西等地。生于海拔 580~680m 的山谷中林下阴湿处。

【食用方法】 采摘的鲜花洗净，加入作料，放在火上慢慢烘烤，烘烤时逐渐加入作料，直至烤熟可食。

药用功效

根状茎及果实入药，用于脘腹冷痛、呃逆、寒湿吐泻。

大高良姜

Alpinia galanga （L.） Willd.

别　名‖山姜子、红扣、大良姜、红豆蔻
英文名‖ Galangal
分　类‖姜科山姜属多年生草本

【形态特征】 植株高 1~2m。根状茎块状，稍具香气。叶片长圆形或披针形，长 25~35cm，宽 6~10cm，顶端短尖或渐尖，基部渐狭，两面均无毛或于叶背被长柔毛，干时边缘褐色；叶舌近圆形，长约 5mm。圆锥花序密生多花，长 20~30cm，花序轴被毛，分枝多而短；苞片与小苞片均迟落，小苞片披针形；花绿白色，有异味；萼筒状，长 6~10mm；花冠管长 6~10mm，裂片长圆形，长 1.6~1.8cm；唇瓣倒卵状匙形，长达 2cm，白色而有红线条，2 深裂。果长圆形，中部稍收缩，熟时棕色或枣红色，平滑或略有皱缩，质薄，不开裂，手捻易破碎，内有种子 3~6 颗。花期 5—8 月，果期 9—11 月。

【分布及生境】 分布于台湾、广东、广西和云南等省区。生于山谷草丛、林下、灌丛和草丛中。

【食用方法】 秋、冬季采挖根茎，去杂，洗净，切段，可炖猪肉食用。

药用功效

果实入药，性温，味辛。燥湿散寒、醒脾消食，用于脘腹冷痛、食积胀满、呕吐泄泻、饮酒过多。根状茎入药，性温，味辛，散寒、暖胃、止痛，用于胃脘冷痛、脾寒吐泻。

石生繁缕

Stellaria vestita Kurz

别　名 ‖ 抽筋菜、硅繁缕、箐姑草、筋骨草、抽筋草、石灰草、疏花繁缕、星毛繁缕
英文名 ‖ Rocky chickweed
分　类 ‖ 石竹科繁缕属多年生蔓状草本

【形态特征】须根甚长，分枝成多而密集的细根。茎丛生，匍匐生长，长 60~90cm，密生灰白色星状柔毛。叶对生，卵圆形至卵状披针形或长圆形，长 2~3.5cm，宽 8~20mm，顶端渐尖，基部渐狭或突狭成极短的柄或近无柄，全缘。叶面、叶背均具星状毛，侧脉明显，背面毛较密。聚伞状花序，花梗细，具长总花梗，生于叶腋或枝腋，密生星状柔毛；萼片 5，披针形，顶端锐尖，边缘膜质，外被星状柔毛；雄蕊 5，白色，2 深裂至基部；花瓣 10，子房卵圆形，内含多数胚珠，顶端具 3 或 4 丝状花柱。蒴果 6 瓣裂，与萼近等长，内含多数种子。种子黑色，表面具瘤状突起。花期 4—7 月，果期 7—8 月。

【分布及生境】分布于我国黄河流域、长江流域、珠江流域。生于山坡疏林、林缘、田块、路旁、山沟的乱石滩或石隙中。

【营养成分】每 100g 可食部含蛋白质 1.9g、维生素 A 1.23mg、维生素 B_1 0.024mg、维生素 C 24.5mg、钙 380mg、磷 42mg、铁 1.8mg。

【食用方法】春季至初夏开花前采摘嫩茎叶，可炒食、做汤。

药用功效

全草入药。舒筋活血、平肝利湿。用于虚肿、高血压、风湿、跌打损伤、筋骨疼痛、黄疸。

石竹

Dianthus chinensis L.

别　名 ‖ 洛阳花、石柱花、瞿麦草、石菊
英文名 ‖ Chinese pink
分　类 ‖ 石竹科石竹属多年生草本

【形态特征】植株高 30~50cm，全株无毛，带粉绿色。茎疏丛生，直立，上部分枝。叶片线状披针形，长 3~5cm，宽 2~4mm，顶端渐尖，基部稍狭，全缘或有细小齿，中脉较显。花单生枝端或数花集成聚伞花序；花梗长 1~3cm；苞片 4，卵形，顶端长渐尖，长达花萼 1/2 以上，边缘膜质，有缘毛；花萼圆筒形，长 15~25mm，直径 4~5mm，有纵条纹；花瓣长 16~18mm，瓣片倒卵状三角形，长 13~15mm，紫红色、粉红色、鲜红色或白色；雄蕊露出喉部外，花药蓝色；子房长圆形，花柱线形。蒴果圆筒形，包于宿存萼内，顶端 4 裂。种子黑色，扁圆形。花期 5—6 月，果期 7—9 月。

【分布及生境】分布于我国各地。生于山地、田边、路旁。

【食用方法】春季采摘嫩茎叶，热水或沸水焯后，用清水洗净，调味食用。

药用功效

地上部入药。性寒，味苦。利尿通淋、破血通经。用于热淋、血淋、石淋、小便不通、淋漓涩痛、闭经。

瞿麦

Dianthus superbus L.

别　名‖野麦、十样景花、竹节草
英文名‖ Fringed pink
分　类‖石竹科石竹属多年生草本

【形态特征】植株高 30~60cm，或更高。茎丛生，直立，绿色，无毛，上部分枝。叶片线状披针形，长 5~10cm，宽 3~5mm，顶端锐尖，中脉突显，基部合生成鞘状，绿色，有时带粉绿色。花 1 或 2 朵生于枝端，有时顶下腋生；苞片 2~3 对，倒卵形，长 6~10mm，约为花萼 1/4，宽 4~5mm，顶端长尖；花萼圆筒形，长 2.5~3cm，直径 3~6mm，常染紫红色晕，萼齿披针形，长 4~5mm；花瓣长 4~5cm，爪长 1.5~3cm，包于萼筒内，瓣片宽倒卵形，边缘缝裂至中部或中部以上，通常淡红色或带紫色，稀白色，喉部具丝毛状鳞片；雄蕊和花柱微外露。蒴果圆筒形，与宿存萼等长或微长，顶端 4 裂。种子扁卵圆形，长约 2mm，黑色，有光泽。花期 6—9 月，果期 8—10 月。

【分布及生境】分布于我国各地。生于海拔 400~3 700m 的丘陵山地疏林、林缘、草甸、沟谷溪边。

【食用方法】采摘嫩茎叶，煮过，水洗后做菜。

药用功效

地上部入药。性寒，味苦。利尿、通淋、破血通经。用于热淋、血淋、石淋、小便不通、淋漓涩痛、闭经。

霞草

Gypsophila oldhamiana Miq.

别　名‖麻杂草、山麻菜、马杂菜、欧石头花、丝石竹、长蕊石头花
英文名‖ Oldham gypsophila
分　类‖石竹科丝石竹属多年生草本

【形态特征】植株高 60~100cm，全株光滑无毛，被绿白粉。主根粗长，淡棕黄色，具细皱纹，常呈扭曲状。茎丛生，上部分枝。叶对生，无柄，长圆状披针形，长 4~8cm，宽 0.5~1.2cm，顶端尖，基部狭，微抱茎，全缘，具 3 纵脉，中脉明显。头状聚伞花序，顶生或腋生。苞片卵形，膜质，顶端尖锐。花梗直立，萼筒钟形，萼齿 5，三角状卵形，边缘膜质，白色；花瓣 5，粉红色，倒卵状长圆形，顶端微凹；子房卵圆形，花柱 2，线形。蒴果球形，顶端 4 裂。种子少数，肾形。细梗丝竹（*G. pacifica* Kom.）形状与霞草相似，食用相同。

【分布及生境】分布于我国华北、西北、东北等地区。生于海拔 600~2 000m 的石山坡干燥处、山地草原、河滩乱石间。

【营养成分】每 100g 嫩茎叶含维生素 A 5.07mg、维生素 B_2 0.3mg、维生素 C 51mg，还含有蛋白质、脂肪、碳水化合物和多种矿物质。

【食用方法】春季采摘嫩茎叶，可凉拌、炒食、煮肉、煮鱼。

药用功效

根入药。活血散瘀、消肿止痛、化腐生肌、长骨。用于跌打损伤、骨折、小儿疳积。

鹅肠菜

Myosoton aquaticum （L.） Moench

别　名‖鹅儿肠、牛繁缕、鹅肠草、石灰菜、大鹅儿肠、鹅儿肠

英文名‖ Aquatic malachium

分　类‖石竹科鹅肠菜属一二年生或多年生草本

食用部位　采收期

【形态特征】植株高30~80cm，形似繁缕，但较繁缕粗大。须根系。茎圆柱状，带紫色，下部匍匐，上部斜立，具分枝，略被短柔毛。单叶对生。叶片卵形或广卵形，先端锐尖，基部心脏形。膜质，全缘或有波状，下部叶具柄，长5~10mm，上部叶无柄或短柄。聚伞花序，顶生，花梗细长，具毛；花瓣5，白色，顶端2深裂，雄蕊10，短于花瓣；萼片5，基部略合生，外被短柔毛；子房长圆形，花柱5，丝状。蒴果卵形，5瓣裂，每瓣顶端再2齿裂。种子多数，近肾圆形，稍扁，褐色，表面具疣状突起。花、果期5—6月，或延至夏、秋季。

【分布及生境】我国南北各地均有。多生于田间、路旁草地、山野或阴湿处。

【食用方法】冬、春季采摘嫩苗，洗净后调味煮食或做汤。

药用功效

全草药用，祛风解毒，外敷治疖疮。

大蝎子草

Girardinia diversifolia （Link） Friis

别　名‖红禾麻、大荨麻、钱麻、蝎子草

英文名‖ Palmate girardinia

分　类‖荨麻科蝎子草属多年生草本

食用部位　采收期

【形态特征】植株高约2m。茎被短毛和锐刺状螫毛。叶互生，叶片近五角形，长、宽10~25cm，基部浅心形或近截状，掌状3深裂，一回裂片具少数三角形裂片，边缘粗牙齿，叶面疏生糙毛，叶背被短伏毛。基生脉3条，叶柄长4~15cm；托叶合生，宽卵形。雌雄异株，雄花序具少数分枝，雄花密集；花被片4，雄蕊4；雌花序具少数分枝，雌花密集，花被片2，不等大，柱头丝形。瘦果宽卵形，扁状，长约2mm，光滑。花、果期9—10月。

【分布及生境】分布于云南、贵州、湖北等地。生于海拔600~1 500m的山谷、潮湿地。

【食用方法】秋、冬季挖取根状茎，去杂，洗净，可炖肉、炖鸡食用。

药用功效

全草入药。性微寒，味苦、辛。祛风解表、利气消痰、清热解毒。用于伤风咳嗽、胸闷痰多、皮肤瘙痒、疮毒。

狗筋麦瓶草

Silene venosa Garcke

别　名‖白玉草
英文名‖ Blader campion
分　类‖石竹科麦瓶草属多年生草本

【形态特征】植株高 40~90cm。根多，略呈细纺锤形。茎直立，丛生。单叶对生。叶片披针形至卵状披针形，长 5~8cm，宽 1~2.5cm，中下部叶基部渐狭成柄，先端急尖或渐尖；中脉明显，边缘具刺状锯齿；上部叶无柄，抱茎。聚伞花序，顶生，排列疏松；花梗常下垂，花瓣白，2 深裂几达基部，具爪；雌雄蕊柄长约 2mm，无毛，雄蕊外露花冠；萼筒广卵形，膨大成囊状，膜质，具 20 条脉，脉间有细脉联结，绿色；萼齿三角形，边缘有白色微毛；子房卵形，长约 3mm，花柱 3。蒴果球形，直径约 8mm，先端 6 齿裂。种子肾形，黑褐色，长约 1.5mm，宽约 1.2mm，表面被乳头状突起。花期 6—8 月，果期 7—9 月。

【分布及生境】分布于黑龙江、内蒙古、西藏等省区。

【营养成分】根富含皂苷，可代肥皂用。

【食用方法】春、夏季挖掘嫩株食用。

药用功效

全草入药，用于妇科病、丹毒和祛痰。

荨麻

Urtica fissa E. Pritz.

别　名‖裂叶荨麻、白禾麻
分　类‖荨麻科荨麻属多年生草本

【形态特征】植株高 50~100cm。根状茎匍匐生长，不分枝，具棱，密生刺毛和短柔毛。叶对生，叶片宽卵形至卵圆形，长 5~12cm，宽 4~7cm，顶端渐尖，基部微心形或平截，边缘具 5~7 对缺刻状裂片，裂片三角形，多具不整齐锯齿。叶面深绿色，具刺毛和细毛，密生细点状乳状体，叶背淡绿色，密生细毛，脉上更多；叶柄向上渐变短，密生刺毛和平贴短毛。托叶离生，长椭圆形。雌雄同株或异株，同株的雄花序生于茎下部；聚伞花序腋生，具刺毛和贴状柔毛。雄花被片 4，宽卵形；雌花序较短，雌花被片内面 2 片花后增大，宽卵形或圆形。外面具伏生短毛。花期 8—9 月，果期 9—10 月。

【分布及生境】分布于云南、贵州、四川、广西、湖南、浙江、福建、台湾、陕西、甘肃。生于路边、林中阴湿地。

【营养成分】每 100g 嫩茎叶含粗蛋白 4.66g、脂肪 0.62g、粗纤维 4.34g、碳水化合物 9.64g，还含较多的铁、钙等矿物质及维生素 A 和维生素 C。

【食用方法】春季和初夏采摘嫩苗、嫩芽，洗净，沸水烫过，清水漂洗后用油炒食。秋季挖取根状茎，洗净去杂，沸水烫过，清水漂洗去苦味后可炖肉、炖鸡食用，具“一补二消”的食疗作用。

药用功效

全草入药。性寒，味辛、苦。可减轻花粉热症状，如鼻塞、流涕等；治疗阴道感染、降低血糖，提供铁质，以利于红细胞制造，还能用于风湿疼痛、产后抽风、小儿惊风、荨麻疹。

狭叶荨麻

Urtica cannabina L.

别　名‖鳌麻子、细草麻、哈拉海、蝎子草、麻叶荨麻
英文名‖Narrow-leaf nettle
分　类‖荨麻科荨麻属多年生草本

【形态特征】 植株高50~150cm。茎下部粗达1cm，四棱状，常近于无刺毛，有时疏生、稀稍密生刺毛和具稍密的微柔毛，具少数分枝。叶片轮廓五角形，掌状3全裂，稀深裂；托叶每节4枚，离生，条形，两面被微柔毛。花雌雄同株，雄花序圆锥状，生于下部叶腋，长5~8cm，斜展；雌花序生上部叶腋，常穗状，有时在下部有少数分枝，长2~7cm，序轴粗硬，直立或斜展。雄花具短梗；花被片4，合生至中部，裂片卵形，外面被微柔毛；退化雌蕊近碗状，近无柄，淡黄色或白色，透明；雌花序有极短的梗。瘦果狭卵形，顶端锐尖，稍扁，长2~3mm，熟时变灰褐色，表面有明显或不明显的褐红色点；宿存花被片4，在下部1/3处合生，近膜质，内面2片椭圆状卵形，先端钝圆，长2~4mm，外面生刺毛1~4根和细糙毛，外面的2片卵形或1片长圆状卵形，长为内面的1/4~1/3，外面常有1根刺毛。花期7—8月，果期8—10月。

【分布及生境】 分布于我国东北及河北、内蒙古等地。生于山坡林缘、灌丛、针阔叶混交林下或水甸湿地，山野阴地及沙丘。

【营养成分】 参考荨麻。

【食用方法】 夏季采摘嫩苗或嫩茎叶食用，沸水烫后做汤。

药用功效

全草入药，有祛风定惊、消食通便之效。

冷水花

Pilea notata C. H. Wright

别　名‖土甘草、到老嫩、长柄冷水麻
英文名‖Clearweed
分　类‖荨麻科冷水花属多年生草本

【形态特征】 植株高25~70cm，具匍匐茎。茎肉质，纤细，中部稍膨大，稀上部有短柔毛，密布条形钟乳体。叶纸质，同对的近等大，狭卵形、卵状披针形或卵形，长4~11cm，宽1.5~4.5cm，先端尾状渐尖，基部圆形，稀宽楔形，边缘自下部至先端有浅锯齿，稀有重锯齿，上面深绿色，有光泽，下面浅绿色，钟乳体条形，长0.5~0.6mm，两面密布，明显，基出脉3条，其侧出的2条弧曲，伸达上部与侧脉环结，侧脉8~13对，稍斜展呈网脉；叶柄纤细，长17cm，常无毛，稀有短柔毛；托叶大，带绿色，长圆形，长8~12mm，脱落。花雌雄异株；雄花序聚伞总状，长2~5cm，有少数分枝，团伞花簇疏生于花枝上；雌聚伞花序较短而密集。雄花具梗或近无梗，萌芽时长约1mm；花被片绿黄色，4深裂，卵状长圆形，先端锐尖，外面近先端处有短角状突起；雄蕊4，花药白色或带粉红色，花丝与药隔红色；退化雌蕊小，圆锥状。瘦果小，圆卵形，顶端歪斜，长近0.8mm，熟时绿褐色，有明显刺状小疣点突起；宿存花被片3深裂，等大，卵状长圆形，先端钝，长及果的约1/3。花期6—9月，果期9—11月。

【分布及生境】 分布于广东、广西、湖南、湖北、贵州、四川、甘肃南部、陕西南部、河南南部、安徽南部、江西、浙江、福建和台湾。生于山谷、溪旁或林下阴湿处。

【食用方法】 春、夏季采摘嫩苗或嫩叶食用，洗净，沸水烫后，可凉拌、炒食或做汤。

药用功效

全草入药。性凉，味微苦。清热利湿、破瘀消肿。用于湿热黄疸、肺痨、跌打损伤、外伤感染。

波缘冷水花

Pilea cavaleriei Lévl.

别　名‖肉质冷水花、石苋菜、肥猪菜、打不死
英文名‖ Fleshy clearweed
分　类‖荨麻科冷水花属多年生肉质草本

【形态特征】植株高 5~30cm。根状茎匍匐，地上茎直立，多分枝，下部裸露，节间较长，上部节间密集。叶集生于枝顶部，同对的常不等大，多汁，宽卵形、菱状卵形或近圆形，长 8~20mm，宽 6~18mm，先端钝，近圆形或锐尖，基部宽楔形、近圆形或近截形，在近叶柄处常有不对称的小耳突，基出脉 3 条，不明显，侧脉 2~4 对，斜伸出，常不明显；叶柄纤细，长 5~20mm；托叶小，三角形，长约 1mm，宿存。雌雄同株；聚伞花序常密集成近头状，有时具少数分枝，雄花序梗纤细，长 1~2cm，雌花序梗长 0.2~1cm，稀近无梗；苞片三角状卵形，长约 0.4mm。雄花具短梗或无梗，淡黄色，在芽时长约 1.8mm；花被片 4，倒卵状长圆形，内弯，外面近先端几乎无短角突起；雄蕊 4；退化雌蕊小，长圆锥形。雌花近无梗或具短梗，长约 0.5mm；花被 3，不等大，果时中间 1 枚长圆状船形。瘦果卵形，稍扁，顶端稍歪斜。花期 5—8 月，果期 8—10 月。

【分布及生境】分布于福建、浙江西南部、江西、广东、广西、湖南、贵州、湖北西部和四川东部。生于海拔 800~1 500m 的山谷阴湿地岩石上。

【营养成分】每 100g 可食部含维生素 A 7.92mg、维生素 C 26mg、维生素 K 15.6mg、磷 2.98mg。

【食用方法】夏、秋季采收全株，洗净后做菜食用，沸水烫后凉拌、炒食或做汤。

药用功效

全草入药。性凉，味淡。清热解毒、化痰止咳。用于肺痨咳嗽、恶疮。

透茎冷水花

Pilea pumila（L.） A. Gray

别　名‖肥肉草
英文名‖ Mongolian clearweed
分　类‖荨麻科冷水花属多年生草本

【形态特征】植株高 5~50cm。茎肉质，直立，无毛。叶近膜质，同对的近等大，近平展，菱状卵形或宽卵形，长 1~9cm，宽 0.6~5cm，先端渐尖、短渐尖、锐尖或微钝（尤其在下部的叶），基部常宽楔形，有时钝圆，边缘有牙齿或牙状锯齿，稀近全缘，两面疏生透明硬毛，基出脉 3 条，侧出的 1 对微弧曲，伸达上部与侧脉网结或达齿尖，侧脉数对，不明显，上部的几对常网结；叶柄长 0.5~4.5cm，上部近叶片基部常疏生短毛；托叶卵状长圆形，长 2~3mm，后脱落。花雌雄同株并常同序，雄花常生于花序的下部，花序蝎尾状，密集，长 0.5~5cm，花被片常 2，有时 3~4，近船形，外面近先端处有短角突起；雄蕊 2 ~3（~4）；退化雌蕊不明显。雌花花被 3，近等大，或侧生的 2 枚较大；退化雄蕊在果时增大，椭圆状长圆形，长及花被片的一半。瘦果三角状卵形，扁，长 1.2~1.8mm，初时光滑，常有褐色或深棕色斑点，熟时色斑多隆起。花期 6—8 月，果期 8—10 月。

【分布及生境】除新疆、青海、台湾和海南外，分布遍及全国其他地方。生于山地阴湿林下、岩石上。

【食用方法】参见波缘冷水花。

药用功效

全草入药。性寒，味甘。清热利尿、消肿解毒、安胎。用于消渴、孕妇胎动、先兆流产、水肿、小便淋痛、带下。叶入药可止血。

庐山楼梯草

Elatostema stewardii Merr.

别　名‖接骨草、白龙骨、冷坑青、冷坑兰、蜈蚣七、楞枣七
英文名‖ Lushan elatostema
分　类‖荨麻科楼梯草属多年生草本

【形态特征】 植株高20~40cm。不分枝，无毛或近无毛，常具球形或卵球形珠芽。叶具短柄，叶片草质或薄纸质，斜椭圆状倒卵形、斜椭圆形或斜长圆形，长7~12.5cm，宽2.8~4.5cm，顶端骤尖，基部在狭侧楔形或钝，在宽侧耳形或圆形，边缘下部全缘，其上有牙齿，无毛或上面散生短硬毛，叶脉羽状，侧脉在狭侧4~6条，在宽侧5~7条；叶柄长1~4mm，无毛；托叶狭三角形或钻形，长约4mm，无毛。花序雌雄异株，单生叶腋。雄花序具短梗，直径7~10mm；花序梗长1.5~3mm；花序托小；苞片6，外方2枚较大，宽卵形，长约2mm，宽约3mm，顶端有长角状突起，其他苞片较小，顶端有短突起；小苞片膜质，宽条形至狭条形，长2~3mm，有疏睫毛。雄花：花被片5，椭圆形，长约1.8mm，下部合生，外面顶端之下有短角状突起，有短睫毛；雄蕊5，退化雌蕊极小。雌花序无梗；花序托近长方形，长约3mm；苞片多数，三角形，长约0.5mm，密被短柔毛，较大的具角状突起；小苞片密集，匙形或狭倒披针形，长0.5~0.8mm，边缘上部密被短柔毛。瘦果卵球形，长约0.6mm。花期7—9月。

【分布及生境】 分布于河南、浙江、福建、湖南、四川、江西、安徽、陕西等地。生于海拔1 200m的林下或阴湿的岩缝中。

【食用方法】 春季采摘嫩苗或嫩叶，沸水烫后可炒食或做汤。

药用功效

根可治骨折，茎和叶治咳嗽。全草性温，味淡，可活血祛瘀、消肿解毒、止咳。

阔叶楼梯草

Elatostema platyphyllum Wedd.

别　名‖阔叶赤车使者、南海楼梯草
英文名‖ Broad-leaf elatostema
分　类‖荨麻科楼梯草属多年生草本

【形态特征】 植株高15~30cm。茎由根际分枝，多被白毛。单叶互生，叶片斜椭圆状倒卵形或长椭圆形，长9~12cm，宽3~6cm，先端锐尖，基部狭，膜质，齿状叶缘，具短柄。花序为腋生扁球形，雌雄异花，黄绿色，花被4~5枚，白色。

【分布及生境】 分布于广西、四川、云南、海南、西藏、台湾。生于林下、山谷、沟边。

【食用方法】 采嫩茎叶，经水烫后去异臭味，纤维软化。但因茸毛多，食时仍有刺口感，宜用油炸、和麻油或味精调食。

药用功效

叶煎服，可治毒蛇咬伤；捣敷治无名肿毒。全草性寒，味苦，入肺、肝二经，用于痈肿疮疡、咽喉肿痛、肺痈、痢疾。

糯米团

Gonostegia hirta（Bl.） Miq.

别　名‖糯米藤、小藁药、小黏药、九股牛
英文名‖ Hairy pouzolzia
分　类‖荨麻科糯米团属多年生草本

【形态特征】 植株高30~80cm。茎纤细，蔓生或直立，基部匍匐生长。叶对生，草质，椭圆状披针形，长3~7cm，宽1~3cm，顶端钝，基部圆形或浅心形，全缘，叶面深绿色，散生短毛和密被细点形钟乳体。叶背淡绿色，沿脉具粗毛，基生叶脉三出，侧生2脉上部不分枝，叶柄短或近无柄；托叶三角状卵形，早落。团伞花簇密集，腋生，花淡绿色，雄花生于枝上部，花被片5，背面具一横脊，脊上被柔毛。雌花被管状，外生白色短毛，柱头钻形。瘦果三角状卵形，暗绿色，具数纵肋，长1~2mm。花期7—8月，果期8—9月。
【分布及生境】 分布于我国西南、华南至秦岭一带。生于海拔500~1 000m的阴湿向阳山沟或山坡草地。

【营养成分】 每100g嫩茎叶含维生素A 5.36mg、维生素B_2 0.91mg、维生素C 78mg。
【食用方法】 春季和初夏采摘嫩茎叶，洗净，沸水烫后切段，可炒食、做汤。

药用功效

全草入药。性平，味淡。健脾消食、清热利湿、解毒消肿。用于消化不良、食积胃痛、白带异常。

竹节参

Panax pseudoginseng var. *japonicus*（C. A. Mey.）Hoo et Tseng

别　名‖水三七、土三七、竹节七、大叶三七
英文名‖ Japanese ginseng
分　类‖五加科人参属多年生草本

【形态特征】 植株高80cm。根纤维状，具根状茎，匍匐生长，竹鞭状，肉质，结节具凹陷茎痕。侧面常生多数圆锥状肉质根，茎直立。掌状复叶，3~4枚顶生，叶柄长7~15cm，无毛。小叶片5，膜质，中央小叶片倒卵状椭圆形至长椭圆形，两侧小叶较小，卵形至卵状长圆形，长5~12cm，宽2~4.5cm，顶端渐尖至长渐尖，基部楔形至近圆形，两侧的稍偏斜，边缘细锯齿或重锯齿。叶面、叶背沿脉上疏生刚毛。伞形花序顶生，花多数，细小，淡黄绿色。花萼边缘5小齿，花瓣花，长卵形。雄蕊5，子房下位，2~5室，花柱2~5，上部离生。核果浆果状，近球形，成熟时红色，顶端常为黑色。种子2~3颗。花期5—6月，果期8—9月。
【分布及生境】 分布于云南、贵州、四川、湖北、陕西、甘肃、河南、浙江、安徽、江西等地。生于海拔1 000~2 200m的山谷密林下。

【营养成分】 根茎含粗皂苷约23.6%，其中含竹节参皂苷Ⅲ、竹节参皂苷Ⅳ和竹节参皂苷Ⅴ，后两者的皂苷元均为齐墩果酸，还含微量的挥发油。
【食用方法】 秋、冬季采挖根茎食用。洗净，切段，可炖猪肉、鸡肉，可饮汁。

药用功效

根茎入药。性温，味甘、苦。滋补强壮、散瘀止痛、止血祛痰。用于病后虚弱、劳伤咳嗽、咳嗽痰多、跌打损伤。

土当归

Aralia cordata Thunb.

别　名 ‖ 食用楤木、九眼独活、食用土当归、独活
英文名 ‖ Udo
分　类 ‖ 五加科楤木属多年生草本

【形态特征】植株高 1~2m。根状茎粗大，圆柱形，茎粗大，基部直径达 2cm，具纵沟纹，多分枝，幼枝疏生短柔毛。叶互生，二回羽状复叶，叶柄长 12~27cm，羽状具小叶 3~5 片，小叶阔卵形至长卵形或长椭圆状卵形，长 4~20cm，宽 3~10cm，顶端突尖，基部圆形至心形，歪斜，边缘细锯齿，叶面、叶背脉上具毛。托叶与叶柄基部合生，顶端离生部分锥形，长 3~7mm，边缘具纤毛。圆锥花序顶生，长达 50cm，分枝在主轴上排列稀疏，每一分枝顶端具一伞形花序。总花梗长 1.5~3cm，具短柔毛。苞片线形，花梗丝状，具短柔毛，小苞片披针形。花白色，萼边缘具 5 个微小尖齿。花瓣 5，卵状三角形，雄蕊 5，子房下位，5 室，花柱 5，分离，开展。浆果圆球形，5 棱，紫黑色。花期 7—8 月，果期 9—10 月。

【分布及生境】分布于广西、湖南、湖北、江西、安徽、江苏、浙江、四川、云南、福建、台湾等地。生于海拔 1 200~1 600m 的山坡草丛或疏林下。

【营养成分】每 100g 嫩茎叶含蛋白质 1.06g、脂肪 0.1g、碳水化合物 2.05g，还含多种维生素、矿物质、甾醇、有机酸、挥发油等。

【食用方法】春、夏季采摘嫩茎叶，洗净，沸水烫，清水漂洗后挤干切段，炒食，如食用土当归炒蛋，具润肺利咽、滋阴润燥的功效。

药用功效

根茎入药。性温，味辛。祛风除湿、活血化瘀。用于风寒湿痹、腰膝酸痛、头痛、齿痛、偏头痛、跌打损伤。

玄参

Scrophularia ningpoensis Hemsl.

别　名 ‖ 元参、浙玄参、黑参
英文名 ‖ Ningpo figwort
分　类 ‖ 玄参科玄参属多年生草本

【形态特征】植株高达 1m。根肥大，一至数条，长圆柱形或纺锤形，皮灰黄褐色。茎直立，具 4 棱和沟纹，常带暗紫色。茎下部叶对生，具柄，上部叶偶有互生，柄极短。叶片卵形至披针形，长 10~30cm，基部楔形、圆形或近心形，边缘细锯齿，齿缘反卷，骨质，并具突尖。聚伞圆锥花序顶生，大而疏散，花序轴和花梗上均被腺毛；花萼 5 裂，裂片边缘具膜片，顶端圆钝，花冠褐紫色，上唇长于下唇，能育雄蕊 4，退化雄蕊 1，近圆形，子房 2 室。蒴果卵形，萼宿存，顶端有喙，稍超出宿萼之外。花期 7—8 月，果期 8—9 月。

【分布及生境】分布于浙江、湖北、江苏、江西及四川等。生于海拔 1 700m 以下的溪边、山坡林下、草丛中。

【营养成分】根除含植物甾醇、天门冬素、脂肪酸、挥发油外，还含烯醚萜苷类成分。

【食用方法】冬季挖取肥大根，除去杂物，晒或烘至半干，剪去芦头和须根，堆放 4~5 天，再晒干或烘干，可制作多种菜肴。

药用功效

根入药。性微寒，味苦、咸。滋阴降火、生津解毒。用于热病伤阴、舌绛烦渴、温毒发斑、津伤便秘、骨蒸劳嗽、目赤、咽痛、白喉、痈肿疮毒。

地黄

Rehmannia glutinosa （Gaertn.） DC.

别　名‖生地黄、怀庆地黄、婆婆丁、米罐棵、蜜糖管
英文名‖ Adhesive rehmannia
分　类‖玄参科地黄属多年生草本

【形态特征】 植株高 10~30cm。全株被灰白色长柔毛和腺毛。根肉质，纺锤形或条形，长 9~15cm，直径 1~6cm，表面浅红黄色，断面淡黄白色。叶基生，莲座状，叶片倒卵状披针形，长 3~10cm，宽 1.5~6cm，顶端钝，基部渐狭成柄，边缘不整齐钝齿，叶面皱缩，叶背略带紫色。花葶由叶丛中抽出，总状花序，花萼 5 浅裂。花冠钟形，略呈二唇状，紫红色，内面常具黄色带紫的条纹。蒴果球形或卵圆形，具宿萼和花柱，种子多数。花期 4—5 月，果期 5—7 月。
【分布及生境】 分布于河南、辽宁、河北、山东、浙江。生于山坡、田埂、路旁。

【营养成分】 块根含环烯醚萜类（如梓醇，鲜根中约含 0.11%）、水苏糖 3.21%~48.3%、多种氨基酸（如精氨酸，最高为 2%~4.2%）。
【食用方法】 春、夏季采摘嫩苗或嫩叶，先用沸水焯一下，然后用凉水浸泡去苦味后做馅。秋季挖取块根，除去芦头和须根，洗净，可炖食。

药用功效

块根入药。性寒，味甘、苦。清热生津、凉血、止血。用于热病伤阴、舌绛烦渴、发斑发疹、吐血、衄血、咽喉肿痛。熟地黄性凉变温，味苦化甘，滋阴养血、补益肝肾。

水蔓青

Veronica linariifolia Pall. ex Link

别　名‖细叶婆婆纳、追风草
分　类‖玄参科婆婆纳属多年生草本

【形态特征】 植株高 30~80cm，根状茎短。茎直立，不分枝，被白色柔毛。下部叶常对生，上部叶常互生，条状，长 2~6cm，基部楔形，渐狭成短柄或无柄，中部以下全缘三角形锯齿。总状花序顶生，单生或复出，细长，花萼 4 深裂，裂片披针形，具睫毛，花冠蓝色或紫色，长 5~6mm，裂片宽度不等，后方 1 裂片圆形，余 3 裂片卵形。蒴果卵球形，稍扁，顶端微凹。
【分布及生境】 分布于甘肃、四川、云南以东、陕西至河北以南。生于山坡草丛、灌丛中。

【食用方法】 春、夏季采摘嫩茎叶，沸水烫后，配调料凉拌，也可炒食。

药用功效

全草入药。性微寒，味苦。清热解毒、利尿、止咳化痰。

水苦荬

Veronica undulata Wall.

别　名 ‖ 水莴苣、仙桃草、生种草、水菠菜
英文名 ‖ Undulate speedwell
分　类 ‖ 玄参科婆婆纳属多年生草本

【形态特征】植株高15~40cm。茎直立，下部匍匐状，肉质，中空。叶对生，长圆状披针形或长圆状卵圆形，长4~7cm，宽8~15mm，顶端圆钝或尖锐，基部圆形或微心形，无柄，半抱茎。总状花序腋生，长5~15cm，疏花；苞片线状长圆形；花萼4裂，裂片狭长椭圆形。蒴果卵形，顶端微凹。种子细小，长圆形，扁干，无毛。花期4—6月。同属植物北水苦荬（*V. anagallis-aquatica* L.），其嫩苗也可食用，北苦荬与水苦荬的主要区别：花梗果期弯曲向上，花序轴、花萼和蒴果均无毛；宿存花柱长约2mm。

【分布及生境】分布于我国各地。生于水边湿地、沼泽地、水沟边、水田边、湿地草丛。

【营养成分】全草含蛋白质、可溶性含氮化合物、可溶和不可溶含磷化合物和杂苷类等。

【食用方法】春、夏季采摘嫩苗或嫩茎叶，沸水烫，清水漂洗，去苦味后食用，可炒、拌、炝、烩、煎、蒸。

药用功效

全草入药。性平，味苦。活血止血、解毒消肿。

马先蒿

Pedicularis resupinata L.

别　名 ‖ 鸡冠菜、反顾马先蒿
英文名 ‖ Lousewort
分　类 ‖ 玄参科马先蒿属多年生草本

【形态特征】植株高30~70cm。茎直立，带紫红色，上部多分枝。叶互生，有时下部叶对生。叶片狭卵形至矩圆状披针形，长2.5~5.5cm，宽1~2cm，边缘具钝圆的重锯齿，齿上具刺状尖头，常反卷。总状花序，生于枝端；苞片叶状，花萼长卵圆状，前端深裂，仅2齿。花冠淡紫红色，稀白色，长20~25mm。蒴果斜矩圆状披针形。

【分布及生境】分布于我国东北、华北及甘肃、四川、浙江和安徽等地。生于潮湿草地、林缘。

【营养成分】每100g可食部含维生素A 4.77mg、维生素B 70.47mg、维生素C 72mg。每100g干品含钾2 510mg、钙1 420mg、镁397mg、磷196mg、钠40mg、铁13.5mg、锰15mg、锌3.1mg、铜0.8mg。

【食用方法】春末夏初采摘嫩茎叶，沸水烫后，清水浸泡数小时，去苦味后，可荤素炒食。

药用功效

茎、叶、根入药。性平，味苦。祛风湿、利尿。用于风湿关节炎、小便不利、尿路结石、白带异常、疥疮。

挂金灯

Physalis alkekengi var. *franchetii* （Mast.） Makino

别　名 ‖ 灯笼果、天泡果、红姑娘、珊珠、泡泡草、锦灯笼、天泡草铃儿、酸浆

英文名 ‖ Franchet groundcherry

分　类 ‖ 茄科酸浆属多年生草本

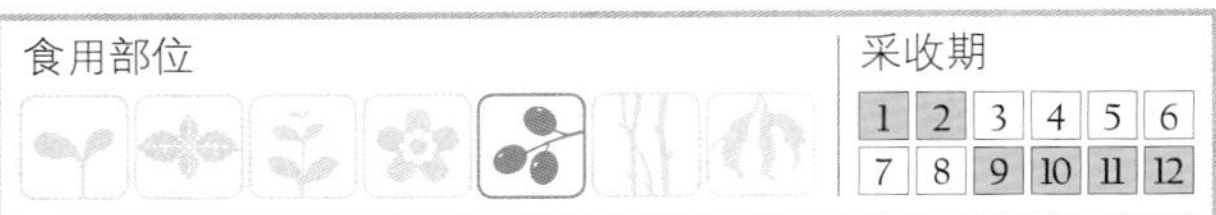

【形态特征】植株高 35~100cm，全株几无毛。具根状茎，匍匐生长。茎直立。叶互生，卵形至宽卵形，长 5~10cm，宽 3~6 cm，全缘或具粗齿，叶柄长 0.8~3.5cm。花单生叶腋，花萼钟状，5 裂；花冠钟状淡黄色，5 浅裂，裂片基部有紫色斑纹，雄蕊 5，花药黄色，子房 2 室。浆果球形，直径约 1.5cm，成熟时橙红色，宿存萼在结果时增大，厚膜质膨胀如灯笼，长可达 4.5cm，橙红色。果柄可达 3cm。花期 5—8 月，果期 7—10 月。

【分布及生境】除西藏外，分布于全国其他地区。生于山坡、林下、沟边、路旁。

【营养成分】带宿存萼的果实含柠檬酸、草酸、维生素 C、类胡萝卜素、酸浆果红素及酸浆甾醇 A、B 等。种子含禾本甾醇、钝叶醇、环木菠萝烷醇、环木菠萝烯醇。

【食用方法】9—11 月摘取带宿存萼的浆果，去宿存萼后可生食。霜后采收的浆果，可糖渍、醋渍或做果酱。

药用功效

宿萼入药。清热解毒、除湿利尿、止咳化痰。用于水肿、喉炎、疝气、劳伤咳嗽、天疱疮、疱疹。

桔梗

Platycodon grandiflorus （Jacq.） A. DC.

别　名 ‖ 肥鸡腿、铃铛花、白药、梗草、包袱花

英文名 ‖ Ballon flower

分　类 ‖ 桔梗科桔梗属多年生草本

【形态特征】植株高 6~25cm，具白色乳汁。主根粗壮，肉质，淡黄褐色，顶端具较短根状茎。茎直立，高 40~120cm，无毛，常单生，少分枝，微被白粉。茎中下部对生或轮生，上部叶互生。叶片卵形或卵状披针形，长 2.5~6cm，宽 1~2cm，顶端尖锐，基部宽楔形，边缘不规则细锯齿，叶面无毛，叶背被白粉。花 1 至数朵生于茎或分枝顶端。花萼钟状，裂片 5，无毛，被白粉；花冠宽钟状，长 2.5~4.5cm，直径 4~6.5cm，蓝紫色或蓝白色，顶端 5 裂；雄蕊 5，花丝基部变宽，内被短柔毛；子房下位，5 室，胚珠多数，花柱 5 裂。蒴果倒卵圆形，成熟后顶端 5 瓣裂，具宿萼。种子多数，黑棕色。花期 7—9 月，果期 8—10 月。

【分布及生境】几乎遍及全国。生于海拔 1 300m 以下的阳坡草丛、灌丛、疏林下。

【营养成分】每 100g 嫩叶含蛋白质 0.2g、粗纤维 3.2g、维生素 A 8.8mg、维生素 C 138mg。每 100g 肉质根含维生素 B_2 0.44mg、维生素 B_5 2.7mg、维生素 C 10mg。

【食用方法】春季采摘嫩茎叶，洗净、沸水烫后，清水浸泡约 1 天，或用酸汤水浸泡 1 小时，去除苦味后，可炒食、做汤或加调料食用。秋季采挖肉质根，去杂洗净，刮去外皮，热水泡去苦味，捞起撕成细丝或切小块炒食，还可腌渍。

药用功效

根入药。性平，味苦、辛。宣肺、利咽、祛痰、排脓。用于咳嗽痰多、胸闷不畅、咽痛、音哑、肺痈吐脓、疮疡脓肿。

沙参

Adenophora stricta Miq.

别　名‖白参、挺枝沙参、南沙参
英文名‖ Upright ladybell
分　类‖桔梗科沙参属多年生草本

【形态特征】植株高50~100cm。主根粗壮，圆柱形，具皱纹，具多条侧根。茎直立，单一或自基部分枝，圆柱形，具毛。茎生叶互生，卵圆形至椭圆状卵圆形，长2.5~5cm，宽1.5~2.5cm，顶端尖，基部狭窄，边缘具粗细不匀的重锯齿，叶面绿色，被短毛，叶背淡绿色，叶脉上密生短毛；叶柄短或无柄。狭长圆锥花序，少分枝，花梗上有一苞片，花梗和苞片均具毛；花萼上部5裂，裂片披针形，具毛；花冠宽钟形，蓝紫色，外具毛，顶端5裂，裂片三角形；雄蕊5，花药黄色，花丝下部膨大，边缘有毛；膨大部分彼此靠合，围裹花盘；雌蕊1，子房下位，花柱伸出于花盘外。蒴果近球形。花期7—8月，果期9—10月。

【分布及生境】分布于湖南、湖北、江西、安徽、江苏、浙江、广西、广东、贵州、河北、黑龙江、吉林、辽宁等。生于海拔1 000m以下的山坡草丛、岩石缝中。

【营养成分】每100g嫩叶含蛋白质0.8g、脂肪1.6g、粗纤维5.4g、碳水化合物16g、维生素A 5.87mg、维生素C 104mg、钙589mg、磷180mg。

【食用方法】春季采摘嫩茎叶食用，洗净，于沸水中焯一下，捞起，切段，炒食、炖肉或做汤。秋季挖取肉质根，去杂，洗净，去栓皮，鲜食或晒干备用。

药用功效

根入药。性微寒，味甘。养阳清肺、化痰益气。用于肺热燥咳、阴虚劳嗽、干咳痰黏、气阴不足、燥热口干。

轮叶沙参

Adenophora tetraphylla （Thunb.） Fisch.

别　名‖四叶沙参、南沙参、龙须沙参、铃儿草
英文名‖ Four-leaf ladybell
分　类‖桔梗科沙参属多年生草本

【形态特征】植株高50~100cm，有白色乳汁。根肥大，肉质，圆锥形，具皱纹，黄褐色，长达20cm。茎直立，无毛，花序之下不分枝。茎生叶4~6叶轮生，无柄或不明显柄，叶片卵形、椭圆状卵形、狭倒卵形或披针形，长3~9cm，宽1.5~4cm，边缘锯齿，叶面、叶背被疏柔毛。花序圆锥状，长达35cm，无毛，分枝轮生；花多，下垂；每一花梗有1小苞片，花萼钟状，顶端5裂，裂片披针形，具毛；花冠紫蓝色，宽钟形，长约1.8cm，5浅裂，裂片钻形，长1~3mm，全缘，被毛；雄蕊5，常稍伸出，花丝基部扩大，边缘被柔毛；子房下位，3室，花柱伸出。蒴果圆锥形，长约5mm。种子矩圆状圆锥形，黄棕色。花期8—9月，果期9—10月。

【分布及生境】分布于我国西南、华南、华东、华北、东北等。生于海拔2 000m以下的山坡草丛、林缘、灌丛、荒地、草甸、河谷、沙地等。

【营养成分】参考沙参。

【食用方法】参考沙参。

药用功效

根入药。性微寒，味甘。养阴清肺、化痰益气。用于肺热燥咳、阴虚劳嗽、干咳痰黏、气阴不足、燥热口干。

丝裂沙参

Adenophora capillaris Hamsl.

别　名‖龙胆草、泡参
英文名‖ Capillary ladybell
分　类‖桔梗科沙参属多年生草本

【形态特征】植株高 50~110cm，具白色乳汁，无毛或疏生短毛。茎生叶互生，无柄或近无柄。叶片菱状狭卵形至菱状披针形，长 5~16cm，宽 1.6~4cm，顶端长渐尖，基部宽楔形或楔形，边缘具不规则锯齿，有时条形，近全缘，叶面被疏生短毛或近无毛。圆锥花序长 20~45cm，具长或短分枝，无毛或疏生短毛；花萼 5 裂，裂片细钻形或近丝形，长 3.5~8mm；花冠钟状，无毛，淡紫蓝色或白色，长 1~1.5cm，5 浅裂；雄蕊 5，基部变宽，被密柔毛；子房下位，花柱伸出，长 1.6~2.2cm。

【分布及生境】分布于贵州、四川、陕西、湖北。生于海拔 500~2 000m 的山坡林缘、林下、草地。

【营养成分】参考沙参。

【食用方法】参考沙参。

药用功效

参考沙参。

杏叶沙参

Adenophora hunanensis Nannf.

别　名‖宽裂沙参
英文名‖ Hunan ladybell
分　类‖桔梗科沙参属多年生草本

【形态特征】植株高约 1m，具白色乳汁。根肉质，胡萝卜状。植株具短茎基，不分枝。茎生叶互生，叶片卵圆形至披针形，顶端急尖至披针形，基部楔形，边缘具疏齿，叶面、叶背多被短梗毛，具叶柄。花序分枝长，组成卵圆锥花序，花梗短而粗；花萼具白色短毛，裂片 5，卵形或狭卵形，短而宽；花冠钟形，蓝色或蓝紫色，长 1.5~2mm，5 浅裂，裂片卵形，花柱与花冠等长。蒴果椭圆形。种子椭圆形。

【分布及生境】分布于我国华东、华中和西南等地区。生于山坡草丛。

【营养成分】参考沙参。

【食用方法】参考沙参。

药用功效

参考沙参。

荠苨

Adenophora trachelioides Maxim.

别　名‖杏参、杏叶沙参、白面根、甜桔梗、土桔梗、梅参、长叶沙参
英文名‖ Apricot-leaf ladybell
分　类‖桔梗科沙参属多年生草本

【形态特征】植株高约1m，具白色乳汁，无毛或稀有突起样长毛。茎直立，具分枝。单叶互生。叶片卵圆形至长椭圆状卵形，长5~20cm，宽3~8cm，顶端尖，基部近截形至心形，锐锯齿叶缘，具柄。总状花序，圆锥状。花枝较长，花梗短，花下垂；花冠上方扩张成钟形，淡青紫色，长2~3cm，5裂，裂片尖，下垂；雄蕊5，花丝下半部呈披针形，上方狭细，雌蕊1，花柱较花冠短，柱头3裂；萼片5裂，绿色，披针形，顶端锐尖，长5~8mm；子房下位。蒴果圆形，含多数种子。花期8—9月，果期10月。
【分布及生境】分布于我国各地山野。多生于山野平原。

【食用方法】春、夏季采摘嫩苗食用。

药用功效

全草入药。清热、解毒、化痰。用于燥咳、咽喉痛、消渴、疔疮肿毒。

长叶轮钟草

Campanumoea lancifolia（Roxb.）Merr.

别　名‖土人参、桃叶金钱豹、肉算盘、山荸荠
分　类‖桔梗科金钱豹属多年生草本

【形态特征】直立或蔓性草本，全无毛；茎中空，分枝平展或下垂。单叶对生。叶片卵形、卵状披针形至披针形，长5~15cm，宽1~5cm，顶端渐尖，叶缘具细尖齿、锯齿或圆齿。花常单生，顶生或腋生，偶有3花组成聚伞花序，花梗中上部或在花基部具一对丝状小苞片。花冠白色或淡红色，管状钟形，长约1cm，5~6裂至中部，裂片卵形至卵状三角形；花萼贴生子房下部，裂片常5枚，丝状或条形，边缘具分枝状细长齿；雄蕊5~6枚，花丝边缘具长毛，柱头5~6裂；子房5~6室。浆果球形，紫红色，直径5~10mm，种子多数。花期7—10月。
【分布及生境】分布于贵州、云南、四川、湖南、湖北、广东、广西、福建、台湾等地。生于海拔300~1 800m的山地草坡、沟边、林内。

【食用方法】挖取根部，做主料或配料，炖食。

药用功效

根入药。性平，味甘、微苦。益气、补虚、祛痰、止痛。用于气虚乏力、跌打损伤、肠绞痛。

紫斑风铃草

Campanula punctata Lam.

别　名 ‖ 山小菜
英文名 ‖ Campanula
分　类 ‖ 桔梗科风铃草属多年生草本

【形态特征】 植株高 20~100cm，具细长而横走的根状茎。茎直立，粗壮，通常上部分枝，全株覆盖刚毛。单叶互生，基生叶心状卵形，具长柄，下部茎生叶具带翅长柄，上部叶无柄。叶片三角状卵形至披针形，具不规则钝齿叶缘。单花，顶生，下垂。花冠白色，具多数紫色斑点，筒状钟形，5 浅裂。花萼裂片三角形，裂片间有一个卵形至卵状披针形而反折着的附属物，边缘具芒状长刺毛。蒴果半球状倒锥形，脉明显，成熟时自基部 3 瓣裂。种子灰褐色，矩圆状，稍扁，长约 1mm。花期 6—9 月，果期 9—10 月。

【分布及生境】 分布于我国东北、华北及陕西、甘肃、河南、湖北、四川等地。生于山地林中、灌丛和草地。

【食用方法】 春季采摘嫩叶，用热水焯熟，换水清洗干净，去苦味，调味食用。

药用功效

全草入药。性凉，味苦。清热解毒、止痛。

半边莲

Lobelia chinensis Lour.

别　名 ‖ 急解索、细米草、瓜仁草、半边花、蛇舌草
英文名 ‖ Chinese lobelia
分　类 ‖ 桔梗科半边莲属多年生草本

【形态特征】 植株高 10~30cm。根细，圆柱形，淡黄白色。主茎横卧，细弱，具分枝，光滑，具白色乳汁，节上生根。单叶互生，狭披针形或线形，长 1.2~2.5cm，宽 2.5~6mm，全缘或顶端具疏锯齿，无柄或近无柄。通常单花 1 朵，生于分枝上部叶腋；花梗细，长 1.2~2.5cm，基部具小苞或无；花冠粉红色或白色，长 10~15mm，基部管状，裂片平展于下方，中央 3 裂片较短，两侧裂片深裂；雄蕊长约 8mm，花丝中部以上连合，抱合柱头；花药在下方的 2 个具髯毛，上方 3 个无毛；花萼筒长倒锥状，基部渐细与花梗无明显区分，长 3~5mm，裂片披针形，与萼筒等长；子房下位，2 室，中轴胎座，胚球多数。蒴果倒圆锥形，长约 6mm，顶端 2 瓣裂。种子椭圆形，稍扁。花、果期 5—10 月。

【分布及生境】 分布于我国长江中下游和以南各地。生于田埂、草地、沟边和溪边湿地。喜潮湿环境。

【食用方法】 春、夏季采摘嫩茎叶食用。

药用功效

全草入药。性平，味辛。利尿消肿、清热解毒。用于大腹水肿、面足浮肿、痈肿疔疮、蛇虫咬伤及晚期血吸虫病腹水。

山梗菜

Lobelia sessilifolia Lamb.

别　名‖半边莲、水苋菜、节节花、水白菜
英文名‖ Sessile lobelia
分　类‖桔梗科半边莲属多年生草本

【形态特征】 植株高30~60cm。根茎斜升，具多数白色须根。茎直立，通常单一，在茎中部和上部密生叶片。单叶互生。叶片线状披针形至披针形，长4~7cm，宽0.5~1cm，顶端尖，基部心形或短楔形，微锯齿叶缘。总状花序顶生，叶状苞狭披针形至卵状披针形。花冠深蓝色，2唇裂，上唇2全裂，裂片线形，下唇3裂，裂片长圆形或披针形，边缘密生白色柔毛；雄蕊聚药，下方2个花药顶端具白髯毛。花丝基部离生，萼针形，5裂，长8~11cm，与花筒等长。萼筒具棱角，萼齿线状披针形。子房球形，花柱丝状，无毛，柱头2裂。蒴果近球形。种子多数，卵形，深褐色，具光泽。

【分布及生境】 分布于我国东北及山东、台湾、云南、江西等地。生于河边、沼泽、草甸子等。

【食用方法】 春、夏季采摘嫩茎叶食用。

药用功效

根或全草入药。祛痰止咳、清热解毒。用于支气管炎、痈疮、疔毒、蛇虫咬伤等。

铜锤玉带草

Pratia nummularia （Lam.）A. Br. et Aschers.

别　名‖地钮子、地浮萍
英文名‖ Common pratia
分　类‖桔梗科铜锤玉带属多年生草本

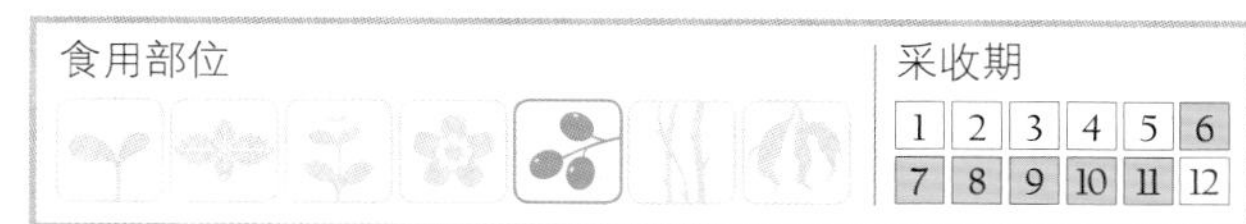

【形态特征】 植株高30~50cm，匍匐生长。茎纤细，略呈四棱，绿紫色，具细柔毛，不分枝或在基部具长短不一的分枝，节上生不定根。单叶互生。叶片圆卵形、心形或卵形，长0.8~1.6cm，基部斜心形，钝锯齿叶缘。叶面、叶背疏生短毛，叶柄长2~5mm。花单生，生于叶腋。花梗长0.7~3cm，无毛。花冠紫色，近二唇形，长6~7mm，上唇裂片2，下唇裂片3；雄蕊5，花药绕在花柱合生，具短毛；花萼无毛，裂片5，线状披针形，长2~4mm；子房下位，2室。浆果椭圆状球形，长1~1.3cm。种子长圆形或圆球形，棕黄色，表面具小疣状突起。

【分布及生境】 分布于我国南部，温带至亚热带各地。

【食用方法】 采摘成熟果实生食。

药用功效

全草入药。消炎、清热、解毒。民间把全草置入鸡内煲煮，治胃痛，也可治糖尿病。

羊乳

Codonopsis lanceolata （Sieb. et Zucc.） Trautv.

别　名‖轮叶党参、四叶参、奶参、山海螺、白蟒肉
英文名‖ Lance asiabell
分　类‖桔梗科党参属多年生蔓性草本

【形态特征】全株具乳汁，具特异臭味，无毛。根粗壮，倒卵状纺锤形。侧根细小，长 5~15cm，直径 1~6cm。茎缠绕，长约 1m，直径 2~4mm，带紫色。主茎上叶互生，披针形或狭卵形，细小，小枝上的叶 4 片簇生，椭圆形或菱状卵形，长 3~10cm，宽 1.5~4cm。叶缘具刚毛，叶背灰绿色，近无柄。花单生，偶成对生于小枝顶端，花冠阔钟状，外乳白色，内具深紫色斑点。花萼贴生至子房中部，顶端 5 裂。蒴果下部半球形，上部具喙，宿萼；种子多数，卵形，有翼，棕色。花期 7—8 月，果期 9—10 月。

【分布及生境】分布于我国东北及河北、山西、山东、河南、安徽、江西、湖北、江苏、浙江、福建、广西等地。生于山野沟洼潮湿地区或林缘、灌木林下。

【营养成分】每 100g 鲜根含粗蛋白 11.89g、粗脂肪 3.83g、碳水化合物 48.16g。每 100g 嫩茎叶含蛋白质 2.3g、脂肪 3.5g、碳水化合物 4.5g、粗纤维 2.4g、维生素 A 14.4mg、维生素 B_2 0.49mg、维生素 C 59mg、赖氨酸 0.8mg。每 100g 干品含钾 2 370mg、钙 3 240mg、镁 352mg、磷 137mg、钠 22mg、铁 9.1mg、锰 15.4mg、锌 3.0mg、铜 0.9mg。

【食用方法】春季至初夏采摘嫩苗、嫩茎叶，去杂，洗净，沸水烫过，清水漂洗后可炒食或做汤。秋季至早春挖取肉质根，去须根，洗净，去外皮，可生食或切片凉拌、炒食、煮食，也可腌渍。

药用功效

根入药。性温，味甘。补血通乳、清热解毒、消肿排脓。用于病后体虚、乳汁不足、痈肿疮毒、乳腺炎。

裂瓣朱槿

Hibiscus schizopetalus（Masters） Hook. f.

别　名‖五凤花、绣球花、吊灯扶桑、灯笼花
英文名‖ Pendentlamp hibiscus
分　类‖锦葵科木槿属常绿灌木

【形态特征】植株高达 3m。小枝细瘦，常下垂，平滑无毛。叶椭圆形或长圆形，长 4~7cm，宽 1.5~4cm，先端短尖或短渐尖，基部钝或宽楔形，边缘具齿缺，两面均无毛；叶柄长 1~2cm，上面被星状柔毛；托叶钻形，长约 2mm，常早落。花单生于枝端叶腋间，花梗细瘦，下垂，长 8~14cm，平滑无毛或具纤毛，中部具节；小苞片 5，极小，披针形，长 1~2mm，被纤毛；花萼管状，长约 1.5cm，疏被细毛，具 5 浅齿裂，常一边开裂；花瓣 5，红色，长约 5cm，深细裂作流苏状，向上反曲；雄蕊柱长而突出，下垂，长 9~10cm，无毛；花柱枝 5，无毛。蒴果长圆柱形，长约 4cm，直径约 1cm。花期全年。

【分布及生境】分布于台湾、福建、广东、广西、云南等省区。喜高温，不耐寒，不耐阴。喜肥，宜在肥沃、排水良好的土壤中生长。

【食用方法】用热水把花瓣色素浸出，为淡红色液，雄蕊浸出液为黄色液，变软成黏液性，无特殊臭味，和醋调食。

药用功效

叶入药，叶敷肿毒，可拔毒生肌。

冬葵子

Abutilon indicum （L.） Sweet

别　名 ‖ 蓝草、磨仔磤草、磨仔质草、磨盘草
英文名 ‖ India abutilon
分　类 ‖ 锦葵科苘麻属一年生或多年生草本

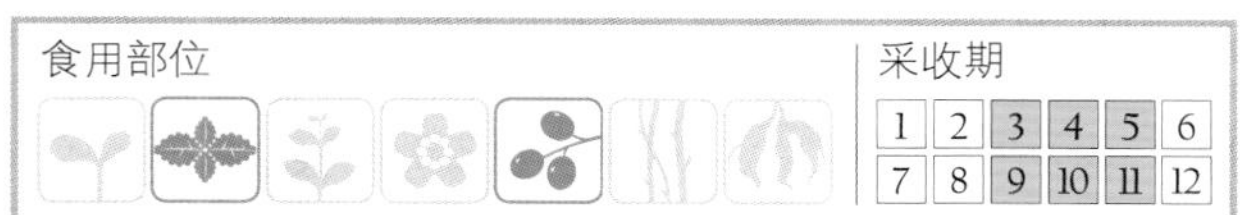

【形态特征】 植株高达 1~2.5m，分枝多，全株均被灰色短柔毛。叶卵圆形或近圆形，长 3~9cm，宽 2.5cm，先端短尖或渐尖，基部心形，边缘具不规则锯齿，两面均密被灰色星状柔毛；叶柄长 2~4cm，被灰色短柔毛和疏丝状长毛，毛长约 1mm；托叶钻形，长 12mm，外弯。花单生于叶腋，花梗长达 4cm，近顶端具节，被灰色星状柔毛；花萼盘状，绿色，直径 6~10mm，密被灰色柔毛，裂片 5，宽卵形，先端短尖；花黄色，直径 2~2.5cm，花瓣 5，长 7~8mm；雄蕊柱被星状硬毛；心皮 15~20，成轮状，花柱枝 5，柱头头状。果为倒圆形似磨盘，直径约 1.5cm，黑色，分果爿 15~20，先端截形，具短芒，被星状长硬毛。种子肾形，被星状疏柔毛。花期 7—10 月。

【分布及生境】 分布于广东、广西、贵州、云南、福建、台湾等地。常生于海拔 800m 以下的地带，如平原、海边、沙地、旷野、山坡、河谷及路旁等处。

【营养成分】 种子含棉籽糖、麦胚固醇、棕榈酸、油酸、亚麻油酸和次亚麻油酸。

【食用方法】 采摘嫩叶，洗净，炒或煮食。种子未熟可生食。

药用功效

全草入药。利尿、缓下、消炎。用于头痛、神经痛、耳聋、疮伤、小儿慢脾风。

牛膝

Achyranthes bidentata Blume

别　名 ‖ 山苋菜、怀牛膝、白牛膝、喉痹草
英文名 ‖ Two-tooth achyranthes
分　类 ‖ 苋科牛膝属多年生草本

【形态特征】 植株高 30~110cm。根细长，丛生，圆柱形，皮土黄色。茎直立，四棱，无生，茎节膨大，节上具对生的分枝。叶对生，叶片椭圆形或阔披针形，长 4.5~12cm，叶面、叶背具柔毛，顶端锐尖，基部楔形，全缘，叶柄短。穗状花序顶生和腋生。胞果矩圆形，长 2mm。种子黄褐色。花期 8—9 月，果期 10—11 月。

【分布及生境】 除东北与新疆外，分布于我国绝大部分地区。生于海拔 500~1 500m 的山坡林下、沟边、河岸、湖畔土埂的草丛。

【营养成分】 每 100g 嫩茎叶含蛋白质 6.09g、脂肪 0.5g、粗纤维 1.99g、维生素 A 6.79mg、维生素 B_2 0.48mg、维生素 C 111mg。

【食用方法】 春、夏季采摘嫩苗或嫩茎叶，洗净后，可炒食和做汤，也可沸水烫熟后，加调料凉拌，还可做饮料。

药用功效

根入药。性平，味苦、酸。补肝肾、强筋骨、逐瘀通经、引血下行。用于腰膝酸痛、筋骨无力、经闭症瘕、肝阳眩晕。

土牛膝

Achyranthes aspera L.

别　名‖牛克膝、杜牛膝、倒钩草、倒梗草
英文名‖ Common achyranthes
分　类‖苋科牛膝属多年生草本

【形态特征】与牛膝为同属植物，形态的主要区别是：根粗大，呈圆柱形，黄白色或红色；茎直立，方形，节部膨大。叶对生，叶倒卵形或长椭圆形，长1.5~7cm，总花梗密被白色柔毛，退化雄蕊顶端背面被流苏状长缘毛，小苞片刺状。根较短粗，长10~20cm，表面灰黄褐色，断面淡灰褐色，略光亮。胞果长卵形，有刺。花期7—10月，果期8—11月。
【分布及生境】分布于湖南、湖北、四川、云南、贵州、江西、安徽、江苏、浙江、福建。生于山坡疏林、旷地、路旁、草地较阴湿处。

【食用方法】参考牛膝。

药用功效

根供药用，可强筋骨，治跌打损伤；全草可清热解表。

柳叶牛膝

Achyranthes longifolia （Makino） Makino

别　名‖红牛膝
英文名‖ Willow-leaf achyranthes
分　类‖苋科牛膝属多年生草本

食用部位　采收期
1 2 3 4 5 6
7 8 9 10 11 12

【形态特征】植株高约1m，根肚状。茎直立；叶对生，长圆状披针形或广披针形，长10~15cm，宽2~4cm，顶端渐尖，基部楔形，叶面、叶背散生细毛，叶柄长2~5cm，被细毛。穗状花序顶生或腋生，总花梗被细毛；小苞片具卵状三角形薄膜；花被片5，雄蕊5。胞果包藏于宿存花被中。花期夏、秋季，果期秋、冬季。
【分布及生境】分布于广东、贵州、湖北、湖南、江西、陕西、四川、台湾、浙江、云南。生于海拔1 000m以下的山坡路旁。

【营养成分】根含总皂苷。
【食用方法】秋、冬季挖取根，洗净，可炖肉、炖鸡食用。妇女产后食更佳，有补血、止咳的功效。

药用功效

根入药。性平，味甘、苦。活血化瘀、强筋壮骨、消痈肿，用于月经不调、闭经、引产。

空心莲子草

Alternanthera philoxeroides （Mart.）Griseb.

别　名‖喜旱莲子草、水花生、水蕹菜、空心苋
英文名‖ Alligator weed
分　类‖苋科虾莲子草属多年生草本

【形态特征】茎基部匍匐，上部上升，管状，具不明显 4 棱，长 55~120cm，具分枝，幼茎及叶腋有白色或锈色柔毛，茎老时无毛，仅在两侧纵沟内保留。叶片矩圆形、矩圆状倒卵形或倒卵状披针形，长 2.5~5cm，宽 7~20mm，顶端急尖或圆钝，具短尖，基部渐狭，全缘，两面无毛或上面有贴生毛及缘毛，下面有颗粒状突起；叶柄长 3~10mm，无毛或微有柔毛。花密生，成具总花梗的头状花序，单生在叶腋，球形，直径 8~15mm；苞片及小苞片白色，顶端渐尖，具 1 脉；苞片卵形，长 2~2.5mm，小苞片披针形，长 2mm；花被片矩圆形，长 5~6mm，白色，光亮，无毛，顶端急尖，背部侧扁；雄蕊花丝长 2.5~3mm，基部连合成杯状；退化雄蕊矩圆状条形，和雄蕊约等长，顶端裂成窄条；子房倒卵形，具短柄，背面侧扁，顶端圆形。果实未见，花期 5—10 月。

【分布及生境】分布于北京、江苏、浙江、江西、湖南、福建、台湾。生于河边、沟边、水边、田埂等处。

【营养成分】鲜茎叶含粗蛋白质 1.1%、粗脂肪 0.3%、碳水化合物 1.5%，还含皂苷。

【食用方法】春、夏季采摘嫩茎叶食用，洗净，沸水烫，清水漂洗后切段，可凉拌、炒食，脆甜可口。

药用功效

全草入药，性寒，味甘，清热解毒，用于无名肿毒、痄腮、乙型脑炎、流感。根入药，性寒，味苦。茎叶入药，性寒，味微甘，清热凉血、利尿、解毒，用于麻疹、乙型脑炎、肺痨咳血、淋浊、缠腰火丹、疔疖、蛇咬伤。

春兰

Cymbidium goeringii （Rchb. f.） Rchb. f.

别　名‖兰草、兰花、山兰、草兰、朵朵香
英文名‖ Goering cymbidium
分　类‖兰科兰属多年生宿根草本

【形态特征】假鳞茎集生成丛。叶 4~6 枚丛生，狭带形，长 20~60cm，宽 6~11mm，顶端渐尖，边缘细锯齿。花葶直立，比叶短，被 4~5 枚长鞘，花单生，少 2 朵，直径 4~5cm，浅黄绿色，有清香气。萼片近等长，狭矩圆形，长 3.5cm 左右，通常宽 6~8mm，顶端急尖，中脉基部具紫褐色条纹；花瓣卵状披针形，唇瓣不明显 3 裂，比花瓣短，浅黄色带紫褐色斑点，顶端反卷，唇盘中央从基部至中部具 2 条褶片。花期春季。

【分布及生境】分布于云南、四川、广东、广西、湖南、湖北、安徽、江苏、浙江、福建、台湾、河南、陕西、甘肃。生于海拔 350~1 500m 的山坡林下、石缝中和沟边。

【食用方法】在兰花开放季节，采摘花供食。也可作菜肴配料，色泽淡嫩，味清香鲜爽。

药用功效

花入药，性平，味辛，理气宽中、明目健胃、发汗利尿，用于久咳、胸闷、腹泻、青盲、白内障等。根入药，性平，味辛，清热润燥、清心安神、驱蛔，用于精神失常、蛔积、痨伤久咳、尿血、头晕、咯血。

多花兰

Cymbidium floribundum Lindl.

别　名‖九头兰
英文名‖ Many-flower cymbidium
分　类‖兰科兰属多年生草本

【形态特征】假鳞茎粗壮。叶 3~6 枚丛生，直立，带形，长 40cm 左右，宽 1.5~3cm。顶端钩转或尖裂，基部关节明显，全缘。花葶直立，花密集，多至 50 朵，红褐色；萼片狭矩圆状披针形，红褐色，中部黄绿色，边缘稍向后反卷；花瓣与萼片近等长，向两边开展，紫褐色带黄色边缘；唇瓣 3 裂，具乳突，侧裂片近半圆形，直立，具紫褐色条纹，中裂片近圆形，稍反折，紫红色，中部具浅黄色晕，唇盘从基部至中部具 2 条平行褶片，褶片黄色。花期夏季。

【分布及生境】分布于云南、贵州、四川、广东、广西、湖南、湖北、江西、浙江、福建、台湾。生于海拔 400~900m 的山坡林下岩石上、岩缝中、溪边草丛。

【食用方法】参考春兰。

药用功效

参考春兰。

建兰

Cymbidium ensifolium（L.） Sw.

别　名‖燕草、秋兰、八月兰、官兰
英文名‖ Rock orchid
分　类‖兰科兰属多年生草本

【形态特征】根长圆柱状，簇生，肥厚。叶根生成束；叶片线状披针形，长 30~60cm，宽 7~12mm，稍坚挺，暗绿色。总状花序直立，具鞘状苞片，花 3~9 朵，芳香；萼片矩圆状披针形，长 2~2.5cm，短尖，淡黄绿色，具紫色线条；花瓣略小，色淡，唇瓣卵状矩圆形，全缘或微 3 裂，向外反卷，绿黄色，具红色或褐色斑点；蕊柱直立，花药顶生。盖状，花粉块 2；子房下部。蒴果含多数种子。花期夏、秋季。

【分布及生境】分布于西藏、云南、贵州、四川、广东、广西、湖南、湖北、安徽、浙江、福建、台湾。

【食用方法】参考春兰。

药用功效

参考春兰。

寒兰

Cymbidium kanran Makino

别　名‖草兰
英文名‖ Smoothlip cymbidium
分　类‖兰科兰属多年生草本

【形态特征】叶 3~7 枚丛生，带形，直立，长 35~70cm，宽 1~17mm，顶端渐尖，全缘或有时近顶端具细齿，薄革质，略带光泽。花葶直立，疏生 5~10 花；花苞片狭披针形；花色多变，有浓香气；萼片狭矩圆状披针形，长约 4cm，宽 4~7mm，顶端渐尖；花瓣短而宽，向上外伸，中脉紫红色，基部具紫晕；唇瓣不明显 3 裂，侧裂片直立，半圆形，具紫红色斜纹，中裂片乳白色，中间黄绿色带紫斑，唇盘从基部至中部具 2 条平行的褶片，褶片黄色，光滑无毛。花期冬季。

【分布及生境】分布于云南、四川、广西、广东、湖南、湖北、浙江、福建、台湾。生于海拔 800m 以下的山坡林下。

【食用方法】参考春兰。

药用功效

参考春兰。

蕙兰

Cymbidium faberi Rolfe

别　名‖九子兰、九节兰、夏兰
英文名‖ Faber cymbidium
分　类‖兰科兰属多年生草本

【形态特征】假鳞茎不明显。叶 5~8 枚，带形，直立性强，长 25~80cm，宽 7~12mm，基部常对折而呈 V 形，叶脉透亮，边缘常有粗锯齿。花葶从叶丛基部最外面的叶腋抽出，近直立或稍外弯，长 35~50cm，被多枚长鞘；总状花序具 5~11 朵或更多的花；花苞片线状披针形，最下面的 1 枚长于子房，中上部的长 1~2cm，约为花梗和子房长度的 1/2，至少超过 1/3；花梗和子房长 2~2.6cm；花常为浅黄绿色，唇瓣有紫红色斑，有香气；萼片近披针状长圆形或狭倒卵形，长 2.5~3.5cm，宽 6~8mm；花瓣与萼片相似，常略短而宽；唇瓣长圆状卵形，长 2~2.5cm，3 裂；侧裂片直立，具小乳突或细毛；中裂片较长，强烈外弯，有明显、发亮的乳突，边缘常皱波状；唇盘上 2 条纵褶片从基部上方延伸至中裂片基部，上端向内倾斜并汇合，多少形成短管；蕊柱长 1.2~1.6cm，稍向前弯曲，两侧有狭翅；花粉团 4 个，成 2 对，宽卵形。蒴果近狭椭圆形，长 5~5.5cm，宽约 2cm。花期 3—5 月。

【分布及生境】分布于陕西南部、甘肃南部、安徽、浙江、江西、福建、台湾、河南南部、湖北、湖南、广东、广西、四川、贵州、云南和西藏东部。生于林下阴湿处。

【食用方法】参考春兰。

药用功效

参考春兰。

白及

Bletilla striata（Thunb. ex A. Murray）Rchb. f.

别　名‖甘根、白芨、莲及草、紫葱、千年粽
英文名‖ Common bletilla
分　类‖兰科白及属多年生草本

食用部位　采收期
1 2 3 4 5 6
7 8 9 10 11 12

【形态特征】 植株高 15~50cm。弦状根，白色，连及而生，故称白及。假鳞茎肥厚，略扁平，外有荸荠样环纹，富黏性，黄白色，常连接成串，茎粗壮，劲直。叶互生，狭长圆形或披针形，3~6 片，基部下延成长鞘状，长 8~29cm，宽 1.5~4cm，抱茎。总状花序顶生，3~8 朵，花淡紫红色或黄白色，花瓣较花萼阔，唇瓣倒卵形，无距，中部以上 3 裂，侧裂片合抱蕊柱，中裂片内有纵褶。雌雄蕊结合成蕊柱，两侧有狭翅，柱头顶端着生 1 雄蕊。花粉块 4 对，扁而长，蜡纸。子房下位，圆柱状，扭曲。蒴果圆柱形，具 6 纵肋，顶端常具花瓣枯萎后的痕迹。花期 4—6 月，果期 7—9 月。
【分布及生境】 分布于河南、陕西、甘肃、山东、安徽、江苏、浙江、福建、广东、广西、江西、湖南、湖北、四川、云南、贵州等地。生于山野川谷较潮湿处。

【食用方法】 8—10 月采挖假鳞茎，去杂，洗净，鲜用或制成干品。洗净后置沸水煮或蒸至无白心，取出，晒至半干，除外皮，晒干即成。食用时把假鳞茎切片，清水漂洗 3~4 小时，去苦涩味，炖肉、炖鸡均可。

药用功效

鳞茎入药。性凉，味苦、甘。补肺、止血、消肿、生肌、敛疮。用于肺伤咳血、衄血、痔疮出血、痈疽肿毒、溃疡疼痛、汤火灼伤、手足皲裂。

绶草

Spiranthes sinensis（Pers.） Ames

别　名‖盘龙参、米洋参、龙抱柱、双瑚草
分　类‖兰科绶草属多年生草本

【形态特征】 植株高 15~50cm。茎直立，基部簇生数条粗壮、肉质的根。近基部生 2~4 叶。叶条状披针形或条形，长 10~20cm，宽 4~10mm。花序顶生，长 10~20cm，具多数小花，似穗状；花白色或淡红色，呈螺旋状排列。花苞片卵形，长渐尖，中萼片条形，钝，长约 5mm，宽约 1.3mm；侧萼片等长较狭，唇瓣近矩圆形，长 4~5mm，宽 2.5mm，顶端极钝，伸展，基部至中部边缘全缘。在中部以上的表面具皱波状和长硬毛，基部稍凹陷，呈浅囊状，囊内具 2 枚突起。
【分布及生境】 分布于我国各省区。生于山坡、林下、草地。

【食用方法】 冬、春季挖取肉质根，去须根和杂质，洗净，可炖猪肉或鸡肉食，或蒸鸡肉食，具补阳壮体的食疗作用。

药用功效

根入药。性平，味甘、辛、苦。滋补强壮、清热凉血。用于肾虚头晕、神经衰弱、肺痨、糖尿病、无名肿毒、毒蛇咬伤。

石斛

Dendrobium nobile Lindl.

别　名‖金钗石斛、吊兰花、扁黄草、中黄草、林兰、杜兰、石遂
英文名‖ Nobile dendrobium
分　类‖兰科石斛属多年生草本

【形态特征】 茎丛生，直立，上部多回折伏，稍扁，长10~60cm，粗1.3cm，具槽纹，节略粗，基部收窄。叶近革质，矩圆形，长8~11cm，宽1~3cm，顶端2圆裂。总状花序具1~4花，总花梗长1cm左右，基部被鞘状苞片；花苞片膜质，长13~16cm。花大，直径达8cm，白色，顶端带淡紫色；萼片矩圆形，顶端略钝；萼囊短，钝，长约5mm；花瓣椭圆形，与萼片等大，顶端钝；唇瓣宽卵状矩圆形，比萼片略短，宽2.8cm，具短爪，两叶被毛，唇盘上具1紫斑。蒴果。花期4—6月。
【分布及生境】 分布于四川、广西、云南、贵州。附生于林中树上或岩石。

【食用方法】 春季和初夏可采摘花，取花瓣作菜肴配料食用。鲜嫩花茎也可作菜肴食用。

药用功效

茎入药。性微寒，味甘、淡。生津、滋阴清热。用于阴伤津亏、口干燥渴、食少干呕、病后虚热、目暗不明。

堇菜

Viola verecunda A. Gray

别　名‖消毒草、地黄毛、小犁头草、箭头菜
英文名‖ Violet
分　类‖堇菜科堇菜属多年生草本

【形态特征】 植株高40~50cm。地下茎短，地上茎柔弱，长约20cm，直立或斜生。基生叶多，具长柄，叶片卵形、卵状心形、肾状心形，可长达2.5cm，边缘浅波状圆齿，茎生叶少，疏列，托叶全缘或锯齿，略呈叶状。单花较小，浅紫色，花梗长，基生或茎生叶腋，萼片5，卵状披针形或披针形，花瓣5，侧瓣长6~8.5mm，内具须毛，下瓣中下部具紫色条纹，距短囊状。蒴果椭圆形，长约8mm，无毛。花期4—5月，果期10—11月。
【分布及生境】 分布于我国东北、华北和长江流域各地。生于海拔420~1 600m的阴湿草地、沟边。

【营养成分】 每100g可食部含维生素A 8.43mg、维生素B_2 0.52mg、维生素C 183mg。
【食用方法】 春季和初夏采摘洗净嫩苗或嫩茎叶，沸水烫过，清水浸泡后可炒食、凉拌或做馅。

药用功效

全草入药。清热解毒、止咳、止血、化瘀。用于肺热咳血、扁桃体炎、眼角膜炎；外用治刀伤肿毒。

长萼堇菜

Viola inconspicua Blume

别　名‖地丁菜、地黄瓜、黄瓜香、犁头草
英文名‖ Long-sepal violet
分　类‖堇菜科堇菜属多年生草本

【形态特征】主根垂直，长达7cm，粗2~3mm，单生或成束。具不明显的茎。叶全部基生，三角状卵形，近三角形或戟形，大小不等，顶端稍钝或急尖至渐狭，基部宽心形，边缘小锯齿，叶柄比叶片长，托叶对生，膜质，近中部以下与叶柄合生，分离部分狭披针形，全缘或具疏齿。花基生，紫色，花梗略长于叶，近中部或以上，小苞片2，对生或互生，线形，萼片长圆形或披针形，边缘具极狭的白色线条，中间具3条脉，基部附属物狭长圆形，顶端常叉裂，花瓣卵圆形或长圆形，花药2室，纵裂，药隔附属物黄褐色，子房长圆形，花柱棒状，稍弯曲。果椭圆形，果瓣长约7mm。种子小，卵圆形，褐色。花期3—4月，果期10—11月。

【分布及生境】分布于我国黄河以南。生于林缘、山坡草地、田边及溪旁等处。

【营养成分】每100g可食部含维生素A 5.29mg、维生素B_2 0.32mg、维生素C 281mg、维生素P 5.17mg。

【食用方法】春季至初夏采摘嫩苗或嫩梢食用。沸水烫过，清水浸泡后，可炒食或做汤，也可切碎掺入面粉蒸食。

药用功效

全草入药。性凉，味微苦。清热解毒、止血化瘀。用于咽喉红肿、疔疮肿毒、刀伤出血、跌打损伤、无名肿毒。

光瓣堇菜

Viola phihippica Cav.

别　名‖紫花地丁、五匹风、小地丁草、羊角子、米布袋
英文名‖ Tokyo violet
分　类‖堇菜科堇菜属多年生草本

【形态特征】植株高4~22cm。具根状茎，稍粗，直立，长2~12mm，生一至数条细而长的根，根苍白色至黄褐色，下向或横生。叶基生，狭披针形或卵状披针形，顶端圆或钝，基部截形或呈心形，稍下近至叶柄边缘浅圆齿，长2~6cm，叶面、叶背疏柔毛，托叶常苍白色，稍宽，膜质，长达2.5cm，边缘疏齿或近全缘，花期后，叶成三角状披针形。花两侧对称，具长柄，苞片生于花梗的中部附近，萼片5，卵状披针形或披针形，边缘膜质狭边，基部附器长圆形或半圆形，顶端截形，圆形或具小齿，花瓣紫堇色、淡紫色，距细管状，长4~7mm，直或稍弯。果椭圆形，长8mm。花期4月，果期11月。

【分布及生境】除新疆、青海、西藏、海南外，分布于全国各地。生于海拔250~1 300m的山坡、草地、路旁、灌丛下。

【营养成分】嫩叶含蛋白质、脂肪、碳水化合物及多种维生素和矿物质。

【食用方法】夏季采摘嫩叶洗净，沸水烫过，清水浸泡约2小时去苦味后挤干，可炒、拌、炝、做汤、做馅，具清热解毒、凉血消肿的食疗作用。

药用功效

全草入药。性寒，味苦。清热解毒、消肿止痛。用于跌打损伤、无名肿痛、刀伤、毒蛇咬伤。

鸡脚堇菜

Viola acuminata Ledeb.

别　名‖地丁菜、地黄瓜、黄瓜香、鸡腿菜、胡森堇菜、红铧头草

英文名‖ Acuminate violet

分　类‖堇菜科堇菜属多年生草本

【形态特征】植株通常无基生叶。根状茎较粗，垂直或倾斜，密生多条淡褐色根。茎直立，通常2~4条丛生，高10~40cm，无毛或上部被白色柔毛。叶片心形、卵状心形或卵形，长1.5~5.5cm，宽1.5~4.5cm，先端锐尖、短渐尖至长渐尖，基部通常心形（狭或宽心形变异幅度较大），稀截形，边缘具钝锯齿及短缘毛，两面密生褐色腺点，沿叶脉被疏柔毛；叶柄下部者长达6cm，上部者较短，长1.5~2.5cm，无毛或被疏柔毛；托叶草质，叶状，长1~3.5cm，宽2~8mm，通常羽状深裂呈流苏状，或浅裂呈齿牙状，边缘被缘毛，两面有褐色腺点，沿脉疏生柔毛。花淡紫色或近白色，具长梗；花梗细，被细柔毛，通常均超出于叶，中部以上或在花附近具2枚线形小苞片；萼片线状披针形，长7~12mm，宽1.5~2.5mm，外面3片较长而宽，先端渐尖，基部附属物长2~3mm，末端截形或有时具1~2齿裂，上面及边缘有短毛，具3脉；花瓣有褐色腺点，上方花瓣与侧方花瓣近等长，上瓣向上反曲，侧瓣里面近基部有长须毛，下瓣里面常有紫色脉纹，连距长0.9~1.6cm；距通常直，长1.5~3.5mm，呈囊状，末端钝；下方2枚雄蕊之距短而钝，长约1.5mm；子房圆锥状，无毛，花柱基部微向前膝曲，向上渐增粗，顶部具数列明显的乳头状突起，先端具短喙，喙端微向上撅，具较大的柱头孔。蒴果椭圆形，长约1cm，无毛，通常有黄褐色腺点，先端渐尖。花、果期5—9月。

【分布及生境】分布于黑龙江、吉林、辽宁、内蒙古、河北、山西、陕西、甘肃、山东、江苏、安徽、浙江、河南。生于杂木林林下、林缘、灌丛、山坡草地或溪谷湿地等处。

【营养成分】每100g可食部含维生素A 6.23mg、维生素B_2 0.68mg、维生素C 80mg。每100g干品含钾3 000mg、钙1 170mg、镁504mg、磷163mg、钠39mg、铁27.9mg、锰8.3mg、锌6.2mg、铜1mg。

【食用方法】春季至初夏采摘嫩苗或嫩茎叶，洗净，沸水烫过，清水浸泡后炒食或做汤。

药用功效

全草入药。性寒，味淡。清热解毒、消肿止痛。用于肺热咳嗽、疔疮肿痛。

匙头菜

Viola collina Bess.

别　名‖毛果堇菜、球果堇菜、山核桃、箭头草、银地匙、白毛叶地丁草、地丁子

英文名‖ Hair-fruit violet

分　类‖堇菜科堇菜属多年生草本

【形态特征】植株丛生，花期高4~9cm，果期高可达20cm。根状茎粗而肥厚，具结节，长2~6cm，黄褐色，垂直或斜生，顶端常具分枝；根多条，淡褐色。叶均基生，呈莲座状；叶片宽卵形或近圆形，长1~3.5cm，宽1~3cm，先端钝、锐尖或稀渐尖，基部弯缺浅或深而狭窄，边缘具浅而钝的锯齿，两面密生白色短柔毛，果期叶片显著增大，长可达8cm，宽约6cm，基部心形；叶柄具狭翅，被倒生短柔毛，花期长2~5cm，果期长达19cm；托叶膜质，披针形，长1~1.5cm，先端渐尖，基部与叶柄合生，边缘具较稀疏的流苏状细齿。花淡紫色，长约1.4cm，具长梗，在花梗的中部或中部以上有2枚长约6mm的小苞片；萼片长圆状披针形或披针形，长5~6mm，具缘毛和腺体，基部的附属物短而钝；花瓣基部微带白色，上方花瓣及侧方花瓣先端钝圆，侧方花瓣里面有须毛或近无毛；下方花瓣的距白色，较短，长约3.5mm，平伸而稍向上方弯曲，末端钝；子房被毛，花柱基部膝曲，向上渐增粗，常疏生乳头状突起，顶部向下方弯曲成钩状喙，喙端具较细的柱头孔。蒴果球形，密被白色柔毛，成熟时果梗通常向下方弯曲，致使果实接近地面。花、果期5—8月。

【分布及生境】分布于黑龙江、吉林、辽宁、内蒙古、河北、山西、陕西、宁夏、甘肃、山东、江苏、安徽、浙江、河南及四川北部。生于林下、林缘、灌丛、草坡、沟谷及路旁较阴湿处。

【食用方法】春季采摘嫩叶，热水焯熟，换水浸洗干净，加调料食用。

药用功效

全草入药。性凉，味苦、涩。清热解毒、消肿止血。用于痈疽疮毒、跌打损伤、刀伤出血等。

戟叶堇菜

Viola betonicifolia J. E. Smith

别　名‖戟叶堇菜、尼泊尔堇菜
英文名‖ Halberd-leaf yellow violet
分　类‖堇菜科堇菜属多年生草本

【形态特征】植株簇生，无地上茎。根状茎通常较粗短，长5~10mm，斜生或垂直，有数条粗长的淡褐色根。叶多数，均基生，莲座状；叶片狭披针形、长三角状戟形或三角状卵形，长2~7.5cm，宽0.5~3cm，先端尖，有时稍钝圆，基部截形或略呈浅心形，有时宽楔形，花期后叶增大，基部垂片开展并具明显的牙齿，边缘具疏而浅的波状齿，近基部齿较深，两面无毛或近无毛；叶柄较长，长1.5~13cm，上半部有狭而明显的翅，通常无毛，有时下部有细毛；托叶褐色，约3/4与叶柄合生，离生部分线状披针形或钻形，先端渐尖，边缘全缘或疏生细齿。花白色或淡紫色，有深色条纹，长1.4~1.7cm；花梗细长，与叶等长或超出于叶，通常无毛，有时仅下部有细毛，中部附近有2枚线形小苞片；萼片卵状披针形或狭卵形，长5~6mm，先端渐尖或稍尖，基部附属物较短，长0.5~1mm，末端圆，有时疏生钝齿，具狭膜质缘，具3脉；上方花瓣倒卵形，长1~1.2cm，侧方花瓣长圆状倒卵形，长1~1.2cm，里面基部密生或有时生较少量的须毛，下方花瓣通常稍短，连距长1.3~1.5cm；距管状，稍短而粗，长2~6mm，粗2~3.5mm，末端圆，直或稍向上弯；花药及药隔顶部附属物均长约2mm，下方2枚雄蕊具长1~3mm的距；子房卵球形，长约2mm，无毛，花柱棍棒状，基部稍向前膝曲，上部逐渐增粗，柱头两侧及后方略增厚成狭缘边，前方具明显的短喙，喙端具柱头孔。蒴果椭圆形至长圆形，长6~9mm，无毛。花、果期4—9月。

【分布及生境】分布于我国华东、华北、华中、华南和西南各省区。生于山坡、草地、溪边、田边。

【食用方法】采嫩苗，洗净，食用。

药用功效

全草入药。性微寒，味苦。清热解毒、祛瘀消肿。用于肠痈、淋浊、疔疮肿毒、刀伤出血、烧烫伤。

东北堇菜

Viola mandshurica W. Beck.

别　名‖紫花地丁
英文名‖ Purple violet
分　类‖堇菜科堇菜属多年生草本

【形态特征】植株高6~18cm。根状茎缩短，垂直，长5~12mm，节密生，呈暗褐色，常自一处发出数条较粗壮的褐色长根，根通常平滑，向下斜伸或有时稍横生。叶3或5片，以至多数，皆基生；叶片长圆形、舌形、卵状披针形，下部者通常较小呈狭卵形，长2~6cm，宽0.5~1.5cm，花期后叶片渐增大，呈长三角形、椭圆状披针形，稍呈戟形，长可达10余cm，宽达5cm，最宽处位于叶的最下部，先端钝或圆，基部截形或宽楔形，下延于叶柄，边缘具疏生波状浅圆齿，有时下部近全缘，两面无毛或被疏柔毛，下面有明显隆起的中脉；叶柄较长，长2.5~8cm，上部具狭翅，花期后翅显著增宽，被短毛或无毛；托叶膜质，下部者呈鳞片状，褐色，上部者淡褐色、淡紫色或苍白色，约2/3以上与叶柄合生，离生部分线状披针形，先端渐尖，边缘疏生细齿或近全缘；花淡紫色，较大，直径约2cm；花梗细长，通常超出于叶，无毛或被短毛，通常在中部以下或近中部处具2枚线形苞片；萼片卵状披针形或披针形，长5~7mm，先端渐尖，基部的附属物短（长1.5~2mm）而较宽，末端圆或截形，通常无齿，具狭膜质边缘，具3脉；上方花瓣倒卵形，长11~13mm，宽5~8mm，侧方花瓣长圆状倒卵形，长11~15mm，宽4~6mm，里面基部有长须毛，下方花瓣连距长15~23mm，距圆筒形，粗而长，长5~10mm，末端圆，向上弯或直；雄蕊的药隔顶端附属物长约1.5mm，花药长约2mm，下方2枚雄蕊的距长4~6mm；子房卵球形，长约2.5mm，无毛，花柱棍棒状，基部细而向前方膝曲，上部较粗，柱头两侧及后方稍增厚成薄而直立的缘部，前方具明显向上斜升的短喙，喙端具较粗的柱头孔。蒴果长圆形，长1~1.5cm，无毛，先端尖。种子多数，卵球形，长1.5mm，无毛，淡棕红色。花、果期4—9月。

【分布及生境】分布于黑龙江、吉林、辽宁、内蒙古、河北、陕西、甘肃、山东、台湾。生于林缘、草坡、荒地、田边。

【食用方法】春、夏季采摘嫩苗食用。

药用功效

全草入药，能清热解毒。外敷可排脓消炎。

木鳖

Momordica cochinchinensis （Lour.） Spreng.

别　名‖木鳖子、番木鳖、漏荟子、藤桐子
英文名‖ Cochinchina momordica
分　类‖葫芦科苦瓜属多年生草本

【形态特征】茎具棱槽，茎上卷须不分枝，长达5m。叶互生，叶柄长5~10cm，具浅棱线；叶片卵形至阔卵形，长、宽10~20cm，3~5浅裂至深裂，偶有7裂，全缘或微齿，基部阔心形，裂片卵圆形或椭圆形，顶端急尖或钝尖；叶片基部或叶柄顶端具2~4腺体。花单生，雌雄异株，均生叶腋，每花具1大型苞片；雄花梗长，花萼5，黑褐色，有黄白色斑点，花冠5，浅黄白色；雄蕊5，合成三体；雌花梗短，苞片较小，子房下位。瓠果长椭圆形，长9~15cm，外被软质刺突，成熟时红色；种子扁平，卵形或椭圆形，粗糙，暗黑色。花期6—8月，果期8—11月。
【分布及生境】分布于湖北、广西、四川。生于灌丛、林缘、路旁。

【营养成分】每100g可食部含维生素A 4.11mg、维生素B_2 0.84mg、维生素C 1 045mg、维生素K 27.1mg、维生素P 1.76mg，还含多种矿物质。
【食用方法】春、夏季采摘嫩梢，洗净，沸水烫软，再用清水浸泡漂洗后，可炒食，味微苦。

药用功效

种子、根和叶入药。种子性温，味苦、微甘，解毒、消肿止痛，用于乳腺炎、淋巴结炎、头癣。根、叶性寒，味苦、微甘，消炎解毒、消肿止痛，用于痈疮疔毒、淋巴结炎。种子有小毒。

绞股蓝

Gynostemma pentaphyllum （Thunb.） Makino

别　名‖七叶胆、小苦药、天堂草、南人参
英文名‖ Five-leaf gynostemma
分　类‖葫芦科绞股蓝属多年生攀缘草本

【形态特征】根状茎细长，匍匐生长，节上生须根。茎细长，节上疏生细毛，卷须2裂或不分裂。叶鸟足状，常5~7小叶组成，小叶片长椭圆状披针形至卵形，具叶柄，中间小叶片长3~9cm，宽1.5~3cm，边缘锯齿状，背面或沿两面叶脉具短刚毛或无毛。圆锥花序腋生，花单性，雌雄异株。花小，直径约3mm，黄绿色，花萼裂片三角形，长约0.5mm；花冠裂片披针形，长约2mm。浆果球形，成熟时黑色。种子长椭圆形，具皱纹。花期7—8月。
【分布及生境】分布于我国陕西和长江以南各省区。生于海拔300~2 000m的山坡林、林缘、灌丛、沟边草丛。

【营养成分】每100g全株的氨基酸含量：苏氨酸0.142 5mg、蛋氨酸0.328 9mg、亮氨酸0.054 9mg、异亮氨酸0.212 7mg、苯丙氨酸0.975 8mg、赖氨酸1.556 3mg。除上述各种营养成分外，其总皂苷含量高达13.6%，有6种皂苷与人参皂苷相同。
【食用方法】春、夏季采摘嫩茎叶食用，洗净，沸水烫过，除去苦味后沥干水，可炒食、凉拌、烧汤或做饮料。

药用功效

全草入药。性寒，味苦、微甘。清热解毒、益气健脾、止咳祛痰。

金瓜

Gymnopetalum chinense （Lour.） Merr.

别　名‖赤瓟、赤雹子
英文名‖ Thladiantha
分　类‖葫芦科赤瓟属多年生草本

【形态特征】全株被黄白色的长柔毛状硬毛，根块状，茎稍粗壮，有棱沟。叶柄稍粗，长2~6cm，叶片宽卵状心形，长5~8cm，宽4~9cm，边缘浅波状，有细齿，先端急尖或短渐尖，基部心形，弯缺深，近圆形或半圆形。雌雄异株。雄花单生或聚生于短枝的上端呈假总状花序，有时2~3朵花生于总梗上，被柔软的长柔毛。雌花单生，花梗细，有长柔毛；花萼和花冠雌雄花；退化雌蕊5，棒状；子房长圆形，外面密被淡黄色长柔毛，花柱无毛，肾形，2裂。果实卵状长圆形，长4~5cm，直径2.8cm，表面橙黄色或红棕色，有光泽，被柔毛，具10条明显的纵纹。种子卵形，黑色，平滑无毛，长4~4.3mm，宽2.5~3mm。花期6—8月，果期8—10月。

【分布及生境】分布于黑龙江、吉林、辽宁、河北、山西、山东、陕西、甘肃和宁夏。常生于海拔300~1 800m的山坡、河谷及林缘湿处。

【食用方法】冬季挖取根部，洗净后煮去苦味，再用水煮熟食用。

药用功效

根和果入药。根可下乳，治疗乳房肿痛。果用于腰腿痛、风湿痛、痛经、软组织损伤等，还有较强的抗炎和抗过敏作用。

东亚唐松草

Thalictrum minus var. *hypoleucum* （Sieb. et Zucc.） Miq.

别　名‖马尾黄连、野姨妈菜、猫爪子、猫蹄子
英文名‖ East-Asia love meadowrue
分　类‖毛茛科唐松草属多年生草本

【形态特征】植株高约90cm。四回三出羽状复叶，下部叶柄长，上部叶柄较短，顶上小叶椭圆形、宽卵状椭圆形，长2.3~3.5cm，宽1.4~3cm，顶端3浅裂，基部圆形或平截，叶背粉绿色，网脉突起，小叶柄长0.9~1.5cm，侧生小叶圆形或斜卵形。圆锥花序塔形，顶生，长30cm，花梗长3~5mm，萼片4，椭圆形，淡黄色，雄蕊多数，比萼片长，花药与花丝近等长，花丝丝状，心皮3~5，柱头阔三角状箭头形。瘦果狭椭圆形，稍扁，长约3mm，具8纵肋。花期6—7月，果期8—10月。

【分布及生境】分布于广东北部、湖南、贵州、四川、湖北、安徽、江苏北部、河南、陕西、山西、山东、河北、内蒙古、辽宁、吉林、黑龙江。生于石灰岩、山地、林边、灌丛、山坡草地。

【营养成分】每100g食用部含维生素A 6.12mg、维生素B_2 0.53mg、维生素C 235mg。每100g干品含钾2 030mg、钙1 650mg、镁311mg、磷130mg、钠10mg、铁7.2mg、锰5.7mg、锌3.1mg、铜0.8mg。

【食用方法】春季采摘嫩芽食用，一般采长约10cm、绿色、实心、不老化的嫩芽做菜，沸水烫，清水浸泡一夜，即可炒食或做汤。

药用功效

根入药。性寒，味苦。清热解毒、祛风解痉。用于百日咳、白口疮、隐疹、高烧、齿痛。

展枝唐松草

Thalictrum squarrosum Steph. ex Willd.

别　名‖猫爪子菜、猫蹄芹
英文名‖Nodding meadowrue
分　类‖毛茛科唐松草属多年生草本

【形态特征】植株高60~100cm，全部无毛。根状茎细长，自节生出长须根。茎有细纵槽，通常自中部近二歧状分枝。基生叶在开花时枯萎。茎下部及中部叶有短柄，为二至三回羽状复叶；叶片长8~18cm；小叶坚纸质或薄革质，顶生小叶楔状倒卵形、宽倒卵形、长圆形或圆卵形，顶端急尖，基部楔形至圆形，通常3浅裂，裂片全缘或有2~3个小齿，表面脉常稍下陷，背面有白粉，脉平或稍隆起，脉网稍明显；叶柄长1~4cm。花序圆锥状，近二歧状分枝；花梗细，长1.5~3cm，在结果时稍增长；萼片4，淡黄绿色，狭卵形，长约3mm，宽约0.8mm，脱落；雄蕊5~14，长3~5mm，花药长圆形，长约2.2mm，有短尖头，花丝丝形；心皮1~3（~5），无柄，柱头箭头状。瘦果狭倒卵形或近纺锤形，稍斜，长4~5.2mm，有8条粗纵肋，柱头长约1.6mm。花期7—8月。

【分布及生境】分布于我国东北、西北、华北及四川、湖南、贵州等地。生于灌丛、林缘、山坡草地、山谷沟边、森林草原、树林下和固定沙丘等。

【营养成分】每100g鲜品含粗纤维1.4g、维生素A 6.85mg、维生素B_2 0.19mg、维生素C 45mg。

【食用方法】4—5月采摘长6~12cm的嫩芽，沸水烫，清水浸泡一夜，即可炒食或做汤。采摘量大时可盐渍。

药用功效

性平，味苦。清热解毒、健脾、发汗。

升麻

Cimicifuga foetida L.

别　名‖绿升麻、西升麻、川升麻、苦里牙、马尿杆、火筒杆、叶升麻、鸡骨升麻
英文名‖Skunk bughane
分　类‖毛茛科升麻属多年生草本

【形态特征】植株高1~2m。根状茎粗壮，茎直立，上部分枝，具短柔毛。基生叶和下部茎生叶为二至三回，近羽状复叶，小叶菱形或近卵形，长约10cm，宽约7cm，浅裂，边缘不规则锯齿，叶柄长约15cm。圆锥花序，20分枝，密生灰色腺毛和短柔毛，花两性，萼片5，白色，倒卵状圆形，退化雄蕊宽椭圆形，长约3mm，顶端微凹或2浅裂，雄蕊多数，心皮2~5，密生短柔毛，具短柄。蓇葖果长矩圆形，略扁，被贴伏柔毛，顶端具短喙。种子具膜质鳞翅。花期7—9月，果期8—10月。

【分布及生境】分布于西藏、云南、四川、陕西、甘肃、青海、河南、山西、湖北。生于海拔1 300~2 500m的山坡、林下、草丛。

【食用方法】早春于展叶前采摘，可凉拌或炒食。

药用功效

根茎入药。性微寒，味辛、微甘。发表透疹、清热解毒、升举阳气。用于风热头痛、咽喉肿痛、麻疹不透、脱肛、子宫脱垂。

小升麻

Cimicifuga acerina （Sieb. Et Zucc.） Tanaka

别　名‖金丝三七、帽辫七、茶七、白升麻
英文名‖Maple-leaf japanese bugbane
分　类‖毛茛科升麻属多年生草本

【形态特征】植株高达110cm，具根状茎，横走。茎直立，上部密生灰色柔毛，下部无毛或被生伸展的长柔毛。叶1~2，近基生，三出复叶，叶柄长达33cm，无毛或具白色柔毛，叶片宽达40cm，顶生小叶卵状心形，长5~12cm，宽4~10cm，7~9深裂，边缘尖基出脉5条，网脉不明显，侧生小叶比顶生小叶略小。花序顶生，单一，不分枝或1~3分枝，长达25cm，花序轴密被短柔毛，花小，直径约4mm，无梗，萼片3，白色，椭圆形，内生退化雄蕊一枚，圆卵形，基部具密生蜜腺，雄花长短不一，花药椭圆形。蓇葖果宿存花柱向外伸展。种子8~12颗，椭圆球形，浅灰色，具许多横向短鳞翅。花期7—9月，果期9—11月。

【分布及生境】分布于广东、浙江、湖南、贵州、湖北、四川、甘肃南部、陕西南部、山西南部、河南和安徽。日本也有。生于灌丛、草坡、林边湿润处。

【食用方法】早春采摘嫩苗或嫩叶食用，沸水烫后可凉拌或炒食。

药用功效

根状茎入药。清热解毒、疏风发汗。用于胃冷痛、斑疹不透。

兴安升麻

Cimicifuga dahurica（Turcz.）Maxim.

别　名‖北升麻

分　类‖毛茛科升麻属多年生草本

食用部位　采收期

1	2	3	4	5	6
7	8	9	10	11	12

【形态特征】 植株高 11m 左右。根状茎粗大，弯曲，表面黑色，茎直立，单一。叶片近革质，下部茎生叶具长柄，长约 30cm，二至三回三出复叶，叶片广卵形，顶端渐尖，边缘不整齐的粗锯齿，上部茎生叶较小，为一回三出复叶。花序常分歧呈圆锥状，花单性，黄白色，雌雄异株，花轴和花梗上密生短灰毛和腺毛，雄花序较大，具多数雄花，雌花具蜜腺。蓇葖果具短柄。花期 7—8 月，果期 8—9 月。

【分布及生境】 分布于我国东北、华北和内蒙古。生于林下、林缘、灌木丛和溪谷草甸，也生于山坡、草丛。

【营养成分】 嫩茎含蛋白质、脂肪、碳水化合物、维生素、矿物质、阿魏酸和异阿魏酸。

【食用方法】 早春采摘嫩茎，去幼叶，洗净，沸水烫一下，烫的时间以手可以掐破为宜，然后在温水中浸约 5 分钟，捞起再用凉水中浸 5 分钟左右，炒食，也可蘸酱食用。

药用功效

根茎入药。解毒、利咽。用于胃炎、齿痛、咽喉肿痛、口舌生疮。

棉团铁线莲

Clematis hexapetala Pall.

别　名‖山蓼、山辣椒秧、山棉花、马笼头

英文名‖ Six-petal clematis

分　类‖毛茛科铁线莲属多年生草本

【形态特征】 植株高 30~100cm。老枝圆柱形，有纵沟；茎疏生柔毛，后变无毛。叶片近革质绿色，干后常变黑色，单叶至复叶，一至二回羽状深裂，裂片线状披针形，长椭圆状披针形至椭圆形，或线形，长 1.5~10cm，宽 0.1~2cm，顶端锐尖或突尖，有时钝，全缘，两面或沿叶脉疏生长柔毛或近无毛，网脉突出。花序顶生，聚伞花序或为总状、圆锥状聚伞花序，有时花单生，花直径 2.5~5cm；萼片 4~8。通常 6，白色，长椭圆形或狭倒卵形，外面密生棉毛，花蕾时像棉花球，内面无毛；雄蕊无毛。瘦果倒卵形，扁平，密生柔毛，宿存花柱长 1.5~3cm，有灰白色长柔毛。花期 6—8 月，果期 7—10 月。

【分布及生境】 分布于我国东北及内蒙古、河北、山东、山西等省区。生于山地、林边、草坡。耐干旱。

【食用方法】 嫩茎叶洗净，用沸水烫一下，在凉水中浸泡，可炒食。

药用功效

根入药。解热、镇痛、利尿。用于风湿、水肿、神经痛、痔疮肿痛。

驴蹄草

Caltha palustris L.

别　名‖马蹄草、马蹄叶、驴蹄菜、黄甸花
英文名‖ Common marshmarigold
分　类‖毛茛科马蹄草属多年生草本

【形态特征】植株高 20~48cm，全部无毛，有多数肉质须根。茎实心，具细纵沟，在中部或中部以上分枝，稀不分枝。基生叶 3~7，有长柄；叶片圆形、圆肾形或心形，长（1.2~）2.5~5cm，宽（2~）3~9cm，顶端圆形，基部深心形或基部 2 裂片互相覆压，边缘全部密生正三角形小牙齿；叶柄长（4~）7~24cm。茎生叶通常向上逐渐变小，稀与基生叶近等大，圆肾形或三角状心形，具较短的叶柄或最上部叶完全不具柄。茎或分枝顶部有由 2 朵花组成的简单的单歧聚伞花序；苞片三角状心形，边缘生牙齿；花梗长（1.5~）2~10cm；萼片 5，黄色，倒卵形或狭倒卵形，长 1~1.8（~2.5）cm，宽 0.6~1.2（~1.5）cm，顶端圆形；雄蕊长 4.5~7（~9）mm，花药长圆形，长 1~1.6mm，花丝狭线形；心皮（5~）7~12，与雄蕊近等长，无柄，有短花柱。蓇葖长约 1cm，宽约 3mm，具横脉，喙长约 1mm。种子狭卵球形，长 1.5~2mm，黑色，有光泽，有少数纵皱纹。花期 5—9 月，果期 6 月。

【分布及生境】分布于西藏东部、云南西北部、四川、浙江西部、甘肃南部、陕西、河南西部、山西、河北、内蒙古、新疆等省区。生于山谷、溪边、草甸、林下。

【食用方法】嫩茎叶只可熟食，不可生食。

药用功效

全草入药。性微温，味辛。散风除寒。用于头目昏眩、周身痛；外用于烫伤、皮肤病。

茴茴蒜

Ranunculus chinensis Bunge

别　名‖水胡椒、蝎虎草、茴茴蒜毛良、黄花草、生细辛、鹅巴掌、水杨梅
英文名‖ Chinese buttercup
分　类‖毛茛科毛茛属多年生草本

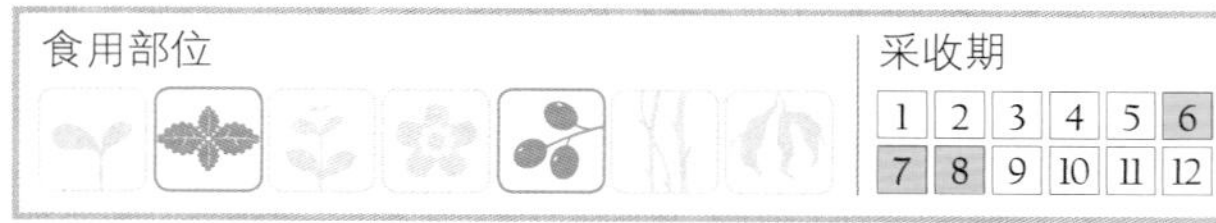

【形态特征】植株高 15~50cm，须根系。三出复叶，叶片宽卵形，长 2.6~7.5cm，中央小叶具长柄，3 深裂。裂片狭长，上部生少数不规则锯齿，侧生小叶具短柄，2 裂或 3 裂不等。茎生叶和下部叶具长柄，茎上部叶逐渐变小。花序具疏毛，花瓣 5，黄色，宽倒卵形，长约 3.2mm，基部具密槽，雄蕊和心皮均多数，萼片 5，船形，淡绿色，长约 4mm。聚合果，近矩圆形，长约 1cm，瘦果扁，无毛。

【分布及生境】分布于云南、西藏、广西、贵州、四川、湖北、甘肃、陕西、江苏及华北和东北地区。生于溪边、湿草地。

【食用方法】夏季采摘嫩叶，热水焯熟，换水浸洗干净，加调料食用。种子捣碎后，也可拌菜食用。必须注意的是，毛茛科植物一般都有毒性，宜少食。

药用功效

全草入药。性微温，味苦、辛。消炎退肿、截疟、杀虫、定喘。用于黄疸、顽癣、疟疾、哮喘。

琉璃草

Cynoglossum zeylanicum （Lehm.） Brand

别　名‖大玻璃草、猪尾巴、贴骨散
英文名‖ Ceylon hound tongue
分　类‖紫草科琉璃草属多年生草本

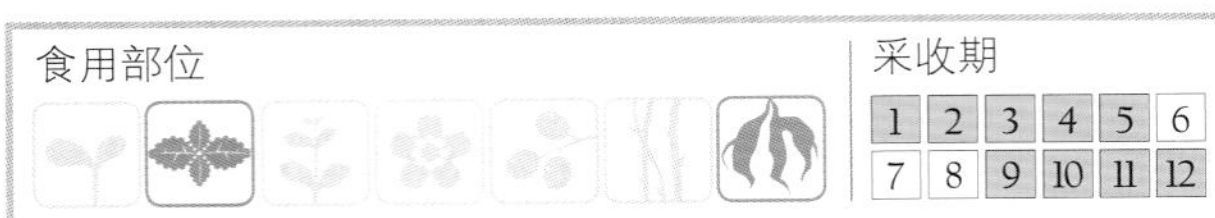

【形态特征】植株高 40~60cm，稀达 80cm。茎单一或数条丛生，密被黄褐色糙伏毛。基生叶及茎下部叶具柄，长圆形或长圆状披针形，长 12~20cm（包括叶柄），宽 3~5cm，先端钝，基部渐狭，上下两面密生贴伏的伏毛；茎上部叶无柄，狭小，被密伏的伏毛。花序顶生及腋生，分枝钝角叉状分开，无苞片，果期延长呈总状；花梗长 1~2mm，果期较花萼短，密生贴伏的糙伏毛；花萼长 1.5~2mm，果期稍增大，长约 3mm，裂片卵形或卵状长圆形，外面密伏短糙毛；花冠蓝色，漏斗状，长 3.5~4.5mm，檐部直径 5~7mm，裂片长圆形，先端圆钝，喉部有 5 个梯形附属物，花药长圆形，花丝基部扩张，着生于花冠筒上 1/3 处；花柱肥厚，略四棱状，长约 1mm，果期长达 2.5mm，较花萼稍短。小坚果卵球形，长 2~3mm，直径 1.5~2.5mm，背面突，密生锚状刺，边缘无翅边或稀中部以下具翅边。花、果期 5—10 月。

【分布及生境】分布于我国西南、华南至安徽、陕西和甘肃南部等地。生于山坡草地或路边。

【营养成分】每 100g 嫩叶含蛋白质 4.4g、脂肪 0.3g、碳水化合物 6g、维生素 B_2 0.66mg、维生素 B_5 1.4mg、维生素 C 6mg、钙 443mg、磷 64mg。

【食用方法】秋、冬季采挖肉质根食用，炖瘦肉或鸡肉，具治虚汗、盗汗、虚肿功效。春季采摘嫩叶食用，沸水烫后，切段可炒食、做汤或做馅。

药用功效

根入药。性寒，味苦。清热解毒、活血散瘀、消肿止痛、拔脓生肌、调经。用于疮疖痈肿、毒蛇咬伤、跌打损伤、骨折。

小花琉璃草

Cynoglossum lanceolatum Hochst. ex A. DC.

别　名‖黏娘娘
英文名‖ Lance-leaf forget-me-not
分　类‖紫草科琉璃草属多年生草本

【形态特征】植株高 20~90cm。茎直立，由中部或下部分枝，分枝开展，密生基部具基盘的硬毛。基生叶及茎下部叶具柄，长圆状披针形，长 8~14cm，宽约 3cm，先端尖，基部渐狭，上面被具基盘的硬毛及稠密的伏毛，下面密生短柔毛；茎中部叶无柄或具短柄，披针形，长 4~7cm，宽约 1cm，茎上部叶极小。花序顶生及腋生，分枝钝角叉状分开，无苞片，果期延长呈总状；花梗长 1~1.5mm，果期几不增长；花萼长 1~1.5mm，裂片卵形，先端钝，外面密生短伏毛，内面无毛，果期稍增大；花冠淡蓝色，钟状，长 1.5~2.5mm，檐部直径 2~2.5mm，喉部有 5 个半月形附属物；花药卵圆形，长约 0.5mm；花柱肥厚，四棱状，果期长约 1mm，较花萼为短。小坚果卵球形，长 2~2.5mm，背面突，密生长短不等的锚状刺，边缘锚状刺基部不连合。花、果期 4—9 月。

【分布及生境】分布于我国西南、华南、华东及河南、陕西、甘肃南部。生于丘陵山地、草坡、路旁。

【营养成分】每 100g 可食部含蛋白质 2.7g，维生素 A 1.24mg、维生素 C 2mg、钙 1 223mg、磷 48mg、铁 2.7mg。

【食用方法】春季开花前采摘嫩茎叶食用，洗净，放锅中加适量水，煮至嫩茎叶软化后捞起，挤干水，加调料炒食，味鲜美可口。

药用功效

全草入药。清热解毒、利尿消肿、活血。用于急性肾炎、月经不调，外用治痈肿疮毒及毒蛇咬伤。

倒提壶

Cynoglossum amabile Stapf et Drumm.

别　名‖小绿连草、蓝布裙、狗屎蓝花
英文名‖ Chinese forget-me-not
分　类‖紫草科琉璃草属多年生草本

【形态特征】植株高20~80cm，全株密被灰色糙伏毛。单一分枝或从下部向上分枝，中空。基生叶丛生，具柄，椭圆形或椭圆状披针形，长6~20cm，宽1~4cm，顶端渐尖，基部楔形，叶面、叶背密被短伏毛。茎生叶互生，具短柄或无柄，卵形或卵状披针形，长1.5~6cm，宽0.5~3cm。花序分枝成锐角分开，无苞片，花梗长1.5~4mm，花萼长约3mm，外密被短伏毛，裂片5，裂片卵状椭圆形，花冠蓝紫色，花冠短筒状，5裂，裂片半圆形，喉部有5枚梯形附属物，雄蕊5，花丝极短，子房4裂，花柱生于子房基部，伸出。小坚果4枚，卵形，长约3.5mm，密生锚状钩刺。花期4—6月，果期7—8月。

【分布及生境】分布于云南、贵州西部、西藏西南部至东南部、四川西部及甘肃南部。生于山地、草坡、松树林缘。

【营养成分】每100g可食部含维生素A 0.07mg、维生素B_1 0.04mg、维生素C 5.75mg。

【食用方法】春季至初夏采摘嫩叶，洗净，沸水烫过，清水漂洗去苦味后，可荤素搭配炒食。

药用功效

全草入药。性凉，味甘。清肺化痰、止血。用于咳嗽、吐血、瘰疬、刀伤。

山茄子

Brachybotrys paridiformis Maxim.

别　名‖山茄秧、棒槌幌子、假王孙、人参幌子
分　类‖紫草科山茄子属多年生草本

【形态特征】植株高30~40cm，根状茎粗约3mm。茎直立，不分枝，上部疏生短伏毛。基部茎生叶鳞片状；中部茎生叶具长叶柄，叶片倒卵状长圆形，长2~5cm，下面稍有短伏毛；叶柄长3~5cm，有狭翅，下面有长柔毛；上部5~6叶假轮生，具短柄，叶片倒卵形至倒卵状椭圆形，长6~12cm，宽2~5cm，上面几无毛，下面有稀疏短伏毛，先端短渐尖，基部楔形。花序顶生，长约5cm，具纤细的花序轴，花集生于花序轴的上部，通常约为6朵；花梗长4~15mm，无苞片，花序轴、花梗及花萼都有密短伏毛；花萼长约8mm，5裂至近基部，裂片钻状披针形，果期长约11mm；花冠紫色，长约11mm，檐部裂片倒卵状长圆形，长约6mm，附属物舌状；雄蕊着生于附属物之下，花丝长约4mm，花药伸出喉部，长约3mm，先端具小尖头；子房4裂，花柱长约1.7mm，有弯曲，柱头微小，头状。小坚果长3~3.5mm，背面三角状卵形，腹面由3个面组成，着生面在腹面近基部。

【分布及生境】分布于我国东北和华北地区。生于山坡林地、林下、灌丛。

【食用方法】春季采嫩苗，沸水焯过，换凉水浸泡约1小时，炒食、凉拌、蘸酱或做汤。

马鞭草

Verbena officinalis L.

别　名‖马鞭稍、铁马鞭、紫顶花芽草、野荆芥、龙芽草、风颈草
英文名‖ European verbena
分　类‖马鞭草科马鞭草属多年生草本

【形态特征】植株高 30~80cm。茎上部方形，花后下部近圆形。叶对生，卵圆形至矩圆形，长 2~8cm，宽 1~4cm，基生叶两面具粗毛，边缘细锯齿或缺刻，茎生叶无柄，多数 3 深裂，有时羽裂，裂片边缘具不整齐锯齿，两面具粗毛。穗状花序顶生或生于上部叶腋，开花时类似马鞭；每花具 1 苞片，苞片和萼片均具粗毛；花萼管状，5 齿裂；花冠管状，淡紫色或蓝色，近二唇形；雄蕊 4，2 强；子房 4 室，每室 1 胚珠，熟时分裂为 4 个长圆形小坚果。花期 6—8 月，果期 7—11 月。
【分布及生境】分布于湖北、江苏、广西、贵州。生于路旁、村边、田野、山坡。

【营养成分】全草含马鞭草苷、挥发油，叶含腺苷、β-胡萝卜素。
【食用方法】春季采摘嫩梢食用，沸水烫，清水浸泡 3~4 小时减轻苦味后，沥干水，可配荤素菜炒食，或加调料凉拌，具清火功效。

药用功效

地上部入药。性凉，味苦。活血散瘀、截疟、解毒、利水消肿。用于症瘕积聚、闭经、痛经、疟疾、喉痹、痈肿、水肿、热淋。

鲫鱼鳞

Caryopteris nepetaefolia （Benth.） Maxim.

别　名‖莸、荆芥叶莸、单花莸
英文名‖ Caryopteris
分　类‖马鞭草科莸属多年生草本

【形态特征】植株高达 90cm。茎枝四方柱形，基部略微木质化，表面被白柔毛。单叶对生，叶片宽卵形至圆形，长 1.5~5cm，宽 1~4.5cm，叶面、叶背均有柔毛和金黄色腺点，叶缘具粗圆齿，叶柄短。花单生于叶腋，花梗长 1~2cm，具 1 对线形小苞片；花冠淡蓝色或白色带紫色斑点，顶端 5 裂，其中 1 裂片较大，4 片较小，椭圆形，全缘，花冠外被疏毛和金黄色腺点；雄蕊 4；花萼绿色，钟形，5 深裂，裂片卵圆形，长 5~8mm，子房密生短柔毛。蒴果细小，近球形，具毛，成熟时分裂为 4 个小坚果。花期 4—6 月，果期 6—8 月。
【分布及生境】分布于安徽、江苏、浙江、福建。生于山坡林边、草丛或岩石间。

【食用方法】春季采嫩叶，热水焯熟，换水浸洗干净后，调味食用。

药用功效

全草入药。性凉，味微甘。清热解表、利尿止血、镇痛。用于感冒、中暑、尿路感染、白带异常和外伤出血等。

马蹄金

Dichondra micrantha Urb.

别　名 ‖ 黄疸草、金线草、小马蹄草
英文名 ‖ Creeping dichondra
分　类 ‖ 旋花科马蹄金属多年生草本

【形态特征】茎细长，匍匐生长，被灰色短柔毛，节上生不定根。叶肾形至圆形，顶端宽圆形或微缺，基部宽心形，叶面被毛，叶背被贴生短柔毛，全缘，叶柄长 1~3cm。花单生，稀有 2 朵着生于叶腋，花梗纤细，叶片狭倒卵形至匙形，长 2~3mm，背面和边缘被毛；花冠钟形，淡黄色，深 5 裂，裂片长圆状披针形，无毛；雄蕊 5，着生于花冠裂片间的弯缺处；子房 2 室，　每室 2 胚珠，柱头 2，柱头头状。蒴果近球形。种子黄色，1~2 颗，无毛。花期 5—6 月。
【分布及生境】分布于全国各地。生于山坡、草地、田埂、路旁、宅旁、山坡林边、田边阴湿处。

【食用方法】全年均可采摘嫩梢食用，洗净，用淘米水浸泡 1~2 天，可蘸辣椒酱食，也用于蒸鸡蛋，具降火功效。或沸水烫后，煮汤、做肉团子煮熟食。

药用功效

茎叶入药。性凉，味苦、辛。清热解毒、利水、活血。用于黄疸、痢疾、石淋、白浊、水肿、疔疮肿毒、跌打损伤。

旋花

Calystegia sepium L. R. Br.

别　名 ‖ 篱打碗花、篱天剑、粉根藤、碗花
英文名 ‖ Convolvulus
分　类 ‖ 旋花科打碗花属多年生缠绕或匍匐草本

【形态特征】植株较大，缠绕生长，全体不被毛。茎缠绕，伸长，有细棱。叶形多变，三角状卵形或宽卵形，长 4~10（~15） cm，宽 2~6（~10）cm 或更宽，顶端渐尖或锐尖，基部戟形或心形，全缘或基部稍伸展为具 2~3 个大齿缺的裂片；叶柄常短于叶片或两者近等长。花腋生，1 朵；花梗通常稍长于叶柄，长达 10cm，有细棱或有时具狭翅；苞片宽卵形，长 1.5~2.3cm，顶端锐尖；萼片卵形，长 1.2~1.6cm，顶端渐尖或有时锐尖；花冠通常白色或有时淡红或紫色，漏斗状，长 5~6（~7）cm，冠檐微裂；雄蕊花丝基部扩大，被小鳞毛；子房无毛，柱头 2 裂，裂片卵形，扁平。蒴果卵形，长约 1cm，为增大宿存的苞片和萼片所包被。种子黑褐色，长 4mm，表面有小疣。
【分布及生境】分布于我国大部分地区。生于海拔 800~2 000m 的山坡、草地、林缘、路旁。

【营养成分】每 100g 可食部含维生素 A 4.73mg、维生素 B_2 4.96mg、维生素 C 85mg。
【食用方法】参考打碗花。

药用功效

根入药。性寒，味甘。清热利湿、理气健脾。用于目赤肿痛、咽喉痛、带下病、疝气。

山土瓜

Merremia hungaiensis （Lingelsh. et Borza） R. C. Fang

别　名‖山红苕、地瓜、野地瓜藤、红土瓜、山萝卜、野红苕、土瓜

英文名‖ Morning glory

分　类‖旋花科番薯属多年生缠绕草本

【形态特征】地下具块根，球形或卵状，2~3 年生，表面暗褐色、红褐色或肉白色。茎细长，大多旋扭，具细棱，无毛。叶片椭圆形、卵形或长圆形，长 3~8cm，宽 1.3~3cm，顶端钝，微凹，渐尖或锐尖，具小尖头，基部钝圆、楔形或微呈心形，边缘微啮蚀状或近全缘，叶面、叶背无毛，或仅叶基被少许缘毛。侧脉 5~6 对，带紫色，叶柄长 1~3cm，沿棱具短柔毛。花单生叶腋，或 2~3 花腋生的聚伞花序，总花梗长 2~4cm，无毛；苞片小，鳞片状；花萼裂片 5，椭圆形，顶端钝，边缘干膜质，无毛；花冠漏斗状，淡黄色，稀白色，瓣中带顶端被淡黄色短柔毛，余无毛；雄蕊 5，花丝基部扩大，具柔毛，花盘杯状；子房圆锥形，2 室，柱头头状。蒴果扁球形，花萼宿存，4 瓣裂。种子 1~4 颗，密被黑褐色茸毛。花期 7—9 月，果期 9—10 月。

【分布及生境】分布于西藏、贵州、四川等省区。生于海拔 1 200~2 000m 的草坡、山坡灌丛或松林下。

【营养成分】每 100g 可食部含维生素 B_1 0.017mg、维生素 C 2mg、蛋白质 0.6g、钙 10.53mg、磷 192mg、铁 3.1mg，还富含淀粉。

【食用方法】在秋、冬季挖取块根，洗净，可生食、切片炖食或磨粉做饼食用。

药用功效

根入药。性平，味甘。清肝利胆、润肺止咳。用于黄疸、小儿疳积、咳嗽、虚热、盗汗。

徐长卿

Cynanchum paniculatum （Bunge） Kitagawa

别　名‖一枝箭、土细辛、廖刁竹、竹叶细辛

英文名‖ Paniculate swallowwort

分　类‖萝藦科牛皮消属多年生草本

【形态特征】植株高约 1m。根须状，多至 50 余条；茎不分枝，稀从根部发生几条，无毛或被微生。叶对生，纸质，披针形至线形，长 5~13cm，宽 5~15mm，两端锐尖，两面无毛或叶面具疏柔毛，叶缘有边毛；侧脉不明显；叶柄长约 3mm。圆锥状聚伞花序生于顶端的叶腋内，长达 7cm，着花 10 余朵；花萼内的腺体或有或无；花冠黄绿色，近辐状，裂片长达 4mm，宽约 3mm；副花冠裂片 5，基部增厚，顶端钝；花粉块每室 1 个，下垂；子房椭圆形；柱头 5 角形，顶端略为突起。蓇葖果单生，披针形，长约 6cm，直径约 6mm，向端部长渐尖。种子长圆形，长约 3mm，种毛白色绢质，长 1cm。花期 5—7 月，果期 9—12 月。

【分布及生境】分布于辽宁、内蒙古、山西、河北、河南、陕西、甘肃、四川、贵州、云南、山东、安徽、江苏、浙江、江西、湖北、湖南、广东和广西等省区。生于向阳山坡、草丛中。

【营养成分】全草或根含丹皮酚，根还含黄酮苷、糖类、氨基酸等。

【食用方法】秋末和初春挖取根，以粗长、香气浓者为佳。洗净后，鲜用或晒干备用，可炖猪肉、猪骨或鸡，具补肾虚等食疗作用。嫩叶嫩茎和果实也可食用。春、夏季采摘嫩叶可煮汤，味鲜可口。

药用功效

根和根茎入药。性温，味辛。有毒。镇痛、止咳、利水消肿、活血解毒。用于风湿疼痛、毒蛇咬伤、腹水、跌打损伤、水肿、痢疾、胃痛、胃肠炎、齿痛、慢性气管炎。

雨点儿菜

Cynanchum stauntonii （Decne.） Schltr. ex H. Lévl.

别　名‖白前、水杨柳、鹅白前、草白前、石蓝、柳叶白前
英文名‖ Willow-leaf swallowwort
分　类‖萝藦科鹅绒藤属多年生草本

【形态特征】植株高30~60cm。茎直立，单一，下部木质化，具细棱。单叶对生，叶片披针形至线状披针形，长6~13cm，宽3~8mm，先端渐尖，基部渐狭，边缘反卷；下部叶较短而宽，顶端叶渐短而窄。聚伞花序，腋生，有花3~8朵，总花梗中部以上着生多数小苞片。花冠紫色，5深裂，裂片线形，基部短筒形；副花冠5片，上部围绕蕊柱顶端，雄蕊5，与雌蕊合成蕊柱，花药2室，雌蕊1；花萼绿色，5深裂，裂片卵状披针形；子房上位，2心皮几乎分离，花柱2，在顶端连合成一个平盘状柱头。蓇葖果角状。种子多数，顶端具白色细茸毛。花期5—8月，果期9—10月。

【分布及生境】分布于浙江、江苏、安徽、江西、湖南、湖北、广西、广东、贵州、云南、四川等。生于溪滩、江边沙碛之上或谷中阴湿处。

【食用方法】春季采摘嫩叶，热水焯熟，换水浸洗干净，调味拌食。

药用功效

秋季挖取根茎入药。性微温，味辛、苦。降气、消痰、止咳。用于咳嗽痰多、胸满喘急。

羊角苗

Cynanchum chinense R. Br.

别　名‖鹅绒藤、羊奶科、合钵儿、婆婆针扎儿、纽丝藤、过路黄、羊奶角、牛皮消
英文名‖ Cynanchun
分　类‖萝藦科鹅绒藤属多年生草本

【形态特征】根肥大，圆柱形，灰黄色。茎缠绕生长，多分枝，内有乳汁，全株被短柔毛。单叶对生，叶片宽三角状心形，长3~7cm，宽3~6cm，先端渐尖，基部心形，全缘，具叶柄，长3~5cm。伞状聚伞花序，腋生。总花梗长3~5cm，多花；花冠白色，辐状，具5深裂，裂片条状披针形，长4~5mm；副花冠杯状，外轮5浅裂，裂片三角形。裂片间具5条丝状体，内轮具5条较短丝状体；花萼5深裂，裂片披针形；花粉块每室1个，下垂，柱头近三角形。

【分布及生境】分布于辽宁、内蒙古、湖北、山西、陕西、宁夏、甘肃、河南和华东等地。多生于田边、地埂和村庄附近。

【食用方法】春季采嫩叶，热水焯熟，换水浸洗干净，去苦味，调味食用。

药用功效

根和乳汁入药。性凉，味甘。化瘀解毒。用于各种寻常疣。

白薇

Cynanchum atratum Bunge

别　名‖薇草、老君须、大对月莲、鞋底药、白川、石荡草
英文名‖ Black swallowwort
分　类‖萝藦科牛皮消属多年生草本

【形态特征】植株高约 70cm。茎直立，下部木质化，圆柱形，密被灰白色茸毛，须根具香气。叶对生，叶片椭圆形，卵形，长圆形或倒卵状长圆形，长 5~9.5cm，宽 2.5~4.5cm，顶端锐尖或钝，基部宽楔形或近圆形；中脉表面稍突起或平坦，侧脉两边各 6~7 条，纤细，两面被灰色茸毛，背面特密，叶柄长 6mm。聚伞花序伞状，无花序梗，具 8~10 花，簇生节上或其他处，花梗长 8~12mm，被茸毛。花萼外被茸毛；花冠紫色，辐射状，5 裂，裂片长圆形，外被短柔毛，边具纤毛；副花冠 5 裂，裂片盾状，圆形，花药顶端具 1 个圆形膜片；花粉块每室 1 个，下垂；子房 2，柱头扁平。蓇葖果单生，狭纺锤状披针形，长约 9cm，直径约 8mm，外果皮具细条纹，无毛。种子扁平，种毛长约 3cm。花期 4—8 月，果期 6—9 月。

【分布及生境】分布于黑龙江、吉林、辽宁、山东、河北、河南、陕西、山西、四川、贵州、云南、广西、广东、湖南、湖北、福建、江西、江苏等省区。生于海拔 100~1 800m 的河边、干荒地、草丛、山沟、林下草地。

【营养成分】根和根茎含白薇苷 A~E，芫花叶白前苷 C、H、F，挥发油和强心苷。

【食用方法】春、秋季采挖，洗净，可鲜食或晒干备用，炖肉食。

药用功效

根和根茎入药。性寒，味苦、咸。清热、凉血。用于阴虚内热、肺热咳血、温疟、热淋、血淋、带下、风湿痛。

垂盆草

Sedum sarmentosum Bunge

别　名‖狗牙瓣、豆瓣菜、瓜子草、佛指甲
英文名‖ Stringy stonecrop
分　类‖景天科景天属多年生草本

【形态特征】植株高 10~30cm。不育枝匍匐生长，节上常生不定根，结实枝直立。叶 3 片，轮生，倒披针形至长圆形，长 15~25mm，宽 3~5mm，顶端尖，基部狭，具距，全缘。聚伞花序疏松，常 3~5 分枝，花淡黄色，无梗；苞片披针形，长 5~8mm，宽 2~2.7mm，顶端稍钝，基部无距；花瓣 5，披针形至长圆形，长 5~8mm，顶端具长尖头；雄蕊 10，2 轮，花药狭长，心皮 5，稍开展，长 5~6mm，顶端渐狭为长花柱，基部宽，合生约 1.5mm。蓇葖果腹面呈浅囊状。种子细小，卵圆形，长约 0.8mm，无翅，表面乳头状突起。花期 5—6 月，果期 7—8 月。

【分布及生境】分布于全国各地。生于山坡岩石上。

【营养成分】每 100g 可食部含维生素 A 1.23mg、维生素 B_2 0.23mg、维生素 C 91mg，还含垂盆草苷、景天庚糖、葡萄糖、果糖和蔗糖。

【食用方法】春、夏季采摘嫩茎叶，沸水烫过，清水洗后，沥干水，可凉拌、泡酸菜、炒食或炖肉食。

药用功效

全草入药。性凉，味甘。清热解毒、消肿止痛。用于跌打扭伤、无名肿毒、骨折、肺痨咳嗽、急性肝炎、迁延性肝炎和慢性肝炎的活动期。

佛甲草

Sedum lineare Thunb.

别　名‖岩豆瓣、狗地菜、豆瓣草、小狗牙瓣、鼠芽半枝莲、禾雀脷
英文名‖Linear stonecrop
分　类‖景天科景天属多年生草本

【形态特征】植株高10~20cm，无毛，基部节上生不定根，上部具分枝。叶常3叶轮生，少数对生，线形，长20~25mm，宽约2mm，顶端渐尖，基部无柄，具短距，肉质。聚伞花序顶生，2~3分枝。分枝生无柄花，苞片线性；萼片5，肉质，狭披针形，常不等长，长1.5~7mm，绿色；花瓣5，披针形，黄色，长4~6mm，顶端渐尖，基部稍狭；雄蕊10，2轮，均较花瓣短，内轮着生于花瓣基部，花药长圆形；心皮5，基部合生，上端渐狭成短花柱，长4~5mm，每心皮含数胚珠。蓇葖果叉开，腹面呈浅囊状，长4~5mm，具短喙，种子细小。花期4—5月，果期6—7月。
【分布及生境】分布于云南、四川、贵州、广东、湖南、湖北、甘肃、陕西、河南、安徽、江苏、浙江、福建、台湾、江西。生于阴湿山坡岩石山。

【食用方法】全年均可采摘嫩茎叶，以春、夏、秋季为优。洗净，沸水烫后泡酸菜食，也可凉拌或炒食，还可煮熟做菜、做汤。

药用功效

全草入药。性寒，味甘。清热利湿、活血化瘀。用于无名肿毒、毒蛇咬伤。

费菜

Sedum aizoon L.

别　名‖土三七、景天三七、常生三七、养心草、大马菜、血山草、六月淋、蝎子菜
英文名‖Aizoon stonecrop
分　类‖景天科景天属多年生草本

【形态特征】植株高20~50cm。根粗壮，近木质化，通常抽出1~3茎。茎直立，不分枝，圆柱形，粗壮，基部常紫褐色。叶互生，长披针形至倒披针形，长5~8cm，宽1.7~2cm，顶端渐尖，基部楔形，边缘具不整齐锯齿，几无柄。聚伞花序顶生，伞房状，分枝平展，密生花；萼片5，条形，绿色，不等长，长3~5mm，顶端钝；花瓣5，椭圆状披针形，金黄色，长6~10mm；雄蕊10，较花瓣短；心皮5，卵状矩圆形，基部合生，腹面囊状突起，花柱长钻形。蓇葖果成熟时星芒状开展，基部合生，2.5~3mm，顶部具直立的喙，腹面呈浅囊状，含8~10颗种子。种子椭圆形，长约1mm，光泽，具狭翅。花期6—8月，果期8—9月。
【分布及生境】分布于四川、贵州、湖北、江西、福建、安徽、江苏、浙江、河南、陕西、青海、宁夏、山西、河北、山东、辽宁、吉林、黑龙江、内蒙古等地。生于海拔300~2 100m的山坡向阳岩石上或土上。

【营养成分】每100g嫩茎叶含蛋白质2.1g、脂肪0.7g、碳水化合物8g、维生素A 2.54mg、维生素B_1 0.05mg、维生素B_2 0.07mg、维生素B_5 0.9mg、维生素C 90mg、钙315mg、磷39mg、铁3.2mg。
【食用方法】春、夏季采摘嫩茎叶，凉拌、炒食、炖肉食，清香味美。

药用功效

全草入药。消肿定痛、治血化瘀。用于吐血、衄血、便血、尿血、乳痈、跌打损伤。

伽蓝菜

Kalanchoe laciniata （L.） DC.

别　名‖青背天葵、鸡爪三七、假川连
英文名‖ Laciniate kalanchoe
分　类‖景天科伽蓝菜属多年生草本

【形态特征】植株高 50~100cm。茎直立，绿色，老枝变红。单叶对生，顶生叶披针形，长 8~18cm，近顶端较小，羽状深裂，裂片披针形，全缘或具不规则钝齿至浅裂。聚伞花序顶生，长 10~30cm，花多数；花冠黄色或浅橙红色，长 1.5~2cm，直径约 2cm；花萼绿色，4 深裂，裂片线状披针形，膜质，裂片急尖。

【分布及生境】分布于云南、广东、广西、福建、台湾等地。喜温和气候。

【食用方法】春、夏季采摘嫩茎叶，洗净煮食。

药用功效

全草入药。清热解毒、散瘀、止血。用于疮疡脓肿、跌打损伤、创伤出血、烫伤、湿疹。

八宝

Hylotelephium erythrostictum （Miq.） H. Ohba.

别　名‖景天、胡豆莲、佛指甲、景天菜
英文名‖ Common stonecrop
分　类‖景天科八宝属多年生草本

【形态特征】植株高 30~70cm，具块根，圆柱形，茎直立，不分枝。叶对生，少数互生或三叶轮生，长圆形或卵状长圆形，长 4.5~7cm，宽 2~3.5cm，顶端急尖、钝，基部短渐狭，边缘疏锯齿，无柄。伞房花序顶生，花密生，花梗稍短，或与花同长；萼片 5，披针形，长 1.5mm；花瓣 5，宽披针形，长 5~6mm，白色或粉红色；雄蕊 10，花药紫色；心皮 5，直立，几乎分离至基部。蓇葖果。种子多数，具狭翅。花期 8—10 月。

【分布及生境】分布于安徽、贵州、河北、河南、江苏、吉林、辽宁、陕西、山东、山西、四川、云南、浙江。生于海拔 700~1 300m 的山坡草地、河谷湿地。

【食用方法】春、夏季采摘嫩叶，去杂，洗净，沸水烫过，加调料后凉拌，也可炒食，味道鲜美。

药用功效

全草入药。性平，味苦。清热解毒、散瘀消肿、止血。用于咽喉痛、吐血、隐疹；外用于疔疮肿毒、缠腰火丹、脚癣、毒蛇咬伤、烧烫伤。

金钱蒲

Acorus gramineus Sol. ex Aiton

别　名‖石菖蒲、山菖蒲、随手香、香韭、水剑草
英文名‖ Grassleaved sweetflag
分　类‖天南星科菖蒲属多年生草本

【形态特征】 植株高 20~30cm。根茎较短，皮淡黄色，芳香。根茎上部分枝多，呈丛生状。叶剑状线形，长 30~50cm，宽 2~6cm，无中脉，绿色，芳香，手触摸之香气长时不散。肉穗花序腋生，狭圆柱形，长 5~12cm，柄长，全部贴生于佛焰苞上。佛焰苞叶状，长 7~20cm。花两性，细小而密，黄绿色，自下而上开放。花被片 6，雄蕊 6。浆果倒卵形，密集于花序轴上，花被宿存；果序粗约 1cm，果黄绿色；种子长圆形，外种皮肉质，胚乳肉质。花期 5—7 月，果期 8 月。

【分布及生境】 分布于我国长江流域及以南各省区，以江苏、浙江、江西和安徽等省较多。生于海拔 1 800m 以下的水旁湿地、溪边石缝。

【营养成分】 根茎含挥发油 0.5%~0.9%，油中主要成分为 α- 细辛醚、β- 细辛醚、γ- 细辛醚，并含有细辛醛、二聚细辛醚、丁香酚和黄梓油素等。

【食用方法】 四季均可采摘，主要用作食品的调料。

药用功效

根茎入药。性温，味辛、苦。化湿开胃、开窍豁痰、醒神益智。用于脘痞不饥、神昏癫痫、健忘耳聋。

刺芋

Lasia spinosa（L.） Thwait.

别　名‖山茨姑、旱茨姑、刺过江、水茨姑、笋芋
分　类‖天南星科刺芋属多年生草本

【形态特征】 植株高达 1m，具刺。根茎灰白色，匍匐生长，圆柱形，肉质。茎极短，具紧缩的节间。叶片戟形、箭形或羽状分裂，长 30~40cm，叶柄长 40~100cm，侧裂片 2~3，条状矩圆形或矩圆状披针形，顶端渐尖。肉穗花序圆柱形，黄绿色。花序腋生，细弱，长 20~25cm；佛焰苞血红色，仅基部开张，上部席卷成角状。浆果倒圆锥形，红色，5~6 棱，顶端具瘤状突起，种子 1 颗。花期 5—7 月。

【分布及生境】 分布于云南、广东、广西、西藏、台湾等省区。生于田边、沟边、草地、林下水边、山谷阴湿处。

【营养成分】 每 100g 可食部含维生素 A 0.104mg、维生素 B_1 0.62mg、维生素 B_2 1.61mg、维生素 C 32.5mg。每 100g 干品含钾 5 510mg、钙 670mg、镁 493mg、磷 530mg、钠 29mg、铁 10.8mg、锰 32.4mg、锌 9.3mg、铜 0.9mg。

【食用方法】 春、夏季采摘嫩梢或嫩叶食用，可炒食。

药用功效

根茎入药。消炎止痛、消食、健胃。用于淋巴结核、淋巴腺炎、胃炎、消化不良、毒蛇咬伤、跌打损伤、风湿性关节炎。

一把伞南星

Arisaema erubescens （Wall.） Schott

别　名‖老蛇包谷、天南星、山棒子、刀剪草
英文名‖ Blush red arisaema
分　类‖天南星科天南星属多年生草本

食用部位　　采收期

1	2	3	4	5	6
7	8	9	10	11	12

【形态特征】 植株高 60~100cm，具块茎，扁球形，直径达 6cm。叶 1，稀 2，叶柄长 10~15cm，中部以下具鞘，鞘部粉绿色，有时具褐色斑块；叶片放射状分裂，裂片 7~20，披针形，长 6~24cm，顶端具线性长尾。佛焰苞绿色，背面有白色条纹或淡紫色至深紫色，无条纹，喉部边缘截形或稍外卷，檐部三角状卵圆形，顶端渐狭略下弯，常具线性长尾。肉穗花序单性，各附属器棒状，顶端钝，光滑，雄花序附属器下部光滑或少数中性花，雌花序附属器下部具多数中性花；雄蕊 2~4，花药顶孔圆裂；雌花子房卵形，柱头无柄；浆果红色。花期 4—7 月，果期 6—7 月。

【分布及生境】 分布于我国东北及河北、山东、河南、四川。生于海拔 2 500m 以下的林下、灌丛、草坡、沟谷湿地。

【食用方法】 春季一把伞南星开花前，采割高 10~15cm 的肥嫩叶柄，去叶、皮，放入沸水中烫后将叶柄撕成丝状，放入清水中漂 1~2 天去苦涩味后晒干存放。食用时用沸水把干品泡发，洗净切段炒食，可素炒或荤炒。

药用功效

块茎入药。性温，味苦、辛。有毒。祛风化痰、镇惊散结。用于风痰、气喘、中风痉挛、半身不遂、癫痫、劳伤疼痛、毒蛇咬伤。

菖蒲

Acorus calamus L.

别　名‖水菖蒲、泥菖蒲、白菖蒲、臭蒲子、建菖蒲、白蒿
英文名‖ Calamus
分　类‖天南星科菖蒲属多年水生草本

【形态特征】 植株具特殊香气。叶剑状线性，长 50~150cm，宽 1~3cm，中脉明显。佛焰苞叶状，长 30~40cm；肉穗花序狭圆柱状，长 3~8cm；花两性，淡黄绿色，密生；花被片 6，倒卵形；雄蕊 6，稍长于花被；子房长圆柱形。浆果长椭圆形，花柱宿存。花期 6—7 月，果期 8 月。

【分布及生境】 分布于湖北、湖南、辽宁、四川。生于沼泽、溪旁、水稻田边等地。

药用功效

块茎入药。性温，味辛、苦。开窍、化痰、健胃、镇定。用于癫痫、痰热惊厥、胸腹胀闷、慢性支气管炎。

九头狮子草

Peristrophe japonica（Thunb.）Bremek

别　名‖辣叶青药、青砂药、川白牛膝
英文名‖ Japanese peristrophe
分　类‖爵床科九头狮子草属多年生草本

【形态特征】植株高30~50cm。根细长。茎具4棱，节部膨大。单叶对生，具柄，叶片卵状矩圆形，长5~10cm，宽3~4cm，顶端渐尖，基部楔形，全缘。聚伞花序，着生于枝鞘叶腋。叶状苞片2，花萼裂片5，钻形；花冠粉红色至微紫色，长2.5~3cm，二唇形；雄蕊2，雌花柱白色，柱头2裂。蒴果纵裂，上部具4颗种子，下部实心。种子具小瘤状突起。

【分布及生境】分布于河南、安徽、江苏、浙江、江西、福建、湖北、广东、广西、湖南、重庆、贵州、云南、四川、海南、台湾。生于路旁、林下草地、山坡。

【营养成分】全草含苷类、黄酮类等。

【食用方法】夏季采摘嫩叶食用，放于清水中泡约半天，水变紫色后将白糯米放入水中泡至米变紫色后煮熟为紫米饭。常在农历三月三、四月八、六月六等民族节日食用。

药用功效

全草入药。性凉，味辛、微苦。发汗解表、解毒消肿、解痉。用于感冒发热、咽喉肿痛、白喉、小儿消化不良、小儿高热惊风；外用于痈疖肿毒、毒蛇咬伤、跌打损伤。

扭序花

Clinacanthus nutans（Burm. f.）Lindau

别　名‖鳄咀花
英文名‖ Drooping clinacanthus
分　类‖爵床科鳄嘴花属多年生灌木状草本

【形态特征】须根系，根浅生。茎直立，多分枝，圆形，浓绿色，嫩茎绿色，秃净，光滑，节上易生不定根。单叶对生，卵状披针形，绿色，长7~9cm，宽1.5~2cm，全缘或有锯齿，顶端渐尖，羽状叶脉明显。聚伞花序，紧缩成头状，多少扭转，生于分枝顶端。苞片线性，稍短或等长于萼裂片。萼片5，线性，长约12mm，外被短柔毛。花冠筒基部较狭，稍弯曲，向上渐扩张，二唇形，上唇披针形，2浅裂，下唇短圆状三角形，3浅裂。雄蕊2，着生于近花冠筒喉部，稍短于花冠。花药1室，花柱基部疏生微柔毛，子房无毛。蒴果长椭圆形，具短柄，含种子4颗。

【分布及生境】分布于云南、广西、广东、海南和香港。喜生于荒野、山林间。

【食用方法】嫩叶做汤或与肉类做汤。

药用功效

全株入药。调经、消肿、祛瘀、止痛、接骨。用于跌打、贫血、黄疸、风湿等。

枪刀菜

Hypoestes purpurea （L.） R. Br.

别　名 ‖ 红丝线
英文名 ‖ Purple hypoestes
分　类 ‖ 爵床科枪刀菜属多年生草本

【形态特征】植株高 30~40cm，可高达 1m。须根系，浅生。茎六角形，具浅纵沟，深绿色，直径 3~4mm，基部分枝多，平生长，节上易生不定根。单叶对生，卵形至卵状披针形，叶面深绿色，叶背绿色，纸质，长 7~9cm，宽 4~5cm，短尖至渐尖，具叶柄，长 1~1.5cm，羽状叶脉，全缘，被柔毛或近秃净。穗状花序，短而稍疏散，长 2~3cm，顶生或生于枝条上部叶腋。花束下具叶状苞片，总苞片狭，内有花 1 朵，长约 6mm，花萼短，花冠紫色，长约 2.5cm，被腺毛。蒴果长椭圆形，长约8mm。种子扁平，种钩锥尖。花、果期夏、秋季。

【分布及生境】分布于我国南方地区。生于田野湿润之处。

【食用方法】摘取枝叶，洗净，煮水饮用，或与肉类做汤饮用。

药用功效

枝叶入药。祛痰清热。用于咳嗽、吐血等。

鸡肉参

Incarvillea mairei （Lévl.） Grierson

别　名 ‖ 滇川角蒿
英文名 ‖ Maire incarvillea
分　类 ‖ 紫葳科角蒿属多年生草本

【形态特征】植株高 30~40cm，无茎。叶基生，为一回羽状复叶；侧生小叶 2~3 对，卵形，顶生小叶较侧生小叶大 2~3 倍，阔卵圆形，顶端钝，基部微心形，长达 11cm，宽达 9cm，边缘具钝齿，侧生小叶近无柄。总状花序有 2~4 朵花，着生于花序近顶端；花葶长达 22cm；花梗长 1~3cm；小苞片 2，线形，长约 1cm。花萼钟状，长约 2.5cm，萼齿三角形，顶端渐尖。花冠紫红色或粉红色，长 7~10cm，直径 5~7cm，花冠筒长 5~6cm，下部带黄色，花冠裂片圆形。雄蕊 4，二强雄蕊，每对雄蕊的花药靠合并抱着花柱，花药极叉开。子房 2 室，胚珠在每一胎座上 1~2 列；花柱长 5.5~6.5cm，柱头扇形，薄膜质，2 片裂。蒴果圆锥状，长 6~8cm，粗约 1cm，具不明显的棱纹。种子多数，阔倒卵形，长约 4mm，宽约 6mm，膜质，不增厚，淡褐色，边缘具薄膜质的翅，腹面具微小的鳞片。花期 5—7 月，果期 9—11 月。

【分布及生境】分布于四川、云南、贵州、广东等地。生于山坡草丛。

【食用方法】秋季挖取肉质根茎与肉煮食。

药用功效

根入药。生用凉血生津；干用调血；熟用补血、调经，也治骨折肿痛、产后少乳、体虚、久病虚弱、头晕、贫血、消化不良。

角蒿

Incarvillea sinensis Lam.

别　名‖莪蒿、萝蒿

英文名‖ China hornsage

分　类‖紫葳科角蒿属多年生草本

【形态特征】植株高25~30cm。主根粗大，肉质，圆柱形，黄色。基生叶椭圆形，长8~9cm，宽6~7cm，先端钝圆，基部心形，叶面深绿色，叶背白绿，具长柄，上部叶为奇数羽状复叶，小叶多数。总状花序具5~6朵花，自叶丛中抽出，花大，粉红色，花冠直径6~7cm，裂片5，花冠管长约6cm，花萼钟形，5裂。蒴果，种子多数。

【分布及生境】分布于云南、广东、贵州等地。生于草地、灌丛或疏林中。

【食用方法】采摘嫩叶，洗净，用沸水去涩味后，调味食用。

药用功效

全草入药。性温，味微苦、辛。祛风除湿、活血止痛、解毒。用于风湿关节痛、筋骨拘挛。

莼菜

Brasenia schreberi J. F. Gmel.

别　名‖蓴菜、马蹄草、淳菜、湘菜、水葵、水荷叶、浮菜、凫葵、丝莼、马粟草

英文名‖ Common watershield

分　类‖睡莲科莼菜属多年生水生草本

【形态特征】根状茎细瘦，匍匐生长于水底泥中，节上生不定根。水中茎分枝较多，细长，随水位上涨不断生长，基部节簇生黑色细根。茎上部每节生一叶，叶互生。叶片椭圆状矩圆形，长3.5~6cm，宽5~10cm，全缘，绿色，光滑，叶背绛红色，茎和叶背均附有透明胶质。花梗自叶腋抽生，顶生一花，紫红色；萼片3~4，呈花瓣状、条状矩圆形或条状倒卵形，宿存；花瓣3~4，宿存；雄蕊12~18；子房上位，具6~18离生心皮，每心皮具2~3胚珠。坚果草质，不裂，有宿存花柱，具1~2颗种子，卵形。花期6—8月，果实在水中成熟。

【分布及生境】分布于云南、四川、湖南、湖北、江西、江苏、浙江。生于海拔1 500m以下的水塘、沼泽中。

【营养成分】每100g鲜莼菜含蛋白质0.745g、碳水化合物0.29g、铁0.47g，还含植物中少有的维生素B_{12}和18种氨基酸，其中8种为人体必需，以谷氨酸、天门冬氨酸和亮氨酸含量较丰富。

【食用方法】4—10月可陆续采收。一般在嫩梢上卷叶长4~5cm，尚未展开时连同叶柄采下。采回后在清凉流水中可保鲜2~3天，应尽快食用或加工装罐。莼菜烹调可分为鱼羹、肉汤、素食三类。

药用功效

茎叶入药。清热、利水、消肿、解毒。用于热痢、黄疸、痈肿、疔疮。

睡莲

Nymphaea alba L. var. *rubra* Lonnr.

别　名‖子午莲、玉荷花、水耗子
英文名‖ Pygmy waterlily
分　类‖睡莲科睡莲属多年生水生草本

【形态特征】具匍匐茎。叶片心状卵形或卵状椭圆形，浮生水面，长5~12cm，宽3.5~9cm，基部叶耳尖锐或钝圆。花单生于细长花梗顶端，浮生水面；萼片4，长圆形，长2~3.5cm，顶端钝圆，基部四棱；花瓣8~15，长圆形或倒心形。雄蕊3~4轮，短于花瓣，黄色，内向；柱头5~8，放射状排。浆果球形，直径2~2.5cm，为宿存萼片包裹。种子多数，椭圆形，具肉质囊状假种皮。花、果期6—10月。
【分布及生境】分布于全国各地。生于水塘、湖泊、沼泽中。

【食用方法】秋季挖取根状茎，去须根、皮，洗净，切片，可炖肉食。也可打成粉，用猪心、猪肺蘸睡莲粉食用，具一定滋补食疗作用。

药用功效

根状茎入药。性平，味甘。滋阴润燥、清热止汗。用于阴虚盗汗、劳损、神经衰弱、小儿慢惊风。

红花睡莲

Nymphaea alba L. var. *rubra* Lonnr.

别　名‖莲花
英文名‖ Red flower nymphaea
分　类‖睡莲科睡莲属多年生草本

【形态特征】大型草本，宿根性。单叶，叶盾状圆形，叶幅30~45cm，叶背被毛，叶浮水面，具长柄。花梗长，浓紫赤色，直径1~1.5cm，花瓣12~20枚，狭椭圆形。雄蕊约55枚，红色；萼片暗紫色，7条明显中脉。
【分布及生境】分布于江苏、浙江、江西、湖南、四川、云南等地。生于池塘、湖沼。

【食用方法】叶煮后调味食用。叶含水分多，应去水分，油炸或煮食。

药用功效

花入药，煎服，可治小儿惊风。

柔毛齿叶睡莲

Nymphaea lotus var. *pubescens*（Willd.）Hook. f. et Thoms.

英文名‖ White egyptian lotus
分　类‖睡莲科睡莲属多年生草本

【形态特征】根状茎肥厚，匍匐。叶纸质，卵状圆形，直径15~26cm，基部具深弯缺，裂片圆钝，近平行，边缘有弯缺三角状锐齿，上面无毛，干时有小点，下面带红色，密生柔毛、微柔毛或近无毛；叶柄长达50cm，无毛。花直径2~8cm；花梗略和叶柄等长；萼片矩圆形，长5~8cm；花瓣12~14，白色、红色或粉红色，矩圆形，长5~9cm，先端圆钝，具5纵条纹；雄蕊花药先端不延长，外轮花瓣状，内轮不孕，花丝扩大，宽约2mm；柱头具12~15辐射线，具棒状附属物。浆果为凹下的卵形，长约5cm，宽约4cm，具部分宿存雄蕊。种子球形，两端较尖，中部有条纹，具假种皮。花期8—10月，果期9—11月。
【分布及生境】分布于我国热带、亚热带地区。生于池塘、湖沼。

【食用方法】采摘鲜花炒食或做汤，口感好。

三棱箭

Hylocereus undatus （Haw.） Britton et Rose

别　名 ‖ 剑花、量天尺花、霸王鞭、霸王花
英文名 ‖ Nightblooming cereus
分　类 ‖ 仙人掌科量天尺属多年生攀缘草本

【形态特征】 气根生茎部，茎长数米，肉质，深绿色，具3棱，边缘波状，老时成角质。小窠间隔约4cm，内具1~3小刺，长3~4mm，褐色，后呈灰色。花大，长约30cm，漏斗形，夜间开放，外花被裂片黄绿色，外反卷，内花被片纯白色，直立。雄花多数，淡黄色，柱头多数，淡黄色。果长椭圆形，直径11cm，红色，被鳞片成熟时光滑，可食。花期3—10月。
【分布及生境】 分布于我国热带、亚热带地区。耐热，耐旱，稍耐寒，耐瘠也耐肥，生活力较强。

【食用方法】 花鲜用或晒干用。炖汤，味美，具一定的食疗作用。如剑花炖猪肉，可止气痛、理痰火咳嗽；炖猪肚或猪肺，具清热润肺、止咳功效。

药用功效

花入药。性微寒，味甘。清热润肺、止咳。用于肺结核、支气管炎、颈淋巴结核、痄腮等。

长春花

Catharanthus roseus （L.） G. Don.

别　名 ‖ 雁来红、日日新、日日草、三万花
英文名 ‖ Madagascar periwinkle
分　类 ‖ 夹竹桃科长春花属多年生草本或半灌木

食用部位　　采收期
1 2 3 4 5 6
7 8 9 10 11 12

【形态特征】 植株高30~70cm。幼枝绿色或红褐色，全株无毛。叶对生，叶片倒卵状矩圆形，长3~4cm，宽1.5~2.5cm，全缘或微波状，顶端浑圆而具小尖头，基部狭窄成短柄。聚伞花序具2~3花；萼5裂；花冠粉红色或紫红色，高脚碟状；裂片5，左旋；雄蕊5，着生于花冠筒中部以上；花盘由2片舌状腺体组成，与心皮互生。蓇葖果2，圆柱形，长2~3cm。花期6—9月。
【分布及生境】 分布于广西、广东、云南。生性极强健，耐旱，又耐湿，自生力很强。

药用功效

全草入药。性凉，味微苦。凉血降压、镇静安神。用于高血压、火烫伤、恶性淋巴瘤、绒毛膜癌、单核细胞性白血病。全草具毒性，需注意。

千屈菜

Lythrum salicaria L.

别　名‖对叶莲、大关门草、马鞭草、败毒草
英文名‖ Spiked loosestrlfe
分　类‖千屈菜科千屈菜属多年生湿生草本

【形态特征】 植株高约1m。茎直立4~6棱，多分枝，被白色柔毛或无毛。叶对生或3叶轮生，披针形，长3.5~6.5cm，宽1~1.5cm，顶端渐尖，基部耳形，全缘，无柄，叶面、叶背被灰白色短柔毛。总状花序，顶生；花两性，数朵簇生于叶状苞片腋内，花梗和花序柄均甚短；花萼圆筒柱形，萼筒外具12条纵肋，被毛，顶端具2齿，呈三角形，萼齿间具长1.5~2mm的尾状附属体；花瓣6，紫色，生于萼筒上部，具短爪，稍皱缩；雄蕊12，6长6短，排成两轮，生于萼筒基部；子房上位，2室，短圆球形。蒴果椭圆形，包藏宿存萼内。花期7—9月，果期9—10月。

【分布及生境】 分布于全国各地。生于水旁湿地。

【食用方法】 春季采摘嫩叶，沸水烫过，清水漂洗后，可炒食，或做汤食。

药用功效

全草入药。性微寒，味苦。清热解毒、利湿、收敛止泻。用于高烧、血崩、月经不调、腹泻。

蒴藋

Sambucus chinensis Lindl.

别　名‖接骨草、陆英、臭草、走马风、赶山虎
英文名‖ Chinese elder
分　类‖忍冬科接骨木属多年生灌木状草本

【形态特征】 植株高达3m。根状茎匍匐生长，圆柱形，黄白色，节上生根。茎具纵棱，髓部白色。奇数羽状复叶，小叶3~9，互生或对生，披针形，长5~15cm，宽2.5~4.5cm，顶端渐尖，基部楔形或近圆形，边缘细齿，具臭味，叶柄极短或无柄。大型复聚伞花序长伞形，顶生，具不育花，具黄色环状腺体。花小，白色。花冠裂片5，雄蕊5，子房下位，3室，柱头头状或3浅裂。核果浆果状，近球形，红色，果核表面具小瘤状突起。花期5—7月，果期8—9月。

【分布及生境】 分布于陕西、甘肃、江苏、安徽、浙江、江西、福建、台湾、河南、湖北、湖南、广东、广西、四川、贵州、云南、西藏等省区。生于海拔650~1 600m的山坡、山沟、林下、水旁潮湿地。

【营养成分】 全草含绿原酸、α－香树脂素棕榈酸酯、熊果酸、β－谷甾醇、豆甾醇、油菜甾醇、黄酮、鞣质等。

【食用方法】 春季至初夏采摘嫩叶。民间嫩叶多用于煮豆腐食，或嫩叶煮熟后蘸辣椒酱食，味略臭，具治水肿、虚胖功效。根状茎多用炖猪肉食，具祛风湿功效。

药用功效

全草入药。性平，味甘。清热利湿、活血散瘀。用于水肿、脚气、肾炎、骨折、跌打损伤、月经不调等。

大苞水竹叶

Murdannia bracteata（C. B. Clarke）J. K. Morton ex D. Y. Hong

别　名‖竹叶党、水竹叶菜、竹叶草、鳄咀花
英文名‖ Large-bract murdannia
分　类‖鸭跖草科水竹叶属多年生草本

【形态特征】须根系。分枝多，茎近圆，具浅沟，绿色，被毛，匍匐生长，节上易生不定根。单叶互生，线状披针形，长 9~17cm，宽 1.5~2cm；全缘，具叶鞘抱茎，叶鞘密被毛。聚伞花序顶生或腋生，花数朵，直径约 1.2cm，蓝紫色或紫色，具苞片和小苞片，小苞较大，膜质，圆形，直径 0.5~0.6cm，成紧贴的覆瓦状排列，具纵脉 5 条。萼片 3 枚，分离，膜质，花瓣 3，倒卵形，等长。发育雄蕊 3，很少 2 枚，花丝秃净或具毛，退化雄蕊 2~4 枚；子房无柄，3 室，少有 2 室，每室含种子 2 颗。蒴果卵形，长 5~7mm，宽 3~4mm。种子褐色，具厚硬、粗糙皱纹的种皮。花、果期夏、秋季。

【分布及生境】分布于我国华东、中南、西南各省区。生于水边湿地。

【营养成分】参考疣草。

【食用方法】参考疣草。

药用功效

参考疣草。

竹叶子

Streptolirion volubile Edgew.

别　名‖扁担草、猪耳朵、猪鼻孔、米汤菜
分　类‖鸭跖草科竹叶子属多年生缠绕草本

【形态特征】茎长 1~6m，常无毛或叶鞘疏被白色长柔毛。茎细，直径 1~2mm，具纵条纹。叶互生，叶片心形，纸质，长 5~15cm，宽 3~12cm，顶端尾尖，基部心形，叶面多少被柔毛，叶柄长 5~9cm，具叶鞘，被白色长柔毛。蝎尾状聚伞花序数个，生于穿鞘而出的侧枝上，具一至数朵花。总苞片下部叶状，长 2~6cm，上部细小，卵状披针形；下部花序的花两性，上部花序的花常为雄性，无花梗；萼片舟状，顶端急尖，长 3~5mm；花瓣白色，条形，略长于花萼；花丝密被绵毛。蒴果卵状三角形，长 4~7mm，无毛，顶端具长达 3mm 的芒状突尖。花期 5—6 月，果期 7—8 月。

【分布及生境】分布于云南、贵州、四川、广东、广西、湖南、湖北、浙江、陕西、甘肃、山西、河北、辽宁。生于海拔 1 600m 以下的山坡、沟谷灌丛、路旁、沟边潮湿地。

【营养成分】每 100g 可食部含蛋白质 2.8g、脂肪 0.3g、碳水化合物 5g、维生素 A 4.19mg、维生素 B_1 0.93mg、维生素 B_2 0.29mg、维生素 C 87mg、钙 206mg、磷 29mg、铁 5.4mg。

【食用方法】夏、秋季采摘嫩茎叶食用，可凉拌、蒸、炒、煮粥，具健脾和胃、补肾壮阳的食疗作用。

药用功效

全草入药。性平，味甘。养阴清热、化瘀利水。用于肺痨咳嗽、耳聋、水臌、劳伤疼痛。

车前草

Plantago asiatica Ledeb.

别　名‖车轮菜、车轱辘菜、田灌草、猪儿草
英文名‖ Plantain
分　类‖车前科车前草属多年生草本

【形态特征】植株高 20~60cm。须根多。叶基生，丛生，直立或开展；叶片卵形或宽卵形，长 4~12cm，宽 4~9cm，顶端圆钝，边缘近全缘，波状或疏钝齿，叶面、叶背无毛或具短柔毛；叶柄长 5~22cm。花葶数个，直立，长 20~45cm，具短柔毛；穗状花序顶生，具绿白色疏生花；苞片宽三角形，较萼裂片短，二者均具绿色宽龙骨状突起；花萼 4 裂，裂片倒卵状椭圆形至椭圆形；花冠 4 裂，裂片披针形，雄蕊 4，着生花冠筒上；子房二室，花丝丝状，宿存。蒴果椭圆形，长约 3mm，周裂。种子 4~8 颗，矩圆形，长约 1.5mm，黑棕色。花期 5—9 月，果期 6—10 月。
【分布及生境】分布于全国各地。生于海拔 2 200m 以下的山坡、路旁、田间湿地。

【营养成分】每 100g 可食部含蛋白质 4g、脂肪 1g、碳水化合物 10g、维生素 A 5.85mg、维生素 C 23mg、钙 309mg、磷 175mg、铁 25.3mg。
【食用方法】4—5 月采摘嫩茎叶食用。沸水烫过，清水浸泡几小时去苦味后，可凉拌、炒食或做汤等。

药用功效

种子入药。性微寒，味甘。清热利尿、渗湿通淋、明目、祛痰。用于水肿胀满、热淋涩痛、暑湿泄泻、目赤肿痛、痰热咳嗽。根和叶也可入药，功效与种子相同。

大叶车前

Plantago major L.

别　名‖车前草、钱贯草、客妈草、车轮菜、叶轮草、蛤蟆叶
英文名‖ Asiatic plantain
分　类‖车前科车前草属多年生草本

【形态特征】植株高 20~50cm。根状茎短而厚，具须根。叶基生，莲座状，直立或斜展，卵形或宽卵形，长 6~10cm，宽 3~6cm，顶端圆钝，基部圆或宽楔形，边缘波状或不规则锯齿。基出脉 5~7 条，叶柄约与叶等长或比叶长。花葶直立，长 10~20cm，穗状花序长 3~10cm，花排列紧密；苞片卵形，较萼片短，二者均具绿色龙骨状突起；萼裂片椭圆形；花冠裂片三角形。蒴果圆锥形，长约 4mm，周裂，种子 7~15 颗，黑色。花期 6—9 月，果期 7—10 月。
【分布及生境】分布于新疆、陕西、湖南、湖北、浙江、江西、福建、台湾、广东、广西、云南、贵州、四川、西藏。生于山谷林边、沟旁、草地、林旁、空旷地。

【营养成分】每 100g 嫩叶含蛋白质 4g、脂肪 1g、碳水化合物 10g、粗纤维 3.3g、维生素 A 5.85mg、维生素 B_1 0.09mg、维生素 B_2 0.25mg、维生素 C 23mg、钙 309mg、磷 175mg、铁 25.3mg。
【食用方法】春、夏季采摘嫩苗或嫩叶食。叶以新鲜、肥大、绿色的为佳。洗净，沸水烫过，清水浸泡几小时后除去苦味后便可食用，可凉拌、炒食。

药用功效

参考车前草。

长叶车前

Plantago lanceolata L.

别　名‖车前子、车辙子、老牛舌
英文名‖ Long-leaf plantain
分　类‖车前科车前草属多年生草本

【形态特征】 植株高30~50cm。主根较粗，须根多，根状茎短。基生叶披针形、椭圆状披针形或条状披针形，长5~20cm，宽3~35mm，先端尖，基部狭长成柄，叶面、叶背密被柔毛或无，具3~5条明显的纵脉，全缘。花葶长15~40cm，四棱，密被柔毛。穗状花序圆柱状，密生白花；苞片宽卵形，顶端长尾尖；花冠筒状，裂片4，三角形卵状。蒴果椭圆形，近下部周裂。种子1~2颗，矩圆形，棕黑色。

【分布及生境】 分布于辽宁、河北、山东、江苏、浙江、福建、台湾等地。生于温带海岸带盐性沙砾土壤。

【营养成分】 干物质含粗蛋白质10.49%、粗脂肪4.62%、粗纤维17.95%、钙3.34%、磷0.08%。

【食用方法】 食法参考小车前。

药用功效

种子入药，具清热、明目、利尿、止泻、降血压、镇咳、祛痰等功效。

虎耳草

Saxifraga stolonifera Curtis

别　名‖石荷叶、结棉旱梅、疼耳草、矮虎耳草
英文名‖ Strawberry saxifrage
分　类‖虎耳草科虎耳草属多年生常绿草本

【形态特征】 植株高14~45cm，全株有毛，冬不枯萎。根纤细，匍匐茎细长，红紫色，先端着地长出新茎。叶基生，数片，叶片肉质，圆形或肾形，直径4~6cm，基部心形或平截，边缘具浅裂片和不规则细锯齿，叶片绿色，常有白色斑纹，叶背紫红色有斑点，两面被柔毛；叶柄长3~10cm。花茎高25cm，直立或稍倾斜，具分枝。花多朵，成稀疏圆锥花絮。苞片披针形，长3~5cm，被柔毛；萼片卵形，顶端尖，向外伸展，下面与边缘被柔毛；花瓣5，白色或粉红色，下方2瓣特长。雄蕊10，花丝棒状，花药紫红色；子房球形，花柱纤细，柱头细小。蒴果卵圆形，长4~5mm，顶端2深裂，呈喙状。花期5—8月，果期7—11月。

【分布及生境】 分布于华东、中南、西南地区。生于沟边岩石上、林下岩石上的湿地或湿润处。

【营养成分】 每100g鲜品含维生素A 2.06mg、维生素B_2 0.15mg、维生素C 33mg。全草含槲皮素-5-葡萄糖苷、槲皮苷、绿原酸和熊果苷。

【食用方法】 春、夏、秋季均可采摘嫩叶食用。洗净，沸水烫过，切小块，炒鸡蛋或煮甜酒。

药用功效

全株入药。性寒，味辛、苦。清热解毒、祛风镇静。用于风疹、痄腮、中耳炎、百日咳、小儿惊风、白口疮、肺热咳嗽、痔疮、蛇头疮、皮肤瘙痒、风火牙痛。

黄水枝

Tiarella polyphylla D. Don

别　名‖黄小枝、水黄连
英文名‖ Foam flower
分　类‖虎耳草科黄水枝属多年生草本

【形态特征】植株高 35cm。根状茎绿褐色；茎细柔，不分枝或基部分枝，具白色粗柔毛，基部为褐色近膜质的鳞片状托叶所包被。基生叶近心形，3~5 浅裂，长、宽为 2~5.5cm，中央裂片顶端钝或尖，边缘稀齿，基部心形，基出脉 5 条，叶柄长 16cm 或较长，被开展的长柔毛与腺毛。总状花序顶生，长 8~23cm，被柔毛，花多朵，稀疏生长；花白色，俯垂；花梗长 4~9mm，具腺毛；花萼钟形，长约 3mm，裂片 5，三角形；无花瓣；雄蕊伸出花萼外；心皮 2，基部合生；子房上位，1 室，花柱 2。蒴果 2 室，不等长，基部合生，上部分离，叉开成两角。花期 6—7 月，果期 7—9 月。

【分布及生境】分布于陕西南部、甘肃、江西、台湾、湖北、湖南、广东、广西、四川、贵州、云南和西藏南部。生于山地林边湿润地。

【食用方法】春季采摘嫩茎叶食用，可凉拌、炝、煎、做饮料。

药用功效

全草入药。性寒，味苦。清热解毒、活血祛瘀、消肿止痛。用于痈疖肿毒、跌打损伤及咳嗽气喘等。

扯根菜

Penthorum chinense Pursh

别　名‖水泽兰
英文名‖ Chinese penthorum
分　类‖虎耳草科扯根菜属多年生草本

【形态特征】植株高 30~70cm，全株无毛。茎直立生长，紫红色，不分枝。叶互生，数片，叶片披针形至狭披针形，长 3.5~10cm，宽 6~12mm，顶端渐尖，基部楔形，边缘细锯齿，中脉稍凹下，侧脉不明显，无叶柄。聚伞花序具 3~10 分枝，顶生；花生于分枝上侧，具卵形或钻形的小苞片；花梗短，长 0.5~2mm；花直径约 4mm；萼片三角状卵形，长约 2mm，黄绿色，基部合生，无花瓣；雄蕊 10，稍突出花萼外，花药淡黄色；心皮 5，基部合生；子房 5 室，胚珠多数；花柱短，柱头扁球形。蒴果扁三角形，红紫色，直径约 5mm，顶上 5 枚短喙斜展成星状。种子小，红色。花期 6—8 月，果期 7—8 月。

【分布及生境】分布于我国西南、华南、华中、华北、东北。生于沟边湿地。

【食用方法】春、夏季采摘幼嫩叶，洗净，沸水烫后，可炒食、凉拌。

药用功效

全株入药。性微温，味甘。通经活血、散瘀消肿、利水、止血。用于崩漏、带下病、跌打肿痛、水肿、胃脘疼痛。

岩白菜

Bergenia purpurascens （Hook. f. et Thoms.） Engl.

别　名‖石蚕、盐菖蒲、牛耳朵
英文名‖ Purple bergenia
分　类‖虎耳草科岩白菜属多年生草本

【形态特征】植株高 20~30cm，无毛。根状茎粗肥，节间短，节上具残存叶柄基部。叶丛生，厚，肉质，倒卵形、椭圆形、阔椭圆形，长 7~14cm，宽 6~11cm，顶端钝圆，基部近圆形或阔楔形，边缘微波状或具小点，侧脉每边约 6 条，叶面绿色无毛，背面黄绿色，具腺状小凹点。花 10 朵以上组成伞状或近总状，生于花茎顶端，无毛；花梗长约 1.5cm，无毛；花萼 5 深裂，裂片卵形，长约 5mm，顶端钝圆；花瓣 5，白色，阔倒卵形，长约 1.3cm，顶端圆形，无毛；雄蕊 10；子房卵球形，长约 10mm，无毛；花柱通常较短。花期春季。
【分布及生境】分布于云南、四川、西藏。生于高山阴湿石壁上、阴湿处。

【营养成分】全草含岩白菜素等香豆精类。
【食用方法】秋、冬季采摘和采挖，洗净，可炖肉、炖鸡，具清热化痰、祛瘀止痛的食疗作用。

药用功效

全草入药。性平，味甘。润肺止咳、清热解毒、止血、止泻、调经。用于肺痨咳嗽、咯血、衄血、便血、崩漏、带下病、泄泻、痢疾、劳伤；外用于黄水疮。

珍珠菜

Lysimachia clethroides Duby.

别　名‖山高粱、扯根菜、狗尾巴、红根草
英文名‖ Gooseneck loosestrife
分　类‖报春花科珍珠菜属多年生草本

【形态特征】植株高 40~100cm。主根粗长，根状茎细长。地上茎直立，单一，圆柱形，被黄褐色卷毛或近无毛。单叶互生，集中生长于茎的中上部，叶片卵状椭圆形或宽披针形，长 6~15cm，宽 2~5cm，顶端渐尖，基部渐狭至叶柄，两面疏生黄色卷毛，表面具黑色斑点，全缘。总状花序顶生，初时花密集，后渐伸长，结果时长 20~40cm；花梗长 4~6cm；花萼裂片宽披针形，顶端尖，边缘膜质，中部具黑色条纹；花冠白色，管状，长 5~6cm，裂片倒卵形，顶端钝或稍凹；雄蕊稍短于花冠。花丝稍具毛，基部合生，花柱稍短于雄蕊。蒴果球形，直径约 2.5mm。花期 4—7 月，果期 7—10 月。
【分布及生境】分布于我国西南、华南、华中、华东、华北、东北等地区。生于海拔 2 000m 以下的山路旁、疏林、林缘、荒山草坡中。

【营养成分】每 100g 嫩茎叶含蛋白质 3.1g、粗纤维 2.4g、维生素 A 3.79mg、维生素 B_5 0.9mg、维生素 C 149mg。
【食用方法】4—6 月采摘嫩苗或嫩茎叶，洗净，沸水烫过，清水漂洗后，可炒食、做汤，有助于增强人体免疫功能。

药用功效

根或全草入药。性平，味辛、涩。活血调经、利水消肿。用于月经不调、白带异常、小儿疳积、水肿、痢疾、跌打损伤、咽喉痛。

凤眼莲

Eichhornia crassipes （Mart.） Solms

别　名‖水浮莲、水葫芦、凤眼蓝、水花生
英文名‖ Common water-hyacinth
分　类‖雨久花科凤眼莲属多年生浮水草本

【形态特征】 植株高 30~50cm。茎极短，具长匍匐枝，节上生根，须根发达，悬垂水中。叶基生，莲座状，叶片卵形或肾圆形，光滑，全缘；叶柄长短不等，可达 30cm。叶柄中下部膨胀成葫芦状气囊，故称水葫芦，基部具叶鞘。花葶单生，中部具鞘状苞片；穗状花序具 6~12 花；花被裂片 6，紫黑色，上部裂片较大，中央具鲜黄色斑点，像孔雀尾羽末端的眼状斑点，故称凤眼莲，另 5 裂片近相等，外基部具腺毛；雄蕊 3 长 3 短，3 个花丝具腺毛；雌蕊花柱单一，线性；子房卵圆形，无柄，中轴胎座，3 室，具多数胚珠。花后花葶弯入水中，子房在水中发育膨大。蒴果卵形，花谢后约 35 天种子成熟，种子有棱。花期 7—9 月。
【分布及生境】 分布于我国长江流域以南各省区。生于低海拔地区的池塘、沟渠、水田。

【营养成分】 每 100g 嫩叶和叶柄含蛋白质 1.1g、脂肪 0.7g、纤维素 1.4g、维生素 A 2.7mg、维生素 B_2 0.21mg、维生素 C 178mg、钙 30mg、磷 80mg。
【食用方法】 春、夏季从水面采摘嫩叶供食用，洗净，沸水烫，清水漂洗去苦味后食用，可炒、炖、烧、拌、蒸等。

药用功效

全草或根入药。性凉，味甘。利水、消肿、清热、解毒。外用敷热疮。

龙须眼子菜

Potamogeton pectinatus L.

别　名‖篦齿眼子菜、红线儿菹
英文名‖ Fenne-leaf pondweed
分　类‖眼子菜科眼子菜属多年生沉水草本

【形态特征】 根状茎丝状，白色，秋季产生白色卵形的块茎。茎丝状，直径约 1mm，淡黄色，密生叉状分枝，节间长 1~4cm。叶丝状或狭条形，长 3~10cm，宽 0.5~1mm，全缘，顶端急尖，1~3 脉；托叶鞘状，与叶片合生，绿色，抱茎，长 1~3cm，顶端分离部分白色膜质，长达 1cm。花序穗状，长 1.5~3cm，间断而少花；花序梗长 3~10cm，与茎等粗。小坚果斜宽倒卵形、半圆形或近圆形，长 3~3.5mm，有短喙，背脊圆形而全缘，腹面平直或略凹。
【分布及生境】分布于我国南北各省区。生于浅河、池沼中。

【食用方法】 参考眼子菜。

药用功效

全草入药。性凉，味微苦。清热解毒。用于肺炎、疮疖。

眼子菜

Potamogeton distinctus A. Benn.

别　名‖马来眼子菜、箬叶菜
英文名‖ Distinct pondweed
分　类‖眼子菜科眼子菜属多年生水生草本

【形态特征】根状茎匍匐生长，茎圆柱形，细长。叶互生，茎上部叶浮生水面，长圆形或长椭圆形，长4~8cm，宽2~4cm，顶端短尖，基部圆形或楔形，全缘，中肋明显。叶鞘开裂，位于叶腋上处抱茎。沉水叶长圆状披针形，有时略弯而皱褶，透明；叶柄长6~17cm，托叶鞘比浮水叶的鞘长，长达8cm。穗状花序，从茎端叶腋抽出，具粗壮的花序柄，长6~8cm，密生黄绿色小花。花被4片，阔倒卵形。雄蕊4枚；雌蕊4枚，瓶形。小坚果宽卵形，宽3~3.5mm，腹面近于直，背部具3脊，侧面两条较钝；基部通常具2突起；花柱短。花期7—8月，果期8—10月。

【分布及生境】分布于我国南北大多数省区。生于池沼、河流浅水处、稻田中。

【食用方法】春、夏季采摘嫩叶或嫩茎，可炒、烧、拌、炝、做汤、做馅。

药用功效

全草入药。性寒，味苦。清热利水、止血消肿、驱蛔虫。用于痢疾、淋证、黄疸、带下、血崩、蛔积、疮疡红肿、痔血。

菹草

Potamogeton crispus L.

别　名‖榨草、鹅草、札草、虾藻
英文名‖ Curly pondweed
分　类‖眼子菜科眼子菜属多年生沉水草本

【形态特征】根状茎细长，茎多分枝，略扁平，侧枝顶端常结芽苞，脱落长成新株。叶宽带形，长4~7cm，宽4~8mm，顶端锐或尖锐，基部近圆形或狭，无柄，边缘波状，具细锯齿，脉3条。托叶薄膜质，长1cm，基部与叶合生，早落。穗状花序茎顶腋生，梗长2~6cm，穗长12~20mm。疏松少花；花被、雄蕊、子房均为4。小坚果宽卵形，长3mm，背脊具齿，顶端具长2mm的喙，基部合生。花期6—8月，果期8—10月。

【分布及生境】分布于我国南北各省区。生于池塘、水沟、水稻田、灌渠及缓流河水中，水体多呈微酸至中性。

【食用方法】春、夏季采摘嫩叶或嫩茎。洗净后炒食或煮稀饭食。

药用功效

全草入药。性寒，味苦。清热利水、止血、消肿、驱蛔虫。

微齿眼子菜

Potamogeton maackianus A. Benn.

别　名‖篦齿眼子菜、红线儿菹
英文名‖ Maack pondweed
分　类‖眼子菜科眼子菜属多年生沉水草本

【形态特征】无根茎。茎细长，直径0.5~1mm，具分枝，近基部常匍匐，于节处生出多数纤长的须根，节间长2~10cm。叶条形，无柄，长2~6cm，宽2~4mm，先端钝圆，基部与托叶贴生成短的叶鞘，叶缘具微细的疏锯齿；叶脉3~7条，平行，顶端连接，中脉显著，侧脉较细弱，次级脉不明显；叶鞘长0.3~0.6cm，抱茎，顶端具一长3~5mm的膜质小舌片。穗状花序顶生，具花2~3轮；花序梗通常不膨大，与茎近等粗，长1~4cm；花小，被片4，淡绿色，雌蕊4枚，稀少于4枚，离生。果实倒卵形，长约4mm，顶端具长约0.5mm的喙，背部3脊，中脊狭翅状，侧脊稍钝。花、果期6—9月。
【分布及生境】分布于我国东北、华北、华东、华中以及西南各地。生于浅湖、静水池沼中。

【食用方法】参考眼子菜。

药用功效

全草入药，功效同眼子菜。

竹叶眼子菜

Potamogeton wrightii Morong

别　名‖马来眼子菜、箬叶菜
英文名‖ Bamboo-leaf pondweed
分　类‖眼子菜科眼子菜属多年生沉水草本

【形态特征】根茎发达，白色，节处生有须根。茎圆柱形，直径约2mm，不分枝或具少数分枝，节间长可达10cm。叶条形或条状披针形，具长柄，稀短于2cm；叶片长5~19cm，宽1~2.5cm，先端钝圆而具小突尖，基部钝圆或楔形，边缘浅波状，有细微的锯齿；中脉显著，自基部至中部发出6至多条与之平行并在顶端连接的次级叶脉，三级叶脉清晰可见；托叶大而明显，近膜质，无色或淡绿色，与叶片离生，鞘状抱茎，长2.5~5cm。穗状花序顶生，具花多轮，密集或稍密集；花序梗膨大，稍粗于茎，长4~7cm；花小，被片4，绿色；雌蕊4枚，离生。果实倒卵形，长约3mm，两侧稍扁，背部明显3脊，中脊狭翅状，侧脊锐。花、果期6—10月。
【分布及生境】分布于我国南北各省区。生于静水池沼中。

【食用方法】参考眼子菜。

药用功效

全草入药，功效同眼子菜。

东方香蒲

Typha orientalis Presl

别　名‖蒲黄、蒲菜、毛蜡烛、水蜡烛
英文名‖ Oriental cattail
分　类‖香蒲科香蒲属多年生沼生草本

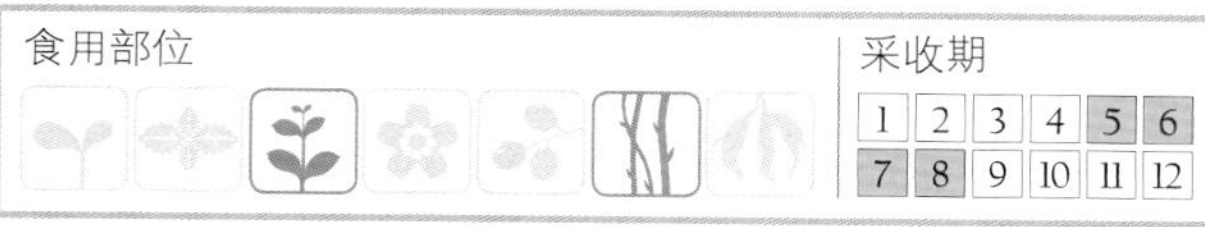

【形态特征】植株高1~2m，开展度60~80cm。地下根状茎（匍匐茎）粗壮，具节，长30cm以上。顶芽向上生成短缩茎，茎直立，分蘖力强。每株具10~12叶，着生于短缩茎上，带形，扁平，长40~80cm，宽1.5~1.8cm，顶端渐尖。直出平行脉多而密，在茎上排成两列，基部扩大成鞘，抱茎。叶鞘层层相互抱合成扁圆的假茎。肉穗花序，花单性同株，雄花序位于花轴上部，雌花序在下部。雌雄花序紧密相连，均为圆柱形。雄花序长4~6cm，雄花由2~3花药组成，花丝基部联合成一柄，顶端分枝，花药扭曲状，花隔明显；雌花序长8~11cm，雌花长7~8mm。不育花较短小，子房柄基部着生白色柔毛，无小苞片，柱头匙形。花期5—10月。

【分布及生境】分布于我国东北、华北、华东及陕西、云南、湖南、湖北、广东。生于海拔800m以下的水沟、沼泽地、水田和湿地。

【食用方法】食用部位为叶鞘抱合而成的假茎内层的白嫩部分（称为蒲菜）、水下匍匐茎先端的幼嫩部分（即嫩茎或嫩芽，称为草芽）和肥厚的短缩茎。5—8月采收。当新株高60~80cm，未抽生花茎即可采收，留取肥嫩的假茎部位。蒲菜不耐贮，宜当天采当天食用。可与肉、虾仁或豆腐干炒食或做汤。草芽于4—8月采收。匍匐茎长15~25cm、顶芽未出水面形成新株时为最适采收期。宜即采即食。洗净，切段，可炒食或做汤。

药用功效

全草入药，用于小便不利、乳痈。根茎清热凉血、利水消肿，用于消渴、口疮、热痢、淋证、白带过多、水肿。果穗用于外伤出血。

水烛香蒲

Typha angustifolia L.

别　名‖蒲草、水菖蒲、毛蜡烛、蒲子、狭叶香蒲
英文名‖ Narrow-leaf cattail
分　类‖香蒲科香蒲属多年生沼生草本

【形态特征】植株高1.5~3m。根茎匍匐，具多数须根。叶狭条形，宽5~8mm，少数达10mm，质稍厚而柔，下部鞘状。穗状花序圆柱状，长30~60cm，雌雄花序不连接；雄花序在上，长20~30cm，雄蕊2~3。雄蕊具早落的佛焰状苞片，花被鳞片状或茸毛状；毛较花药长，花粉粒单生；雌花序在下，长10~30cm，成熟时直径10~25mm；雌花的小苞片比柱头短，柱头条状矩圆形，花被茸毛状，与小苞片近等长而比柱头短，柱头线状圆柱形。小坚果无沟。花期6—7月，果期7—8月。

【分布及生境】分布于我国东北、华北、华东地区，以河南、浙江、山东、安徽、湖北和黑龙江等地较多。生于低海拔地区水沟边、湖边、沼泽中。

【食用方法】参考东方香蒲。

药用功效

参考东方香蒲。

宽叶香蒲

Typha latifolia L.

别　名 ‖ 甘蒲、蒲草、蒲芽、象牙菜、蜡棒、香蒲草
英文名 ‖ Common cattail
分　类 ‖ 香蒲科香蒲属多年生沼生草本

【形态特征】 植株高1~2m，须根系。幼株的茎为球状短缩茎。叶片带状菜质，长150~200cm。叶鞘抱合成假茎，叶片扁平，宽1.7~2.1cm。每叶腋可抽生一匍匐茎，地下生长形成圆柱形的根状茎。花茎顶端生长15~20cm、直径2.5cm的肉质花序。上部雄花花药细长，花粉黄色；下部雌花仅有单心皮雌蕊，子房基部着生多数白色长毛。花期5—9月。
【分布及生境】 分布以湖北、湖南两省为主，东北、西北、华北和西南等地也有分布。生于海拔800m以下的池沼边、湖泊浅水处和沼泽地。

【营养成分】 每100g可食部含蛋白质1.2g、脂肪0.1g、碳水化合物1.5g、维生素A 0.01mg、维生素B_1 0.03mg、维生素B_2 0.04mg、维生素B_5 0.5mg、维生素C 6mg、钙53mg、磷24mg、铁0.2mg、钾190mg、钠45mg、镁17mg、氯130mg。
【食用方法】 参考东方香蒲。

药用功效

参考东方香蒲。

水鳖

Hydrochairs dubia （Bl.） Backer

别　名 ‖ 马尿花、苿菜、青萍菜、小悬覆
英文名 ‖ Frogbit
分　类 ‖ 水鳖科水鳖属多年生水生浮叶草本

【形态特征】 须根长可达30cm。匍匐茎发达，节间长3~15cm，直径约4mm，顶端生芽。叶簇生；叶片心形或圆形，长4.5~5cm，宽5~5.5cm，先端圆，基部心形，全缘，具气孔；叶脉5条，稀7条，中脉明显。雄花序腋生；佛焰苞2枚，膜质，透明，具红紫色条纹，苞内雄花5~6朵；花梗长5~6.5cm；萼片3，离生，长椭圆形，常具红色斑点，以先端为多，顶端急尖；花瓣3，黄色，与萼片互生，广倒卵形或圆形，先端微凹，基部渐狭，近轴面有乳头状突起；雄蕊12枚，成4轮排列，最内轮3枚退化，花药较小，花丝近轴面具乳突，退化雄蕊顶端具乳突，基部有毛；花粉圆球形，表面具突起纹饰；雌佛焰苞小，苞内雌花1朵；花大，直径约3cm；萼片3，先端圆，常具红色斑点；花瓣3，白色，基部黄色，广倒卵形至圆形，较雄花花瓣大，近轴面具乳头状突起；退化雄蕊6枚，成对并列，与萼片对生；腺体3枚，黄色，肾形，与萼片互生；花柱6，每枚2深裂，长约4mm，密被腺毛；子房下位，不完全6室。果实浆果状，球形至倒卵形，长0.8~1cm，直径约7mm，具数条沟纹。种子多数，椭圆形，顶端渐尖；种皮上有许多毛状突起。花、果期8—10月。
【分布及生境】 分布于我国东北、华北、华东、华南、西南和长江中下游地区。生于静水池沼、沟渠、湖泊、水沟。

【营养成分】 每100g鲜草含粗蛋白1.39g、粗脂肪0.14g、粗纤维1.29g等。
【食用方法】 当叶片长出，未老化时，采摘幼嫩茎叶柄食用。用沸水烫，浸泡冷水中后，可炒食、凉拌或加工罐头。

药用功效

全草入药。性微寒，味苦、微咸。通经消带。用于带下病。

长苞香蒲

Typha angustata Bory et Chaub

别 名‖蒲笋、蒲芽、蒲儿根、蒲白
英文名‖ Long-bract cattail
分 类‖香蒲科香蒲属多年生沼生草本

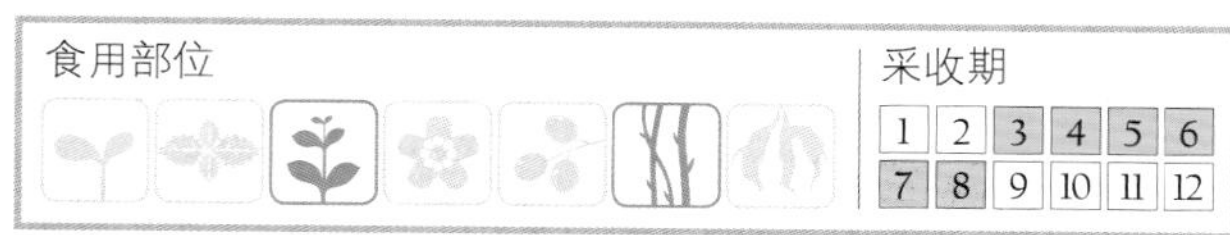

【形态特征】植株高 1~3m，直立，粗壮，具地下根状茎。叶条形，宽 6~15mm，基部鞘状，抱茎。穗状花序圆柱形，粗壮，雌雄花序长 50cm，雌花序与雄花序分离，雄花序在上，长 20~30cm，雄蕊 3，毛较花药长，花粉粒单生；雌花序在下，雌花的小苞片与柱头近等长，柱头条状矩圆形，小苞片和柱头均比毛长。小坚果无沟。
【分布及生境】分布于我国东北、华北、华东及四川、河南、陕西、甘肃、新疆。生于海拔约 700m 的沟边草丛。

【营养成分】参考东方香蒲。
【食用方法】参考东方香蒲。

药用功效

参考东方香蒲。

沉水海菜花

Ottelia sinensis （Lévl. et Vaniot）Lévl. ex Dandy

别 名‖水白菜
分 类‖水鳖科水车前属多年生沉水草本

【形态特征】叶沉水，基生；叶片绿色，卵形至长卵形，顶端急尖，基部圆形或心形，长 10~40cm，全缘，波状；叶柄绿色，长 8~30cm，腹面扁平，背面隆起，宽 8~10mm，基部白色，宽 25mm。其他形态与海菜花的主要区别是：花两性，沉水，闭花受精；苞上通常具刺，每一佛焰苞含 3~6 花；花柱、雄蕊都是 3。
【分布及生境】分布于广西、贵州、云南。生于静水河流、沟渠和池塘。

【食用方法】参考海菜花。

药用功效

全草入药。性平，味淡、甘。清热止咳、益气固脱。用于尿血、咳血、淋证、水肿、风热咳嗽、子宫脱垂。

海菜花

Ottelia acuminata （Gagnep.） Dandy

别 名‖海茄子、龙爪菜、水白菜、海菜
分 类‖水鳖科水车前属多年生沉水草本

【形态特征】叶在基部丛生，叶片披针形、长圆形、卵形、狭卵形至心形，顶端较钝，基部心形，稀有渐狭的，全缘或细锯齿。在深水中的多年生植株，叶背脉上和叶柄背面常具肉刺，但多数无刺，叶的长短宽窄常有 10 倍差别，常见长 10~ 35cm，宽 4~12cm；叶柄长度因水深度而异，长 4~300cm。花单性，雌雄异株；花葶长 0.3~4.5cm，常与水深相等，圆柱形，光滑。佛焰苞无翅，具 2~6 棱，无刺或楞上具刺；雄株佛焰苞含花 40~50 朵，雌株佛焰苞含 2~7 花或稍多；花在水面开枝后连同佛焰苞沉入水底。雄花萼片 3，绿白色，披针形，花瓣 3，白色。雄蕊 12，稀 9，4 轮，稀 3；花药卵状椭圆形，内具退化雌蕊，线性，黄色。雌花，花萼、花瓣同雄花；花柱 3，具退化雄蕊 3，线性，黄色；子房三棱柱形，绿色。1 室侧膜胎座 3。成熟果褐色，三棱状纺锤形，楞上肉刺或疣突，果皮肉质，含黏液，种子多数，下垂，顶端具毛。
【分布及生境】分布于广东、广西、贵州、海南、四川、云南。生于海拔 2 700m 以下的湖泊、池塘、沟渠和水田。

【食用方法】全年可采摘嫩叶食用。洗净，沸水烫后即可炒食、炖肉、制酸菜，也可煮粥。花和花茎可炒食、做汤；花茎洗净，切碎，掺上熟米粉、辣椒腌成咸菜食用。

药用功效

参考海菜花。

水车前

Ottelia alismoides （L.） Pers.

别　名‖龙舌草、瓢羹白菜、山窝鸡、白车前草、水带菜、牛耳朵

英文名‖ Water plamtain ottelia

分　类‖水鳖科水车前属多年生沉水草本

【形态特征】 须根系。茎短或无茎。叶丛生，叶形因水深和其他生境而不同，常为卵形、卵状椭圆形、近圆形或心形，长 8~25cm，宽 3~18cm，基部心形、近圆形至渐尖，叶柄长短因水深而不同，长 0.5~40cm；此外，还有线性或披针形叶的植株。花两性，佛焰苞绿色，外具 5~10 条叶状翅，全缘，稀具齿。每苞含 1 花，稀 2~3 花，无柄；萼片 3，绿色；花瓣 3，白色、淡青色或紫色。基部具黄斑，雄蕊 6，稀 9；花丝具腺毛；花柱 6，稀 9；子房下位，柱头具棱，6 室，稀 9 室。果长纺锤形，具棱，无刺或疣突。花、果期 6—10 月。

【分布及生境】 分布几近全国，以云南、广东、福建、浙江、江苏、安徽、江西、湖南、湖北等地为主。生于沟渠、水田、积水洼地、水塘。

【营养成分】 每 100g 鲜草中含粗蛋白 1.08g、粗纤维 0.82g、粗脂肪 0.08g。

【食用方法】 春、夏季采摘未抽薹的嫩苗和莲座嫩叶，洗净，沸水烫后，清水浸泡后，可炒食、凉拌或做汤。

药用功效

全草入药。性微寒，味淡、甘。止咳、化痰、清热、利尿。用于哮喘、咳嗽、水肿、烫火伤、痈肿。

黄花败酱

Patrinia scabiosaefolia Fisch. ex Trevir.

别　名‖黄花龙芽、黄花菜、黄花青菜、野黄花、野芹、山白菜、女郎花、土龙草

英文名‖ Dahurian patrinia

分　类‖败酱科败酱属多年生草本

【形态特征】 植株高 60~150cm。根状茎粗，横走或斜生，具须根，具特殊臭气，茎枝被脱落性白粗毛。基生叶成丛，长大，具长柄，椭圆形或长卵形；茎生叶对生，羽状深裂或全裂，裂片 5~7 对，叶片披针形或窄卵形，长 5~15cm，中央裂片最大，椭圆形或卵形，两侧裂片窄椭圆形至条形，边缘具不整齐锯齿，叶两面疏生粗毛或近无毛。叶柄长 1~2cm，上部叶渐无柄。聚伞花序在枝端通常 5~9 序集成疏大伞房状。总花梗方形，常只两侧 2 棱被粗白毛；苞片小，花小，黄色；花萼不明显；花冠筒短，5 端 5 裂；雄蕊 4；子房下位。瘦果长椭圆形，具 3 棱。花期 7—9 月，果期 8—10 月。

【分布及生境】 分布几乎遍布全国。生于海拔 400~1 800m 的山坡林下、灌丛、田间、路旁草丛中。

【营养成分】 每 100g 嫩苗和嫩茎叶含蛋白质 1.5g、脂肪 1g、维生素 A 6.02mg、维生素 B_2 0.78g、维生素 C 52mg。

【食用方法】 春、夏季采摘嫩苗或嫩茎叶食用。洗净，沸水焯一下，换清水浸泡去苦味后凉拌、炒食、做馅、和面煮食或晒成干菜。

药用功效

全草入药。性平，味苦。清热解毒、排脓破瘀。用于肠痈、下痢、带下病、产后瘀滞腹痛、目赤肿痛、痈肿疥癣。

白花败酱

Patrinia villosa （Thunb.） Juss.

别　名‖胭脂麻、大升麻、攀倒瓶、毛败酱、败酱草
英文名‖ White-flower patrinia
分　类‖败酱科败酱属多年生草本

【形态特征】植株高 50~100cm。地下根状茎长而横走，偶在地表匍匐生长。基生叶丛生，叶片卵形、宽卵形或卵状披针形至长圆状披针形，先端渐尖，边缘具粗钝齿，基部楔形下延，不分裂或大头羽状深裂，常有 1~2（偶有 3~4）对生裂片；茎生叶对生，与基生叶同形，或菱状卵形，先端尾状渐尖或渐尖，基部楔形下延，边缘具粗齿。由聚伞花序组成顶生圆锥花序或伞房花序，花萼小，萼齿 5；花冠钟形，白色，5 深裂。瘦果倒卵形。花期 8—10 月，果期 9—11 月。

【分布及生境】分布于台湾、江苏、浙江、江西、安徽、河南、湖北、湖南、广东、广西、贵州和四川。生于山地林下、林缘或灌丛、草丛中。

【营养成分】营养成分与黄花败酱大致相同。

【食用方法】参考黄花败酱。

药用功效

药性与黄花败酱相同。

淫羊藿

Epimedium brevicornu Maxim.

别　名‖含阴草、三枝九叶、仙灵脾、野黄连
英文名‖ Epimedium
分　类‖小檗科淫羊藿属多年生草本

【形态特征】植株高 30~60cm，数茎丛生，基部具鳞片。根状茎呈结节状，木质化，褐色，多须根。二回三出复叶，基生和茎生，基生叶具长叶柄，小叶卵圆形，长约 3cm，顶端急尖或渐尖，基部斜心形，边缘具刺毛状细锯齿。茎生小叶圆形或卵圆形，两侧小叶基部不对称，外裂片偏斜常至耳状。圆锥花序顶生，4~6 花，萼片 8，排列成 2 轮，花瓣 4，白色，具长距；雄蕊 4。蓇葖果卵形。种子暗红色。花期 6—7 月，果期 8 月。

【分布及生境】分布于陕西南部、山西南部、甘肃南部和东部、河南东部以及青海、四川、宁夏等地。生于海拔 650~2 100m 的灌丛、林下或较背光潮湿的地方。

【营养成分】全草含淫羊藿素、淫羊藿苷和去甲淫羊藿苷等黄酮类物质，并含挥发油、甾醇、固醇、生物碱等。

【食用方法】夏、秋季采摘叶片，洗净，放入锅内加适量水煮成汁后，其汁可烹调菜肴，如淫羊藿烧猪肝。秋、冬季挖根状茎，洗净，去须根，可炖肉、炖鸡，食其汤汁，不食根。春季可采花食用，喝花中露水或鲜食，味甜。

药用功效

全株入药。性微温，味甘、辛。补肾壮阳、强筋骨、祛风湿、镇痛止咳。用于阳痿、肾虚痨咳、腰痛、小儿麻痹、骨痿、不孕症、痹病、头晕目眩。

箭叶淫羊藿

Epimedium sagittatum （Sieb. et Zucc.） Maxim.

别　名 ‖ 仙灵脾、三枝九叶草、羊合草、铁打杵
英文名 ‖ Horny goat weed
分　类 ‖ 小檗科淫羊藿属多年生草本

【形态特征】 植株高 30~50cm。根状茎匍匐生长，呈结节状，坚硬，深褐色，具多数须根。基生叶 1~3 枚，茎生叶 1~2 枚。三出复叶，叶柄细长，叶片卵圆形至卵状披针形，草质，长 4~9cm，宽 2.5~5cm。顶端急尖或渐尖，基部深心形，边缘细刺毛，侧生小叶基部对称，外侧尖耳状，下面被紧密的刺毛或细毛，外裂片三角形。总状花序或下部分枝成圆锥花序，花轴和花枝无毛或被少数腺毛；萼片 8，外轮 4 片，具紫色斑点，易脱落，内轮较大，白色；花瓣 4，囊状。蓇葖果卵形，宿存花柱短嘴状，种子深褐色。花期 2—3 月，果期 4—5 月。

【分布及生境】 主要分布于我国华东、华南各省区，山东省除外。湖南、湖北、四川、贵州、陕西仅有小部分地区有分布。生于海拔 200~1 300m 的疏林、灌丛、山野竹林下、水沟边、山路旁石缝中。

【营养成分】 参考淫羊藿。

【食用方法】 参考淫羊藿。

药用功效

茎叶入药。性温，味辛、甘。补肾阳、强筋骨、祛风湿。用于阳痿遗精、筋骨痿软、风湿痹痛、麻木拘挛、高血压。

粗毛淫羊藿

Epimedium acuminatum Franch.

英文名 ‖ Chinese epimedium
分　类 ‖ 小檗科淫羊藿属多年生草本

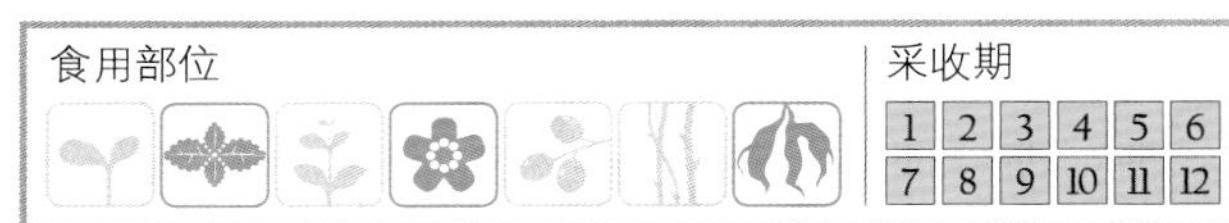

【形态特征】 植株高 30~50cm。根状茎有时横走，直径 2~5mm，多须根。一回三出复叶基生和茎生，小叶 3 枚，薄革质，狭卵形或披针形，长 3~18cm，宽 1.5~7cm，先端长渐尖，基部心形，顶生小叶基部裂片圆形，近相等，侧生小叶基部裂片极度偏斜，上面深绿色，无毛，背面灰绿色或灰白色，密被粗短伏毛，后变稀疏，基出脉 7 条，明显隆起，网脉显著，叶缘具细密刺齿；花茎具 2 枚对生叶，有时 3 枚轮生。圆锥花序长 12~25cm，具 10~50 朵花，无总梗，序轴被腺毛；花梗长 1~4cm，密被腺毛；花色变异大，黄色、白色、紫红色或淡青色；萼片 2 轮，外萼片 4 枚，外面 1 对卵状长圆形，长约 3mm，宽约 2mm，内面 1 对阔倒卵形，长约 4.5mm，宽约 4mm，内萼片 4 枚，卵状椭圆形，先端急尖，长 8~12mm，宽 3~7mm；花瓣远较内轮萼片长，呈角状距，向外弯曲，基部无瓣片，长 1.5~2.5cm；雄蕊长 3~4mm，花药长 2.5mm，瓣裂，外卷；子房圆柱形，顶端具长花柱。蒴果长约 2cm，宿存花柱长喙状；种子多数。花期 4—5 月，果期 5—7 月。

【分布及生境】 分布于贵州、重庆、四川中部和南部、云南东北部、湖北西部和广西北部。生于海拔 290~2 100m 的灌丛、林下和水沟边。

【营养成分】 参考淫羊藿。

【食用方法】 参考淫羊藿。

药用功效

全草入药，用于治疗阳痿、小便失禁、风湿痛、虚劳久咳等症。

直立百部

Stemona sessilifolia（Miq.） Miq.

英文名‖ Sessile stemona
分　类‖百部科百部属多年生草本

【形态特征】 植株高 30~60cm。块根肉质，纺锤形，数个至数十个簇生，茎直立，不分枝。叶 3~4 片轮生，卵形或椭圆形，长 4~6cm，宽 2~4cm，顶端渐尖，主脉 3~5 条，全缘，叶柄短或近无柄。花细小，多生于茎下部鳞状叶腋间，具细长花梗，直立或向上倾斜；花被 4，淡绿色；雄蕊 4；子房卵形，无花柱。蒴果扁卵形。花期 4—5 月，果期 7 月。

【分布及生境】 分布于江苏、浙江、安徽、山东等地。生于山坡灌丛或竹林。

【食用方法】 块根拣净杂质，除去须根，洗净，润透后切段，与猪蹄煮服。

药用功效

块根入药。性微温，味甘、苦。润肺下气止咳、杀虫。用于新久咳嗽、肺痨咳嗽、百日咳；外用治头虱、体虱、蛲虫病、阴痒症。

对叶百部

Stemona tuberosa Lour.

别　名‖大百部、野天门冬根、山百部、
英文名‖ Wild asparagus
分　类‖百部科百部属多年生攀缘草本

【形态特征】 植株长达 5m。块根大，茎上部缠绕。叶对生，广卵形，长 8~30cm，宽 3.5~10cm，顶端尖锐或渐尖，基部浅心形，全缘或微波状，叶脉 7~11 条，叶柄长 4~6cm。花腋生，花下具一披针形小苞片；花被片 4，披针形，黄绿色，具紫色脉纹。蒴果扁倒卵形。花期 5—6 月，果期 7—8 月。

【分布及生境】 分布于我国南方地区，主要在广西、云南、贵州和四川等地。生于向阳处灌木林下、溪边、路边、山谷和阴湿岩石上。

【食用方法】 块根拣净杂质，除去须根，洗净，润透后切段，与猪蹄煮服。

药用功效

参见对叶百部。

蔓生百部

Stemona japonica （Bl.） Miq.

别　名‖百部、野天门冬、百部草、百条根
英文名‖ Japanese stemona
分　类‖百部科百部属多年生缠绕草本

食用部位　采收期

1	2	3	4	5	6
7	8	9	10	11	12

【形态特征】植株高 60~90cm。块根肉质，纺锤形，黄白色，几个或数个簇生。下部。茎直立，上部蔓生状。叶 2~5，片轮生，叶柄长 1.5~3cm；叶片卵形或卵状披针形，长 3~9cm，宽 1.5~4cm，顶端渐尖，基部圆形或宽楔形，边缘微波状，叶脉 5~9 条。花单生或数朵排成聚伞花序，总花梗完全贴生于叶片中脉上，花被片 4，浅绿色，卵形或披针形，开花后向外反卷，雄蕊紫色，花药顶端具一短钻状附属物。蒴果广卵形，稍扁。种子深紫褐色。花期 4—5 月，果期 7 月。

【分布及生境】分布于我国南方各省区。生于向阳山坡林下、灌木林下或竹林上。

【食用方法】块根拣净杂质，除去须根，洗净，润透后切段，与猪蹄煮服。

药用功效

块根入药。性微温，味甘、苦。润肺下气止咳、杀虫。用于新久咳嗽、肺痨咳嗽、百日咳；外用头虱、体虱、蛲虫病、阴痒症。

柳叶菜

Epilobium hirsutum L.

别　名‖小杨柳
英文名‖ Hairy willow weed
分　类‖柳叶菜科柳叶菜属多年生湿生草本

【形态特征】植株高 80~100cm。茎直立，密被开展的白色长柔毛。茎下部叶对生，上部叶互生，长圆状披针形至披针形，长 6~13cm，宽 1~2cm，边缘细锯齿，基部楔形，略抱茎，两面被长柔毛。花两性，紫红色，单生于上部叶腋；花瓣 4，宽倒卵形，顶端凹缺成 2 裂；雄蕊 8，4 长 4 短；子房下位；柱头 4 裂。蒴果圆柱形，4 棱，4 开裂，被长柔毛。种子椭圆形，棕色，密生小乳突，顶端 1 簇白色种缨。

【分布及生境】分布于辽宁、河北、新疆及黄河以南。生于林下湿处、水沟边、沼泽地。

【食用方法】春季采摘嫩茎叶，洗净，沸水烫过，清水漂洗后可食用，可炝、拌、煮、蒸、烧汤、做饮料，具活血止血、消炎止痛、去腐生肌的食疗作用。

药用功效

全株入药。性平，味辛、苦。润肺止咳、祛瘀止泻。用于风热咳嗽、吐血、痢疾、刀伤出血。

毛脉柳叶菜

Epilobium amurense Hausskn.

别　名‖黑龙江柳叶菜
英文名‖ Willow herb
分　类‖柳叶菜科柳叶菜属多年生草本植物

【形态特征】植株高 20~60cm。多分枝，茎具 2 条细棱，棱上密生曲柔毛。单叶，基部对生，上部互生。叶片长椭圆形至卵形，长 2~6cm，宽 1~2.5cm。叶面、叶背脉上被短柔毛，不规则细锯齿叶缘。单花，腋生，两性，粉红色，长 4~6mm；花瓣 4，倒卵形，顶端凹缺；花萼裂片 4；子房下位，被曲柔毛。蒴果圆柱形，长 5~7cm，散被短柔毛。种子近矩圆形，长约 1mm，具小乳实，顶端具 1 簇种缨。
【分布及生境】分布于东北及河北、台湾。生于湿地。

【食用方法】采摘嫩心叶，洗净，炸熟，油盐调味食用或煮食。

药用功效

茎叶入药。清热、疏风、消风、消肿毒。用于喉头肿痛、月经过多。

水丁香

Ludwigia octovalvis（Jacq.）Raven

别　名‖毛草龙
英文名‖ Erect seedbox
分　类‖柳叶菜科丁香蓼属多年生草本

【形态特征】植株高 30~90cm。茎直立，分枝多，基部木质，全株生细毛。单叶互生，叶片披针形，长 4~8cm，宽 0.5~1.2cm，先端微钝，基部渐狭成叶柄。单花，腋生，苞片细小，4 裂，裂片卵形，花瓣 4，黄色，稍圆形，先端凹入，萼片和子房均被毛。蒴果狭圆柱形，长 3~5cm，直径约 4mm。顶端具宿存萼片，成熟时由苞间裂开。种子多数，细小，圆而顶端凹。花、果期 6—9 月。
【分布及生境】分布于台湾。生于水田或潮湿旱地。

【食用方法】采摘嫩苗和嫩茎叶，煮熟，用水淘净，调味食用。

药用功效

全草入药。解热、利尿。用于肾脏炎、高血压、肝炎、水肿。

野芭蕉

Musa basjoo Sieb. et Zucc.

别　名‖天蕉、板蕉、牙蕉、芭蕉
英文名‖ Japanese banana
分　类‖芭蕉科芭蕉属多年生草本

食用部位

采收期

1	2	3	4	5	6
7	8	9	10	11	12

【形态特征】 植株高达4m。假茎直立不分枝，全由叶柄层层垂迭包围而成。叶螺旋状排列，叶长椭圆形，绿色，顶端钝尖，基部圆而稍呈肾状，长达3m，宽40cm，中脉宽2cm，侧脉细而多，平行，伸至叶缘。穗状花序下垂，顶生，佛焰苞红褐色，每苞片内具10余花，花单性，花序轴上部着生雄花，下部着生雌花，雄蕊6，其中1枚不发育，杂生，子房下位，3室。中轴胎座。浆果三棱状，不开裂，种子多数。

【分布及生境】 分布于云南、贵州、广西。生于较热地区，潮湿、土层深厚的地方。

【食用方法】 夏、秋季开花期间采摘花苞，取花用沸水焯过，再用清水漂洗，然后煮食或炒食，也可炖鸡、炖肉食。花1~2朵蒸冰糖，饮汁，可治哮喘。

药用功效

根、茎汁入药，性寒，味甘，清热、解毒、消肿、止痛、平肝、定喘，用于头晕目眩、胃痛、疝气、疔疮、骨折、中耳炎。花入药，性凉，味甘、淡、微辛，可化痰软坚、平肝、祛瘀、通经。

匙叶草

Latouchea fokiensis Franch.

别　名‖红克玛叶、补血草、土地榆
英文名‖ Common latouchea
分　类‖龙胆科匙叶草属多年生草本

食用部位

采收期

1	2	3	4	5	6
7	8	9	10	11	12

【形态特征】 根状茎短，具多须根。叶基生，卵形匙形，长7~14cm，宽3~6cm，顶端圆，基部楔形，叶柄下部呈宽翅，长2~6cm，边缘微波状齿。花茎自叶丝中抽出，中部具1对叶片状、无柄的苞片。聚伞花序轮生，具5~12花，具花梗；小苞片2；花萼4深裂，裂片条状披针形；花冠钟状，花冠管长0.8~1cm，4浅裂，裂片蓝色，卵状三角形，渐尖，雄蕊4，花丝短，子房不完全2室，花柱短，柱头2裂。蒴果卵状圆锥形，花柱宿存，呈喙状。种子少数，长圆形，外表具龙骨状突起。花期3—4月，果期5—7月。

【分布及生境】 分布于云南东北部、四川东南部、贵州、湖南、广东、广西、福建。生于海拔1 000~1 500m的阴湿林下。

【食用方法】 春季采摘嫩苗食用，洗净，沸水烫过，用鸡汤煮食，具清火作用。也可炒食，或加调料凉拌，具补益血气的食疗作用。

药用功效

全草入药。活血化瘀、清热、止咳。用于劳伤咳嗽、腹内瘀血成块。

芭蕉花

Musa acuminata Colla

别　名‖小果野蕉
英文名‖ Wild banana
分　类‖芭蕉科芭蕉属多年生草本

【形态特征】植株高 3~6cm，茎粗 10~15cm。叶片长圆形，长 1.9~2.3m，宽 50~70cm，基部耳形，不对称，叶面绿色，被蜡粉，叶背黄绿色，无蜡粉或被蜡粉，中脉上面绿色，下面白黄色；叶柄长约 0.8m，被蜡粉，叶翼张开约 0.6cm。雄花合生花被片先端 3 裂，中裂片两侧有小裂片，二侧裂片先端具钩，钩上有毛，离生花被片长不及合生花被片之半，先端微凹，凹陷处具小尖突。果序长 1.2m，总梗长达 0.7m，直径 4cm，被白色刚毛。浆果圆柱形，长约 9cm，内弯，绿色或黄绿色，被白色刚毛，具 5 棱角，先端收缩而延成长 0.6cm 的喙，基部弯，下延成长不及 1cm 的柄，果内具多数种子。种子褐色，不规则多棱状，直径 5~6mm，高 3mm。
【分布及生境】分布于我国热带、亚热带地区。适应性强，多生于海拔 1 200m 的阴湿沟谷、沼泽、半沼泽及坡地上。

【食用方法】把花序外紫色苞片剥去，取出幼嫩花，用盐水洗净，沥干，炒食。豆豉炒芭蕉花是风味佳肴。假茎也可炒食，嫩叶炒食或腌酸食用。

地涌金莲

Musella lasiocarpa（Franch.） C. Y. Wu ex H. W. Li

别　名‖地金莲
英文名‖ Hairy-fruit musella
分　类‖芭蕉科地涌金莲属多年生草本

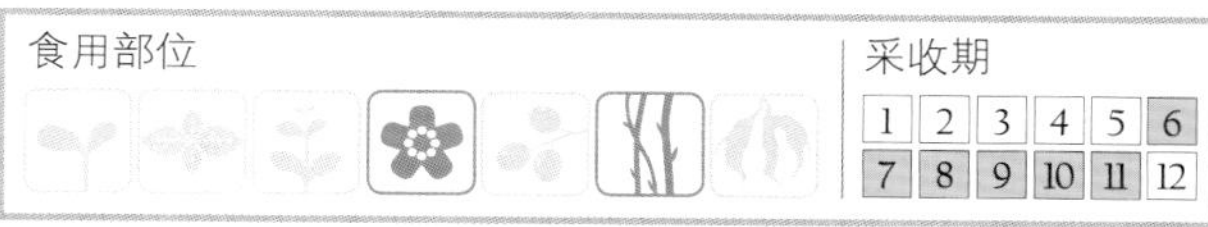

【形态特征】植株高 30~60cm，丛生，具水平生长的匍匐茎。假茎矮小，基茎约 15cm，具宿存叶鞘。单叶，叶片长椭圆形，长 50~70cm，宽 20cm，被白粉。花序直立，密集，长 20~25cm，苞片黄色，具 2 列花序，每列 4~5 花；花序下部为雌花，上部为雄花。含生花被卵圆状矩圆形，顶端 5 裂，离生花被与合生花被等大，全缘。果实为三棱状卵球形，长约 3cm，宽约 2.5cm。种子 6 颗，扁圆形，深褐色。
【分布及生境】分布于云南高海拔地区。生于山间坡地。

【食用方法】把假茎切细，用食盐搓洗，再用清水漂洗干净，沥干，炒食。花序食法同假茎。

药用功效

花入药。性寒，味苦、涩。用于白带过多、崩漏、便血。

酢浆草

Oxalis corniculata L.

别　名‖山黄酸瓜、酸叶草、酸浆草、老鸭嘴、满天星、三梅草、黄瓜草、酸梅草
英文名‖ Creeping oxalis
分　类‖酢浆草科酢浆草属多年生草本

【形态特征】全株疏生白柔毛。根状茎细长柔弱，地上茎匍匐生长或斜生，多分枝，常淡红紫色，茎上生根。叶互生，三小叶复叶，小叶无柄，倒心形，长5~10mm，顶端凹入全缘，托叶细小，耳形，与叶柄贴生。聚伞花序腋生，一至数花集生于花柄上，花黄色，长8~10mm。花梗长1~2.5cm，苞片对生，线性。萼片5，披针形，长约5mm；花瓣5，倒卵形；雄蕊10，5长5短，花丝基部合生成筒；子房圆柱状，5室，柱头5裂。蒴果近圆柱形，长1~2cm，具5棱，每室具数颗种子。种子黑褐色，具皱纹。花期几乎长达全年。

【分布及生境】分布于我国温带、热带地区。生于沟边、河滩、草湿地、荒地、耕地、林下、山坡、路旁。

【营养成分】每100g嫩茎叶含蛋白质3.1g、脂肪0.5g、维生素A 5.24mg、维生素B_1 0.25mg、维生素B_2 0.31mg、维生素C 127mg、钙27mg、磷125mg、铁5.6mg。

【食用方法】4—7月采摘嫩茎叶食用，洗净，沸水烫过，清水浸泡片刻去酸苦味后，沥干水，可凉拌、做汤、炒食。

药用功效

全草入药。性寒，味酸。清热化湿、祛瘀止痛。用于跌打红肿、骨折、肝炎、风热感冒、胎盘不下、血尿、消化不良。

红花酢浆草

Oxalis corymbosa DC.

别　名‖紫酢浆草
英文名‖ Purple oxalis
分　类‖酢浆草科酢浆草属多年生草本

【形态特征】植株高约15cm。地下具鳞茎，被黑褐色鳞片，鳞片内着生珠芽。鳞茎基部生纺锤形块根，半透明，1~3个，具多汁、味甜。根出叶，小叶3片，倒心脏形，长约3cm，宽4cm。叶面绿色，叶背灰绿，被软毛；叶柄长达18cm，绿色或淡紫色，被毛。花梗顶端生10多朵花，花淡红紫色，喇叭状，直径1.5cm，花梗短。萼片5，绿色，花冠5枚，雄蕊10，5长5短，花丝白色，柱头5歧，子房绿色。

【分布及生境】分布于我国南北各地。

【食用方法】采摘嫩茎叶，浸泡或腌渍，具酸味，调配其他食物用。

药用功效

叶入药，能消肿解毒。

睡菜

Menyanthes trifoliata L.

别　名‖水胡豆、暝菜、醉草
英文名‖ Bogbeen
分　类‖龙胆科睡菜属菜属多年生水生草本

食用部位

采收期
1 2 3 4 5 6
7 8 9 10 11 12

【形态特征】根状茎匍匐生长，肥厚，带黄色，节间短。掌状三出复叶，基生，具鞘状长叶柄，长 20~30cm，小叶 3，椭圆形，长 5~8cm，宽 2~4cm，边缘微波状，基部楔形，无柄。总状花序，长约 35cm，花序由叶丛旁侧抽出。花白色，小苞片披针形；花萼绿色，5 深裂，花冠 5 裂，较萼片长约 3 倍，裂片内侧密被白色长须毛；雄蕊 5，子房 1 室。蒴果阔卵形，顶部不规则开裂。种子多数，扁球形。花期 3—4 月，果期 5—7 月。

【分布及生境】分布于黑龙江、吉林、辽宁、河北、贵州、四川、云南。生于水塘、沼泽地。

【食用方法】秋、冬季挖取根茎，洗净，用盐腌制后食用。亦可作制啤酒的苦味。

药用功效

全草入药，性寒，味甘、微苦，平肝息风、清热解暑。用于胃炎、心悸失眠、心神不安。根性平，味甘、微苦。润肺、止咳、消肿、降血压，用于咳嗽、风湿痛、高血压。

莕菜

Nymphoides peltatum（Gmel.）O. Kuntze

别　名‖荇菜、莲叶荇菜、水葵、水荷叶、野荷花、金莲子
英文名‖ Floating heart
分　类‖龙胆科莕菜属多年生浮水草本

【形态特征】茎细长，圆柱形，多分枝，密生褐色斑点，节下生根。上部叶对生，下部叶互生，叶片飘浮，近革质，圆形或卵圆形，直径 1.5~8cm，基部心形，全缘，有不明显的掌状叶脉，下面紫褐色，密生腺体，粗糙，上面光滑，叶柄圆柱形，长 5~10cm，基部变宽，呈鞘状，半抱茎。花常多数，簇生节上，5 数；花梗圆柱形，不等长，稍短于叶柄；花萼裂片椭圆形或椭圆状披针形，先端钝，全缘；花冠金黄色，分裂至近基部，冠筒短，喉部具 5 束长柔毛，裂片宽倒卵形，先端圆形或凹陷，中部质厚的部分卵状长圆形，边缘宽膜质，近透明，具不整齐的细条裂齿；雄蕊着生于冠筒上，整齐，花丝基部疏被长毛。蒴果无柄，椭圆形，长 1.7~2.5cm，宽 0.8~1.1cm，宿存花柱长 1~3mm，成熟时不开裂。种子大，褐色，椭圆形，长 4~5mm，边缘密生睫毛。花、果期 4—10 月。

【分布及生境】分布于我国东北、华北等地。生于池塘及不甚流动水的小溪中。

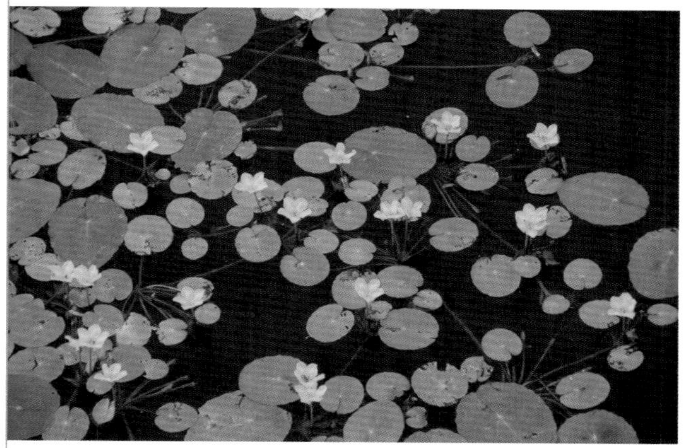

【营养成分】每 100g 可食部含蛋白质 1.22g、脂肪 0.6g、碳水化合物 11.8g、维生素 A 3.70mg、维生素 B_2 0.15mg、维生素 B_5 0.46mg、维生素 C 59mg、钙 96mg、磷 30mg、铁 3.5mg。

【食用方法】春、夏季采摘嫩茎叶，洗净，沸水烫后，可凉拌、炒食、做汤，也可腌渍。

药用功效

全草入药。性寒，味甘。清热利尿、消肿、解毒。用于热淋、痈肿、火丹。

白子菜

Gynura divaricata（L.）DC.

别　名‖耳叶土三七、白背菜、白背三七草
分　类‖菊科三七草属多年生草本

【形态特征】植株高30~60cm。茎直立，被短柔毛或脱毛，分枝。叶卵形、倒披针形或椭圆形，长2~15cm，宽1.5~5cm，先端钝或尖，基部截形、微心形或楔形，渐狭成柄，边缘有锯齿或浅裂，稀全缘；叶脉羽状，侧脉3~5对，干时成黑线；叶面绿色，背面有时变紫色，两面被短毛；叶柄长0.5~4cm，基部具耳；上部叶较小，狭披针形或线形，羽状浅裂。头状花序3~5，排列成伞房花序；花序梗长1~15cm，被短毛，具1~3苞片；总苞钟形，长8~10mm，宽6~8mm，具数个小外苞片；总苞片11~14，线状披针形，宽1~2mm，先端渐尖，边缘膜质，背面被毛或无毛。小花橙黄色，管状，长11~15mm，管部长9~11mm。瘦果圆柱形，褐色，长5mm，具10肋，肋间有微毛；冠毛白色，长10~12mm。花期4—10月。

【分布及生境】分布于广东、海南、香港。生于海拔1 300~2 800m的山坡草地、荒地或路边。

【营养成分】可食部富含粗脂肪、粗蛋白、维生素、微量元素等，并含有多种人体必需的氨基酸。

【食用方法】全年采摘嫩茎叶，洗净，可炒食。

药用功效

全草入药。性平，味淡、微涩。清热凉血、活血止痛。用于咳嗽、疮疡、烧烫伤、跌打损伤、风湿关节痛、崩漏、外伤出血等。

双蝴蝶

Tripterospermum cordatum（Marq.）H. Smith

别　名‖峨眉双蝴蝶、鱼代藤、肺心草
英文名‖Common tripterospermum
分　类‖龙胆科双蝴蝶属多年生缠绕草本

【形态特征】具根茎，根细，黄褐色。茎圆形，通常黄绿色，稀为紫色或带紫纹，螺旋状扭转，下部粗壮，节间短。叶心形、卵形或卵状披针形，长（1.5）3.5~12cm，宽（1）2~5cm，先端渐尖或急尖，常具短尾，基部心形或圆形，边缘膜质，细波状，叶脉3~5条，叶片下面淡绿色或带紫色。花单生或成对着生于叶腋，有时2~6朵呈聚伞花序；花梗较短，具1~4对披针形的小苞片或否；花萼钟形，不开裂，稀一侧开裂，明显具翅，裂片线状披针形；花冠紫色，钟形，长3.5~4cm，裂片卵形三角形，先端微波状；雄蕊着生于冠筒下部，不整齐，花丝线形，下部稍加宽，长15~18mm，花药矩圆形，长1~2mm；子房椭圆形，长约1cm，通常近无柄或具长不超过5mm的短柄，基部具长1~2mm，5浅裂的环状花盘，花柱细长，长1.5~2cm，柱头线形，2裂。浆果紫红色，内藏，长椭圆形，两端急狭呈圆形，长2~3cm，宽0.7~0.8cm，稍扁，近无柄或具长不超过5mm的短柄。种子暗紫色，椭圆形或卵形、三棱状，长2~2.5mm，宽约1.5mm，边缘具棱，无翅。花、果期8—12月。

【分布及生境】分布于贵州、湖北、湖南、陕西、四川、云南。生于海拔1000~1 800m的山坡林下。

【食用方法】春季至初夏采摘嫩茎叶食用，洗净，沸水烫后加调料凉拌，还可炒、炖、做汤，具清热解毒、止血散结的食疗作用。

药用功效

全草入药。舒筋活血。用于刀伤、骨折。

獐牙菜

Swertia bimaculata（Sieb. et Zucc.）Hook. f. et Thoms. ex C. B. Clarke

别　名 ‖ 龙胆草、四棱草
英文名 ‖ Two-spot swertia
分　类 ‖ 龙胆科獐牙菜属多年生草本

【形态特征】植株高 50~120cm。茎直立，四棱状，上部分枝。单叶对生，叶背三出脉显著，基部叶矩圆状披针形，长 4~9cm，宽 2~4.5cm，具短柄，花期枯萎；茎上部叶椭圆形至卵状披针形，长 4~4.5cm，宽 1~2.5cm，无柄或具短柄，短实。复总状聚伞花序，叶腋或顶生；花淡黄绿色，直径 2.5cm，花柄长 3cm；花萼 5 深裂，稀 4 或 6，裂片披针形，2 大 3 小；花冠 5 深裂，稀 4 或 6，裂片卵圆形，具紫黑色斑点，中部具 2 个黄色斑块；雄蕊 5，稀 4 或 6，附生于花冠裂片基部，花药戟形，花丝基部稍膨大；子房上位，柱头 2 裂。蒴果长卵形。种子细小，多数褐色圆形，表面有瘤状突起。花期 8—9 月，果期 9—10 月。

【分布及生境】分布于西藏、云南、贵州、四川、甘肃、陕西、山西、河北、河南、湖北、湖南、江西、安徽、江苏、浙江、福建、广东、广西。生于河滩、山坡草地、林下、灌丛、沼泽地。

【食用方法】春季至初夏采摘嫩茎叶。獐牙菜全株具苦味，嫩茎叶须用清水浸泡约 2 小时，去掉大部苦味后，可炒、烧、拌、做汤。

药用功效

全草入药。性寒，味苦。清热、健胃、利湿。用于消化不良、胃炎、黄疸、齿痛、口疮。

莎草

Cyperus rotundus L.

别　名 ‖ 香附子、莎草根、三棱草、香头草、雀头香、回头香、旱三棱
英文名 ‖ Nutgrass galingale
分　类 ‖ 莎草科莎草属多年生草本

【形态特征】植株高 15~95cm。根状茎横生，细长，末端生块茎，块茎椭圆形，灰黑色，具香气。秆单生，具三锐棱，基部块茎状。叶基部丛生，窄线性，顶端尖，叶鞘闭合包于秆上，鞘棕色，常裂纤维状，叶状苞片 2~5。花序复穗状，3~6 个在茎顶排成伞状，具叶状总苞 2~4 片，小穗宽线性，鳞片 2 裂，卵形，两侧紫红色，每鳞片具 1 花，具 5~7 条脉。雄蕊 3，药线形，花柱长，柱头 3。小坚果长圆倒卵形，三棱状。花期 6—8 月，果期 7—11 月。

【分布及生境】分布于我国大部分地区，以山东、河南、浙江、福建、湖南为主。生于旱土、荒地、路边、沟边、草坪、田间向阳处。

药用功效

根茎入药，药名香附。性平，味辛、微苦。理气解郁、调经止痛。用于肝郁气滞、胸胁脘腹胀痛、消化不良、胸脘痞闷、寒疝腹痛、乳房胀痛、月经不调、闭经、痛经。

三白草

Saururus chinensis （Lour.） Baill.

别　名‖假蒌、沟露、塘边藕、过山龙、白舌骨、白面姑、五路叶白、白花莲

英文名‖ Chinese lizardtail

分　类‖三白草科三白草属多年生草本

【形态特征】 植株高30~100cm。茎直立或下部伏地，无毛，具根状茎。较粗，白色。单叶互生，纸质，叶片卵形或狭卵形，长4~15cm，宽2~10cm，顶端渐尖或短渐尖，基部心形，全缘，两面无毛，基出叶5。叶柄粗壮，长1~3cm，基部与托叶合生成鞘，略抱茎，无毛。总状花序顶生，花序具2~3片乳白色叶状总苞。花序轴和花梗具短柔毛。花两性，细小，无花被，生于苞片腋内；苞片卵圆形，具细缘毛；雄蕊6，子房上部，柱头小，向外卷曲。蒴果成熟后果实分裂为4个分果瓣。分果瓣近球形，表面多疣状突起，不开裂。种子球形。花期4—8月，果期8—9月。

【分布及生境】 分布于江苏、浙江、湖南。生于路旁、田埂、沟边的潮湿地。

【食用方法】 秋、冬季挖取粗嫩根状茎食用，洗净，切段，可凉拌或炖肉食。春季采摘具2~3叶的嫩苗，洗净，可凉拌、炒食。

药用功效

全草入药。性寒，味甘、辛。清热解毒、利水消肿。用于淋证、肾炎水肿、脚气、白带过多、风湿肿痛、咳嗽、无名肿痛。外用疗疮痈肿、湿疹。

蕺菜

Houttuynia cordata Thunb.

别　名‖鱼腥草、狗贴耳、连耳根、折儿根

英文名‖ Heart-leaf houttuynia

分　类‖三白草科蕺菜属多年生草本

【形态特征】 植株高15~50cm，全株具较强的鱼腥味。地下茎具许多节，萌发出土成地上部，未出土部分为地下茎分枝，成为根状茎，是蕺菜的主要食用部位。地下茎节着生根。地上茎紫红色。单叶互生，叶片心形或宽卵形，幼时带紫色，长3~8cm，宽4~6cm，全缘，具细腺点。叶柄长1~3cm，具疏毛。托叶膜质，条形，长1~2cm，下部常与叶柄合生成鞘状。穗状花序生于茎上端，与叶对生，长1~1.5cm，基部具4片白色花瓣状苞片；花两性，细小，无花被；雄蕊3，花丝下部与子房合生；雌蕊由3个下部合生小心皮组成。子房上位，花柱分离。蒴果卵圆形，顶端开裂。种子多数，卵形。花期4—9月，果期7—10月。

【分布及生境】 分布于我国长江以南各地。生于海拔1 500m以下的草丛、河边、沟边潮湿地。

【营养成分】 每100g嫩茎叶含蛋白质2.2g、脂肪0.4g、碳水化合物6g、粗纤维1.2g、维生素B_1 0.013mg、维生素B_2 0.172mg、维生素C 33.7mg、钙74mg、磷53mg。每100g干根含蛋白质2.5g、碳水化合物3g、粗脂肪2.2g、粗纤维18.35g、钙660mg、磷540mg、铁40mg。

【食用方法】 春、夏季采摘嫩茎叶，秋、冬季采挖根状茎食用。食法多样，可烹饪成多种菜肴。

药用功效

全草入药。性寒，味辛。有小毒。清热解毒、消肿排脓、利尿通淋。用于肺痈吐浓血、痰热喘咳、热痢、热淋、痈肿疮毒，并可预防高血压、脚气、汗疹等。

裸蒴

Gymnotheca chinensis Decne.

别　名‖白折耳根、水折耳
英文名‖ Chinese gymnotheca
分　类‖三白草科裸蒴属多年生草本

【形态特征】茎伏卧，长 15~30cm。单叶互生，叶片心形，肾脏心形至阔卵形，长 4~7cm，宽 4~9cm，全缘，叶柄长 3~7cm；托叶膜质，常与叶柄合生长鞘状，抱茎。总状花序生于茎上部，与叶对生。花两性，细小，苞片 1，窄卵形，顶端短渐尖，无花被，梗短，雄蕊 6，生于子房上部；雌蕊由 4 个合生心皮组成；子房下位，花柱 4，离生，外弯拱盖着雄蕊，胚珠多数。花期 6—9 月，果期 9—11 月。

【分布及生境】分布于湖北、湖南、广东、广西、云南、贵州及四川等省区。生于沟坎、小溪坎、宽埂田坎的潮湿处。

【食用方法】春、夏季采摘嫩苗和嫩叶食用。洗净，沸水烫 2~3 分钟，切段，可凉拌或炒食。全株可炖肉食。

药用功效

全草入药。性寒，味辛。清热解毒、利水消肿。用于慢性支气管、肺脓肿、白浊、痔疮、肺炎、泌尿道感染、白带过多、血尿、无名肿痛。

假蒟

Piper sarmentosum Roxb.

别　名‖猪拔草、鸽蒟、爬岩香、风气藤
英文名‖ Wild betel
分　类‖胡椒科胡椒属多年生草本

食用部位　　采收期
1 2 3 4 5 6
7 8 9 10 11 12

【形态特征】茎匍匐生长，节上生根，小枝近直立，无毛或幼时被极细的粉状短柔毛。叶近膜质，有细腺点，下部叶阔卵形或近圆形，长 7~14cm，宽 6~13cm，顶端短尖，基部心形或稀有截平，两侧近相等，腹面无毛，背面沿脉上被极细的粉状短柔毛；叶脉 7 条，网状脉明显；上部的叶小，卵形或卵状披针形，基部浅心形、圆、截平或稀有渐狭；叶柄长 2~5cm，被极细的粉状短柔毛，匍匐茎的叶柄长可达 7~10cm；叶鞘长约为叶柄之半。花单性，雌雄异株，聚集成与叶对生的穗状花序。雄花序长 1.5~2cm，直径 2~3mm；总花梗与花序等长或略短，被极细的粉状短柔毛；花序轴被毛；苞片扁圆形，近无柄，盾状，直径 0.5~0.6mm；雄蕊 2 枚，花药近球形，2 裂，花丝长为花药的 2 倍。雌花序长 6~8mm，于果期稍延长；总花梗与雄株的相同，花序轴无毛；苞片近圆形，盾状，直径 1~1.3mm；柱头 4，稀有 3 或 5，被微柔毛。浆果近球形，具 4 角棱，无毛，直径 2.5~3mm，基部嵌生于花序轴中并与其合生。花期 4—11 月。

【分布及生境】分布于我国华南、西南及福建、台湾。生于林下湿地。

【营养成分】每 100g 可食部含维生素 A 5.35mg、维生素 B_2 0.98mg、维生素 C 105mg。

【食用方法】春、夏季采摘嫩茎叶，沸水烫后，可炒食或做汤。

药用功效

全草入药。性温，味辛。祛风除湿、强筋壮骨、清热解毒。用于风湿痹痛、劳伤腰痛、脚气、齿痛、痔疮。

黄海棠

Hypericum ascyron L.

别　名‖金丝蝴蝶、大对月草、水黄花、六安菜、红旱莲、旱莲草、牛心茶
英文名‖ Giant st. John's wort
分　类‖藤黄科金丝桃属多年生草本

【形态特征】植株高 50~100cm，全株无毛。茎直立，4 棱，枝对生，老时红褐色。单叶对生，叶片宽披针形或长椭圆形，长 6~8cm，宽 1~3cm，顶端渐尖，基部抱茎，全缘，无柄。叶面绿色，叶背淡绿色。聚伞花序顶生，花数朵，花直径 2.5~8cm；萼片 5，卵形、椭圆形、长圆形或披针形，顶端锐尖至钝形，全缘；花瓣 5，倒披针形，各瓣稍偏斜而旋转，金黄色；雄蕊在基部合生为 5 束，花丝线状；花柱 5，自中部以上分离。蒴果卵球形，长 1~2cm，宽 0.5~1.2cm，5 裂。种子圆柱状纺锤形，长 1~1.5mm，两侧具龙骨状突起。花期 6—7 月，果期 8—9 月。
【分布及生境】分布于我国东北地区及黄河、长江流域。生于山坡、林下、灌丛、草地和河畔。

【营养成分】每 100g 嫩茎叶含蛋白质 4.6g、粗纤维 3g、维生素 A 7.44mg、维生素 B_5 1.3mg、维生素 C 169mg。
【食用方法】春季采摘嫩茎叶，洗净，沸水烫过，清水漂洗去苦味后，切段，加调料炒食，具解毒消肿功效。

药用功效

全草入药。性微寒，味辛、苦。平肝、活血散瘀、清热解毒。用于各种出血、跌打损伤。

商陆

Phytolacca acinosa Roxb.

别　名‖山萝卜、水萝卜、当陆、牛萝卜
英文名‖ Indian pokeberry
分　类‖商陆科商陆属多年生草本

【形态特征】植株高 80~150cm，全株无毛。具肥大的块状根，肉质，圆锥状分叉，外皮黄色或灰褐色，肉白色或黄白色。茎直立，圆柱形，肉质多汁，绿色或紫红色。单叶互生，叶薄纸质，或近于膜质，椭圆形、长椭圆形或椭圆状披针形，长 10~30cm，宽 5~14cm，顶端急尖或钝，基部楔形，下垂，全缘。花两性，总状花序顶生或与叶对生，圆柱形，直立，长 10~20cm。花被片 5，白色、黄绿色或淡红色。雄蕊 8，心皮 8~10，离生。果穗直立，分果浆状，扁球形，紫黑色，具宿存花被。花期 6—7 月，果期 8—9 月。
【分布及生境】分布于我国东北、西北、华东、华南、西南和华北等地。生于路旁、林下、阴湿地、住宅旁。

【营养成分】每 100g 嫩茎叶含维生素 A 3.53mg、维生素 B_2 0.2mg、维生素 C 97mg，还含钾、钙、镁、磷、铁、锰、锌、铜等多种矿物质。
【食用方法】春、夏季采摘嫩茎叶，洗净，沸水烫后，清水浸泡数小时后食用，可炒食或煮食。根有毒，只做药用，不能食用。

药用功效

根入药。性寒，味苦。逐水消肿、通利二便、解毒散结。用于水肿胀满、二便不通，外治痈肿疮毒。孕妇禁用。

垂序商陆

Phytolacca americana L.

别 名‖美洲商陆、十蕊商陆
英文名‖ Common pokeberry
分 类‖商陆科商陆属多年生草本

【形态特征】形态特征与商陆相近，主要区别为块状根圆柱形，稍具棱角，绿色或紫红色，多分枝，肉质，多汁。叶片卵状长椭圆形或长椭圆状披针形，叶较小。花序下垂，雌蕊 10，合生，心皮 10。浆果红紫色。

【分布及生境】分布于我国华东及河北、陕西、四川、云南及广东等。原产于北美洲，引进栽培并逸为野生。

【食用方法】食用方法参考商陆。

药用功效

参考商陆。根入药。止咳、利尿、消肿。

银线草

Chloranthus japonicus Sieb.

别 名‖灯笼花、分叶片、假细辛、四块瓦、四叶草、山油菜、两伞菜、杨梅菜、假金栗兰
英文名‖ Japanese chloranthus
分 类‖金栗兰科金栗兰属多年生草本

【形态特征】植株高 25~50cm。根状茎匍匐生长，具分枝，具多数黑褐色细长须根。茎直立，单生或丛生。叶对生，通常4片生于茎顶部，双双对生，呈假轮生，叶片宽椭圆形，边缘锐锯齿，齿尖具1腺体。茎下部各节对生2个鳞片状叶。穗状花序顶生，白色。核果歪倒卵形，绿色。花期 4—6 月，果期 5—8 月。

【分布及生境】分布于辽宁、吉林、河北、甘肃、陕西、山西、湖北、四川等地。生于山坡、山谷杂林下阴湿处、沟边草丛中。

【食用方法】采摘嫩苗，沸水焯过，清水浸泡 1~2 小时，调味食用。

药用功效

全草入药。性温，味辛、苦。有毒。祛风除湿、散寒止痛、活血消肿。用于风寒感冒、痰饮咳嗽、风寒湿痹、腰膝冷痛、寒瘀闭经、跌打损伤、血瘀肿痛；外治皮肿痛痒、无名肿痛、毒蛇咬伤等。

长瓣慈姑

Sagittaria sagittifolia L.

别　名 ‖ 野慈姑、剪刀菜、水慈姑、小慈姑、欧洲慈姑

英文名 ‖ Oldworld arrowhead

分　类 ‖ 泽泻科慈姑属多年生水生草本

【形态特征】 植株高 20~100cm，具须根，植株直立，具短缩茎、匍匐茎和球茎。短缩茎腋芽穿过叶柄基部向土中生长，形成匍匐茎。每株具数条匍匐茎。气候温暖，匍匐茎顶端窜出土面，生根发叶成为分株；气候冷凉，匍匐茎土中生，茎端积累养分形成球茎。球茎一般高 1~2cm，直径 0.8~1.8cm，由数节组成，卵形或近球形，肉近白色，顶端具顶芽。叶箭形，具 5 纵脉，中脉不明显，长 8~12cm，宽 3~11cm，尾端渐尖，叶柄长 20~40cm，三棱状。总状花序顶生，3~5 花为一轮，花单性，下部为雌花，上部为雄花，具细长梗；苞片披针形，外轮花被片 3，萼片状，卵形，顶端钝；内轮花被片 3，花瓣状，白色，基部常有紫斑；雄蕊多枚；心皮多数，密集成球形。瘦果斜倒卵形，背腹双面具翅。花、果期 6—10 月。

【分布及生境】 分布于云南、贵州、四川、广东、广西、湖南、湖北、江西、安徽、江苏、浙江、福建、台湾、河南、陕西、甘肃、宁夏、山西、山东、河北、辽宁、吉林、黑龙江、内蒙古、新疆。生于海拔 1 000m 以下的沼泽地、池塘边、水田中。

【营养成分】 每 100g 球茎含蛋白质 5.6g、脂肪 0.2g、碳水化合物 25.7g、粗纤维 0.6g、维生素 B_1 0.14mg、维生素 B_2 0.07mg、维生素 B_5 1.6mg、维生素 C 4mg、钙 8mg、磷 260mg、铁 1.4mg。

【食用方法】 当地上部分枯萎至翌年球茎发芽前均可采收球茎。采收后洗净，去叶、须根和匍匐茎，煮炒、荤素均宜，风味颇佳。

药用功效

全草入药。性微寒，味甘。清热解毒、凉血消肿。用于痔漏、黄疸、瘰疬、水肿、丹毒、毒蛇咬伤、肠风下血。

老鹳草

Geranium wilfordii Maxim.

别　名 ‖ 短咀老鹳草

英文名 ‖ Herba geranii

分　类 ‖ 牻牛儿苗科老鹳草属多年生草本

【形态特征】 植株高 30~50cm。根茎直生，粗壮，具簇生纤维状细长须根，上部围以残存基生托叶。茎直立，单生，具棱槽，假二叉状分枝，被倒向短柔毛，有时上部混生开展腺毛。叶基生和茎生叶对生；托叶卵状三角形或上部为狭披针形，长 5~8mm，宽 1~3mm，基生叶和茎下部叶具长柄，柄长为叶片的 2~3 倍，被倒向短柔毛，茎上部叶柄渐短或近无柄；基生叶片圆肾形，长 3~5cm，宽 4~9cm，5 深裂达 2/3 处，裂片倒卵状楔形，下部全缘，上部不规则状齿裂，茎生叶 3 裂至 3/5 处，裂片长卵形或宽楔形，上部齿状浅裂，先端长渐尖，表面被短伏毛，背面沿脉被短糙毛。花序腋生和顶生，稍长于叶，总花梗被倒向短柔毛，有时混生腺毛，每梗具 2 花；苞片钻形，长 3~4mm；花梗与总花梗相似，长为花的 2~4 倍，花、果期通常直立；萼片长卵形或卵状椭圆形，长 5~6mm，宽 2~3mm，先端具细尖头，背面沿脉和边缘被短柔毛，有时混生开展的腺毛；花瓣白色或淡红色，倒卵形，与萼片近等长，内面基部被疏柔毛；雄蕊稍短于萼片，花丝淡棕色，下部扩展，被缘毛；雌蕊被短糙状毛，花柱分枝紫红色。蒴果长约 2cm，被短柔毛和长糙毛。花期 6—8 月，果期 8—9 月。

【分布及生境】 除新疆、西藏及华南外，分布于全国其他各地。生于山坡、田野。

药用功效

地上部入药。性平，味辛、苦。祛风湿、通经络、止泻痢。用于风湿痹痛、麻木拘挛、筋骨酸痛、泄泻痢疾。

牛耳朵

Chirita eburnea Hance

别　名‖岩白菜、光白菜、岩青菜、石虎耳
英文名‖Ivory white chirita
分　类‖苦苣苔科唇柱苣苔属多年生草本

【形态特征】具粗根状茎。叶均基生，肉质；叶片卵形或狭卵形，长3.5~17cm，宽2~9.5cm，顶端微尖或钝，基部渐狭或宽楔形，边缘全缘，两面均被贴伏的短柔毛，有时上面毛稀疏，侧脉约4对；叶柄扁，密被短柔毛。聚伞花序，不分枝或一回分枝，每花序有（1~）2~13（~17）花；苞片2，对生，卵形、宽卵形或圆卵形。花萼长0.9~1cm，5裂达基部，裂片狭披针形，宽2~2.5mm，外面被短柔毛及腺毛，内面被疏柔毛。花冠紫色或淡紫色，有时白色，喉部黄色，长3~4.5cm，两面疏被短柔毛，与上唇2裂片相对有2纵条毛。雄蕊的花丝着生于距花冠基部1.2~1.6cm处，长9~10mm，下部宽，被疏柔毛，向上变狭，并膝状弯曲，花药长约5mm；退化雄蕊2。花盘斜，高约2mm，边缘有波状齿。雌蕊长2.2~3cm，子房及花柱下部密被短柔毛，柱头二裂。蒴果长4~6cm，粗约2mm，被短柔毛。花期4—7月。

【分布及生境】分布于云南、广东、广西、海南、贵州、四川、湖北。生于山地、林下石上。

【食用方法】秋、冬季采挖根茎，洗净后食用。食时以少放盐或不放盐为佳。切片可炖肉食，具治虚汗、盗汗功效。晒干磨粉，与蒸鸡肉、排骨、猪肝食用。春、夏季采摘嫩叶，洗净两面柔毛后食用，嫩叶切碎煮蛋、炖肉。

药用功效

全草入药。性凉，味甘。清热利湿、补虚止咳。用于血崩、白带过多、咳嗽、吐血、衄血、便血、中耳炎。

半蒴苣苔

Hemiboea henryi Clarke

别　名‖山白菜、石麦菜、降龙草、牛蹄草、牛舌头、白观音扇、石塔青
英文名‖Henry hemiboea
分　类‖苦苣苔科半蒴苣苔属多年生草本

【形态特征】植株高10~40cm，具4~8节，不分枝，肉质，散生紫斑，无毛或上部疏生短柔毛。叶对生；叶片椭圆形或倒卵状椭圆形，顶端急尖或渐尖，基部下延，长4~22cm，宽2~11.5cm，全缘或有波状浅钝齿，稍肉质，上面深绿色，背面淡绿色或带紫色；皮下散生蠕虫状石细胞；侧脉每侧5~7条；叶柄长1~7（~9）cm，具翅，翅合生成船形。聚伞花序假顶生或腋生，具3~10花；花序梗长1~7cm；总苞球形，直径1~2.5cm，顶端具尖头，淡绿色，无毛，开放后呈船形；花梗粗，长2~5mm，无毛。萼片5，长圆状披针形，长（0.9~）1~1.2cm，宽3~4.5mm，无毛，干时膜质。花冠白色，具紫色斑点。雄蕊花丝狭线形，生于距花冠基部15~20mm处，长8~12mm，花药长椭圆形，长3.5~4.5mm，顶端连着退化雄蕊3。花盘环状，高1~1.2mm。雌蕊长3~4cm，无毛，柱头钝，略宽于花柱。蒴果线状披针形，多少弯曲，长1.5~2.5cm，基部宽3~4mm，无毛。花期8—10月，果期9—11月。

【分布及生境】分布于我国华东、中南及贵州、云南、甘肃、陕西。生于海拔1 100~1 500m的山谷林下阴湿处的岩缝。

【营养成分】每100g可食部含维生素A 2.57mg、维生素B_2 0.24mg、维生素C 26mg。

【食用方法】夏季至初秋采摘嫩茎叶。先用沸水烫过，稍煮沸，再用清水洗涤，除苦味后可炒食或加调料凉拌。

药用功效

全草入药。性寒，味甘。清暑热、利湿、解毒。用于中暑、麻疹、咽喉痛、黄疸、烧烫伤。

蝴蝶花

Iris japonica Thunb.

别　名‖扁竹根、豆豉叶、兰花草、本鸢尾
英文名‖ Fringed iris
分　类‖鸢尾科鸢尾属多年生草本

食用部位　采收期

1	2	3	4	5	6
7	8	9	10	11	12

【形态特征】 具直立根状茎和横走根状茎，直立根状茎较粗，短，横走根状茎纤细，入地浅，匍匐生长，黄褐色；两种根状茎具芽，节间短，节上着生多数须根。叶基生，剑形，长25~60cm，宽1.2~3cm，暗绿色，光泽，近基部带紫红色。顶端渐尖，基部鞘状，无明显中脉。花茎直立，具5~12分枝。总状花序顶生，由多数花排成，苞片3~5，宽披针形或卵圆形，含2~4花。花淡蓝色或蓝紫色，花梗伸出苞片外，花被管明显；花药白色，子房纺锤形。蒴果椭圆状柱形，无喙，6棱。种子呈不规则多面体。花期3—4月，果期5—6月。

【分布及生境】 几乎遍布全国各省区。生于山坡、路旁、疏林或林缘草地。

【食用方法】 春季开花时期采摘鲜花，可生食或做汤。

药用功效

全草或根茎入药。清热解毒、消肿止痛。用于咽喉肿痛、跌打损伤等。

鸢尾

Iris tectorum Maxim.

别　名‖蓝蝴蝶、扁竹花、鸭屁股、土知母、铁扁担、扁把草、屋顶鸢尾
英文名‖ Roof iris
分　类‖鸢尾科鸢尾属多年生草本

【形态特征】 植株基部围有老叶残留的膜质叶鞘及纤维。根状茎粗壮，二歧分枝，直径约1cm，斜伸；须根较细而短。叶基生，黄绿色，稍弯曲，中部略宽，宽剑形，长15~50cm，宽1.5~3.5cm，顶端渐尖或短渐尖，基部鞘状，有数条不明显的纵脉。花茎光滑，高20~40cm，顶部常有1~2个短侧枝，中、下部有1~2枚茎生叶；苞片2~3枚，绿色，草质，边缘膜质，色淡，披针形或长卵圆形，长5~7.5cm，宽2~2.5cm，顶端渐尖或长渐尖，内包含有1~2朵花；花蓝紫色，直径约10cm；花梗甚短；花被管细长，长约3cm，上端膨大成喇叭形，外花被裂片圆形或宽卵形，顶端微凹，爪部狭楔形，中脉上有不规则的鸡冠状附属物，成不整齐的缝状裂，内花被裂片椭圆形，爪部突然变细；雄蕊花药鲜黄色，花丝细长，白色；花柱分枝扁平，淡蓝色，长约3.5cm，顶端裂片近四方形，有疏齿，子房纺锤状圆柱形，长1.8~2cm。蒴果长椭圆形或倒卵形，长4.5~6cm，直径2~2.5cm，有6条明显的肋，成熟时自上而下3瓣裂。种子黑褐色，梨形，无附属物。花期4—5月，果期6—8月。

【分布及生境】 分布于我国大部分地区。生于林下、山脚和溪边潮湿地。

【食用方法】 春季开花时期采摘鲜花，可生食或做汤。

药用功效

根茎入药。性寒，味苦。清热解毒、消痰利咽。用于咽喉肿痛、痰咳气喘。

石蒜

Lycoris radiata （L' Herit） Herb.

别　名‖老鸦蒜、鼻血花、乌蒜、蒜头草、龙爪花、一支箭、螳螂花、山乌毒
英文名‖ Shorttube lycoris
分　类‖石蒜科石蒜属多年生草本

【形态特征】具鳞茎，广椭圆形或近球形，直径 1~3cm，外具紫褐色鳞茎皮，内具 10 多层白色富黏性的肉质鳞片，生于短缩的鳞茎盘上，中心具黄白色的芽。叶基生，条形或狭带形，长 14~30cm，宽约 0.5cm，顶端钝，全缘，深绿色，中间具粉绿色带。花茎先叶抽出，高约 30cm，总苞片 2，披针形。伞形花序具 4~6 花，花鲜红色或有白色边缘，花被筒极短，上部 6 裂，裂片狭披针形，边缘皱缩向外反卷，雄蕊 6，子房下位，3 室，花柱细长，柱头头状。蒴果背裂，种子多数。花期 8—10 月，果期 10—11 月。

【分布及生境】分布于我国华东、中南和西南地区。生于海拔 800~1 600m 的阴湿山坡、溪沟边石缝中、河边灌丛中。

【营养成分】鳞茎含一定量淀粉及多种生物碱。

【食用方法】夏季和初秋植株开花期采收花茎。洗净，沸水烫过，切段，可炒、熘、拌、炝、蒸和做馅。鳞茎含淀粉和生物碱，需进行初加工，消除生物碱后才能食用。

水蕹

Aponogeton lakhonensis A. Camus

别　名‖田干菜
英文名‖ Common water-hawthorn
分　类‖水蕹科水蕹属多年生水生草本

【形态特征】根茎卵球形或长锥形，长达 2cm，常具细丝状的叶鞘残迹，下部着生有许多纤维状的须根。叶沉没水中或漂浮水面，草质；叶片狭卵形至披针形，全缘，长，各有平行脉 3~4 条，次级横脉多数；沉水叶柄长 9~15cm，浮水叶柄长 40~60cm。花葶长约 21cm，穗状花序单一，顶生，花期挺出水面，长约 5cm，佛焰苞早落，被膜质叶鞘包裹着花两性，无梗；花被片 2 枚，黄色，离生，匙状倒卵形，长约 2mm，宽约 0.7mm；雄蕊 6 枚，离生，排列成两轮，外轮先熟，花丝向基部逐渐增宽，花药 2 室，纵裂，花粉粒圆球形；雌蕊 3~6 枚，离生或仅基部联合，子房上位，1 室，每室胚珠 4~6 颗。果为蓇葖果，卵形，顶端渐狭成一外弯的短钝喙。花期 4—10 月。

【分布及生境】分布于广东、广西、海南、福建、浙江、江西等地。生于流溪、水塘、水田。

【食用方法】块茎可生食或煮食。

川续断

Dipsacus asperoides C. Y. Cheng et T. M. Ai

别　名‖和尚头、续断
英文名‖ Himalayan teasel
分　类‖川续断科川续断属多年生草本

【形态特征】 植株高约 1m。主根一至数条，圆锥柱形，黄褐色。多分枝，中空，茎 6~8 棱，棱上具疏刺毛。基生叶丛生，具长柄。叶片琴裂，顶裂片卵圆形或披针形，侧裂片 3~5 对，长圆形；茎生叶对生，多为 3 裂，中央裂片特长，椭圆形或宽披针形，长约 12cm，顶端尖，具疏粗齿；两侧裂片 2~3 对，叶面、叶背具短毛或刺毛，叶柄短。头状花序圆形，顶生；总苞片数片，狭披针形，苞片宽倒卵形，顶端突尖，呈粗刺状，被白色短柔毛；萼浅盘状，4 齿裂。花冠白色或浅黄色，顶端 4 裂，外被短柔毛；雄蕊 4，子房下位。瘦果椭圆形，具 4 棱，淡褐色，顶端外露。花期 7—8 月，果期 10—11 月。

【分布及生境】 分布于湖北、湖南、重庆、贵州。生于沟边草丛、林缘、路旁、田埂。

【营养成分】 每 100g 可食部含维生素 A 微量、维生素 B_1 0.035mg、维生素 B_2 0.213mg、维生素 C 5.15mg。

【食用方法】 秋季至翌春采挖肉质根，除去根头和须根，洗净，切片炒食、煮稀饭食或炖肉食，具一定滋补作用。

药用功效

根入药。性微温，味甘、苦。补肝肾、续筋骨、固筋通络、调血脉。用于腰膝酸痛、风湿痛、骨折、跌打、崩漏、带下、遗精。

江南灯心草

Juncus prismatocarpus R. Br.

别　名‖笄石菖、水茅草
英文名‖ Leschenaultii rush
分　类‖灯心草科灯心草属多年生草本

【形态特征】 植株高 17~65cm。具根状茎和多数黄褐色须根。茎丛生，直立或斜上，有时平卧，圆柱形，或稍扁，直径 1~3mm，下部节上有时生不定根。叶基生和茎生，短于花序；基生叶少；茎生叶 2~4 枚；叶片线形，通常扁平，长 10~25cm，宽 2~4mm，顶端渐尖，具不完全横隔，绿色；叶鞘边缘膜质，长 2~10cm，有时带红褐色；叶耳稍钝。花序由 5~20（~30）个头状花序组成，排列成顶生复聚伞花序，花序常分枝，具长短不等的花序梗；头状花序半球形至近圆球形，直径 7~10mm，有（4~）8~15（~20）朵花；叶状总苞片常 1 枚，线形，短于花序；苞片多枚，宽卵形或卵状披针形，长 2~2.5mm，顶端锐尖或尾尖，膜质，背部中央有 1 脉；花具短梗；花被片线状披针形至狭披针形，长 3.5~4mm，宽约 1mm，内外轮等长或内轮者稍短，顶端尖锐，背面有纵脉，边缘狭膜质，绿色或淡红褐色；雄蕊通常 3 枚，花药线形，长 0.9~1mm，淡黄色；花丝长 1.2~1.4mm；花柱甚短；柱头 3 分叉，细长，常弯曲。蒴果三棱状圆锥形，长 3.8~4.5mm，顶端具短尖头，1 室，淡褐色或黄褐色。种子长卵形，长 0.6~0.8mm，具短小尖头，蜡黄色，表面具纵条纹及细微横纹。花期 3—6 月，果期 7—8 月。

【分布及生境】 分布于山东、江苏、安徽、浙江、江西、福建、台湾、湖北、湖南、广东、海南、广西、四川、贵州、云南、西藏等省区。生于海拔 500~1 800m 的田地、溪边、路旁、沟边、疏林草地以及山坡湿地。

【食用方法】 春、夏季采摘嫩茎叶食用。

药用功效

全草入药。清热除烦、利水通淋。用于尿血、水肿、咽喉肿痛、急性泄泻。

仙茅

Curculigo orchioides Gaertn.

别　名‖独茅、婆罗门参、地棕、小棕根、山党参、仙茅参、独脚仙茅
英文名‖ Common curculigo
分　类‖小金梅草科仙茅属多年生草本

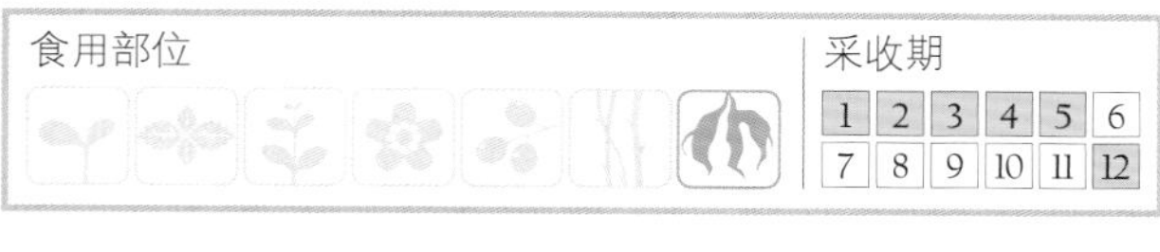

【形态特征】根状茎近圆柱状，肉质，直径约 1cm，长可达 10cm。叶 3~6 片丛生，叶片线形、线状披针形或披针形，长 10~45cm，宽 5~25mm，顶端尖，基部渐狭成短柄或近无柄，柄基扩大成鞘，紫红色。花茎甚短，长 6~7cm，藏于叶鞘内。总状花序呈伞房状，通常 4~6 花，花杂性，上部为雄花，下部为两性花；苞片披针形，花径约 1cm，花被下部细长管状，长约2cm或更长，顶端6裂，裂片披针形，内黄色，外白色；雄蕊 6，花丝短；子房下位，狭长。浆果近纺锤形，长 1.2~1.5cm，宽约 6mm，顶端具长喙，被柔毛。种子表面具纵突纹。花、果期 4—9 月。
【分布及生境】分布于我国中南、华南、西南等地区。生于海拔 1 600m 以下的林中、草地、荒坡。

【营养成分】根茎含丝兰皂苷元、石蒜碱、杨梅黄素苷和黏液质，水解后产生甘露糖、葡萄糖、葡萄糖醛酸，还含树脂、脂肪酸、淀粉及鞣质。
【食用方法】冬、春季采挖根茎，炖肉食用。

药用功效

根茎入药。性热，味辛。有毒。补肾阳、强筋骨、祛寒湿。用于阳痿精冷、筋骨痿软、腰膝冷痹、阳虚冷泻。

浮萍

Lemna minor L.

别　名‖青萍、田萍、水萍、萍子草、水白
英文名‖ Common duckweed
分　类‖浮萍科浮萍属多年生漂浮水生草本

【形态特征】叶状体对称，表面绿色，背面浅黄色或绿白色或常为紫色，近圆形、倒卵形或倒卵状椭圆形，全缘，长 1.5~5mm，宽 2~3mm，上面稍突起或沿中线隆起，脉 3，不明显，背面垂生丝状根 1 条，根白色，长 3~4cm，根冠钝头，根鞘无翅。叶状体背面一侧具囊，新叶状体于囊内形成浮出，以极短的细柄与母体相连，随后脱落。雌花具弯生胚珠 1 枚。果实无翅，近陀螺状。种子具突出的胚乳并具 12~15 条纵肋。
【分布及生境】分布于全国各地。生于沼泽、池塘、水田或静水处。

药用功效

全草入药。性寒，味辛。用于发汗、祛风、行水、清热、解毒。

紫茉莉

Mirabilis jalapa L.

别　名 ‖ 胭脂花、夜姣姣、水粉头、花粉花、胭脂花头
英文名 ‖ Four-o' clock
分　类 ‖ 紫茉莉科紫茉莉属多年生草本

【形态特征】 块根纺锤形，肉质，茎直立，分枝多，具膨大的节。叶对生，叶片卵状，顶端锐尖，基部截形或心形，全缘，叶柄长。花两性，一至数朵杂生于枝梢。总苞 5 裂，萼状；花萼至花冠状，萼管细长，5 裂，白色或紫红色；花瓣缺；雄蕊 5~6，花丝细长，雌蕊 1，子房上位，1 室；花柱线状，柱头头状。

【分布及生境】 分布于我国大部分地区。性喜温和湿润的气候条件，不耐寒，冬季地上部分枯死。

药用功效

块根入药。性平，味淡。利尿、泻热、活血散瘀。

大苞凤仙花

Impatiens balansae Hook. f.

分　类 ‖ 凤仙花科凤仙花属一年生至多年生草本

【形态特征】 植株高 30~60cm。茎直立，粗壮，分枝，枝坚硬，上部及叶柄被褐色短毛。叶互生具柄，叶片纸质，卵状长圆形或椭圆形，长 12~15cm，宽 5~6.5cm，顶端渐尖，基部狭成粗短叶柄，有 1~2 对球形具柄的腺体，边缘有细锯齿，侧脉 9~12 对，上面暗绿色，下面灰绿色，沿脉被短微毛。总花梗生于茎端或上部叶腋，长于叶柄，长 5~12cm，直立。花多数，总状排列；花梗长 13~20mm，基部有苞片；苞片草质，卵状披针形，约与花梗等长，脱落。花大，黄色，长 4~5cm，萼片 4，外面 2，半卵形，长 15~20mm，宽 5~6mm，顶端渐尖，背面中肋不增厚，内面 2，线状长圆形，长 15mm，宽 3~4mm，具小尖头。旗瓣椭圆形或倒卵形，长 12mm，顶端具小尖；翼瓣近无柄，长 2.5cm，2 裂，基部裂片倒卵状楔形，上部裂片较长，近有柄，斧形，弯曲，背部无耳。唇瓣囊状漏斗形，长 3~3.5cm，口部斜上，先端渐尖，宽 2~2.5cm，基部狭成长为檐部一半、内弯的距。花丝扁，长 5mm；花药卵圆形，钝。子房纺锤状，顶端弯，尖。蒴果未见。花期 10 月。

【分布及生境】 分布于云南南部。生于海拔 600~1 200m 的林缘、沟边。

【食用方法】 采摘嫩茎叶，洗净，炒食或做汤。

仙茅

Curculigo orchioides Gaertn.

别　名‖独茅、婆罗门参、地棕、小棕根、山党参、仙茅参、独脚仙茅
英文名‖ Common curculigo
分　类‖小金梅草科仙茅属多年生草本

【形态特征】根状茎近圆柱状，肉质，直径约1cm，长可达10cm。叶3~6片丛生，叶片线形、线状披针形或披针形，长10~45cm，宽5~25mm，顶端尖，基部渐狭成短柄或近无柄，柄基扩大成鞘，紫红色。花茎甚短，长6~7cm，藏于叶鞘内。总状花序呈伞房状，通常4~6花，花杂性，上部为雄花，下部为两性花；苞片披针形，花径约1cm，花被下部细长管状，长约2cm或更长，顶端6裂，裂片披针形，内黄色，外白色；雄蕊6，花丝短；子房下位，狭长。浆果近纺锤形，长1.2~1.5cm，宽约6mm，顶端具长喙，被柔毛。种子表面具纵突纹。花、果期4—9月。

【分布及生境】分布于我国中南、华南、西南等地区。生于海拔1 600m以下的林中、草地、荒坡。

【营养成分】根茎含丝兰皂苷元、石蒜碱、杨梅黄素苷和黏液质，水解后产生甘露糖、葡萄糖、葡萄糖醛酸，还含树脂、脂肪酸、淀粉及鞣质。

【食用方法】冬、春季采挖根茎，炖肉食用。

药用功效

根茎入药。性热，味辛。有毒。补肾阳、强筋骨、祛寒湿。用于阳痿精冷、筋骨痿软、腰膝冷痹、阳虚冷泻。

浮萍

Lemna minor L.

别　名‖青萍、田萍、水萍、萍子草、水白
英文名‖ Common duckweed
分　类‖浮萍科浮萍属多年生漂浮水生草本

【形态特征】叶状体对称，表面绿色，背面浅黄色或绿白色或常为紫色，近圆形、倒卵形或倒卵状椭圆形，全缘，长1.5~5mm，宽2~3mm，上面稍突起或沿中线隆起，脉3，不明显，背面垂生丝状根1条，根白色，长3~4cm，根冠钝头，根鞘无翅。叶状体背面一侧具囊，新叶状体于囊内形成浮出，以极短的细柄与母体相连，随后脱落。雌花具弯生胚珠1枚。果实无翅，近陀螺状。种子具突出的胚乳并具12~15条纵肋。

【分布及生境】分布于全国各地。生于沼泽、池塘、水田或静水处。

药用功效

全草入药。性寒，味辛。用于发汗、祛风、行水、清热、解毒。

紫茉莉

Mirabilis jalapa L.

别　名 ‖ 胭脂花、夜姣姣、水粉头、花粉花、胭脂花头
英文名 ‖ Four-o' clock
分　类 ‖ 紫茉莉科紫茉莉属多年生草本

【形态特征】 块根纺锤形，肉质，茎直立，分枝多，具膨大的节。叶对生，叶片卵状，顶端锐尖，基部截形或心形，全缘，叶柄长。花两性，一至数朵杂生于枝梢。总苞5裂，萼状；花萼至花冠状，萼管细长，5裂，白色或紫红色；花瓣缺；雄蕊5~6，花丝细长，雌蕊1，子房上位，1室；花柱线状，柱头头状。

【分布及生境】 分布于我国大部分地区。性喜温和湿润的气候条件，不耐寒，冬季地上部分枯死。

药用功效

块根入药。性平，味淡。利尿、泻热、活血散瘀。

大苞凤仙花

Impatiens balansae Hook. f.

分　类 ‖ 凤仙花科凤仙花属一年生至多年生草本

【形态特征】 植株高30~60cm。茎直立，粗壮，分枝，枝坚硬，上部及叶柄被褐色短毛。叶互生具柄，叶片纸质，卵状长圆形或椭圆形，长12~15cm，宽5~6.5cm，顶端渐尖，基部狭成粗短叶柄，有1~2对球形具柄的腺体，边缘有细锯齿，侧脉9~12对，上面暗绿色，下面灰绿色，沿脉被短微毛。总花梗生于茎端或上部叶腋，长于叶柄，长5~12cm，直立。花多数，总状排列；花梗长13~20mm，基部有苞片；苞片草质，卵状披针形，约与花梗等长，脱落。花大，黄色，长4~5cm，萼片4，外面2，半卵形，长15~20mm，宽5~6mm，顶端渐尖，背面中肋不增厚，内面2，线状长圆形，长15mm，宽3~4mm，具小尖头。旗瓣椭圆形或倒卵形，长12mm，顶端具小尖；翼瓣近无柄，长2.5cm，2裂，基部裂片倒卵状楔形，上部裂片较长，近有柄，斧形，弯曲，背部无耳。唇瓣囊状漏斗形，长3~3.5cm，口部斜上，先端渐尖，宽2~2.5cm，基部狭成长为檐部一半、内弯的距。花丝扁，长5mm；花药卵圆形，钝。子房纺锤状，顶端弯，尖。蒴果未见。花期10月。

【分布及生境】 分布于云南南部。生于海拔600~1 200m的林缘、沟边。

【食用方法】 采摘嫩茎叶，洗净，炒食或做汤。

粗喙秋海棠

Begonia longifolia Blume

别　名‖红半边莲、红莲、大半边莲、红叶子
英文名‖ Thickrostrate begonia
分　类‖秋海棠科秋海棠属多年生草本

【形态特征】植株高 90~150cm。根茎粗壮，匍匐生长。茎直立或下部倾斜，无毛，具膨大的节。单叶互生。叶片矩圆形，长 10~30cm，宽 5~10cm，顶端尖，歪斜，疏生小锯齿边缘。聚伞花序，腋生，花白色。果实近三角球形，光滑，无翅。顶端具长约 3mm 的粗喙。

【分布及生境】分布于福建、广东、广西、贵州、海南、湖南、江西、台湾、云南等地。生于热带、亚热带地区林下岩石间。

【食用方法】采摘嫩茎叶，洗净后炒食或做汤，也可生食。

药用功效

全草入药。解毒散结、消肿止痛。用于咽喉炎、齿痛、毒蛇咬伤、肿毒、食道癌等；外用新鲜植物捣烘，敷治烧烫伤。

Shrubbery wild vegetables

二、灌木野生蔬菜

阔苞菊

Pluchea indica（L.）Less.

别　名‖鲫鱼胆
英文名‖ India pluchea
分　类‖菊科阔苞菊属灌木

【形态特征】植株高1~3m，直径5~8mm，分枝或上部多分枝，有明显细沟纹，幼枝被短柔毛，后脱毛。下部叶无柄或近无柄，倒卵形或阔倒卵形，稀椭圆形，长5~7cm，宽2.5~3cm，基部渐狭成楔形，顶端浑圆、钝或短尖，上面稍被粉状短柔毛或脱毛，下面无毛或沿中脉被疏毛，有时仅具泡状小突点，中脉两面明显，下面稍突起，侧脉6~7对，网脉稍明显，中部和上部叶无柄，倒卵形或倒卵状长圆形，长2.5~4.5cm，宽1~2cm，基部楔尖，顶端钝或浑圆，边缘有较密的细齿或锯齿，两面被卷短柔毛。头状花序直径3~5mm，在茎枝顶端作伞房花序排列；花序梗细弱，长3~5mm，密被卷短柔毛；总苞卵形或钟状，长约6mm；总苞片5~6层，外层卵形或阔卵形，长3~4mm，有缘毛，背面通常被短柔毛，内层狭，线形，长4~5mm，顶端短尖，无毛或有时上半部疏被缘毛。雌花多层，花冠丝状，长约4mm，檐部3~4齿裂。两性花较少或数朵，花冠管状，长5~6mm，檐部扩大，顶端5浅裂，裂片三角状渐尖，背面有泡状或乳头状突起。瘦果圆柱形，有4棱，长1.2~1.8mm，被疏毛。冠毛白色，宿存，约与花冠等长，两性花的冠毛常于下部联合成阔带状。花期全年。

【分布及生境】分布于我国台湾和南部各省沿海一带及其一些岛屿。生于海滨沙地或近潮水的空旷地。

【食用方法】嫩叶与米粉制糕，称为椤饼，具暖胃去积功效。

药用功效

叶暖胃消积，用于小儿疳积。

胡枝子

Lespedeza bicolor Turcz.

别　名‖秋牡荆、山豆子、荻、胡枝花、扫皮、胡枝条、扫条、豆叶柴、野花生
英文名‖ Bicolor bushclover
分　类‖豆科胡枝子属灌木

【形态特征】植株高 50~200cm，三出复叶，顶生小叶宽椭圆形或卵状椭圆形，长 3~6cm，宽 1.5~4cm。顶端圆钝，具小尖，基部圆形，叶面疏生平伏短毛，叶背披密毛，侧生小叶较小。总状花序腋生，较叶长。花梗无关节，萼杯状，萼齿 4，披针形，具白色短柔毛，花冠紫色，旗瓣长约 1.2cm，无爪，翼瓣长约 1cm，具爪。龙骨瓣与旗瓣等长，基部具长爪。荚果斜卵形，长约 10mm，宽 5mm，网脉明显，具密柔毛。花期 7—8 月。
【分布及生境】分布于福建、湖北、河南、陕西、甘肃、山西、山东、河北、辽宁、吉林、黑龙江、内蒙古。生于海拔 1 800m 以下的山坡灌丛、林缘、路旁。

【营养成分】每 100g 嫩茎叶含蛋白质 5.3g、脂肪 2.2g、碳水化合物 19g、粗纤维 10.5g。
【食用方法】春季采摘嫩茎叶，洗净，沸水焯一下，捞出切段，可炒食。

药用功效

茎叶入药，润肺清热、利水通淋，用于肺热咳嗽、百日咳、鼻衄、淋证。根入药，用于风湿痹痛、跌打损伤、带下病。

铁扫帚

Lespedeza cuneata （Dum.-Cours.） G. Don.

别　名‖截叶铁扫帚、绢毛胡枝子、小叶胡枝子、老牛筋、野鸡草
英文名‖ Chinese bushclover
分　类‖豆科胡枝子属小灌木

【形态特征】植株高 30~100cm，分枝被白毛短柔毛。三出复叶，矩圆形，长 10~30mm，宽 2~5mm，顶端截形，微凹，具短尖，基部楔形，叶面无毛，叶背密生白色柔毛，侧生小叶较小，叶柄长约 10mm，具柔毛，托叶条形。总状花序，腋生，2~4 朵花，无关节，无花瓣簇生于叶腋，小苞片 2，狭卵形，生于萼筒下，花萼浅杯状。萼齿 5，披针形。具白色短柔毛，花冠白色至淡红色。旗瓣长约 7mm，翼瓣与旗瓣近等长，龙骨瓣稍长于旗瓣。花期 6—9 月。
【分布及生境】分布于我国西南、华南、华东、西北、华北、东北。生于 1 600m 以下的山坡草地、沟边。

【食用方法】参考胡枝子。

药用功效

全草或带根全草入药。补肝肾、益肺阴、散瘀消肿。用于遗精、遗尿、白浊、带下、哮喘、胃痛、劳伤、小儿疳积、泻痢、跌打损伤、视力减退、目赤、乳痈。

美丽胡枝子

Lespedeza ormosa （Vog.） Koehne

别　名‖马扫帚
英文名‖ Beautiful bush clover
分　类‖豆科胡枝子属灌木

【形态特征】植株高 1~2m，幼枝具毛。三出复叶，卵形、卵状椭圆形或椭圆状披针形，长 1.5~9cm，宽 1~5cm，顶端急尖、圆钝或微凹，具小尖，基部楔形，叶背密被短柔毛。总状花序，腋生，单生或数个排成圆锥状，长 6~15cm；总花梗长 1~4cm，密生短柔毛；花萼钟形，长约 4mm。萼齿与萼筒等长或较长，密被短柔毛；花梗短，具毛；花冠紫红色，长 1~2cm。荚果卵形、矩圆形、倒卵形或披针形，稍偏斜，长 5~12mm，具短尖，锈色短柔毛。花期 7—9 月。
【分布及生境】分布于我国西南、华中、华东和华北。生于疏林灌丛中。

【食用方法】参考胡枝子。

药用功效

茎、叶入药，用于小便不利。花入药，清肺热、祛风湿、散瘀血，用于肺痈、风湿疼痛、跌打损伤。

牛枝子

Lespedeza potaninii Vass.

别　名‖达呼里胡枝子、豆豆苗、枝儿条、牛筋子、兴安胡枝子
英文名‖ Dahurian lespedeza
分　类‖豆科胡枝子属小灌木

【形态特征】植株高达 1m，枝具短柔毛。三出复叶，顶生小叶披针状矩形，长 2~3cm，宽 0.7~1cm，顶端圆钝，具短尖，基部圆形，叶面无毛，叶背密被短柔毛，托叶条形。总状花序腋生，花梗无关节；无瓣花簇生于下部枝条叶腋，小苞片条形；花萼浅杯状，萼片 5，披针形，具白色柔毛；花冠黄绿色，旗瓣矩圆形，翼瓣较短，龙骨瓣长于翼瓣，子房具毛。荚果倒卵状矩形，长约 4mm，宽约 2.5mm，具白色柔毛。花期 7—8 月。
【分布及生境】分布于我国西南、华中、西北、华北、东北。生于海拔 600m 以下的林下阴处、草丛。

【营养成分】每 100g 嫩茎叶含蛋白质 7g、脂肪 1g、碳水化合物 17g、钙 300mg、磷 61mg，还有多种维生素。
【食用方法】参考胡枝子。

药用功效

全草入药。性温，味辛。解表散寒。用于感冒发热、咳嗽。

小叶锦鸡儿

Caragana microphylla Lam.

别　名‖小叶柠条、猴獠刺
英文名‖ Little-leaf peashrub
分　类‖豆科锦鸡儿属灌木

【形态特征】 植株高 50~100cm，树皮黄灰色，分枝多。长枝上托叶宿存，并硬化成针刺状，长 0.3~1.0cm。偶数羽状复叶，小叶 5~10 对，小叶倒卵形或近椭圆形，长 0.3~1cm，宽 0.1~0.8cm。花单生，长 2~2.5cm；花梗被丝质短柔毛，长 1cm；花黄色。荚果扁，线形。花期 6—7 月。

【分布及生境】 分布于我国东北、华北和陕西。生于山坡、岸边、沙丘、干燥坡地。

【营养成分】 每 100g 嫩茎叶含脂肪 1.4g、粗纤维 3.1g、维生素 A 1.6mg、维生素 B_1 0.52mg、维生素 B_5 1.4mg、维生素 C 80mg、钙 141mg、磷 102mg、铁 16.4mg。

【食用方法】 嫩茎叶摘后可炒食或做玉米糊。

药用功效

全草入药。性温，味甘。滋阴养血。用于月经不调等。

锦鸡儿

Caragana sinica（Buchoz） Rehd.

别　名‖阳雀花、金雀花、黄雀花、娘娘袜
英文名‖ Chinese peashrub
分　类‖豆科锦鸡儿属多年生落叶灌木

【形态特征】 植株高 1~2m，茎直立或多处从生。小枝细长，具纵棱，无毛，黄褐色或灰色。偶数羽状复叶，小叶 2 对，羽状排列，上面 1 对较大倒卵形或长圆状倒卵形，长 1~3.5cm，宽 0.5~1.5cm，顶端圆或微凹，具针尖，无毛。托叶 2，三角形，硬化呈针刺状；叶轴脱落或宿存，变为针刺状。花单生，呈蝶形，花梗长约 1cm，花冠黄色，带红色。旗瓣狭倒卵形，顶端圆形微凹；翼瓣顶端圆；龙骨瓣阔，略弯。荚果长 3~3.5cm，宽约 5mm，无毛，稍扁。花期 4—6 月。

【分布及生境】 分布于云南、四川、贵州、湖南、湖北、江西、江苏、河南、山西、甘肃、河北。生于海拔 1 800 m 以下的山沟、路旁、灌丛。

【营养成分】 鲜花富含蛋白质、脂肪、碳水化合物、多种维生素、多种矿物质等。

【食用方法】 春季花期采摘鲜花，供菜肴应用。

药用功效

花入药。性微温，味甘。滋阴、活血、祛风、健脾。

白刺花

Sophora davidii （Franch.） Skeels

别　名‖狼牙刺、苦刺、铁马胡烧
英文名‖ Shrub pagoda tree
分　类‖豆科槐属多年生灌木

食用部位

采收期

1	2	3	4	5	6
7	8	9	10	11	12

【形态特征】植株高1~2.5m，枝条棕色，近无毛，具锐刺。奇数羽状复叶，长4~6cm，小叶11~21，对生或近对生。小叶椭圆形或倒卵形，长5~8mm，宽4~5mm，顶端圆或微凹，具小尖，叶面无毛，叶背疏被棕色毛，具极短小叶柄，托叶针刺状，宿存。总状花序生于小枝顶端，具5~14花；花萼钟状，长3~4mm，紫色，密生短柔毛。萼齿三角形；花冠白色或蓝色，长约1.5cm，旗瓣倒卵形或匙形，反曲，龙骨瓣基部具钝耳，花丝下部合生，子房被毛。荚果长2~6cm，直径约2mm，串珠状，生白色平伏柔毛，具长喙，果皮近革质，开裂。种子1~7颗，椭圆形，黄色。花期5—6月，果期8—9月。

【分布及生境】分布于我国华北及甘肃、湖北、浙江等。生于山坡、荒地、路旁、灌丛中。

【食用方法】5—6月采摘初开的花，去花梗、萼片，洗净，沸水烫后可凉拌、炒食，食味甜脆。

药用功效

根、叶入药。性寒，味苦。清热解毒、凉血止血。

木豆

Cajanus cajan （L.） Millsp.

别　名‖三叶豆
英文名‖ Geonpea
分　类‖豆科木豆属灌木

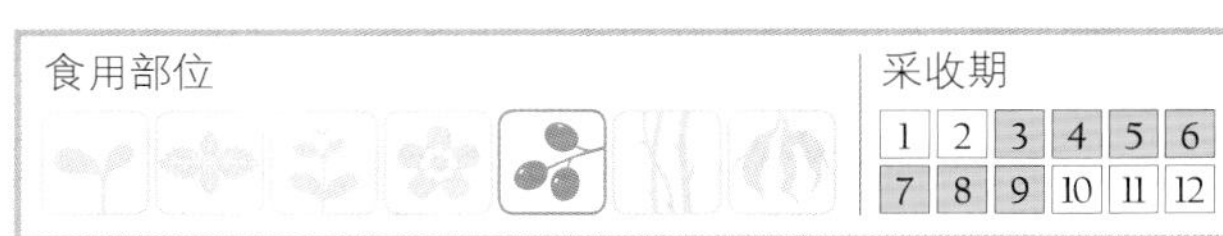

【形态特征】植株高1~3m。多分枝，小枝有明显纵棱，被灰色短柔毛。叶具羽状3小叶；托叶小，卵状披针形，长2~3mm；叶柄长1.5~5cm，上面具浅沟，下面具细纵棱，略被短柔毛；小叶纸质，披针形至椭圆形，长5~10cm，宽1.5~3cm，先端渐尖或急尖，常有细突尖，上面被极短的灰白色短柔毛，下面较密，呈灰白色，有不明显的黄色腺点；小托叶极小；小叶柄长1~2mm，被毛。总状花序长3~7cm；总花梗长2~4cm；花数朵生于花序顶部或近顶部；苞片卵状椭圆形；花萼钟状，长达7mm，裂片三角形或披针形，花序、总花梗、苞片、花萼均被灰黄色短柔毛；花冠黄色，长约为花萼的3倍，旗瓣近圆形，背面有紫褐色纵线纹，基部有附属体及内弯的耳，翼瓣微倒卵形，有短耳，龙骨瓣先端钝，微内弯；雄蕊二体，对旗瓣的1枚离生，其余9枚合生；子房被毛，有胚珠数颗，花柱长，线状，无毛，柱头头状。荚果线状长圆形，长4~7cm，宽6~11mm，于种子间具明显凹入的斜横槽，被灰褐色短柔毛，先端渐尖，具长的尖头。种子3~6颗，近圆形，稍扁，种皮暗红色，有时有褐色斑点。花、果期2—11月。

【分布及生境】分布于云南、四川、江西、湖南、广西、广东、海南、浙江、福建、台湾、江苏。生于林间、林缘、山坡、草地。

【食用方法】采摘嫩果荚煮熟食用，或剥出种子煮熟食。

药用功效

根入药，用于清热解毒、补中益气、利水消食、排痈肿、止血止痢。

大花黄槐

Cassia floribunda Cav.

别　名‖印度咖喱豆、决明子、草决明、光叶决明

英文名‖ Flowery senna

分　类‖豆科决明属落叶灌木

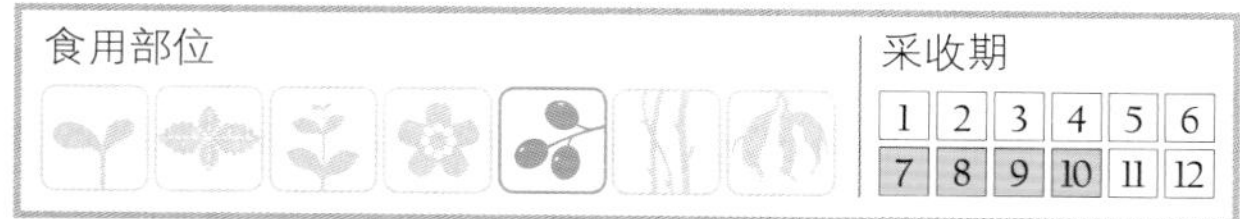

【形态特征】偶数一回羽状复叶，对生，小叶 4 对，卵状长椭圆形或卵形，长 5~7.5cm，宽 2~3.5cm，基部圆，先端尖，叶面深绿，具光泽，叶背粉绿白色，全缘。总状花序，小花穗复成小总状花序，腋生，花瓣 5；倒卵状圆形，长约 1.7cm，宽约 1.5cm，黄色，萼 5，长约 0.9cm，长卵形，黄绿色。荚果肥厚，长 8~9cm，直径 5mm，长筒形。花期 3—8 月，果期 6—9 月。

【分布及生境】分布于广东、广西、海南、云南等地。生于海拔 800~1 900m 的林缘、荒地或路旁。

【食用方法】采收成熟种子，经晒去壳，再晒干，经炒后，泡茶饮用。

药用功效

根、叶入药，性凉，味苦、涩，清热解毒，用于外感风热之发热、出汗、咽喉痛、肝火上炎之头昏目眩、角膜云翳、结膜红肿诸证。种子也可入药，清热、利尿，用于风热眼疾、慢性便秘。

圆锥菝葜

Smilax bracteata Presl

别　名‖狭瓣菝葜

英文名‖ Conival greenbrier

分　类‖百合科菝葜属攀缘灌木

食用部位　采收期

1 2 3 4 5 6

7 8 9 10 11 12

【形态特征】茎与枝疏生刺，间或无刺。单叶，宽椭圆形或卵形，或近圆形，长 5~17cm，宽 3~10cm，顶端钝圆，常有小突头，基部圆形至浅心形，纸质，绿色，表面无光泽，背面淡绿色；叶柄长 1~1.5cm，全长的 1/2 或不足有狭鞘，具卷须，叶片脱落点位于叶柄上部。雌雄异株，花单性，花序由 3~7 个伞形花序组成的圆锥花序，长 2~8cm，总花梗粗 1~1.5mm。伞形花序具多数花，花暗红色，雄花外花被片长约 5mm，宽约 1.3mm，内花被片宽约 0.5mm，雌花比雄花小，具 3 枚退化雄蕊。浆果球形，直径约 5mm，紫色。

【分布及生境】分布于台湾、福建（南部）、海南、广西（南部）、广东（南部）、贵州（南部）和云南（南部）。生于林下、灌丛、山坡阴处。

【营养成分】每 100g 嫩梢含胡萝卜素 2.37mg、维生素 B_2 1.7mg、维生素 C 78mg，还含有蛋白质等。

【食用方法】4—7 月采摘嫩梢食用。嫩梢含胶质，黏性，不黏油，不能入味，需加工处理。沸水烫约 5 分钟，捞起撕为两瓣，皮粗的去皮，清水浸 1~2 天，即可去除胶质和黏性。素炒或荤炒均可。

尖叶菝葜

Smilax arisanensis Hay.

别　名‖小叶菝葜

英文名‖ Mountain greenbrier

分　类‖百合科菝葜属攀缘灌木

【形态特征】与圆锥菝葜同属植物，形态差异为茎叶背绿色，叶柄具鞘部分与叶柄全长的 1/3~1/2，卷须着生于叶柄近中部。叶片长圆形、长圆形披针形或卵形披针形，革质，长 7~15cm，宽 1.3~5cm，叶片基部圆形或宽楔形。顶端渐尖或长渐尖，干后常古铜色。

【分布及生境】分布于江西、浙江、福建、台湾、广东、广西、四川、贵州和云南。生于林下、灌丛、山谷溪边荫蔽处。

【营养成分】与圆锥菝葜相同。

【食用方法】与圆锥菝葜相同。

药用功效

根状茎入药。清热利湿、活血。用于小便淋涩不利。

肖菝葜

Heterosmilax japonica Kunth

别　名‖白土茯苓、白土苓
英文名‖ Japanese heterosmilax
分　类‖百合科肖菝葜属攀缘灌木

【形态特征】小枝有钝棱。叶纸质，卵形、卵状披针形或近心形，长6~20cm，宽2.5~12cm。伞形花序有20~50朵花，生于叶腋或生于褐色的苞片内；花序托球形，直径2~4mm。浆果球形而稍扁，长5~10mm，宽6~10mm，熟时黑色。花期6—8月，果期7—11月。

【分布及生境】分布于我国长江流域以南大部分地区。生于山坡密林中或路边杂木林下。

【营养成分】根状茎含淀粉56.1%、粗纤维24.8%。

【食用方法】秋、冬季挖取根状茎，鲜食或熟食，也可晒干制淀粉。嫩梢采摘后，用沸水烫数分钟，撕开，清水浸泡，去黏质可食，素炒、荤炒、腌渍均可。

药用功效

根状茎入药。性平，味甘、淡。清热解毒、利湿。用于风湿关节痛、痈疖肿毒、湿疹、皮炎、带下病、月经过多、痔疮出血。

菝葜

Smilax china L.

别　名‖金刚藤
英文名‖ China root greenbrier
分　类‖百合科菝葜属攀缘灌木

【形态特征】根状茎粗厚，坚硬，为不规则的块状，粗2~3cm。茎长1~3m，少数可达5m，疏生刺。叶薄革质或坚纸质，干后通常红褐色或近古铜色，圆形、卵形或其他形状，长3~10cm，宽1.5~6（~10）cm，下面通常淡绿色，较少苍白色；叶柄长5~15mm，占全长的1/2~2/3具宽0.5~1mm（一侧）的鞘，几乎都有卷须，少有例外，脱落点位于靠近卷须处。伞形花序生于叶尚幼嫩的小枝上，具十几朵或更多的花，常呈球形；总花梗长1~2cm；花序托稍膨大，近球形，较少稍延长，具小苞片；花绿黄色，外花被片长3.5~4.5mm，宽1.5~2mm，内花被片稍狭；雄花中花药比花丝稍宽，常弯曲；雌花与雄花大小相似，有6枚退化雄蕊。浆果直径6~15mm，熟时红色，有粉霜。花期2—5月，果期9—11月。

【分布及生境】分布于我国长江流域以南各地。生于海拔2 000m以下的林下、路旁、河谷或山坡上。

【营养成分】与圆锥菝葜相同。

【食用方法】与圆锥菝葜相同。

药用功效

根状茎入药，能祛风利湿、解毒消肿。

短梗菝葜

Smilax scobinicaulis C. H. Wright

别　名 ‖ 威灵仙
分　类 ‖ 百合科菝葜属攀缘灌木

【形态特征】茎和枝条通常疏生刺或近无刺，较少密生刺（只见于湖北、河北、四川），刺针状，长4~5mm，稍黑色，茎上的刺有时较粗短。叶卵形或椭圆状卵形，干后有时变为黑褐色，长4~12.5cm，宽2.5~8cm，基部钝或浅心形；叶柄长5~15mm。总花梗很短，一般不到叶柄长度的一半。雌花具3枚退化雄蕊。浆果直径6~9mm。其他特征和菝葜相似。花期5月，果期10月。

【分布及生境】分布于河北、山西、河南、陕西（秦岭以南）、甘肃、四川、湖北、湖南、江西、贵州、云南。生于海拔600~2 000m的林下、灌丛或山坡阴处。

【营养成分】与圆锥菝葜相同。
【食用方法】与圆锥菝葜相同。

根及根状茎入药。性平，味苦、辛。祛风除湿、散瘀、解毒。用于风湿腰腿痛、疮疖。

黑果菝葜

Smilax glaucochina Warb.

别　名 ‖ 金刚藤头、倒拉牛、金刚豆
英文名 ‖ Black-fruit greenbrier
分　类 ‖ 百合科菝葜属攀缘灌木

【形态特征】具粗短的根状茎。茎长0.5~4m，通常疏生刺。叶厚纸质，通常椭圆形，长5~8（~20）cm，宽2.5~5（~14）cm，先端微突，基部圆形或宽楔形，下面苍白色，多少可以抹掉；叶柄长7~15（25）mm，约占全长的一半具鞘，有卷须，脱落点位于上部。伞形花序通常生于叶稍幼嫩的小枝上，具几朵或10余朵花；总花梗长1~3cm；花序托稍膨大，具小苞片；花绿黄色；雄花花被片长5~6mm，宽2.5~3mm，内花被片宽1~1.5mm；雌花与雄花大小相似，具3枚退化雄蕊。浆果直径7~8mm，熟时黑色，具粉霜。花期3—5月，果期10—11月。

【分布及生境】分布于甘肃、陕西、山西、河南、四川、湖北、江苏、浙江、安徽、江西、山东、广东、广西等地。生于海拔1 600m以下的林下灌丛、山坡、路旁。

【营养成分】与圆锥菝葜相同。
【食用方法】与圆锥菝葜相同。

药用功效

根状茎性平，味甘，清热，用于崩漏带下、血淋、瘰疬、跌打损伤。嫩叶用于臁疮。

抱茎菝葜

Smilax ocreata A. DC.

别　名‖红土茯苓
英文名‖ Ocreata greenbrier
分　类‖百合科菝葜属攀缘灌木

【形态特征】 茎长可达7m，通常疏生刺。叶革质，卵形或椭圆形，长9~20cm，宽4.5~15cm，先端短渐尖，基部宽楔形至浅心形，下面淡绿色；叶柄长2~3.5cm，基部两侧具耳状的鞘，有卷须，脱落点位于近中部；鞘外折或近直立，长为叶柄的1/4~1/3，宽5~20mm（一侧），作穿茎状抱茎。圆锥花序长4~10cm，具2~4（~7）个伞形花序，基部着生点的上方有1枚与叶柄相对的鳞片（先出叶）；伞形花序单个着生，具10~30朵花；总花梗长2~3cm，基部有一苞片；花序托膨大，近球形；花黄绿色，稍带淡红色；雄花外花被片条形，长5~6mm，宽约1mm；内花被片丝状，宽约0.5mm；雄蕊高出花被片，长6~10mm，下部的花丝约1/4合生成柱，花药狭卵形，长1~1.5mm；雌花与雄花近等大，但外花被片比内花被片宽3~4倍，无退化雄蕊。浆果直径约8mm，熟时暗红色，具粉霜。花期3—6月，果期7—10月。

【分布及生境】 分布于广东、广西、海南、四川、贵州（南部）和云南（南部）。生于海拔2 200m以下的林中、灌丛下或阴湿的坡地、山谷中。

【营养成分】 与圆锥菝葜相同。

【食用方法】 与圆锥菝葜相同。

药用功效

嫩尖治胃胀痛、神经衰弱，外敷治癣及皮肤过敏。根茎治水肿。

土茯苓

Smilax glabra Roxb.

别　名‖光叶菝葜、金刚豆藤、禹余粮、金刚藤、冷饭团、仙遗粮、过山龙、硬饭头、红土苓
英文名‖ Glabrous greenbrier
分　类‖百合科菝葜属常绿攀缘灌木

【形态特征】 植株高1~4cm，根状茎粗厚，扁圆形或不规则块状，分枝多，具结节状隆起，常与横走茎连接，长5~22cm，直径2~5cm，表面黄棕色，光泽，粗糙，凸凹不平。顶端具坚硬的须根残基，上端具残留茎痕，质坚硬，不易折断，切面类白色至红棕色，中间微见维管束点，阳光下可见小亮点（黏质液）；粉性，水湿润后具黏滑感。茎与枝条光滑，无刺。叶互生，叶片狭椭圆状披针形至狭卵状披针形，长6~12cm，宽1~4cm，顶端渐尖，基部宽楔形或钝圆，全缘，叶面深绿色，叶背绿色，稍带苍白色；叶柄长5~15mm，具鞘，鞘狭，具卷须，叶片脱落点位于叶柄近顶端。伞形花序单生叶腋，10余花，花单性异株，花小，绿白色，六棱状球形，雄花外花被片近扁圆形，兜状。背面中央具槽，内花被片近圆形，边缘不规则齿；雄蕊靠合，花丝极短，雌花在外形上与雄花相似，惟内被片边缘不具小齿，外被片相同，稍短小，具3退化雄蕊。子房上位。浆果球形，熟时紫黑色，外被白粉。花期7—11月，果期11月至翌年4月。

【分布及生境】 分布于浙江、广东、江苏等地。生于海拔1 800m以下的林中、灌丛、河岸边、山坡路旁。

【营养成分】 根茎富含淀粉，干品可达70%，含糖类、蛋白质、多种甾体皂苷，主要有菝葜皂苷类和提果皂苷元，还含生物碱、鞣质等。

【食用方法】 冬季挖取块状根茎，洗净，去须根和残茎，可生用或切片晒干，制淀粉。

药用功效

根茎入药。性平，味甘。祛风湿、利关节、清热解毒。用于疮疡肿毒、湿疹、带下、淋浊、脚气、筋骨痉挛疼痛、关节屈伸不利，还可用于梅毒及水银、轻粉中毒。

牛叠肚

Rubus crataegifolius Bunge

别　名‖山楂叶悬钩子
分　类‖蔷薇科悬钩子属落叶灌木

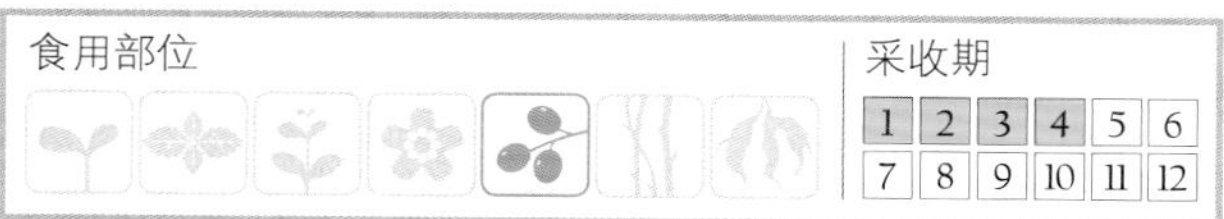

【形态特征】植株高达 3m，枝具沟棱，幼时被细柔毛，老时无毛，有微弯皮刺。单叶，卵形至长卵形，长 5~12cm，宽达 8cm，开花枝上的叶稍小，顶端渐尖，稀急尖，基部心形或近截形，上面近无毛，下面脉上有柔毛，边缘 3~5 掌状分裂，裂片卵形或长圆状卵形，有不规则缺刻状锯齿，基部具掌状 5 脉；叶柄长 2~5cm，疏生柔毛和小皮刺；托叶线形，几无毛。花数朵簇生或成短总状花序，常顶生；花梗长 5~10mm，有柔毛；苞片与托叶相似；花直径 1~1.5cm；花萼外面有柔毛，至果期近于无毛；萼片卵状三角形或卵形，顶端渐尖；花瓣椭圆形或长圆形，白色，几与萼片等长；雄蕊直立，花丝宽扁；雌蕊多数，子房无毛。果实近球形，直径约 1cm，暗红色，无毛，有光泽；核具皱纹。花期 5—6 月，果期 7—9 月。

【分布及生境】分布于黑龙江、吉林、辽宁、山西、河南、河北、山东等地。生于向阳山坡灌丛或林缘，常在山沟、路边成群生长。

【营养成分】果实富含蛋白质、脂肪、碳水化合物、有机酸、多种维生素和矿物质。

【食用方法】果实酸甜可口，可生食、制果酱和酿酒。

药用功效

果实用于补肝肾。

灰毛果莓

Rubus niveus Thunb.

别　名‖红泡刺藤、黑锁梅、锁梅
英文名‖Grayhair raspberry
分　类‖蔷薇科悬钩子属落叶灌木

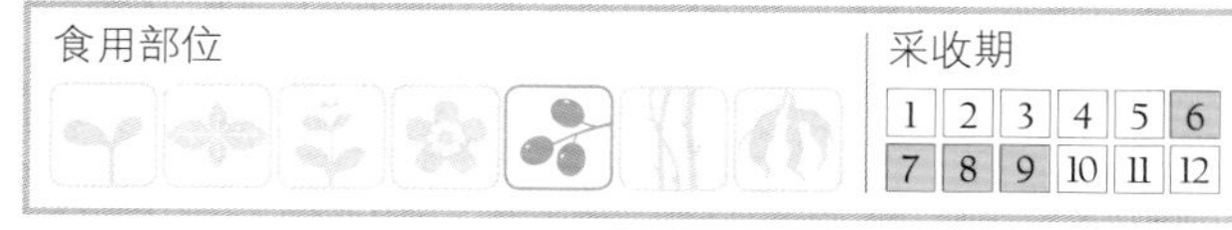

【形态特征】植株高 50~120cm，枝、叶柄和花序均具刺。新枝紫红色，密被白色细茸毛，老枝紫褐色，被茸毛。奇数羽状复叶，小叶 5~9 枚，阔卵圆形或菱状披针形，长 2~5cm，宽 1~3cm，顶生小叶最大。聚伞状花序，花小，桃红色。聚合果扁球形，直径约 1cm，红色，被灰柔毛。

【分布及生境】分布于云南、贵州、四川、西藏等地。

【营养成分】果实富含糖分、有机酸、蛋白质、多种维生素和矿物质。

药用功效

果实入药。清热解毒。

盾叶莓

Rubus peltatus Maxim.

别　名‖大叶覆盆子、黄泡、牛奶母

分　类‖蔷薇科悬钩子属直立灌木

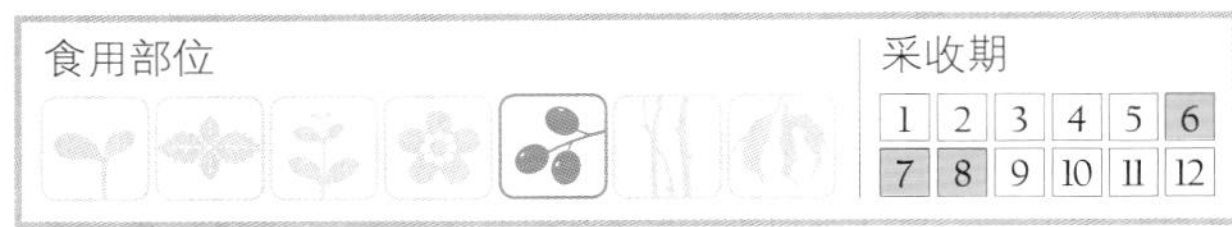

【形态特征】植株高 1~1.5m。茎红褐色或棕褐色，散生皮刺，小枝绿色，具白粉。单叶互生，盾状、卵状圆形，长 7.5~17cm，宽 6.5~15cm，掌状 3~5 浅裂，中裂片较大，基部心形，边缘有不整齐细锯齿，上面有贴生硬毛，下面有柔毛，沿叶脉较密；叶柄长 4.5~7.5cm，有钩状细刺；托叶卵状披针形，长 10~15cm。单花，与叶对生，白色，直径约 5cm。花梗长 2.5~4.5cm；萼裂片卵状披针形，边缘有疏齿，两面有白色绢毛。聚合果，圆柱形，长 3~4.5cm，橘红色。果期 6—7 月。

【分布及生境】分布于安徽、湖北、江西、浙江等地。生于山坡、山沟。

【营养成分】果实富含蛋白质、碳水化合物、多种维生素和矿物质。

【食用方法】果实酸甜，可生食或糖渍。

药用功效

叶入药，可治腰脊疼痛、四肢酸痛。

三花莓

Rubus trianthus Focke

别　名‖三花悬钩子

分　类‖蔷薇科悬钩子属落叶灌木

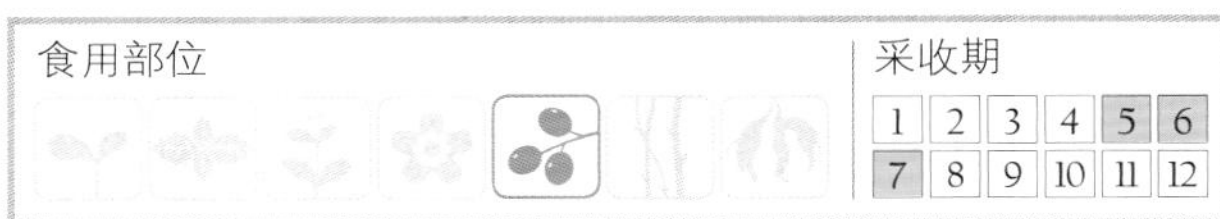

【形态特征】植株高 50~200cm。枝细瘦，暗紫色，无毛，疏生皮刺，有时具白粉。单叶，卵状披针形或长圆披针形，长 4~9cm，宽 2~5cm，顶端渐尖，基部心脏形，稀近截形，两面无毛，上面色较浅，3 裂或不裂，通常不育枝上的叶较大而 3 裂，顶生裂片卵状披针形，边缘有不规则或缺刻状锯齿；叶柄长 1~3（4） cm，无毛，疏生小皮刺，基部有 3 脉；托叶披针形或线形，无毛。花常 3 朵，有时花超过 3 朵而成短总状花序，常顶生；花梗长 1~2.5cm，无毛；苞片披针形或线形；花直径 1~1.7cm；花萼外面无毛，萼片三角形，顶端长尾尖；花瓣长圆形或椭圆形，白色，几与萼片等长；雄蕊多数，花丝宽扁；雌蕊 10~50，子房无毛。果实近球形，直径约 1cm，红色，无毛；核具皱纹。花期 4—5 月，果期 5—6 月。

【分布及生境】分布于江苏、安徽、浙江、福建、台湾等地。生于山坡杂木林或草丛中，也习见于路旁、溪边及山谷等处。

【营养成分】果实富含糖分、有机酸、蛋白质、多种维生素和矿物质。

【食用方法】生食果实，酸甜可口，可糖拌或煮粥。

药用功效

果实入药，具活血、散瘀功效。

茅莓

Rubus parvifolius L.

别　名‖山坡坡
英文名‖ Native raspberry
分　类‖蔷薇科悬钩子属落叶灌木

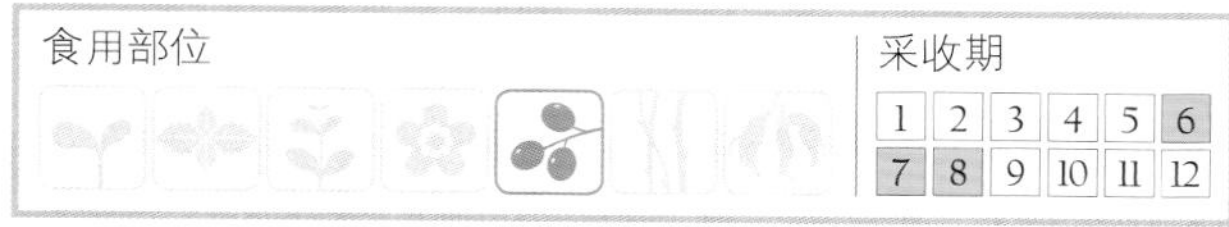

【形态特征】植株高1~2m；枝呈弓形弯曲，被柔毛和稀疏钩状皮刺；小叶3枚，在新枝上偶有5枚，菱状圆形或倒卵形，长2.5~6cm，宽2~6cm，顶端圆钝或急尖，基部圆形或宽楔形，上面伏生疏柔毛，下面密被灰白色茸毛，边缘有不整齐粗锯齿或缺刻状粗重锯齿，常具浅裂片；托叶线形，长5~7mm，具柔毛。伞房花序顶生或腋生，稀顶生花序成短总状，具花数朵至多朵，被柔毛和细刺；花梗长0.5~1.5cm，具柔毛和稀疏小皮刺；苞片线形，有柔毛；花直径约1cm；花萼外面密被柔毛和疏密不等的针刺；萼片卵状披针形或披针形，顶端渐尖，有时条裂，在花果时均直立开展；花瓣卵圆形或长圆形，粉红色至紫红色，基部具爪；雄蕊花丝白色，稍短于花瓣；子房具柔毛。果实卵球形，直径1~1.5cm，红色，无毛或具稀疏柔毛；核有浅皱纹。花期5—6月，果期7—8月。

【分布及生境】分布于全国各地。生于山坡杂木林下、向阳山谷、路旁或荒野。

【营养成分】成熟果实富含蛋白质、脂肪、碳水化合物、有机酸、维生素、矿物质等。

【食用方法】果实酸甜可口，可生食或制甜食。

药用功效

根茎、叶入药。止痛、解毒、化痰。用于咳嗽、痢疾、痔疮、疥疮。

大乌泡

Rubus multibracteatus Lévl. et Vant.

别　名‖大红黄袍乌泡
分　类‖蔷薇科悬钩子属常绿灌木

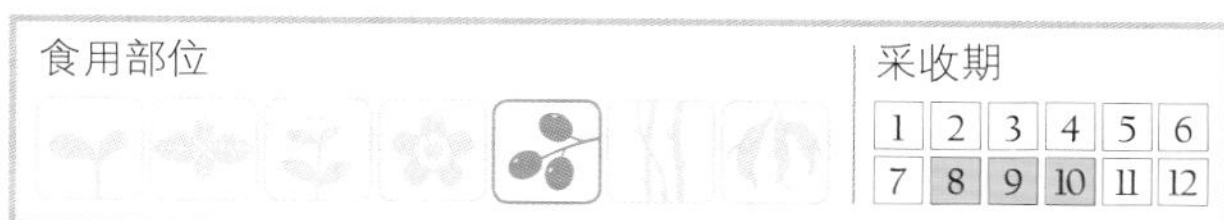

【形态特征】植株高达3m；茎粗，有黄色茸毛状柔毛和稀疏钩状小皮刺。单叶，近圆形，直径7~16cm，先端圆钝或急尖，基部心形，上面有柔毛和密集的小突起，下面密被黄灰色或黄色茸毛，沿叶脉有柔毛，边缘掌状7~9浅裂，顶生裂片具不明显3裂，有不整齐粗锯齿，基部有掌状五出脉，网脉明显；叶柄长3~6cm，密被黄色茸毛状柔毛和疏生小皮刺；托叶较宽，宽椭圆形或宽倒卵形，顶端梳齿状深裂，裂片披针形或线状披针形，不再分裂。顶生狭圆锥花序或总状花序，腋生花序为总状或花团集；总花梗、花梗和花萼密被黄色或黄白色绢状长柔毛；花梗长1~1.5cm，稀较长；苞片宽大，形状似托叶，掌状条裂；花直径1.5~2.5cm；萼片宽卵形，顶端渐尖，边缘有时稍具茸毛，通常外萼片较宽大，顶端掌状至羽状分裂，稀不分裂，内萼片较狭长，不分裂或分裂，在果期直立；花瓣倒卵形或匙形，白色，有爪；雄蕊多数，花丝宽扁，花药有少数长柔毛；雌蕊很多，子房无毛。果实球形，直径可达2cm，红色；核有明显皱纹。花期4—6月，果期8—9月。

【分布及生境】分布于四川、贵州、云南、广西、广东。生于山区疏林内、灌丛中。

【营养成分】果实富含蛋白质、脂肪、碳水化合物、维生素、有机酸、矿物质等。

【食用方法】糖渍大乌泡，与白糖溶渍而成，适用于咳嗽、肿痛患者食用。蜜大乌泡，与蜂蜜制成，适用于咳嗽、吐血、肿痛、便秘等患者食用。

药用功效

全株及根入药，有清热、利湿、止血之效。

覆盆子

Rubus idaeus L.

别　名‖树莓
英文名‖ Tree raspberry
分　类‖蔷薇科悬钩子属落叶灌木

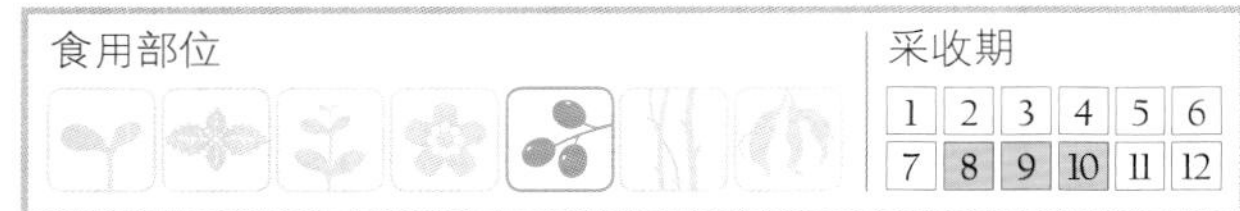

【形态特征】植株高1~2m。枝褐色或红褐色，幼时被茸毛状短柔毛，疏生皮刺。小叶3~7枚，花枝上有时具3小叶，不孕枝上常具5~7小叶，长卵形或椭圆形，顶生小叶常卵形，有时浅裂，长3~8cm，宽1.5~4.5cm，顶端短渐尖，基部圆形，顶生小叶基部近心形，上面无毛或疏生柔毛，下面密被灰白色茸毛，边缘有不规则粗锯齿或重锯齿；叶柄长3~6cm，顶生小叶柄长约1cm，均被茸毛状短柔毛和稀疏小刺；托叶线形，具短柔毛。花生于侧枝顶端成短总状花序或少花腋生，总花梗和花梗均密被茸毛状短柔毛和疏密不等的针刺；花梗长1~2cm；苞片线形，具短柔毛；花直径1~1.5cm；花萼外面密被茸毛状短柔毛和疏密不等的针刺；萼片卵状披针形，顶端尾尖，外面边缘具灰白色茸毛，在花果时均直立；花瓣匙形，被短柔毛或无毛，白色，基部有宽爪；花丝宽扁，长于花柱；花柱基部和子房密被灰白色茸毛。果实近球形，多汁液，直径1~1.4cm，红色或橙黄色，密被短茸毛；核具明显洼孔。花期5—6月，果期8—9月。

【分布及生境】分布于辽宁、吉林、陕西、甘肃、新疆、山西、河北、河南等地。

【营养成分】果实含丰富的碳水化合物、维生素C、矿物质等。

【食用方法】采摘果实做饮料或炖猪小肚食用，具补肝肾、缩小便功效。

药用功效

覆盆子入药。补肾、缩小便、助阳、固精、明目。用于阳痿、遗精、小便频数、遗尿、虚劳等。

台东悬钩子

Rubus aculeatiflorus var. *taitoensis* (Hay.) Liu et Yang

别　名‖台东刺花悬钩子
英文名‖ Spiny-flower raspberry
分　类‖蔷薇科悬钩子属灌木

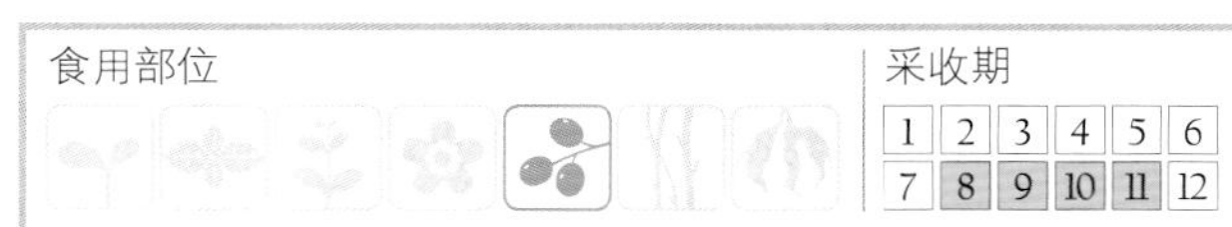

【形态特征】全株被钩刺，幼嫩之枝微被柔毛，逐渐变为光滑无毛。单叶互生。叶片广卵形，3裂，长5~6cm，宽4~5cm，先端尖锐，基部近心脏形或截形，锯齿叶缘，近基部呈全缘。托叶披针形，长6~9cm。花单生小枝顶上，梗长1~2cm，被毛，萼钟状，两面被毛，外侧疏生刺，萼片三角，披针形，先端尖锐。果实近球形。

【分布及生境】分布于台湾。生于灌丛。

【食用方法】采摘成熟果实，生食，味微酸，甘美。

寒莓

Rubus buergeri Miq.

别　名‖刺波、地莓、水漂沙、寒刺泡

英文名‖ Buerger raspberry

分　类‖蔷薇科悬钩子属灌木

食用部位　　采收期

1 2 3 4 5 6

7 8 9 10 11 12

【形态特征】直立或匍匐小灌木，茎常伏地生根，出长新株；匍匐枝长达 2m，与花枝均密被茸毛状长柔毛，无刺或具稀疏小皮刺。单叶，卵形至近圆形，直径 5~11cm，顶端圆钝或急尖，基部心形，上面微具柔毛或仅沿叶脉具柔毛，下面密被茸毛，沿叶脉具柔毛，成长时下面茸毛常脱落，故在同一枝上，往往嫩叶密被茸毛，老叶则下面仅具柔毛，边缘 5~7 浅裂，裂片圆钝，有不整齐锐锯齿，基部具掌状五出脉，侧脉 2~3 对；叶柄长 4~9cm，密被茸毛状长柔毛，无刺或疏生针刺；托叶离生，早落，掌状或羽状深裂，裂片线形或线状披针形，具柔毛。花成短总状花序，顶生或腋生，或花数朵簇生于叶腋；总花梗和花梗密被茸毛状长柔毛，无刺或疏生针刺；花梗长 0.5~0.9cm；苞片与托叶相似，较小；花直径 0.6~1cm；花萼外密被淡黄色长柔毛和茸毛；萼片披针形或卵状披针形，顶端渐尖，外萼片顶端常浅裂，内萼片全缘，在果期常直立开展，稀反折；花瓣倒卵形，白色，几与萼片等长；雄蕊多数，花丝线形，无毛；雌蕊无毛，花柱长于雄蕊。果实近球形，直径 6~10mm，紫黑色，无毛；核具粗皱纹。花期 7—8 月，果期 9—10 月。

【分布及生境】分布于全国各地。生于山坡或灌丛中。

【食用方法】采摘成熟果实，生食，味微酸，甜美。

药用功效

根性寒，味甘、淡、酸。活血凉血、清热解毒、和胃止痛，用于胃痛吐酸、黄疸、泄泻、带下、痔疮。全草、叶性平，味酸，补阴益精、强壮补身，用于肺痨咳血、黄水疮。

高粱泡

Rubus lambertianus Ser.

别　名‖山泡刺藤、四月泡

英文名‖ Lambert raspberry

分　类‖蔷薇科悬钩子属灌木

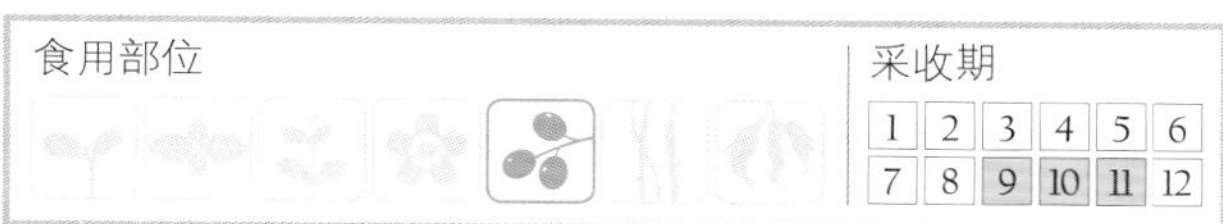

【形态特征】植株高达 3m。枝幼时有细柔毛或近无毛，有微弯小皮刺。单叶宽卵形，稀长圆状卵形，长 5~10（12）cm，宽 3~8cm，顶端渐尖，基部心形，上面疏生柔毛或沿叶脉有柔毛，下面被疏柔毛，沿叶脉毛较密，中脉上常疏生小皮刺，边缘明显 3~5 裂或呈波状，有细锯齿；叶柄长 2~4（5）cm，具细柔毛或近于无毛，有稀疏小皮刺；托叶离生，线状深裂，有细柔毛或近无毛，常脱落。圆锥花序顶生，生于枝上部叶腋内的花序常近总状，有时仅数朵花簇生于叶腋；总花梗、花梗和花萼均被细柔毛；花梗长 0.5~1cm；苞片与托叶相似；花直径约 8mm；萼片卵状披针形，顶端渐尖、全缘，外面边缘和内面均被白色短柔毛，仅在内萼片边缘具灰白色茸毛；花瓣倒卵形，白色，无毛，稍短于萼片；雄蕊多数，稍短于花瓣，花丝宽扁；雌蕊 15~20，通常无毛。果实小，近球形，直径 6~8mm，由多数小核果组成，无毛，熟时红色；核较小，长约 2mm，有明显皱纹。花期 7—8 月，果期 9—11 月。

【分布及生境】分布于河南、湖北、湖南、安徽、江西、江苏、浙江、福建、台湾、广东、广西、云南。生于低海拔山坡、山谷或路旁灌木丛中阴湿处或生于林缘及草坪。

【食用方法】采摘成熟果实，生食，味甜，微酸，多汁可口。

药用功效

根和叶可入药。根为疏风清热、凉血祛瘀药，治感冒、高血压、便血、崩漏、白带异常。叶治外伤出血、咯血。全株用于感冒发热、鼻衄、痢疾、白带过多。

虎婆刺

Rubus piptopetalus Hayata

别　名‖虎梅刺、虎不刺、刺波、腺萼悬钩子、薄瓣、悬钩子
英文名‖ Thinpetal raspberry
分　类‖蔷薇科悬钩子属灌木

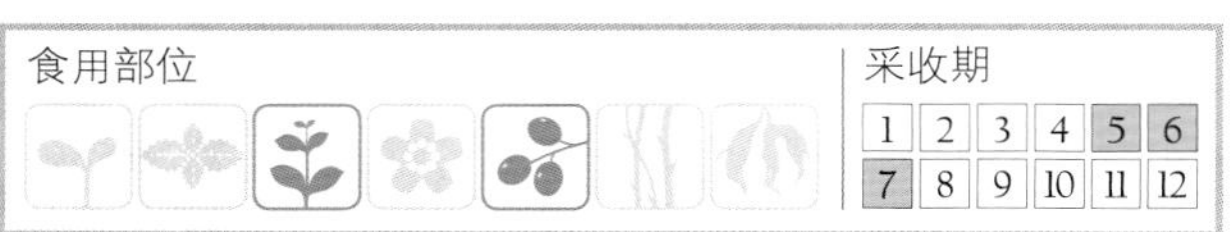

【形态特征】植株亚蔓性，枝条和叶密被茸毛和小钩刺。羽状复叶，互生。小叶3~5，长卵圆形，长3~5cm，宽1~3cm，先端尖或渐尖，基部钝或圆形，叶背叶脉突出，重细锯齿叶缘，侧生小叶较小，柄短。总状花序，顶生或单生腋生，一般2~3花成序，花瓣5，白色，卵状长椭圆形，长约1cm，萼片5，三角状椭圆形。聚合瘦果球形或短卵形，浆质，熟时深红色。花期3—4月，果期5—7月。
【分布及生境】分布于台湾。生于山坡、路旁。

【食用方法】采摘成熟果实，生食，味甘甜，多汁。嫩茎去外皮，可生食或调作生菜食。

药用功效

茎叶煎服有解热功效。挖取根，洗净，炖鸡肝食，具明目功效。

鬼悬钩子

Rubus pinfaensis Lévl. & Van.

别　名‖老虎泡、红毛悬钩子、用点悬钩子
英文名‖ Pinfa raspberry
分　类‖蔷薇科悬钩子属灌木

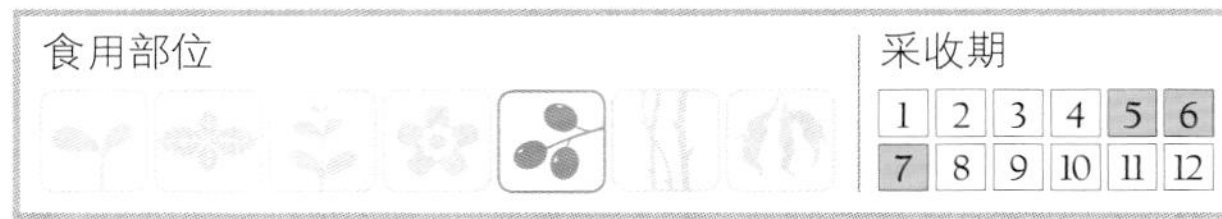

【形态特征】植株高1~2m。小枝粗壮，红褐色，有棱，密被红褐色刺毛，并具柔毛和稀疏皮刺。小叶3枚，椭圆形、卵形、稀倒卵形，长（3）4~9cm，宽2~7cm，顶端尾尖或急尖，稀圆钝，基部圆形或宽楔形，上面紫红色，无毛，叶脉下陷，下面仅沿叶脉疏生柔毛、刺毛和皮刺，边缘有不整齐细锐锯齿；叶柄长2~4.5cm，顶生小叶柄长1.5~3cm，侧生小叶近无柄，与叶轴均被红褐色刺毛、柔毛和稀疏皮刺；托叶线形，有柔毛和稀疏刺毛。花数朵在叶腋团聚成束，稀单生；花梗短，长4~7mm，密被短柔毛；苞片线形或线状披针形，有柔毛；花直径1~1.3cm；花萼外面密被茸毛状柔毛；萼片卵形，顶端急尖，在果期直立；花瓣长倒卵形，白色，基部具爪，长于萼片；雄蕊花丝稍宽扁，几与雌蕊等长；花柱基部和子房顶端具柔毛。果实球形，直径5~8mm，熟时金黄色或红黄色，无毛；核有深刻皱纹。花期3—4月，果期5—6月。
【分布及生境】分布于湖北、湖南、台湾、广西、四川、云南、贵州。生于山坡、沟边、林缘、灌丛。

【食用方法】采摘红色成熟果实，生食，味甘美，多汁。

药用功效

根和茎可入药，根治风湿关节痛、吐血、肾虚阳痿、月经不调；茎为祛风、除湿药，治黄水疮、狗咬伤。

斯氏悬钩子

Rubus swinhoei Hance

别　名‖基隆悬钩子、囊白悬钩子、京白悬钩子、木莓
分　类‖蔷薇科悬钩子属灌木

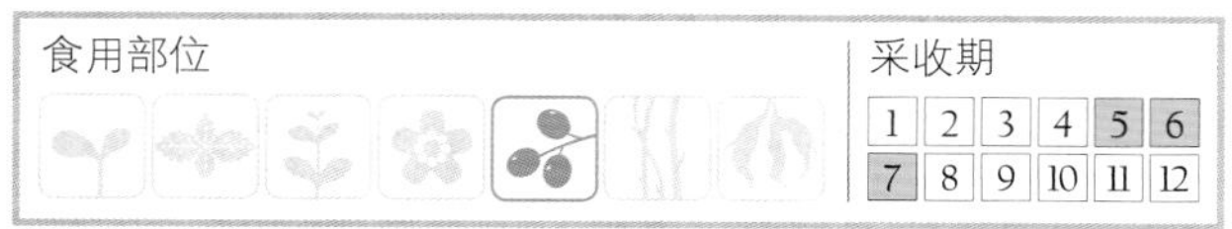

【形态特征】植株亚蔓性，枝条光滑被小钩刺。单叶互生。叶片卵状披针形或长椭圆状披针形，长5~7cm，宽2~4cm，先端渐尖或尾尖，基部近圆形或心形，叶背密被白色茸毛，并沿中肋着生小逆刺，不整齐细锯齿叶缘，具叶柄，长约1cm。托叶卵状披针形，长4~8mm，宽2~3mm，背面具毛，早落，全缘或先端略有锯齿叶缘。花单生或2~5朵花排列成小伞形花序，顶生，花梗细长，密被紫褐色腺毛，花瓣5，白色，广卵形，萼片5，三角状卵形，先端渐尖，两面被茸毛，花托生绢毛。果实球形或扁圆形，红熟。花期3—4月，果期5—6月。

【分布及生境】分布于华东及陕西、四川、云南、台湾。生于山坡、林下、灌丛、沟边。

【食用方法】采摘成熟果实，生食，味甜微酸，美味可口。

台湾悬钩子

Rubus taiwanianus Matsum.

别　名‖虎婆刺、刺波、刺莓
分　类‖蔷薇科悬钩子属灌木

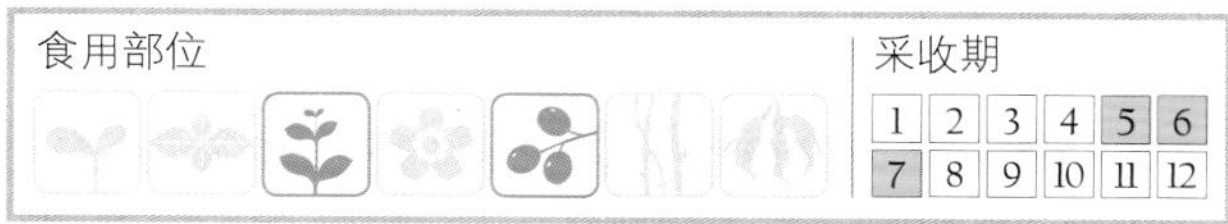

【形态特征】植株高约100cm。茎直立，分枝呈丛生状，全株被毛，茎和叶着生逆钩。奇数类羽状复叶，互生，小叶3~5，偶有单叶，顶生小叶最大，卵形或卵状椭圆形，长4.5~6cm，宽约2.5cm，具长柄；侧小叶椭圆形或卵状椭圆形，长2.5~4.5cm，宽约2cm，无柄，先端尖或锐尖，基部略圆或心形，两面被毛，锯齿叶缘，托叶线状披针形。花序腋生或顶生，单一或总状，花大，白色。花冠5片，花瓣圆形，雄蕊多数，萼绿色，5裂片，裂片卵形，顶端尖，两面被毛。果实球形或椭圆形，具宿存萼，直径约1.2cm，中空，熟时红色。果期春、夏季。

【分布及生境】分布于台湾。生于山坡、林缘。

【食用方法】采摘红熟果实生食，也可采嫩茎去皮后生食或腌渍。

药用功效

根和叶可作止痒、消毒剂，能止痒、消毒、治痔疮。

悬钩子

Rubus corchorifolius L. f.

别　名‖山莓
英文名‖ Raspberry
分　类‖蔷薇科悬钩子属落叶灌木

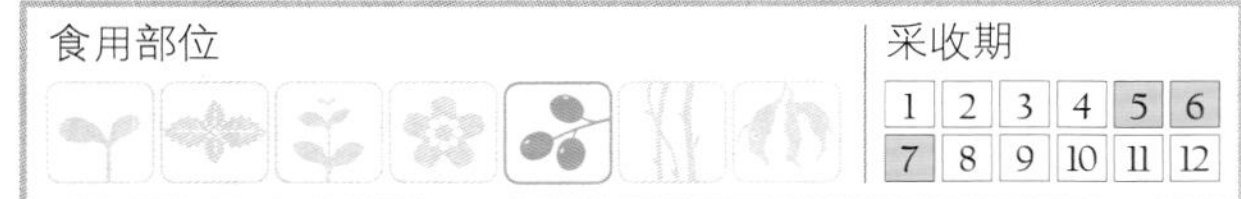

【形态特征】 植株高1~2m。小枝红褐色，有皮刺，幼枝带绿色，有柔毛及皮刺。叶卵形或卵状披针形，长3.5~9cm，宽2~4.5cm，顶端渐尖，基部圆形或略带心形，不分裂或有时3浅裂，边缘有不整齐的重锯齿，两面脉上有柔毛，背面脉上有细钩刺；叶柄长约1.5cm，有柔毛及细刺；托叶线形，基部贴生在叶柄上。花白色，直径约2cm，通常单生在短枝上；萼片卵状披针形，有柔毛，宿存。聚合果球形，直径1~1.2cm，成熟时红色。花期4—5月，果期5—6月。

【分布及生境】 分布于河北、陕西和长江流域各地。生于山坡、灌木、路旁。

【营养成分】 果实含苹果酸0.59%、糖分5.2%，还有蛋白质、矿物质、维生素等。新的资料报道，悬钩子含丰富的超氧化物歧化酶（SOD），具有提高人体免疫力、抗癌、抗衰老的功能。

【食用方法】 糖渍悬钩子，用糖腌渍而成，具解毒、增加人体抵抗力的作用。煮粥具健脾胃、抗病解毒的功效。

药用功效

果实入药。性平，味酸。醒酒、止渴、祛痰、解毒。用于痛风、丹毒、遗精。

里白悬钩子

Rubus mesogaeus Focke

别　名‖深山悬钩子、喜阴悬钩子
分　类‖蔷薇科悬钩子属灌木

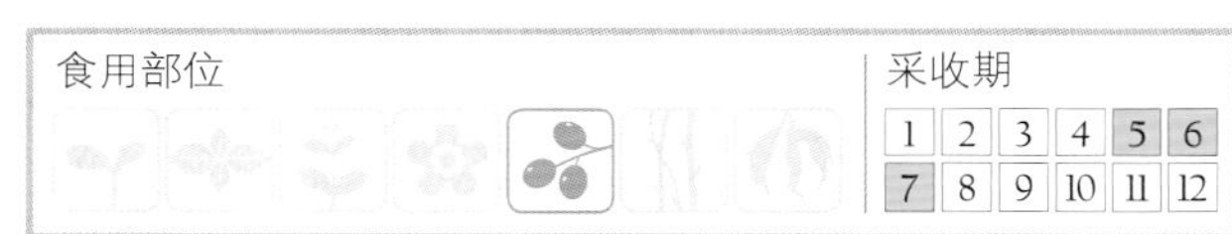

【形态特征】 植株蔓性，蔓延茎无毛，具钩刺，长3~4mm，幼茎具柔毛。三至五出复叶，互生。末端小叶近菱形，长6~8cm，宽3~5cm，侧生小叶歪卵形或近菱形，较小，先端尖锐或短尖锐，基部楔形或圆形，重锯齿叶缘，由2~3个细锯齿组成一锯齿，近叶基部全缘。叶面光滑，中部和叶脉凹陷，于叶背不分歧，密生白色柔毛，侧叶直线放射性状，近乎平行，叶轴上有沟、柔毛和钩刺。托叶线形至披针形，长8mm，宽1~1.5mm，内侧光滑，外侧具柔毛。聚散花序，腋生或顶生，花4~15朵，花瓣白色，萼片散开，线形至三角形，外侧具茸毛，内侧光滑；花托细长茸毛状。果实球形。

【分布及生境】 分布于我国西南东部及河南等。生于山坡、灌丛。

【食用方法】 采摘黄色成熟果实，生食，味微酸、甜。

插田泡

Rubus coreanus Miq.

别　名‖覆盆子、乌沙莓、菜子泡
分　类‖蔷薇科悬钩子属落叶灌木

食用部位　采收期 1 2 3 4 5 6 7 8 9 10 11 12

【形态特征】植株高 1~3m。枝粗壮，红褐色，被白粉，具近直立或钩状扁平皮刺。小叶通常 5 枚，稀 3 枚，卵形、菱状卵形或宽卵形，长（2）3~8cm，宽 2~5cm，顶端急尖，基部楔形至近圆形，顶生小叶顶端有时 3 浅裂；叶柄长 2~5cm，顶生小叶柄长 1~2cm，侧生小叶近无柄，与叶轴均被短柔毛和疏生钩状小皮刺；托叶线状披针形，有柔毛。伞房花序生于侧枝顶端，具花数朵至三十几朵，总花梗和花梗均被灰白色短柔毛；花梗长 5~10mm；苞片线形，有短柔毛；花直径 7~10mm；花萼外面被灰白色短柔毛；萼片长卵形至卵状披针形，长 4~6mm，顶端渐尖，边缘具茸毛，花时开展，果时反折；花瓣倒卵形，淡红色至深红色，与萼片近等长或稍短；雄蕊比花瓣短或近等长，花丝带粉红色；雌蕊多数；花柱无毛，子房被稀疏短柔毛。果实近球形，直径 5~8mm，深红色至紫黑色，无毛或近无毛；核具皱纹。花期 4—6 月，果期 6—8 月。

【分布及生境】分布于河南、陕西、甘肃、浙江、江西、湖北、四川等地。生海拔 100~1 700m 的山坡灌丛或山谷、河边、路旁。

【营养成分】果实富含丰富的糖分、柠檬酸、维生素等。

【食用方法】糖渍插田泡为果实配以白糖腌渍而成。冰糖插田泡配冰糖制成，可用于疲劳、营养不良、体倦等。

药用功效

果实入药。性平，味甘、酸。补肝肾、缩小便、助阳、固精、明目。用于阳痿、遗精、小便频数、疲劳、遗尿等。根有止血、止痛之效。叶能明目。

蓬蘽

Rubus hirsutus Thunb.

别　名‖托盘
分　类‖蔷薇科悬钩子属落叶小灌木

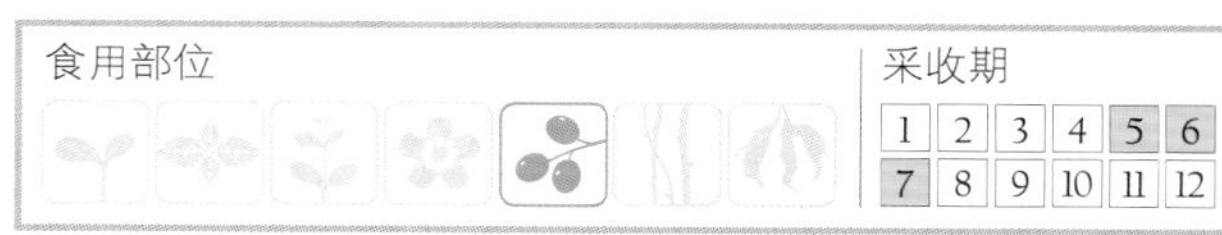

【形态特征】植株高 1~2m。枝红褐色或褐色，被柔毛和腺毛，疏生皮刺。小叶 3~5 枚，卵形或宽卵形，长 3~7cm，宽 2~3.5cm，顶端急尖，顶生小叶顶端常渐尖，基部宽楔形至圆形，两面疏生柔毛，边缘具不整齐尖锐重锯齿；叶柄长 2~3cm，顶生小叶柄长约 1cm，稀较长，均具柔毛和腺毛，并疏生皮刺；托叶披针形或卵状披针形，两面具柔毛。花常单生于侧枝顶端，也有腋生；花梗长（2）3~6cm，具柔毛和腺毛，或有极少小皮刺；苞片小，线形，具柔毛；花大，直径 3~4cm；花萼外密被柔毛和腺毛；萼片卵状披针形或三角披针形，顶端长尾尖，外面边缘被灰白色茸毛，花后反折；花瓣倒卵形或近圆形，白色，基部具爪；花丝较宽；花柱和子房均无毛。果实近球形，直径 1~2cm，无毛。花期 4 月，果期 5—6 月。

【分布及生境】分布于浙江、江苏、福建、台湾、广东等地。生长于山野、林缘。

【食用方法】果实配冰糖制成冰糖蓬蘽，具补肝肾功效，煮粥配白糖，具健脾胃、补肝肾功效。

药用功效

果实入药。补肝肾、缩小便。用于阳痿、遗精、消化不良。

山刺玫

Rosa davurica Pall.

别　名‖刺玫蔷薇、刺玫果、野刺莓
英文名‖ Amur rose
分　类‖蔷薇科蔷薇属灌木

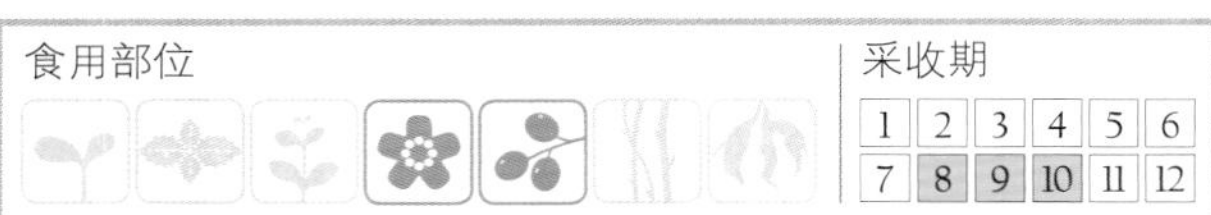

【形态特征】 植株高 1~2m，分枝较多。小枝圆柱形，无毛，紫褐色或灰褐色，有带黄色皮刺，皮刺基部膨大，稍弯曲，常成对而生于小枝或叶柄基部。小叶 7~9；小叶片长圆形或阔披针形，先端急尖或圆钝，基部圆形或宽楔形，边缘有单锯齿和重锯齿，上面深绿色，无毛，中脉和侧脉下陷，下面灰绿色，中脉和侧脉突起，有腺点和稀疏短柔毛；叶柄和叶轴有柔毛、腺毛和稀疏皮刺；托叶大部贴生于叶柄，离生部分卵形，边缘有带腺锯齿，下面被柔毛。花单生于叶腋，或 2~3 朵簇生；苞片卵形，边缘有腺齿，下面有柔毛和腺点；萼筒近圆形，光滑无毛，萼片披针形，先端扩展成叶状，边缘有不整齐锯齿和腺毛，下面有稀疏柔毛和腺毛，上面被柔毛，边缘较密；花瓣粉红色，倒卵形，先端不平整，基部宽楔形；花柱离生，被毛，比雄蕊短很多。果近球形或卵球形，直径 1~1.5cm，红色，光滑，萼片宿存，直立。花期 6—7 月，果期 8—9 月。

【分布及生境】 分布于我国华北、东北地区。生于山坡、灌丛、林缘、山下、山野路旁。

【食用方法】 阴干的花蕾、花瓣洒小许温水，做糕点馅或糕点着色颜料；花瓣直接捣碎，用其浆液做糕点馅，凉拌或用糖蜂蜜等腌渍成玫瑰酱。果实可食用。

药用功效

根入药，性平，味苦、涩，止咳祛痰、止痢、止血，用于慢性气管炎、肠炎、痢疾、膀胱炎、功能性子宫出血、跌打损伤。果实入药，性温，味酸，健脾胃、助消化，用于消化不良、食欲不振、胃腹胀满。花入药，性温，味甘、微苦，止血、理气、解郁，用于吐血、血崩、肋间神经痛、痛经、月经不调。

野蔷薇

Rosa multiflora Thunb.

别　名‖蔷薇刺花、多花蔷薇、红刺苔、红蔷薇
英文名‖ Many-flower rose
分　类‖蔷薇科蔷薇属落叶灌木

【形态特征】 枝细长，上升或蔓生，长数米以上，常无毛，散生短粗扁弯皮刺。小叶 5~9，近花序小叶有时为 3 全叶（连叶柄），长 5.5~10cm，小叶倒卵椭圆形、长圆形至卵形，长 1.3~4.5cm，宽 1~2.5cm，顶端急尖或圆钝，基部宽楔形至近圆形，边缘具锐锯齿，叶面无毛，叶背具柔毛，小叶柄和叶轴散生小皮刺和腺毛，具柔毛。大部分托叶与叶柄连生，边缘呈篦齿状。伞房花序，花多朵，花梗无毛或具腺毛，长 1.5~2.5cm，基部具篦齿状苞片。萼片披针形，顶端尾尖，边缘有时具有 1~2 对线状裂片，外无毛，内具茸毛。花瓣宽倒卵形，顶端微凹，花瓣白色，雄蕊和雌蕊多数，花柱结合成柱状，略长于雄蕊。果近球形，直径约 6mm，红褐色，光亮，萼片脱落。花期 5 月，果期 9—10 月。

【分布及生境】 分布于黑龙江、吉林、辽宁、内蒙古、河北、山西等地。生于海拔 1 000m 左右的林缘、路旁和灌丛中。

【营养成分】 每 100g 嫩茎叶含蛋白质 5g、粗纤维 2.7g、维生素 A 2.65mg、维生素 B_5 1.5mg、维生素 C 105mg。

【食用方法】 春、夏季采摘嫩茎叶，剥皮后可生食，味略苦，民间称“饭薹”或“黏米薹”；也可把粗壮、脆嫩的茎叶洗净，沸水烫约 1 分钟，再用清水泡 10 分钟，切碎，加调料凉拌或炒食。

药用功效

根、叶、花、果入药。根具祛风活血、调经固涩功效，用于风湿关节痛、跌打损伤、月经不调、白带异常、遗尿等。果有祛风湿、利关节、利尿、通经、消肿功效，用于风湿性关节炎、肾炎水肿。花有清暑解渴、止血功效，用于胃痛、胃溃疡、暑热胸闷、口渴、吐血。叶有清热解毒功效，外用敷治痈疖疮疡。

硕苞蔷薇

Rosa bracteata Wendl.

别　名 ‖ 白刺苔、白蔷薇、野毛栗、糖钵
英文名 ‖ Macartney rose
分　类 ‖ 蔷薇科蔷薇属常绿蔓性灌木

【形态特征】茎和枝具弯曲皮刺，小枝密被黄褐色柔毛，托叶下方生有一对扁平皮刺。羽状复叶，小叶 5~9，椭圆形或倒卵形，长 1~2cm，宽 0.8~1.2cm。顶端截形，圆钝或稍急尖，基部楔形或近圆形，边缘具细圆齿，叶面有光泽，叶脊沿叶脉具柔毛；托叶披针形，离生，羽状分裂。花单生，白色，直径 4.5~7cm，花梗短，基部具大而细裂的苞片数枚。萼裂片 5，开展，三角状卵形。花瓣 5 倒心脏形；雄蕊多数。果球形，直径 2~3.5cm，橙红色，密被黄色柔毛，萼片宿存。花期 5—6 月，果期 9—11 月。

【分布及生境】我国分布于华东及湖南、贵州、云南。生于林缘、灌丛中、路旁土坎。

【食用方法】春、夏季采摘新萌发的嫩茎尖，剥皮后生食，味甜。

药用功效

花、叶入药。活血调经、化瘀止痛。花治月经不调、跌打损伤；叶治刀伤。

金樱子

Rosa laevigata Michx.

别　名 ‖ 白刺花、山石榴、刺梨子、油饼果子、糖罐子、糖钵、野石榴
英文名 ‖ Cherokee rose
分　类 ‖ 蔷薇科蔷薇属常绿蔓性灌木

【形态特征】分枝多，小枝散生扁而下弯皮刺，无毛，嫩枝被腺毛，老枝脱落。三出复叶，互生，小叶 3，稀 5，革质，椭圆状卵形、倒卵形或披针状卵形，长 2.5~6.5cm，宽 2~4cm，顶端急尖或椭圆钝，基部圆钝或宽楔形。边缘具锐锯齿，叶面亮绿色，无毛，叶背幼时中肋具腺毛，老时脱落至无毛；总叶柄和小叶柄均有皮刺和腺毛，托叶离生或基部与叶柄连生，披针形，边缘具腺齿，早落。花单生于侧枝顶端或叶腋，直径 5~9cm，萼片 5，卵状披针形，被腺毛，宿存。花瓣 5，白色，倒广卵形。雄蕊多数，雌蕊多数，被茸毛，包于花托内。果梨形或倒卵形，紫红色或紫褐色，外被刺状刚毛，内含多数瘦果。花期 5—6 月，果期 9—10 月。

【分布及生境】分布于江苏、安徽、浙江、江西、福建、湖南、广东、广西、四川、贵州。生于山坡、山野路旁、溪边、灌丛中。

【营养成分】成熟果实含糖 20%、皂苷 17.12%，并含丰富的苹果酸、柠檬酸、维生素 C 等。

【食用方法】金樱子雄花在初开时生食，味甜。冬季果熟时采收可生食，味甜。果实切开，去种子和刺毛，洗净后可炖肉食。

药用功效

果入药。性平，味酸、甘、涩。固精缩尿、涩肠止泻。用于遗精漏精、遗尿尿频、崩漏带下、久泻久痢。

月季花

Rosa chinensis Jacq.

别　名 ‖ 月月红、月月花、四季花
英文名 ‖ China rose
分　类 ‖ 蔷薇科蔷薇属常绿或半常绿灌木

【形态特征】植株高 1~2m。茎、枝具钩状皮刺或近无刺。奇数羽状复叶，互生。小叶 3~5 少数 7，宽卵形或卵形椭圆形，长 2~4cm，宽 1~3cm。顶端急尖或渐尖，基部宽楔形至近圆形，边缘具锐锯齿，叶面、叶背均无毛，叶柄、叶轴散生皮刺和短腺毛，托叶大部和叶柄合生，边缘具睫毛状腺毛。花常数朵聚生或单生，萼裂片卵形，羽状分裂，边缘具腺毛，花瓣 5 或重瓣，红色或粉红色，少白色。雄蕊多数，着生于花托边缘的花盘上。雌蕊多数，具毛，包于花托内。果卵形或梨形，黄红色，内含多数瘦果，萼宿存。花期 5—9 月，果期 9—11 月。

【分布及生境】分布于全国各地。生于山坡、路旁。

【营养成分】花含挥发油、蛋白质、碳水化合物、维生素、矿物质等。

【食用方法】全年均可在开花期采摘，洗净，可煮食或炒食。

药用功效

花入药，性温，味甘，活血调经，用于月经不调、痛经。叶和根也可入药，叶具活血消肿功效，根用于月经不调、带下、瘰疬等。

刺梨

Rosa roxburghii Tratt.

别　名 ‖ 缫丝花、茨梨、木梨子
英文名 ‖ Roxburgh rose
分　类 ‖ 蔷薇科蔷薇属落叶灌木

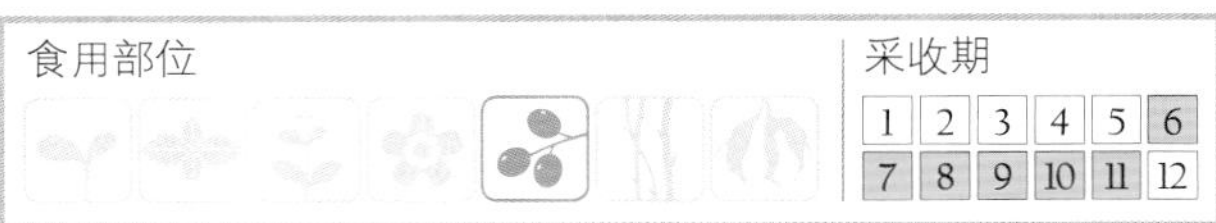

【形态特征】植株高约 2.5m。树皮灰色，成片剥落；小枝常有成对皮刺。羽状复叶；小叶 9~15，椭圆形或椭圆状矩圆形，长 1~2cm，宽 0.5~1cm，先端急尖或钝，基部宽楔形，边缘有细锐锯齿，两面无毛；叶柄和叶轴疏生小皮刺；托叶大部附着于叶柄上。花 1~2 朵，生于短枝上，淡红色或粉红色，微芳香，直径 4~6cm；萼裂片通常宽卵形，两面有茸毛，合生成管，密生皮刺。蔷薇果扁球形，直径 3~4cm，绿色，外面密生皮刺，宿存的萼裂片直立。

【分布及生境】分布于安徽、福建、甘肃、广西、贵州、湖北、湖南、江西、陕西、四川、西藏、云南、浙江等地区。生于中低山灌木林、沟边、路旁。

【营养成分】每 100g 果实鲜品含蛋白质 0.7g、脂肪 0.1g、碳水化合物 13g、维生素 A 2.8mg、维生素 B_1 0.05mg、维生素 B_2 0.03mg、维生素 C 2 585mg、维生素 D 2 806mg、维生素 P 6 000mg、维生素 E 3mg、钙 68mg、磷 13mg、铁 2.9mg 等。

【食用方法】采摘成熟果实，榨汁、制果酱或做饮料等。

药用功效

果实性平，味酸、涩，解暑、消食，用于中暑、食滞、痢疾。根性平，味酸、涩，消食健胃、收敛止泻，用于食积腹胀、痢疾、泄泻、自汗盗汗、遗精。

百里香

Thymus mongolicus （Ronniger） Ronniger

别　名‖地姜、地椒、千里香、山椒、地椒叶
英文名‖ Mongolian thyme
分　类‖唇形科百里香属半灌木

【形态特征】茎多数，匍匐或上升；不育枝从茎的末端或基部生出，匍匐或上升，被短柔毛；花枝高（1.5）2~10cm，在花序下密被向下曲或稍平展的疏柔毛，下部毛变短而疏，具2~4叶对，基部有脱落的先出叶。叶为卵圆形，长4~10mm，宽2~4.5mm，先端钝或稍锐尖，基部楔形或渐狭，全缘或稀有1~2对小锯齿。花序头状，多花或少花，花具短梗。小坚果近圆形或卵圆形，压扁状，光滑。花期7—8月。

【分布及生境】分布于甘肃、青海、陕西、山西、河北等省区。生于海拔1 100~3 600m的多石山地、斜坡、山谷、山沟、路旁及杂草丛中。

【食用方法】可做调味品，适合肉类和海鲜类调味。

药用功效

全草入药。性温，味辛。温中散寒、祛风止痛。用于腹痛、泄泻、食少痞胀、咽喉痛、齿痛等。

异叶榕

Ficus heteromorpha Hemsl.

别　名‖异叶天仙果、野枇杷、奶浆果
英文名‖ Diverse-leaf fig
分　类‖桑科榕属落叶灌木或小乔木

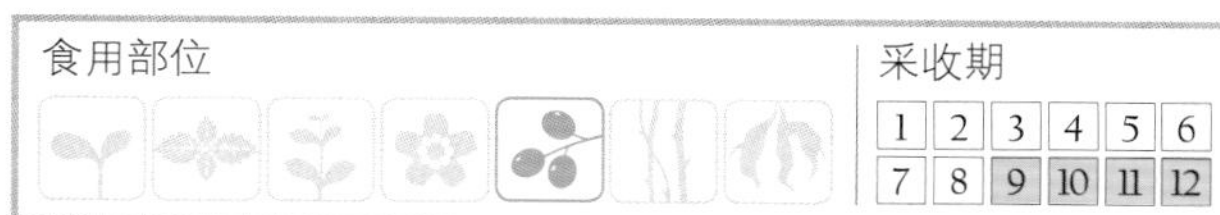

【形态特征】植株高2~5m，树皮灰褐色，小枝红褐色，节短。单叶互生，倒卵状椭圆形、琴形或披针形，长8~18cm，宽2~7cm，顶端渐尖或为尾状，基部圆形至浅心形，表面粗糙，背面具细小钟乳体，全缘或微波状，侧脉5~16对，基生侧脉短，红色，叶柄长1.5~6cm，红色，托叶披针形。榕果成对着生短枝叶腋，无柄，球形或圆锥形，光滑，直径6~10mm，顶生苞片，脐状，基生苞片3，卵圆形，成熟时紫黑色。雄花与瘿花同生一榕果内，雄花散生内壁，花被4~5，匙形，雄蕊2~3，瘿花花被片5~6，子房光滑，花柱短，雌花花被片4~5，包围子房，花柱侧生，柱头画笔状，被柔毛。花期4—5月，果期8—9月。

【分布及生境】分布于我国中南、西南、华南各省区。生于中海拔山谷、水边、潮湿地区。

【营养成分】每100g果实含脂肪2.88g、碳水化合物5.11g、维生素A 3.15mg、维生素B_2 0.4~0.7mg、维生素C 3.5~30mg、钙30.6mg、磷57.5mg。

【食用方法】秋季采摘成熟果实供食，可生食或炖肉食。

药用功效

枝叶入药，性温，味甘、酸，补血、下乳，用于脾胃虚弱、缺乳。果入药，性平，味甘、酸，消食止痢、补血、下乳，用于肠炎、痢疾、食欲不振、缺乳等。

竹叶榕

Ficus stenophylla Hemsl.

别　名 ‖ 竹叶牛奶子
英文名 ‖ Bamboo-leaf fig
分　类 ‖ 桑科榕属小灌木

食用部位　采收期

1	2	3	4	5	6
7	8	9	10	11	12

【形态特征】植株高1~2m。叶互生，纸质，条形或条状披针形，长6~12cm，宽1~2.2cm，先端长渐尖，基部宽楔形，全缘，粗糙，下面中脉疏被短硬毛，侧脉15对，渐升或水平伸展，在近叶缘处网结。花序托单生于叶腋，有短梗，倒卵形，直径5~7mm，成熟时变黑色，基部苞片小，宿存。雄花和瘿花同生于一花序托中，雌花生另一花序托内；雄花生于花序托内壁近口部，有梗或无梗，花被片3~4，雄蕊2~3；雌花被片4，花柱侧生。

【分布及生境】分布于福建、台湾、浙江、湖南、湖北、广东、广西、海南、贵州、云南、江西。生于山谷小河、溪边较向阳处。

【食用方法】参考异叶榕。

药用功效

根、根皮或树皮入药，可用于妇女产后虚弱、水肿、乳汁不通。

台湾天仙果

Ficus formosana Maxim.

别　名 ‖ 山菝仔、台湾榕
分　类 ‖ 桑科榕属灌木

食用部位　采收期

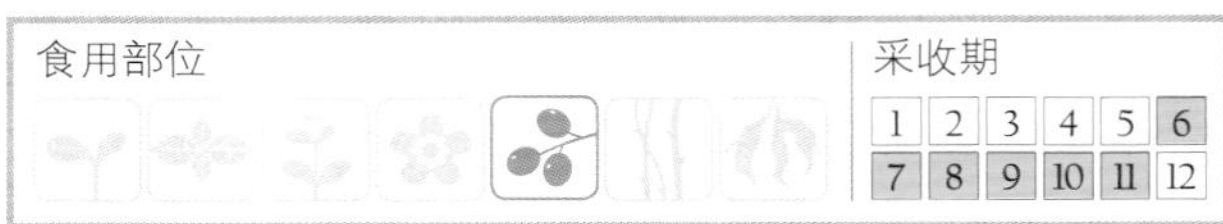

1	2	3	4	5	6
7	8	9	10	11	12

【形态特征】植株高1.5~3m。小枝、叶柄、叶脉幼时疏被短柔毛；枝纤细，节短叶膜质，倒披针形，长4~11cm，宽1.5~3.5cm，全缘或在中部以上有疏钝齿裂，顶部渐尖，中部以下渐窄，至基部成狭楔形，干后表面墨绿色，背面淡绿色，中脉不明显。榕果单生叶腋，卵状球形，直径6~9mm，成熟时绿带红色，顶部脐状突起，基部收缩为纤细短柄，基生苞片3，边缘齿状，总梗长2~3mm，纤细；雄花散生榕果内壁，有或无柄，花被片3~4，卵形，雄蕊2，稀为3，花药长过花丝；瘿花，花被片4~5，舟状，子房球形，有柄，花柱短，侧生；雌花，有柄或无柄，花被片4，花柱长，柱头漏斗形。瘦果球形，光滑。花期4—7月。

【分布及生境】分布于台湾、浙江、福建、江西、湖南、广东、海南、广西、贵州。多生于溪沟旁湿润处。

【食用方法】摘取紫色、成熟果实供食，味美。

药用功效

根茎入药，可用于风湿病、白带异常、消渴。

台湾柘树

Cudrania cochinchinensis （Lour.） Kudo & Masamune

别　名‖构棘、香港柘树、黄金桂、刺格、大丁广、凹头畏芝
英文名‖ Cockspur thorn
分　类‖桑科柘树属灌木

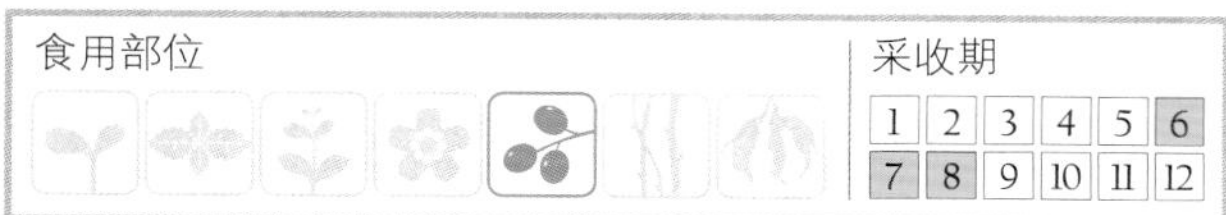

【形态特征】枝无毛，具粗壮弯曲无叶的腋生刺，刺长约 1cm。叶革质，椭圆状披针形或长圆形，长 3~8cm，宽 2~2.5cm，全缘，先端钝或短渐尖，基部楔形，两面无毛，侧脉 7~10 对；叶柄长约 1cm。花雌雄异株，雌雄花序均为具苞片的球形头状花序，每花具 2~4 个苞片，苞片锥形，内面具 2 个黄色腺体，苞片常附着于花 被片上；雄花序直径 6~10mm，花被片 4，不相等，雄蕊 4，花药短，在芽时直立， 退化雌蕊锥形或盾形；雌花序微被毛，花被片顶部厚，分离或万部合生，基有 2 黄色腺体。聚合果肉质，直径 2~5cm，表面微被毛，成熟时橙红色，核果卵圆形，成熟时褐色，光滑。花期 4—5 月，果期 6—7 月。

【分布及生境】分布于我国东南部至西南部的亚热带地区。多生于村庄附近或荒野。

【营养成分】成熟果实多汁味甜。柘树含有一种黄色色素，称桑色素，根含黄酮苷、酚类、氨基酸、有机酸、糖类。

【食用方法】摘取成熟果实，生食。

药用功效

根和茎入药。清热、解毒。用于跌打损伤、风湿病。

小构树

Broussonetia kazinoki Sieb. et Zucc.

别　名‖葡蟠、日本楮树、楮
英文名‖ Kozo
分　类‖桑科构树属灌木

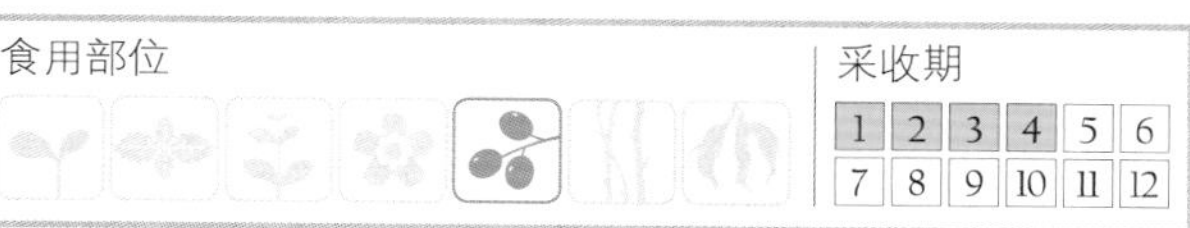

【形态特征】植株高 2~4m。小枝斜上，幼时被毛，成长脱落。叶卵形至斜卵形，长 3~7cm，宽 3~4.5cm，先端渐尖至尾尖，基部近圆形或斜圆形，边缘具三角形锯齿，不裂或 3 裂，表面粗糙，背面近无毛；叶柄长约 1cm；托叶小，线状披针形，渐尖，长 3~5mm，宽 0.5~1mm。花雌雄同株；雄花序球形头状，直径 8~10mm，雄花花被 4~3 裂，裂片三角形，外面被毛，雄蕊 4~3，花药椭圆形；雌花序球形，被柔毛，花被管状，顶端齿裂，或近全缘，花柱单生，仅在近中部有小突起。聚花果球形，直径 8~10mm；瘦果扁球形，外果皮壳质，表面具瘤体。花期 4—5 月，果期 5—6 月。

【分布及生境】分布于我国台湾及华中、华南、西南等地。日本也有。多生于低山地区山坡林缘、沟边、住宅近旁。

【食用方法】成熟果实，花柱宿存，易贴住黏膜，应充分洗净后生食，多汁味甜。

药用功效

果实入药，为强壮剂。根干皮可祛风、活血、止痢，治风湿痹痛、跌打损伤、浮肿、胃炎。

苎麻

Boehmeria nivea（L.）Hook. f. & Arn.

别　名‖圆麻、元麻
英文名‖ Ramie
分　类‖荨麻科苎麻属亚灌木

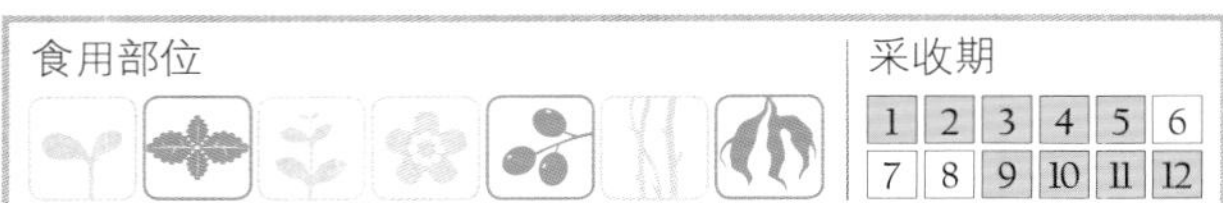

【形态特征】植株高达 2m。根呈不规则圆柱形，略弯曲。茎基部分枝，具白灰色长毛。单叶互生，纸质，阔卵形或近圆形，长 6~16cm，宽 3~12cm，生小枝上叶长 1~2cm，宽 0.8~1cm。顶端渐尖或尾尖，基部近圆形或近心形，边缘三角形牙齿。齿端尖锐，叶面深绿色，粗糙。无毛或散生粗硬毛。叶背密生雪白毡毛，叶柄长 2~9cm，密生粗长毛。托叶 2，分离，早落。花单性，雌雄同株，雄花序通常位于雌花序下，穗状花序圆锥形，雄花小，花被片 4，卵形，外被柔毛。雄蕊 4，具退化雌蕊，雌花簇球形，雌花被管状，具 2~4 齿，外被柔毛，柱头线形，子房 1 室，内含 1 胚珠。瘦果椭圆形，具毛。为宿存花被包围，外生短毛。花期 5—9 月，果期 10—11 月。
【分布及生境】分布于我国长江以南及河南、陕西、甘肃。生于山坡、土坎、路旁、水边等地。

【食用方法】秋、冬季采挖根，去杂，洗净，晒干，打成粉，掺在饭中、面中蒸食，也可做汤圆食。春季采摘嫩叶食用，沸水烫后，切碎，掺在饭中蒸食。秋季采收种子，晒干备用。种子含脂肪油 36%，可食。

药用功效

根、茎和叶均可入药。性寒，味甘。清热解毒、活血止血。用于胎动不安、跌打损伤、骨折、血尿、毒蛇咬伤、无名肿毒。

密花苎麻

Boehmeria penduliflora Wedd. ex Long var. *loochooensis*（Wedd.）W. T. Wang

别　名‖木苧麻、红水柳、蝦公鬚、水柳黄
英文名‖ Dense-flower boehmeria
分　类‖荨麻科苎麻属灌木

【形态特征】植株高约 2m，基部分枝，节上生梗枝，从生枝条侧向伸展或下垂，全株密被细毛。单叶对生或互生。叶片披针形或卵状披针形，长 7~15cm，宽 2~3cm，先端尖，叶面、叶背被短毛，粗涩，锯齿叶缘；有 3 条明显叶脉，具叶柄。穗状花序，腋生，雌雄异花，花缘白色，花被 3~5 裂，雌花 2~4。果实具长柱。
【分布及生境】分布于浙江、广东、台湾。生于山坡、林缘、路旁。

【食用方法】摘取嫩心叶，沸水烫过，去水，冷却后有茶香味，外观上有些涩口，实无恶臭味，宜用麻油、醋、味精调食。

水麻

Debregeasia orientalis C. J. Chen

别　名‖水苏麻
英文名‖ Edible debregeasia
分　类‖荨麻科水麻属落叶灌木

【形态特征】植株高1~2m，小枝细，灰褐色，密被贴生短柔毛。叶片披针形或狭披针形，长6~16cm，宽2~3cm，基部圆形或楔形。顶端尖，边缘细锯齿。叶面粗糙，具皱纹，叶背密被白色柔毛，基出三脉。侧脉5~6对，叶柄长3~6mm，具毛，托叶卵状披针形。雌雄异株，花序通常生一球形花簇，雄花被片4，雌蕊4，花蕾时内弯，雌花被片4，合生，子房直立，花柱短，柱头头状。果序球形，直径7mm，瘦果小，宿存管状花被橙黄色，肉质。花期6—7月，果期8—9月。

【分布及生境】分布于四川、甘肃南部、陕西南部、湖北、湖南、广西、台湾。生于海拔400~1 700m的丘陵和溪水沟边河边、林缘空地或石山岩缝。

【食用方法】春季采摘嫩叶，沸水烫后炒食或做汤。

药用功效

全草入药。性凉，味甘。清热解表、活血、利湿。用于小儿惊风、麻疹不透、风湿性关节炎、咳血、痢疾、跌打损伤、毒疮。

楤木

Aralia chinensis L.

别　名‖刺老包、泡木刺、刺牙菜、雀不踏、虎阳刺、海桐皮、刺桐、五龙头、黄瓜香
英文名‖ Chinese aralia
分　类‖五加科楤木属落叶灌木或落叶小乔木

【形态特征】植株高2~8 m，树皮灰色，疏生粗壮直刺，小枝具黄棕色茸毛，疏生细刺。二至四回羽状复叶，长达110cm。叶柄粗壮具刺。托叶与叶柄基部合生，顶端离生部分耳郭形，叶轴具刺或无刺，羽片具小叶5~13，基部小叶1对，小叶片纸质至薄革质，卵形、阔卵形或长卵形，长5~12cm，宽3.5~6cm，顶端渐尖或短渐尖，基部近圆形。叶面粗糙，疏生粗毛，叶背被淡黄色或灰色短柔毛，脉上更密，边缘锯齿。圆锥花序顶生，密生淡黄棕色或灰色短柔毛。伞形花序，多花，苞片披针形，膜质，花白色，芳香。萼无毛，边缘具5小齿，花瓣5，雄蕊5，子房5室，花柱5，离生或基部合生。果球形，黑色，5棱。花期6—7月，果期8—10月。

【分布及生境】分布于我国黄河流域以及南方各省区。生于海拔1 600m以下的山坡林中、灌丛中。

【营养成分】嫩叶富含蛋白质、脂肪、碳水化合物、矿物质、维生素A和C。

【食用方法】3—5月采摘嫩芽食用，沸水烫过，清水浸泡片刻，捞起切断，可凉拌、炒食或做汤。

药用功效

根皮入药。性寒，味微咸。利湿化痰、活血止痛。用于风湿疼痛、跌打损伤。楤木芽能治腹泻、痢疾。

五加

Acanthopanax gracilistylus W. W. Simth

别　名‖五加皮、茨五甲、南五加、土五加、五叶路刺、小五爪风、五皮风、鸡脚风
英文名‖ Acanthopanax
分　类‖五加科五加属灌木

【形态特征】植株高1~2m，枝灰褐色，有时蔓生状，无刺或于叶柄基部单生扁平的刺。掌状复叶，互生，在短枝上簇生，小叶5，倒卵形或倒披针形，边缘细锯齿，叶面、叶背无毛或沿脉疏生刚毛，侧脉4~5对，叶面、叶背均明显。叶背脉腋间具淡棕色簇毛，网脉明。伞形花序腋生或顶生于短枝上，多花，细小，黄绿色，萼缘具5小齿或近全缘，花瓣5，长圆状卵形，雄蕊5，子房下位，2室，花柱2，离生或基部合生。浆果状核果近球形，黑色。种子2颗，扁平，细小。花期4—5月，果期6—8月。
【分布及生境】分布于辽宁、吉林、黑龙江、河北、安徽、陕西等地。生于海拔880~2 540m的山坡林内、灌丛中。

【营养成分】嫩叶含蛋白质、脂肪、碳水化合物、多种维生素、矿物质等。
【食用方法】春季采摘嫩叶，洗净，沸水烫过，清水漂洗去苦，捞起，切段，加调料凉拌、炒食或做汤。

药用功效

根皮入药。性温，味辛、苦。祛风湿、补肝肾、强筋骨。用于风湿痹痛、筋骨痿软、小儿行迟、体虚乏力、水肿、脚气。

刺五加

Acanthopanax senticosus （Rupr. et Maxim.） Maxim.

别　名‖五加皮、五加参、刺拐棒、一百针
英文名‖ Manyprickle acanthopanax
分　类‖五加科五加属落叶灌木

【形态特征】植株高达2m，树皮淡灰色稍带褐色，茎密生细长倒刺，在较老的茎上则为硬刺。掌状复叶，互生，小叶3~5，椭圆倒卵形或矩圆形，长6~12cm，边缘尖锐重锯齿或锯齿。伞形花序顶生，单一或2~4聚生，花多而密，紫黄色，花萼5齿，花瓣5，卵形，雄蕊5，子房5室。浆果状核果近球形或卵形。干后具5棱。花柱宿存。花期6—7月。果期7—9月。
【分布及生境】分布于辽宁、吉林、黑龙江、河北、陕西。生于针叶、阔叶混交林、杂交林或阔叶林下或林缘边，以及山坡、丘陵、河边、原野等潮湿地。

【营养成分】主要成分有三萜系化合物及木聚糖等7种配糖体，葡萄糖、半乳糖、β-胡萝卜素、B族维生素、矿物质等含量丰富。
【食用方法】春季采摘嫩茎叶食用，沸水烫过，清水浸泡后，炒食、做汤或晒干菜。

药用功效

根、根茎或茎入药。性温，味辛、微苦。益气健脾、补肾安神。用于脾肾阳虚、体虚乏力、食欲不振、腰膝酸痛、失眠多梦。

无梗五加

Acanthopanax sessiliflorus （Rupr. et Maxim.） S. Y. Hu

别　名‖短梗五加

分　类‖五加科五加属灌木

食用部位　采收期

1	2	3	4	5	6
7	8	9	10	11	12

【形态特征】 植株高 2~5m；树皮暗灰色或灰黑色，有纵裂纹和粒状裂纹。枝灰色，无刺或疏生刺；刺粗壮，直或弯曲。叶有小叶 3~5；叶柄长 3~12cm，无刺或有小刺；小叶片纸质，倒卵形或长圆状倒卵形至长圆状披针形，稀椭圆形，长 8~18cm，宽 3~7cm，先端渐尖，基部楔形，两面均无毛，边缘有不整齐锯齿，稀重锯齿状，侧脉 5~7 对，明显，网脉不明显；小叶柄长 2~10mm。头状花序紧密，球形，直径 2~3.5cm，有花多数，5~6 个，稀多至 10 个组成顶生圆锥花序或复伞形花序；总花梗长 0.5~3cm，密生短柔毛；花无梗；萼密生白色茸毛，边缘有 5 小齿；花瓣 5，卵形，浓紫色，长 1.5~2mm，外面有短柔毛，后毛脱落；子房 2 室，花柱全部合生成柱状，柱头离生。果实倒卵状椭圆球形，黑色，长 1~1.5cm，稍有棱，宿存花柱长达 3mm。花期 8—9 月，果期 9—10 月。

【分布及生境】 分布于我国华北、东北地区。生于海拔 200~1 000m 的森林或灌丛中。

【营养成分】 嫩茎叶含强心苷 0.228%、挥发油 0.1%，还含有皂苷、无梗五加苷。

【食用方法】 参考刺五加。

药用功效

根皮性温，味辛。祛风除湿、强筋壮骨、补精、益智。用于风湿关节痛、筋骨痿软、腰膝作痛、水肿、小便不利、小便淋痛、寒湿脚气、阴囊潮湿、神疲体倦。

白簕

Acanthopanax trifoliatus （L.） Merr.

别　名‖白刺尖、三叶五加、三加皮、三甲皮、白茨根、鹅掌簕、苦刺头、鸡腊菜

英文名‖Trifolate acnthopanax

分　类‖五加科五加属灌木

【形态特征】 植株高 1~2m。枝软弱铺散，老枝条白色，新枝黄棕色。疏生向下刺，刺基部扁平，顶端钩曲。叶具小叶 3，叶柄散生刺，无毛。小叶片纸质，椭圆状卵形或长圆形，中央小叶倒卵形，长 4~8cm，宽 2~3cm，顶端渐尖，基部楔形。两侧小叶基部歪斜，叶面、叶背无毛或叶面脉上疏生刚毛。叶背脉腋间具簇毛。边缘细锯齿。侧脉 5~6 对，网脉在叶面略下凹或平坦。伞形花序 3 至多个组成复伞形花序或圆锥花序，顶生。花黄绿色，萼长 1.5mm，无毛。边缘具 5 个三角形小齿，花瓣 5，开花时反曲，雄蕊 5，子房 2 室，花柱 2。果实扁球形，直径约 5mm，黑色。花期 8—9 月，果期 10—11 月。

【分布及生境】 分布于我国中部和南部，西自云南，东至台湾，北起秦岭，南至海南。生于海拔 3 200m 以下的山坡路边、林缘、灌丛中。

【食用方法】 春、夏季采摘嫩梢或嫩叶。嫩梢和嫩叶沸水烫过，清水漂洗去苦味后切断，加调料凉拌、炒食或做汤。

药用功效

根皮入药。性凉，味辛、苦。舒筋活络、祛风除湿、清热解毒。用于风湿劳伤、头晕目眩、骨折、无名肿毒、感冒高热。

旋花茄

Solanum spirale Roxb.

别　名 ‖ 理肺散、山烟火、白条花、敷药
英文名 ‖ Conflower nightshade
分　类 ‖ 茄科茄属灌木

【形态特征】植株高50~300cm，全株光滑无毛。单叶，叶大，椭圆状披针形，长9~20cm，宽4~8cm，顶端尖锐或渐尖，基部楔形，下延至叶柄，全圆或微波状。叶面、叶背均无毛，中脉粗壮，侧脉明显，每边5~8条，叶柄长2~3cm。聚伞花序螺旋状，对叶生或腋外生，总花梗长1.2~1.5cm，花梗细，长1~2cm；花萼杯状，5浅裂；花冠白色，5浅裂，裂片矩圆形，雄蕊5，花丝短，花药黄色；子房卵形，花柱丝状，柱头截形。浆果球形，橘黄色，直径1~2cm。种子多数，扁平，直径约2.5mm。

【分布及生境】分布于云南、贵州、广西、湖南、西藏等省区。生于溪边灌木或林下、荒地及村边。

【营养成分】每100g嫩茎叶含维生素A 4.94mg、维生素B_2 1.05mg、维生素C 78mg。

【食用方法】春、夏季采摘嫩茎叶，洗净，沸水烫过，沥干水，可炒食或煮食。

药用功效

全株入药。清热解毒、利湿。用于感冒发热咳嗽、咽喉痛、疟疾、腹痛、腹泻、细菌性痢疾、小便短赤、膀胱炎、风湿跌打、疮疡肿毒。

木槿

Hibiscus syriacus L.

别　名 ‖ 黑梅花、白领花、木棉、灯盏花、清明篱
英文名 ‖ Shrubalthea
分　类 ‖ 锦葵科木槿属落叶灌木

【形态特征】植株高2~4m。茎直立，多分枝，幼枝圆柱形，密被黄色星状茸毛。单叶互生，叶片卵形或菱状卵形，长3~10cm，宽2~4cm，不裂或中部以上3裂，中央裂片较长，卵形，侧裂片短，基部楔形，边缘不整齐锯齿。主脉3，与侧脉在叶背突起。花单生于枝条叶腋，花梗长6~15cm，疏被星状茸毛，花萼钟形，5裂，具星状毛和短柔毛，花瓣白色、红色、淡紫色等。常重瓣，雄蕊和柱头不伸出花冠。蒴果卵圆形，长约2cm，直径约12mm，密被黄色星状茸毛，开裂为5瓣，顶端具短喙。种子多数，肾形，背部具白色长茸毛。花期7—10月，果期9—11月。

【分布及生境】分布于全国大部分地区。生于山林边缘，喜温湿，稍耐阴，在干旱贫瘠土壤也可生长。

【营养成分】每100g鲜花含蛋白质1.3g、脂肪0.1g、碳水化合物2.8g、维生素B_5 1mg、钙12mg、磷36mg、铁0.9mg，还含皂苷和多种黏液质。

【食用方法】可用花瓣做汤、做炒菜的配料，也可煮粥，口感滑润，味道鲜香，风味佳。

药用功效

花入药。性寒，味苦。清热解毒。用于痢疾、腹泻、白带异常。

扶桑花

Hibiscus rosa-sinensis L.

别　名‖扶桑、花上市、赤槿、佛桑、大红花
英文名‖ Chinese hibiscus
分　类‖锦葵科木槿属常绿灌木

【形态特征】植株高1~3m，小枝被呈星状毛。叶阔卵形或狭卵形，长4~9cm，宽2~5cm，顶端渐尖，基部圆形或楔形。边缘粗齿或缺刻；叶柄长5~20mm，具长柔毛，托叶线形，长5~12mm，被毛。花单生，生于茎枝上部叶腋，常下垂，花梗长5~7cm，顶部具节，小苞片6~7，线形，长8~15mm，具星状柔毛。基部合生；花萼钟形，被星状柔毛，裂片5，卵形或披针形；花冠漏斗状，直径6~10cm，玫瑰红色、淡红色或淡黄色；花瓣倒卵形，顶端圆，外被疏柔毛；雄蕊柱长4~8cm，无毛，伸出于花冠外，花柱分枝5。蒴果卵形，长约2.5cm，具喙。全年开花。

【分布及生境】分布于我国华南、华东、西南东部。生于山坡、路旁。

【食用方法】春、夏季花盛开时采摘，用花瓣制作菜肴。

药用功效

根入药，清热解毒、止咳、利尿、调经，用于痄腮、目赤、咳嗽、小便淋痛、带下病、白浊、月经不调、闭经、血崩。叶性平，味甘，清热解毒，外用于痈疮肿毒、汗斑。花性寒，味甘，清肺、化痰、凉血、解毒，用于肺热咳嗽、咳血、衄血、痢血、赤白浊、月经不调、疔疮痈肿、乳痈。

木芙蓉

Hibiscus mutabilis L.

别　名‖芙蓉花、地芙蓉、山芙蓉、胡李花、木莲
分　类‖锦葵科木槿属落叶灌木或小乔木

【形态特征】植株高2~5m，茎、叶、果柄、小苞片和花萼上均密被星状毛和短柔毛。茎圆柱形，小枝粗壮。叶互生，叶片卵圆状心形，直径7~18cm，5~7掌状分裂，基部心形，裂片三角状卵形或三角形，边缘钝圆齿，叶柄长5~13cm，圆柱形。托叶早落。花单生，生于枝端叶腋。花大，直径约8cm；花梗长5~10cm，顶端具节；小苞片8~10，线性，基部合生；花萼钟形，裂片5，卵形，长约2.5cm。花瓣初开时白色或淡红色，后变深红色，近圆形，直径4~6cm，外被柔毛，基部具长毛，单瓣或重瓣。基部与雄蕊柱合生；子房5室。蒴果扁球形，直径2.5~3cm，果瓣5，密生淡黄色刚毛或绵毛。种子多数，肾型，背部被长毛。花期8—10月，果期9—11月。

【分布及生境】分布于我国华东、中南、西南东部及辽宁、陕西等。生于山坡、路旁、溪边。

【营养成分】花含黄酮碱、花色苷。

【食用方法】秋季采花，用花瓣制菜肴食用。食用方法与木槿相似。

药用功效

叶入药。性凉，味微辛。清肺凉血、消肿排脓。用于肺热咳嗽、肥厚性鼻炎、淋巴结炎、阑尾炎、痈疖脓肿、急性中耳炎、烧伤烫伤。花可入药，功效与叶相近。

虱母子

Urena lobata L.

别　名‖虱母子草、三角破、野棉花、地桃花
英文名‖ Rose mallow
分　类‖锦葵科梵天花属灌木

【形态特征】植株高约1m，小枝被星状茸毛。茎下部的叶近圆形，长4~5cm，宽5~6cm，先端浅3裂，基部圆形或近心形，边缘具锯齿；中部的叶卵形，长5~7cm，3~6.5cm；上部的叶长圆形至披针形，长4~7cm，宽1.5~3cm；叶上面被柔毛，下面被灰白色星状茸毛；叶柄长1~4cm，被灰白色星状毛；托叶线形，长约2mm，早落。花腋生，单生或稍丛生，淡红色，直径约15mm；花梗长约3mm，被绵毛；小苞片5，长约6mm，基部1/3合生；花萼杯状，裂片5，较小苞片略短，两者均被星状柔毛；花瓣5，倒卵形，长约15mm，外面被星状柔毛；雄蕊柱长约15mm，无毛；花柱枝10，微被长硬毛。果扁球形，直径约1cm，分果爿被星状短柔毛和锚状刺。花期7—10月。
【分布及生境】我国长江以南极常见。喜生于干热的空旷地、草坡或疏林下。

【营养成分】全草含酚类、氨基酸、固醇。种子含油类。
【食用方法】采摘嫩叶煮熟，淘洗后煮食或油盐调食。

药用功效

根入药，可治疟疾、跌打、毒蛇咬伤。全株入药，性微温，味辛，行气活血、祛风解毒，用于跌打损伤、风湿痛、痢疾、刀伤出血、吐血。

栀子

Gardenia jasminoides Ellis

别　名‖黄栀子、山栀子、黄果树、红栀子
英文名‖ Cape jasmine
分　类‖茜草科栀子属常绿灌木

【形态特征】植株高1~2m，枝绿色，常具垢状毛。叶对生或3叶轮生，形状和大小差异大。通常为椭圆形状倒卵形、矩圆状倒卵形或宽倒披针形，长5~15cm，宽2~7cm，顶端短渐尖或急尖，基部宽楔形，深绿色，具光泽，全缘，叶面无毛，叶背脉腋簇生黄色短柔毛，具短柄，托叶鞘尖，2片。花单生枝顶或叶腋，大型，梗短，花萼全长2~3.5cm，萼檐5~7裂，裂片条状披针形，花冠白色，肉质，芳香，高脚碟状，花冠管部长3~4cm，裂片5~11，倒卵形至倒披针形，长约2cm。花药线性，外落。蒴果倒卵形或卵状长椭圆形，长2~4cm，具5~9条纵直棱，顶端具宿存花萼，子房下位，1室，种子多数。扁卵圆形，深红色或黄红色。花期5—7月，果期8—11月。
【分布及生境】我国南方各省区广布。生于山间林下酸性土、河流溪沟边。

【营养成分】花主要含挥发油。
【食用方法】入夏时采收已开的花，取花瓣食用，做烹饪原料。

药用功效

花、果实入药。性寒，味苦。泻火除烦、清热解毒、利尿、凉血止血。用于热病心烦、黄疸尿赤、石淋涩痛、血热吐衄、目赤肿痛、火毒疮疡，外治扭挫伤痛。

白马骨

Serissa serissoides （DC.） Druce

别　名‖六月雪、满天星、路边荆

分　类‖茜草科六月雪属灌木

【形态特征】植株高达1m；枝粗壮，灰色，被短毛，后毛脱落变无毛，嫩枝被微柔毛。叶通常丛生，薄纸质，倒卵形或倒披针形，长1.5~4cm，宽0.7~1.3cm，顶端短尖或近短尖，基部收狭成一短柄，除下面被疏毛外，其余无毛；侧脉每边2~3条，上举，在叶片两面均突起，小脉疏散不明显；托叶具锥形裂片，长2mm，基部阔，膜质，被疏毛。花无梗，生于小枝顶部，有苞片；苞片膜质，斜方状椭圆形，长渐尖，长约6mm，具疏散小缘毛；花托无毛；萼檐裂片5，坚挺延伸呈披针状锥形，极尖锐，长4mm，具缘毛；花冠管长4mm，外面无毛，喉部被毛，裂片5，长圆状披针形，长2.5mm；花药内藏，长1.3mm；花柱柔弱，长约7mm，2裂，裂片长1.5mm。花期4—6月。

【分布及生境】分布于江苏、安徽、浙江、江西、福建、台湾、湖北、广东、香港、广西等省区。生于山坡灌丛、草地、林缘。

【营养成分】全株含苷类和鞣质，根含皂苷约0.2%。

【食用方法】春、夏季采摘嫩茎叶，可炒、拌、炝或做饮料。

药用功效

全株入药，性凉，味淡、微辛。疏风解表、清热利湿、舒筋活络，用于感冒、咳嗽、齿痛、乳蛾、咽喉痛、急慢性肝炎、泄泻、痢疾、小儿疳积、高血压性头痛、偏头痛、目赤肿痛、风湿关节痛、带下病、痈疽、瘰疬。根入药，清热解毒，用于小儿惊风、带下病、风湿关节痛、解雷公藤中毒。

满天星

Pavetta hongkongensis Bremek.

别　名‖红田乌、细田芋草、天边草、香港大沙叶

英文名‖Hongkong pavetta

分　类‖茜草科大沙叶属灌木或小乔木

【形态特征】植株高1~4m。叶对生，膜质，长圆形至椭圆状倒卵形，长8~15cm，宽3~6.5cm，顶端渐尖，基部楔形，上面无毛，下面近无毛或沿中脉上和脉腋内被短柔毛；侧脉每边约7条，在叶片上面平坦，在下面突起；叶柄长1~2cm；托叶阔卵状三角形，长约3mm，外面无毛，里面有白色长毛，顶端急尖。花序生于侧枝顶部，多花，长7~9cm，直径7~15cm；花具梗，梗长3~6mm；萼管钟形，长约1mm，萼檐扩大，在顶部不明显的4裂，裂片三角形；花冠白色，冠管长约15mm或长些，外面无毛，里面基部被疏柔毛；花丝极短，花药突出，线形，长约4mm，花开时部分旋扭；花柱长约35mm，柱头棒形，全缘。果球形，直径约6mm。本种的叶表面有固氮菌所形成的菌瘤，满布叶上呈点状，故民间称“满天星”。花期3—4月。

【分布及生境】分布于广东、香港、海南、广西、云南等省区。生于海拔200~1 300m的灌木丛中。

【食用方法】采摘发育良好的幼嫩茎叶，用水烫去臭味，变软后煮汤或麻油调食。

药用功效

全株入药，有清热解毒、活血祛瘀之效，又能治感冒发热、中暑、肝炎、跌打损伤。

藏药木

Hyptianthera stricta（Roxb.） Wight et Arn.

英文名‖ Upright hyptianthera
分　类‖茜草科藏药木属灌木

【形态特征】 植株高2~3m。叶纸质或薄革质，长圆状披针形、狭长圆形或披针形，长5~15cm，宽1~5cm，顶端渐尖至长渐尖，基部楔形，干时赤褐色，上面稍光亮，两面无毛，或有时在下面中脉和侧脉上有疏柔毛；侧脉纤细，5~9对，在下面稍突起；叶柄长0.4~1cm；托叶三角状披针形，顶端钻状渐尖，背部有龙骨状突起，长5~8mm。花芳香，无花梗，数至多朵簇生于叶腋；苞片三角形，渐尖，长2.5mm，小苞片成对，长约1.5mm，与苞片均被缘毛和内面有紧贴的白色柔毛；萼管长0.5~1mm，裂片披针形，长1.75~2mm，短渐尖，具缘毛，与萼管内面均有紧贴的短柔毛；花冠白色，长3~4mm，外面无毛，裂片与管几等长，近椭圆形，顶端钝，罕微凹，内面有白色粗伏毛；花药长1~1.5mm，背面有硬伏毛，基部有柔毛，药隔宽，顶部突出；花柱长1~3mm，基部无毛，上部有白色柔毛，柱头2，有柔毛，长1~2mm。浆果簇生于叶腋，黄绿色，卵形或球形，有微柔毛，长8~9mm，直径5~6mm，顶端有宿存的萼裂片；种子通常8颗，长约5mm，宽约3mm。花期4—8月，果期8月至翌年2月。

【分布及生境】 分布于云南中南部、西藏。生于溪边林中、灌丛。

【食用方法】 采摘嫩茎叶，腌酸后食用。

山棕

Arenga engleri Becc.

别　名‖散尾棕
英文名‖ Wild sugarpalm
分　类‖棕榈科桄榔属灌木

【形态特征】 植株矮小，丛生。叶基生，羽状全裂，长2~3m；裂片条形，长30~55cm，宽1.5~3.5cm，顶端长渐尖，基部收狭，腹面深绿，背面银灰，中部以上叶缘具不规则啮蚀状齿；叶轴近圆形，具银灰色鳞秕，叶鞘纤维质，黑褐色。肉穗花序生于叶丛中，多分枝，排成圆锥花序式。雌雄异花同株，雄花花瓣长椭圆形，长1.2~1.5cm，淡红黄色，芽香；雄蕊多数；花萼壳斗形；雌花花瓣三角形，长和宽约5mm，萼片圆形。果实倒卵形或近球形，长约2cm，直径1.5cm，顶端3棱，橘黄色。

【分布及生境】 分布于台湾、广东、福建、云南、广西等。生于山地阴湿阔叶林中。

【食用方法】 采取棕心（山棕生长中心的嫩芽）食用。食用方法参考桄榔。

臭牡丹

Clerodendrum bungei Steud.

别　名‖臭枫根、大红袍、矮桐子、臭八宝
英文名‖ Rose glorybower
分　类‖马鞭草科大青属小灌木

【形态特征】嫩枝梢具柔毛，枝内白色中髓坚实。叶具强烈臭味，叶片宽卵形或卵形，长16~20cm，宽5~15cm，顶端尖或渐尖，基部心形或近截形，边缘具大小锯齿，两面具粗毛或近无毛，下面具小腺点。聚伞花序紧密，顶生，苞片早落，花具臭味；花萼紫红色或下部绿色，长3~9mm，外具茸毛和腺点；花冠深红色、红色或紫色，长约1.5cm。

【分布及生境】生于山坡路旁、林缘或沟旁灌丛。

【营养成分】每100g嫩叶含维生素A 2.9mg、维生素B_1 0.08mg、维生素B_2 0.14mg、维生素C 57mg。每100g花含维生素A微量、维生素B_1 0.06mg、维生素B_2 0.33mg、维生素C 11.33mg。

【食用方法】嫩叶在春季采摘，洗净，沸水烫后捞起，撒上盐，揉后用清水漂洗去臭味，调料炒食或炖肉食。嫩花在6~7月采收，洗后沸水烫，撒盐，揉后用清水漂洗，煮粥食或配荤素炒食。秋、冬季采挖嫩壮根，洗净，2~3个根与猪肉炖食，饮汤食肉。

药用功效

根或茎叶入药。平肝凉血、祛风除湿、活血散瘀、消肿解毒、健脾消食。用于高血压、风湿关节炎、痈疽、疔疮、乳腺炎、湿疹、痔疮、脚气、脾虚食滞。

腺茉莉

Clerodendrum colebrookianum Walp.

别　名‖臭牡丹
英文名‖ Glandular glorybower
分　类‖马鞭草科大青属灌木

【形态特征】植株高1.5~3m，少可达6m；小枝四棱状，较粗壮，植物体除叶片外都密被黄褐色微毛，老时脱落；髓疏松。叶片厚纸质，宽卵形或椭圆状心形，长7~27cm，宽6~21cm，顶端渐尖或急尖，基部截形、宽楔形或心形，全缘或微呈波状，叶面被疏短柔毛或近于无毛，背面沿脉被微柔毛，基部三出脉，脉腋有数个盘状腺体；叶柄长2~20cm。聚伞花序着生枝上部叶腋和顶端，通常4~6枝排列成伞房状，花序梗长1.5~13cm，较粗；苞片披针形，长约1.5cm，早落；花萼较小，钟状，长3~4mm，外面密被短柔毛和少数盘状腺体，5浅裂，裂片三角形，长不到1mm，萼管长1~3mm；花冠白色，极少为红色，顶端5裂，裂片长圆形；雄蕊长于花柱，均突出于花冠外。果近球形，径约1cm，蓝绿色，干后黑色，分裂为3~4个分核，宿存花萼增大，紫红色，如碟状托于果底部。花、果期8—12月。

【分布及生境】分布于广东、广西、云南、西藏等地。生于山坡、疏林、灌丛和路旁。

【食用方法】采摘嫩茎叶，煮食。

药用功效

根入药。用于风湿关节痛、咳嗽。

赪桐

Clerodendrum japonicum （Thunb.）Sweet

别　名‖百日红、状元红、红花倒血莲
英文名‖ Japanese glorybower
分　类‖马鞭草科大青属灌木

【形态特征】植株高 1~4m；小枝四棱状。叶片圆心形，长 8~35cm，宽 6~27cm，顶端尖或渐尖，基部心形，边缘有疏短尖齿，表面疏生伏毛，脉基具较密的锈褐色短柔毛，背面密具锈黄色盾形腺体，脉上有疏短柔毛；叶柄具较密的黄褐色短柔毛。二歧聚伞花序组成顶生、大而开展的圆锥花序，长 15~34cm，宽 13~35cm，花序的最后侧枝呈总状花序，苞片宽卵形、卵状披针形、倒卵状披针形、线状披针形，有柄或无柄，小苞片线形；花萼红色，外面疏被短柔毛，散生盾形腺体；花冠红色，稀白色，花冠管长 1.7~2.2cm，外面具微毛，里面无毛，顶端 5 裂，裂片长圆形，开展，长 1~1.5cm；雄蕊长约达花冠管的 3 倍；子房无毛，4 室，柱头 2 浅裂，与雄蕊均长突出于花冠外。果实椭圆状球形，绿色或蓝黑色，果径 7~10mm，常分裂成 2~4 个分核，宿萼增大，初包被果实，后向外反折呈星状。花、果期 5—11 月。

【分布及生境】分布于江苏、浙江南部、江西南部、湖南、福建、台湾、广东、广西、四川、贵州、云南。生于山谷、溪边、疏林、平原。

【食用方法】摘取红色花瓣，洗净，做汤，煮到花完全软熟。

药用功效

全株药用，有祛风利湿、消肿散瘀的功效。云南作跌打、催生药，又治心慌心跳；用根、叶作皮肤止痒药。湖南用花治外伤止血。

海州常山

Clerodendrum trichotomum Thunb.

别　名‖臭梧桐、八角梧桐、臭牡丹、臭梧桐叶
英文名‖ Harlequin glorybower
分　类‖马鞭草科大青属灌木

【形态特征】植株高约 3m，有时高 8m，嫩枝和叶柄被黄褐色短柔毛，枝内髓部有淡黄色薄片横隔，落叶性，叶和花揉碎有臭味。单叶对生。叶片卵形、三角状卵形或卵状椭圆形，长 5~16cm，宽 3~13cm，先端尖，基部宽楔形或截形，叶面、叶背疏被短柔毛，或近无毛，萼片紫红色，5 深裂。伞房状聚伞花序，顶生或腋生，花冠白色或带粉红色，檐部 5 深裂，萼片紫红色，5 深裂。核果扁球形，外果皮多汁，呈浆果状，成熟时蓝紫色，通常为宿萼包被。花期 6—9 月，果期 9—11 月。

【分布及生境】我国华北、华东、中南和西南各省区广布。生于海波 300~1 500m 的山坡、路埂、村边。

【食用方法】采摘嫩茎叶，洗净煮食。

药用功效

叶入药。性平，味甘、苦。祛风湿、止痛、降血压。用于风湿痹痛、高血压。

豆腐柴

Premna microphylla Turcz.

别　名‖臭黄荆、妹妹柴、豆腐叶、腐婢、豆腐木
英文名‖ Japanese premna
分　类‖马鞭草科豆腐柴属灌木

【形态特征】幼枝披柔毛，老枝无毛。叶具臭味，卵形、卵状披针形、倒卵形或椭圆形，长 3~13cm，宽 1.5~6cm，顶端急尖至长渐尖，基部渐狭下延，全缘至不规则粗齿，无毛或短柔毛；叶柄长 0.5~2cm。聚伞圆锥花序顶生，花萼绿色，有些带紫色，杯状，具腺点，几无毛，边缘具睫毛，5 浅裂，近 2 唇形；花冠淡黄色，具茸毛和腺点。核果紫色，球形至倒卵形。

【分布及生境】分布于我国华东、中南、华南、西南各省区。生于山坡林下。

【营养成分】每 100g 嫩叶含维生素 A 7.51mg、维生素 B_2 0.52mg、维生素 C 85mg。

【食用方法】春、夏季采摘，叶片洗净，切碎，放入已有清水的锅中煮熟后滤去叶渣。再煮，边煮边搅拌，边放入适量的清石灰水，煮至汁浓不再搅动；冷却后锅中浓汁结成块状即成豆腐，蓝绿色。食用时切块或切片。

药用功效

全株入药。性凉，味苦、辛。清热解毒、消肿止血。用于毒蛇咬伤、痈疔肿痛、创伤出血、疟疾、泻痢、跌打损伤、风火牙痛、烧伤。

牛皮消

Cynanchum auriculatum Royle ex Wight

别　名‖耳叶牛皮消、隔山消、飞来鹤、白何首乌
英文名‖ Auriculate swallowwort
分　类‖萝藦科牛皮消属蔓性半灌木

【形态特征】植株具乳汁，有块根，块根肥厚。茎圆柱形，被白色微柔毛。叶对生，膜质，心形至广卵形，长、宽各 3~12cm，顶端短渐尖，具长约 1cm 的尖头，基部耳状心形，耳下垂，中脉凹下，侧脉每边各 5 条，叶面、叶背脉上被微柔毛，叶柄长 5~10cm，无毛。聚伞花序伞房状，具约 30 朵花，花序梗长约 10cm.。花萼 5 裂，裂片卵状长圆形，花冠白色，5 深裂，内有疏柔毛；副花冠浅杯状，裂片 5，裂片椭圆形，肉质，顶端钝。每一裂片内具有一个三角形舌状鳞片，花粉块每室 1 个，下垂，雄蕊 5，柱头圆锥状，顶端 2 裂。蓇葖果双生，披针形，长约 8cm，直径约 1cm，种子卵状椭圆形，顶端被白色绢质毛，长约 2cm。花期 9—10 月，果期 11 月。

【分布及生境】除东北、新疆外，我国其他各地均有分布。生于海拔 800~2 000m 的山坡、林边、河沟边灌丛中。

【营养成分】块根富含磷脂类、氨基酸、多糖等。

【食用方法】早春萌发前挖取块根，以个大、质量实又重、表面土黄色、断面类白色并具有鲜黄色放射孔点、粉性足者为优。可鲜用或趁鲜切片晒干备用，块根可在火上烤熟食，也可切片油炸熟食，或炖肉食，晒干后，还可磨粉食用。

药用功效

块根、茎叶入药。性温，味甘、微辛。补肝肾、益精血、强筋骨、止心痛。用于肝肾心虚导致的头昏眼花、失眠健忘、须发早白、腰膝酸软、筋骨不健、胸闷心痛。

杠柳

Periploca sepium Bunge

别　名‖北五加皮、香加皮、羊奶子、羊角桃
英文名‖ Chinese silkvine
分　类‖萝藦科杠柳属蔓生灌木

【形态特征】植株高达1.5m，主根圆柱状，外皮灰棕色，内皮浅黄色，具乳汁，除花外，全株无毛；茎皮灰褐色；小枝通常对生，有细条纹，具皮孔。叶卵状长圆形，长5~9cm，宽1.5~2.5cm，顶端渐尖，基部楔形，叶面深绿色，叶背淡绿色。聚伞花序腋生，着花数朵；花萼裂片卵圆形，顶端钝；花冠紫红色，辐状，张开直径1.5cm，花冠筒短，约长3mm，裂片长圆状披针形，中间加厚呈纺锤形，反折，内面被长柔毛，外面无毛；副花冠环状，10裂，其中5裂延伸丝状被短柔毛，顶端向内弯；雄蕊着生在副花冠内面，并与其合生，花药彼此粘连并包围着柱头，背面被长柔毛；心皮离生，无毛，每心皮有胚珠多个，柱头盘状突起；花粉器匙形，四合花粉藏在载粉器内，黏盘粘连在柱头上。蓇葖2，圆柱状，长7~12cm，直径约5mm，无毛，具有纵条纹；种子长圆形，长约7mm，宽约1mm，黑褐色，顶端具白色绢质种毛；种毛长约3cm。花期5—6月，果期7—9月。

【分布及生境】分布于我国东北、华北，甘肃、江西、江苏、四川和贵州。生于山野、河边、沙质地。

药用功效

根皮入药。性凉，味辛、甘。清热解毒、强心利尿、祛风湿、强筋骨。用于风湿痹痛、腰膝酸软、小便不利等。有毒，服用要注意。

香叶树

Lindera communis Hemsl.

别　名‖香樟叶、千金树、大香叶、舌果树、红油果、臭油果
英文名‖ Spice-leaf tree
分　类‖樟科山胡椒属常绿灌木或小乔木

【形态特征】植株高1~3m，幼枝密生黄褐色茸毛，老时无毛，黄绿色具光泽，树皮褐色。叶互生，革质，披针形，卵形或椭圆形，叶面亮绿色，无毛，叶背被黄褐色柔毛，老时脱落，无毛或微被毛，叶脉叶面凹下、叶背突起，羽状脉，每边侧脉6~8条，弧曲，叶柄长约3mm。伞形花序腋生，单生或2个同生，雌雄异花，总苞片4，外被柔毛，早落，内聚5~8花；雄花黄色，被黄褐色柔毛。花被裂片卵形，外被毛或无毛，花丝与花药等长，雌花花梗与雄花花梗等长，子房椭圆形，无毛。果卵形，熟时红色，直径约4mm。

【分布及生境】分布于云南、四川、湖北、福建、广东和台湾。常生长于绿林下。

【营养成分】叶片和果皮含芳香油，种子含油50%以上。

【食用方法】夏、秋季采摘叶片，作调味品，鲜用或晒干或打粉用。民间常在秋、冬、春季用于肉汤或麻辣汤中调味。

药用功效

树皮入药。祛风、散热、杀虫。用于外伤出血、骨折、疮疖、疥疮。

山鸡椒

Litsea cubeba（Lour.）Pers.

别　名‖山苍树、小苍子、山姜子、大木姜子、荜澄茄、橙茄子、椒花、满山雪

分　类‖樟科木姜子属落叶灌木或小乔木

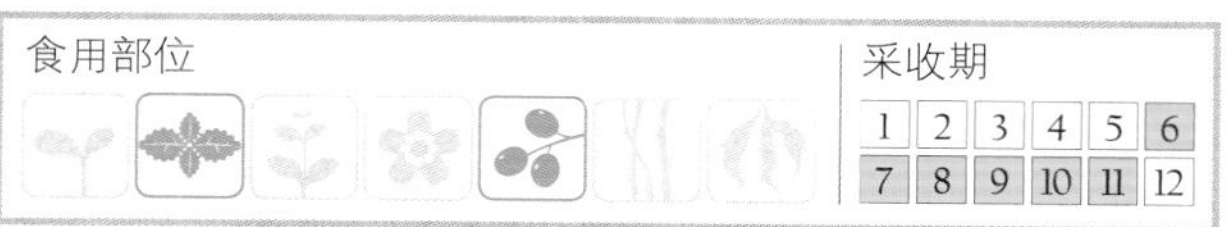

【形态特征】植株高 8m，幼树皮黄绿色，老树皮灰褐色，小枝绿色，无毛，枝叶具芳香，干为黑色。叶互生，叶片卵状披针形或长圆形，长 4~8m，宽 1.1~2.4cm，顶端渐尖，基部楔形，纸质。叶面深绿色，叶背部粉绿色，两面均无毛，羽状脉，每边 6~11 条，中脉和两侧脉突起，叶柄长 6~10mm，无毛。雌雄异株，伞形花序单生或簇生，总梗细长，长 4~7mm，每花序 4~6 花，先叶开放或同时开放；雄花长被片 6，雄蕊 9；花被裂片宽卵形，花丝中下基部具茸毛；雌花被片 5，子房上位，卵形，花柱短。柱头头状。核果近球形，直径约 3mm，生青熟黑，果梗长 2~4mm，顶端渐增粗。花期 2—3 月，果期 7—8 月。

【分布及生境】分布于我国长江流域以南各地。生于向阳山坡、疏林中。

【营养成分】含挥发性芳香油，果皮出油率 5%~13%。种子含脂肪油 25%~30%。

【食用方法】夏、秋季采摘叶片，洗净，晒干，制粉作调味品。7—8 月果熟时采下，洗净，切为两瓣，去种子，晒干后制粉作调味品。与肉类同煮食，去腥增香。果实晒干，可提取脂肪油、芳香油，商品称为木姜子油。

药用功效

果实入药。性温，味辛。温中散寒、行气止痛。用于胃寒呕逆、脘腹冷痛、寒疝腹痛、寒湿小便混浊。

多花可爱花

Pseuderanthemum polyanthum（C. B. Clarke）Merr.

别　名‖多花山壳骨

英文名‖Many-flower false eranthemum

分　类‖爵床科山壳骨属灌木

【形态特征】植株高 2~3m，幼茎暗紫色，节膨大，多分枝。叶对生，宽卵形、矩圆形，顶端急尖，基部楔形，下沿，叶片光滑，长 7~17.5cm，宽（3~）4~9cm，全缘，侧脉每边 7~9 条，具柄，柄长 2.5cm；花序穗状由小聚伞花序组成；苞片三角形，长 3.5~4cm，宽 1.5cm，小苞片长 2mm，宽 0.5mm，花萼长 1cm，5 裂，裂片披针形；花冠蓝紫色；冠管长 3~3.5cm，冠檐 2 唇形，上唇裂片狭，长 1.1cm，宽 3mm，下唇 3 裂，裂片较宽，长 1.5cm，宽 6mm，矩圆形；雄蕊 2，花丝分离，短，着生于花冠喉部，药室平行，等高，钝。

【分布及生境】分布于云南南部、广西。生于沟谷或疏林，石灰山林也有。

【食用方法】开花期间，采摘鲜花，先用沸水烫几分钟，然后取出，洗净，去水分，即可调味炒食。

药用功效

根入药，用于骨折。全株入药，用于崩漏、跌打损伤。

守宫木

Sauropus androgynus （L.） Merr.

别　名‖树仔药、篱笆药、越南药、甜药
英文名‖ Common sauropus
分　类‖大戟科守宫木属多年生灌木

【形态特征】植株高 1~3m；小枝绿色，长而细，幼时上部具棱，老渐圆柱状；全株均无毛。叶片近膜质或薄纸质，卵状披针形、长圆状披针形或披针形，长 3~10cm，宽 1.5~3.5cm，顶端渐尖，基部楔形、圆形或截形；托叶 2，着生于叶柄基部两侧，长三角形或线状披针形，长 1.5~3mm。雄花：1~2 朵腋生，或几朵与雌花簇生于叶腋；花盘浅盘状，直径 5~12mm，6 浅裂，裂片倒卵形，覆瓦状排列，无退化雌蕊；雄蕊 3，花丝合生呈短柱状，花药外向，2 室，纵裂；花盘腺体 6，与萼片对生，上部向内弯而将花药包围；雌花：通常单生于叶腋；花萼 6 深裂，裂片红色，倒卵形或倒卵状三角形，长 5~6mm，宽 3~5.5mm，顶端钝或圆，基部渐狭而成短爪，覆瓦状排列；无花盘；雌蕊扁球状，子房 3 室，每室 2 颗胚珠，花柱 3，顶端 2 裂。蒴果扁球状或圆球状，直径约 1.7cm，高 1.2cm，乳白色，宿存花萼红色；果梗长 5~10mm；种子三棱状，长约 7mm，宽约 5mm，黑色。花期 4—7 月，果期 7—12 月。

【分布及生境】分布于我国热带、亚热带地区，以海南、云南、四川、广东、广西、台湾为主。生于林下、路旁、山脚草丛。耐热、耐旱、不耐冷，也耐肥，生长迅速。

【营养成分】每 100g 嫩叶含蛋白质 6.8g、碳水化合物 11.6g、粗纤维 2.5g、维生素 A 4.94mg、维生素 B_2 0.18mg、维生素 C 185mg、钙 441mg、镁 61mg、铁 28mg。

【食用方法】全年可采摘嫩茎叶食用，炒食、煮汤均可。

药用功效

根入药，用于痢疾便血、腹痛经久不愈、淋巴结炎、疥疮。

白饭树

Flueggea virosa （Roxb. ex Willd.） Royle

别　名‖密花叶底珠、密花市、白头额仔树、白倍仔、台湾瓜打子、金柑藤
英文名‖ White berry-bush
分　类‖大戟科白饭树属灌木

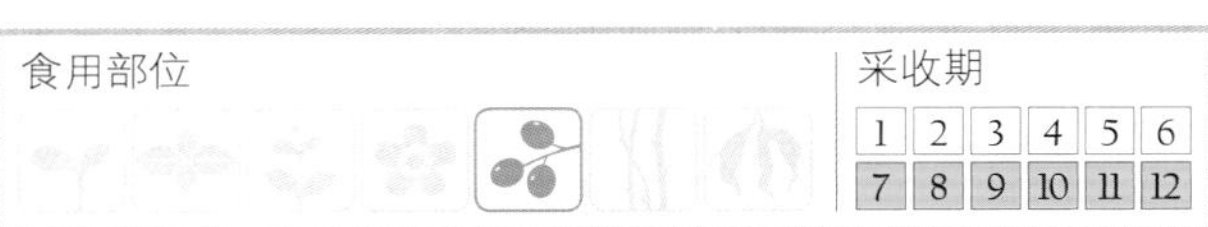

【形态特征】植株高 1~6m。小枝具纵棱槽，有皮孔；全株无毛。叶片纸质，椭圆形、长圆形、倒卵形或近圆形，长 2~5cm，宽 1~3cm，顶端圆至急尖，有小尖头，基部钝至楔形，全缘，下面白绿色；侧脉每边 5~8 条；叶柄长 2~9mm；托叶披针形，长 1.5~3mm，边缘全缘或微撕裂。花小，淡黄色，雌雄异株，多朵簇生于叶腋；苞片鳞片状，长不及 1mm；雄花：花梗纤细，长 3~6mm；萼片 5，卵形，全缘或有不明显的细齿；雄蕊 5，伸出萼片之外；花盘腺体 5，与雄蕊互生；退化雌蕊通常 3 深裂，高 0.8~1.4mm，顶端弯曲；雌花：3~10 朵簇生，有时单生；萼片与雄花的相同；花盘环状，顶端全缘，围绕子房基部；子房卵圆形，3 室，花柱 3，长 0.7~1.1mm，基部合生，顶部 2 裂，裂片外弯。蒴果浆果状，成熟时果皮淡白色，不开裂；种子栗褐色，具光泽，有小疣状突起及网纹，种皮厚，种脐略圆形，腹部内陷。花期 3—8 月，果期 7—12 月。

【分布及生境】广泛分布于我国南部。喜温，耐热，生长茂盛。生于海拔 100~2 000m 的山地灌木丛中。

【营养成分】果实含粗蛋白 26.67%、粗纤维 18.66%、钙 2.80%、磷 0.34%。

【食用方法】采摘成熟果实，生食。

药用功效

根入药，消炎、止痛、祛风、解毒，用于跌打损伤。全株入药，用于风湿关节炎、湿疹、脓疱疮等。

仙人掌

Opuntia stricta var. *dillenii*（Ker-Gawl.）Benson

英文名‖ Cholla

分　类‖仙人掌科仙人掌属灌木

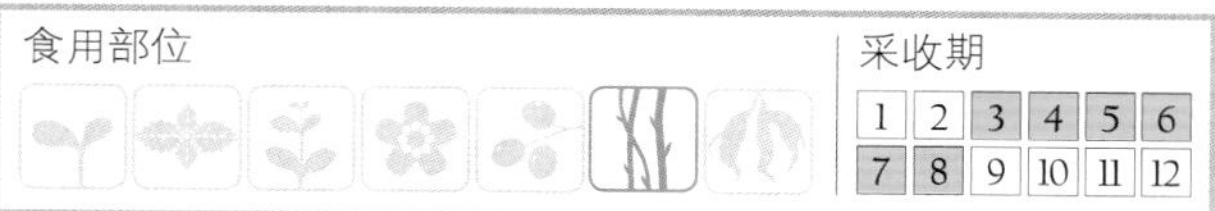

【形态特征】植株高 0.5~3cm，肉质，从生呈大灌木状。茎下部近木质，圆柱形，茎节扁平，倒卵形至椭圆形，长 15~20cm，有时达 40cm，幼时鳞绿色，小窠间距 2~6cm，稍突起，幼时被褐色或白色短绵毛，不久脱落，刺密集，长 1~3cm，通常粗直呈圆柱状，有时扁而弯曲，黄色，常集以褐色斑纹，具倒刺毛的刺多数，暗黄色，长约 6mm。花单立，鲜黄色，直径 2~8cm，花瓣广倒卵形，雄蕊多数，数轮排列，花丝黄绿色，子房倒卵形或梨形，花柱直立，白色。浆果肉质，倒卵形或梨形，长 5~8cm，无刺，红色或紫色。

【分布及生境】分布于我国热带地区。植株适应性极强，从夏天至霜前均可开花结果。

【营养成分】每 100g 仙人掌含维生素 A 220μg、维生素 C 16mg、蛋白质 1.6g。

【食用方法】春、夏、秋季均可采摘幼茎或成熟茎食用，而以鲜嫩的幼茎为佳。食用茎肉，味道鲜美，削去皮、刺后切成小块可炖肉、猪肝或猪脚，还可凉拌、制醋、酿酒等。

药用功效

茎入药。性寒，味苦。行气活血、清热解毒、健胃止痛、镇咳。用于心下痛、骨痛胃痞、痢疾、痔血、咳嗽、肺痈、咽喉痛、乳痛、痄腮、疔疮等，外用治痄腮、乳腺炎、痈疔肿毒、蛇虫咬伤、烫火伤。

匍地仙人掌

Opuntia humifusa（Raf.）Raf.

别　名‖园武扇

分　类‖仙人掌科仙人掌属灌木

【形态特征】植株体平卧或伸展，茎节圆形、长圆形至倒卵形，暗绿色，长 5~15cm，无刺或具 1~2cm 刺。花淡黄色，直径 5~8.5cm，果倒卵球形，绿色或紫色，长约 5cm。

【分布及生境】分布于我国热带地区。植株适应性极强，从夏天至霜前均能开花结果。

【食用方法】参考仙人掌。

药用功效

参考仙人掌。

仙人镜

Opuntia phaeacantha Engelm.

分　类‖仙人掌科仙人掌属灌木

【形态特征】植株体平卧或伸展，茎节倒卵形，暗绿色，长 10~15cm，较厚，具 1~9 刺，深褐色或淡褐色。花黄色，直径约 5cm。果长 3~3.5cm，红色，无刺。

【分布及生境】分布于我国热带地区，适应性极强，从夏天至霜前均能开花结果。

【食用方法】参考仙人掌。

药用功效

参考仙人掌。

仙桃

Opuntia ficus-indica（L.）Mill.

别　名 ‖ 梨果仙人掌、霸王树、火焰、刺梨
英文名 ‖ Indian fig
分　类 ‖ 仙人掌科仙人掌属灌木

【形态特征】茎节长圆形至匙形，长 20~60cm，较厚，蓝粉色。无刺或具 1~5 刺，白色或淡黄色。花黄色或橙黄色，直径 2~10cm。果紫色、红色、白色或黄色，长 5~9cm。

【分布及生境】我国热带地区广布。植株适应性极强，从夏天至初霜前一直开花结果。

【食用方法】参考仙人掌。

药用功效

参考仙人掌。

昙花

Epiphyllum oxypetalum（DC.）Haw.

别　名 ‖ 月下美人
英文名 ‖ Broad-leaf epiphyllum
分　类 ‖ 仙人掌科昙花属灌木

【形态特征】植株高 2~3m。茎叶圆柱状，具长分枝和叶片状短枝，短枝长 15~30cm，宽约 6cm，顶端钝或锐尖，肉质状革质，光滑无毛，波状叶缘或疏锯齿叶缘，略深，由此凹下处着生花。花筒圆形，极长，长达 30cm，内萼片 24 枚，纯白色后转乳白色至乳黄色，长约 8cm，宽约 3cm，倒卵状披针形，顶端尖锐；雄蕊多数，花丝丝状且长，花药黄色，花柱较雄蕊长；柱头 16 分歧，长 1.2cm。不结果，花期 6—10 月。

【分布及生境】我国各地均有。多于夜开花，花绽开放迅速而后慢慢闭合，故俗称"昙花一现"。花开时花香馥郁，天明时凋谢，10 天则枯落。

【食用方法】花可做汤食，脆而柔，或晒干，加冰糖作茶饮。

药用功效

花入药。清肺、止咳、化痰。用于肺热咳嗽、吐血。煎水加冰糖治肺热和气喘。

雨伞子

Ardisia cornudentata Mez

别　名‖朱砂根、钱雨伞、红骨雨伞子
英文名‖ Hornytoothed ardisia
分　类‖紫金牛科紫金牛属灌木

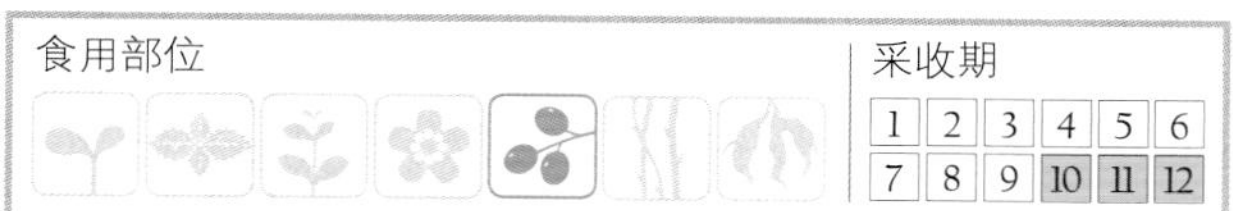

【形态特征】 植株高60~100cm。茎除幼嫩部分外，其余无毛，除侧生特殊花枝外，无分枝。叶片坚纸质或略厚，椭圆状披针形或倒披针形，稀倒卵形，顶端渐尖或急尖，基部楔形，长7~14cm，宽2~3.5cm，边缘具锯齿，齿尖具腺点，两面无毛，具腺点，叶面中脉下凹，背面被鳞片，中脉隆起，侧脉极多，微隆起，尾部通常直达齿尖腺点，并具不明显的边缘脉；叶柄长约5mm，被柔毛。亚伞形花序，单生，着生于侧生特殊花枝顶端，花枝长7~17（~24）cm，无毛或被柔毛，顶端弯曲，通常于中部以上，有少数叶；总梗长约5mm，花梗长约1cm，被柔毛或几无毛；花长4~5mm，花萼仅基部连合，萼片广卵形至近圆形，长约1.5mm，边缘薄，具缘毛，具腺点；花瓣白色，卵形，顶端钝或急尖，两面无毛，长4~5mm，具腺点；雄蕊与花瓣近等长，花药狭披针形，背部具腺点；雌蕊与花瓣近等长，子房球形，无毛。果球形，直径5~6mm，黑色，具不明显的腺点。花期未详，果期10月以后。

【分布及生境】 分布于台湾。生于海拔375~1 250m的山间林下。

【食用方法】 采摘成熟果实生食，果肉柔软味甜，稍有涩味。

药用功效

木材部用作祛风行血、清热解毒药，治风湿麻痹、花柳病、毒蛇咬伤。

台湾山桂花

Maesa tenera Mez

别　名‖杜恒山、山桂花、杜茎山、软弱杜茎山、腺齿紫金牛
分　类‖紫金牛科山桂花属灌木

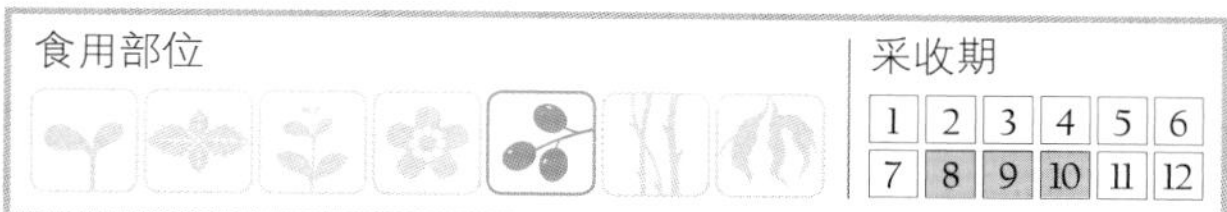

【形态特征】 植株高1~2m；小枝圆柱形，无毛。叶片膜质或纸质，广椭圆形至菱状椭圆形，顶端通常突然渐尖或短渐尖，基部楔形或广楔形，长7.5~11cm，宽3.5~5.5cm，边缘除近基部外，其余具钝锯齿，两面无毛，叶面脉平整，背面脉明显，隆起，侧脉约7对，具不甚明显的脉状腺条纹；叶柄长1~1.5cm，无毛。总状花序至圆锥花序，腋生，长3~6（~11）cm，无毛，疏松；苞片披针形至钻形；花梗长约2mm，无毛；小苞片卵形至披针形，紧贴花萼基部，具缘毛；花长约2mm，萼片广卵形，顶端急尖或钝，无毛，有时具疏缘毛；花冠白色，钟形，长约2mm；裂片与花冠管等长，广卵形，顶端圆形，边缘微波状，具脉状腺条纹；雄蕊在雌花中退化，在雄花中着生于花冠管上部，较花冠裂片短；花丝较花药略长；花药长圆形，背部无腺点；雌蕊较花冠短，柱头微4裂，裂片短且圆。果球形或近圆形，直径约3mm，具纵行肋纹，宿存萼包果的中部略上，即果的2/3处，具宿存花柱。花期约2月，果期8—9月。

【分布及生境】 分布于我国南部。生于林缘开旷的地方。

【食用方法】 采摘白色成熟果实生食，多汁，味甘甜。

药用功效

茎和叶入药，治温瘴寒热、烦渴、烦躁头痛。叶加米饭捣碎，和冰糖，为解热、止血剂，可治刀伤、消肿，也可治感冒、头痛、眩晕、腰痛。

女贞

Ligustrum lucidum Ait.

别　名‖山白蜡、冬青树、蜡树、桢木、将军树
英文名‖ Glossy privet
分　类‖木樨科女贞属常绿大灌木或小乔木

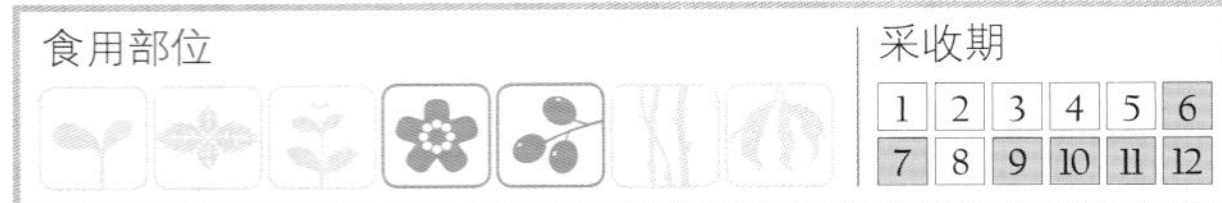

【形态特征】植株高 3~10m，枝无毛具皮孔。叶对生，革质，叶片卵形或长圆状卵形或宽椭圆形，长 6~15cm，宽 3~7cm，顶端渐尖或短渐尖，基部圆形或近圆形，稀宽楔形或变狭，无毛，表面光泽，边缘稍背卷，全缘。叶柄长 1.5~2.5cm，无毛。圆锥花序，顶生金字塔形，长 20cm，花序轴无毛，具棱，花白色，无梗，花萼钟状，4 浅裂，无毛；花冠筒部和花萼等长或较花萼长近 2 倍，花冠裂片稍长于筒部，反折。雄蕊 2，子房上位，柱头 2 浅裂。核果长圆形，紫蓝色，长约 1cm，常弯曲。花期 6—8 月，果期 8—12 月。

【分布及生境】分布于我国华南、华东、华中和西南各省区，以浙江、江苏、湖南、福建为多。生于常绿阔叶林、混交林或疏林中和林缘。

【营养成分】每 100g 嫩花含维生素 A 0.062mg、维生素 B_1 0.016mg、维生素 B_2 0.01mg、维生素 C 30.15mg。果皮含有三萜类成分齐墩果酸约 14%、乙酰齐墩果酸、熊果酸、甘露醇、多量葡萄糖、白桦脂醇、油胶、亚麻油酸、棕榈酸等。果实含淀粉 26.43%。

【食用方法】6—7 月采摘初开的白色嫩花，用清水漂洗后，可掺入饭中蒸熟后食或做菜，或加配料、调料炒食。秋至初冬采成熟果实，洗净，蒸熟后晒干备用，可蒸鱼、炖肉、做汤，也可制酒。

药用功效

果实入药。性寒，味甘、苦。补肝肾、强腰膝、明目乌发。用于阴虚内热、头晕、眼花、耳鸣、腰膝酸软、须发早白。

迎春花

Jasminum nudiflorum Lindl.

别　名‖清明花、金腰带、小黄花、黄梅、金梅
英文名‖ Winter jasmine
分　类‖木樨科素馨属落叶灌木

【形态特征】植株高 0.5~5m，分枝少，枝条细长，直立或成拱形，幼枝四棱，无毛。叶对生，三小叶或单叶，长圆状卵形或卵形，顶端锐尖，基部楔形，边缘具短睫毛，长 1~3cm。花单生，着生于去年的枝叶腋，先叶开花，花柄长约 2mm，被以叶状狭窄的绿色苞片 4~6 枚，花萼针状，萼片 5~6，长圆状披针形或条形，边缘具短睫毛，花黄色，花冠直径可达 25mm，裂片 6，倒卵形或椭圆形。雄蕊 2，着生花筒内，子房 2 室。

【分布及生境】分布于山东、陕西、浙江、江苏、贵州、辽宁等地。生于海拔 800~1 500m 的山坡灌丛、岩石缝中。

【食用方法】早春采摘已开的花，清水洗净，用沸水烫过，去苦涩味后，用酱油、醋等拌食，食味佳。

药用功效

花、叶入药。性平，味苦、涩。花解热利尿、解毒，用于发热头痛、小便热痛、无名肿毒。叶解毒消肿、止血、止痛，用于肿毒恶疮、跌打损伤、创伤出血。

茉莉花

Jasminum sambac Soland. ex Ait.

别　名‖奈花、小南强、木梨花、茉莉
英文名‖ Arabian jasmine
分　类‖木樨科素馨属常绿灌木或木质藤本

【形态特征】植株高0.5~3m，幼枝圆柱形，径2~3mm。单叶，对生，宽卵形或椭圆形，长3~8cm，宽2.5~5cm，顶端突或钝，基部圆钝或微心形，边全缘，背卷，叶柄被柔毛或近无毛，具节，长5~10mm。聚伞花序顶生，具3花，有时多花或单生叶腋，花序柄具柔毛，花白色，芳香，花萼被柔毛或无毛，裂片8~9，条形，花冠长5~12mm，裂片长圆形至近圆形，顶端钝，花冠裂片为重瓣花类型。花期5—9月。

【分布及生境】分布于我国南方地区。性喜温暖湿润，在通风良好、半阴的环境生长最好。

【营养成分】鲜花挥发油含油率0.2%~0.3%，主要成分为苯甲醇及其脂类、茉莉花素、芳樟醇、安息香酸芳樟醇脂等。

【食用方法】夏季和初秋采摘鲜花，以熏制花茶和食用。用于烹饪，取香味，撒花成菜、成汤，别具风味。

药用功效

叶入药，性平，味辛，清热解表，用于外感发热、腹胀腹泻。花入药，性温，味辛、甘，理气、开郁、辟秽、和中，用于下痢腹痛、结膜炎、疮毒。根入药，性温，味苦，有毒，镇静止痛，用于跌损筋骨、龋齿、头顶痛、失眠。

木樨

Osmanthus fragrans Lour.

别　名‖桂花、九里香、岩桂、丹桂
分　类‖木樨科木樨属常灌木或乔木

【形态特征】植株高12m。叶椭圆形或椭圆状披针形，长4~12cm，宽2~4cm，顶端锐尖或渐尖，基部楔形，全缘或上半部细锯齿，叶柄无毛，长1~2cm。花腋生，簇生，每腋具1~2花芽，每芽具多达9朵花，花梗纤细，长3~10mm，基部苞片无毛。雄花两性花异株，花极芳香，白色、淡黄色、金黄色、橘黄色。花萼裂片4，花冠蜡质，裂片4，雄蕊2，花丝着生花冠筒的中部至近顶部，花药长1mm，顶端具小的附属体，子房长约1.5mm，柱头2裂。核果长1~5mm，成熟时紫黑色。花期8—10月。

【分布及生境】分布于我国西南各地。生于阔叶林中。

【营养成分】桂花含γ-葵酸内酯、α-紫罗兰酮、β-紫罗兰酮、芳樟醇氧化物、壬醛、橙花醇芳香物质。

【食用方法】入秋桂花盛开，可采摘鲜花食用或加工食品。桂花含有芳香物质，甜味清香，香气持久，制作甜菜和食品，清香适口，甜而不腻，营养丰富。

药用功效

花入药。性温，味苦。散寒、破结、化痰、生津。用于痰饮喘咳、肠风血痢、症瘕、齿痛、口臭等。

花椒

Zanthoxylum bungeanum Maxim.

别　名 ‖ 川椒、蜀椒、红椒、大红袍
英文名 ‖ Bunge pricklyash
分　类 ‖ 芸香科花椒属高大灌木或小乔木

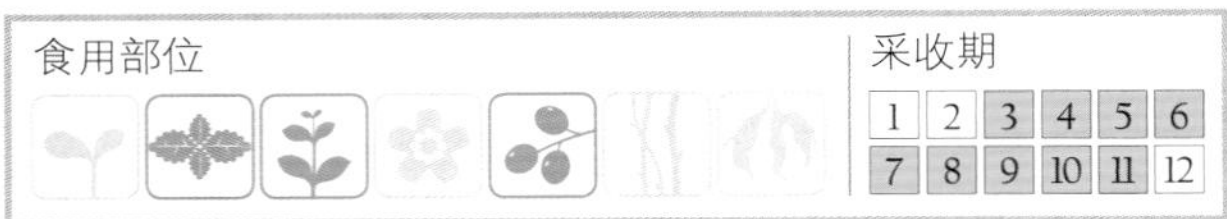

【形态特征】植株高 2~5m，株体常具宽而扁的三角形皮刺，具芳香气味。叶互生。奇数羽状复叶，叶柄基部具一对皮刺，小叶 5~11，对生，卵形或卵状披针形，长 1.5~7cm，宽 0.8~3cm，顶端急尖或渐尖，基部钝或圆形，叶缘细齿，齿缝处具透明腺点，叶轴具狭翅，下面生有向上升的小皮刺。聚伞状圆锥花序，顶生，花单性，花被片 4~8，雄花花蕊 5~7，雌花心皮 4~6。蓇葖果，球形，多单生，偶有 2 个，罕为 3 个并生，直径 4~5mm，成熟时红色至紫红色，密生疣状突起的油点，外有瘤状腺体。

【分布及生境】我国大部分地区均有分布。生于平原、山坡、村旁等向阳地、路旁或灌木丛中。

【营养成分】叶含芳香油、维生素等。果实含芳香油、川椒素、植物甾醇、磷、铁、柠檬烯、不饱和脂肪酸等。

【食用方法】春季采嫩梢，夏季采嫩叶，洗净，沸水烫后，凉水冲洗，干后可与肉炒食，味清香适口。也可以与其他蔬菜或豆腐丝、肉丝等作凉拌。或晒干水分，用盐渍 2 天后，再放入酱油中浸泡数天后作咸菜食用。

药用功效

果皮入药。性温，味辛。温中止痛、杀虫止痒。用于脘腹冷痛、吐呕泄泻、虫积腹痛、蛔虫症，外治湿疹瘙痒。

竹叶花椒

Zanthoxylum armatum DC.

别　名 ‖ 两面针、野花椒、山花椒
英文名 ‖ Bamboo-leaf pricklyash
分　类 ‖ 芸香科花椒属灌木或小乔木

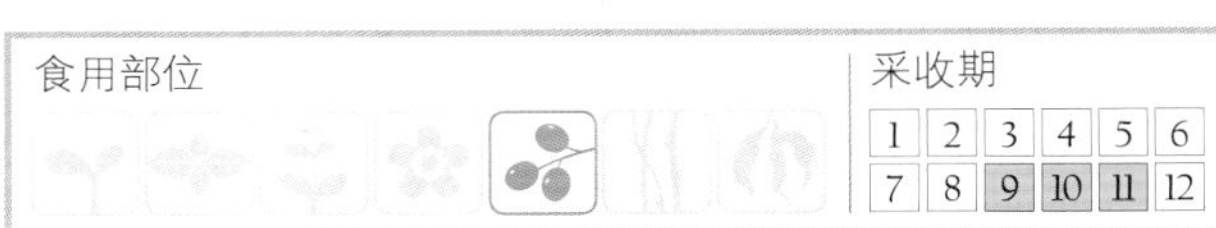

【形态特征】植株高 1~4m，枝上着生直出皮刺或无。奇数羽状复叶，叶轴具翼，偶有在叶背被皮刺或在小叶基部具托叶状的皮刺 1 对。小叶对生，3~5 片，披针形或椭圆状披针形，长 3~9cm，宽 1~3cm，顶端渐尖，基部楔形，边缘细钝齿，齿间具腺点或全缘。聚伞状圆锥花序腋生，长 2~6cm，通常不被毛，花小，单性，花被片 6~8，三角形或钻形，顶端尖，排列为一轮，花丝细长，花药广卵形，药隔顶部具色泽较深的腺点，退化心皮很小，顶端 2 裂，花盘增大，扁圆环形，雌花心皮 2~3，仅 1~2 发育，花粒外弯，分离，柱头略呈头状，成熟心皮红色，表面具略大而突出的腺点。种子黑色，具光泽。花期 4—5 月，果期 8—10 月。

【分布及生境】分布于我国长江流域及以南各地。生于山坡疏林下、灌丛、村旁、路旁。

【营养成分】果皮含挥发油，油中主含小茴香精、拢牛儿醇、山椒醛和少量单宁、生物碱。叶含挥发油。种子含 11% 脂肪油，可食用。根含生物碱，如白鲜碱、茵芋碱、木兰碱、崖椒碱及竹叶碱等。

【食用方法】秋季果实成熟，选晴天采收，晾干或晒干，以晾干为佳，用作调味品。

药用功效

根、茎、叶、果可入药。祛风、散寒止痛、止血、止泻、止咳、杀虫。

野花椒

Zanthoxylum simulans Hance

别　名 ‖ 狗花椒、刺椒、黄椒、大花椒
英文名 ‖ Chinese pricklyash
分　类 ‖ 芸香科花椒属灌木

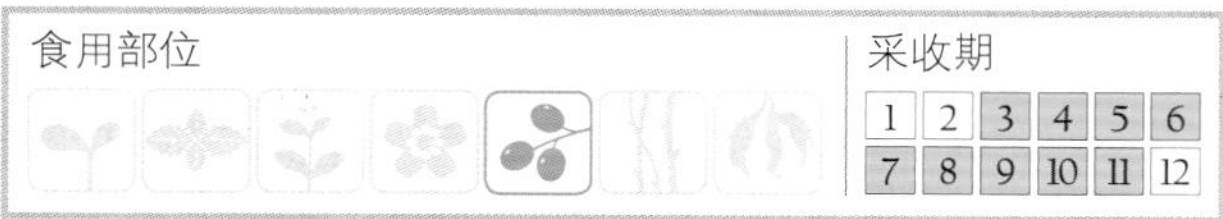

【形态特征】枝干散生基部宽而扁的锐刺，嫩枝及小叶背面沿中脉或仅中脉基部两侧或有时及侧脉均被短柔毛，或各部均无毛。叶有小叶5~15片；叶轴有狭窄的叶质边缘，腹面呈沟状凹陷；小叶对生，无柄或位于叶轴基部的有甚短的小叶柄，卵形、卵状椭圆形或披针形，长2.5~7cm，宽1.5~4cm，两侧略不对称，顶部急尖或短尖，常有凹口，油点多，干后半透明且常微突起，间有窝状凹陷，叶面常有刚毛状细刺，中脉凹陷，叶缘有疏离而浅的钝裂齿。花序顶生，长1~5cm；花被片5~8片，狭披针形、宽卵形或近于三角形，大小及形状有时不相同，长约2mm，淡黄绿色；雄花的雄蕊5~8（~10）枚，花丝及半圆形突起的退化雌蕊均淡绿色，药隔顶端有一干后暗褐黑色的油点；雌花的花被片为狭长披针形；心皮2~3个，花柱斜向背弯。果红褐色，分果瓣基部变狭窄且略延长1~2mm呈柄状，油点多，微突起，单个分果瓣直径约5mm；种子长4~4.5mm。花期3—5月，果期7—9月。

【分布及生境】分布于我国长江以南及河南、河北等地。生于平地、低丘陵或略高的山地疏或密林下，喜阳光，耐干旱。

【营养成分】参考竹叶花椒。

【食用方法】参考竹叶花椒。

药用功效

根入药，性温，味辛，祛风湿、止痛，用于劳损、胸腹酸痛、毒蛇咬伤。叶入药，性微温，味辛，祛风散寒、健胃驱虫、除湿止泻、活血通经，用于跌打损伤、风湿痛、瘀血作痛、闭经、咯血、吐血。果皮入药，性温，味辛，有小毒，温中止痛、驱虫健胃，用于胃寒腹痛、蛔虫病，外用于湿疹、皮肤瘙痒、龋齿痛。种子入药，性凉，味苦、辛，利尿消肿，用于水肿、腹水。

青花椒

Zanthoxylum schinifolium Sieb. et Zucc.

别　名 ‖ 香椒子、崖椒、野椒
英文名 ‖ Peppertree pricklyash
分　类 ‖ 芸香科花椒属灌木

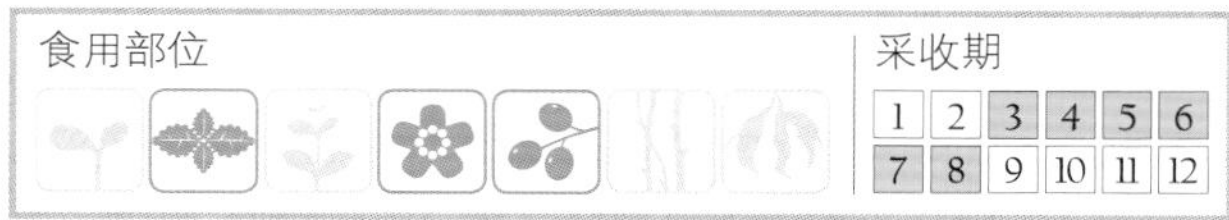

【形态特征】植株高1~3m，皮暗灰色，枝暗紫红色。茎枝无毛，基部直出皮刺。奇数羽状复叶，叶轴具狭翼，小叶11~21，对生或近对生，椭圆状披针形，长1.5~4.5cm，宽1~2cm，顶端急尖，基部圆形，不对称，边缘细齿，齿间具腺点，嫩叶叶面深绿色，被稀疏短柔毛，叶背苍青色，无毛，侧脉不明显，小叶柄极短。伞房状圆锥花序顶生，长3~8cm。花单性，雌雄并株，5基数，萼片广卵形，顶端钝，花瓣长圆形，两端狭而钝，雄花蕊在盛开时伸出花瓣外，花丝线形，花药广椭圆形，药隔顶端具色泽较深的腺点1颗，退化心皮细小，顶端2~3裂，雌花心皮3，几无花柱，柱头头状。蓇葖果成熟时心皮紫红色，顶端具极短的喙。种子蓝黑色，具光泽。

【分布及生境】分布于我国南北各省区。生于海拔800m以下的山地疏林、灌木丛中或岩石旁等。

【营养成分】嫩叶、花和嫩果含蛋白质、脂肪、碳水化合物、挥发油等。

【食用方法】春季至初夏可采嫩叶食用，味清香，可凉拌、做汤或做调味配料。夏季采摘花和嫩果，可炒食。

药用功效

根、茎、叶、果可入药。性微温，味辛。祛风散寒、健胃驱虫、除湿止泻、活血通经。用于跌打损伤、风湿痛、瘀血作痛、闭经、咯血、吐血、关节疼痛。

臭常山

Orixa japonica Thunb.

别　名‖日本常山、常山、臭萝卜、白胡椒
英文名‖ Japanese orixa
分　类‖芸香科常山属落叶灌木

【形态特征】植株高1~3m，树皮灰色或淡褐灰色，幼嫩部分常被短柔毛，枝、叶有腥臭气味，嫩枝暗紫红色或灰绿色，髓部大，常中空。叶薄纸质，全缘或上半段有细钝裂齿，下半段全缘，大小差异较大，同一枝条上有的长达15cm，宽达6cm，也有的长约4cm，宽约2cm，倒卵形或椭圆形，中部或中部以上最宽，两端急尖或基部渐狭尖，嫩叶背面被疏或密长柔毛，叶面中脉及侧脉被短毛，中脉在叶面略凹陷，散生半透明的细油点；叶柄长3~8mm。雄花序长2~5cm；花序轴纤细，初时被毛；花梗基部有苞片1片，苞片阔卵形，两端急尖，内拱，膜质，有中脉，散生油点，长2~3mm；萼片甚细小；花瓣比苞片小，狭长圆形，上部较宽，有3（~5）脉；雄蕊比花瓣短，与花瓣互生，插生于明显的花盘基部四周，花盘近于正方形，花丝线状，花药广椭圆形；雌花的萼片及花瓣形状与大小均与雄花近似，4个靠合的心皮圆球形，花柱短，黏合，柱头头状。成熟分果瓣阔椭圆形，干后暗褐色，直径6~8mm，每分果瓣由顶端起沿腹及背缝线开裂，内有近圆形的种子1颗。花期4—5月，果期9—11月。

【分布及生境】分布于河南、安徽、江苏、浙江、江西、湖北、湖南、贵州、四川、云南。生于海拔500~1 300m的山地密林或疏林向阳坡地。

药用功效

根入药。性凉，味苦、辛，有小毒。截疟、涌吐痰涎、舒筋活络。用于疟疾、症瘕积聚、痰涎壅肺、风湿关节痛、痢疾、无名肿毒、胃痛。

九里香

Murraya paniculata （L.） Jack.

别　名‖千里香、七里香、万里香、九树香、过山香、黄金桂
英文名‖ Orange jessamine
分　类‖芸香科九里香属灌木

【形态特征】植株多分枝，树干及小枝白灰色或淡黄灰色，略有光泽，当年生枝绿色，其横切面呈钝三角形，底边近圆弧形。幼苗期的叶为单叶，其后为单小叶及二小叶，成长叶有小叶3~5，稀7片；小叶深绿色，叶面有光泽，卵形或卵状披针形，长3~9cm，宽1.5~4cm，顶部狭长渐尖，稀短尖，基部短尖，两侧对称或一侧偏斜，边全缘，波浪状起伏，侧脉每边4~8条；小叶柄长不足1cm。花序腋生及顶生，通常有花10朵以内，稀达50余朵；萼片卵形，长达2mm，边缘有疏毛，宿存；花瓣倒披针形或狭长椭圆形，长达2cm，盛花时稍反折，散生淡黄色半透明油点；雄蕊10枚，长短相间，花丝白色，线状，比花柱略短，药隔中央及顶端极少有油点；花柱绿色，细长，连子房长达12mm，柱头甚大，比子房宽或等宽，子房2室。果橙黄色至朱红色，狭长椭圆形，稀卵形，顶部渐狭，长1~2cm，宽5~14mm，有甚多干后突起但中央窝点状下陷的油点，种子1~2颗；种皮有棉质毛。花期4—9月，也有的秋、冬季开花，果期9—12月。

【分布及生境】分布于台湾、福建、广东、海南及湖南、广西、贵州、云南四省区的南部。生于低丘陵或海拔高的山地疏林或密林中。石灰岩地区较常见，花岗岩地区也有。

【营养成分】根皮含微量吲哚类生物碱yuehchukene、skimmianine。花及叶均含15种以上的精油，以γ-elemene（占30%）、neriolidol、trans-caryophyllene等为主，后二者各占11%以上，还含黄酮类化合物exoticin等。花瓣、果、茎皮等含不少于16类的简构香豆素，如coumurrayin等。

药用功效

枝叶、根入药。性微温，味苦、辛。行气、活血、祛风、除湿。用于风湿痹痛、腰痛、跌打损伤、疔痈、湿疹、疥癣、胃痛、齿痛、破伤风、乙型脑炎、蛇虫咬伤、局部麻醉。

乌饭树

Vaccinium bracteatum Thunb.

别　名‖染饭叶、乌饭叶
英文名‖ Sweet fruit blueberry
分　类‖杜鹃花科乌饭树属常绿灌木或小乔木

【形态特征】植株高2~7m，小枝褐色，具柔毛或无毛。叶互生，叶片椭圆形、卵状椭圆形或卵形，长3.7~7.3cm，宽1.7~3.8cm。顶端短渐尖，基部楔形或宽楔形，边缘疏或密锯齿。叶面、叶背无毛或有时沿叶脉被短柔毛。中脉和侧脉在表面突起或平坦，背面突起。叶柄长3~6mm。总状花序腋生或顶生，长5~8cm，被短柔毛。苞片宿存，花梗长1~4mm，被短柔毛；花萼裂片三角形，被短柔毛。花冠白色，卵状筒形，具细柔毛，雄蕊10，花丝纤细，被白色柔毛；子房下位。浆果球形，黑色，直径约5mm。

【分布及生境】分布于我国长江流域以南各省区。生于海拔420~1 700m的疏林或灌丛中。

【营养成分】嫩茎叶富含氨基酸、维生素A、维生素C及铁、硼、锰、锌等微量元素。

【食用方法】春季采摘嫩茎叶食用。乌米饭制作：将嫩茎叶洗净，放入清水中不断搓揉，挤出叶中汁液，泡一夜后水成黑色，滤去叶渣，将白糯米倒入黑色水中泡一夜，取出米蒸熟即成乌黑色米粒的乌米饭，加入白糖拌食。也可晒干乌米饭。

药用功效

果入药。性平，味酸、甘。强筋骨、益气力。枝叶具止血、止泻痢功效。根可治白带异常。

杜鹃花

Rhododendron simsii Planch.

别　名‖映山红、艳山红、山归来、遁山红
英文名‖ Simss azalea
分　类‖杜鹃花科杜鹃花属落叶灌木

【形态特征】植株高2~5m，分枝多而纤细，密被亮棕褐色扁平糙伏毛。叶革质，常集生于枝端，卵形、椭圆状卵形、倒卵形或倒卵形至倒披针形，长1.5~5cm，宽0.5~3cm，先端短渐尖，基部楔形或宽楔形，边缘微反卷，具细齿，上面深绿色，疏被糙伏毛，下面淡白色，密被褐色糙伏毛，中脉在上面凹陷，下面突出；叶柄密被亮棕褐色扁平糙伏毛。花芽卵球形，鳞片外面中部以上被糙伏毛，边缘具睫毛。花2~3（~6）朵簇生枝顶；花萼5深裂，裂片三角状长卵形，长5mm，被糙伏毛，边缘具睫毛；花冠阔漏斗形，玫瑰色、鲜红色或暗红色；雄蕊10，长约与花冠相等，花丝线状，中部以下被微柔毛；子房卵球形，10室，密被亮棕褐色糙伏毛，花柱伸出花冠外，无毛。蒴果卵球形，长达1cm，密被糙伏毛；花萼宿存。花期4—5月，果期6—8月。

【分布及生境】分布于江苏、安徽、浙江、江西、福建、台湾、湖北、湖南、广东、广西、四川、贵州和云南。生于低海拔丘陵地带的灌丛或松林下。

【营养成分】每100g花蕾和花含维生素A 0.012mg、维生素B_2 0.056mg、维生素C 27.24mg。花含花色苷和黄酮醇类，最常见的花色苷为矢车菊素和3-葡萄糖苷等成分。

【食用方法】春季开花时，采摘花蕾和花，沸水烫后用冷水浸泡去苦涩味，可炒食、做汤。

药用功效

根入药，性温，味酸、甘，活血、止痛、祛风、止痛，用于吐血、衄血、月经不调、崩漏、风湿痛、跌打损伤。叶入药，性平，味酸，清热解毒、止血，用于痈肿疔疮、外伤出血、隐疹。花入药，性温，味酸、甘，活血、调经、祛风湿，用于月经不调、闭经、崩漏、跌打损伤、风湿痛、吐血、衄血。

滇白珠

Gaultheria leucocarpa var. *yunnanensis* （Franch.） T. Z. Hsu et R. C. Fang

别　名 ‖ 透骨香
分　类 ‖ 杜鹃花科白珠树属常绿灌木

【形态特征】植株高 1~3m，稀达 5m，树皮灰黑色；枝条细长，左右曲折，具纵纹，无毛。叶卵状长圆形，稀卵形、长卵形，革质，有香味，长 7~9（~12）cm，宽 2.5~3.5（~5）cm，先端尾状渐尖，尖尾长达 2cm，基部钝圆或心形，边缘具锯齿，表面绿色，有光泽，背面色较淡，两面无毛，背面密被褐色斑点，中脉在背面隆起，在表面凹陷，侧脉 4~5 对，弧形上举，连同网脉在两面明显；叶柄短，粗壮，长约 5mm，无毛。总状花序腋生，序轴长 5~7（~11）cm，纤细，被柔毛，花 10~15 朵，疏生，序轴基部为鳞片状苞片所包；花梗长约 1cm，无毛；苞片卵形，长 3~4mm，突尖，被白色缘毛；小苞片 2，对生或近对生，着生于花梗上部近萼处，披针状三角形，长约 1.5mm，微被缘毛；花萼裂片 5，卵状三角形，钝头，具缘毛；花冠白绿色，钟形，长约 6mm，口部 5 裂，裂片长宽各 2mm；雄蕊 10，着生于花冠基部，花丝短而粗，花药 2 室，每室顶端具 2 芒；子房球形，被毛，花柱无毛，短于花冠。浆果状蒴果球形，直径约 5mm，或达 1cm，黑色，5 裂；种子多数。花期 5—6 月，果期 7—11 月。
【分布及生境】分布于我国长江流域及其以南各省区。生于山坡灌丛、草坡林下。

【营养成分】枝叶含芳香油 0.5%~0.85%，主要成分为水杨酸甲酯，含量 97%~98%。
【食用方法】夏、秋季采摘枝叶食用，主要提取芳香油。

药用功效

全株入药。性温，味辛。祛风除湿、活血通络。用于风湿关节痛、跌打损伤、齿痛、湿疹。

簕古子

Pandanus forceps Martelli

别　名 ‖ 山簕古
英文名 ‖ Forkedstigma Screwpine
分　类 ‖ 露兜科露兜树属灌木

【形态特征】植株高 1~3m，叶带状，长约 1.5m，宽 3~5cm，顶端渐狭而成鞭状尾尖，叶背中脉和叶缘均有锐刺。雄花序由数个穗状花序组成，全长约 50cm；叶状苞片长 20~100cm，上部的渐短小；穗状花序长 6~12cm，宽 1~2cm，雄蕊 10 多枚，密生于柱状体上端，花丝长约 1mm，花药狭卵形，顶端小尖头。聚花果球形，直径 6~8cm，由多数小核果组成；小核果楔形，长约 3cm，宽 12~15mm，顶端有 2 个对生、分叉的齿状宿存柱头。
【分布及生境】分布于广东南部。生于旷野、海边、林中。

【食用方法】采摘嫩芽，洗净食用。

青荚叶

Helwingia japonica （Thunb.） Dietr.

别　名 ‖ 叶上花
英文名 ‖ Japanese helwingia
分　类 ‖ 山茱萸科青荚叶属落叶灌木

【形态特征】植株高 1~3m，幼枝绿色，无毛，叶痕显著。叶纸质，卵形、卵圆形，稀椭圆形，长 3.5~9（~18）cm，宽 2~6（~8.5）cm，先端渐尖，极稀尾状渐尖，基部阔楔形或近于圆形，边缘具刺状细锯齿；叶上面亮绿色，下面淡绿色，中脉及侧脉在上面微凹陷，下面微突出；叶柄长 1~5（~6）cm；托叶线状分裂。花淡绿色，花萼小，花瓣长 1~2mm，镊合状排列；雄花 4~12，呈伞形或密伞花序，常着生于叶上面中脉的 1/3~1/2 处，稀着生于幼枝上部，花梗长 1~2.5mm，雄蕊 3~5，生于花盘内侧；雌花 1~3 枚，着生于叶上面中脉的 1/3~1/2 处，花梗长 1~5mm，子房卵圆形或球形，柱头 3~5 裂。浆果幼时绿色，成熟后黑色，分核 3~5 枚。花期 4—5 月，果期 8—9 月。
【分布及生境】分布于河南、陕西、浙江、安徽、江西、湖北、四川、贵州、云南、广东、广西、福建和台湾。生于山谷、山脚林下和灌丛中。

【食用方法】每年 3—4 月采摘嫩芽，洗净，沸水烫后可炒食或做汤。

药用功效

全株入药，性凉，味苦、微涩，活血化瘀、清热解毒，用于水肿、小便淋痛、尿急尿痛、乳汁较少或不下。叶入药，清热除湿，用于便血。果实入药，用于胃痛。

珠兰

Chloranthus spicatus （Thunb.） Makino

别　名‖金粟兰、珍珠兰、鱼子兰、鸡爪兰
英文名‖ Chulan tree
分　类‖金粟兰科金粟兰属常绿半灌木

【形态特征】植株高 30~60cm，直立或稍平卧，茎圆柱形，无毛。叶对生，厚纸质，椭圆形或倒卵状椭圆形，长 5~11cm，宽 2.5~5.5cm，顶端急尖或钝，基部楔形，边缘具圆齿状锯齿，齿端有一腺体，腹面深绿色，光亮，背面淡黄绿色，侧脉 6~8 对，两面稍突起；叶柄长 8~18mm，基部多少合生，托叶微小。穗状花序排列成圆锥花序状，通常顶生，少有腋生；苞片三角形；花小，黄绿色，极芳香；雄蕊 3 枚，药隔合生成一卵状体，上部不整齐 3 裂，中央裂片较大，有时末端又浅 3 裂，有 1 个 2 室的花药，两侧裂片较小，各有 1 个 1 室的花药；子房倒卵形。花期 4—7 月，果期 8—9 月。

【分布及生境】分布于云南、四川、贵州、福建、广东。生于海拔 150~990m 的山坡、沟谷密林下。

【营养成分】根状茎可提取芳香油。花极香，可制作熏香，掺入茶叶，称为珠兰茶。

【食用方法】开花期采花做烹饪原料。

药用功效

全草入药。性温，味甘、辛。祛风湿、接筋骨。用于风湿关节痛、跌打损伤、刀伤出血；外用于疔疮。根用于风湿腰痛、月经不调、感冒、腹胀、子宫脱出。

冻绿

Rhamnus utilis Decne.

别　名‖鹿黎、红冻、黑狗母、狗李、剥皮刺
英文名‖ Chinese buckthorn
分　类‖鼠李科鼠李属灌木或小乔木

【形态特征】植株高达 3m，幼枝无毛，小枝褐色，平滑，对生或近对生，枝端具针刺，腋芽小，芽鳞数个，边缘具白色缘毛。叶近对生，在短枝上簇生，叶片椭圆形、倒卵状椭圆形，长 4~10cm，宽 2.5~4cm，顶端突尖或急尖，基部楔形至圆形，边缘钝锯齿；叶面无毛，仅中脉被疏柔毛，叶背沿脉或脉腋部被金黄色柔毛，侧脉每边 5~6 条，两面均突起，网脉明显；叶柄长 1~1.5cm，托叶宿存，被针形，常具疏毛。花单性，雌雄异株，具花瓣；雄花数个簇生叶腋，或聚生小枝下部，2~6 个簇生叶腋或枝下部。核果近球形，熟时黑色，具 2 分核，基部萼筒宿存。花期 4—6 月，果期 2—8 月。

【分布及生境】分布于陕西、甘肃、河南、湖南、湖北、江西、江苏、浙江、福建、四川、云南、贵州等地。生于山地灌丛、疏林下。

【食用方法】早春采摘嫩芽，嫩芽煮熟，用清水漂洗后可做菜食用。

药用功效

根、果、叶入药。活血消积、理气止痛。用于腹痛、月经不调。

水东哥

Saurauia tristyla DC.

别　名 ‖ 水冬瓜、白饭果、米花树
英文名 ‖ Saurauia
分　类 ‖ 猕猴桃科水东哥属常绿灌木

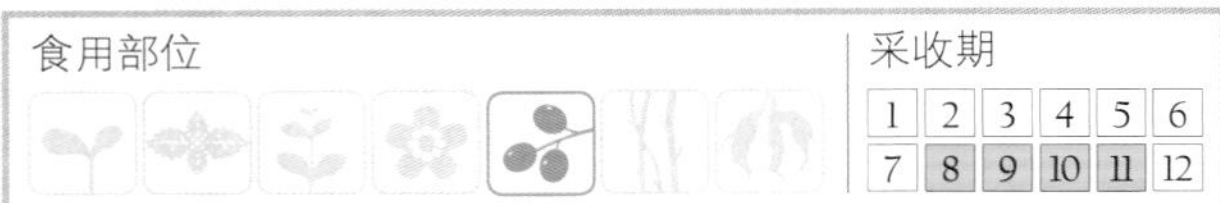

【形态特征】植株高3~4m，小枝无毛或被茸毛，被爪甲状鳞片或钻状刺毛。叶纸质或薄革质，倒卵状椭圆形、倒卵形、长卵形、稀阔椭圆形，长10~28cm，宽4~11cm，顶端短渐尖至尾状渐尖，基部楔形，稀钝，叶缘具刺状锯齿，稀为细锯齿，侧脉8~20对，两面中脉、侧脉具钻状刺毛或爪甲状鳞片，腹面侧脉内具1~3行偃伏刺毛或无；叶柄具钻状刺毛，有茸毛或否。花序聚伞式，1~4枚簇生于叶腋或老枝落叶叶腋，被毛和鳞片，长1~5cm，分枝处具苞片2~3枚，苞片卵形，花柄基部具2枚近对生小苞片；小苞片披针形或卵形，长1~5mm；花粉红色或白色，直径7~16mm；萼片阔卵形或椭圆形，长3~4mm；花瓣卵形，长8mm，顶部反卷；雄蕊25~34枚；子房卵形或球形，无毛，花柱3~4，稀为5，中部以下合生。果球形，白色、绿色或淡黄色，直径6~10mm。

【分布及生境】分布于广西、云南、贵州、广东等地。生于山麓阔叶林中。

【食用方法】采摘成熟果实生食。

药用功效

根、叶入药，性凉，味微苦。清热解毒、止咳、止痛，用于风热咳嗽、风火牙痛、无名肿毒、目翳。根皮入药，用于遗精。

腊梅

Chimonanthus praecox （L.） Link

别　名 ‖ 腊木、素心腊梅、荷花腊梅、山腊梅、黄金茶、黄梅花、大叶腊梅
英文名 ‖ Wintersweet
分　类 ‖ 腊梅科腊梅属多年生落叶灌木

【形态特征】植株高2~3m，幼枝四方形，老时近圆柱形。单叶对生，椭圆形、卵状椭圆形至长圆状披针形，长5~20cm，宽2~8cm，顶端急尖至渐尖，有时尾尖，基部急尖至圆形，除叶背脉上被疏毛外，其他无毛。叶面深绿色，叶背淡绿色。第二年枝条腋生花，先花后叶，芳香，花被片圆形、长圆形、倒卵形或匙形，长5~20mm，宽5~15mm；内花被片比外花被片短，基部有爪；能育雄蕊比退化雄蕊长，花柱比子房长达3倍，基部被毛。瘦果多数，包于膨大肉质的花托内，果托坛状或倒卵状椭圆形，口部收缩，具钻状披针形的被毛附生物。花期11月至翌年3月，果期4—11月。

【分布及生境】野生于山东、江苏、安徽、浙江、福建、江西、湖南、湖北、河南、陕西、四川、贵州、云南等省。广西、广东等省区有栽培。生于山地岩缝、沟谷林中及灌丛。

【营养成分】花含挥发油，主要成分为苄醇、乙酸苄酯、芳樟醇、金合欢花醇等，并含吲哚、腊梅苷、胡萝卜素。

【食用方法】冬季采摘花入菜，香清味美，有较好的食疗作用。还可作糖饯，贮藏至夏季做甜点馅料。

药用功效

根、枝叶、花入药。性温，味辛。疏风散寒、化湿止痛。花可解暑生津，用于热病烦渴、胸闷咳嗽、口渴、百日咳、肝胃气滞、水火烫伤。

桃金娘

Rhodomyrtus tomentosa（Ait.） Hassk.

别　名‖桃娘、棯子、山棯、岗棯、唐莲
英文名‖ Downy rose myrtle
分　类‖桃金娘科桃金娘属常绿灌木

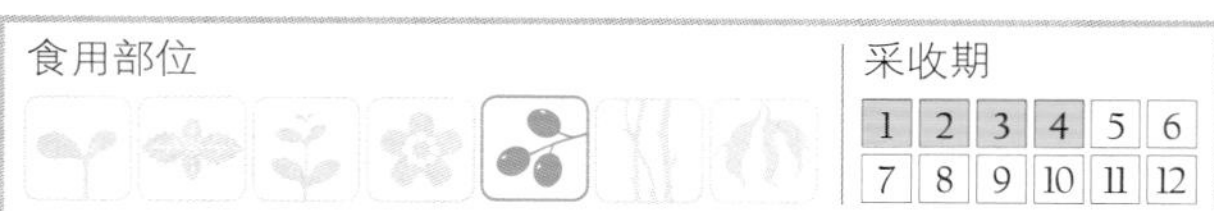

【形态特征】植株高1~2m，幼枝密被柔毛。叶对生，革质，椭圆形或倒卵形，长3~6cm，宽1.5~3.6cm，顶端钝或圆，基部阔楔形，叶面初被毛，后无毛，叶背密被灰白色短茸毛，叶柄长约4.7mm，被茸毛。花单生，紫红色，腋生，具长梗，梗被茸毛，萼管长约6mm，被茸毛，基部具2小苞片，卵形，被茸毛，萼裂片圆形，宿存；花瓣倒卵状长圆形，花柱长约1cm，基部被茸毛，柱头头状。浆果椭圆形，直径1~1.5cm，熟时暗紫色。花期4—5月，果期7—9月。

【分布及生境】分布于广东、广西、台湾、福建、云南、贵州、湖南等省区。生于山坡灌丛、草坡、路旁。

【营养成分】果实含黄酮苷、酚类、氨基酸、有机酸、糖类等。

【食用方法】8—9月果熟时含糖较多，约为8.7%，味甜多汁，可生食、酿酒或制果酱。

药用功效

果入药，性平，味甘、涩，养血、止血、涩肠、固精，用于血虚、吐血、鼻衄、便血、痢疾、脱肛、耳鸣、遗精、血崩、带下等。全株入药，清热解毒、收敛止泻、拔毒生肌、活血通络、补虚止血。

南蛇藤

Celastrus orbiculatus Thunb.

别　名‖金银柳、金红树、果山藤、过山风、白龙穿山龙、明开夜合、合欢
英文名‖ Celastrus
分　类‖卫矛科南蛇藤属灌木

【形态特征】植株高达8m，皮淡灰褐色，稍剥裂，枝长，蔓延而稍缠绕性，小枝圆形，灰白色或灰褐色，皮孔密生，圆形，淡褐色，稍隆起，内皮层含多量银白色纤维。冬芽圆球形或扁卵形，褐色，鳞片5~7，托叶具流苏状睫毛，淡褐色，早落。单叶互生。叶片近圆形，叶柄具槽。聚伞花序，腋生，花小，杂性。萼片和花瓣均5枚。蒴果1~2个束生一起，近圆形，顶端具刺尖，熟时橙黄色，瓣裂。种子椭圆状卵形，灰褐色，被有深橙黄色肉质假种皮。花期6—7月，果期8—9月。

【分布及生境】全国大部分地区均有分布。生于针、阔叶混交林下、山沟、山坡、林缘、灌丛。

【食用方法】春季采嫩梢，沸水焯过，换冷水浸泡过夜，可凉拌、炒食。

药用功效

根和藤茎入药。性温，味辛。祛风除温、活血止痛、消肿解毒。用于风湿筋骨疼痛、四肢麻木、痢疾、肠风、痔漏、闭经腹痛、跌打损伤、齿痛、痈疽肿痛、毒蛇咬伤。

Vinelike wild vegetables

三、藤本野生蔬菜

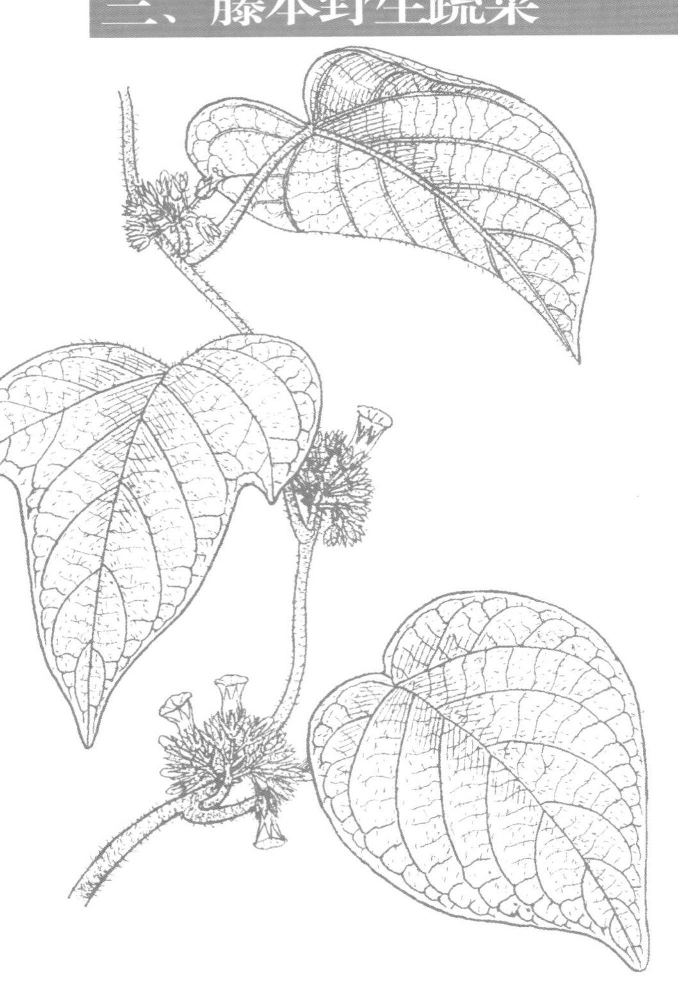

紫藤

Wisteria sinensis （Sims） Sweet

别　名‖紫藤花、藤花
英文名‖ Chinese wisteria
分　类‖豆科紫藤属落叶木质藤本

【形态特征】幼枝被黄褐色柔毛。奇数羽状复叶，小叶7~11对，对生或近对生，叶片卵形或卵状披针形，长4.5~11cm，宽1.5~5cm，顶端渐尖，基部圆形或宽楔形，幼时叶面、叶背被白色平伏疏柔毛，后近无毛，叶柄、叶轴被稀疏短柔毛，小叶柄密生短柔毛。总状花序侧生，长15~30cm，与叶同时萌生。花大，长2.5~4cm，花梗长1~1.7cm，被褐色柔毛；萼钟状，外疏被短柔毛。花冠蝶形紫色或深紫色，长约2cm，旗瓣倒卵形，内近基部具2个胼胝体状附属物。荚果扁，长条形，长10~20cm，密生黄棕色茸毛。种子1~3颗，扁圆形。花期4—5月，果期5—6月。

【分布及生境】分布于我国东北及山东、河南、河北、陕西、湖北、江西、四川、广东等地。生于向阳山坡、沟谷、疏林等。

【营养成分】花含挥发油0.6%~0.95%，并富含蛋白质、脂肪、碳水化合物、维生素、矿物质等。

【食用方法】春季开花期间采摘已开放的花朵，漂洗后可做菜肴食用，可炒食、煮粥、做馅。

药用功效

花入药。性微温，味甘。利小便、解毒驱虫、止吐泻。

食用葛藤

Pueraria edulis Pampan.

别　名‖葛藤、葛根、甘葛
英文名‖ Edible wisteria
分　类‖豆科葛属多年生缠绕草质藤本

【形态特征】 块根肥厚。茎缠绕生长，疏被硬长毛。三出羽状复叶，托叶长约1cm，箭头状，叶柄疏被黄长毛；顶生小叶宽卵形，3裂，侧生小叶斜阔卵形，2裂，长8~15cm，宽5~10cm，顶生渐尖，基部宽楔形、圆形或截形，叶面、叶背疏生短毛；小托叶披针状；小叶柄密被毛。总状花序腋生，长10~15cm，苞片和小苞片卵形，无毛。花长15~17cm，具细长毛的花梗；萼阔钟形，外无毛，内被短柔毛。萼齿5，长于萼筒，有缘毛，上面2枚完全合生，近卵形，下面3枚披针状长圆形；花冠紫色，长约16mm，旗瓣近圆形，长约16mm，顶端微凹。雄蕊合生成单体；子房几无柄，基部具腺体，被毛。荚果扁，条形，干后变黑，长5~7cm，宽约1cm，被疏毛。花期9月。

【分布及生境】 分布于广西、四川、云南等地。生于山沟森林。

【营养成分】 嫩叶和嫩茎含蛋白质、维生素 B_2、维生素C等。块根富含淀粉及少量蛋白质和维生素。

【食用方法】 春、夏季采摘嫩茎和嫩叶炒食或做汤。晚秋或早春挖取块根，舂碎，在清水中揉洗，除渣后沉下淀粉，煮食。

野葛

Pueraria montana var. *lobata*（Willd.）Maesen et S. M. Almeida ex Sanjappa et Predeep

别　名‖葛根、葛麻叶、黄葛藤、野扁葛、粉葛
英文名‖ Kudzu
分　类‖豆科葛属多年生缠绕草质藤本

【形态特征】 植株藤长可达数十米。具两种根：一为须根，为吸收根，呈水平生长；另一为贮藏根，也称块根。块根肉质肥大，呈棒状或纺锤状，表皮具褶皱，黄白色，肉为白色。茎蔓性，右旋性缠绕生长，坚韧，纤维多，被棕褐色长硬毛。三出羽状复叶，互生，顶生小叶菱状卵形或阔卵形，侧生小叶斜阔卵形，长10~22cm，宽8~21cm，顶端渐尖，基部宽楔形、圆形或平截，全缘或微波状或不同程度的3裂。叶面疏被浅黄色柔毛，叶背灰白色，具粉霜，密被毛，柄短。叶柄基部肿大，两边生一对小托叶，线状披针形，长5mm。总状花序腋生，花密。小苞片卵形，萼钟形，萼齿5，披针形，内外均被黄色柔毛；花冠紫红色。荚果条形，长5~10cm，宽8~10cm，密被长毛。种子多数，肾形或近圆形，灰黑色或黄褐色。花期7—9月，果期9—11月。

【分布及生境】 除西藏、新疆外，遍布其他各省区。生于海拔1 300m以下的草坡、疏林、河谷、山脚、路旁灌丛中。喜温暖、潮湿、向阳环境。

【营养成分】 块根含淀粉76.44%、蛋白质0.08%、纤维素0.36%，并含钙、锌、硒等元素，还含黄酮类物质，总量达12%，其中主要为黄豆苷、黄豆苷元和葛根素。

【食用方法】 块根在12月中下旬挖取，可蒸食或制粉。春季采摘嫩叶，夏季采花，炒食或做汤等。

药用功效

种子入药，性平，味甘，无毒，用于下痢。花入药，性平，味甘，无毒，用于肠风下血。藤蔓入药，用于消痈肿、妇人催乳。葛粉入药，用于烦躁热渴。

香花崖豆藤

Millettia dielsiana Harms

别　名‖崖豆藤、山鸡血藤
英文名‖ Diels millettia
分　类‖豆科鸡血藤属木质藤本

【形态特征】植株茎长2~5m，小枝被锈色柔毛或几无毛。羽状复叶，叶轴和小叶柄密被锈色短柔毛；小叶5，披针形至狭矩圆形，先端钝渐尖，基部钝或圆形，叶面无毛，叶背略被短柔毛或无毛，小托叶锥形。圆锥花序顶生，密被茸毛。花单生于花序轴分枝的节上；苞片小，卵形；花梗被毛，小苞片2；萼钟形，长约5mm，下部萼齿卵状披针形，其余卵形；花冠紫色，长约15mm，旗瓣圆形，外面白色，被毛，内面深紫色，翼瓣镰状，具1耳，龙骨瓣较短，基部具2耳；雄蕊为9与1的2组；子房条形，花柱内弯。荚果长圆形，略扁平，长7~12cm，宽1.5~2cm，近木质，密被灰色茸毛。种子4~5颗，肾形，暗紫色，长约2cm，宽约1cm。花期7—8月，果期9—11月。

【分布及生境】分布于福建、广东、广西、贵州、湖北、湖南、江西。生于山坡灌丛、林下。

【营养成分】茎与叶含无羁萜、3-β-无羁萜醇，茎还含鸡血藤醇、蒲公英赛酮和多种甾醇。

【食用方法】秋、冬季割取茎藤，除去枝叶，切段或切片晒干，可煮蛋、做汤。

药用功效

茎入药。性温，味甘。活血通络、强筋骨。用于月经不调、闭经腹痛、腰膝酸痛、四肢麻木。

三裂叶野葛

Pueraria phaseoloides （Roxb.） Benth.

别　名‖热带葛藤、假菜豆
英文名‖ Tropical kudzu
分　类‖豆科葛属藤本

【形态特征】植株茎长10m以上；茎纤细，被褐黄色、开展的长硬毛。托叶基生，卵状披针形，长3~6mm；小托叶线形，长1~3mm；小叶宽卵形至菱形，顶生小叶长6~10cm，宽5~9cm，侧生小叶较小，偏斜，全缘或3齿，上面绿色，被紧贴的长硬毛，下面灰绿色，密被白色的长硬毛。总状花序单生，长8~18cm或更长，中部以上有花；苞片和小苞片线状披针形，长2~5mm，被长硬毛；花具短梗，聚生于稍疏离的节上；萼钟状，长6~7mm，被紧贴的长硬毛，下部的裂齿与萼管等长，顶端呈刚毛状，其余的裂齿三角形，比萼管短；花冠浅蓝色或淡紫色，旗瓣近圆形，长7~12mm，基部有片状、直立的小附属体及2枚内弯的耳，翼瓣倒卵状长椭圆形，略长于龙骨瓣，基部一侧有宽而圆的耳，具细长瓣柄，龙骨瓣镰状，顶端具短喙，基部截形，具瓣柄；子房线形，略被毛。荚果近圆柱状，长5~13cm，直径2~5mm，初时稍被紧贴的长硬毛，后近无毛，果瓣开裂后扭曲；种子长椭圆形，两端近截平，长3~4mm。花期8—10月，果期10—11月。

【分布及生境】分布于我国华南及浙江。生于山坡、山谷、疏林、灌丛。喜温，耐热。

【食用方法】挖取块根煮食或蒸食，也可洗出淀粉煮食。如采摘嫩叶，先用水揉搓，淘净，然后调味煮食。

药用功效

根入药，“葛根”为药材，可解热、发汗。花可解酒。叶捣碎敷创伤。

扁豆

Lablab purpureus （L.） Sweet

别　名‖架豆、沿篱豆、峨眉豆、菱叶镰扁豆
英文名‖ Hyacinth bean
分　类‖豆科扁豆属一年生缠绕草质藤本

食用部位

采收期

1	2	3	4	5	6
7	8	9	10	11	12

【形态特征】植株长 3~4m，直根系，茎蔓生，粗壮，圆柱形，淡紫色或淡绿色。三出羽状复叶，具托叶和小托叶，柄长，顶生小叶菱状宽卵形，侧生小叶斜宽卵形。总状花序，腋生，长 15~25cm；花梗长 8~14cm；花冠白色或紫红色，长约 2cm。荚果倒卵状长椭圆形，微弯，扁平，长 5~7cm，宽 1.5~1.8cm，顶端具弯曲的尖喙，背腹线发达，鲜嫩时肉质肥厚，紫红色或淡绿色，老熟时革质，黄褐色。种子 3~5 颗，淡褐色、紫黑色或白色。种脐条形，隆起，白色。花、果期 8—10 月。

【分布及生境】我国各地广泛分布。喜温，喜湿。

【食用方法】夏、秋季采摘花，洗净后去梗食用，可做馅、煮粥等。嫩荚可作菜肴食用。

药用功效

种子、种皮、花均可入药。性平，味甘、淡。消暑除湿、健脾解毒。花与豆功用相同，主治带下病。

牛尾菜

Smilax riparia A. DC.

别　名‖草菝葜、软性菝葜、金刚豆藤、牛尾苔
英文名‖ Riparian greenbrier
分　类‖百合科菝葜属多年生草质藤本

食用部位

采收期

1	2	3	4	5	6
7	8	9	10	11	12

【形态特征】植株茎长 1~2m，中空，具髓，干后凹瘪，具槽，无刺。叶纸质，叶形有卵形、长圆形、狭椭圆形、狭椭圆状披针形和卵状披针形，长 7~15cm，宽 2.5~11cm，叶背绿色，无毛或具乳突状微柔毛，脉上毛更多。叶柄长 7~20mm，通常在中部以下有卷须。伞形花序生叶腋，总花梗较纤细，长 3~5（~10）cm；花期花序托上具多小苞片，小苞片长 1~2mm，在花期一般不落；雌花比雄花略小，不具或具钻形退化雄蕊。浆果直径 7~9mm。花期 6—7 月，果期 10 月。

【分布及生境】除西北地区外，其他各地均有。生于林下、灌丛、山沟及山坡草丛。

【食用方法】采摘嫩苗，热水焯熟，用水浸洗干净，调味食用。

药用功效

根及根状茎入药。性平，味甘、苦。补气活血、舒筋通络。用于气虚浮肿、筋骨疼痛、偏瘫、头晕头痛、咳嗽吐血、带下。

鹿藿

Rhynchosia volubilis Lour.

别　名‖老鼠眼、饿马营、痰切多、野黄豆藤
英文名‖ Rhynchosia
分　类‖豆科鹿藿属藤本

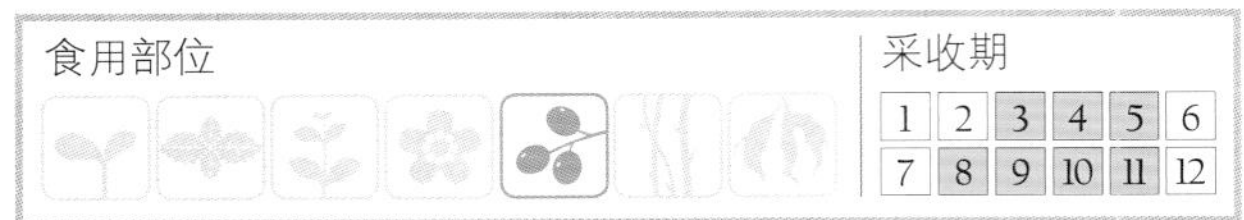

【形态特征】藤茎草质，缠绕生长。各部多少被有锈色柔毛。三出复叶，互生，顶生小叶卵状菱形或菱形，长2.5~6cm，宽2~5.5cm，先端钝或稍尖，基部近楔形或圆形，叶面、叶背密被长柔毛，侧生小叶较小，偏斜，基出脉3条。总状花序，腋生，蝶形花冠黄色，萼钟状，齿5，披针形，被毛5腺点。荚果矩圆形、长椭圆形，长1~1.5cm，宽6~8mm，顶端具小喙；种子1~2颗，椭圆形，黑色，具光泽。

【分布及生境】分布于我国华中、华东、华南、西南各地。生于野外疏灌丛或疏林中，路旁、草丛也有。

【营养成分】以风干物质计，种子含粗蛋白质15.00%、粗脂肪2.81%、粗纤维36.14%、钙1.04%、磷0.212%。

【食用方法】种子煮熟作调味使用，或与肉类煮食。

药用功效

种子入药，镇咳祛痰、祛风和血、解毒杀虫。

薜荔

Ficus pumila L.

别　名‖凉粉藤、凉粉果、木莲、木馒头
英文名‖ Climbing fig
分　类‖桑科榕属攀缘或匍匐藤本

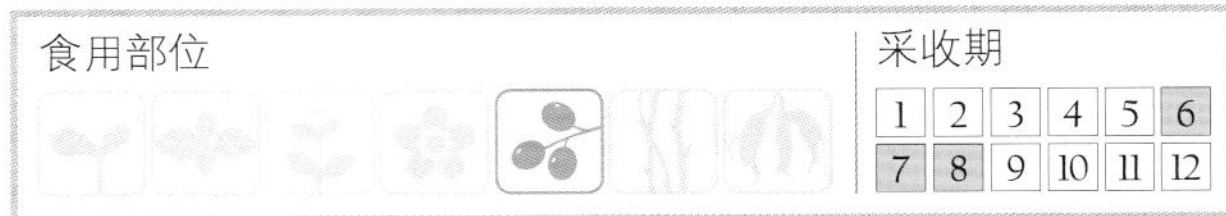

【形态特征】茎灰褐色，幼枝匍匐状，节上生气根，不结果枝上生叶不生根。叶卵状心形，长约2.5cm，基部稍不对称，顶端渐尖，叶柄短。结果枝上无不定根，叶卵状椭圆形，长5~10cm，宽2~3.5cm，顶端急尖至钝形，基部圆形至浅心形，全缘，叶面无毛，叶背被黄色柔毛。托叶2，卵状三角形，长0.5~1cm，被黄色丝状毛。榕果单生叶腋，大梨形或近球性，长3~6cm，宽3~5cm，顶部截平，略具短钝头或脐状突起，基部收缩成一短柄。榕果幼时被黄色短柔毛，成熟时黄绿色或微红，果柄粗短。雄花生于内壁口部，多数，排几行，有梗，花被片2~3，线形，雄蕊2，花丝短。瘿花具梗，花被片3，线形，花柱侧生，短。雌花生于另一植株榕果内壁，花梗长，花被片4~5。

【分布及生境】分布于山东、安徽、江苏、浙江、福建、台湾、广东、广西、湖南、湖北、四川、云南、贵州等地。生于石灰岩山坡上。

【营养成分】瘦果中含蛋白质、脂肪、糖类、多种维生素和矿物质，还含一种亲水溶胶（果胶）黏液，可食。

【食用方法】夏季采收成熟瘦果，日光下稍晒，洗净，放入纱布袋，然后浸入具清洁水的木桶，揉搓挤压，把果汁、果肉挤出，溶于水中，加入几片茄片或将干的慈姑用石摩擦注入其中，以促进胶体形成。并把桶盖严，5~6小时胶体形成，即为凉粉，拌糖、芝麻等食用，为解暑佳品。

药用功效

果实入药。性平，味酸。壮阳固精、祛风除湿、活血通络、补肾解毒、止血、下乳等。

地瓜

Ficus tikoua Bur.

别　名‖地瓜藤、地枇杷、地石榴、地胆紫
分　类‖桑科榕属落叶匍匐木质藤本

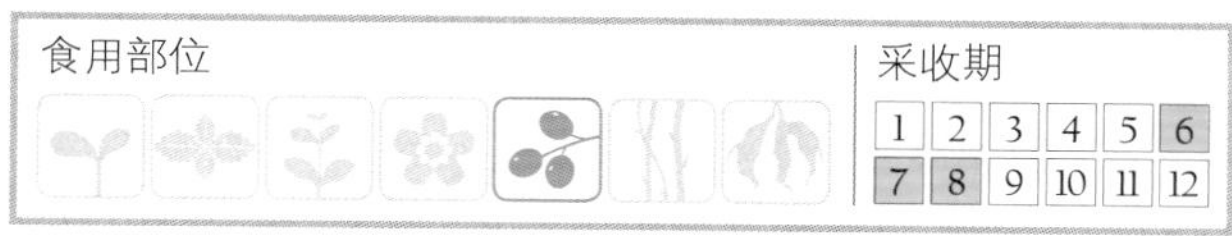

【形态特征】茎上生细长不定根，节膨大；幼枝偶有直立的，高达30~40cm。叶坚纸质，倒卵状椭圆形，长2~8cm，宽1.5~4cm，先端急尖，基部圆形至浅心形，边缘具波状疏浅圆锯齿，基生侧脉较短，侧脉3~4对，表面被短刺毛，背面沿脉有细毛；叶柄长1~2cm，直径立幼枝的叶柄长达6cm；托叶披针形，长约5mm，被柔毛。榕果成对或簇生于匍匐茎上，常埋于土中，球形至卵球形，直径1~2cm，基部收缩成狭柄，成熟时深红色，表面多圆形瘤点，基生苞片3，细小；雄花生于榕果内壁孔口部，无柄，花被片2~6，雄蕊1~3；雌花生于另一植株榕果内壁，有短柄。无花被，有黏膜包被子房。瘦果卵球形，表面有瘤体，花柱侧生，柱头2裂。花期5—6月，果期7月。

【分布及生境】分布于我国西南及广西、湖南及湖北。生于田埂、土坡、疏林地。

【食用方法】夏季花序托成熟时采收食用。

药用功效

根性寒，味苦，清热利湿，用于泄泻、黄疸、瘰疬、痔疮、遗精。茎叶清热利湿、活血解毒，用于风热咳嗽、痢疾、水肿、闭经、带下病。花用于遗精、滑精。果实清热解毒、祛风除湿，用于咽喉痛。

爱玉子

Ficus pumila var. *awkeotsang* （Makino）Corner

别　名‖爱玉、草枳仔、风不动
分　类‖桑科榕属藤本

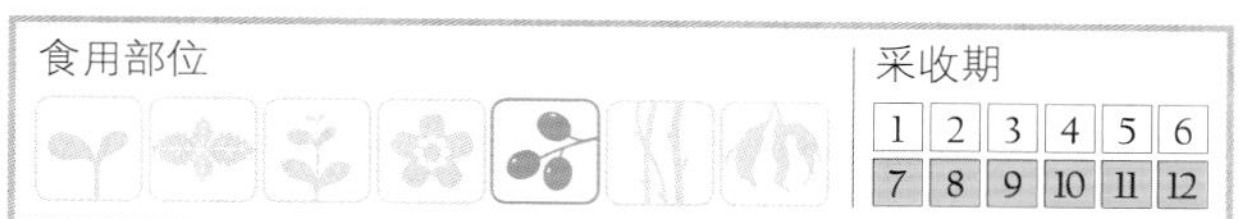

【形态特征】藤茎利用气生根攀登大树或岩壁。年龄可达数十年，分枝多，生长茂盛。叶片长椭圆状披针形或长倒卵形，先端尖，基部类心形，长6~12cm，宽3~5.5cm，叶面绿色，叶背灰白色，密被茶褐色茸毛。全缘，具叶柄，长约10mm，被毛，基部托叶2枚。隐头果宽椭圆形或长倒卵形，先端突出，绿色，散布白色斑点，逐渐变黄绿色至深紫色。

【分布及生境】分布于浙江、福建、台湾。利用藤茎的气生根攀登大树、岩壁等，常年生长。

【营养成分】种子含凝胶质4.28%，水解后得葡萄糖、果糖，还含粗蛋白质和粗脂肪。

【食用方法】先把果实切去两端，削去外皮，晒至变软时切开，反转暴晒干燥。剥开果实，用纱布包裹，置于60倍的水中揉搓约10分钟，使其溶出半透明胶质，静置半小时凝固成胶质，加糖食用，味淡美可口，此即为爱玉冰，为热带著名清凉饮料。

药用功效

根和藤晒干，用于风湿病。

薯蓣

Dioscorea polystachya Turcz.

别　名 ‖ 野山芋、山药、淮山药、牛尾苕、山菇
英文名 ‖ Common yam
分　类 ‖ 薯蓣科薯蓣属缠绕草质藤本

【形态特征】 块茎肥厚，粗大，长圆柱形或伸长的圆锥形，长可达1m，垂直生长，生须根，具黏液，肉白，外皮灰褐色。茎右旋，带紫红色，无毛。单叶，茎下部互生，中部以上对生，偶有3叶轮生，叶形变化大，三角状卵形、宽卵形至戟形，长4~8cm，宽2~7cm，顶端渐尖，基部深心形、宽心形或近截形，边缘3浅裂至3深裂。中裂片卵状椭圆形至披针形，侧裂片圆耳状至倒卵形，基出脉5~7条，叶面叶背光滑无毛，叶柄长3~8cm，叶腋常具珠芽（零余子），椭圆形或长圆形，具黏液，肉白，皮灰褐色。花单性，雌雄异株。雄花序为穗状花序，2~8个着生于叶腋，雄蕊6枚，花丝粗短，花药内向纵裂；雌花为穗状花序，1~3个着生于叶腋，雌花疏生。蒴果三棱状扁圆形或三棱状圆形，具反折，外被白粉。种子着生于每室中轴中部，四周具膜质翅。花期6—9月，果期7—11月。

【分布及生境】 分布于河南、河北、山西等地。生于海拔630~1 300m的山坡、岩边、灌丛和林缘。

【营养成分】 每100g鲜块茎含蛋白质1.5g、碳水化合物14.4g、维生素A 0.02mg、维生素B_1 0.08mg、维生素B_2 0.02mg、维生素B_5 0.3mg、维生素C 4mg、粗纤维0.9g、钙14mg、磷42mg、铁0.3mg。

【食用方法】 秋、冬季挖取块茎，可炒、煮、炸、蒸、炖等。

药用功效

块茎入药。性平，味甘。补脾胃、养肺益阴、益肾固精。用于脾胃虚弱、食少倦怠、泄泻、肺虚咳喘、虚劳咳嗽、肾虚遗精。

野山药

Dioscorea japonica Thunb.

别　名 ‖ 日本薯蓣、千担苕、小黏狗苕、黏狗苕
英文名 ‖ Hairy japanese yam
分　类 ‖ 薯蓣科薯蓣属缠绕草质藤本

【形态特征】 块茎长圆柱形，垂直生长，外皮棕黄色，干时皱缩，断面白色，有时带黄白色。茎绿色，有时带淡紫红色，右旋。单叶，在茎下部的互生，中部以上的对生；叶片纸质，变异大，通常为三角状披针形、长椭圆状狭三角形至长卵形，有时茎上部的为线状披针形至披针形，下部的为宽卵心形，顶端长渐尖至锐尖，基部心形至箭形或戟形，有时近截形或圆形，全缘，两面无毛；叶柄长1.5~6cm。叶腋内有各种大小形状不等的珠芽。雌雄异株。雄花序为穗状花序，长2~8cm，近直立，2至数个或单个着生于叶腋；雄花绿白色或淡黄色，花被片有紫色斑纹，外轮为宽卵形，长约1.5mm，内轮为卵状椭圆形，稍小；雄蕊6。雌花序为穗状花序，长6~20cm，1~3个着生于叶腋；雌花的花被片为卵形或宽卵形，6个退化雄蕊与花被片对生。蒴果不反折，三棱状扁圆形或三棱状圆形；种子着生于每室中轴中部，四周有膜质翅。花期5—10月，果期7—11月。

【分布及生境】 分布于我国华东、中南大部及贵州、四川。生于海拔800~1 430m的向阳山坡、灌丛、溪沟旁、路旁、林下等。

【食用方法】 参考薯蓣。

药用功效

根茎入药。用于泄泻、浮肿、虚劳咳嗽、遗精带下、病后虚羸。

黏山药

Dioscorea hemsleyi Prain et Burkill

别　名 ‖ 白山药、黏狗苕
英文名 ‖ Hemsley yam
分　类 ‖ 薯蓣科薯蓣属缠绕草质藤本

【形态特征】块茎圆柱形，或末端增粗而成棒状，断面白色，富黏性。茎左旋，密被白色或浅褐色曲柔毛，渐脱落。叶纸质，卵状心形或宽心形，长 4~8cm，宽 5~10cm，顶端渐尖或尾状渐尖，基部心形，表面疏生曲柔毛或无毛，背面密生曲柔毛，基出脉 9 条，叶柄长 2~9cm，具曲柔毛。花单性，雌雄异株。雄花 4~8 朵簇生成小聚伞花序，若干小花序再排列成穗状花序，花被具红棕色斑点，雄蕊 6 枚，花药背着，内向；雌花序短缩，几无花序轴或很短，苞片披针形，具红棕色斑点。花柱三棱状，基部膨大，柱头 3 裂，反折。蒴果三棱状长圆形或三棱状卵形，常 2~6 枚紧密从生短果序轴上，密生曲柔毛。每室种子 1 或 2 颗不发育，种翅膜质，向顶端延伸成宽翅。花期 7—8 月，果期 8—10 月。

【分布及生境】分布于我国西南地区。生于海拔 950~2 200m 的灌丛和草地。

【营养成分】块茎含蛋白质、脂肪、碳水化合物、维生素 C 等。

【食用方法】秋、冬季挖取块茎供食用。块茎黏性较重，去皮洗净后，煮烂，在温水中不断揉洗，块茎溶化水中后加适量清石灰水搅拌均匀，使其凝结成块状，冷后切片，加调料凉拌或炒食。

药用功效

块茎入药。性平，味甘。清热解毒、软坚散结。用于肿块、毒疮。

毛胶薯蓣

Dioscorea subcalva Prain et Burkill

别　名 ‖ 黏狗苕、联黏黏
分　类 ‖ 薯蓣科薯蓣属缠绕草质藤本

【形态特征】块茎圆柱形，或有分叉，垂直生长，断面白色，富黏性。茎左旋，无毛，或初被疏曲柔毛，后近无毛。叶纸质，单叶互生，卵状心形或圆心形，长 5~10cm，宽 4~11cm，顶端尾尖或骤狭渐尖，7~9 脉，细脉网状，背面网状支脉明显。花单性，雌雄异株。雄花 2~6 朵组成小聚伞花序，少数单生，若干小花序再排列成穗状花序，长 5~12cm，通常 2~3 个着生于叶腋，花被片具红褐色斑点。雌花序穗状，长 4~14cm，花被片具红棕色斑点。蒴果三棱状倒卵形或三棱状长圆形，光滑无毛。种子顶端具宽翅。花期 6—8 月，果期 7—10 月。

【分布及生境】分布于湖南、广西、四川、贵州、云南。生于海拔 600~1 900m 的山坡、林缘、路边、河边灌丛中。

【营养成分】每 100g 块茎含蛋白质 0.9g、脂肪 0.1g、粗纤维 0.8g、维生素 B_1 0.01mg、维生素 B_2 0.01mg、维生素 B_5 0.2mg、维生素 C 13mg、钙 37mg、磷 92mg、铁 31mg。

【食用方法】秋、冬季挖取块茎供食。块茎（俗称“毛胶”）具黏性，不起丝，含淀粉较多。鲜块茎洗净，去皮切片，刮去黏性，用大的土茯苓叶包住，在热灰中沤热至发泡时食用。还可将块茎洗净，去皮，切片晒干，磨成粉备用。

药用功效

块茎入药。性平，味甘。健脾祛湿、补肺肾。用于脾虚食少、泄泻、消渴、肺结核、跌打损伤。

黑珠芽薯蓣

Dioscorea melanophyma Prain et Burkill

别　名‖毛山药、野胭脂、黑弹子
英文名‖ Black-bulbil yam
分　类‖薯蓣科薯蓣属缠绕草质藤本

【形态特征】 块茎卵形或梨形，表面黑褐色，具多数细长须根。茎左旋，光滑，无毛或疏生短柔毛，无刺。掌状复叶，互生，纸质，小叶 3~5，有时茎顶具单叶，小叶片狭长，披针形至卵状披针形，中央小叶较两侧的大，顶端渐尖，基部宽楔形，全缘或微波状，两面无毛，或沿主脉稍具毛。叶腋内常具圆形珠芽，成熟时黑色，表面光滑无毛。花单性，雌雄异株。雄花序总状，雄花被黄白色，苞片和花被外具短柔毛。雄蕊 6，3 能育，具花药，与 3 枚不育雄蕊互生。雌花序下垂，单生或 2 个生于叶腋，具 20~30 花。蒴果三棱状长圆形，反折，两端钝圆，每室种子 2 枚着生于中轴顶端。花期 8—10 月，果期 10—12 月。

【分布及生境】 分布于我国西南地区。生于海拔 1 200~1 900m 的林缘、灌丛中。

【营养成分】 每 100g 块茎含蛋白质 0.01g、粗纤维 0.8g、脂肪 0.1g、维生素 B_1 0.093mg、维生素 C 6mg、钙 37mg、磷 92mg、铁 31mg。

【食用方法】 秋、冬季采挖块茎，洗净，去皮后可煮食或炒食，味佳。

药用功效

块茎入药。性平，味甘、淡。清热解毒、理气健脾。用于食少倦怠、尿频、虚咳、无名肿毒。

穿山薯蓣

Dioscorea nipponica Makino

别　名‖穿龙薯蓣、穿山龙、串地龙、穿山骨、爬山虎、龙骨七、地龙骨
英文名‖ Chuanlong yam
分　类‖薯蓣科薯蓣属缠绕草质藤本

【形态特征】 根茎横生，肉质，圆柱形，多分枝，栓皮层呈片状脱落，断面黄色。茎左旋，近无毛，圆柱形，具沟纹，细长。单叶互生，纸质，掌状心形，长 10~15cm，宽 9~13cm，边缘作不等大的三角状浅裂、中裂和深裂，顶生裂片较小，近全缘。花单性，雌雄异株。雄花序穗状，生叶腋，下垂，花小，具柄，黄绿色，钟形，2~3 朵集成一簇；雌花花序单生于叶腋，下垂，花被 6 裂，柱头 3 裂，裂片再 2 裂，子房圆筒状。蒴果倒卵形至长圆形，具 3 翅，枯黄色，顶端凹入，具短尖，每室 2 颗种子，生于室的基部，四周具不等宽的薄膜状翅。花期 6—7 月，果期 7—9 月。

【分布及生境】 分布于我国东北及河北、北京、山西、山东、陕西、甘肃、河南、湖北、湖南、四川、云南、福建等。生于海拔 1 000~1 800m 的河谷两侧、半阴半阳的山坡灌丛、稀疏杂木林内、林缘。

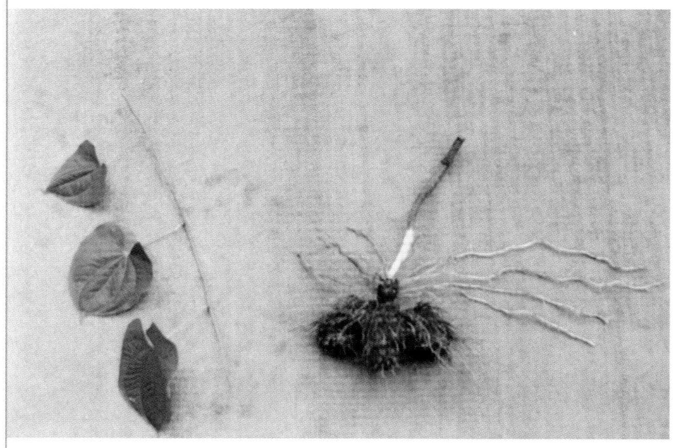

【食用方法】 4—5 月采摘嫩茎叶，沸水烫后加调料，凉拌或炒食。

药用功效

块茎入药。性温，味甘、苦。舒筋活血、止咳化痰、祛风止痛。用于腰腿疼痛、筋骨麻木、跌打损伤、咳嗽喘息、气管炎。

绵萆薢

Dioscorea septemloba Thunb.

别　名 ‖ 绵薯蓣、大萆薢、萆薢
英文名 ‖ Seven-lobed yam
分　类 ‖ 薯蓣科薯蓣属多年生缠绕草质藤本

食用部位　　采收期

1	2	3	4	5	6
7	8	9	10	11	12

【形态特征】茎左旋，圆柱形。单叶互生。叶形变化大，有时一株从基部至顶部全为三角状心形，全缘或微波状，叶面被白色粗毛；有时基部为掌状心形，边缘具5~9深裂、中裂和浅裂，顶部为三角状心形，不分裂，叶脉多数为9，叶干后不变黑。雌雄异株，雄花花序为圆锥花序，生于叶腋，花橙黄色，花被6；雌花花序为下垂圆锥花序。蒴果宽倒卵形，翅长1.3~1.5cm，宽2~2.5cm，干后棕褐色。花期6—8月，果期7—10月。

【分布及生境】分布于浙江、江西、福建等地。生于山地疏林、灌丛中。

【食用方法】块茎蒸煮食，或取淀粉食用。

药用功效

根茎入药。性平，味苦。利湿去浊、祛风通痹。用于淋证、白带过多、湿热疮毒。

黄独

Dioscorea bulbifera L.

别　名 ‖ 黄药、黄独子、金钱吊蛋、黄金山药、山慈姑、寒余子薯蓣
英文名 ‖ Air potato yam
分　类 ‖ 薯蓣科薯蓣属多年生草质缠绕藤本

食用部位　　采收期

1	2	3	4	5	6
7	8	9	10	11	12

【形态特征】块茎单生，卵圆形至长圆形，皮暗黑色，密生须根。茎左旋，圆柱形，长达数米，绿色或紫色。叶互生，宽心状卵形，长7~22cm，宽7~18cm，顶端锐尖，基部钝圆，全缘或微波状，叶腋具珠芽（零余子），球形或卵圆形，大小不等，紫棕色。花单性，雌雄异株，穗状花序下垂。蒴果长圆形，反曲具3翅，矩圆形，成熟时草黄色，表面密生紫色小斑点。种子扁卵形，着生于果实每室顶端，一面具翅。花期7—10月，果期8—11月。

【分布及生境】分布于湖北、湖南、江苏、安徽以及长江以南其他地区。生于河谷、山谷阴沟、杂木林边缘。

【食用方法】块茎有小毒，遇热即解。蒸煮食，或取淀粉食用。

药用功效

块茎入药。性平，味苦。清热解毒、凉血消瘿。用于咽喉肿痛、痈肿疮毒、蛇虫咬伤、甲状腺肿、吐血、咯血。

金钱豹

Campanumoea javanica Blume

别　名‖紫党参、土党参、沙参、土人参、奶浆根、大花金钱豹、算盘果

英文名‖ Java cempanumoea

分　类‖桔梗科金钱豹属草质缠绕藤本

【形态特征】植株具乳汁，主根肥大，肉质，圆柱形。茎无毛，多分枝。叶对生，具长柄，叶片心形或卵形，边缘浅锯齿，长 3~8cm，宽 2~7cm，顶端尖，无毛或有时背面疏生长毛。花单生叶腋，各部无毛，花萼与子房分离，花萼 5 裂至近基部，裂片卵状披针形或披针形，长 1~1.8cm；花冠上位，钟形，长 10~13mm，白色或黄绿色，内紫色，裂片 5；雄蕊 5，柱头 4~5 裂。子房和蒴果 5 室。浆果黑紫色，球形，种子不规则，常为短柱形，表面具网纹。

【分布及生境】分布于四川、湖北、安徽、浙江和台湾。广布于亚洲东部热带亚热带地区。生于山地草坡、灌丛或林中。

【食用方法】春季至初夏采摘嫩茎叶，可炒食、做汤和菜食用。秋季采挖肉质主根，可炖肉食，有滋补作用。

药用功效

根入药。性温，味甘、微苦。补中益气、润肺生津。用于气虚乏力、脾虚腹泻、肺虚咳嗽、小儿疳积、乳汁稀少。

党参

Codonopsis pilosula（Franch.） Nannt.

别　名‖土党参、台党参、潞党参、品党参

英文名‖ Pilose asiabell

分　类‖桔梗科党参属草质藤本

【形态特征】植株具白色乳汁，浓臭。根肥大，纺锤状，少分枝，长 5~30cm，直径 1~3cm。茎缠绕生长，长 1~2m，多分枝。叶互生，具柄，被疏短刺毛。叶卵形，长 1~6.5cm，宽 0.5~5cm，顶端钝或微尖，基部近心形，边缘波状钝锯齿，叶面、叶背被疏或密伏毛。花单生茎端，具梗，花萼贴生至子房中部，上部 5 裂；花冠阔钟形，长 2~2.3cm，黄绿色，内具紫斑，顶端 5 浅裂；雄蕊 5，花丝、花药近等长；雌蕊柱头具白色刺毛。蒴果下部半球状，上部短圆锥状，种子多，卵形，无翼，棕黄色。花期 7—9 月，果期 9—10 月。

【分布及生境】分布于山西、陕西、甘肃、四川、云南、贵州、湖北、河南、内蒙古及东北各地。生于山地林边、灌丛中。

【营养成分】根成分含三萜类化合物无羁萜、党参苷Ⅰ、党参酸、党参内酯、苍术内酯Ⅱ及Ⅲ、蒲公英萜醇乙酸酯、紫丁香苷、多糖等。

【食用方法】春、秋季采挖，以秋季为优。根挖出后，粗细分开，除杂，边晒边搓，使内部与木质部贴紧，晒干。多做药膳，如党参蒸老鸡、参芪炖羊肉等。

药用功效

根入药。性平，味甘。补中益气、健脾益肺。用于脾肺虚弱、气短心悸、食少便溏、虚喘咳嗽。

山甜菜

Solanum dulcamara L.

别　名‖欧白英
英文名‖ Mountain beet
分　类‖茄科茄属藤本

【形态特征】植株无刺，草质，无毛或被稀疏的短柔毛，小枝干时灰绿色，具细条纹。叶戟形，长3~7.5cm，宽1.5~4cm，先端渐尖，基部戟形，齿裂或3~5羽状深裂，中裂片较长，其边缘有时具不规则的波状齿或浅裂，两面均被稀疏的短柔毛，中脉明显，侧脉每边4~7条，纤细；叶柄长1~2cm。聚伞花序腋外生，多花，总花梗长1~2cm，花梗长0.8~1cm，被稀疏短柔毛；萼杯状，直径约2.5mm，5裂，裂片三角形，端钝；花冠紫色，直径约1cm，花冠筒隐于萼内，长不到1mm，冠檐长约6.5mm，5裂，裂片椭圆状披针形，长约5mm；花丝短，长约0.5mm，花药长约2.5mm，顶孔略向内；子房卵形，直径约1mm，花柱纤细，丝状，长约5.5mm，柱头小，头状。浆果球状或卵状，直径6~8mm，成熟后红色，种子扁平，近圆形，直径1.5~2mm。花期夏季，果期秋季。

【分布及生境】分布于云南西北部和四川西南部。常生于林边坡地。

【食用方法】春季采摘嫩叶，热水焯熟，换水浸洗干净，去苦味，调味拌食。

药用功效

全草入药。性平，味苦、辛。清热解毒。用于恶疮、疥疮、食管癌、子宫癌、乳腺癌、外伤出血。果实入药可利尿、消肿。

狗掉尾苗

Solanum japonense Nakai

别　名‖野海茄、毛风藤
分　类‖茄科茄属藤本

【形态特征】小枝无毛或被疏柔毛。单叶互生。叶片三角状披针形或卵状披针形，长3~8.5cm，宽2~5cm，先端渐尖，基部圆或宽楔形。叶面、叶背均被疏柔毛，或仅脉上被疏柔毛。中脉明显，侧脉纤细，边缘波状，有时3~5裂，小枝上部叶为卵状披针形，无毛或被疏柔毛。聚伞花序，顶生或腋外生。花冠紫色，直径约1cm，花冠筒内藏，基部具5个绿色斑点，先端5深裂，裂片披针形，雄蕊着生花于冠筒喉部，花药长圆形，顶孔略向内，萼浅杯状，萼齿三角形；子房卵形，花柱头为头状。浆果圆形，直径约1cm，熟后红色；种子肾形。夏秋季开花，秋末果熟。

【分布及生境】除新疆、西藏外，其他各地均有。生于荒坡、山谷、水边、路旁和山崖疏林下。

【食用方法】春季采嫩叶，热水焯熟，换水浸洗干净后，调味拌食。

药用功效

全草入药。性平，味辛、苦。祛风湿、活血通经。用于风湿痹痛、闭经。

茜草

Rubia cordifolia L.

别　名‖小血藤、红丝线、四轮草、拉拉蔓、小活血、过山藤、三爪龙
英文名‖ Indian madder
分　类‖茜草科茜草属草质攀缘藤本

【形态特征】根紫红色或橙红色。分枝四棱状，棱上具倒生小刺。叶4片轮生，其中1对较大，具长柄，卵形至卵状披针形，长2.5~5cm，宽1~3cm，或更宽，顶端渐尖，基部圆形至心形，叶背脉上和叶缘具微小的倒刺；基出脉3~5条；叶柄长短不一。聚伞花序顶生或腋生，通常排成大而疏散的圆锥花序状，花小，萼齿不明显，花冠黄绿色或白色，具短梗，花冠幅状，5裂，具缘毛。浆果近球形，直径5~6cm，肉质，成熟时紫黑色，具1颗种子。花、果期9—10月。

【分布及生境】主要分布于陕西、河南等地。生于山坡岩石旁、沟边草丛、山坡灌丛、林缘。

【营养成分】根含多种蒽醌类成分，如茜素、茜草色素、紫茜素、紫黄茜素、茜草酸和伪羟苍茜草素，还含茜草萘酸苷Ⅰ及Ⅱ。

【食用方法】春季采嫩苗，洗净，可炒食、做汤。

药用功效

根和根茎入药。性寒，味苦。凉血、止血、祛瘀通经。用于吐血、衄血、崩漏带下、外伤出血、经闭瘀阻、关节痹痛、跌打肿痛。

鸡矢藤

Paederia foetida L.

别　名‖鸡屎藤、牛皮冻、主屎藤、臭腥藤
英文名‖ Chinese fevervine
分　类‖茜草科鸡矢藤属多年生草质藤本

【形态特征】全株被灰色柔毛，揉之具恶臭。茎扁圆柱形，直径2~5cm，老茎灰白色，无毛，具纵皱纹或横裂纹；嫩枝黑褐色，被柔毛。叶对生，具长柄。叶片卵形或狭卵形，长5~11cm，宽3~7cm，顶端稍渐尖，基部圆形或心形，全缘。嫩时叶面散生粗糙毛，主脉明显；托叶三角形，早落。圆锥花序顶生或腋生，扩展，分枝为蝎尾状聚伞花序，花萼5齿裂，花冠筒钟形，外面灰白色，具细茸毛，内面紫色，5裂；雄蕊5，着生于花冠筒内；子房2室，每室1胚珠。浆果球形，直径5~7cm，成熟时光亮，淡黄色。花期8月，果期10月。

【分布及生境】分布于云南、四川、贵州、广东、广西、福建、江西、湖南、湖北、安徽、江苏、浙江。生于山地路旁或岩石缝隙、田埂沟边草丛、溪边、河边、林旁和灌丛中，常攀缘于其他植物或岩石上。

【营养成分】全草含鸡矢藤苷、鸡矢藤次苷、猪殃殃苷、鸡矢藤苷酸、去乙酰猪殃殃苷、γ-谷甾醇、熊果苷和挥发油。

【食用方法】春季至初夏采嫩叶，多用于煮渣豆腐食。早秋采成熟果实、鲜果烧熟食，干果可炒熟食。秋、冬季采茎，以老茎为优，洗净，去皮层，切段，炖猪肉食，可治风湿。茎叶与米水磨，作水果食，具特殊气味。茎汁液饮用，味甜。

药用功效

全草入药。性平，味甘、微苦。祛风利湿、止痛解毒、消食化积、活血消肿。用于风湿筋骨痛、跌打损伤、外伤性疼痛、肝胆及胃肠绞痛、消化不良、小儿疳积、支气管炎；外用治皮炎、湿疹及疮疡肿毒。

栝楼

Trichosanthes kirilowii Maxim.

别　名‖天花粉、瓜楼、天瓜、苦瓜、山金匏、药瓜皮
英文名‖ Mongolian snakegourd
分　类‖葫芦科栝楼属藤本

食用部位　采收期
1 2 3 4 5 6
7 8 9 10 11 12

【形态特征】块根呈不规则圆柱形，肥厚，黄色。茎具棱槽，卷须2~3分歧。叶互生，叶片宽卵状心形，长、宽为7~20cm，3~5浅裂至深裂，裂片长圆形至菱状倒卵形，边缘常再分裂，小裂片较圆，两面稍被毛，边缘疏齿或缺刻。花单性，雌雄异株。雄花3~8朵排列成总状花序，有时单生，萼片线形，全缘；花冠白色，5深裂，裂片扇状倒三角形，顶端流苏长1.5~2cm，雄蕊3；雌花单生叶腋，花梗长约6cm。花萼和花冠似雄花，子房椭圆形，柱头3裂。果实椭圆形至近球形，长7~11cm，果瓤橙黄色。种子扁椭圆形，黄褐色，棱线靠近边缘。花期6—8月，果期9—10月。
【分布及生境】分布于我国华北、华东、中南及陕西、甘肃、四川、辽宁、贵州和云南。生于山坡、草丛、林缘半阴处。

【营养成分】根含天花粉蛋白、淀粉、皂苷、瓜氨酸、谷氨酸、精氨酸。
【食用方法】秋、冬季采挖块根，洗净，去须根、外皮，纵剖成2~4瓣，粗大者再横切，鲜用或晒干磨粉食用。鲜食切片，可炖肉食，根和肉比例为2：10。其粉可加糖做成粑粑食用，也可炖肉食，比例为1：10。

药用功效

果实入药，性寒，味甘、微苦，清热涤痰、宽胸散结、润肠，用于肺热咳嗽、痰浊黄稠、胸痹心痛、乳痈、肺痈、肠痈肿痛。根入药，性凉，味甘、微苦，清热化痰、养胃生津、解毒消肿，用于肺热燥咳、津伤口渴、消渴、疮疡疖肿。果皮入药，性寒，味甘，润肺化痰、利气宽胸，用于痰热咳嗽、咽喉痛、胸痛、消渴、便秘。种子入药，性寒，味甘，润肺化痰、滑肠，用于痰热咳嗽、燥结便秘、乳少。

大苞赤瓟

Thladiantha cordifolia（Bl.）Cogn.

别　名‖大苞赤苞
英文名‖ Heartbeat tubergourd
分　类‖葫芦科赤瓟属藤本

【形态特征】植株全体被长柔毛，茎多分枝，稍粗壮，具深棱沟。叶柄细，长4~10（~12）cm；叶片膜质或纸质，卵状心形，长8~15cm，宽6~11cm，顶端渐尖或短渐尖，边缘有不规则的胼胝质小齿，基部心形，弯缺常张开，有时闭合，长1~3cm，宽0.5~2cm，最基部的一对叶脉沿叶基弯缺边缘向外展开，叶面粗糙，密被长柔毛和基部膨大的短刚毛，后刚毛从基部断裂，在叶面上残留疣状突起，两面脉上的毛尤为密，叶背浅绿色或黄绿色，和叶面一样，密被淡黄色的长柔毛；卷须细，单一，初时有长柔毛，后变稀疏。雌雄异株。雄花：3至数朵生于总梗上端，呈密集的短总状花序，总梗稍粗壮，长4~15cm，被微柔毛和稀疏的长柔毛，每朵花的基部有一苞片；苞片覆瓦状排列，折扇形，锐裂，长1.5~2cm，两面有疏生长柔毛；花梗纤细，极短，长约0.5cm；花萼筒钟形，长5~6mm，5裂，裂片线形，长约10mm，宽约1mm，先端尾状渐尖，1脉，疏被柔毛；花冠黄色，裂片卵形或椭圆形，长约1.7cm，宽约0.7cm，先端短渐尖或急尖；雄蕊5枚，花丝稍粗壮，长4mm，花药椭圆形，长约4mm；退化子房半球形。雌花：单生；花萼及花冠似雄花；子房长圆形，基部稍钝，被疏长柔毛，花柱3裂，柱头膨大，肾形，2浅裂。果梗强壮，有棱沟和疏柔毛，长3~5cm，果实长圆形，长3~5cm，宽2~3cm，两端钝圆，果皮粗糙，有疏长柔毛，并有10条纵纹。种子宽卵形，长4~5mm，宽3~3.5mm，厚约2mm，两面稍稍隆起，有网纹。花、果期5—11月。
【分布及生境】分布于广东、广西、贵州、西藏、云南等地。常年攀缘生长，生于山沟疏林。

【食用方法】采摘嫩茎叶，洗净，煮食、炒食或做汤。

药用功效

根入药，可清热解毒、健胃止痛。果实入药，可消肿。

茅瓜

Solena amplexicaulis（Lam.） Gandhi

别　名‖埔瓜、老鼠瓜、狗屎瓜、山天瓜、波瓜公
英文名‖ Diversifolious melothria
分　类‖葫芦科茅瓜属藤本

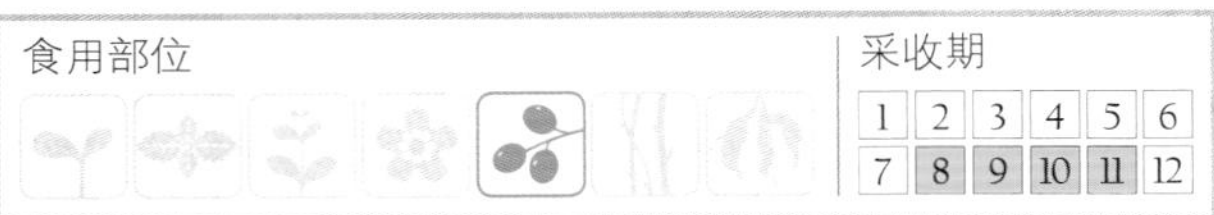

【形态特征】块根纺锤状，径粗1.5~2cm。茎、枝柔弱，无毛，具沟纹。叶柄纤细、短，初时被淡黄色短柔毛，后渐脱落；叶片薄革质，多型，变异极大，卵形、长圆形、卵状三角形或戟形等，不分裂或3~5浅裂至深裂，裂片长圆状披针形、披针形或三角形，长8~12cm，宽1~5cm，先端钝或渐尖，上面深绿色，稍粗糙，脉上有微柔毛，背面灰绿色，基部心形，弯缺半圆形，有时基部向后靠合，边缘全缘或有疏齿。卷须纤细，不分歧。雌雄异株。雄花10~20朵生于花序梗顶端，呈伞房状花序；花极小，花萼筒钟状，基部圆，裂片近钻形；花冠黄色，外面被短柔毛，裂片开展，三角形，长1.5mm，顶端急尖；雄蕊3，分离，着生在花萼筒基部，花药近圆形，药室弧状弓曲，具毛。雌花单生于叶腋；花梗被微柔毛；子房卵形，无毛或疏被黄褐色柔毛，柱头3。果实红褐色，长圆状或近球形，长2~6cm，直径2~5cm，表面近平滑。种子数枚，灰白色，近圆球形或倒卵形，长5~7mm，直径约5mm，边缘不拱起，表面光滑无毛。花期5—8月，果期8—11月。

【分布及生境】分布于台湾、福建、江西、广东、广西、云南、贵州、四川和西藏。常生于海拔600~2 600m的山坡路旁、林下、杂木林中或灌丛中。

【食用方法】采摘成熟果实，生食黄红色果肉。

药用功效

根入药，清热解毒、排脓解毒，用于疮疤、咽喉肿痛。块根性寒，味甘、苦，清热化痰、利湿、散结消肿，用于热咳、痢疾、淋证、风湿痹痛、咽喉痛、目赤。藤、叶及果实利水、解毒、除痰散结，用于腹水、湿疹、咽喉肿痛、痄腮、小便淋痛。

黄藤

Daemonorops margaritae（Hance） Beck

别　名‖红藤、省藤
分　类‖棕榈科黄藤属藤本

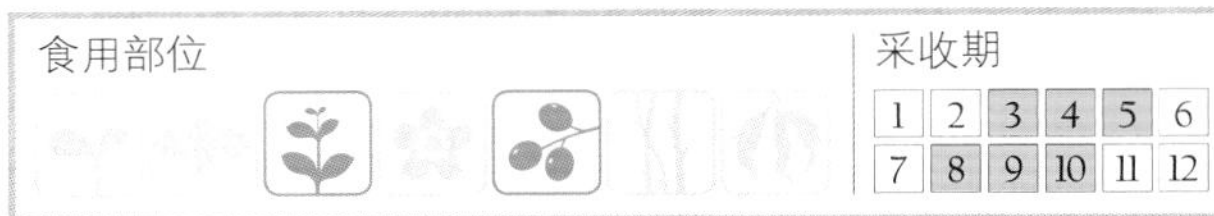

【形态特征】植株茎蔓长约50m以上，茎初时直立，后攀缘。叶羽状全裂，顶端延伸为具爪状刺的纤鞭；叶轴下部的上面密生直刺；叶轴背面沿中央具单生的向上部为2~5个合生的刺，而在顶端的纤鞭则具半轮生的爪，叶柄背面突起，具稀疏的刺；叶鞘具囊状突起，被早落的红褐色的鳞秕状物和许多细长、扁平、成轮状排列的刺。羽片多，等距排列，稍密集，两面绿色，线状剑形，先端极渐尖为钻状和具刚毛状的尖。雌雄异株。花序直立，开花前为佛焰苞包着，呈纺锤形，并具短喙，长25~30cm，外面的佛焰苞舟状，两端几乎均匀地渐狭，上面具长短不一的平扁的、常常是片状的三角形渐尖的直刺，里面的佛焰苞少刺或无刺；开花结果后佛焰苞脱落；花序分枝上的二级佛焰苞及小佛焰苞均为苞片状，阔卵形，渐尖；雄花序上的小穗轴密集，长约3cm，花密集，雄花长圆状卵形，长5mm，花萼杯状，浅3齿，花冠3裂，长约2倍于花萼，总苞浅杯状；雌花序的小穗轴长2~4cm，明显“之”字形曲折，每侧有4~7朵花；总苞托苞片状，包着总苞的基部，总苞为稍深杯状；中性花的小窠稍凹陷，呈明显半圆形；果被平扁；花冠裂片2倍于花萼，披针形，稍急尖。果球形，直径1.7~2cm，顶端具短粗的喙，鳞片18~20纵列，中央有宽的沟槽，具光泽，暗草黄色，具稍淡的边缘和较暗的内缘线。种子近球形，压扁，胚乳深嚼烂状，胚近基生。花期5月，果期6—10月。

【分布及生境】分布于广东东南部、香港、海南及广西西南部，云南西双版纳有栽培。生于低海拔山区阔叶疏林或再生林中。

【食用方法】采摘嫩心茎，剥去叶鞘，斜切，煮熟后炒食或做汤，略具苦味，但食后味甘。果实味酸，可生食。

药用功效

根或嫩心部煎水，用于高血压。

威灵仙

Clematis chinensis Osbeck

别　名‖铁脚威灵仙、青风藤、白钱草、九里火
英文名‖ Chinese clematis
分　类‖毛茛科铁线莲属多年生藤本

【形态特征】初生蔓性，茎四棱状。根稠密多须，每年枯朽，年久较茂，一根丛须数百条，长者60~70cm，初时黄黑色，干时黑色。羽状复叶，对生，小叶3~5，狭卵形至三角状卵形，长3~7cm，宽1.5~3.6cm，顶端渐尖或钝尖，基部楔形或圆形，全缘，叶面沿脉具毛，叶柄长4.5~6.5cm。圆锥花序腋生或顶生，花被片4，白色，外缘密生白色短柔毛。瘦果狭卵形，扁，疏生柔毛。花期6—8月，果期9—10月。

【分布及生境】分布于云南南部、贵州、四川、陕西南部、广西、广东、湖南、湖北、河南、福建、台湾、江西、浙江、江苏南部、安徽淮河以南。生于山坡、山谷灌丛或沟边、路旁草丛中。

【食用方法】采摘嫩茎叶，热水焯熟，用水浸洗干净，调味食用。

药用功效

根和根茎入药。性温，味甘、咸。祛风除湿、通络止痛。用于风寒痹痛、四肢麻木、筋脉拘挛、屈伸不利、骨鲠咽喉。

萝藦

Metaplexis japonica （Thunb.） Makino

别　名‖天将壳、飞来鹤、赖瓜瓢
英文名‖ Japanese metaplexis
分　类‖萝藦科萝藦属多年生草质藤本

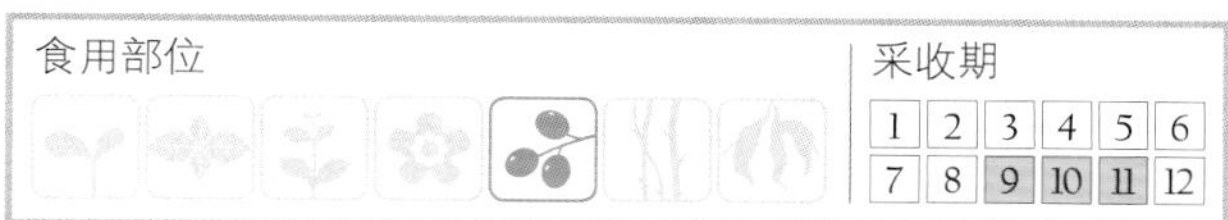

【形态特征】茎幼时密被柔毛，老时渐脱落。叶膜质，卵状心形，长5~10cm，宽4~6cm，顶端尖，基部耳状心形，耳长1~2cm，中脉表面凹下，侧脉每边10~12条，叶柄长3~6cm，顶端具多数腺体丛生。聚伞花序腋生或腋外生，花序梗长6~12cm，花梗长8mm，均被短柔毛，花10余朵；花蕾圆锥形，花萼裂片披针形，被淡柔毛；花冠白色，具淡红色斑纹；花冠筒短，裂片披针形，开展，顶部反卷。基部向左覆盖，内被柔毛；副花冠杯状，5裂；雄蕊连生成圆锥状，包围雌蕊，花药顶端具白色膜片；花粉块卵球形，下垂；子房无毛，柱头近伸成一长喙，顶端2裂。蓇葖果叉生，纺锤形，长约9cm，无毛；种子卵形，扁平，长1.5cm。花期7—8月，果期9—11月。

【分布及生境】我国除华南外，其他各地均有。生于山谷、路边、荒地、河边、灌丛中。

【营养成分】果实含有蛋白质、碳水化合物、矿物质、多种脱氧糖、维生素等。

【食用方法】秋季采摘果实，可凉拌、炖肉食。

药用功效

全株入药。性平，味甘、辛。补益精气、通乳、解毒。用于虚损劳伤、阳痿、带下、乳汁不通、丹毒、疮肿、蛇虫咬伤、小儿疳积。

夜来香

Telosma cordata （Burm. f.） Merr.

别　名‖夜兰香、夜香花
英文名‖ Cordate telosma
分　类‖萝藦科夜来香属多年生藤本

【形态特征】 植株缠绕生长，左旋性，分枝力强，节间具腋芽或花芽。茎圆形，具乳汁，嫩茎浅绿色，具柔毛，老茎无毛，具皮孔，灰褐色。单叶对生，膜质，长卵圆形至宽卵形，长6~9cm，宽4~8cm，顶端短渐尖，基部深弯成心脏形，基脉3~5条，顶端丛生3~5个小腺体。伞形聚伞花序，腋生，每花序由5~30朵花组成。总花梗短，被毛。花浅黄绿色，花梗被毛。花萼5，基部内有5个微小腺体，雄蕊5，生于花冠基部，腹部黏于雌蕊。雌蕊由2个离生心皮组成，柱头头状或短圆锥状。花开时气味芳香，夜间更浓。蓇葖果披针状圆柱形，顶端渐尖。种子宽卵形，长约8mm，顶端具白色绢毛。

【分布及生境】 分布于我国华南地区。多生于林地或灌丛中。喜温暖潮湿、阳光充足、通风良好、土壤肥沃的环境，不耐寒。

【食用方法】 摘取鲜花，与肉类、蛋类炒食或做汤，清香可口。

药用功效

花入药。清肝明目、去翳。用于目赤肿痛、麻疹上眼、角膜云翳。

大花山牵牛

Thunbergia grandiflora （Rottl. ex Willd.） Roxb.

别　名‖大花老鸦嘴、山牵牛
英文名‖ Bengal clockvine
分　类‖爵床科山牵牛属藤本

【形态特征】 植株较高大，攀缘生长，分枝较多，可攀缘很高，匍枝漫爬，小枝条稍呈四棱状，后逐渐复圆形，初密被柔毛，主节下有黑色巢状腺体及稀疏多细胞长毛。叶片卵形、宽卵形至心形，长4~9（15）cm，宽3~7.5cm，先端急尖至锐尖，有时钝或有短尖头，边缘有宽三角形裂片，两面干时棕褐色，背面较浅，上面被柔毛，毛基部常膨大而使叶面呈粗糙状，背面密被柔毛。花在叶腋单生或成顶生总状花序，苞片小，卵形，先端具短尖头；花梗上部连同小苞片下部有巢状腺形；小苞片2，长圆卵形，先端渐尖，外面及内面先端被短柔毛，边缘甚密，内面无毛，远轴面黏合在一起；花冠管长5~7mm，连同喉白色；冠檐蓝紫色，裂片圆形或宽卵形，长2.1~3mm，先端常微缺；雄蕊4，花丝下面逐渐变宽，药隔突出成一锐尖头，药室不等大，基部具弯曲长刺，另2花药仅1药室具刺，长2.5mm，在缝处有髯毛。子房近无毛，花柱无毛，长17~24mm，柱头近相等，2裂，对折，下方的抱着上方的，不外露。蒴果被短柔毛。

【分布及生境】 分布于广东、广西、云南、福建、海南等地。生于疏林、林缘或路边。

【食用方法】 开花期间采摘鲜花，先用沸水烫几分钟，然后取出，洗净，沥干水分，即可与油盐炒食。

药用功效

根性平，味微辛，祛风，用于风湿、跌打损伤、骨折。根皮、茎、叶性平，味甘，消肿拔毒、排脓生肌、止痛。根皮用于跌打损伤、骨折。茎、叶用于蛇虫咬伤、疮疖。叶用于胃痛。花、种子用于跌打损伤、风湿痛、疮疡肿毒、痛经。

毛葡萄

Vitis heyneana Roem. et Schult.

别　名‖野葡萄、大血藤、四棱葡萄
分　类‖葡萄科葡萄属木质藤本

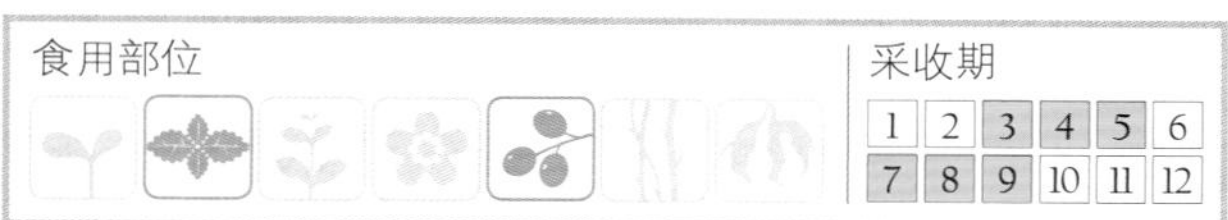

【形态特征】幼枝密生白色或淡褐色蛛丝状柔毛，老时脱落，树皮常剥落，卷须与叶对生，二叉状分枝。单叶，不分裂或有时三浅裂，叶片五角状卵形或卵形，顶端短渐尖，基部近截形或浅心形，长5~13cm，宽4~9cm，边缘细尖齿或浅波状小平齿，基出脉5条，每边侧脉5~7条，中脉和侧脉在背面隆起，表面平，网脉不明显，幼时被褐色柔毛，老时表面脱落，背面密被褐色或淡褐色茸毛；叶柄长2.5~8cm，被淡褐蛛丝状毛。花杂性异株，圆锥花序长6~12cm，与叶对生，密被褐色蛛丝状毛；雄花黄绿色，花梗下具苞片；花萼小，浅杯状；花冠约1.5mm，花瓣5；雄蕊5~6，退化子房埋于花盘中。浆果球形，直径8~10mm，成熟后黑紫色。花期5—6月，果期7—9月。

【分布及生境】分布于山西、陕西、甘肃、山东、河南、安徽、江西、浙江、福建、广东、广西、湖北、湖南、四川、贵州、云南、西藏。生于山坡、山谷灌丛。

【食用方法】夏季采摘叶片食用，洗净，晒干，打粉可与饭煮食。成熟果可鲜食。

药用功效

根、茎入药。性平，味甘、酸。清热解毒、活血通筋。用于风湿麻木、劳伤疼痛、骨折、赤痢、无名肿毒。

异叶蛇葡萄

Ampelopsis heterophylla（Thunb.）Sieb. et Zucc.

别　名‖蛇葡萄、山葡萄、见毒消、东北蛇葡萄
英文名‖Amur snakegrape
分　类‖葡萄科蛇葡萄属藤本

【形态特征】植株合轴分枝，幼枝具毛，生育过程顶芽分化为卷须或花序，与叶对生，卷须分歧。腋芽延伸，形成合轴分枝。单叶互生，叶片宽卵形，长和宽均为6~12cm，先端3浅裂，叶面深绿色，叶背淡绿色。疏生柔毛或无毛，叶缘粗锯齿，叶柄具毛或无。聚伞花序，花黄绿色，花瓣5，镊合状排列，萼片5，稍裂开。花盘杯状，子房2室。浆果近球形，成熟时鲜蓝色，内含种子。花期春、夏季。

【分布及生境】分布于内蒙古、陕西、甘肃、宁夏、河南、山东、河北、陕西等地。多生于路边、沟边、山坡林下灌丛、山坡石砾地和沙质地。

【食用方法】采摘嫩叶，热水焯熟，用水浸洗干净，调味食用。

药用功效

根皮入药。性平，味涩、微辛。散瘀消肿、祛腐生肌、接骨止痛。用于骨折、跌打损伤、痈肿、风湿关节痛等。

乌蔹莓

Cayratia japonica （Thunb.） Gagnep.

别　名‖母猪藤、五爪龙、乌蔹草、五叶藤
英文名‖ Japanese cayratia
分　类‖葡萄科乌蔹属多年生藤本

【形态特征】 根茎横走，茎紫绿色，具纵棱。卷须二歧，幼枝具柔毛，后变光滑。叶为鸟趾状复叶，小叶 5，总叶柄长 4~9cm，中央小叶椭圆形、卵状长椭圆形，长 6~8cm，宽 2.2~4.2cm，顶端渐尖，基部宽楔形，侧生小叶较小；叶片两面无毛或近无毛，边缘具小尖头的锯齿 8~12。聚伞花序腋生，直径约 10cm，花序梗长 3~12cm，花小，黄绿色，具短梗；花萼杯状，花瓣 4，长约 2.5mm，卵状三角形；雄蕊 4，与花瓣对生，花药长椭圆形，雌蕊 1，子房上位，2 室。浆果倒圆卵形，直径约 7mm，幼时绿色，成熟时黑色，种子 2~4 颗。花期 5—6 月，果期 7—8 月。

【分布及生境】 分布于我国华东、中南地区。生于海拔 1 900m 以下的山谷、林下、路边、沟边草丛或灌丛。

【营养成分】 每 100g 嫩叶含蛋白质 4.7g、脂肪 0.3g、碳水化合物 7g、粗纤维 3.2g、维生素 A 2.95mg、维生素 B_1 0.09mg、维生素 B_2 0.07mg、维生素 B_5 1.1mg、维生素 C 12mg、钙 528mg、磷 69mg、铁 12.6mg。

【食用方法】 春季至初夏采摘嫩叶食用，洗净，沸水烫过，清水漂洗去苦味后切段，加调料凉拌、炒食或炖肉食。

药用功效

全草入药。性寒，味苦、酸。清热解毒、活血散瘀、利尿。用于咽喉肿痛、疖肿、痈疽、痢疾、尿血、白浊、跌打损伤、毒蛇咬伤。

粉果藤

Cissus luzoniensis （Merr.） C. L. Li

分　类‖葡萄科白粉藤属藤本

【形态特征】 小枝纤细，有纵棱纹，横切面微呈 4 棱状，通常被白粉，无毛。卷须 2 叉分枝，其中一个分枝常发育不良，较短，相隔 2 节间断与叶对生。叶戟形，长 5~11cm，宽 2~4cm，顶端长尾状渐尖，基部心形，基缺凹成钝角，在小枝顶部有时叶基近截形，边缘每侧有 5~10 个锯齿，齿前伸或微反折，上面绿色，下面浅绿色，两面均无毛；基出脉 3~5 条，中脉有侧脉 3~4 对，网脉不明显；叶柄长 1.5~3cm，无毛；托叶膜质，褐色，近肾形，长约 3mm，宽约 2mm，无毛。花序顶生或与叶对生，二级分枝 3~5 集生成伞形，极稀二歧状；花序梗长 1~2.5cm，无毛；花梗长 1.5~3.5mm，几无毛；花蕾卵圆形，高 2~3mm，顶端圆钝；萼杯形，边缘全缘或波状浅裂，几无毛；花瓣 4，三角状长圆形，高 0.8~1.8mm，外面无毛；雄蕊 4，花药卵圆形，长宽近相等；花盘明显，4 浅裂；子房下部与花盘合生，花柱短，柱头微扩大。果实倒卵圆形，直径约 1cm，有种子 1 颗；种子倒卵椭圆形，顶端圆形，基部有短喙，表面有稀疏突出棱纹，种脐外形与种脊无异，种脊从下部 2/3 处到上部 2/3 处突出，腹部中棱脊突出，两侧下部有呈弧形沟状不明显的洼穴。花期 5—7 月，果期 7—8 月。

【分布及生境】 分布于云南、海南。生于山坡灌丛、林中、林缘。

【食用方法】 采摘嫩茎叶，与鱼做汤，可去鱼腥味。

地锦

Parthenocissus tricuspidata（Sieb. et Zucc.）Planch.

别　名 ‖ 爬山虎、飞天蜈蚣、假葡萄藤、枫藤
英文名 ‖ Japanese creeper
分　类 ‖ 葡萄科爬山虎属藤本

【形态特征】植株多分枝，枝条粗壮，枝端具吸盘，卷须短，树皮具皮孔，髓白色。单叶，叶片宽卵形，长 10~20cm，宽 8~17cm，通常 3 裂，基部心形，叶面无毛，叶背脉上具柔毛，粗锯齿叶缘，苗期或下部枝上叶较小，常分三小叶，或三全裂，叶柄长 8~20cm。聚伞花序生于短枝顶端两叶之间，花 5，花瓣顶端反折；萼全缘，雄蕊与花瓣对生，花盘贴生于子房，子房 2 室，每室 2 胚珠。浆果球形，蓝色，直径 6~8mm。花期 6 月，果期 9—10 月。

【分布及生境】分布于辽宁、河南、陕西、山东、江苏、安徽、浙江、江西、湖南、湖北、广东、广西、四川、贵州、云南。多攀缘于岩石、大树或墙壁上。

【食用方法】春、夏季采嫩茎叶食用。

药用功效

根和茎入药。性温，味甘、涩。祛风通络、活血解毒。用于风湿关节痛，外用于跌打损伤、痈疖肿毒。

酸叶胶藤

Urceola rosea（Hook. et Arn.）D. J. Middleton

别　名 ‖ 酸叶藤、黑风藤、厚皮藤、石酸藤、头林心、斑鸠藤、乳藤
分　类 ‖ 夹竹桃科水壶藤属木质藤本

【形态特征】植株藤长达 10m，具乳汁，茎皮深褐色，枝条上部淡绿色，下部灰褐色。叶对生，叶片椭圆形，长 3.5~6.5cm，宽 2~3.2cm，顶端短尖，基部宽楔形，无毛，每边侧脉 4~6 条。聚伞花序顶生，圆锥状广展，宽约 14cm，三歧，总花梗略有白粉和短柔毛；苞片极小，花萼长约 1mm，淡红色，5 深裂，内具 5 小腺体；花冠淡红色，长约 2.5mm，近坛状，花冠裂片 5，着生于花冠筒基部；花盘杯状；心皮离生。蓇葖果双生，具明显斑点，种子顶端具种毛。花期 6 月。

【分布及生境】分布于福建、广东、广西、贵州、海南、湖南、香港、四川、台湾、云南。生于海拔 500m 的灌丛中。

【营养成分】每 100g 嫩茎叶含维生素 A 3.91mg、维生素 B_2 0.01mg、维生素 C 92mg。

【食用方法】春季至初夏采摘嫩茎叶食用，洗净，沸水烫后配调料炒食。

药用功效

根、叶入药。性凉，味酸。消化食滞、生津止咳、杀菌、敛疮。用于食滞胀满、口腔炎、喉炎、疮疖溃疡。

忍冬

Lonicera japonica Thunb.

别　名‖金银花、双花、二花、银花、二宝花
英文名‖ Japanese honeysuckle
分　类‖忍冬科忍冬属常绿半缠绕藤本

【形态特征】幼枝暗红色，密被黄褐色开展硬毛和短柔毛，具腺毛。叶片卵形、椭圆状卵形或卵状披针形，长 3~5cm，宽 1.5~2.5cm，顶端渐尖或钝，基部圆形或近心形，具缘毛。小枝上部叶通常两面密被短硬毛；叶柄长 4~10mm，密被短毛。花成对，腋生，花梗和花均有短柔毛，花初开时白色，后变黄色，外被柔毛和腺毛。花冠筒细长；雄蕊 5，伸出花冠外；子房下位。浆果球形，熟时黑色。花期 4—6 月，果期 10—11 月。

【分布及生境】除黑龙江、内蒙古、宁夏、青海、新疆、海南和西藏无自然生长外，全国其他各省区均有分布。生于海拔 1 500m 以下的山坡灌丛或疏林中、乱石堆、山路旁及村庄篱笆边。

【营养成分】花含木樨草素、绿原酸、异绿原酸等黄酮化合物，以及芳樟醇、双花醇、松油醇、橙花醇、苯甲醇、蒎烯、丁香油酚等挥发油。

【食用方法】初夏晴天清晨露水刚干时摘取花蕾，晾干或阴干，注意翻动，切忌烈日下暴晒，晾干后保存干燥通风处。金银花干制品可制作饮料、甜食或泡茶。此外，嫩茎叶也可食用，洗净切段，沸水烫后，用清水漂后即可炒食。

药用功效

茎叶入药，性凉，味甘，清热、解毒、通经活络，用于咽喉痛、时行感冒、风湿关节痛、风热咳喘、痄腮、隐疹、疔疮肿毒。花蕾入药，性凉，味甘，清热、解毒，用于咽喉痛、时行感冒、乳蛾、乳痈、肠痈、痈疖脓肿、丹毒、外伤感染、带下。果实入药，性凉，味苦、涩，清热凉血、化湿热，用于肠风、泄泻。

锐叶忍冬

Lonicera acuminata Wall.

别　名‖淡红忍冬、巴东忍冬、肚子银花
英文名‖ Honeysuckle
分　类‖忍冬科忍冬属常绿藤本

【形态特征】幼枝、叶柄和总花梗均被疏或密、通常卷曲的棕黄色糙毛或糙伏毛，有时夹杂开展的糙毛和微腺毛，或仅贴着花小枝顶端有毛。叶薄革质至革质，卵状矩圆形、矩圆状披针形至条状披针形，长 4~8.5（~14）cm，顶端长渐尖至短尖，基部圆至近心形，有时宽楔形或截形，两面被疏或密的糙毛或至少上面中脉有棕黄色短糙伏毛，有缘毛。双花在小枝顶集合成近伞房状花序或单生于小枝上部叶腋，总花梗长 4~18（~23）mm；苞片钻形，比萼筒短或略较长，有少数短糙毛或无毛；小苞片宽卵形或倒卵形，为萼筒长的 1/3~2/5，顶端钝或圆，有时微凹，有缘毛；萼筒椭圆形或倒壶形，长 2.5~3mm，无毛或有短糙毛，萼齿卵形、卵状披针形至狭披针形或有时狭三角形，长为萼筒的 1/4~2/5，边缘无毛或有疏或密的缘毛；花冠黄白色而有红晕，漏斗状，长 1.5~2.4cm，外面无毛或有开展或半开展的短糙毛，有时还有腺毛，唇形，与唇瓣等长或略较长，内有短糙毛，基部有囊，上唇直立，裂片圆卵形，下唇反曲；雄蕊略高出花冠，花药长 4~5mm，约为花丝的 1/2，花丝基部有短糙毛；花柱除顶端外均有糙毛。果实蓝黑色，卵圆形，直径 6~7mm；种子椭圆形至矩圆形，稍扁，长 4~4.5mm，有细凹点，两面中部各有一突起的脊。花期 6 月，果期 10—11 月。

【分布及生境】分布于陕西南部、甘肃东南部、安徽南部、浙江、江西西部和东北部、福建、台湾、湖北西部、湖南西北部、广东北部、广西东北部至北部、四川、贵州、云南东北部至西北部和西部及西藏东南部至南部。生于山坡和山谷的林中、林间空旷地或灌丛中。

【营养成分】叶含鞣质。

【食用方法】采摘嫩叶后，用水煮去苦味后，再煮熟，调味食用。经干燥，可代茶叶饮用。

药用功效

全草、叶或花入药。叶能解热、消炎、解毒、健胃。花蕾性凉，味甘，清热解毒、通络，用于暑热感冒、咽喉痛、风热咳喘、泄泻、疮疡肿毒、丹毒。

白花酸藤果

Embelia ribes Burm. f.

英文名‖ White-flower embelia
分　类‖紫金牛科酸藤果属灌木或藤本

【形态特征】植株长 3~6m，有时达 9m 以上，枝条无毛，老枝有明显的皮孔。叶片坚纸质，倒卵状椭圆形或长圆状椭圆形，顶端钝或渐尖，基部楔形或圆形，长 5~8（~10）cm，宽约 3.5cm，全缘，两面无毛，背面有时被薄粉，腺点不明显，中脉隆起，侧脉不明显；叶柄两侧具狭翅。圆锥花序，顶生，枝条初时斜出，以后呈辐射展开与主轴垂直，被疏乳头状突起或密被微柔毛。果球形或卵形，直径 3~4mm，稀达 5mm，红色或深紫色，无毛，干时具皱纹或隆起的腺点。花期 1—7 月，果期 5—12 月。

【分布及生境】分布于福建、广东、广西、贵州、云南。生于海拔 50~2 000m 的林内、林缘或路边。

【食用方法】全年均可采摘嫩茎叶食用，用来煮鱼或鸡，味鲜，稍有酸味，风味佳；也可生食。

药用功效

根入药，性平，味甘、酸，用于闭经、小儿头疮、跌打损伤、痢疾、泄泻、刀枪伤、外伤出血。叶用于外伤。

三叶木通

Akebia trifoliata（Thunb.） Koidz.

别　名‖八月瓜、八月炸、八月礼、野香蕉
英文名‖ Three-leaf akebia
分　类‖木通科木通属落叶木质藤本

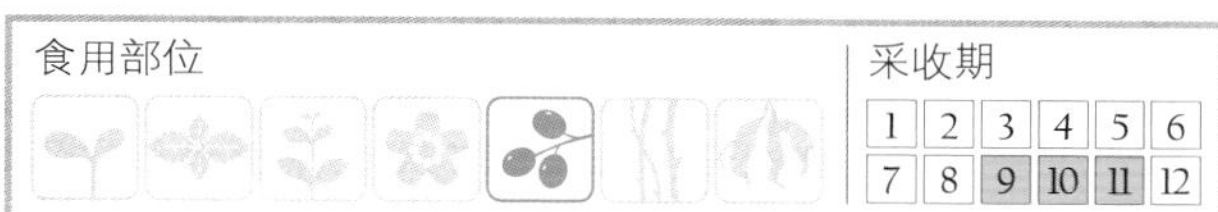

【形态特征】植株高达 8m，茎、枝均无毛。叶互生，三出复叶，小叶卵圆形、宽卵圆形或长卵形，顶端钝圆，微凹或短尖，边缘浅裂或波状，叶柄 6~8cm。总状花序，腋生，长约 8cm，花单性，雌雄同株。雄花生于上部，淡紫色，雄蕊 6；雌花花被片紫红色，着生于花序下部，具 6 个退化雄蕊，心皮分离，3~12。浆果肉质，长卵形，长 5~8cm，果皮紫色，发亮，肥大，果肉厚，白色，成熟时沿腹缝线开裂，露出部分白色，多汁。种子多数，卵形，黑色。花期 4—5 月，果期 8—9 月。

【分布及生境】分布于河北、山西、山东、河南、陕西、浙江、安徽、湖北。生于山间密林中、阴湿的岩石缝隙中、灌丛和沟边。

【营养成分】果实含糖类和少量没食子酸，种子含脂肪油。

【食用方法】果实成熟开裂在农历 8 月，故名“八月瓜”、“八月炸”。9—10 月采收，可鲜食，味甜可口，也可加工后用。种子可制取淀粉或榨油。

药用功效

果实入药。性寒，味苦。舒肝理气、活血止痛、利尿杀虫。用于胃脘胁肋胀痛、闭经、痛经、小便不利、蛇虫咬伤。

木通

Akebia quinata （Houtt.） Decne.

别　名‖通草、野木瓜、活血藤
分　类‖木通科木通属藤本

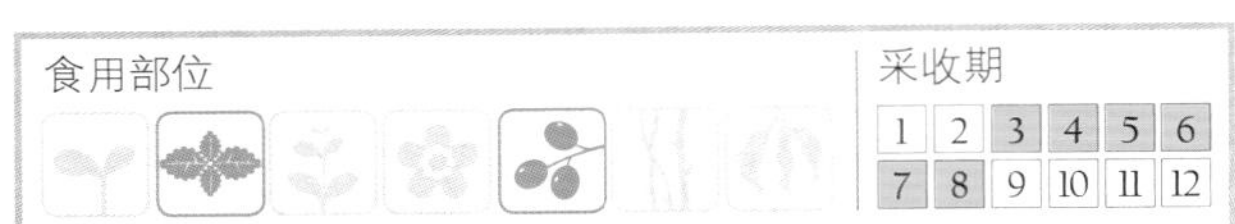

【形态特征】茎纤细，圆柱形，缠绕，茎皮灰褐色，有圆形、小而突起的皮孔；芽鳞片覆瓦状排列，淡红褐色。掌状复叶互生或在短枝上的簇生，通常有小叶5片；小叶纸质，倒卵形或倒卵状椭圆形，长2~5cm，宽1.5~2.5cm，先端圆或凹入，具小突尖，基部圆或阔楔形，上面深绿色，下面青白色。伞房花序式的总状花序腋生，长6~12cm，疏花，基部有雌花1~2朵，上部为雄花4~10朵，花略芳香。果孪生或单生，长圆形或椭圆形，长5~8cm，直径3~4cm，成熟时紫色，腹缝开裂；种子多数，卵状长圆形，略扁平，呈不规则多行排列，种皮褐色或黑色，有光泽。花期4—5月，果期6—8月。

【分布及生境】产于我国长江流域各省区及台湾。生于海拔300~1 500m的山地灌丛、林缘和沟谷中。

【食用方法】摘取成熟果实，取果酱生食，味甜美。采嫩叶，用油炸熟食或煮茶代饮。

药用功效

果实入药，性寒，味甘，疏肝理气、活血止痛、除烦、利尿，用于消化不良、腰肋痛、疝气、痛经、痢疾。茎藤、根入药，性寒，味甘，清热利尿、通经活络、镇痛、排脓、通乳，用于小便淋痛、风湿关节痛、月经不调、乳汁不通。

白木通

Akebia trifoliata subsp. *australis*（Diels） T. Shimizu

别　名‖八月瓜、三叶木通、野香蕉、预知子
英文名‖ Three-leaf akebia
分　类‖木通科木通属藤本

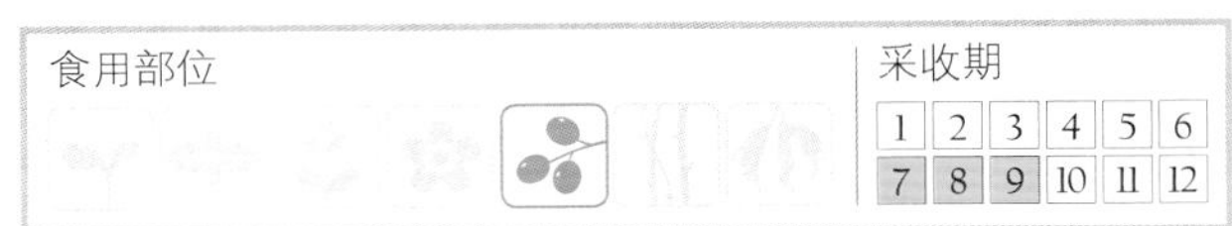

【形态特征】茎皮灰褐色，有稀疏的皮孔及小疣点。掌状复叶互生或在短枝上的簇生；小叶3片，纸质或薄革质，卵形至阔卵形，长4~7.5cm，宽2~6cm，先端通常钝或略凹入，具小突尖，基部截平或圆形，边缘具波状齿或浅裂；侧脉每边5~6条，与网脉同在两面略突起。总状花序自短枝上簇生叶中抽出，下部有1~2朵雌花，以上有15~30朵雄花，长6~16cm。雄花：萼片3，淡紫色，阔椭圆形或椭圆形，长2.5~3mm；雄蕊6，离生，排列为杯状，花丝极短，药室在开花时内弯；退化心皮3，长圆状锥形。雌花：萼片3，紫褐色，近圆形，长10~12mm，宽约10mm，先端圆而略凹入，开花时广展反折；退化雄蕊6枚或更多，小，长圆形，无花丝；心皮3~9枚，离生，圆柱形，直，柱头头状，具乳突，橙黄色。果长圆形，长6~8cm，直径2~4cm，直或稍弯，成熟时灰白略带淡紫色；种子极多数，扁卵形，长5~7mm，宽4~5mm，种皮红褐色或黑褐色，稍有光泽。花期4—5月，果期7—8月。

【分布及生境】分布于我国长江流域各地，向北至河南、山西、陕西等地。生于海拔500~1 500m的沟边灌丛中或疏林阴湿处。

【食用方法】摘取果实生食，或做主料、配料，煮、烩或做甜菜。

药用功效

果入药，性寒，味苦，疏肝理气、活血止痛、利尿杀虫，用于胃脘胁肋胀痛、闭经、痛经、小便不利、蛇虫咬伤。根、茎入药，利尿、通乳，有舒筋活络之效，治风湿关节痛。

防己

Sinomenium acutum（Thunb.）Rehd. et Wils.

别　名‖汉防己、青藤、大叶青绳儿、石蟾蜍、倒地扶、山乌龟、金丝吊鳖、风龙
英文名‖ Chinese moonseed
分　类‖防己科防己属多年生落叶草质藤本

【形态特征】植株长达数米。主根圆柱形，肉质，直径1~5cm，表面淡棕色或淡灰黄色，横断面白色，干后灰白色，粉性。茎缠绕，嫩茎常紫红色，无毛。单叶互生，叶片阔三角形或三角状近圆形，长4~7cm，宽5~10cm，两面或仅叶背密生贴伏状短柔毛，全缘，叶背灰绿色或粉白色。雌雄异株，花单性，花小，黄白色或淡黄色。雄花序腋生下垂的枝条上作总状式排列。雌雄花的萼片和花瓣均为4片；雄蕊4，合生成柱状体，花药生于柱状体边缘。雌花序较短，子房上位。核果近球形，成熟时红色，直径3~6cm。花期夏季，果期秋季。
【分布及生境】分布于我国南方各省区。生于旷野、山坡路旁、田边、沟边灌木丛中。

药用功效

根入药，性寒，味苦，利水消肿、祛风止痛，用于水肿脚气、小便不利、湿疹疮毒、风湿痹痛、高血压等。茎藤入药，性寒，味苦、辛，祛风除湿、止痛、利水、理气消食，用于风湿关节痛、劳损、神经痛、水肿、泄泻、腹痛及毒蛇咬伤。

连蕊藤

Parabaena sagittata Miers

别　名‖滑板菜
分　类‖防己科连蕊藤属多年生草质藤本

【形态特征】植株茎长3~5m，茎枝均具条纹，被柔毛。单叶，叶片阔卵形或长圆状卵形或卵圆形，长8~16cm，偶有长达25cm，宽5~9cm，偶有15cm，顶端长渐尖，基部箭形、戟形或心形，边缘疏锯齿，稀全缘；叶柄长7~12cm，基部弯拐；叶面深绿色，光亮，叶背较苍白，被茸毛。聚伞花序腋生，伞房状，成对或单生，分枝开叉。花单性，雌雄异株。雄花梗长1.5cm；萼片6，外3枚较大，矩圆形，被毛；花瓣6，小于萼片。雌花具退化雄蕊6，萼片4，花瓣4，与萼片对生。核果球形稍扁，外果皮薄，内果皮密生短刺。花期5—6月，果期8—9月。
【分布及生境】分布于我国华南及云南、贵州和西藏。生于林缘或灌丛中。

【营养成分】每100g嫩梢和嫩叶含维生素A 5.14mg、维生素B_2 0.25mg、维生素C 78mg。
【食用方法】春、夏季采摘嫩梢或嫩叶，炒食或煮食。

药用功效

叶药用可通便，用于便秘。

五味子

Schisandra chinensis （Turcz.） Baill.

别　名‖北五味子、山花椒、面藤、乌梅子
英文名‖ Chinese magnolia vine
分　类‖木兰科五味子属落叶木质藤本

【形态特征】植株藤长可达 8m，全株近无毛；小枝灰褐色，稍有棱。单叶互生，帛质或近膜质，宽椭圆形、倒卵形或卵形，长 5~10cm，宽 2~5cm，顶端急尖或渐尖，基部楔形，边缘疏生有腺的细齿，叶面具光泽，无毛，叶背脉上嫩时具短柔毛；叶柄淡粉红色，长 1.5~4.5cm。花单性，雌雄异株，单生或簇生于叶腋；花梗细长，柔弱，花被片 6~9，乳白色或粉红色，芳香；雄花具 5 雄蕊；雌蕊群椭圆形，心皮 17~40，覆瓦状排列于花托上，花后花托逐渐伸长，果熟时成穗状聚合果。浆果肉质，球形，成熟时深红色，直径 5~8cm，表面皱缩，呈油润，果肉柔软。种子 1~2 颗，肾形，表面棕黄色，具光泽，种皮薄而脆。种子破碎后具香气，味辛，微苦。花期 5—6 月，果期 7—9 月。

【分布及生境】分布于四川、湖南、湖北、河北、山西、辽宁、吉林。生于海拔 1 200~1 700m 的山地杂林中或半阴湿的山沟、灌木林中。

【食用方法】春季采摘嫩叶食用。

药用功效

果实入药。皮、肉甘、酸，核辛、苦，均具咸味，称为五味。秋季采熟果，晒干备用。五味子分南北，南产色红，北产色黑，入滋补药以后者较佳。敛肺、滋肾、生津、收汗、涩精、增强性能力、清除疲劳、抗抑郁。用于肺虚喘咳、口干作渴、自汗、盗汗、劳伤羸瘦、梦遗滑精、久泻久痢等。

落葵薯

Anredera cordifolia （Tenore） Steenis

别　名‖藤三七、藤子三七、马地拉藤、洋落葵
英文名‖ Madeira vine
分　类‖落葵科落葵属多年生缠绕草质藤本

【形态特征】植株茎可达 5~10m，根肥大，基部生长许多块茎，一般长 4~5cm，在茎的腋部或偶在花序基部形成形态各异的珠芽。叶互生，叶片卵形或近卵形，长 2~8cm，宽 2~6cm，顶端急尖，基部圆形或心形，肉质，无毛，全缘。总状花序，多花，花序轴纤细，下垂，苞片狭，宿存，花被片白色，渐变黑，开花时张开，卵形、长圆形至椭圆形，顶端圆钝；雄蕊白色，花丝顶端在芽内反折，开花时伸出花外；花柱白色，2 叉裂。花期 6—10 月。

【分布及生境】分布于江苏、浙江、福建、广东、四川、云南、台湾等地。喜温耐湿，也耐旱，不耐霜冻。根系浅，好气性较强，适疏松土壤。

【营养成分】叶片含维生素 A 较多，还有可溶性糖、蛋白质、脂肪、碳水化合物、钙、磷、铁及多种维生素。

【食用方法】春、夏季可采摘嫩叶食用，洗净，加调料凉拌、素炒或荤炒。秋季采摘珠芽，炖肉类食。冬、春季可挖采块茎，洗净，切片炒食或炖肉类食。

药用功效

珠芽入药。性平，味苦。消肿散瘀、补虚止血。用于无名肿痛、外伤出血、吐血、腰膝无力。

灯油藤

Celastrus paniculatus Willd.

别　名‖灯油果、滇南蛇藤、多花滇南蛇藤
英文名‖ Lampoil bittersweet
分　类‖卫茅科南蛇藤属常绿木质藤本

【形态特征】 植株高达 10m；小枝被毛或光滑，皮孔椭圆形，通常密生，稀不显著；腋芽小，三角形，长 1~1.5mm。叶椭圆形、长方椭圆形、长方形、阔卵形、倒卵形至近圆形，长 5~10cm，宽 2.5~5cm，先端短尖至渐尖，基部楔形较圆，边缘锯齿状，叶两面光滑，稀在叶背脉腋处有微毛，侧脉 5~7 对；叶柄长 6~16mm；托叶线形，早落。聚伞圆锥花序顶生，长 5~10cm，上部分枝与下部分枝近等长，稍平展，花序梗及小花梗偶被短茸毛，小花梗长 3~6mm，关节位于基部；花淡绿色；花萼5裂，覆瓦状排列，半圆形，具缘毛；花瓣长方形至倒卵长方形，长 2~3mm，宽 1.2~1.8mm；花盘厚膜质杯状，不明显 5 裂；雄蕊长约 3mm，着生花盘边缘，在雌花中雄蕊退化，长约 1mm；子房近球状，在雄花中退化成短棒状。蒴果球状，直径达 1cm，具 3~6 颗种子；种子椭圆状，两端稍尖，长 3.5~5.5mm，直径 2~5mm。花期 4—6 月，果期 6—9 月。
【分布及生境】 分布于台湾、广东、海南、广西、贵州、云南。生于海拔 200~2 000m 的丛林地带。

【食用方法】 春季采摘嫩茎叶，焯熟，浸泡，炒食或做汤。

药用功效

茎叶入药，性平，味苦、辛，有小毒，祛风除湿、行气散血、消肿解毒。种子入药，可缓泻、催吐、提神、祛风湿、止痹痛，用于风湿痹痛。

Arboreous Wild Vegetables

四、乔木野生蔬菜

羊蹄甲

Bauhinia purpurea L.

别　名‖紫羊蹄甲、白紫荆
英文名‖ Purple bauhinia
分　类‖豆科羊蹄甲属乔木

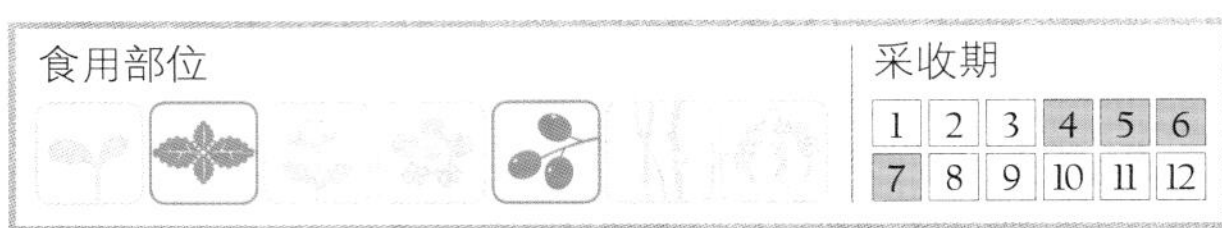

【形态特征】 植株高 4~8m，分枝；树皮厚，近光滑，灰色至暗褐色；枝初时略被毛，毛渐脱落。叶硬纸质，近圆形，长 10~15cm，宽 9~14cm，基部浅心形，先端分裂达叶长的 1/3~1/2，裂片先端圆钝或近急尖，两面无毛或下面薄被微柔毛；基出脉 9~11 条。总状花序侧生或顶生，少花，长 6~12cm，有时 2~4 个生于枝顶而成复总状花序，被褐色绢毛；花蕾多少纺锤形，具 4~5 棱或狭翅，顶钝；萼佛焰状，一侧开裂达基部成外反的 2 裂片，裂片长 2~2.5cm，先端微裂，其中一片具 2 齿，另一片具 3 齿；花瓣桃红色，倒披针形，长 4~5cm，具脉纹和长的瓣柄；能育雄蕊 3，退化雄蕊 5~6；子房具长柄，被黄褐色绢毛，柱头稍大，斜盾形。荚果带状，扁平，长 12~25cm，宽 2~2.5cm，略呈弯镰状，成熟时开裂，木质的果瓣扭曲将种子弹出；种子近圆形，扁平，种皮深褐色。

【分布及生境】 分布于我国华南及福建、台湾。生于山坡、草地、灌丛中。

【食用方法】 采摘嫩叶，洗净，调味煮熟，做汤；嫩豆荚炒食。

药用功效

树皮入药，用于烫伤、脓疮。嫩叶入药用于咳嗽。

面包树

Artocarpus incisa（Thunb.）L.

别　名‖面包果树、罗蜜树、亚波
英文名‖ Bread tree
分　类‖桑科桂木属乔木

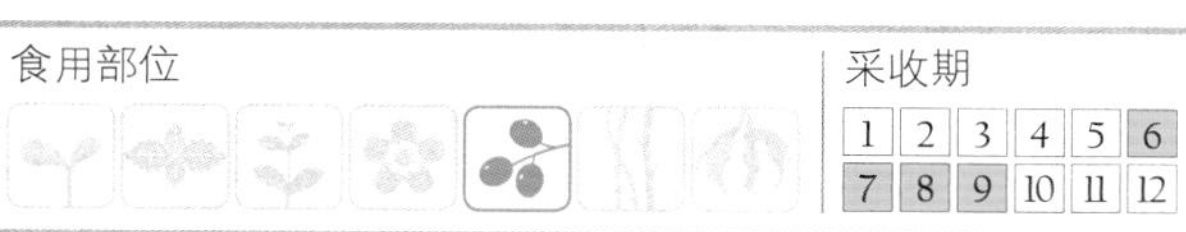

【形态特征】植株高20~30m，常绿，枝叶茂盛，树皮灰褐色，枝条绿色，全株具白色乳汁。单叶互生，叶大型，卵形，长30~90cm，宽14~30cm，羽状分裂，顶端尖，基部楔形，肥厚，具光泽，全缘或3~9裂片，托叶苞状。雌雄同株，花单性，雄花棍棒状，多数相聚呈柔荑花序，长25~40cm。花被2，雄蕊1，直生；雌花序生于雄花序上端，较迟开放，多数相聚，不整状球形，雌花被筒状，雌蕊1，花柱2，子房1室。聚合果圆形或卵形，直径20~25cm，果肉富含纤维，成熟时黄色，分为有核果和无核果。

【分布及生境】分布于台湾、海南。热带地区广泛栽培。

【食用方法】采收成熟果实，切成薄片，用水烫熟或烤熟食用，味道像面包，松软可口，故名“面包树”。

药用功效

叶入药，可治脾脏肿大。花入药，可止痛。

棱果榕

Ficus septica Burm. f.

别　名‖大有树、大叶有、常绿榕
英文名‖ Evergreen ficus
分　类‖桑科榕属乔木

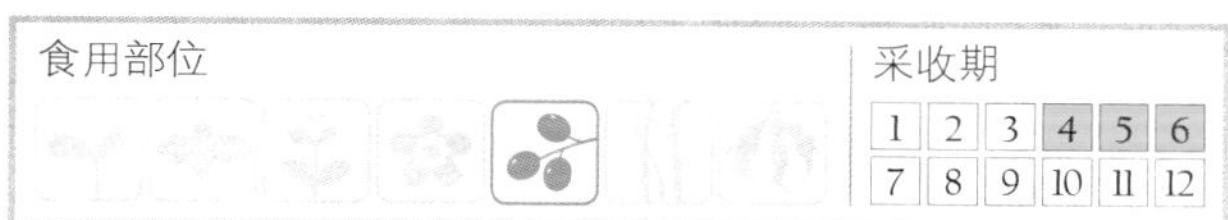

【形态特征】树皮浅褐色或黄褐色，有皱纹或疤痕，枝多粗壮，圆柱形。叶膜质，长圆形或卵状椭圆形至倒卵形，长15~26cm，宽10~14cm，全缘，幼时被柔毛，先端渐尖或短尖，有时为短尾尖，基部宽楔形，基出侧脉3~5条，短，侧脉6~12对；叶柄长2~8cm；托叶膜质，红色，卵状披针形，长2~3cm。榕果无侧生苞片，单生或成对腋生或茎生，扁球形，宽1.2~2.5cm，绿色或浅褐色，表面散生白色球形或椭圆形瘤体和白色细小斑点，有纵脊8~12条，成熟顶部开裂；基生苞片3枚，宽卵圆形，边缘反卷，总梗长6~13mm；雄花和瘿花同生于一榕果内壁，雄花少数，生于近口部，花被片2~3，基部合生，雄蕊1，花丝短，花药椭圆形；瘿花，有长柄，花被短，透明，顶部稍被毛，子房卵形至近球形，光滑，花柱很短，侧生或近顶生，柱头膨大；雌花具长柄，花被顶部有2~3齿牙。瘦果斜卵形或近球形，花柱侧生，长，顶部有透明柔毛，柱头棒状。花、果期4—5月。

【分布及生境】分布于台湾。通常栽于庭园。

【食用方法】采收成熟果实，洗净生食，味相当甜。

药用功效

根入药，能解食物中毒。

涩叶榕

Ficus irisana Elmer.

别　名‖白肉榕、糙叶榕
英文名‖ Gibbous fig
分　类‖桑科榕属乔木

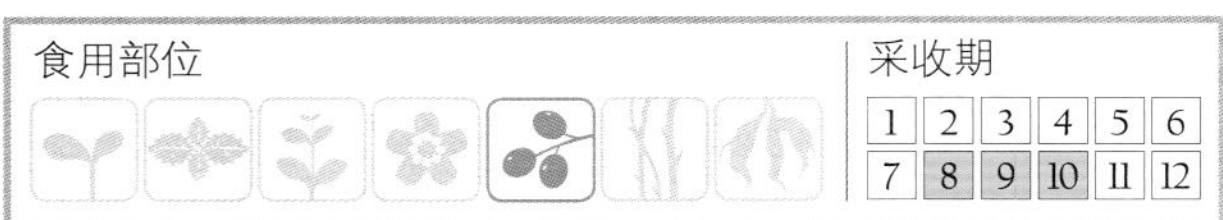

【形态特征】 植株高约2m，树冠开展，枝条下垂，幼枝淡褐色或淡红褐色，粗糙。叶革质，椭圆形至卵状椭圆形，长6~12cm，宽3~6cm，两面粗糙，先端具硬尖头，基部钝或楔形，稍歪斜，全缘，基生侧脉延长，侧脉每边5~6条，背面隆起；叶柄粗硬，长4~8mm；托叶卵状披针形，褐色，膜质，长约1cm，早落。榕果单生或成对腋生，球形，直径8~12mm，表面粗糙，成熟淡黄色至红色，有黄点，总梗长10~15mm；瘿花，有柄或近无柄，花被片4，子房光滑，球形至斜卵形，花柱侧生，短，柱头膨大或为截形；雌花具柄，花被片4~5，子房椭圆形或球形，光滑，花柱纤细，柱头2裂。花、果期夏、秋季。

【分布及生境】 分布于我国南方各地。常生于低海拔的沿海岛屿。

【食用方法】 采摘成熟果实生食，味甜多汁。

油叶柯

Lithocarpus konishii（Hayata）Hayata

别　名‖油叶杜、油叶杜子
英文名‖ Oil-leaf tanoak
分　类‖壳斗科柯属乔木

【形态特征】 植株高通常5m以内，芽鳞密被白灰色丝光质短伏毛，春季抽出的新枝无毛，秋季抽出的被灰黄色短柔毛，二年生枝有略突起、近圆形、与枝同色的皮孔。叶纸质，稍硬，卵形、倒卵形、椭圆形或倒卵状椭圆形，长4~9cm，宽1~4 cm，顶部短尾状急尖或渐尖，基部楔形，叶缘有3~6锯齿状钝裂齿。雌花常着生于雄花序轴的下部，或由少数组成花序，单朵或很少兼有2朵一簇散生于被灰黄色短绵毛的花序轴上，花柱3枚，长达3 mm，斜展。果序轴粗2~3 mm，有皮孔；壳斗浅碟状，高4~8 mm，宽15~25mm，包着坚果基部，壳壁上薄下略厚，厚1.5~2mm，小苞片阔三角形，中央肋状突起，紧贴，覆瓦状排列，被灰棕色甚短的毡状毛；坚果扁圆形，顶端圆或稍平坦，高10~18 mm，宽20~30 mm，果壁厚3~6 mm，硬角质，无毛，透熟时纵向缝裂，果脐的四周边缘凹陷，渐向中央部分稍隆起，直径13~24mm。花期4—8月，果期翌年7—10月。

【分布及生境】 分布于台湾中部以南、海南东部。在台湾生于海拔300~1 600m的山地常绿阔叶林中；在海南生于离海岸不远的缓坡灌丛中。

【食用方法】 采摘果实，敲开生食，或煮熟炒食。

刺栲

Castanopsis hystrix Hook. f. & Thomson ex A. DC.

别　名‖栲树、小红栗栲、红栲、锥栗、红锥栗
英文名‖ Red oatchestnut
分　类‖壳斗科锥属乔木

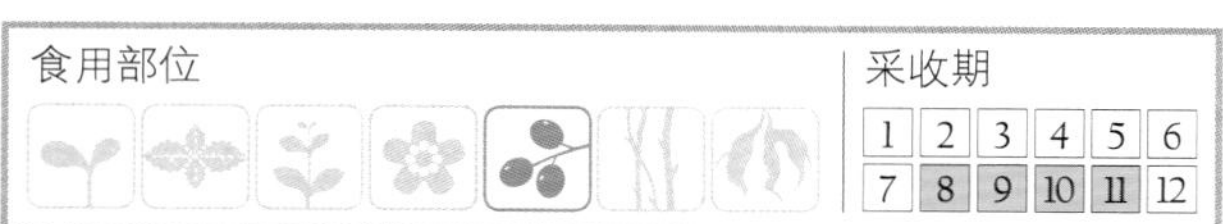

【形态特征】植株高达25m，胸径1.5m。当年生枝紫褐色、纤细，与叶柄及花序轴相同，均被或疏或密的微柔毛及黄棕色细片状蜡鳞；二年生枝暗褐黑色，无或几无毛及蜡鳞，密生几与小枝同色的皮孔。叶纸质或薄革质，披针形，有时兼有倒卵状椭圆形，长4~9cm，宽1.5~4cm，稀较小或更大，顶部短至长尖，基部甚短尖至近于圆，一侧略短且稍偏斜，全缘或有少数浅裂齿，中脉在叶面凹陷，侧脉每边9~15条，甚纤细，支脉通常不显，嫩叶背面至少沿中脉被脱落性的短柔毛兼有颇松散而厚或较紧实而薄的红棕色或棕黄色细片状蜡鳞层。雄花序为圆锥花序或穗状花序；雌花为穗状花序生单穗位于雄花序之上部叶腋间，花柱3或2枚，斜展，长1~1.5mm，通常被甚稀少的微柔毛，柱头位于花柱的顶端，增宽而平展，干后中央微凹陷。果序长达15cm；壳斗有坚果1个，连刺直径25~40mm，稀较小或更大，整齐的4瓣开裂，刺长6~10mm，数条在基部合生成刺束，间有单生，将壳壁完全遮蔽，被稀疏微柔毛；坚果宽圆锥形，高10~15mm，横径8~13mm，无毛，果脐位于坚果底部。花期4—6月，果期翌年8—11月。

【分布及生境】分布于我国长江流域以南各地。生于海拔30~1 600m的缓坡及山地常绿阔叶林中。

【营养成分】树皮和壳斗含鞣质。

【食用方法】采摘果实生食。

咬人狗

Dendrocnide meyeniana（Walp.）Chew

别　名‖咬人狗树、咬人狗艾麻
英文名‖ Dendrocnide tree
分　类‖荨麻科咬人狗属乔木

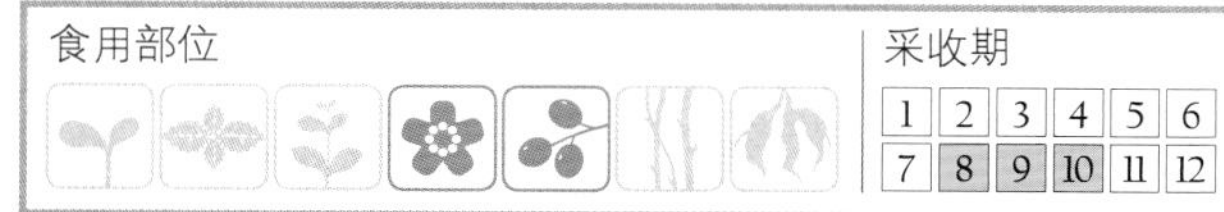

【形态特征】植株高约7m，常绿，光滑，叶痕大，隆起；小枝、叶柄、叶两面和花序被短柔毛和刺毛。叶集生于枝的顶端，卵形至椭圆形，长15~40cm，宽8~25cm，先端渐尖，基部圆形、截形或浅心形，边缘全缘或波状，具羽状脉，侧脉7~12对，叶柄长4~12cm，托叶长约1cm，背面密被柔毛和刺毛，早落。花序雌雄异株，长圆锥状，长达25cm，分枝短。雄花花被片与雄蕊4（~5）；雌花无梗，花被片4，下部合生成杯状，侧生的2枚较背腹生的2枚宽，长约0.7mm，外面被微毛和刺毛。瘦果近圆形，稍扁，长约2mm，两面有不明显的细疣点。花期4—7月。

【分布及生境】台湾有分布。生于山坡低海拔林中或灌丛。

【食用方法】采摘成熟果实生食；花托柔软多肉质，水分多，稍甜，也可生食。

药用功效

花和叶捣敷瘰疬、痈疽肿痛、发背。

黄槿

Hibiscus tiliaceus L.

别　名‖裸叶、朴子、盐水面头叶
英文名‖ Linden hibiscus
分　类‖锦葵科木槿属小乔木

【形态特征】嫩枝、叶和花序均密被毛。单叶互生，叶片心脏形，先端突尖，基部凹心形，长6~14cm，宽9~20cm，掌状叶脉7~9条，叶背生星状毛，全缘或不明显波状叶缘，托叶早落。聚伞花序，花生于枝端，顶生或腋生，花冠钟形，黄色，花心深紫红色，萼5裂，裂片披针形。蒴果广卵形，长约2.5cm，直径约2cm，外被粗毛，5室；种子肾形，长约4mm，微具突点。
【分布及生境】分布于我国热带至温带地区。广泛生于热带至温带的海滨、岛屿。

【食用方法】采摘嫩芽，炸熟，水淘净，调味食用。

药用功效

叶和花可入药，解热、镇痛、催吐。嫩叶用于咳嗽、支气管炎。

狗骨柴

Diplospora dubia （Lindl.）Masam

别　名‖狗骨仔、青凿树、三萼木、观音茶
英文名‖ Common tricalysia
分　类‖茜草科狗骨柴属乔木

食用部位	采收期					
	1	2	3	4	5	6
	7	8	9	10	11	12

【形态特征】树干灰色，小枝光滑。单叶对生，叶片长椭圆形，长约12cm，宽4~5cm，先端尖，基部也尖，革质，光滑，无毛，全缘，叶柄长3~10mm，托叶广卵形。伞房花序，花腋生，花梗具毛，花冠黄色，短筒状4裂，裂片4mm，宽3mm，反卷，花喉微被毛，萼片4裂，雄蕊4，花丝基部具毛，子房2室，每室2胚胎，中轴胎座，柱头2歧。浆果球形，直径6~8mm，黄色，熟时红色，种子3~4颗。
【分布及生境】分布于江苏、安徽、浙江、江西、福建、台湾、湖南、广东、香港、广西、海南、四川、云南。生于海拔40~1 500m的山坡、山谷沟边、丘陵、旷野林中或灌丛中。

【食用方法】采摘成熟果实，去皮肉，炒焦研粉代咖啡饮用。

药用功效

根入药。性寒，味苦、辛。清热解毒，消肿散结。用于瘰疬、背痈、头疖、跌打肿痛。

桄榔

Arenga pinnata （Wurmb.）Merr.

别　名‖大莎叶
英文名‖ Sugar palm
分　类‖棕榈科桄榔属乔木

【形态特征】植株高7~12m，直径约30cm，茎干粗壮，不分枝，具疏留的环纹。大型羽状复叶，长5~8m，具10~100对羽叶，聚生于茎上部，羽叶线形，长70~150cm，宽3~6cm，革质，具叶柄，叶柄基部具黑色纤维状鞘。肉穗花序腋生，多分枝，下垂，长90~120cm，单花。果实球形或近卵形，墨绿色，种子2~3颗。

【分布及生境】分布于云南、广西、海南、西藏。生于热带雨林密林中、石灰岩山地和山谷。

【营养成分】花序流出的汁液富含糖分，可饮用或制作食糖。

【食用方法】采摘茎干上未长出的嫩茎叶（嫩梢）直接炒食，或提取淀粉。其淀粉与藕粉相似，食法相同。

短穗鱼尾葵

Caryota mitis Lour.

别　名‖酒椰子
英文名‖ Tufted fishtail palm
分　类‖棕榈科鱼尾葵属常绿乔木

【形态特征】植株高5~8m，茎丛生，茎基具吸枝，聚生成丝。叶为二回羽状全裂，长1~3m，淡绿色，裂片薄而脆，长10~20cm，侧生裂片顶端近平截至斜平截，内侧边缘约一半处具齿裂，外侧边缘近伸成一短尖或尾尖尖头；叶柄和鞘被鳞秕。佛焰花序生于叶腋内，佛焰苞3~5；花序长30~40cm，多分枝，下垂；花单性，雌雄花同生于一花序，通常3朵聚生，中间一朵较小为雌花，两边2朵大的为雄花。果球形，直径约1.5cm，紫黑色，种子1颗。花期5—7月，果期9月。

【分布及生境】分布于广东、广西和海南等地。生于海拔300~610m的山谷林中、林寨旁。

【营养成分】棕心由茎顶分生组织和幼嫩而未发育成长的幼叶组成。每100g鲜品含蛋白质2.2g、碳水化合物5.2g、维生素B_1 0.4mg、维生素B_5 0.7mg、维生素C 17mg、钙86mg、磷79mg、铁0.8mg。

【食用方法】一般在2~5年生的棕榈树最下一活叶的叶鞘基部砍伐，剥去老叶和茎周围木质化组织，取其中最幼嫩部位的棕心。棕心呈长圆柱形，近白色，长达1m左右，直径10~15cm，可鲜食，也可炒或炖肉食用。花序液汁含糖分，可制糖或制酒。

董棕

Caryota urens L.

别　名‖黄棕、孔雀鱼尾葵
英文名‖ Fishtail palm
分　类‖棕榈科鱼尾葵属乔木

【形态特征】植株高15~20m，直径0.6~1m，茎干中部稍大，与基部呈纺锤形。羽状复叶，大型，叶长5~7m，宽2~3m，小叶鱼尾状，长5~10cm，宽3~5cm。花序顶生，长2~3m。

【分布及生境】分布于云南东南部和西部。常绿性，但果实成熟后植株即枯死。

【营养成分】茎干中上部含淀粉，加工后代粮。

【食用方法】采摘未出鞘的嫩叶，可生食或炒食。茎干中上部含淀粉，可加工成“西谷米”，或炒食。

蒲葵

Livistona chinensis（Jacq.）R. Br. ex Mart.

别　名‖扇叶蒲葵、散叶蒲葵
英文名‖ Fan palm
分　类‖棕榈科蒲葵属乔木

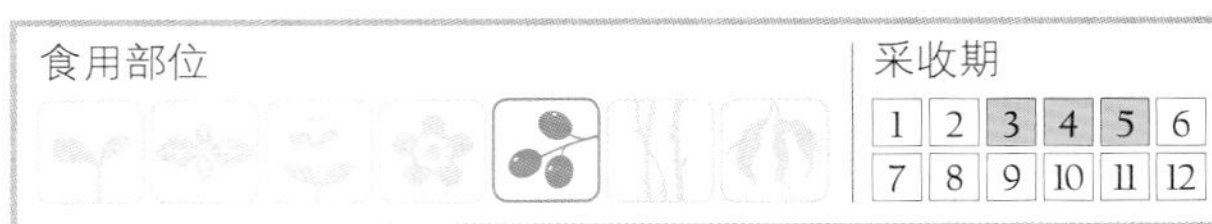

【形态特征】植株高5~30m，直径20~30cm，基部常膨大。叶阔肾状扇形，掌状深裂至中部，裂片线状披针形，基部宽4~4.5cm，顶部长渐尖，2深裂成长达50cm的丝状下垂的小裂片，两面绿色；下部两侧有黄绿色（新鲜时）或淡褐色（干后）下弯的短刺。花序呈圆锥状，粗壮，长约1m，总梗上有6~7个佛焰苞，约6个分枝花序，长达35cm，每分枝花序基部有1个佛焰苞，分枝花序具2次或3次分枝，小花枝长10~20cm。花小，两性，长约2mm；花萼裂至近基部成3个宽三角形近急尖的裂片，裂片有宽的干膜质的边缘；花冠约2倍长于花萼，裂至中部成3个半卵形急尖的裂片；雄蕊6枚，其基部合生成杯状并贴生于花冠基部，花丝稍粗，宽三角形，突变成短钻状的尖头，花药阔椭圆形；子房的心皮上面有深雕纹，花柱突变成钻状。果实椭圆形（如橄榄状），长1.8~2.2cm，直径1~1.2cm，黑褐色。种子椭圆形，长1.5cm，直径0.9cm，胚约位于种脊对面的中部稍偏下。花、果期4月。

【分布及生境】分布于广东、海南、云南等地。生于热带、亚热带密林中或山谷地。

【食用方法】采摘成熟果实，煮熟，放糯米饭团中做成夹心馅食用，味道香甜、独特。

药用功效

根入药，性凉，味甘、涩，止痛、止喘。叶入药，用于崩漏、带下、白浊、难产、胎盘不下。种子入药，性寒，味苦，有小毒，抗癌、凉血、止血、止痛。

海枣

Phoenix dactylifera L.

别　名‖海枣、波斯枣、无漏子、番枣、海棕、枣椰子
英文名‖ Date palm
分　类‖棕榈科刺葵属乔木

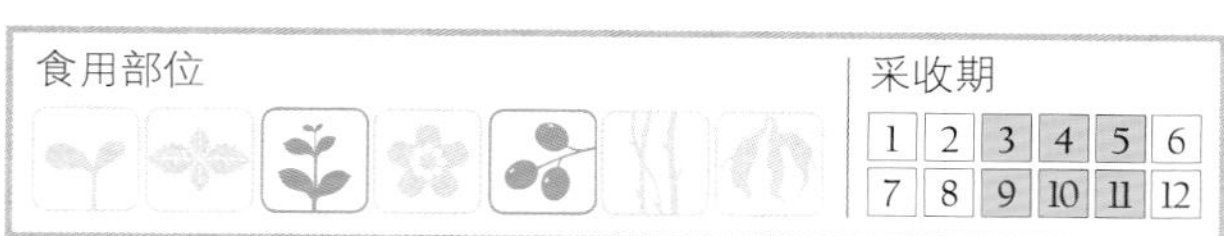

【形态特征】植株高可达 35m，茎具宿存的叶柄基部，上部的叶斜升，下部的叶下垂，形成一个较稀疏的头状树冠。叶长达 6m；叶柄长而纤细，多扁平；羽片线状披针形，长 18~40cm，顶端短渐尖，灰绿色，具明显的龙骨突起，2 或 3 片聚生，被毛，下部的羽片变成长而硬的针刺状。佛焰苞长、大而肥厚，花序为密集的圆锥花序；雄花长圆形或卵形，具短柄，白色，质脆；花萼杯状，顶端具 3 钝齿；花瓣 3，斜卵形；雄蕊 6，花丝极短；雌花近球形，具短柄；花萼与雄花的相似，但花后增大；花瓣圆形；退化雄蕊 6，呈鳞片状。果实长圆形或长圆状椭圆形，长 3.5~6.5cm，成熟时深橙黄色，果肉肥厚。种子 1 颗，扁平，两端锐尖，腹面具纵沟。花期 3—4 月，果期 9—10 月。
【分布及生境】福建、广东、广西、云南等省区有引种栽培，在云南元谋露地栽培能结实。生于山麓干燥地和海岸山野。

【食用方法】采摘成熟果实，可生食。嫩茎芽可生食、煮食或油炸调味食。

药用功效

果实入药。性温，味甘。补中益气、除痰止嗽、补虚损、消食、止咳。

油棕

Elaeis guineensis Jacq.

别　名‖油椰子、非洲油棕
英文名‖ Oil palm
分　类‖棕榈科油棕属乔木

【形态特征】植株高 5~10m，直径 30~50cm，常绿。叶多，羽状全裂，簇生于茎顶，长 3~4.5m，羽片外向折叠，线状披针形，长 70~80cm，宽 2~4cm，下部的退化成针刺状；叶柄宽。花雌雄同株异序，雄花序由多个指状的穗状花序组成，穗状花序长 7~12cm，直径约 1cm，上面着生密集的花朵，穗轴顶端呈突出的尖头状，苞片长圆形，顶端为刺状小尖头；雄花萼片与花瓣长圆形，长约 4mm，宽约 1mm，顶端急尖；雌花序近头状，密集，长 20~30cm，苞片大，长约 2cm，顶端的刺长 7~30cm；雌花萼片与花瓣卵形或卵状长圆形，长约 5mm，宽约 2.5mm；子房长约 8mm。果实卵球形或倒卵球形，长 4~5cm，直径约 3cm，熟时橙红色。种子近球形或卵球形。花期 6 月，果期 9 月。
【分布及生境】分布于我国热带、亚热带地区，主要在华南及云南、福建、台湾等地。

【营养成分】去脉叶片的干物质成分：粗蛋白质 12.40%、粗脂肪 3.58%、粗纤维 30.02%、钙 0.63%、磷 0.20%。
【食用方法】采摘嫩茎、嫩叶或未开放花序炒食或与肉类煮食，也可做汤。果实用食糖加水一起煮，待种皮变软即可食用。

药用功效

根入药，性凉，味苦。消肿祛瘀，用于瘀积肿痛。

厚壳树

Ehretia thyrsiflora（Sieb. et Zucc.）Nakai

别　名‖山南白莲、牛骨仔、松杨
英文名‖ Heliotrope ehretia
分　类‖紫草科厚壳树属常绿小乔木

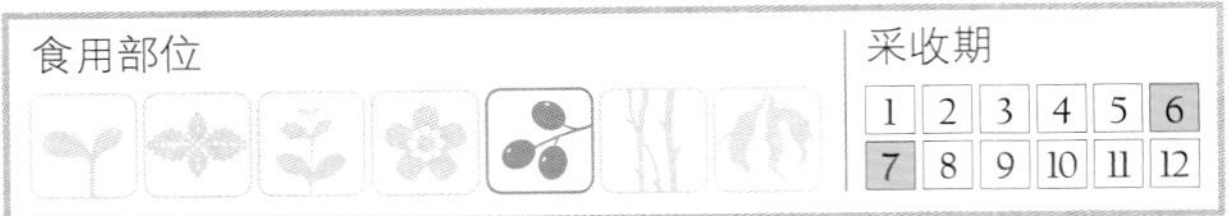

【形态特征】植株具条裂的黑灰色树皮；枝淡褐色，平滑，小枝褐色，无毛，有明显的皮孔；腋芽椭圆形，扁平，通常单一。叶椭圆形、倒卵形或长圆状倒卵形，长5~13cm，宽4~6cm，先端尖，基部宽楔形，稀圆形，边缘有整齐的锯齿，齿端向上而内弯，无毛或被稀疏柔毛；叶柄长1.5~2.5cm，无毛。聚伞花序圆锥状，长8~15cm，宽5~8cm，被短毛或近无毛；花多数，密集，小形，芳香；花萼长1.5~2mm，裂片卵形，具缘毛；花冠钟状，白色，长3~4mm，裂片长圆形，开展，长2~2.5mm，较筒部长；雄蕊伸出花冠外，花药卵形，长约1mm，花丝长2~3mm，着生于花冠筒基部以上0.5~1mm处；花柱长1.5~2.5mm，分枝长约0.5mm。核果黄色或橘黄色，直径3~4mm；核具皱折，成熟时分裂为2个具2颗种子的分核。

【分布及生境】分布于我国华南、华东及台湾、山东、河南等省区。生于平原、山地的疏林、灌丛及山谷密林。

【食用方法】参考破布乌。

药用功效

枝入药，性平，味苦，收敛止泻，用于泄泻。心材入药，性平，味甘、咸，破瘀生新、止痛生肌，用于跌打损伤、肿痛、骨折、痈疮红肿。叶入药，性平，味甘、微苦，清热解暑、祛腐生肌，用于感冒、偏头痛。

猴樟

Cinnamomum bodinieri Lévl.

别　名‖小叶樟、大胡椒、香樟、香树、楠木
英文名‖ Monkey cinnamon
分　类‖樟科樟属常绿乔木

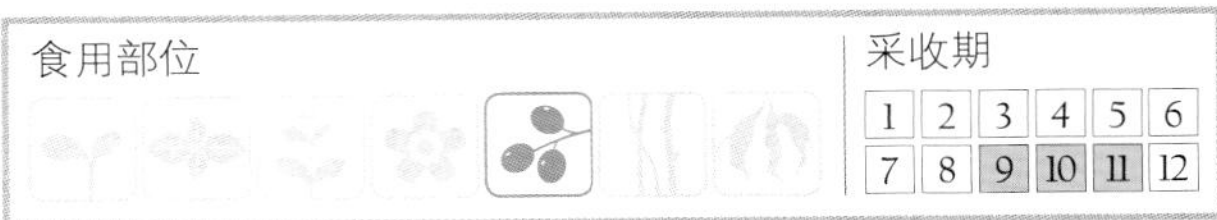

【形态特征】植株高达16m，胸径达30~80cm，树皮灰褐色。枝条圆柱形，紫褐色，无毛，嫩时多少具棱角。芽小，卵圆形，芽鳞疏被绢毛。叶互生，卵圆形或椭圆状卵圆形，长8~17cm，宽3~10cm，先端短渐尖，基部锐尖、宽楔形至圆形，坚纸质，上面光亮，幼时被极细的微柔毛，老时变无毛，下面苍白，密被绢状微柔毛，中脉在上面平坦下面突起，侧脉每边4~6条，最基部的一对近对生，其余的均为互生，斜升，两面近明显，侧脉脉腋在下面有明显的腺窝，上面相应处明显呈泡状隆起，横脉及细脉网状，两面不明显，叶柄长2~3cm，腹凹背凸，略被微柔毛。圆锥花序在幼枝上腋生或侧生，同时亦有近侧生，有时基部具苞叶，长（5）10~15cm，多分枝，分枝二歧状，具棱角，总梗圆柱形，长4~6cm，与各级序轴均无毛。花绿白色，长约2.5mm，花梗丝状，长2~4mm，被绢状微柔毛。花被筒倒锥形，外面近无毛，花被裂片6，卵圆形，长约1.2mm，外面近无毛，内面被白色绢毛，反折，很快脱落。能育雄蕊9，第一、二轮雄蕊长约1mm，花药近圆形，花丝无腺体，第三轮雄蕊稍长，花丝近基部有一对肾形大腺体。退化雄蕊3，位于最内轮，心形，近无柄，长约0.5mm。子房卵珠形，长约1.2mm，无毛，花柱长约1mm，柱头头状。果球形，直径7~8mm，绿色，无毛；果托浅杯状，顶端宽约6mm。花期5—6月，果期7—8月。

【分布及生境】分布于四川、贵州、湖南、湖北等地。生于海拔800~1 500m的山地常绿林中、沟边、灌丛、路旁。

【营养成分】果中含芳香油，种子中含脂肪。

【食用方法】秋季采收成熟果实，做调味品，可鲜用或晒干打成粉用，做配料炖食。

药用功效

根、果入药。性温，味辛。祛风除湿、理气散寒。用于风寒感冒、腹中痞块、胃肠炎、疝气。

樟

Cinnamomum camphora （L.） Presl

别 名‖樟树、芳樟、樟仔、樟脑仔
英文名‖ Camphor tree
分 类‖樟科樟属乔木

【形态特征】植株高可达30m，直径可达3m，树冠广卵形；枝、叶及木材均有樟脑气味；树皮黄褐色，有不规则的纵裂。顶芽广卵形或圆球形，鳞片宽卵形或近圆形，外面略被绢状毛。枝条圆柱形，淡褐色，无毛。叶互生，卵状椭圆形，长6~12cm，宽2.5~5.5cm，先端急尖，基部宽楔形至近圆形，边缘全缘，软骨质，有时呈微波状，上面绿色或黄绿色，有光泽，下面黄绿色或灰绿色，具离基三出脉。圆锥花序腋生，长3.5~7cm，具梗，总梗长2.5~4.5cm，与各级序轴均无毛或被灰白色至黄褐色微柔毛，被毛时往往在节上尤为明显。花绿白色或带黄色，长约3mm；花梗长1~2mm，无毛。花被外面无毛或被微柔毛，内面密被短柔毛，花被筒倒锥形，长约1mm，花被裂片椭圆形，长约2mm。能育雄蕊9，长约2mm，花丝被短柔毛。退化雄蕊3，位于最内轮，箭头形，被短柔毛。子房球形。果卵球形或近球形，直径6~8mm，紫黑色；果托杯状，顶端截平，具纵向沟纹。花期4—5月，果期8—11月。

【分布及生境】分布于我国长江流域以南各地及西南各省区。常生于山坡或沟谷中，但常有栽培的。

【营养成分】全树具樟脑和芳香性挥发油。樟脑油可分离出桉树脑、蒎烯、莰烯、苎烯等成分。

【食用方法】采摘嫩叶，洗净，热水烫洗后，用油盐调味食。

药用功效

木材入药，性温，味辛，祛风湿、行血气、利关节，用于跌打损伤、痛风、心腹胀痛、脚气、疥癣。全株提制的樟脑，性热，味辛，通窍、杀虫、止痛、辟秽，用于心腹胀痛、跌打损伤、疮疡疥癣。

细毛樟

Cinnamomum tenuipile Kosterm.

英文名‖ Alseodaphne mollis
分 类‖樟科樟属乔木

【形态特征】植株高4~16m，有时可达25m，胸径10~50cm；树皮灰色。枝纤细，幼枝极密被灰色茸毛，老枝渐变无毛，略具棱角，有纵向细条纹。叶互生，近聚生于枝梢，倒卵形或近椭圆形，长7.5~13.5cm，宽4.5~7cm，先端圆形、钝形或短渐尖，基部宽楔形或近圆形，坚纸质，上面初时密被小柔毛但沿中脉及侧脉被茸毛其后渐变全无毛，下面初时全面密被柔软茸毛其后毛被渐变稀疏，中脉和侧脉在上面凹陷下面突起，侧脉每边6~7条；叶柄长1~1.5cm，腹凹背凸，密被灰色茸毛。圆锥花序腋生或近顶生，长4.5~8.5（12）cm，纤细，具12~20花，具分枝，分枝短小，长1~1.5cm，末端为具3花的聚伞花序；总梗纤细，长约为花序全长的2/3，与各级序轴极密被灰色茸毛。花小，淡黄色，长约3mm；花梗长3~5mm，密被灰色茸毛。花被两面密被绢状微柔毛，花被筒倒锥形，长约1 mm，花被裂片6，卵圆形或长圆形，近等大，长约2mm，内轮稍宽。能育雄蕊9，花药长圆状近圆形，药室内向，花丝稍长于花药，第三轮雄蕊长近2mm，花药长圆形，上2药室侧内向，下2药室侧外向，花丝长于花药，基部有一对具柄的圆形腺体。退化雄蕊3。子房卵珠形，长约1.2mm，无毛，花柱纤细，长约1.5mm，柱头盘状。果近球形，直径达1.5cm，成熟时红紫色；果托伸长，长达1.5cm，顶端增大成浅杯状，宽达8mm，边缘截平或略具齿裂。花期2—4月，果期6—10月。

【分布及生境】为云南特有种，分布于云南南部和西南部。生于山谷或谷地灌丛疏林中。除菜用外，还是有发展前途的香料植物。

【营养成分】叶中含多种芳香类物质，其中以芳樟醇、香叶醇和桉油素为主。

【食用方法】采摘嫩叶切细或捣碎做肉类作料，味佳。

白毛掌

Opuntia leucotricha DC.

别　名‖棉花掌
英文名‖ Semaphore cactus
分　类‖仙人掌科仙人掌属常绿乔木

食用部位　采收期
1	2	3	4	5	6
7	8	9	10	11	12

【形态特征】 茎节扁平，长圆形或圆形，长10~30cm，被细柔毛，刺毛白色，长达8cm，刚毛状，下垂。花黄色，直径6~8m。果倒卵形，白色、黄色或带红色，长4~6cm。
【分布及生境】 分布于我国热带地区。植株适应性极强，从夏天至霜前均能开花、结果。

【食用方法】 参考仙人掌。

药用功效

参考仙人掌。

台东漆

Semecarpus gigantifolia Vidal

别　名‖大叶肉托果
英文名‖ Large-leaf markingnut
分　类‖漆树科肉托果属乔木

食用部位　采收期
1	2	3	4	5	6
7	8	9	10	11	12

【形态特征】 植株高达40m，常绿，树皮平滑，灰褐色。单叶互生。叶片椭圆状披针形，长30~45cm，宽8~12cm，先端锐尖或短渐尖，叶面、叶背平滑，叶面深绿色，具光泽，叶背灰白色，侧脉羽状，两侧各约20条，全缘。圆锥花序，花顶生，花梗短，花冠直径约15mm，花瓣5，白色，披针形，展开，雄蕊5，花瓣互生，花丝丝状，萼针形，5齿裂或截形。核果扁平状椭圆形，长约3cm，直径约2cm，下部心脏，形具花托，花托直径约2cm，熟时红色，内含黏肉质，种子椭圆形，直径约1.5cm。花期夏季。
【分布及生境】 分布于台湾。多生于海岸。

【食用方法】 果实含肉质，可生食。

药用功效

全草入药，其效同漆树，为破血通经药，用于闭经、脑血栓塞。果实入药，性平，味甘，止渴、润肺、除烦、祛痰，用于肺热咳嗽。

锐叶杨梅

Myrica rubra Sieb. et Zucc. var. *acuminata* Nakai

别　名‖杨梅、树梅、椴梅、红树梅
英文名‖ China waxmyrtle
分　类‖杨梅科杨梅属乔木

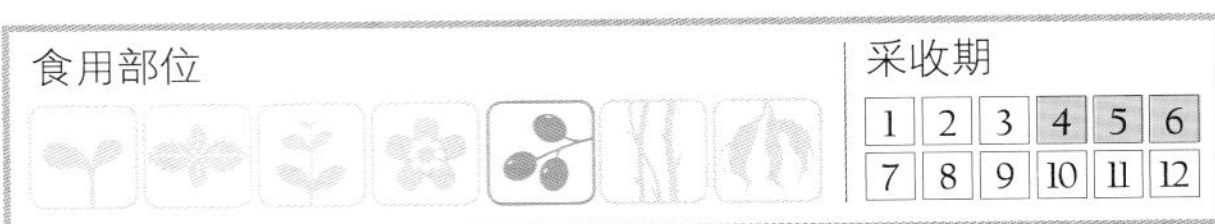

【形态特征】 植株高达20m，胸径可达100cm，常绿，树皮暗褐色，粗糙。单叶互生，叶片在枝条顶端密集着生，革质，叶面深绿，叶背淡绿，倒卵形或长椭圆形，先端尖，基部狭尖，全缘或上部锯齿，具叶柄，长约1cm。雌雄异花同株，柔荑花序，顶生或腋生。花细小，黄红色；雄花具3~4小苞，雄蕊5~8枚，穗状；雌花也有小苞，花柱2。核果球形或椭圆形，直径约2cm，表面被肉质乳头状突起，果初绿色，熟时紫红色。
【分布及生境】 我国各地均有分布。生于阔叶林内。

【食用方法】 采摘成熟果实，生食，多汁味甜；也可加工为杨梅或七珍梅。

药用功效

树皮和果实可入药。树皮为止痛、解毒药，用于出血、腹痛、胃痛、风湿病、毒蛇咬伤。民间用树皮浸米酒治毒蛇咬伤有特效。果实为健胃、止呕、解渴剂，用于腹痛、咽喉炎。

皂荚

Gleditsia sinensis Lam.

别　名 ‖ 天丁、皂角树、皂针、皂荚刺
英文名 ‖ Chinese honeylocust
分　类 ‖ 豆科皂荚属落叶乔本

【形态特征】植株高10~20m，胸径1.2m，树皮暗灰色，粗糙，棘刺圆柱形，具分刺，基部圆形，小枝无毛。一回羽状复叶，幼树和初发枝条具二回羽状复叶。小叶3~7对或9对，叶片卵形、倒卵形、长圆状卵形或卵状披针形，长2~8.5cm，宽1~2cm，先端钝，具短尖头，基部斜圆形或斜楔形。边缘钝锯状，中脉被毛，其余无毛。叶轴及小叶柄被柔毛。总状花序腋生和顶生，花杂性，4裂，花瓣4，雄蕊6~8，花梗长0.3~1cm，花序轴、花梗和花萼被柔毛，花瓣白色，子房条形，沿缝线具毛，柄长7mm以上。荚果木质扁条形，长5~35cm，宽2~4cm，幼时稀扭曲，通常直伸，被白霜，熟时黑褐色或紫红色。果不易脱落，具白色霜粉，种子长圆形，扁平，长约1cm，亮褐色。花期4—5月，果期10月。

【分布及生境】分布于河南、江苏、湖北、广西等地。生于向阳路旁、沟边、山脚、村前屋后。

【营养成分】果实含多种三萜皂苷（皂荚苷、皂荚皂苷）及鞣质。

【食用方法】3—4月采摘刚萌发的黄绿色羽状复叶食用，可炒食、凉拌。7—8月采摘由青绿色转为黄绿色的皂荚，取出种子剥去种壳，取出白色种仁，晒干备用。食用前浸泡发胀后，加糖煮食。

药用功效

果实入药。性温，味辛。有小毒。祛风通窍、化痰止咳。用于口噤不语、喉痹、哮喘、鼻窍不通。

合欢

Albizzia julibrissin Durazz.

别　名 ‖ 夜蒿树、合欢皮、合欢花、青裳、绒花树、马缨花、夜合花、蓉花树
英文名 ‖ Silk tree
分　类 ‖ 豆科合欢属落叶乔木

【形态特征】植株高达16m，树皮灰棕色，幼枝具棱角，被毛，散生黄棕色近圆形皮孔。叶互生，二回羽状复叶，总叶柄长3~5cm，叶长9~23cm，羽片5~15对，小叶11~30对，无柄，小叶片镰状长方形，长5~12mm，先端短尖，基部截形，不对称，全缘，有缘毛，叶背中脉具柔长毛，小叶日开夜间闭合，托叶线状披针形。头状花序生于枝端，总花梗被柔毛，花淡红色，花萼筒状，长约2mm，外披柔毛，先端5裂，裂片三角状卵形，雄蕊多数，基部结合，花丝细长，上部淡红色，子房上位，花柱几乎与花丝等长。荚果长椭圆形，先端尖，边缘波状，扁平，黄褐色，嫩时有柔毛。种子椭圆而扁，褐色。

【分布及生境】分布于我国华东、华南、西南及辽宁、河北、河南、山西等地。生于山地路旁、林中。

【食用方法】夏季采摘嫩芽洗净，沸水烫过后凉拌、炒食、做汤或腌渍。早春可采摘花蕾或初开的花，加调料与肉类食用。

药用功效

树皮和花入药。性平，味甘。安神活血、消肿解毒。树皮主要用于活血止痛、消散痈肿、舒筋接骨。

银合欢

Leucaena leucocephala（Lam.） de Wit

别　名‖白相思仔、细叶番婆树、白皮银合欢
英文名‖ Leucaena
分　类‖豆科银合欢属灌木或小乔木

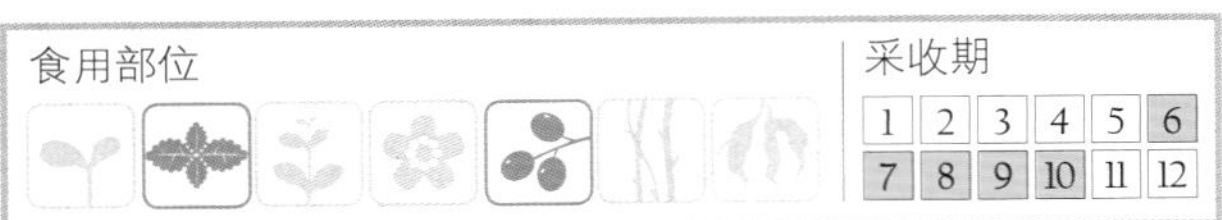

【形态特征】植株高2~6m；幼枝被短柔毛，老枝无毛，具褐色皮孔，无刺；托叶三角形，小。羽片4~8对，长5~9（~16）cm，叶轴被柔毛，在最下一对羽片着生处有黑色腺体1枚；小叶5~15对，线状长圆形，长7~13mm，宽1.5~3mm，先端急尖，基部楔形，边缘被短柔毛，中脉偏向小叶上缘，两侧不等宽。头状花序通常1~2个腋生，直径2~3cm；苞片紧贴，被毛，早落；总花梗长2~4cm；花白色；花萼长约3mm，顶端具5细齿，外面被柔毛；花瓣狭倒披针形，长约5mm，背被疏柔毛；雄蕊10枚，通常被疏柔毛，长约7mm；子房具短柄，上部被柔毛，柱头凹下呈杯状。荚果带状，长10~18cm，宽1.4~2cm，顶端突尖，基部有柄，纵裂，被微柔毛；种子6~25颗，卵形，长约7.5mm，褐色，扁平，光亮。花期4—7月，果期8—10月。

【分布及生境】分布于台湾、福建、广东、广西和云南。生于低海拔的荒地或疏林中。

【营养成分】种子富含蛋白质，未成熟种子含含羞草碱，具有毒性，慎用。

【食用方法】采摘嫩叶，洗净，烫后煮熟，再用水淘净，用油盐调味食用。嫩荚和种子需充分煮熟，用水充分淘净，除去毒性后，方可调味食用。

药用功效

种子入药，用于消渴。

刺槐

Robinia pseudoacacia L.

别　名‖洋槐、刺儿槐、洋槐花、胡藤
英文名‖ Yellow locust
分　类‖豆科刺槐属落叶乔木

【形态特征】植株高10~25m，树皮灰褐色，具深裂槽。羽状复叶，小叶7~25片，互生小叶长圆形、椭圆形或倒卵形，长2~5cm，宽1~2cm，顶端圆或微凹，具小尖，基部圆形，全缘。总状花序，腋生，长10~20cm，花序轴和花梗具柔毛。萼杯状，被柔毛，浅裂，稍口唇形，花冠白色，各瓣具爪，旗瓣矩形，顶端微凹，基部具黄色斑点，翼瓣镰状长圆形，顶端钝，下部一侧具1耳，龙骨瓣内弯，镰状，基部一侧也有1耳，花药同型，子房无毛，胚珠多个，花柱内弯，顶端具短柔毛。荚果长矩圆形，长3~10cm，宽1.5cm，赤褐色，无毛。种子5~13颗，肾形，黑色。花期4—5月。

【分布及生境】分布于辽宁、河北、内蒙古、宁夏。生于公路、农村两旁及河坎上。

【营养成分】刺槐花含茅香油、刀豆酸、黄酮类，并含丰富的蛋白质、脂肪、碳水化合物、多种维生素及矿物质。

【食用方法】春季开花期采摘花序，取花蕾或花食用。生食味甜，略苦，但有小毒，不宜多食。花沸水烫后，清水漂洗去苦，可与米饭或面粉混拌蒸食，也可制多种菜肴，可凉拌、炒食、蒸、炸或做馅料。嫩叶、嫩芽沸水烫后，也可凉拌、炒食。

药用功效

花入药。性平，味甘。用于大肠下血、咯血、妇女血崩。近代药理证明，槐花有明显降血脂的作用，能减少血管通透性而起止血作用。

槐树

Sophora japonica L.

别　名‖国槐、白槐、槐角子、细叶槐、金药树
英文名‖ Japanese pagodatree
分　类‖豆科槐属落叶乔木

【形态特征】 植株高15~25m，胸径达1.5m，树皮灰黑色，粗糙纵裂。幼枝绿色，疏生柔毛，老枝灰色，近无毛，皮孔圆形，淡黄色。奇数羽状复叶，长15~25cm，叶轴有柔毛，基部膨大，小叶9~15，卵形、长椭圆形或披针状卵形，长2.5~7.5cm，宽1.5~3cm，对生，纸质，先端渐尖而具细突尖，基部宽楔形，叶面深绿色，微亮，叶背灰白色，疏生短柔毛，具短柄，有毛，有钻形小托叶或早落。圆锥花序顶生，长10~20cm，花萼钟形，具5小齿，浅三角形，疏生毛，花冠乳白色，长1~1.5cm，旗瓣阔心形，具短爪，紫脉，翼瓣、龙骨瓣边缘稍带紫脉，雄蕊10，不等长。子房线形，被棕色疏柔毛。荚果肉质，串珠状，长2.5~5cm，无毛，不开裂。种子1~6颗，肾形，深褐色。花期7—9月，果期9—10月。
【分布及生境】 我国南北各地普遍栽培。生于海拔1 200m以下的山坡、路旁、宅边。

【营养成分】 每100g槐花鲜品含蛋白质3.1g、脂肪0.7g、碳水化合物15g、胡萝卜素0.04mg、维生素B_1 0.04mg、维生素B_2 0.18mg、维生素B_5 6.6mg、维生素C 66mg、钙83mg、镁69mg、铁3.6mg。
【食用方法】 春、夏季采摘嫩芽或嫩叶，洗净，沸水烫后可凉拌、炒食、做汤、粉蒸、做饮料。夏季采摘花朵，食法多种，煎、炒、烧、烩、蒸、做馅均可。

药用功效

花蕾、果实、根入药。性寒，味苦。清热解毒、消肿利喉。用于喉炎、燥热不眠、肠风下血、头晕目眩、尿血、子宫出血、痔疮出血等。

黄檀

Dalbergia hupeana Hance

别　名‖檀树、白檀、望水檀、不知春
英文名‖ Hupeh rosewood
分　类‖豆科黄檀属落叶乔木

【形态特征】 植株高10~17m，树皮灰色。奇数羽状复叶，小叶9~11片，互生，椭圆状长圆形，顶端钝或圆，微凹，基部宽楔形，微偏斜，叶面无毛，叶背被微毛，后无毛。托叶早落，叶轴和小叶柄疏被白毛。圆锥花序顶生，花梗疏被锈色短毛，小苞片卵形，花冠浅紫色或白色，旗瓣圆形，顶端微凹，雄蕊10，连成5个2组，胚珠2~3，柱头头状。荚果条状长圆形，长5~7cm、宽1~1.2cm，棕褐色，无毛。种子1~2颗，平扁，肾形。花期7月，果期8—9月。
【分布及生境】 分布于安徽、江苏、浙江、江西、福建、湖北、湖南、广东、广西、贵州、四川等省区。生于海拔600~1 400m的林中、溪旁、山沟灌丛、石山坡。

【食用方法】 春、夏季采摘嫩芽，沸水烫过，清水漂洗后可炒食或做汤。

药用功效

叶入药。性平，味辛。有小毒。散瘀消肿、解毒杀虫。用于跌打损伤、毒蛇咬伤。

山桃

Prunus persica （L.） Batsch

别　名‖山毛桃、花桃
英文名‖ Mountain peach
分　类‖蔷薇科李属落叶乔木

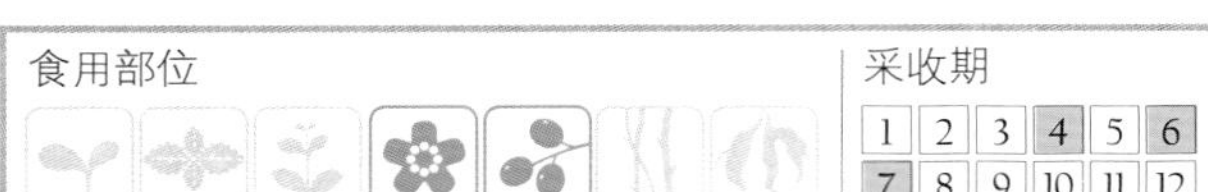

【形态特征】植株高 5~9m，小枝无毛，腋芽并生，中央为叶芽，两侧为花芽。叶互生，叶柄长 1.5~3cm，叶片卵状披针形，长 4~8cm，宽 2~3.5cm，顶端长渐尖，基部楔形，边缘细锯齿，叶面、叶背无毛，或幼时被疏柔毛。花单生，粉红色至白色，花瓣 5，先叶开放，倒卵形或卵状长圆形，萼筒钟状，外被短柔毛，裂片卵形，雄蕊多数，子房被毛。核果近圆形，直径 5~7cm，黄绿色，具纵沟，被茸毛，果肉多汁，果肉离核，核表面具纵横沟纹和孔穴，种子 1 颗。花期 4 月，果期 6—7 月。

【分布及生境】分布于辽宁、河北、河南、山东、山西、四川、云南、贵州、陕西、江苏等地。生于山坡、溪边、灌丛。

【营养成分】果实肉厚多汁，味甜，每 100g 含蛋白质 0.8g、脂肪 0.1g、碳水化合物 10.7g，还含多种矿物质、维生素和果胶等。

【食用方法】果肉可制果酱、糖渍或煮食。春季桃花盛开时采花，取花瓣食用。桃花香味柔和，入菜肴增添缕缕香气，食之宜口。

药用功效

种子入药。性平，味甘、酸。生津、润肠、活血、消积。用于闭经、痛经、跌打损伤、肠燥便秘等。

野杏

Armeniaca vulgaris Lam. var. *ansu* （Maxim） Yü et Lu

别　名‖山杏、迈杏
英文名‖ Wild apricot
分　类‖蔷薇科李属落叶乔木

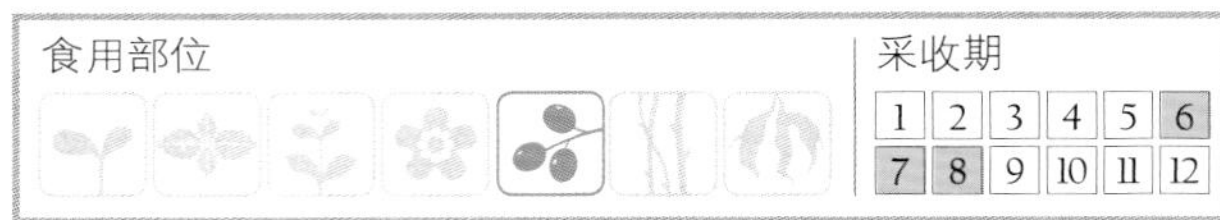

【形态特征】植株高 4~9m，树皮暗红棕色，小枝红褐色无毛。单叶互生，卵圆形，长 5~9cm，宽 7~8cm，顶端渐尖，基部近圆形或近心形，边缘具密而细锯齿，叶面无毛，叶背脉有柔毛。花单生，两性，先叶开花，白色或粉红色，微芳香，花梗短或无梗，萼筒钟状，外被疏短柔毛，裂片卵形，花瓣圆形或阔倒卵形，雄蕊多数，子房密被短柔毛。核果黄红色，心脏卵圆形，略扁，侧面具一浅凹槽，直径 3~4cm，被细短柔毛或近无毛。核扁球形，平滑，边缘增厚，具锐棱，具槽沟。花期 4 月，果期 7—8 月。

【分布及生境】分布于我国长江以北等地。喜光，耐旱，适于土层深厚、排水良好的土壤生长。

【营养成分】每 100g 果实含蛋白质 1.2g、碳水化合物 11.1g、维生素 A 1.79mg、维生素 C 7mg、钙 26mg、磷 24mg、铁 0.8mg，还含儿茶酚、黄酮等。

【食用方法】果实可生食，或制果酱、糖渍。

药用功效

种子入药。性温，味甘、酸。有小毒。润肺定喘、生津止渴。用于咳嗽气喘、胸满痰多、血虚津枯、肠燥便秘。山杏不可多食。

山樱桃

Cerasus campanulata（Maxim.） Yü et Li

别　名‖山樱花、耕寒樱、福建山樱花
英文名‖ Bell-flowered cherry
分　类‖蔷薇科樱属乔木

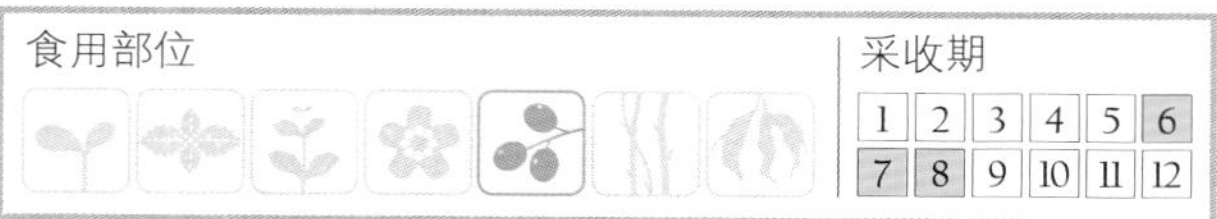

【形态特征】植株高10m以上，落叶性，树皮茶褐色，光滑。单叶互生。叶片长椭圆形或卵形，长7~10cm，宽3~3.5cm，平滑，嫩叶具微毛，先端狭尖，细锯齿叶缘。叶柄具腺体，基部具数条流苏状托叶，叶在花后发生。花由前年枝梢叶痕处伸出，3~5朵聚生。基部小苞1对。花长筒状钟形，粉红至红色，花瓣顶端凹形，光滑无毛，萼圆筒状钟形，长约7mm，裂片尖锐。雄蕊14，雌蕊1，花柱和子房绿色，平滑，柱头平圆。果长椭圆形，尖头，红熟，多肉质。

【分布及生境】分布于广东、广西、福建、台湾。生于山谷、溪地、疏林、林缘。

【食用方法】采食红熟果实，生食味甜，微带酸涩。

秋子梨

Pyrus ussuriensis Maxim.

别　名‖山梨、野梨、花盖梨
英文名‖ Wild pear
分　类‖蔷薇科梨属落叶乔木

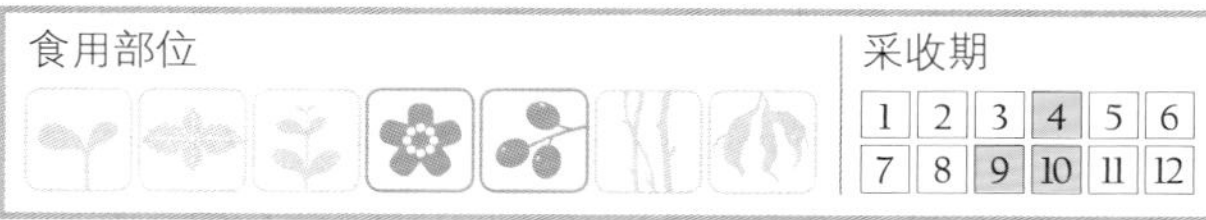

【形态特征】植株高可达10m，树皮灰褐色，幼枝具黄褐色茸毛，老枝紫褐色，无毛，具稀疏皮孔。单叶互生或簇生，叶柄长2~6cm，叶片卵状椭圆形或卵形，长5~10cm，宽3~8cm，近革质，顶端长渐尖，基部卵形或近心形，边缘刺芒状锯齿，微内倾，叶面、叶背无毛，或幼时具褐色绵毛。花5~12朵密集。花柄长2~4cm，花白色。梨果近球形，黄绿色，熟时直径1.5~6cm。花期4月，果期9—10月。

【分布及生境】分布于我国东北及河北、山东、陕西、甘肃等地。生于海拔950~1 150m的山坡、沟边。

【营养成分】果实含果糖、蛋白质、脂肪、碳水化合物，还含多种矿物质、维生素、有机酸等。

【食用方法】果肉可生食，制果酱、果汁等。春季也可采花入菜肴，点缀佳肴，食后生津润燥，清热化痰。

药用功效

秋子梨性寒，味甘。生津润燥、清热化痰。用于热病伤津烦渴、消渴热咳、痰热惊狂、噎嗝、便秘。注意，梨吃多了会伤脾胃。

构树

Broussonetia papyrifera （L.） L'Hér ex Vent.

别　名 ‖ 构皮树、楮树、榖木子、砂纸树、楮实子
英文名 ‖ Common papermulberry
分　类 ‖ 桑科构树属落叶乔木

【形态特征】植株高 10~20m，具乳汁，树干常屈曲，树皮暗灰色，平滑，枝条粗壮，开展，幼枝被粗毛。单叶互生，广卵形至椭圆状卵形，长 6~16cm，宽 5~9cm，边缘细锯齿，不分裂或 3~5 裂，叶面粗糙，被刺毛，叶背被粗毛和柔毛，三出脉，叶柄长 2.5~8cm，密被粗毛。花单性，雌雄异株，雄花序葇荑状，腋生，下垂，花密集，苞片披针形，被粗毛，花被 4 深裂，裂片三角状舟形，被粗毛，雄蕊 4 枚，花药近球形；雌花序头状，花密集，苞片多数，棍棒状，被毛，花被管状，花柱侧生，丝状，子房有柄。聚花果球状，直径 1.5~2cm，肉质，橙红色，熟时小瘦果借肉质子房柄向外挺出。花期 5—7 月，果期 7—9 月。

【分布及生境】分布于我国华北、华中、华南、西南、西北各省，南方地区极为常见。生于山野、村寨附近。

【食用方法】春季采摘嫩芽和嫩叶，沸水烫过，切碎，掺在饭中蒸熟食。初夏采摘未开放雄花序，洗净，可切碎掺入面粉中蒸熟食。

药用功效

果实入药。性寒，味甘。滋肾、清肝、明目。用于腰膝酸软、虚劳、头昏目晕、咳嗽吐血、水肿。

无花果

Ficus carica L.

别　名 ‖ 映日果、奶浆果、蜜果、树地瓜
英文名 ‖ Fig
分　类 ‖ 桑科榕属落叶乔木

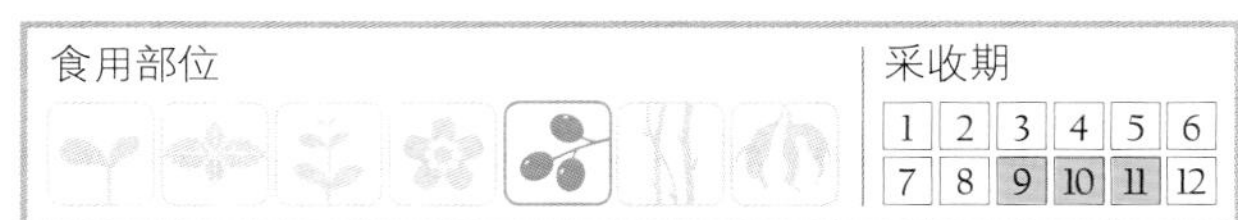

【形态特征】植株高 8~10m，多分枝，皮灰褐色，皮孔明显。小枝粗壮，直。叶互生，卵圆形，长 10~20cm，宽与长度相等，掌状 3~5 裂，裂片卵形。边缘具不规则的钝锯齿，基部浅心形，叶柄长，粗壮，托叶卵状披针形，红色。花序单生叶腋，雌雄异株，雄花和瘿花同生于一榕果内，雄花生于内壁口部，雄蕊 2，花被片 3~4，瘿花花柱侧生。聚合果梨状，熟时黑紫色。雌雄异花，开多小花，藏于肉质膨大的囊状总花托内，外观只见果不见花，故名无花果。瘦果卵形，浅棕黄色。花期 4—5 月，果期 9—10 月。

【分布及生境】我国南北均有栽培。喜温暖和稍干燥气候，耐热，耐盐，不耐涝。对土壤要求不严格。

【营养成分】每 100g 果实含蛋白质 1g、脂肪 0.4g、碳水化合物 12.6g、粗纤维 1.9g、维生素 A 0.05mg、维生素 B_1 0.04mg、维生素 B_2 0.03mg、维生素 B_5 0.3mg、维生素 C 1mg、钙 49mg、磷 23mg、铁 0.4mg。

【食用方法】秋季果实成熟时采收。鲜果肉细嫩，叶香甜，除鲜食外，可做甜食，还可做菜肴。

药用功效

果入药。性平，味甘。健胃清肠、清热解毒。用于肠炎、痢疾、便秘、痔疮、咽喉痛、痈肿、癌肿。根、叶性平，味淡、涩，散瘀消肿、止泻，用于泄泻，外用于痈肿。

大果榕

Ficus auriculata Lour.

别　名‖馒头果、大无花果、圆叶榕、木瓜果
英文名‖ Eared strangler fig
分　类‖桑科榕属落叶乔木

【形态特征】植株高4~10m，胸径10~15cm，树冠宽大，皮灰褐色，具乳汁。幼枝被柔毛，横径10~15mm，红褐色，中空。叶互生，广卵状心形，长15~55cm，宽13~27cm，顶端短尖，基部心形，边缘细锯齿，基出脉5~7条，侧脉3~4对，叶面近无毛，绿色，叶背被短柔毛，浅黄绿色，叶柄粗壮，托叶三角状卵形，紫红色，外被短柔毛。榕果簇生于树干基部或无叶短枝上，大梨形、扁球形至陀螺形，直径3~5cm，被白色短柔毛，具8~12条纵棱，顶部截形，脐状突起大，熟时红褐色，基生苞片3，卵状三角形，粗壮，被柔毛。花期9至翌年4月，果期5—8月。

【分布及生境】分布于海南、广西、云南、贵州、四川等。生于沟谷、路旁、疏林。

【营养成分】每100g嫩叶含维生素A 3.09mg、维生素B_2 0.82mg、维生素C 59mg，还含钾、钙、镁、磷等。

【食用方法】春季采摘带红色的嫩叶和嫩茎尖，做汤，也可沸水烫过炒食。夏、秋季采嫩果与面粉混合蒸食，成熟果味甜美，可生食或制酱。

药用功效

果入药。性平，味甘。祛风宣肺、补肾益精。用于肺热咳嗽、遗精、吐血。

苹果榕

Ficus oligodon Miq.

别　名‖海南榕、牛奶果、木瓜果、小木瓜榕果
英文名‖ Hainan fig
分　类‖桑科榕属落叶小乔木

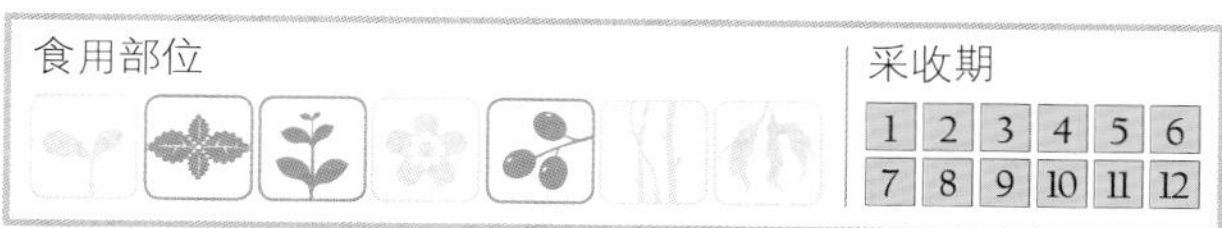

【形态特征】植株高5~10m，胸径10~15cm，树冠宽阔，皮灰色，平滑，具乳汁。幼枝略被柔毛。叶互生，倒卵状椭圆形或椭圆形，长10~25cm，宽6~13cm，顶端渐尖至极尖，基部浅心形至宽楔形，边缘在上部具几对不规则粗锯齿，叶面无毛，深绿色，叶背浅绿色，密生小瘤体，幼叶中脉和侧脉疏生白色细毛，基生叶脉三出，侧脉4~5对，托叶卵状披针形，早落。榕果簇生于老茎的短枝上，梨形或近球形，直径3~3.5cm，表面具4~6条纵棱和小瘤体，熟时深红色，味甜，顶部压扁，莲座状顶生苞片稍突起，基部收狭为短柄。花期9至翌年4月，果期5—8月。

【分布及生境】分布于广东、广西、海南、云南、贵州和西藏。生于低海拔山谷、沟边、湿润土壤地区。

【营养成分】每100g嫩叶含维生素A 2.06mg、维生素B_2 0.82mg、维生素C 46mg、钾1 360mg、钙310mg、镁193mg、磷111mg、钠25mg、铁7.5mg、锰7.9mg、锌4.2mg、铜0.8mg。

【食用方法】全年均可采摘嫩叶和嫩茎，沸水烫熟后，挤出水分，炒食或与其他菜做杂菜汤，也可蘸佐料或包肉食用。夏、秋季采成熟果实可生食，味甜。未成熟果可蒸食。

尖叶榕

Ficus henryi Warb. ex Diels

别　名‖山枇杷
英文名‖ Henry fig
分　类‖桑科榕属落叶小乔木

【形态特征】植株高 3~10m，幼枝略具棱，黄褐色，无毛，具薄翅。叶倒卵状长圆形至长圆状披针形，长 7~16cm，宽 2.5~5cm，先端渐尖或尾尖，基部楔形，表面深绿色，背面色稍淡，两面均被点状钟乳体，侧脉 5~7 对，网脉在背面明显，全缘或从中部以上有疏锯齿；叶柄长 1~1.5cm。榕果单生叶腋，球形至椭圆形，直径 1~2cm，总梗长 5~6 mm，顶生苞片脐状突起，基生苞片 3 枚；雄花生于榕果内壁的口部或散生，具长梗，花被片 4~5，白色，倒披针形，被微毛，雄蕊 4~3，花药椭圆形；雌花生于另一植株榕果内壁，子房卵圆形，花柱侧生，柱头 2 裂。榕果成熟橙红色；瘦果卵圆形，光滑，背面龙骨状。花期 5—6 月，果期 7—9 月。

【分布及生境】分布于云南中部至东南部、四川西南部、贵州西南和东北部、广西、湖南、湖北西部。生于山地疏林中或溪沟潮湿地。

【食用方法】参考异叶榕。

药用功效

果实用于感冒、头痛、风湿病。

牛乳榕

Ficus erecta Thunb.

别　名‖鹿饭、乳浆仔、牛乳房、矮小天仙果、假枇杷果
英文名‖ Milked ficus
分　类‖桑科榕属乔木

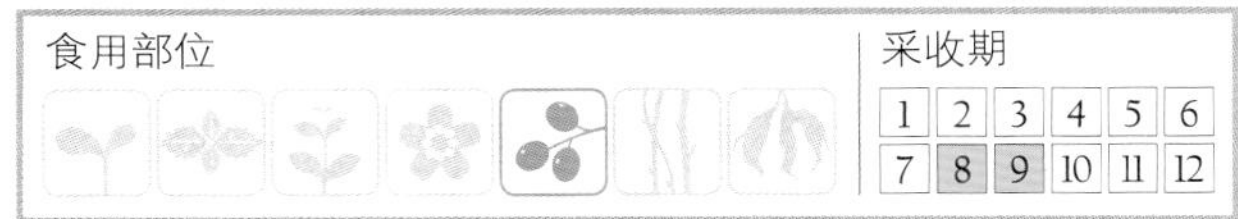

【形态特征】植株具白色乳汁，全株被茸毛。叶大，纸质，长倒卵形、倒卵形或长椭圆形，长 8~12cm，宽 7~9cm，先端尖，基部圆，叶面暗绿色，叶背灰白色，侧脉 6~7 对，全缘或偶有波状。隐头果腋生，球形，直径约 1.5cm，淡绿色，熟时橙红色，被毛，先端具苞片 3 枚，雌花被 4 片，花柱丝状，略弯曲。

【分布及生境】分布于我国南部及台湾。生于山坡林下或溪边。

【食用方法】红紫色成熟果实，可生食，柔软多汁，少许甜味。

药用功效

根入药，切片晒干，治感冒。果实治痔疮。

小叶桑

Morus australis Poir.

别　名 ‖ 桑树、质仔树、鸡桑
英文名 ‖ Mulberry
分　类 ‖ 桑科桑属乔木

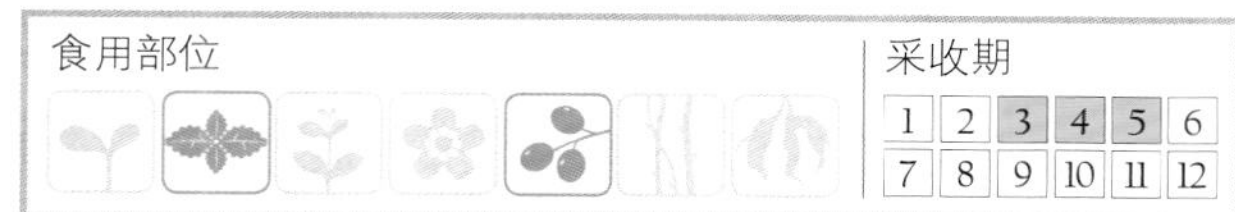

【形态特征】植株具粗大树干，落叶性。单叶互生，叶片卵形，顶端尖锐，长6~15cm，宽3.5~12cm，先端急尖或尾状，基部楔形或心形，边缘具粗锯齿，不分裂或3~5裂，表面粗糙，密生短刺毛，背面疏被粗毛；叶柄长1~1.5cm，被毛；托叶线状披针形，早落。雄花序长1~1.5cm，被柔毛，雄花绿色，具短梗，花被片卵形，花药黄色；雌花序球形，长约1cm，密被白色柔毛，雌花花被片长圆形，暗绿色，花柱很长，柱头2裂，内面被柔毛。聚花果短椭圆形，直径约1cm，成熟时红色或暗紫色。花期3—4月，果期4—5月。

【分布及生境】我国各地均有分布。生于海拔500~1 000m的石灰岩山地或林缘及荒地。

【营养成分】果实含花色素、琥珀酸、葡萄糖等；叶含α－胡萝卜素、麦角甾醇，还含半胱氨酸、腺嘌呤和天冬氨酸等；树皮含香树素等；根皮含α－香树素、β－香树素、果胶、鞣质等。

【食用方法】摘叶沸水烫后去恶臭味和残渣，有微辣味，宜切细后煮汤、油炸或调味食用。成熟桑果榨汁为营养饮料；干果可浸酒，称桑葚酒，有滋补功效。

药用功效

根皮、桑枝可入药。根皮去栓皮称桑白枝，可利尿、镇咳、解热、缓下。桑枝切片，可用于风湿、高血压。桑叶可清热、祛风、去宿血、明目。

水青冈

Fagus longipetiolata Seem.

别　名 ‖ 山毛榉、九把斧
英文名 ‖ Long petiole beech
分　类 ‖ 壳斗科水青冈属落叶乔木

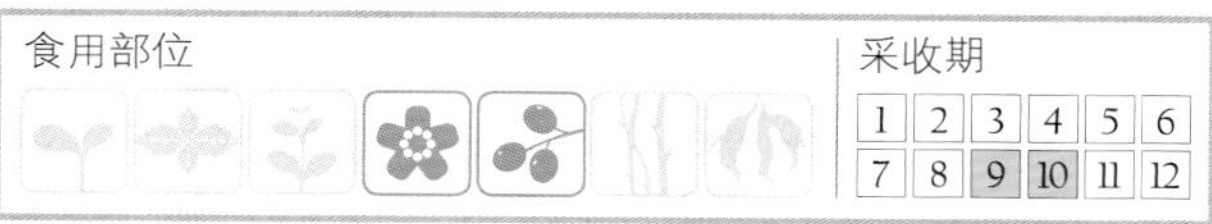

【形态特征】植株高达30m。叶卵形、卵状披针形或长椭圆状卵形，长6~13cm，宽3~6.5cm，顶端渐尖，基部宽楔形或近圆形，稍歪斜，边缘具疏锯齿，背面被伏贴柔毛，沿脉上被疏柔毛，侧脉9~14对，直伸齿端，叶柄长10~25mm。雌雄异花同株，先叶开放，雄花生于细长总花梗顶端，呈下垂的头状花序，在花梗中部或近顶端具线形苞片2~3片，干时膜质，黄色，花被钟形，雄蕊6~12枚，总苞片单生叶腋，外多苞片，每总苞常具雌花3朵，子房下位，3室，花柱3，细长，外曲，壳斗（外果皮）较大，长1.8~3cm，密生褐色茸毛，苞片钻形，长4~7mm，下弯或S型弯曲，稀直立，总梗粗，长1.5~7cm，倾斜无毛。每壳斗具坚果2，卵状三角形，亮褐色，壳斗开裂，坚果秋季成熟。

【分布及生境】我国主产于秦岭以南、五岭南坡以北各地。生于海拔300~2 400m的山地杂木林中。多见于向阳坡地，与常绿或落叶树混生，常为上层树种。

【食用方法】秋季果熟时采收，去外果皮（壳斗）后，取种子晒干备用。春季采摘初开的雄花序，沸水烫，清水泡1~2天，常换水，去苦涩味后，切碎掺入米饭中食用，或晒干打粉，掺入面粉中混匀，做成粑粑烙熟后食。

药用功效

壳斗具健胃、消食、理气等功效。

白栎

Quercus fabri Hance

别　名 ‖ 白青冈、青冈树、金刚栎、青冈花
分　类 ‖ 壳斗科栎属落叶乔木或灌木状

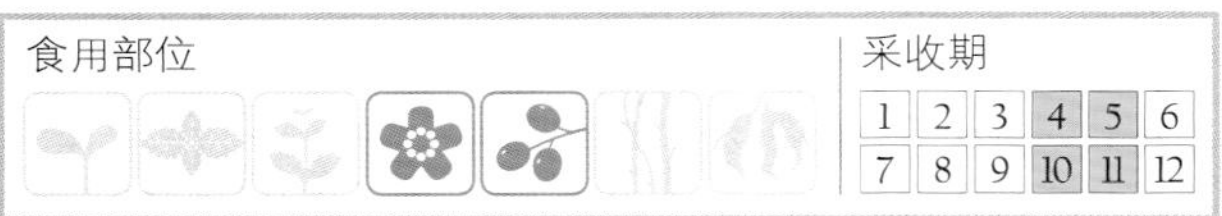

【形态特征】植株高达 20m，幼枝具沟槽，被灰白色柔毛。叶椭圆状倒卵形或倒卵状，长 7~15cm，宽 3~8cm，顶端钝，基部宽楔形或钝圆形，边缘具波状浅齿，背面密生灰白色或黄灰色星状毛，细脉明显，侧脉 8~10 对，叶柄短，长 3~7mm。花单性，雌雄同株，花小，单花被，4~5 裂，雄花序为柔荑花序，下垂，黄绿色，雌花 1~3 朵，簇生枝顶叶腋。壳斗（外果皮）杯形，苞片卵形，被灰白色毛。坚果长椭圆形或椭圆状卵形，果脐稍隆起。花期 4—5 月，果期 10 月。

同属植物中麻栎（*Q. acutissima* Carr.）、槲栎（*Q. aliena* Blume）和栓皮栎（*Q. variabilis* Blume）的形态、习性和用途相似。

【分布及生境】分布于我国淮河以南至华南、西南。生于向阳丘陵山地，常与马尾松、麻栎、杜鹃等混生。

【营养成分】据测定，白栎种仁含淀粉 60% 左右、油脂 15%~20%，还含少量的蛋白质等。

【食用方法】与水青冈相同。

药用功效

树皮、壳斗、果壳入药，用于急性结膜炎、疳积、疝气。

毛叶楤木

Aralia dasyphylla Miq.

别　名 ‖ 头序楤木、雷公种、鸡姆盼
英文名 ‖ Hairy-leaf aralia
分　类 ‖ 五加科楤木属有刺灌木或落叶小乔木

【形态特征】植株高 2~10m，嫩枝密被淡黄色或棕色茸毛。二回羽状复叶，总叶轴和羽片轴有刺或无刺，密被棕色或黄色茸毛，羽片具小叶 5~9 片，基部只具小叶 1 对，小叶卵形至长椭圆状卵形，长 5.5~11cm，宽 3~6cm，顶生小叶常较大，顶端渐尖，基部圆形至心形，侧生小叶基部歪斜，边缘细锯齿，叶背密生棕色或黄色茸毛。由头状花序聚生成大型伞房圆锥花序，花序轴和总花梗密被黄棕色茸毛，花无梗，萼边缘 5 齿，花瓣 5，雄蕊 5，子房下位，5 室，花柱 3，分离。果球形，5 棱，直径 3~5mm，成熟时紫黑色。

【分布及生境】分布于贵州、四川、广东、广西、湖南、湖北、安徽、浙江、福建。生于海拔 400~1 200m 的山坡林缘或灌丛中。

【营养成分】嫩芽营养丰富，含多种氨基酸，此外还富含碳水化合物、纤维素等。

【食用方法】春季嫩芽开始萌发、长到 10~15cm 时摘下，按不同长度分别扎把，供鲜食或加工。嫩芽洗净，沸水烫一下，清水漂几次，挤干，切碎，加调料拌食。

药用功效

参考楤木。

辽东楤木

Aralia elata（Miq.） Seem.

别　名‖龙牙楤木、刺老牙、刺龙牙、五郎头
英文名‖ Japanese angelica-tree
分　类‖五加科楤木属落叶小乔木

【形态特征】植株高 1.5~6m，树皮灰色，密生竖刺，老时脱落。小枝灰棕色，疏细刺，地下根茎在地表 5~6cm 处匍匐生长，垂直根深达 50cm。叶互生，大型，二至三回奇数羽状复叶，长达 1m，常集生于枝端，叶柄长 20~40cm，具长刺，无毛。小叶多数，卵形或椭圆状卵形，长 5~15cm，宽 2.5~8cm，叶缘疏锯齿状。多数小伞形花序合成圆锥花序，长 30~50cm，花淡黄色。核果浆果状，黑色。花期 8 月，果期 9—10 月。

【分布及生境】主要分布于我国北方，东北地区资源非常丰富，西北地区和长江流域也有分布。生于海拔 250~1 000m 的杂木林、阔叶林、针阔叶混交林或次生林中。

【营养成分】嫩叶芽味道鲜美，营养丰富，含氨基酸种类较多，含量较高，以天门冬氨酸、谷氨酸含量最高。当地除食用外，还是出口山珍野菜，且可药用。

【食用方法】4 月下旬嫩芽生长快，5 月上旬即可长到 10~15cm 长，这是采芽的最佳时期。侧芽萌发较晚，也可采摘。沸水烫后用清水浸泡，即可炒食、做汤或盐渍。

药用功效

嫩芽治腹泻、痢疾，嫩芽炒肉丝具补虚功效。

棘茎楤木

Aralia echinocaulis Hand.-Mazz.

别　名‖刺茎楤木、刺龙苞
英文名‖ Spiny stem aralia
分　类‖五加科楤木属落叶小乔木

【形态特征】植株高约 3m，分枝密生细直的刺。二回羽状复叶，叶长 30~50cm 或更长，无毛。羽片具小叶 5~7 片，小叶具白霜，膜质至纸质，卵状矩圆形至披针形，长 4~11.5cm，宽 2~2.5cm，顶端渐尖，基部圆形至楔形，侧生小叶基部歪斜，边缘具稀疏细锯齿，叶面深绿色，无毛，叶背灰色，无柄或短柄。许多伞形花序组成顶生圆锥花序，长 30~50cm，浅褐色，具鳞片状毛，花序轴不久变为几无毛，伞形花序柄长 2~5cm，伞形花序 12~20 花，萼 5 齿，花瓣 5，雄蕊 5，子房 5 室，花柱 3，分离。果球形，5 棱，具 5 个反折的宿存花柱。

【分布及生境】分布于云南、贵州、四川、广东、广西、湖南、湖北、安徽、浙江、福建。生于海拔 250~1 500m 的山坡、灌丛中。

【营养成分】参考楤木。

【食用方法】参考楤木。

药用功效

根皮性温，味微苦。祛风除湿、行气活血、解毒消肿。用于跌打损伤、骨折、痈疽、风湿痹痛、胃痛。

刺楸

Kalopanax septemlobus （Thunb.） Koidz.

别　名‖刺楸树、茨楸、刺楸、狼牙棒、川桐皮
英文名‖ Septemlobus kalopanax
分　类‖五加科刺楸属落叶乔木

【形态特征】植株高 5~30m，树皮暗灰褐色，开裂，枝上具刺。叶在长枝上互生，短枝上簇生，叶片坚纸质，掌状 3~5 裂，裂片三角状卵形至长圆状倒披针形。顶端渐尖或骤突，边缘细锯齿，叶面深绿色，叶背淡绿色，幼时被毛，老时仅脉上被毛或无毛，放射状主脉 5~7 条，叶面、叶背均明显。伞形花序聚生成圆锥花序，顶生，花白色或淡黄绿色，萼 5 小齿，花瓣 5，雄蕊 5，花丝长 3~4mm，子房下位，2 室，花柱 2，合生成柱状，顶端分离。果球形，直径 5mm，熟时蓝黑色。花期 7—8 月，果期 10—11 月。

【分布及生境】分布于我国东北、华北、华中、华南和西南地区。生于海拔 350~1 400m 的山谷林中及山坡灌丛中。

【食用方法】春季采摘嫩芽，洗净沸水烫过，沥干水，加调料凉拌或炒食。

药用功效

树皮、根皮入药。性平，味微苦。祛风湿、通络、止痛。用于类风湿性关节炎、腰膝疼痛、跌打损伤。

穗序鹅掌柴

Schefflera delavayi （Franch.） Harms ex Diels

别　名‖德氏鸭脚木、绒毛鸭脚木、大五加皮
英文名‖ Hardy schefflera
分　类‖五加科鹅掌柴属乔木

【形态特征】植株高 3~8m，小枝粗壮，被灰褐色星状茸毛，具白色片状髓心。指状复叶，连叶柄长 20~50cm，叶柄基部膨大。小叶 4~7 片，革质，不等大小，卵状披针形至倒卵状长圆形，长 10~25cm，宽 3~12cm，先端渐尖，基部钝形。叶面无毛，叶背密被星状茸毛，全缘或不整粗齿或浅裂至深裂。穗状花序聚生成大圆锥花序，顶生。密被茸毛，逐渐脱落。花无梗，黄绿色，花瓣 5，无毛，萼片 5 齿裂，被茸毛。雄蕊 5，子房 5 室，花柱合生成柱状。果球形，黑色。花期 10—12 月，果期次年 1—2 月。

【分布及生境】分布于四川、贵州、云南、湖南、湖北、江西、福建、广东、广西等地。生于海拔 500~1 400m 的山谷阔叶林中及溪、沟旁灌丛中。

【食用方法】采嫩梢鲜用，削皮后炒食。

药用功效

根、茎入药。性微寒，味苦、涩。活血化瘀、消肿止痛、祛风通络、补肝肾、强筋骨。用于骨折、扭挫痛、腰肌劳损、风湿关节痛、肾虚腰痛、跌打损伤。

山芙蓉

Hibiscus taiwanensis S. Y. Hu

别　名‖台湾芙蓉、狗头芙蓉、千面美人
英文名‖ Cream hibiscus
分　类‖锦葵科木槿属大灌木或小乔木

食用部位　　采收期
1 2 3 4 5 6
7 8 9 10 11 12

【形态特征】枝叶旺盛，密被长毛。单叶互生，叶片掌状半圆形，稍厚，纸质，3~5 裂，裂片三角形，先端尖，基部凹入，心脏形，长 6~10cm，宽 6~10cm，全缘或有锯齿，叶柄长 10~16cm。单花，腋生，具长梗，密被毛，纵苞 8 枚，线形。花冠钟状，初开时白色，渐变粉红至红色而闭合；萼钟形，5 裂，裂片三角状椭圆形，外被星状粗毛。蒴果球形，直径约 12cm，外被粗毛。

【分布及生境】主要分布于台湾。生于山坡、林缘。

【食用方法】采摘花朵，除去花萼，炸熟，调味食，或与面粉、蛋等调和用油炸食。

药用功效

根入药，消炎、解毒、解热，用于肿毒；叶捣敷创伤、刀伤。

榆树

Ulmus pumila L.

别　名‖白榆、家榆、春榆、白粉、钻天榆、钱榆
英文名‖ Siberian elm
分　类‖榆科榆属落叶乔木

【形态特征】植株高 20m，树皮灰黑色，具纵裂，粗糙。小枝纤细，灰色，无毛。单叶互生，叶片椭圆状卵形或椭圆状披针形，长 2~8cm，顶端尖或渐尖，基部稍斜歪或几相等，边缘单锯齿或不规则重锯齿，侧脉 9~16 对，叶柄长 2~10mm。花先于叶开放，多数成簇状聚伞花序，生于去年枝的叶腋。翅果近圆形或宽倒卵形，成熟时黄白色，无毛，长 1~2cm。种子位于翅果中部或近上部，果柄长约 2mm。花期 3—4 月，果期 5—6 月。

【分布及生境】我国西南、西北、华北、东北均有分布。喜光，耐干旱，适应性强，生长快，在湿润肥沃的土壤生长良好。

【营养成分】每 100g 嫩果含蛋白质 5.1g、脂肪 1g、碳水化合物 7g、粗纤维 1.3g、钙 280mg、磷 100mg、铁 22mg、维生素 B_1 0.1mg。每 100g 鲜叶含蛋白质 6g、脂肪 0.6g、碳水化合物 9g、维生素 A 6.74mg、维生素 B_1 0.38mg、维生素 C 43mg。

【食用方法】春季采收果皮绿色的嫩果，果皮转黄白色时不宜食用。嫩果味清甜，脆嫩，可生食、炒、蒸、烧汤、煮粥。春季采摘嫩叶做菜食用。嫩叶做菜，可凉拌、炒、蒸、煮食。

药用功效

果实、叶、树皮入药，能安神，治神经衰弱、失眠。

昆明榆

Ulmus changii var. *kunmingensis*（Cheng） Cheng et L. K. Fu.

英文名‖ Kunming elm
分　类‖榆科榆属落叶乔木

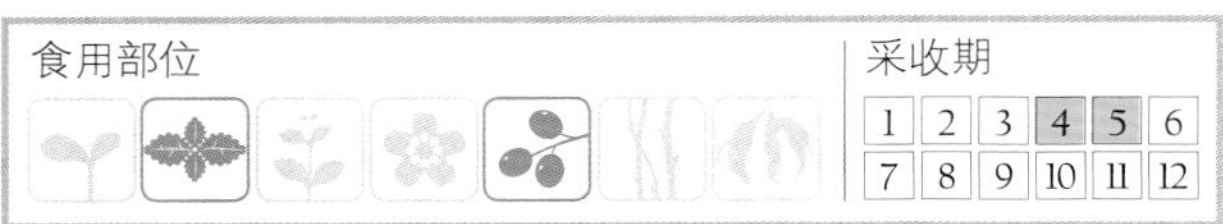

【形态特征】为榆树的同属植物，与榆树的主要区别为：叶椭圆状倒卵形或卵状披针形，叶柄被毛，翅果长1.5~2.5cm，近椭圆形，两面疏生毛，边缘具毛。
【分布及生境】分布于四川、云南、贵州、广西。生于海拔150~1 700m的山谷地、石灰岩地、路旁、山脊向阳处。

【营养成分】参考榆树。
【食用方法】参考榆树。

药用功效

参考榆树。

大果榆

Ulmus macrocarpa Hance

别　名‖黄榆、毛榆、山榆、芜荑
英文名‖ Bigfruit elm
分　类‖榆科榆属落叶乔木或灌木

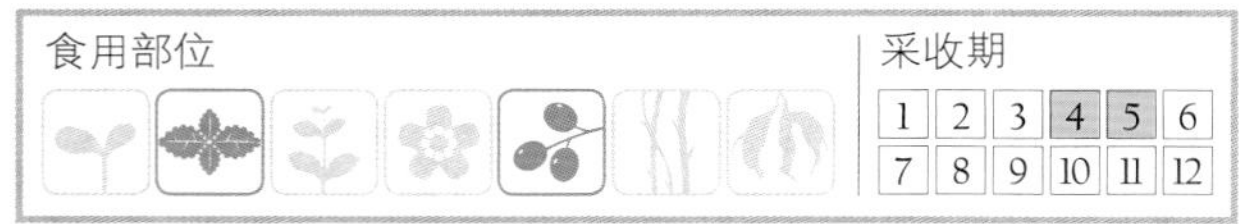

【形态特征】枝常具木栓质翅，小枝浅黄褐色或淡红褐色。叶互生，叶片宽倒卵形或椭圆状倒卵形，长5~9cm，顶端常突尖，边缘钝单锯齿或重锯齿，侧脉8~16对，两面被短硬毛，粗糙，叶柄被短柔毛。花簇生于上一年枝的叶腋或苞腋。翅果长2.5~3.5cm，两面和边缘被毛，基部突窄成细柄，种子位于翅果中部。花期4—5月，果期5—6月。
【分布及生境】我国长江流域以北各省区均有分布。生于海拔500~1 700m的山坡林中、沟边。

【营养成分】参考榆树。
【食用方法】参考榆树。

药用功效

参考榆树。

刺榆

Hemiptelea davidii（Hance） Planch.

别　名‖刺榔、刺榔树、刺叶子
英文名‖ David hemiptelea
分　类‖榆科刺榆属落叶小乔木或灌木

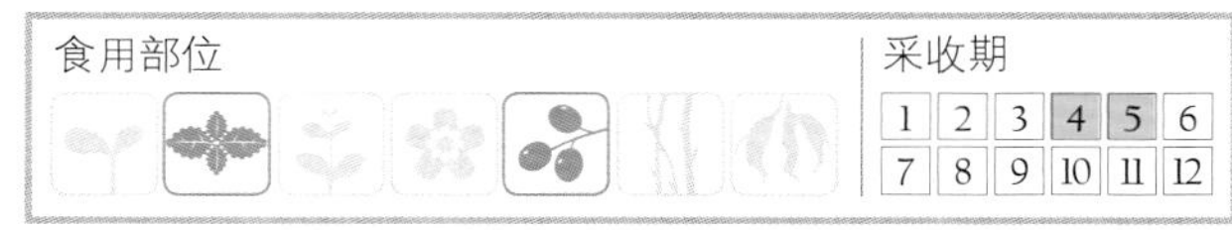

【形态特征】植株高2.5m，或呈灌木状，小枝褐色，初被毛，后无毛，具枝刺。奇数羽状复叶，小叶5~7对，纸质，椭圆形或椭圆状长圆形，长2~6cm，宽1~2cm，顶端急尖，基部圆形或浅心形，边缘粗锯齿。叶面初无毛，脱落后留一圆形凹点，叶背幼时沿叶脉被疏毛，叶柄长2mm。坚果扁圆卵形，长5~6mm，背具翅，翅顶端渐缩成喙状。花期4—5月，果期8—10月。
【分布及生境】分布于我国东北、华北、华东、华中和西北。生于海拔300~1 000m的山坡路旁、村落附近。

【营养成分】参考榆树。
【食用方法】参考榆树。

药用功效

参考榆树。

榔榆

Ulmus parvifolia Jacq.

别　名‖鼻利郎、小叶榆、秋榆
英文名‖ Chinese elm
分　类‖榆科榆属落叶乔木

食用部位　采收期
1 2 3 4 5 6
7 8 9 10 11 12

【形态特征】叶革质，椭圆形、卵形或倒卵形，通常长2~5cm，边缘单锯齿，叶面光滑无毛，叶背幼时被毛。秋季开花，花常簇生于当年枝的叶腋，花被裂至基部或近基部。翅果长1~1.2cm，翅较窄、较厚，无毛。种子位于翅果中部或稍上部。柄细，长3~4mm。花期8—9月，果期10月。

【分布及生境】分布于贵州、四川、广东、广西、湖南、湖北、江西、安徽、江苏、浙江、福建、台湾、河南、陕西、河北、山东等地。生于海拔500m以下的低山沟边林中或路旁。

【营养成分】参考榆树。

【食用方法】参考榆树。

药用功效

参考榆树。

台湾朴树

Celtis tetrandra Roxb.

别　名‖四蕊朴、朴树、石朴、石朴树、石博
分　类‖榆科朴属乔木

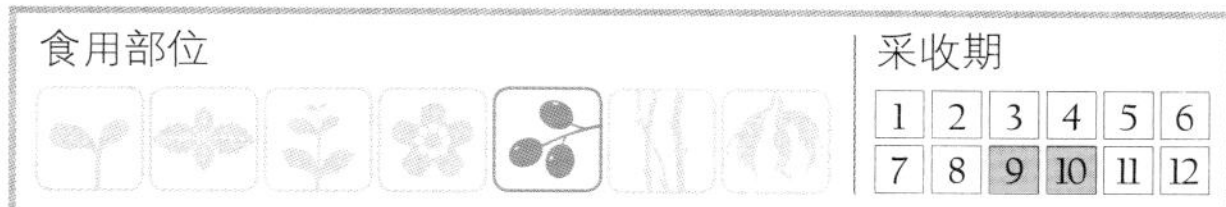

【形态特征】树皮灰白色；当年生小枝幼时密被黄褐色短柔毛，老后毛常脱落，上年生小枝褐色至深褐色，有时还可残留柔毛；冬芽棕色，鳞片无毛。叶厚纸质至近革质，通常卵状椭圆形或带菱形，长5~13cm，宽3~5.5cm，基部多偏斜，一侧近圆形，一侧楔形，先端渐尖至短尾状渐尖，边缘变异较大，近全缘至具钝齿，幼时叶背常和幼枝、叶柄一样，密生黄褐色短柔毛，老时或脱净或残存，变异也较大。果梗常2~3枚（少有单生）生于叶腋，其中一枚果梗（实为总梗）常有2果（少有多至具4果），其他的具1果，无毛或被短柔毛，长7~17mm；果成熟时黄色至橙黄色，近球形，直径约8mm；核近球形，直径约5mm，具4条肋，表面有网孔状凹陷。花期3—4月，果期9—10月。

【分布及生境】分布于西藏南部、云南中部、南部和西部、四川、广西西部。多生于海拔700~1 500m的沟谷、河谷林中或林缘，山坡灌丛中也有。

【食用方法】采摘成熟果实生食。

药用功效

果实为滋养强壮药。树皮入药用于月经不调、隐疹、肺痈。叶入药用于漆疮。

糙叶树

Aphananthe aspera（Thunb.）Planch.

别　名‖朴树、山朴、加条、糙皮树
英文名‖ Muku tree
分　类‖榆科糙叶树属乔木

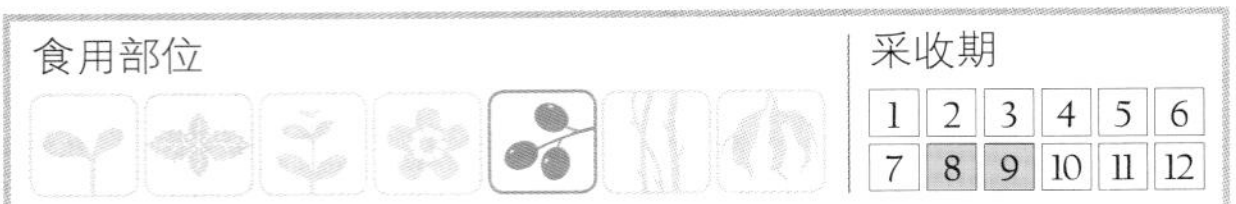

【形态特征】植株高约20m，落叶性，具分枝，树皮带褐色或灰褐色，有灰色斑纹，纵裂，粗糙，当年生枝黄绿色，疏生细伏毛，一年生枝红褐色，毛脱落，老枝灰褐色，皮孔明显，圆形。叶纸质，卵形或卵状椭圆形，长5~10cm，宽3~5cm，先端渐尖或长渐尖，基部宽楔形或浅心形，有的稍偏斜，边缘锯齿有尾状尖头，基部三出脉，其侧生的一对直伸达叶的中部边缘，侧脉6~10对，近平行地斜直伸达齿尖，叶背疏生细伏毛，叶面被刚伏毛，粗糙；叶柄长5~15mm，被细伏毛；托叶膜质，条形，长5~8mm。雄聚伞花序生于新枝的下部叶腋，雄花被裂片倒卵状圆形，内凹陷呈盔状，长约1.5mm，中央有一簇毛；雌花单生于新枝的上部叶腋，花被裂片条状披针形，长约2mm，子房被毛。核果近球形、椭圆形或卵状球形，长8~13mm，直径6~9mm，由绿变黑，被细伏毛，具宿存的花被和柱头，果梗长5~10mm，疏被细伏毛。花期3—5月，果期8—10月。
【分布及生境】分布于我国华东、华中、华南、西南及山西等地。生于山谷、平地、溪边。

【食用方法】采幼嫩果实，做汤或和面食。成熟果实可生食，味甘甜。

药用功效

花煎服治胃肠病。根和干皮可治腰部损伤酸痛。

山黄麻

Trema tomentosa（Roxb.） Hara

别　名‖麻布树、麻桐树、麻络木、山麻、母子树
英文名‖ Wild jute
分　类‖榆科山黄麻属乔木

【形态特征】植株高达10m；树皮灰褐色，平滑或细龟裂；小枝灰褐色至棕褐色，密被直立或斜展的灰褐色或灰色短茸毛。叶纸质或薄革质，宽卵形或卵状矩圆形，稀宽披针形，长7~15（~20）cm，宽3~7（~8）cm，先端渐尖至尾状渐尖，稀锐尖，基部心形，明显偏斜，边缘有细锯齿，两面近于同色，基出脉3条，侧生的一对达叶片中上部，侧脉4~5对；叶柄长7~18mm，毛被同幼枝；托叶条状披针形，长6~9mm。雄花序长2~4.5cm，毛被同幼枝；雄花直径1.5~2mm，几乎无梗，花被片5，卵状矩圆形，外面被微毛，边缘有缘毛，雄蕊5，退化雌蕊倒卵状矩圆形，压扁，透明，在其基部有一环细曲柔毛。雌花序长1~2cm；雌花具短梗，在果时增长，花被片4~5，三角状卵形，长1~1.5mm，外面疏生细毛，在中肋上密生短粗毛，子房无毛；小苞片卵形，长约1mm，具缘毛，在背面中肋上有细毛。核果宽卵珠状，压扁，直径2~3mm，表面无毛，成熟时具不规则的蜂窝状皱纹，褐黑色或紫黑色，具宿存的花被。种子阔卵珠状，压扁，直径1.5~2mm，两侧有棱。花期3—6月，果期9—11月。
【分布及生境】分布于福建南部、台湾、广东、海南、广西、四川西南部和贵州、云南和西藏东南部至南部。生于河谷、混交林、荒山。

【食用方法】果实煮后除去恶臭味和纤维性，细切后和油调食。嫩茎叶煮熟，浸泡出去涩味，可凉拌。

药用功效

根入药，可治腹痛、血尿。

破布鸟

Ehretia macrophylla Wall.

别　名‖破布鸟树、布布鸟、厚壳树、粗糠树
英文名‖ Dickson ehrettia
分　类‖紫草科厚壳树属落叶乔木

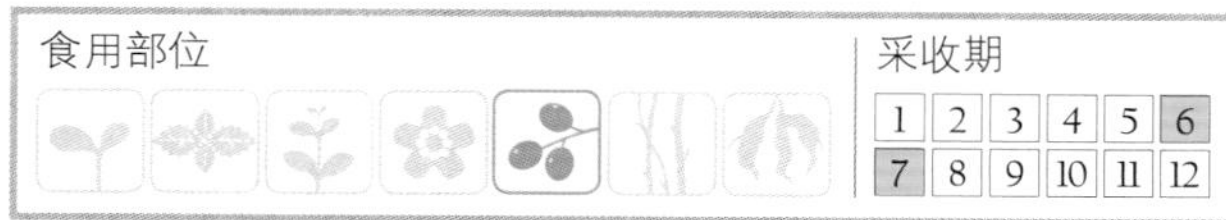

【形态特征】植株高约15m，胸径20cm；树皮灰褐色，纵裂；枝条褐色，小枝淡褐色，均被柔毛。叶宽椭圆形、椭圆形、卵形或倒卵形，长8~25cm，宽5~15cm，先端尖，基部宽楔形或近圆形，边缘具开展的锯齿，上面密生具基盘的短硬毛，极粗糙，下面密生短柔毛；叶柄长1~4cm，被柔毛。聚伞花序顶生，呈伞房状或圆锥状，宽6~9cm，具苞片或无；花无梗或近无梗；苞片线形，长约5mm，被柔毛；花萼长3.5~4.5mm，裂至近中部，裂片卵形或长圆形，具柔毛；花冠筒状钟形，白色至淡黄色，芳香，长8~10mm，基部直径2mm，喉部直径6~7mm，裂片长圆形，长3~4mm，比筒部短；雄蕊伸出花冠外，花药长1.5~2mm，花丝长3~4.5mm，着生于花冠筒基部以上3.5~5.5mm处；花柱长6~9mm，无毛或稀具伏毛，分枝长1~1.5mm。核果黄色，近球形，直径10~15mm，内果皮成熟时分裂为2个具2颗种子的分核。花期3—5月，果期6—7月。

【分布及生境】分布于我国西南、华南、华东及台湾、河南、陕西、甘肃南部和青海南部。生于海拔125~2 300m的山坡疏林及土质肥沃的山脚阴湿处。

【食用方法】采摘未成熟果实，洗净，加盐揉碎塑成圆状，盛于容器中，再加盐水浸渍2~3天后佐食。如破布子之制作也可。成熟果实可生食。

药用功效

叶和根可入药。叶作烟卷治齿痛。根煎服治齿痛。枝、叶、果实可清热解毒、消食健胃，用于食积腹胀、小儿消化不良。

破布子

Cordia dichotoma G. Forst.

别　名‖树子仔、破布叶、破布树
英文名‖ Dichotomous cordia
分　类‖紫草科破布木属多年生落叶乔木

【形态特征】植株高3~8m。叶卵形、宽卵形或椭圆形，长6~13cm，宽4~9cm，先端钝或具短尖，基部圆形或宽楔形，边缘通常微波状或具波状牙齿，稀全缘，两面疏生短柔毛或无毛；叶柄细弱，长2~5cm。聚伞花序生具叶的侧枝顶端，二叉状稀疏分枝，呈伞房状，宽5~8cm；花二型，无梗；花萼钟状，5裂，长5~6mm，裂片三角形，不等大；花冠白色，与花萼略等长，裂片比筒部长；雄花花丝长约3.5mm；退化雌蕊圆球形；两性花花丝长1~2mm，花柱合生部分长1~1.5mm，第一次分枝长约1mm，第二次分枝长2~3mm，柱头匙形。核果近球形，黄色或带红色，直径10~15mm，具多胶质的中果皮，被宿存的花萼承托。花期2—4月，果期6—8月。

【分布及生境】分布于西藏东南部、云南、贵州、广西、广东、福建及台湾。生于海拔300~1 900m的山坡疏林及山谷溪边。

【营养成分】果实富含脂肪，可榨油，全果含油22.18%，干果含油35.94%，种子含油51.8%。

【食用方法】夏末采收成熟果实，先置于清水中，除去部分黏液，再用盐水煮沸，捞起，趁有热度与稀饭同食。

药用功效

根皮与果实入药。根皮可治子宫炎、子宫脱出。果实可镇咳或作缓下剂。

黄荆

Vitex negundo L.

别　名‖荆条、黄荆条、黄荆子
英文名‖ Negundo chastetree
分　类‖马鞭草科牡荆属灌木

【形态特征】植株高1~2.5m，小枝四棱状，密生灰白色茸毛。掌状复叶，小叶5，少有3；小叶片长圆状披针形至披针形，顶端渐尖，基部楔形，全缘或每边有少数粗锯齿，表面绿色，背面密生灰白色茸毛；中间小叶长4~13cm，宽1~4cm，两侧小叶依次递小，若具5小叶时，中间3片小叶有柄，最外侧的2片小叶无柄或近于无柄。聚伞花序排成圆锥花序式，顶生，长10~27cm，花序梗密生灰白色茸毛；花萼钟状，顶端有5裂齿，外有灰白色茸毛；花冠淡紫色，外有微柔毛，顶端5裂，二唇形；雄蕊伸出花冠管外；子房近无毛。核果近球形，直径约2mm；宿萼接近果实的长度。花期4—6月，果期7—10月。

【分布及生境】分布于我国长江以南各省区，北达秦岭淮河。生于山坡路旁或灌丛中。

【营养成分】花期长，含蜜量大，蜜乳白，细腻，气味芳香，甜而不腻，为优质蜜。

【食用方法】黄荆开花期取蜜，食用。

药用功效

根、茎、叶入药，性平，味苦，清热止咳、化痰截疟，用于咳嗽痰喘、疟疾、肝炎。果实入药，性温，味辛、苦，祛风、除痰、行气、止痛，用于感冒、咳嗽、哮喘、风痹、疟疾、胃痛、疝气、痔疮。

木姜子

Litsea pungens Hemsl.

别　名‖山姜子、山鸡椒、山胡椒、兰香树、木香子、木樟子
英文名‖ Pungent litse
分　类‖樟科木姜子属落叶小乔木

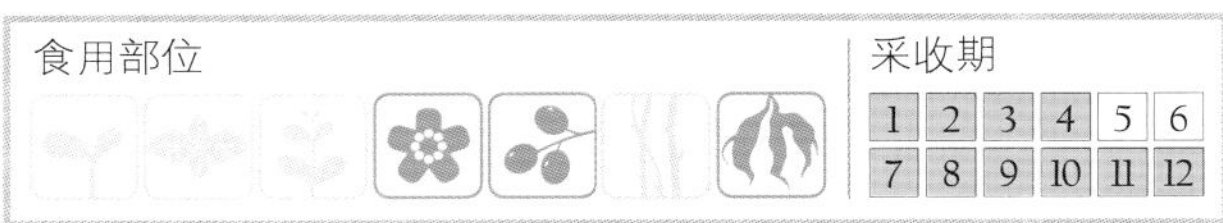

【形态特征】植株高约8m，幼枝黄绿色。叶互生，常聚枝顶，叶片长卵形或披针形，长5~10cm，宽3~5cm，顶端短尖，基部楔形，膜质，羽状脉两面隆起。雌雄异株，伞形花序，每花序8~12花，先叶开放，黄色，芳香。花被6，外被柔毛。花药4室，内外裂瓣，花丝基部具柔毛，退化雌蕊小。果实圆球形，直径达10mm，成熟时蓝黑色，果梗稍增大。花期3—4月，果期7—8月。

【分布及生境】分布于我国中南、西南及浙江、福建、山西、甘肃等。生于疏林灌丛、山坡向阳处。

【营养成分】花、果和根均可食用，主要做调味品。叶片和果皮含芳香油，叶片中含量约0.13%，果核含脂肪油37.85%，根也含芳香油。

【食用方法】每年11月至翌年2月采摘花蕾，用作水豆豉的配料，花蕾与姜木、精盐、茶水适量，放入水豆豉中腌制约10天即成。3—4月采鲜花，鲜用或晒干打粉，做调料用。夏末秋初采熟果，鲜用或晒干打粉，做调料。秋、冬季挖取侧根晒干打粉做调料。

药用功效

果花入药，理气解表，治胸腹胀满。

毛叶木姜子

Litsea mollis Hemsl.

别　名‖小木姜子、香桂子、木香子、狗胡椒
英文名‖Hairy-leaf litse
分　类‖樟科木姜子属落叶小乔木

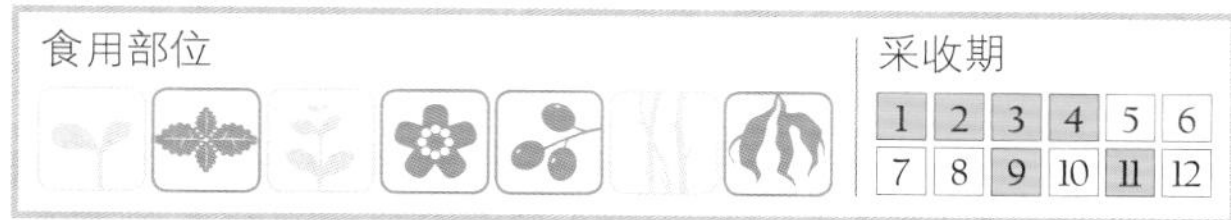

【形态特征】植株高2~4m，树皮绿色，光滑具黑斑，顶芽圆锥形，鳞片外被柔毛，幼枝密生灰白色柔毛，老时无毛。叶互生，纸质，长圆形，长7~11.5cm，宽2.5~3.7cm，顶端急尖或锐尖，基部楔形，幼时叶面、叶背被灰白色柔毛，老时表面无毛，叶背密被灰白色柔毛，羽状脉，叶柄长5~7mm，被白色柔毛。雌雄异株，伞形花序腋生，通常2~3个簇生于短枝上。总花梗短，具白色柔毛，每花序具4~6花，先叶开放或同时开放，花被6，黄色，宽倒卵形，花丝具柔毛，能育雄蕊9，花药4室，向内瓣裂。果球形，直径约5mm，成熟时黑色，果梗长3~4mm，疏被短柔毛。花期3月，果期9月。

【分布及生境】分布于四川、云南、湖南、湖北、广西、广东等地。生于海拔200~1 500m的杂林、林缘和林中空地。

【营养成分】叶片、果、树皮芳香油含量分别为0.1%、3.24%~3.55%、0.4%~0.69%。种核含脂肪油。

【食用方法】每年11月至翌年2月采花蕾食用，花、果、叶和根的食用方法同木姜子。

药用功效

根、果入药。理气健脾、解表燥湿。用于消化不良、胸腹胀满、泄泻、发痧。

垂柳

Salix babylonica L.

别　名‖倒栽柳、青丝柳、线柳、吊柳、水柳、清明柳、垂杨柳、柳树
英文名‖Weeping willow
分　类‖杨柳科柳属落叶乔木

【形态特征】植株高约10m，枝多下垂，小枝褐色，幼枝部分被柔毛。叶片狭披针形至线状披针形，长8~15cm，宽3~15cm，顶端长渐尖，基部楔形，叶面深绿色，叶背灰绿色，无毛，边缘细锯齿，叶柄短，托叶不发达。柔荑花序1~2cm，花序具短梗，弯曲，花轴被疏柔毛；雄花序长1~2cm，苞片线状披针形，雄蕊2，花药黄色；雌花序长5cm，苞片披针形，基部具茸毛；子房椭圆形，无柄或近无柄，花柱短，柱头2裂，腺体1，位于子房腹面基部，长圆形。蒴果2瓣裂；种子小，外被白色柳絮。花期3—4月，果期4—5月。

【分布及生境】我国南北各地均有分布。生于海拔800m以下的河边、塘边和湿地。

【食用方法】春季采摘嫩叶和嫩梢食用，可凉拌、炝、蒸、做馅，具清热透疹、利尿、解毒的食疗作用。嫩花序鲜食需洗净，沸水焯透，再用凉水浸泡约8小时，期间换水3~4次，除苦味，挤干后烹调食用。

药用功效

嫩叶入药。性凉，味苦。清热透疹、利尿解毒。现代医学实验证明，对传染性肝炎、高血压、地方性甲状腺肿大等有一定疗效。

旱柳

Salix matsudana Koidz.

别　名‖河柳、言叶柳、柳树、汉宫柳
英文名‖ Hankow willow
分　类‖杨柳科柳属乔木

【形态特征】小枝直立或开展，黄色，后变褐色，稍被柔毛或无毛。叶片披针形，5~10cm，边缘明显锯齿，叶面光泽，沿中脉被茸毛，叶背苍白，伏生绢状毛，托叶披针形，边缘具腺锯齿。总花梗、花序轴和附着叶均具白色茸毛，苞片卵形，中下部具白色短茸毛；腺体 2。雄花序长 1~1.5cm，雄蕊 2，花丝基部疏柔毛；雌花序长 12mm，子房长椭圆形，无毛，无花柱或很短。蒴果 2 瓣裂开。花期 4 月。

【分布及生境】分布于四川、湖南、湖北、安徽、江苏、浙江、河南、陕西、甘肃、青海、山西、河北、内蒙古、新疆及东北各地。生于海拔 1 100 m 以下的山地、丘陵、平原。

【食用方法】参考垂柳。

药用功效

叶入药。散风、祛湿。用于黄疸型肝炎、风湿性关节炎、湿疹。

响叶杨

Populus adenopoda Maxim.

别　名‖白杨、团叶杨
英文名‖ Chinese aspen
分　类‖杨柳科杨属落叶乔木

【形态特征】植株高 10~25m，树皮深灰色，小枝细，幼时具灰褐色柔毛，冬芽圆锥形，略具柔毛。长枝上叶片卵形，长 7~10cm，宽 6~7cm，顶端渐尖，基部楔形或心形，近叶柄侧具红色脉体 2 个，边缘细腺锯齿，尖端内弯，表面深绿色，略带光泽，叶背灰绿色，被柔毛，短枝上叶片较小，卵形至卵圆形，长 5~8cm，宽 4~5cm，叶柄长 1.5~3cm。雄葇荑花序长 6~10cm，苞片条裂，具长睫毛。果序长 12~15cm，蒴果具短柄，椭圆形，成熟时 2 裂瓣；种子具白色绵毛。花期 3—4 月，果期 4—5 月。

【分布及生境】分布于陕西、河南、安徽、江苏、浙江、福建、江西、湖北、湖南、广西、四川、贵州和云南等省区。生于海拔 300~2 500m 的阳坡灌丛、杂木林中，或沿河两旁，有时成小片纯林或与其他树种混交成林。

【食用方法】春季采摘嫩叶食用，可拌、炝、蒸。《食物本草》记载：“白杨嫩叶可救荒，老叶可作酒曲料。”

药用功效

根、树皮、叶入药。祛风通络、散瘀活血、止痛。用于风湿关节痛、四肢不遂、跌打肿痛。

木蝴蝶

Oroxylum indicum（L.）Kurz

别　名 ‖ 海船菜、千张纸、毛鸦船、玉蝴蝶
英文名 ‖ India trumpet flower
分　类 ‖ 紫葳科木蝴蝶属乔木

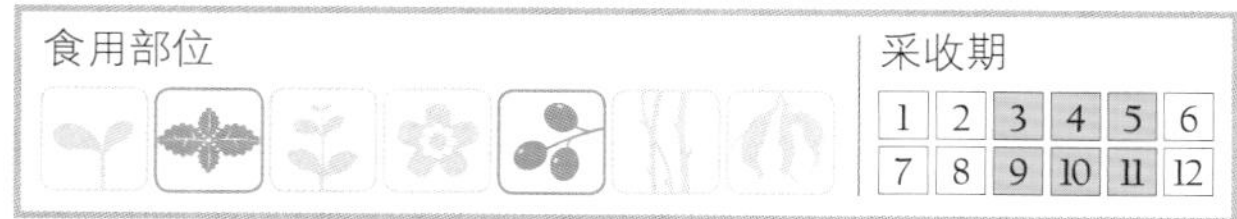

【形态特征】植株高5~10m，胸径15~20cm，树皮灰褐色。大型奇数二至三回羽状复叶，着生于茎干近顶端，长60~130cm；小叶三角状卵形，长5~13cm，宽3~10cm，顶端短渐尖，基部近圆形或心形，偏斜，两面无毛，全缘，叶片干后发蓝色，侧脉5~6对，网脉在叶下面明显。总状聚伞花序顶生，粗壮，长40~150cm；花梗长3~7cm；花大，紫红色。花萼钟状，紫色，膜质，果期近木质，长2.2~4.5cm，宽2~3cm，光滑，顶端平截，具小苞片。花冠肉质，长3~9cm，基部粗1~1.5cm，口部直径5.5~8cm；檐部下唇3裂，上唇2裂，裂片微反折，花冠在傍晚开放，有恶臭气味。雄蕊插生于花冠筒中部，花丝长约4cm，微伸出花冠外，花丝基部被绵毛，花药椭圆形，长8~10mm，略叉开。花盘大，肉质，5浅裂，厚4~5mm，直径约1.5cm。花柱长5~7cm，柱头2片开裂，长约7mm，宽约5mm。蒴果木质，常悬垂于树梢，长40~120cm，宽5~9cm，厚约1cm，2瓣开裂，果瓣具有中肋，边缘肋状突起。种子多数，圆形，连翅长6~7cm，宽3.5~4cm，周翅薄如纸，故有“千张纸”之称。

【分布及生境】分布于福建、台湾、广东、广西、四川、贵州及云南。生于海拔500~900m的热带及亚热带低丘河谷密林以及公路边丛林中。常单株生长。

【食用方法】采摘嫩果，可炒食或腌酸后食用。嫩叶采后，沸水烫后洗净，与作料一起捣烂食用。

药用功效

成熟种子入药，性凉，味甘、苦，清肺利咽、疏肝和胃，用于肺热咳嗽、喉痹、音哑。树皮入药，性凉，味微苦、甘，清热利湿、消肿解毒，用于肝炎、小便涩痛、咽喉肿痛、湿疹、痈疮溃烂。

火烧花

Mayodendron igneum（Kurz）Kurz

别　名 ‖ 缅木
英文名 ‖ Bright red fire flower
分　类 ‖ 紫葳科火烧花属乔木

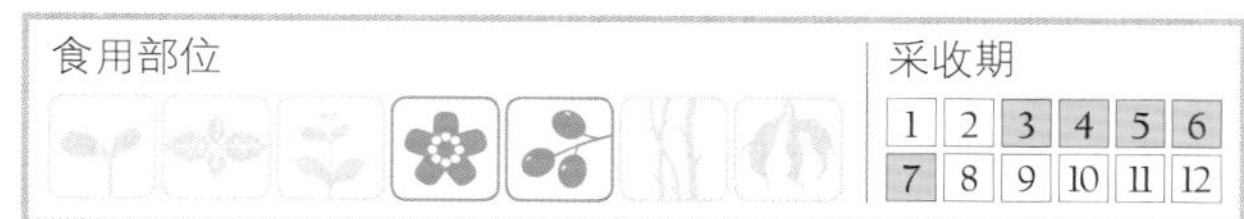

【形态特征】植株高约15m，胸径15~20cm；树皮光滑，嫩枝具长椭圆形白色皮孔。大型奇数二回羽状复叶，长达60cm，中轴圆柱形，有沟纹；小叶卵形至卵状披针形，长8~12cm，宽2.5~4cm，顶端长渐尖，基部阔楔形，偏斜，全缘，两面无毛，侧脉5~6对。花序有花5~13朵，组成短总状花序。花萼长约10mm，直径约7mm，佛焰苞状，外面密被微柔毛。花冠橙黄色至金黄色，筒状，基部微收缩，长6~7cm，直径1.5~1.8cm，檐部裂片5，半圆形，长约5mm，反折。花丝长约4.5cm，基部被细柔毛，花药“个”字形着生，药2室，药隔顶端延伸成芒尖，花药及柱头微露出花冠管外。子房长圆柱形，花柱长约6cm，柱头2裂，胚珠多数。蒴果长线形，下垂，长达45cm，粗约7mm。种子卵圆形，薄膜质，丰富，具白色透明的膜质翅，连翅长13~16mm。花期2—5月，果期5—9月。

【分布及生境】分布于云南、广东、广西、台湾。常生于干热河谷、低山丛林。

【食用方法】采摘鲜花，洗净，与作料一起捣烂食用。也可把鲜花用开水烫软后，蘸佐料食用。嫩果剥除具毛的外皮，可生食或煮食。

药用功效

根皮入药，用于产后体虚、恶露不尽。

鱼木

Crateva formosensis （Jacobs）B. S. Sun

别　名‖山橄榄、树头菜、三脚鳖、龙头花
英文名‖ Garlic pear tree
分　类‖白花菜科白花菜属落叶乔木

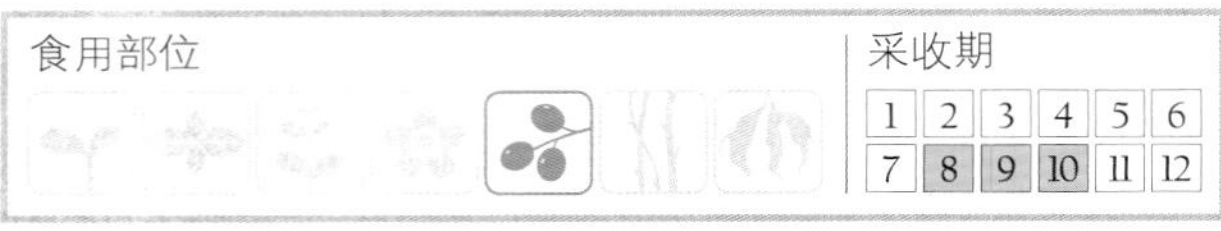

【形态特征】植株高大，树皮平滑，灰白色，分枝白色，具气孔。三出叶，生枝端，具长线叶柄，长6~12cm，中间小叶，具短柄，两侧叶柄短或无柄；叶卵状长椭圆形，长8~12cm，宽3.5~4.5cm，纸质。伞房花序，花顶生。花径4~6cm，初开黄绿色，后变紫色，花瓣4，具长爪，长卵形或椭圆形，长6~7cm，外被斑点，萼4，丝形，长3~4mm。
【分布及生境】分布于我国华南地区及台湾。生于低海拔山区。

【食用方法】采摘果实，主要食肉。种子煮熟也可食用。

药用功效

茎叶入药。健胃、解毒、清热。用于下痢、头痛、发痧。

漆树

Toxicodendron vernicifluum （Stokes） F. A. Barkl.

别　名‖大木漆、山漆
英文名‖ True lacguer tree
分　类‖漆树科漆树属落叶乔木

【形态特征】幼树树皮灰色，老时浅纵裂，粗糙；芽被褐色黄柔毛；小枝淡灰色，被疏柔毛，较粗壮。奇数羽状复叶，互生；小叶9~15，卵形、卵状长圆形，顶端渐尖，基部宽楔形或近圆形，长7~15cm，宽2~5cm，全缘，两面脉上均被棕色短毛，叶柄短。圆锥花序大型，腋生，长15~25cm，具短柔毛；花杂性，或雌雄异株。果序下垂，核果扁圆形或肾形，直径6~8mm，棕黄色，光滑，中果皮蜡质，果核坚硬。花期4月，果期9—10月。
【分布及生境】除黑龙江、吉林、内蒙古和新疆外，其余省区均有分布。生于向阳山坡。

【食用方法】4月采摘嫩叶芽，洗净，沸水烫过，用清水漂洗后切碎，放入烧热的干锅中炒去水分，再放入猪油炒，加调料炒至熟，入味后即可食用，食味清香。

黄栌

Cotinus coggygria Scop.

别　名‖黄道卢、黄卢材、栌木、月亮柴
英文名‖ Common smoke tree
分　类‖漆树科黄栌属灌木或乔木

【形态特征】植株高3~5m。叶倒卵形或卵圆形，长3~8cm，宽2.5~6cm，先端圆形或微凹，基部圆形或阔楔形，全缘，两面或尤其叶背显著被灰色柔毛，侧脉6~11对，先端常叉开；叶柄短。圆锥花序被柔毛；花杂性，直径约3mm；花梗长7~10mm，花萼无毛，裂片卵状三角形，长约1.2mm，宽约0.8mm；花瓣卵形或卵状披针形，长2~2.5mm，宽约1mm，无毛；雄蕊5，长约1.5mm，花药卵形，与花丝等长，花盘5裂，紫褐色；子房近球形，直径约0.5mm，花柱3，分离，不等长；果肾形，长约4.5mm，宽约2.5mm，无毛。
【分布及生境】分布于河北、山东、河南、湖北、四川等地。生于海拔700~1 620m的向阳山坡林中。

【食用方法】春、夏季采摘嫩梢食用。

药用功效

叶及嫩枝入药用于急性传染性肝炎。

槟榔青

Spondias pinnata（L. f.） Kurz

别　名‖嘎利勒、木个、外木个
英文名‖ Andaman mombin
分　类‖漆树科槟榔青属乔木

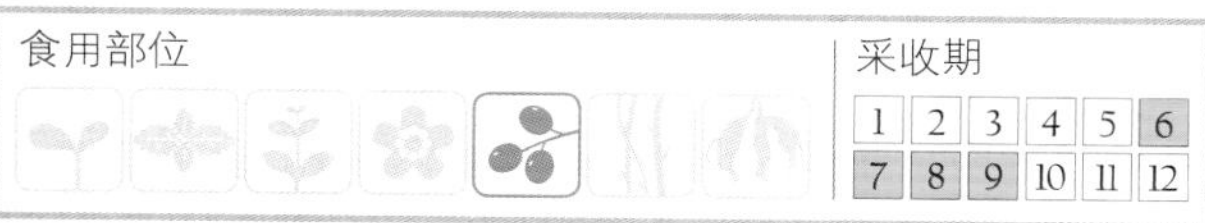

【形态特征】植株高10~15m，落叶性，分枝粗壮，黄褐色，具小皮孔。奇数羽状复叶，互生，长30~40cm，小叶2~5对，叶轴和叶柄圆柱形，叶柄长10~15cm；小叶对生，薄纸质，卵状长圆形或椭圆状长圆形，长7~12cm，宽4~5cm，先端渐尖或短尾尖，基部楔形或近圆形，多少偏斜，全缘，略背卷，两面无毛，侧脉斜升，密而近平行，在边缘内彼此联结成边缘脉。圆锥花序顶生，长25~35cm，无毛，基部分枝长10~15cm，花小，白色；无梗或近无梗，基部具苞片和小苞片；花萼无毛，裂片阔三角形，长约0.5mm；花瓣卵状长圆形，长约2.5mm，宽约1.5mm，先端急尖，内卷，无毛；雄蕊10，比花瓣短，长约1.5mm；花盘大，10裂；子房无毛，长约1.3mm。核果椭圆形或椭圆状卵形，成熟时黄褐色，长3.5~5cm，直径2.5~3.5cm，中果皮肉质，内果皮外层为密集纵向排列的纤维质和少量软组织，无刺状突起，里层木质坚硬，有5个薄壁组织消失后的大空腔，与子房室互生，每室具1颗种子，通常仅2~3颗种子成熟。花期3—4月，果期5—9月。

【分布及生境】分布于广西、广东、云南南部。生于海拔460~1 200m的低山或沟谷林中。

【营养成分】果实含总糖3.3%、单宁3.18%、淀粉2.02%、粗脂肪0.53%、维生素A 0.055mg/100g、维生素B 0.030mg/100g、维生素C 10.63mg/100g。

【食用方法】采摘果实洗净，用火烤熟，加盐和作料等一起捣烂做成佐料酱，与其他生食蔬菜蘸食。

药用功效

茎皮入药。性凉，味酸、涩。用于心悸气促、子痫。

盐肤木

Rhus chinensis Mill.

别　名‖盐霜柏、五倍子树、红盐柴、老公担盐
英文名‖ Chinese sumac
分　类‖漆树科盐肤木属落叶小乔木或灌木

【形态特征】植株高2~8m，小枝棕褐色，被锈色柔毛，具圆形小皮孔。奇数羽状复叶，小叶3~6对，叶轴具宽的叶状翅，叶轴和叶柄密被锈色柔毛；小叶多形，卵形或椭圆状卵形或长圆形，长6~12cm，宽3~7cm，先端急尖，基部圆形，顶生小叶基部楔形，边缘具粗锯齿或圆齿，叶面暗绿色，叶背粉绿色，被白粉；小叶无柄。圆锥花序宽大，多分枝，密被锈色柔毛；苞片披针形，花白色；雄花：花萼外面被微柔毛，裂片长卵形；花瓣倒卵状长圆形；雄蕊伸出，花丝线形；子房不育；雌花：花萼裂片较短；花瓣椭圆状卵形；雄蕊极短；花盘无毛；子房卵形，长约1mm，密被白色微柔毛，花柱3，柱头头状。核果球形，略压扁，直径4~5mm，被具节柔毛和腺毛，成熟时红色，果核直径3~4mm。花期8—9月，果期10月。

【分布及生境】我国除东北、内蒙古和新疆外，大部分地区有分布。生于向阳山坡、沟谷、溪边的疏林或灌丛中。

【食用方法】果可鲜食、代盐、醋用。叶煮熟，浸泡后做菜。

药用功效

盐肤木的幼芽或叶柄，受五倍子蚜的刺伤而生囊状虫瘿，称“五倍子”，入药，性寒，味酸、涩，敛肺降火、涩肠止泻、敛汗止血、收湿敛疮，用于肺热咳嗽、久痢久泻、盗汗、消渴、便血痔血。果实入药，性凉，味酸、咸，用于喉痹、痰火咳嗽、酒毒黄疸、疟瘴、体虚多汗、顽癣。根或根皮入药，性凉，味酸、咸，祛风湿、散瘀血，用于感冒发热、崩漏、咳嗽咯血、泄泻、黄疸、水肿、便血、痔疮出血、风湿痹痛；外用于跌打损伤、创伤出血、毒蛇咬伤、乳痈、癣、疮、湿疹。

黄连木

Pistacia chinensis Bunge

别　名‖倒鳞木、楷树、木黄连、黄连芽、木萝树、田苗树、黄儿茶、鸡冠果、黄连树
英文名‖ Chinese pistacia
分　类‖漆树科黄连木属落叶乔木

【形态特征】 植株高达20m。树干扭曲，树皮暗褐色，呈鳞片状剥落，幼枝灰棕色，具细小皮孔，疏被微柔毛或近无毛。奇数羽状复叶互生，有小叶5~6对；小叶对生或近对生，纸质，披针形或卵状披针形或线状披针形，长5~10cm，宽1.5~2.5cm，先端渐尖或长渐尖，基部偏斜，全缘。花单性异株，先花后叶，圆锥花序腋生，雄花序排列紧密，长6~7cm，雌花序排列疏松，长15~20cm，均被微柔毛；苞片披针形或狭披针形，内凹，长1.5~2mm，外面被微柔毛，边缘具睫毛；雄花：花被片2~4，披针形或线状披针形；雄蕊3~5，花丝极短，花药长圆形，大，长约2mm；雌蕊缺；雌花：花被片7~9，外面2~4片远较狭，披针形或线状披针形，里面5片卵形或长圆形；不育雄蕊缺；子房球形，无毛，直径约0.5mm，花柱极短，柱头3，厚，肉质，红色。核果倒卵状球形，略压扁，直径约5mm，成熟时紫红色，干后具纵向细条纹，先端细尖。

【分布及生境】 分布于我国长江中下游各省区和河北、河南、陕西、山东等。生于石灰岩山地。

【食用方法】 春季采摘嫩梢洗净，煮熟，用清水漂洗后炒食。嫩叶可制茶或腌后做菜。

药用功效

叶芽入药，性寒，味苦、涩，清热解毒、止渴，用于暑热口渴、霍乱、痢疾、咽喉痛、口舌糜烂、湿疮、漆疮初起。树皮入药，性寒，味苦，有小毒，清热解毒，用于痢疾、皮肤瘙痒。

台湾荚蒾

Viburnum urceolatum Sieb. et Zucc.

别　名‖壶花荚蒾
英文名‖ Taiwan arrowwood
分　类‖忍冬科荚蒾属落叶灌木

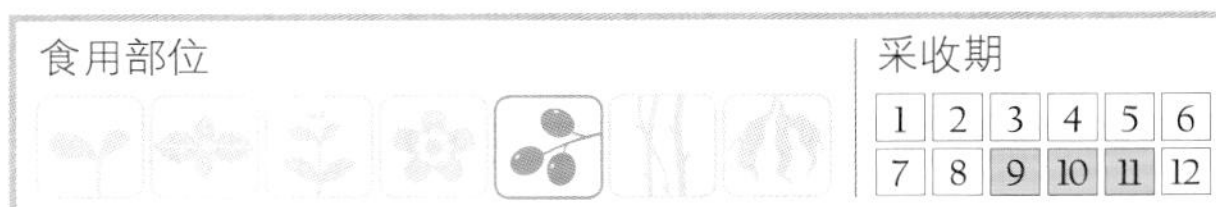

【形态特征】 植株高达3m；幼枝、冬芽、叶柄和花序均被簇状微毛；当年小枝稍有棱，灰白色或灰褐色，二年生小枝暗紫褐色至近黑色，无毛。叶纸质，卵状披针形或卵状矩圆形，长7~15cm，顶端渐尖至长渐尖，基部楔形、圆形至微心形，除基部为全缘外常有细钝或不整齐锯齿，上面沿中脉有毛，下面脉上被簇状弯细毛，侧脉通常4~6对。聚伞花序直径约5cm，生于具1~2对叶的短枝上，总花梗3~7（~8.5）cm，有棱，连同其分枝均带紫色，第一级辐射枝4~5条，长1~1.5cm；苞片和小苞片宿存；花多生于第三至第四级辐射枝上；萼筒细筒状，长约2mm，无毛，萼齿卵形，极小，顶钝，略有缘毛；花冠外面紫红色，内面白色，筒状钟形；雄蕊明显高出花冠，花药矩圆形，长约1.5mm；花柱高出萼齿。果实先红色后变黑色，椭圆形，长6~8mm，直径5~6mm；核扁，顶端急窄，基部圆形，有2条浅背沟和3条腹沟。花期6—7月，果期10—11月。

【分布及生境】 分布于浙江、江西、福建、台湾、湖南、广东、广西、贵州和云南。生于山谷林中溪涧旁阴湿处。

【食用方法】 夏、秋季果实成熟时采摘生食，味微酸甜，稍具苦味。

药用功效

根茎入药，用于风湿、跌打损伤。

吕宋荚蒾

Viburnum luzonicum Rolfe

别　名‖红子荚蒾、台湾荚蒾、圆甘杞、臭脚树
分　类‖忍冬科荚蒾属落叶灌木

【形态特征】当年生小枝连同芽、叶柄、花序、萼筒及萼齿均被黄褐色簇状毛，二年生小枝暗紫褐色，被疏簇状毛。叶纸质或厚纸质，卵形、椭圆状卵形、卵状披针形至矩圆形，有时带菱形，长4~9cm，顶端渐尖至尖，基部宽楔形或近圆形，边缘有深波状锯齿，有缘毛，侧脉5~9对；萌枝被黄褐色茸毛，其叶边缘具疏齿，上面散生簇状毛，下面毛较密；无托叶。复伞形式聚伞花序；萼筒卵圆形，长约1mm，萼齿卵状披针形；花冠白色，辐状，直径4~5mm，外被簇状短毛，蕾时圆球形，裂片卵形，比筒长；雄蕊短于花冠或稍较长，花药宽椭圆形；柱头不明显3裂。果实红色，卵圆形，长5~6mm；核甚扁，宽卵圆形，长4~5mm，直径3~4mm，顶尖，基部截形，有2条浅腹沟和3条极浅背沟。花期4月，果期10—12月。

【分布及生境】分布于浙江南部、江西东南部、福建、台湾、广东、广西和云南。生于山谷溪涧旁疏林和山坡灌丛或旷野路旁。

【食用方法】秋季果实红熟时采摘生食，多汁，味酸而甘。

药用功效

根和茎入药。祛风、除湿、壮筋骨、解毒等。用于小儿发育不良、梦遗等。

酸苔菜

Ardisia solanacea Roxb.

别　名‖酸薹菜
英文名‖ Shoebutton ardisia
分　类‖紫金牛科紫金牛属灌木或乔木

【形态特征】植株高6m以上；小枝粗壮，无毛，具大叶痕和皱纹。叶片坚纸质，椭圆状披针形或倒披针形，顶端急尖、钝或近圆形，基部急尖或狭窄下延，长12~20cm，宽4~7cm，两面无毛，具疏腺点，侧脉约20对，微隆起；细脉网状，不甚明显。复总状花序或总状花序，腋生；花长约1cm，花萼仅基部连合或几分离，萼片广卵形至肾形，长约3mm，顶端圆形，基部略耳形，互相重叠，具密腺点，几全缘或具微波状缘毛，边缘几膜质；花瓣粉红色，宽卵形，长约9mm，顶端急尖或钝，具密腺点，两面无毛；雄蕊与花瓣近等长，花药长圆状披针形，背部具密且大的腺点；子房球形，具密腺点，无毛；胚珠多数，数轮。果扁球形，直径7~9mm，紫红色或带黑色，密布腺点。花期2—3月，果期8—11月。

【分布及生境】分布于云南和广西。生于海拔较低的树林和林缘灌丛中。

【食用方法】3—5月采摘嫩茎叶，洗净，蘸佐料食用或用嫩叶包裹熟食食用，也可用沸水烫软嫩茎叶，漂洗去异味后做凉菜。

药用功效

叶外敷治骨质增生。

臭椿

Ailanthus altissima （Mill.） Swingle

别　名 ‖ 臭椿皮、大果臭椿、椿树、椿皮
英文名 ‖ Tree of heaven ailanthus
分　类 ‖ 苦木科臭椿属落叶乔木

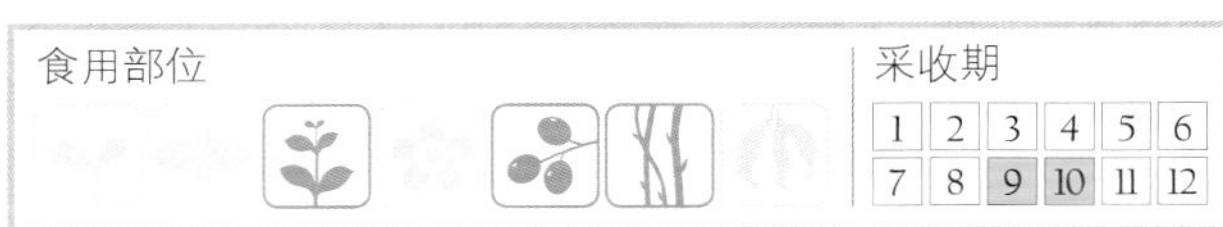

【形态特征】 树皮灰褐色。叶互生，奇数羽状复叶，小叶13~25对，卵状披针形，长7~12cm，宽2~4.5cm，顶端渐尖，基部截形，近基部具1~2对粗齿，齿尖背面具一腺体，揉之具臭气。圆锥花序顶生，花小，白色带绿，杂性。翅果扁平，长椭圆形，1~6个着生于果柄上，每个翅果中部具1颗种子。花期6—7月，果期9月。

【分布及生境】 我国除黑龙江、吉林、新疆、青海、宁夏、甘肃和海南外，其他各地均有分布。生于山坡、路旁。

【营养成分】 种子含油约35%。

药用功效

根皮和干枝入药。性寒，味苦、涩。清湿热、收涩、止血。用于带下、腹泻、久痢、便血。

苦木

Picrasma quassioides（D. Don.）Benn.

别　名 ‖ 苦树、苦皮树、苦皮子、赶狗木、苦檀
英文名 ‖ Quassia wood
分　类 ‖ 苦木科苦木属落叶小乔木或灌木

【形态特征】 植株高达10m，树皮紫褐色，平滑，有灰色斑纹，全株有苦味。叶互生，奇数羽状复叶，长15~30cm；小叶9~15对，卵状披针形或广卵形，边缘具不整齐的粗锯齿，先端渐尖，基部楔形，除顶生叶外，其余小叶基部均不对称，叶面无毛，背面仅幼时沿中脉和侧脉有柔毛，后变无毛；落叶后留有明显的半圆形或圆形叶痕；托叶披针形，早落。花雌雄异株，组成腋生复聚伞花序，花序轴密被黄褐色微柔毛；萼片小，通常5，偶4，卵形或长卵形，外面被黄褐色微柔毛，覆瓦状排列；花瓣与萼片同数，卵形或阔卵形，两面中脉附近有微柔毛；雄花中雄蕊长为花瓣的2倍，与萼片对生，雌花中雄蕊短于花瓣；花盘4~5裂；心皮2~5，分离，每心皮有1胚珠。核果成熟后蓝绿色，长6~8mm，宽5~7mm，种皮薄，萼宿存。花期4—5月，果期6—9月。

【分布及生境】 分布于我国黄河流域以南各省区。生于湿润肥沃的山坡、山谷或村边。

【食用方法】 春、夏季采摘嫩叶食用，洗净，煮熟后漂去苦味做菜食用。

药用功效

根、茎入药。性寒，味苦。清热燥湿、解毒、杀虫。用于痢疾、吐泻、胆管感染、蛔虫病、疮疡、疥癣、湿疹、烧烫伤。

拐枣

Hovenia dulcis Thunb.

别　名‖枳椇、鸡爪梨、鸡矩子、万字果
英文名‖ Japanese raisin-tree
分　类‖鼠李科枳椇属落叶乔木

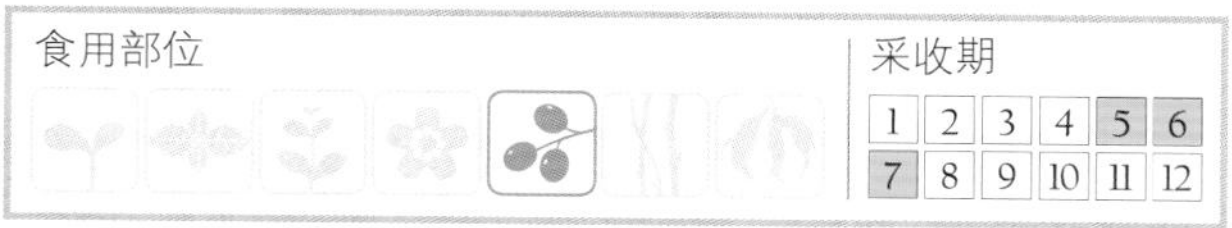

【形态特征】植株高达 10m，小枝褐色或黑紫色，无毛，有不明显的皮孔。叶纸质或厚膜质，卵圆形、宽矩圆形或椭圆状卵形，长 7~17cm，宽 4~11cm，顶端短渐尖或渐尖，基部截形，少有心形或近圆形，边缘有不整齐的锯齿或粗锯齿，稀具浅锯齿，无毛或仅下面沿脉被疏短柔毛。花黄绿色，直径 6~8mm，排成不对称的顶生，稀兼腋生的聚伞圆锥花序；花序轴和花梗均无毛；萼片卵状三角形，具纵条纹或网状脉，无毛；花瓣倒卵状匙形，向下渐狭成爪部，长 0.7~1mm；花盘边缘被柔毛或上面被疏短柔毛；子房球形，花柱 3 浅裂，长 2~2.2mm，无毛。核果浆果状近球形，直径 6.5~7.5mm，无毛，成熟时黑色；花序轴结果时稍膨大；种子深栗色或黑紫色，直径 5~5.5mm。花期 5—7 月，果期 8—10 月。

【分布及生境】分布于河北、山东、山西、河南、陕西、甘肃、四川北部、湖北西部、安徽、江苏、江西。生于沟边、路边和山谷中。

【食用方法】肥大的果序轴含丰富的糖，可生食、酿酒、制醋和熬糖。

药用功效

种子入药，性平，味甘，止渴除烦、清湿热、解酒毒，用于醉酒、烦渴呃逆、二便不利。根入药，性温，味甘，行气活血，用于虚劳吐血、风湿筋骨痛。根皮或茎皮入药，性温，味甘，活血舒筋，用于风湿麻木、食积、铁棒锤中毒。叶功效同果实，且能止呕、解酒毒。树干中流出的汁液性平，味甘，用于腋臭。果实可健胃、补血。

玉兰

Magnolia denudata Desr.

别　名‖辛夷、白玉兰、玉堂春、望春花、木兰、迎春花、应春花、木笔花、玉兰花
英文名‖ Yulan magnolia
分　类‖木兰科木兰属落叶乔木

【形态特征】植株高 15~30m，胸径 60~90cm，树皮灰白色，老时粗糙开裂。小枝赤褐色，冬芽密生灰绿色长茸毛。叶互生，叶片倒卵形至倒卵状矩圆形，长 10~18cm，宽 6~12cm，顶端阔而突尖，基部渐狭，全缘，叶面光泽，叶背被柔毛。花两性，大而美丽，钟形，单生于枝顶，先叶开放，芳香，直径 10~12cm，花被片 9，3 轮，白色，矩圆状倒卵形；雄蕊和心皮多数，分别呈螺旋状排列于伸长的花托上，雌蕊群圆柱形，无毛，长 2~2.5cm。蓇葖果顶端圆形，多数，聚合成圆筒形。花期 2—4 月，果期 7—9 月。

【分布及生境】除低温地区外，我国其他各地均有分布。生于林中。

【营养成分】玉兰花含挥发油，主要成分为桉油精、α-蒎烯、丁香油酚、胡椒酚甲醚、桧烯、α-松油醇、枸橼醛等，鲜花含微量芳香苷。

【食用方法】春季采摘花瓣食用。玉兰花色如玉，香似兰，花瓣肉厚，是很好的烹饪原料，可做主料或配料，与肉、禽、鱼、蛋等配制菜肴。

药用功效

花入药。性温，味辛。散风寒、通鼻窍。用于风寒头痛、鼻塞、鼻渊、鼻流浊涕。

香椿

Toona sinensis （A. Juss.） Roem

别　名‖椿芽树、椿树、椿菜、椿芽、红椿、白椿
英文名‖ Chinese toona
分　类‖楝科香椿属多年生落叶乔木

【形态特征】植株高 20~25m，树皮暗褐色，片状剥落，小枝粗壮。偶数羽状复叶，小叶 10~20，对生，叶片长圆形至披针形，长 8~15cm，顶端渐尖，基部不对称，全缘或具不明显钝锯齿。叶面、叶背无毛或仅下面脉腋内具长髯毛，小叶柄长 5~10mm。圆锥花序顶生，花芳香，多，细小，白色；萼短小，花瓣 5，卵状矩圆形，具退化雄蕊 5，与 5 枚发育雄蕊互生；子房圆锥形，具 5 沟纹，无毛，5 室，每室具 8 胚珠。蒴果狭椭圆形，长 1.5~2.5cm，5 瓣开裂，种子椭圆形，一端具膜质长翅。花期 5—6 月，果期 9—10 月。

【分布及生境】我国广布。生于山地杂木林或疏林中，各地也广泛栽培。

【营养成分】据测定，每 100g 香椿芽含蛋白质 5.7g、脂肪 0.4g、碳水化合物 7.2g、粗纤维 1.5g、维生素 A 0.93mg、维生素 B_1 0.21mg、维生素 B_5 0.7mg、维生素 C 56mg、钙 110mg、磷 120mg、铁 34mg、钾 548mg、锌 6.7mg、镁 32.1mg。

【食用方法】“雨前椿芽嫩无丝，雨后椿芽生木质”是说椿芽在雨水前采摘最佳。食用方法有多种，熟食可炒肉、蛋、清蒸、油炸等；生食可凉拌、腌渍。

药用功效

根皮、嫩枝入药，性温，味苦、涩，祛风利湿、止血止痛，用于痢疾、肠炎、泌尿系统感染、便血、血崩、白带异常。树皮及根皮的内层皮入药，性凉，味苦、涩，清热燥湿、涩肠、止血、杀虫，用于痢疾、泄泻、小便淋痛、便血、血崩、带下、风湿腰腿痛。叶入药，性平，味苦，消炎、解毒、杀虫，用于痔疮、痢疾。果实入药，性温，味辛、苦，祛风、散寒、止痛，用于泄泻、痢疾、胃痛。

台湾树兰

Aglaia elliptifolia （Blanco） Merr.

别　名‖椭圆叶树兰、大叶树兰、椭圆叶米仔兰
分　类‖楝科米仔兰属灌木或小乔木

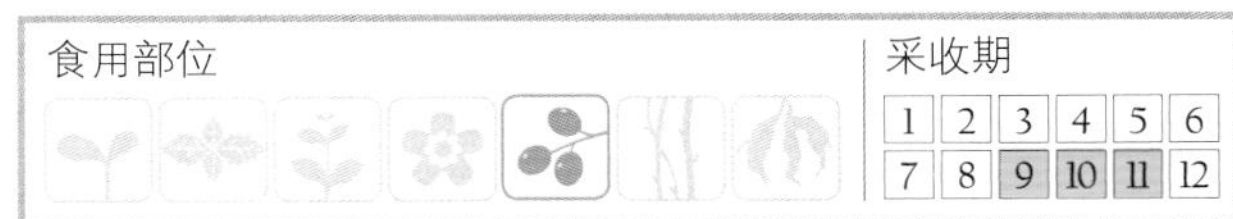

【形态特征】幼嫩枝条和叶背被赤褐色鳞状物。奇数羽状复叶，互生，小叶 3~5 对，对生；叶片椭圆形、长椭圆形或披针形，长 6~10cm，宽 3~5cm，先端钝，基部楔形，叶背绿色，中脉两面突起，侧脉约 8 对。圆锥花序，腋生，花黄色，花瓣 5，卵形，覆瓦状排列，萼 5 裂。果实椭圆形，长约 2cm，直径 1.8cm，外被赤褐色鳞片，含种子 1 颗。

【分布及生境】分布于台湾。生于台湾南部和东南部沿海地区和岛屿的森林中。

【食用方法】秋季采摘成熟果实，生食肉质部分，味酸，质软多汁。

野胡桃

Juglans mandshurica Maxim.

别　名‖胡桃
英文名‖ China walnut
分　类‖胡桃科胡桃属落叶乔木

【形态特征】叶丛生枝端，奇数羽状复叶，小叶4~8对，对生，幼叶暗红褐色，后变浓绿色，密被茸毛，椭圆形，长约15cm，宽约8cm，叶背被棕色毛，叶缘细锯齿。雌雄同株。雄花为柔荑花序，悬垂。雌花穗状，顶生。花苞3裂，花被4，具毛，花柱2，柱头羽毛状。核果卵形，长约6cm，直径约4cm，黄褐色，外被黏毛，熟时黄绿色。果期7—9月。

【分布及生境】分布于我国华北、西北、西南和华中等地。

【营养成分】树皮含鞣酸，叶含有机醇、鞣花酸和没食子酸，果被含胡桃醌、氢化胡桃醌等，种仁含油质、蛋白质、糖类、维生素A、维生素B和维生素C。

【食用方法】秋季摘取果实，取出种仁煮食。

药用功效

胡桃仁为滋补品，通润血脉，用于长期失眠症、神经衰弱、耳鸣、虚寒咳嗽、下肢酸痛等。

地锦槭

Acer mono Maxim.

别　名‖水色树、色木槭、五角枫、色木
英文名‖ Painted maple
分　类‖槭树科槭树属落叶乔木

【形态特征】植株高20m，小枝无毛，棕灰色或灰色。单叶，对生，叶长7cm，宽9cm，5裂达1/3，基部心形或近心形，裂片宽三角形，全缘，无毛，仅主脉腋间具簇毛，叶背淡绿色。伞房花序顶生，无毛，多花；花带绿黄色，具长花梗。小坚果扁平，卵圆形，果翅矩圆形，开展成钝角，翅长约为小坚果的2倍，长达2cm，宽约8mm。

【分布及生境】分布于我国东北、华北以及陕西、四川、湖北、江苏、浙江、安徽、江西等地。生于山地杂木林中。

【食用方法】春季采摘嫩叶芽，洗净，煮熟，用清水漂洗后做菜食用，加调料凉拌、炒食或做汤。

英文摘要

About 800 species of wild vegetables in 108 family 465 genus are classified in four types: (1) herbaceous wild vegetables, (2) shrubbery wild vegetables, (3) vine-like wild vegetables, (4) arboreous wild vegetables. Each species is illustrated with Chinese name, Latin name, English name, plant type, morphological features, growth characteristics, area distribution, edible part and its nutrients, eating method, pharmacological efficacy, et al.

◇ 一点红

参考文献

EFERENCES

万红波 . 2007. 叶下珠的研究现状 [J]. 中国药房，18（36）：2866-2868.
王维 . 2005. 中国民间百草良方 [M]. 北京：线装书局出版社 .
车晋滇 . 1998. 野菜鉴别与食用保健 [M]. 北京：中国农业出版社 .
中国科学院华南植物研究所 . 1987. 广东植物志（第一卷）[M]. 广州：广东科技出版社 .
中国科学院华南植物研究所 . 1991. 广东植物志（第二卷）[M]. 广州：广东科技出版社 .
中国科学院华南植物研究所 . 1995. 广东植物志（第三卷）[M]. 广州：广东科技出版社 .
中国科学院华南植物研究所 . 2000. 广东植物志（第四卷）[M]. 广州：广东科技出版社 .
中国科学院华南植物研究所 . 2003. 广东植物志（第五卷）[M]. 广州：广东科技出版社 .
中国科学院华南植物研究所 . 2005. 广东植物志（第六卷）[M]. 广州：广东科技出版社 .
中国科学院华南植物研究所 . 2006. 广东植物志（第七卷）[M]. 广州：广东科技出版社 .
中国科学院华南植物研究所 . 2007. 广东植物志（第八卷）[M]. 广州：广东科技出版社 .
中国科学院华南植物研究所 . 2009. 广东植物志（第九卷）[M]. 广州：广东科技出版社 .
牛晓峰，李维凤，歧琳，等 . 2003. 陕西叶下珠属植物资源概况 [J]. 西安交通大学学报：医学版，24（2）：119-123.
朱利新 . 1996. 中国野菜开发与利用 [M]. 北京：金盾出版社 .
李镇魁，詹潮安 . 2010. 潮汕中草药 [M]. 广州：广东科技出版社 .
张汝霖 . 1999. 贵州高原野生食用蔬菜 [M]. 贵阳：贵州教育出版社 .
张明月，石进校 . 2009. 淫羊藿属植物研究进展 [J]. 吉首大学学报：自然科学版，30（1）：107-113.
张舰，刘延庆 . 2005. 南蛇藤属植物的化学成分与药理作用 [J]. 国外医药：植物药分册，20（5）： 197-200.
李勉民 . 1994. 常见药草图说 [M]. 香港：读者文摘远东有限公司 .
杨毅，傅运生，王万贤 . 2000. 野菜资源及其开发利用 [M]. 武汉：武汉大学出版社 .
姚达太，张景保 . 1996. 中药彩色图集（1995）[M]. 香港：三联书店（香港）有限公司 .
赵燕强，杨立新，张宪民，等 . 2008. 威灵仙的成分、药理活性和临床应用的研究进展 [J]. 中药材，31（3）：465-470.
钮旭升，陶树青，马志强，等 . 2009. 辽东楤木芽的化学成分研究 [J]. 中医药学报，37（3）：52-54.
徐国钧，王强 . 2006. 中草药彩色图谱 [M]. 3 版 . 福州：福建科学技术出版社 .
郭宝林，肖培根 . 2003. 中药淫羊藿主要种类评述 [J]. 中国中药杂志，28（4）：303-307.
钱远铭 . 1988. 《本草纲目》精要 [M]. 广州：广东科技出版社 .
黄群策，梁秋霞 . 2006. 马齿苋科植物的种群特点及其遗传改良的技术思路 [J]. 北方园艺，（6）：38-40.
董淑英 . 1996. 营养保健野菜 [M]. 北京：科学技术文献出版社 .
韩百草 . 2004. 草植物的生机饮食指南 [M]. 台北：安帆出版社 .
鲁亚苏， 杨世林，徐丽珍，等 . 灯油藤的化学成分研究 [J]. 中草药，37（10）：1473-1474.
管志斌，张丽霞，彭建明 . 2004. 西双版纳叶下珠属植物资源分布及开发 [J]. 热带农业科技，27（3）：38-39.
蔡艳飞，李世峰，李涵，等 . 2009. 中国铁线莲属植物研究进展 [J]. 中国农学通报，25（4）：195-198.
Bailey L H. 1935. Standard cyclopedia of horticulture[M]. New York: The Macmillan company.
Claire Kowalchik, William H, Hyltom. 1998. Rodale's Illustrated encyclopedia of herbs[M]. Rodale Press, Emmaus, Pennsylyania.
Deni Bown. 1995. Encyclopedia of herbs & their uses[M]. New York: Dorling Kindersley publishing Inc.
Earl Mindell. 2001. 药草圣典 （Earl Mindell's Herb Bible）[M]. 赖翠玲，译 . 台北：大苹果股份有限公司 .

附录

APPENDIX

一、中文名索引

五画

六画

七画

八画

九画

十画

十一画

十二画

十三画

二、拉丁学名索引

A

B

C

D

E

F

J~K

L

M

Q

R

S

T

U

V~W

X~Z

三、英文名索引